KB150412

해석학 개론

Introduction to Real Analysis

양영오 지음

청문각

머리말

수학은 자연과학, 공학, 경제학, 경영학, 사회과학, 인문과학 등 인간생활의 전 분야에 크게 응용되고 인류의 문명과 더불어 발달해 왔다. 음악이 악보의 기호들을 사용해 아름다운 선율을 표현하는 것처럼 수학은 수식과 도형을 이용해 복잡한 현상을 가능한 가장 단순화시켜서 세상을 바라보기 때문에 자연과 사회의 원리와 법칙, 다양한 분야와 현대생활에의 응용 등 세상을 발견할 뿐만 아니라 미지의 세계를 창조하기도 한다.

16세기에 근대과학을 탄생시킨 갈릴레이는 수학이 자연을 설명하는 데 중요한 도구라는 것을 깨닫고 "자연이라는 책은 수학의 언어로 쓰여 있다"고 주장하고 물체의 운동을 양적인 수식으로 나타냈다. 17세기에 뉴턴은 나무에서 떨어지는 사과와 지구 주위를 도는 달의 움직임을 관찰하여 이러한 자연현상에서 간결하고 정확한 수학적 법칙을 얻었다. 18세기 베르누이가 발견한 방정식은 비행기를 공중에 뜨게 만들었다.

수학의 가장 핵심분야는 해석학으로, 해석학은 연역적 사고로 수학적 상황을 분석하고 개념들을 새로운 상황으로 확장할 수 있는 능력을 길러주기 때문에 현대생활의 많은 영역과 다양한 학문에 응용되고 있다.

이 책은 해석학의 입문서로서 실수의 연속, 함수의 연속과 미분, 리만적분, 수열과 급수, 함수열과 함수항 급수, 편도함수, 이중적분 등을 중심으로 학생들이 기초 개념과 응용, 기법을 쉽게 이해하고 익힐 수 있도록 대학 2학년 강의 교재로 저술되었다. 특히, 각 단원에서 개념과 응용을 정확히 파악할 수 있도록 다양한 예를 제시하고 알기 쉽게 풀이하였고 정리는 가능한 상세하게 증명하였다. 또 각 절마다 좋은 연습문제를 많이 선정하여 풀이를 제시하였다.

이런 점에서 수학과 학생뿐만 아니라 자연과학, 공학 등을 공부하는 학생, 중등수학교원 임용고사를 준비하는 학생들에게 큰 도움이 되는 해석학의 좋은 지침서가 되리라 본다.

이 책으로 공부하는 학생은 책 마지막에 제시한 연습문제의 풀이과정을 보지 않고 스스로 풀어 보는 것이 중요하다. 이는 학생들의 수학적 능력과 창의적 문제해결력이 성숙되고 도전정신과 기쁨을 나누는 기회가 되리라 본다.

《해석학의 이해》책을 대폭 보완하여 출판함에 있어서 필자는 이 책을 이용하시는 독자 여러분의 따뜻한 조언을 바라며, 부족한 점은 계속하여 보완하여 발전시키고자 한다. 학생들에게 이 책이 조금이나마 도움이 된다면 저자로서는 매우 큰 기쁨과 보람이 되겠다.

끝으로 이 책의 내용을 입력하는 데 아낌없이 도와준 수학과 조교에게 깊은 감사를 드린다. 아울러 이 책을 출판하는 데 수고를 해주신 청문각 사장님께 심심한 사의를 표한다.

2016년 2월
저자

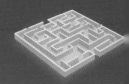

차례

04 함수의 극한과 연속

05 함수의 미분

06 리만적분

07 급수

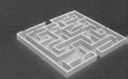

01

제1장

집합과 함수

1.1 | 집합

집합론은 19세기말경 칸토어(Cantor, 1845~1918)에 의하여 본격적으로 연구되기 시작한 비교적 그 역사가 짧은 분야지만, 오늘날 수학의 거의 모든 분야는 집합론에 기초를 두고 이론을 전개하기에 이르렀다. 집합을 엄밀히 정의하려면 공리적 방법을 사용해야 하지만, 집합의 간단한 성질의 활용이 우리의 목적이므로 집합의 공리적 정의를 피하고 직관적인 방법으로 집합을 도입하기로 한다.

> **정의 1.1.1**
>
> (1) 자연수 모임이나 유리수 모임과 같이 어떤 성질을 만족하는 대상의 모임을 집합(set)이라고 한다.
> (2) 집합을 구성하는 대상의 낱낱을 집합의 원소(element 또는 member)라 한다. x가 집합 A의 원소일 때 $x \in A$로 나타내며 x는 집합 A에 속한다고 말한다. x가 A의 원소가 아닐 때는 $x \notin A$로 표기한다.
> (3) 두 집합 A와 B에 대하여 A의 모든 원소가 B에 속하면 A를 B의 부분집합(subset)이라 하고 $A \subseteq B$로 나타낸다. $A \nsubseteq B$는 A가 B의 부분집합이 아님을 나타낸다.

집합의 표시에는 집합에 속하는 모든 원소를 나열하는 방법(원소나열법)과 집합의 모든 원소가 만족하는 성질에 제시하는 방법(조건제시법)이 있다. 후자의 경우 성질 P를 만족하는 원소의 집합을 $\{x : P(x)\}$와 같이 나타낸다. 예를 들어, $P(x)$가 "x는 실수이다"인 경우 $\{x : P(x)\}$는 실수 전체의 집합을 나타낸다.

> **정의 1.1.2**
>
> (1) 두 집합 A와 B에 대하여 $A \subseteq B$이고 $B \subseteq A$일 때 A와 B는 같다(상등, equal)고 하고, $A = B$로 나타낸다.
> (2) 집합 A가 집합 B의 부분집합이고 $A \neq B$이면 A를 B의 진부분집합(proper subset)이라 한다.
> (3) 원소를 한 개도 갖고 있지 않은 집합을 공집합(empty set)이라 하고, $\varnothing$ 또는 $\{\ \}$로 표시한다.

(4) 단 하나의 원소만으로 구성된 집합을 단집합(singleton set)이라 한다.

(5) 집합 X의 부분집합 전체를 원소로 하는 집합을 X의 멱집합(power set)이라 하고 $\wp(X)$ 또는 2^X로 표현한다.

주의 1 (1) 공집합에 속하는 원소는 한 개도 없으므로 공집합은 임의의 집합의 부분집합이다. 집합 $\{\varnothing\}$는 공집합을 원소로 하는 단집합이므로 $\varnothing \in \{\varnothing\}$이다.

(2) $\wp(X)$의 원소는 그 자신이 이미 집합이다. 이와 같이 집합을 원소로 하는 집합을 집합족(family of sets)이라 한다.

지금 X의 부분집합들 사이에 몇 가지 집합 연산(set-theoretic operation)을 정의한다. 이 집합 연산은 집합족 $P(X)$에서 정의되는 연산이다.

정의 1.1.3

(1) 집합 X의 부분집합 A와 B에 대하여
$$A \cup B = \{x : x \in A \text{ 또는 } x \in B\}, \quad A \cap B = \{x : x \in A \text{이고 } x \in B\}$$
$$A - B = \{x : x \in A \text{이고 } x \not\in B\}, \quad A \times B = \{(x, y) : x \in A, \ y \in B\}$$
를 각각 A와 B의 합집합(union), A와 B의 교집합(intersection), A와 B의 차집합(difference), A와 B의 곱집합(카테시안 곱 또는 데카르트곱, product set)이라고 한다.

(2) 어떤 집합 X를 고정하고 그의 부분집합만을 대상으로 이론을 전개할 때 X를 전체집합(universe)이라 한다.

(3) 차집합 $A - B$에서 $A = X$이면 $X - B$를 B의 여집합(complement)이라 하고, B^c 또는 $\sim B$로 나타낸다.

(4) $A \cap B = \varnothing$일 때 집합 A와 B는 서로소(disjoint)라고 한다.

정리 1.1.4

집합 X의 부분집합 A, B, C에 대하여 다음이 성립한다.

(1) 항등법칙 : $A \cup \varnothing = A$, $A \cap X = A$

(2) 멱등법칙(idempotent law) : $A \cup A = A$, $A \cap A = A$

(3) 교환법칙(commutative law) : $A \cup B = B \cup A$, $A \cap B = B \cap A$

(4) 결합법칙(associative law) :

$$A \cup (B \cup C) = (A \cup B) \cup C, \quad A \cap (B \cap C) = (A \cap B) \cap C$$

(5) 배분법칙(distributive law) :
$$A \cap (B \cup C) = (A \cap B) \cup (A \cap C), \quad A \cup (B \cap C) = (A \cup B) \cap (A \cup C)$$

(6) 드모르간 법칙(De Morgan law) :
$$(A \cup B)^c = A^c \cap B^c, \ (A \cap B)^c = A^c \cup B^c$$

(7) 카테시안곱에 관한 법칙 :
$$A \times (B \cap C) = (A \times B) \cap (A \times C), \quad A \times (B \cup C) = (A \times B) \cup (A \times C),$$
$$(A \times B) \cap (C \times D) = (A \cap C) \times (B \cap D)$$

증명 (1), (2), (3), (4), (7)의 증명은 간단하므로 연습문제로 남기고 (5), (6)만을 증명한다.

(5) 만약 $x \in A \cap (B \cup C)$이면 $x \in A$이고 $x \in B \cup C$이다. $x \in B \cup C$이므로 $x \in B$ 또는 $x \in C$이다.

만약 $x \in B$이면 $x \in A \cap B$이므로 $x \in (A \cap B) \cup (A \cap C)$이다. 마찬가지로, 만약 $x \in C$이면 $x \in A \cap C$이므로 $x \in (A \cap B) \cup (A \cap C)$이다. 따라서

$$A \cap (B \cup C) \subseteq (A \cap B) \cup (A \cap C).$$

만약 $x \in (A \cap B) \cup (A \cap C)$이면 $x \in A \cap B$ 또는 $x \in A \cap C$이다. 만약 $x \in A \cap B$이면 $x \in A$이고 $x \in B$이다. $x \in B$이므로 $x \in B \cup C$이다. 따라서 $x \in A \cap (B \cup C)$이다. 마찬가지로, 만약 $x \in A \cap C$이면 $x \in A \cap (B \cup C)$이다. 따라서

$$(A \cap B) \cup (A \cap C) \subseteq A \cap (B \cup C).$$

(6) x를 $(A \cup B)^c$의 원소라고 하면 $x \notin A \cup B$이므로 $x \notin A$이고 $x \notin B$이다. 그러므로 $x \in A^c$이고 $x \in B^c$이므로 $x \in A^c \cap B^c$가 된다. 따라서

$$(A \cup B)^c \subset A^c \cap B^c.$$

한편, $x \in A^c \cap B^c$이면 $x \in A^c$이고 $x \in B^c$이므로 $x \notin A$이고 $x \notin B$이다. 그러므로 $x \notin A \cup B$, 즉 x는 $A \cup B$의 여집합의 원소이다. 따라서

$$A^c \cap B^c \subseteq (A \cup B)^c$$

위에서 증명된 두 포함관계에 의하여 $(A \cup B)^c = A^c \cap B^c$.
두 번째 등식도 위와 같은 방법으로 증명할 수 있다. ■

위에서 정의한 합집합과 교집합은 두 개 이상의 집합에 대하여서도 확장하여 정의할 수 있다.

어떤 집합 I의 각각의 원소 α에 대하여 X의 부분집합 A_α가 하나씩 대응될 때 이들 A_α로 이루어진 집합족을 $\{A_\alpha\}_{\alpha \in I}$ 또는 $\{A_\alpha : \alpha \in I\}$로 나타낸다. 이때 α를 첨자(index), I를 첨자집합이라 한다.

정의 1.1.5

집합족 $\mathscr{I} = \{A_\alpha\}_{\alpha \in I}$의 합집합과 교집합을 다음과 같이 정의한다.

$\cup \{A : A \in \mathscr{I}\} = \{x : x \in A_\alpha$인 $\mathscr{I}$의 적당한 원소 A_α가 존재한다.$\}$

$\cap \{A : A \in \mathscr{I}\} = \{x : \mathscr{I}$의 모든 원소 A_α에 대하여 $x \in A_\alpha\}$

특히, 집합족 $\mathscr{I} = \{A_1, A_2, A_3, \cdots\}$인 경우에 다음이 성립한다.

$$\cup \{A : A \in \mathscr{I}\} = \cup_{n=1}^{\infty} A_n, \quad \cap \{A : A \in \mathscr{I}\} = \cap_{n=1}^{\infty} A_n$$

보기 1 $A_n = [-1 + 1/n, 1 - 1/n]$, $\mathscr{I} = \{A_n : n = 1, 2, \cdots\}$이면

$$\cup \{A_n : A_n \in \mathscr{I}\} = \cup_{n=1}^{\infty} A_n = (-1, 1).$$

또한 $B_n = (-1 - 1/n, 1 + 1/n)$, $\mathscr{I} = \{B_n : n = 1, 2, 3, \cdots\}$이면

$$\cap \{B_n : B_n \in \mathscr{I}\} = \cap_{n=1}^{\infty} B_n = [-1, 1]. \qquad \blacksquare$$

정리 1.1.6

드모르간 법칙도 임의의 집합족 $\mathscr{I} = \{A_\alpha : \alpha \in I\}$에 확장된다. 즉, $\mathscr{I}$가 집합족이면 다음이 성립한다.

(1) $[\cup \{A_\alpha : \alpha \in I\}]^c = \cap \{A_\alpha^c : \alpha \in I\}$

(2) $[\cap \{A_\alpha : \alpha \in I\}]^c = \cup \{A_\alpha^c : \alpha \in I\}$

증명 (2) $x \in [\cap \{A_\alpha : \alpha \in I\}]^c \Leftrightarrow x \notin \cap \{A_\alpha : \alpha \in I\} \Leftrightarrow \exists A_\alpha \in \mathscr{I}, x \notin A_\alpha$
$\Leftrightarrow \exists A_\alpha \in \mathscr{I}, x \in A_\alpha^c \Leftrightarrow x \in \cup \{A_\alpha^c : \alpha \in I\}$

따라서 $[\cap \{A_\alpha : \alpha \in I\}]^c = \cup \{A_\alpha^c : \alpha \in I\}$이다. $\qquad \blacksquare$

01 A, B가 X의 부분집합일 때 다음을 보여라.

   (1) $A \cap \varnothing = \varnothing$ (2) $A \cup \varnothing = A$

   (3) $A \cap A = A$ (4) $A \cup A = A$

02 $A \subseteq B$일 때 다음을 보여라.

   (1) $A \cap B = A$ (2) $A \cup B = B$

   (3) $B^c \subseteq A^c$

03 A, B가 X의 부분집합일 때 다음을 보여라.

   (1) $(A^c)^c = A$ (2) $A \cup A^c = X$

   (3) $A \cap A^c = \phi$ (4) $(A - B)^c = B \cup A^c$

04 A, B, C가 X의 부분집합일 때 다음을 보여라.

   (1) $A \subseteq C, B \subseteq C \Rightarrow A \cup B \subseteq C$

   (2) $A \subseteq B, \ A \subseteq C \Rightarrow A \subseteq B \cap C$

   (3) $A \cup B = A \cap B \Leftrightarrow A = B$

05 $A \subseteq B$이고 $C \subseteq D$이면 $A \cup C \subseteq B \cup D$임을 보여라.

06 집합 연산의 교환법칙, 결합법칙, 배분법칙, 카테시안곱에 관한 법칙이 성립함을 보여라.

07 두 집합 A, B에 대하여 $A \triangle B = (A - B) \cup (B - A)$로 정의하고, 이것을 A와 B의 대칭차집합(symmetric difference)이라 한다. 다음을 보여라.

   (1) $A \triangle B = B \triangle A$ (2) $A \triangle B = \phi \Leftrightarrow A = B$

   (3) $A \triangle B = X \Leftrightarrow A = B^c$ (4) $(A \triangle B) \cap E = (A \cap E) \triangle (B \cap E)$

08 $\mathscr{I} = \{B_\alpha\}_{\alpha \in I}$가 집합족일 때, 다음 배분법칙이 성립함을 보여라.

$$A \cap [\cup \{B_\alpha : B_\alpha \in \mathscr{I}\}] = \cup \{A \cap B_\alpha : B_\alpha \in \mathscr{I}\}$$

$$A \cup [\cap \{B_\alpha : B_\alpha \in \mathscr{I}\}] = \cap \{A \cup B_\alpha : B_\alpha \in \mathscr{I}\}$$

09 정리 1.1.4(3), (4), (7)을 보여라.

10 정리 1.1.6(1)의 드모르간 법칙을 보여라.

11 집합 A, B, C, D에 대하여 다음을 보여라.

(1) $(A \times A) \cap (B \times C) = (A \cap B) \times (A \cap C)$

(2) $A \times (B - D) = (A \times B) - (A \times D)$

(3) $(A \times B) - (C \times C) = [(A - C) \times B] \cup [A \times (B - C)]$

(4) $A - (B \cup C) = (A - B) \cap (A - C)$

(5) $A - (B \cap C) = (A - B) \cup (A - C)$

12 다음 집합들의 수열 $\{A_n\}$에 대하여 $\cup_{n=1}^{\infty} A_n$과 $\cap_{n=1}^{\infty} A_n$을 구하여라.

(1) $A_n = \{x \in \mathbb{R} : -n < x < n\}$ $(n \in \mathbb{N})$

(2) $A_n = \{x \in \mathbb{R} : -1/n < x < 1\}$ $(n \in \mathbb{N})$

(3) $A_n = \{x \in \mathbb{R} : -1/n < x < 1 + 1/n\}$ $(n \in \mathbb{N})$

13 X와 Y가 집합이면 $\wp(X) \cap \wp(Y) = \wp(X \cap Y)$이고 $\wp(X) \cup \wp(Y) \subset \wp(X \cup Y)$임을 보여라. $\wp(X) \cup \wp(Y) \neq \wp(X \cup Y)$가 되는 예를 들어라.

칸토어(Georg Ferdinand Ludwig Philipp Cantor, 1845~1918)의 생애와 업적

1845년 3월 3일에 러시아 상트페테르부르크에서 태어난 독일의 수학자로 아버지는 주식 투자가였다. 현대 수학의 바탕이 되는 집합론을 창시한 것으로 유명하다. 칸토어는 1863년에 취리히 연방 공과대학교에서 베를린 훔볼트 대학교로 전학하여 크로네커(Kronecker, 1823~1891)와 바이어슈트라스(Weierstrass, 1815~1897), 쿠머(Kummer, 1810~1893) 등의 강의를 수강하였다. 1867년에 베를린 훔볼트 대학교에서 수론에 대한 논문으로 박사 학위를 수여받았다. 1872년에 할레-비텐베르크 대학교의 조교수가 되었고, 1879년 34세의 나이에 정교수로 승진하였다.

칸토어는 베를린 훔볼트 대학교로 이전하려 하였으나, 베를린의 크로네커는 칸토어를 매우 싫어하여 이는 무산되었다. 크로네커는 수학의 구성주의를 지향한 반면에 칸토어의 집합론은 구성주의와 철학적으로 정반대되었기 때문이다.

1881년에 칸토어는 할레-비텐베르크 대학교 교수직을 데데킨트(Dedekind, 1831~1916)에게 수여하려 하였으나 데데킨트는 이를 거부하였다. 이 때문에 칸토어와 데데킨트는 1882년에 모든 서신을 중단하였다.

당시 여러 수학자들에게 비판을 받은 칸토어는 1884년에 깊은 우울증에 빠졌고, 병원에 입원하였다. 퇴원한 뒤 칸토어는 수학을 기피하고, 철학과 셰익스피어의 문학에 관심을 돌렸다. 이후 잠시 회복하여, 1891년에 대각선 논법을 발표하였다.

칸토어는 집합 사이의 일대일 대응의 중요성을 확립하고, 무한과 정렬 집합을 정의하였으며, 자연수보다 실수가 '훨씬 많음'을 증명하였다. 실제로 칸토어의 정리는 '무한의 무한성'의 존재를 의미한다. 칸토어는 무한집합에도 그 크기가 다를 수 있다는 것을 알아차려서, 가산집합과 비가산집합을 구분하였고, 유리수의 집합은 가산무한집합인 반면, 실수의 집합은 비가산 집합임을 유명한 대각선 논법을 사용하여 증명하였다. 말년에 그는 연속체 가설을 증명하기 위해서 노력하였으나, 성공하지는 못하였다. 연속체 가설은 칸토어의 사후, 괴델(Gödel, 1906~1978)과 코언(Cohen, 1934~2007)에 의해서 증명이 가능하지 않음이 증명되었다.

초한수에 관한 칸토어의 이론은 그의 전 생애에 걸쳐서 크로네커, 푸앵카레(Poincaré, 1854~1912) 등의 동시대의 저명한 수학자들에 의해서 거센 반대에 부딪혔다. 그러나 현대의 대다수 수학자들은 그의 초한수에 대한 결과를 받아들였으며, 현재 칸토어의 이론은 수학기초론의 핵심을 이루고 있다.

20세기 최고의 수학자였던 힐베르트(Hilbert, 1862-1943)는 "칸토어가 우리를 위하여 창조한 무한이라는 낙원에서 우리를 몰아낼 수는 없다"라는 극찬의 말을 남겼다.

1.2 | 함수

함수란 말은 독일의 수학자 라이프니치(Leibniz, 1646~1716)가 처음 사용하기 시작한 후 오일러(Euler), 코시(Cauchy) 등에 의하여 함수란 말의 의미는 점차 일반화되었다. 오늘날 함수의 의미는 다음과 같이 두 집합 사이의 대응으로 생각하기에 이르렀다.

> **정의 1.2.1**
>
> 두 집합 X와 Y에 대하여, X의 각 원소 x에 Y의 원소 하나씩을 대응시키는 규칙을 X에서 Y로의 함수라 하고 $f : X \to Y$로 나타낸다. 이때 X를 f의 정의구역(domain of definition), Y를 f의 공변역(codomain)이라 한다. 또 X의 원소 x에 대응하는 Y의 원소 y를 x에서 f의 상(image) 또는 x에서 f의 **함숫값**이라 하고 $f(x)$로 나타낸다.

함수 $f : X \to Y$에서 정의구역과 공변역을 명시하지 않아도 혼동을 일으킬 우려가 없을 때는 $f : X \to Y$를 $y = f(x)$ 또는 함수 f로 쓰기도 한다. 또 함수라는 용어 대신에 사상(mapping) 또는 변환(transformation)을 사용할 때도 있다. 함수 $f : X \to Y$와 X의 임의의 부분집합 A에 대하여

$$f(A) = \{f(x) \in Y : x \in A\}$$

로 정의하고, 이 집합을 f에 의한 A의 상(image)이라 한다. 특히, $A = X$이면

$$f(X) = \{f(x) \in Y : x \in X\}$$

를 함수 f의 치역(range)이라 하고, $\mathrm{ran}(f)$ 또는 $\mathrm{Im}(f)$로 나타낸다. 또 $A = \{x\}$일 때 $f(A) = \{f(x)\}$이고 이것을 간단히 $f(x)$로 나타낸다. 또한 $\{(x, f(x)) : x \in X\}$인 순서쌍들의 집합을 f의 그래프(graph)라 한다.

보기 1 (1) 임의의 실수 x에 x^n (n은 자연수)을 대응시키면 실수 전체의 집합 $\mathbb{R}$을 정의구역으로 하는 함수가 되고 이 함수를 보통 $y = x^n$ 또는 $f(x) = x^n$으로 나타낸다. 이 함수에서 $n = 2$이고 집합 A가 닫힌구간 $[-2, 1]$이면 $f(A) = \{y \in \mathbb{R} : 0 \le y \le 4\}$이다.

   (2) 집합 X에 대하여 함수 $i : X \to X$, $i(x) = x$를 X 위의 항등함수(identity function)라고 한다.

(3) $\mathbb{N}$은 자연수 전체의 집합이고 Y는 임의의 공집합이 아닌 집합이면 함수 $f: \mathbb{N} \to Y$를 Y의 원소의 수열(sequence)이라 한다. 이때, 흔히 $f(n)$을 x_n으로, f를 $\{x_n\}$으로 표시한다. 따라서 $f(\mathbb{N}) = \{x_n : n \in \mathbb{N}\}$은 f의 치역으로 집합이고, $\{x_n\}$은 수열이므로 치역 $f(\mathbb{N})$과 $\{x_n\}$은 다르다.

정리 1.2.2

$f: X \to Y$가 함수이고 A와 B가 X의 부분집합이면 다음 관계가 성립한다.
(1) $A \subseteq B$이면 $f(A) \subseteq f(B)$ (2) $f(A \cup B) = f(A) \cup f(B)$
(3) $f(A \cap B) \subseteq f(A) \cap f(B)$

증명 (1) 만약 $y \in f(A)$이면 $f(x) = y$을 만족하는 $x \in A$가 존재한다. $A \subseteq B$이므로 $x \in B$이다. 따라서 $y = f(x) \in f(B)$이므로 $f(A) \subseteq f(B)$.

(2) 만약 $y \in f(A \cup B)$이면 $f(x) = y$를 만족하는 $x \in A \cup B$가 존재한다. $x \in A$ 또는 $x \in B$이고 $f(x) = y$이므로 $y \in f(A)$ 또는 $y \in f(B)$, 즉 $y \in f(A) \cup f(B)$이다. 그러므로

$$f(A \cup B) \subseteq f(A) \cup f(B). \tag{1.1}$$

한편, $A \subseteq A \cup B$, $B \subseteq A \cup B$이므로 $f(A)$의 정의에 의하여 $f(A) \subseteq f(A \cup B)$, $f(B) \subseteq f(A \cup B)$가 된다. 이 두 포함관계에서

$$f(A) \cup f(B) \subseteq f(A \cup B) \tag{1.2}$$

식 (1.1)과 (1.2)로부터 $f(A \cup B) = f(A) \cup f(B)$이다.

(3) 만약 $y \in f(A \cap B)$이면 $f(x) = y$를 만족하는 $x \in A \cap B$가 존재한다. 그러므로 $x \in A$, $x \in B$이고 $f(x) = y$이므로 $y \in f(A) \cap f(B)$이다. 따라서 $f(A \cap B) \subseteq f(A) \cap f(B)$이다. ∎

주의 1 위 정리 1.2.2(3)의 양변의 집합은 일반으로 같지 않다. 예를 들어, 함수 $f: \mathbb{Z} \to \mathbb{Z}$, $f(x) = x^2$이고 $A = \{-1, -2, -3\}$, $B = \{1, 2, 3\}$일 때, $f(A) = f(B) = \{1, 4, 9\}$이지만 $A \cap B = \varnothing$이다. 따라서

$$f(A \cap B) = f(\varnothing) = \varnothing \neq f(A) \cap f(B) = \{1, 4, 9\}.$$

즉, $f(A \cap B) \neq f(A) \cap f(B)$이다.

(1) 함수 $f : X \to Y$에서 $f(X) = Y$, 즉 함수 f의 치역과 공변역이 일치하면 f를 Y 위로의 함수 또는 전사함수(onto function or surjection)라 한다. 즉, 임의의 $y \in Y$에 대하여 $y = f(x)$를 만족하는 X의 원소 x가 적어도 하나 존재하면 f는 Y 위로의 함수이다.

(2) 함수 $f : X \to Y$에서 $x_1 \neq x_2$일 때 $f(x_1) \neq f(x_2)$, 즉, f에 의한 서로 다른 두 원소의 상이 서로 다를 때, 함수 f를 일대일 함수 또는 단사함수(one-to-one function 또는 injection)라 한다.

(3) 전사이고 단사인 함수를 전단사함수(bijection) 또는 일대일 대응(one to one correspondence)이라 한다.

(4) $f : X \to Y$가 함수이고 B가 Y의 부분집합이면 $f^{-1}(B) = \{x \in X : f(x) \in B\}$로 정의하고 이 집합을 함수 f에 의한 집합 B의 역상(inverse image)이라 한다.

보기 2 함수 $f : \mathbb{R} \to \mathbb{R}$, $f(x) = x^2$와 집합 $A = \{x \in \mathbb{R} : -1 \leq x \leq 1\}$, $B = \{y \in \mathbb{R} : 1 \leq y \leq 3\}$이면 $f(A) = \{y \in \mathbb{R} : 0 \leq y \leq 1\}$이고, $f^{-1}(B) = \{x \in \mathbb{R} : -\sqrt{3} \leq x \leq -1\} \cup \{x \leq \mathbb{R} : 1 \leq x \leq \sqrt{3}\}$.

정리 1.2.4

$f : X \to Y$가 함수이고 A와 B가 Y의 부분집합이면 다음이 성립한다.

(1) $A \subseteq B$이면 $f^{-1}(A) \subseteq f^{-1}(B)$ (2) $f^{-1}(A \cup B) = f^{-1}(A) \cup f^{-1}(B)$

(3) $f^{-1}(A \cap B) = f^{-1}(A) \cap f^{-1}(B)$ (4) $f^{-1}(A - B) = f^{-1}(A) - f^{-1}(B)$

증명 (1) $x \in f^{-1}(A)$이면 $f(x) \in A$이다. 그런데 $A \subseteq B$이므로 $f(x) \in B$, 즉 $x \in f^{-1}(B)$이다. 따라서 $f^{-1}(A) \subseteq f^{-1}(B)$이다.

(2) 만약 $x \in f^{-1}(A \cup B)$이면 $f(x) \in A \cup B$이므로 $f(x) \in A$ 또는 $f(x) \in B$, 즉 $x \in f^{-1}(A)$ 또는 $x \in f^{-1}(B)$이다. 따라서

$$f^{-1}(A \cup B) \subseteq f^{-1}(A) \cup f^{-1}(B). \tag{1.3}$$

한편, $A \subseteq A \cup B$이고 $B \subseteq A \cup B$이므로

$$f^{-1}(A) \subseteq f^{-1}(A \cup B), \ f^{-1}(B) \subseteq f^{-1}(A \cup B)$$

$$f^{-1}(A) \cup f^{-1}(B) \subseteq f^{-1}(A \cup B). \tag{1.4}$$

식 (1.3)과 식 (1.4)에서 $f^{-1}(A) \cup f^{-1}(B) = f^{-1}(A \cup B)$이다.

(3) $A \cap B \subseteq A$, $A \cap B \subseteq B$이므로 $f^{-1}(A \cap B) \subseteq f^{-1}(A)$,
$f^{-1}(A \cap B) \subseteq f^{-1}(B)$이다.

$$f^{-1}(A \cap B) \subseteq f^{-1}(A) \cap f^{-1}(B). \tag{1.5}$$

한편, 만약 $x \in f^{-1}(A) \cap f^{-1}(B)$이면 $x \in f^{-1}(A)$이고 $x \in f^{-1}(B)$,
즉 $f(x) \in A$이고 $f(x) \in B$이므로 $f(x) \in A \cap B$, 즉 $x \in f^{-1}(A \cap B)$이다.
따라서

$$f^{-1}(A) \cap f^{-1}(B) \subseteq f^{-1}(A \cap B). \tag{1.6}$$

식 (1.5)와 (1.6)에서 $f^{-1}(A \cap B) = f^{-1}(A) \cap f^{-1}(B)$이다.

(4) $x \in f^{-1}(A - B) \Leftrightarrow f(x) \in A - B \Leftrightarrow f(x) \in A$이지만 $f(x) \notin B$
$$\Leftrightarrow x \in f^{-1}(A)$$이지만 $x \notin f^{-1}(B)$
$$\Leftrightarrow x \in f^{-1}(A) - f^{-1}(B).$$

따라서 $f^{-1}(A - B) = f^{-1}(A) - f^{-1}(B)$이다. ■

보기 3 함수 $f : \mathbb{Z} \to \mathbb{Z}$, $f(x) = x^2$이고 $E = \{-1, -2, -3, \cdots\}$일 때

$$f(E) = \{(-n)^2 : n \in \mathbb{N}\} = \{1, 4, 9, \cdots\}$$

이고 $f^{-1}(f(E)) = \mathbb{Z} - \{0\}$이다. 따라서 $E \subseteq f^{-1}(f(E))$임을 알 수 있다.

정의 1.2.5

두 함수 $f : X \to Y$와 $g : Y \to Z$의 합성함수(composite function)는
$$h = g \circ f : X \to Z, \ h(x) = g(f(x)), \quad x \in X$$
로 정의되는 함수이다. f와 g의 합성함수를 $g \circ f$로 나타낸다.

주의 2 일반적으로 $f \circ g \neq g \circ f$임을 알 수 있다. 예를 들어, 두 함수 $f : \mathbb{R} \to \mathbb{R}$,
$f(x) = x^2 + 1$과 $g : \mathbb{R} \to \mathbb{R}$, $g(t) = \sin t$에 대하여

$$g \circ f : \mathbb{R} \to \mathbb{R}, \quad (g \circ f)(x) = \sin(x^2 + 1),$$
$$f \circ g : \mathbb{R} \to \mathbb{R}, \quad (f \circ g)(t) = \sin^2 t + 1.$$

이 예로부터 $f \circ g \neq g \circ f$임을 알 수 있다.

정리 1.2.6

함수 $f : X \to Y$와 $g : Y \to Z$에 대하여 다음이 성립한다.

(1) f와 g가 단사함수이면 합성함수 $g \circ f$도 단사함수이다.

(2) f와 g가 전사함수이면 $g \circ f$도 전사함수이다.

증명 (1) 만약 $(g \circ f)(x) = (g \circ f)(y)$, 즉 $g(f(x)) = g(f(y))$이면 g가 단사함수이 므로 $f(x) = f(y)$이다. 또한 f가 단사함수이므로 $x = y$이다. 따라서 $g \circ f$는 단사함수이다.

(2) c를 Z의 임의의 원소라 하자. g가 전사함수이므로 $g(b) = c$이 되는 $b \in Y$ 가 존재한다. 또한 f가 전사함수이므로 $f(a) = b$인 하나의 원소 $a \in X$가 존재한다. 따라서 $(g \circ f)(a) = g(f(a)) = g(b) = c$이므로 $g \circ f$는 전사함 수이다. ∎

정의 1.2.7

함수 $f : X \to Y$가 전단사이면 Y의 임의의 원소 y에 대하여 $f(x) = y$로 되는 X의 원 소 x는 단 하나뿐이므로 역상 $f^{-1}(y)$는 단집합 $\{x\}$이다. 그러므로 이때 Y의 임의의 원소 y에 $f(x) = y$인 X의 원소 x를 대응시키면 Y에서 X로의 함수를 얻는다. 이 함 수를 $f^{-1} : Y \to X$로 나타내고 f의 역함수(inverse function)라고 한다.

전단사함수의 역함수 f^{-1}를 g로 나타내면

$$(g \circ f)(x) = g(f(x)) = g(y) = x, \quad \forall x \in X$$
$$(f \circ g)(y) = f(g(y)) = f(x) = y, \quad \forall y \in Y$$

이므로 $g \circ f = i_X$, $f \circ g = i_Y$이다. 여기서 i_X는 X 위의 항등함수, i_Y는 Y 위의 항등 함수를 나타낸다.

보기 4 양수 전체의 집합을 $\mathbb{R}^+$로 나타내자. 함수 $f : \mathbb{R} \to \mathbb{R}^+$, $f(x) = e^x$는 전단사함 수이고, 이 함수의 역함수는 $g : \mathbb{R}^+ \to \mathbb{R}$, $g(x) = \ln x$이다. 따라서

$$(g \circ f)(x) = g(f(x)) = \ln e^x = x, \ \forall \, x \in \mathbb{R},$$

$$(f \circ g)(x) = f(g(x)) = e^{\ln x} = x, \ x \in \mathbb{R}^+$$

이므로 $g \circ f = i_{\mathbb{R}}$ $f \circ g = i_{\mathbb{R}^+}$이다.

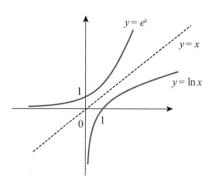

그림 1.1 지수함수와 로그함수

정의 1.2.8

함수 $f : X \to Y$와 X의 부분집합 A에 대하여, A를 정의구역으로 하는 함수 $g : A \to Y$, $g(x) = f(x) \ (x \in A)$를 f의 A로의 축소함수(restriction of f to A)라 하고 $f|A$로 나타낸다. 또한 g가 f의 축소함수이면 f를 g의 확장함수(extension of g)라 한다.

정의 1.2.9

$A \subset X$가 공집합이 아닐 때 다음과 같은 함수 χ_A를 A의 특성함수(characteristic function)라 한다.

$$\chi_A(x) = \begin{cases} 1, & (x \in A) \\ 0, & (x \notin A) \end{cases}$$

01 함수 $f, g : \mathbb{Z} \to \mathbb{Z}$, $f(x) = x + 3$, $g(x) = 2x$에 대하여 $(f \circ g)(\mathbb{N})$과 $(g \circ g)(\mathbb{N})$를 구하여라.

02 함수 $f : X \to Y$와 $A \subseteq X$에 대하여 $f(X) - f(A) \subseteq f(X - A)$임을 증명하고

$$f(X) - f(A) \neq f(X - A)$$

이 되는 예를 구하여라.

03 함수 $f : [0, 2\pi] \to \mathbb{R}^2$, $f(t) = (\cos t, \sin t)$에 대하여 f의 치역과 $f^{-1}((1, 0))$, $f^{-1}((0, -1))$을 구하여라.

04 함수 $f : \mathbb{R} \to \mathbb{R}$, $g : \mathbb{R} \to \mathbb{R}$가 $f(x) = x^2 + 3$, $g(x) = \cos x$일 때 $f \circ g$와 $g \circ f$를 구하여라.

05 함수 $f : X \to Y$와 $A \subseteq X$, $B \subseteq Y$에 대하여 다음 관계가 성립함을 보여라.

(1) $f^{-1}(f(A)) \supset A$ (2) $f(f^{-1}(B)) \subseteq B$

(3) $f^{-1}(Y - B) = X - f^{-1}(B)$ (4) $f(A \cap f^{-1}(B)) = f(A) \cap B$

06 $f : X \to Y$는 함수이고 $\{A_i : i \in I\}$가 X의 부분집합을 원소로 하는 집합족이면 정리 1.2.2를 다음과 같이 일반화할 수 있음을 보여라.

(1) $f[\bigcup_{i \in I} A_i] = \bigcup_{i \in I} f[A_i]$ (2) $f[\bigcap_{i \in I} A_i] \subset \bigcap_{i \in I} f[A_i]$

07 함수 $f : X \to Y$와 $g : Y \to Z$의 합성함수를 $h = g \circ f : X \to Z$라 할 때, 다음이 성립함을 보여라.

(1) h가 전사함수이면 g도 전사함수이다.

(2) h가 단사함수이면 f도 단사함수이다.

08 $f : X \to Y$가 함수이고 $\{B_i : i \in I\}$가 Y의 부분집합을 원소로 하는 집합족이면 정리 1.2.4는 다음과 같이 일반화됨을 보여라.

(1) $f^{-1}[\bigcup_{i \in I} B_i] = \bigcup_{i \in I} f^{-1}[B_i]$

(2) $f^{-1}[\bigcap_{i \in I} B_i] = \bigcap_{i \in I} f^{-1}[B_i]$

09 임의의 함수 $f : X \to Y$, $g : Y \to Z$, $h : Z \to W$에 대하여

$$h \circ (g \circ f) = (h \circ g) \circ f$$

가 성립함을 보여라.

10 함수 $f : X \to Y$에 대하여 다음을 보여라.

(1) f가 단사함수이다 $\Leftrightarrow$ 임의의 $A(\subset X)$에 대하여 $A = f^{-1}(f(A))$이다.

(2) f는 전사함수이다 $\Leftrightarrow$ 임의의 $B(\subset Y)$에 대하여 $f(f^{-1}(B)) = B$이다.

11 함수 $f : X \to Y$와 $g : Y \to Z$가 전단사함수이면 합성함수 $g \circ f$도 전단사함수이고

$$(g \circ f)^{-1} = f^{-1} \circ g^{-1}$$

임을 보여라(귀띔: 정리 1.2.6을 이용하여라).

12 함수 $f : X \to Y$가 전단사이기 위한 필요충분조건은 함수 $g : Y \to X$가 존재하여

$$g \circ f = i_X, \ f \circ g = i_Y$$

인 것임을 보여라. 이때 $g = f^{-1}$이다.

13 함수 $f : X \to Y$에 대하여 다음 성질들이 모두 동치임을 보여라.

(1) f는 단사함수이다.

(2) $f(A \cap B) = f(A) \cap f(B) \quad (A, B \in P(X))$

(3) $A \cap B = \varnothing$인 모든 $A, B \subset X$에 대하여 $f(A) \cap f(B) = \varnothing$이다.

14 $P(A)$는 집합 A의 모든 부분집합들의 집합일 때, 집합 A에서 $P(A)$로의 모든 함수는 전사함수가 아님을 보여라.

15 $A, B \subset X$라 할 때 다음 성질들을 보여라.

(1) $\chi_{A \cup B} = \chi_A + \chi_B - \chi_A \chi_B$

(2) $\chi_{A \cap B} = \chi_A \chi_B$

(3) $B \subset A$이면 $\chi_{A-B} = \chi_A - \chi_B$

(4) $\chi_{A^c} = 1_X - \chi_A$, 여기서 $1_X(x) = 1 \ (x \in X)$.

(5) $\chi_X = 1_X, \ \chi_\varnothing = 0$

16 $f \neq g$이지만 $f \circ g = g \circ f$가 되는 두 함수 $f, g : \mathbb{R} \to \mathbb{R}$의 예를 들어라.

1.3 | 수학적 귀납법

수학에서 정리의 타당성을 밝히는 것을 증명이라 한다. 즉, 참인 전제로부터 타당한 추론을 이용하여 결론을 유도하는 것을 증명(proof)이라 한다. 수학적 귀납법(mathematical induction)은 자연수로 만들어진 명제의 타당성을 보이는 데 사용되는 증명방법이다. 이 증명법의 이용이 비교적 특별한 경우에 제한된다 할지라도, 수학적 귀납법은 수학의 모든 분야에서 필수불가결한 도구이다.

이제 수학적 귀납법의 원리를 서술하고 귀납적 증명이 어떻게 진행되는지를 보여주는 몇 개의 예를 제시하고자 한다.

우선 $N = \{1,2,3,\cdots\}$은 다음의 기본 성질을 갖고 있다.

공리 1 (N의 정렬성) N의 모든 공집합이 아닌 부분집합은 하나의 최소원소(least element)을 갖는다. 즉, S가 N의 부분집합이고 $S \neq \varnothing$이면 모든 $k \in S$에 대하여 $m \leq k$인 한 원소 $m \in S$이 존재한다.

정렬성의 기초 위에서 우리는 N의 부분집합에 의해 표현된 수학적 귀납법의 원리를 유도할 것이다.

정리 1.3.1

(수학적 귀납법의 원리) S가 다음 성질을 만족하는 N의 부분집합이라 하면 $S = N$이다.

(1) $1 \in S$

(2) $k \in S$이면 $k+1 \in S$

증명 모순을 유도하기 위하여 $S \neq N$이라고 가정하자. 그러면 $N - S$는 공집합이 아니므로 정렬성에 의하여 하나의 최소원소를 갖는다. m을 $N - S$의 최소원소라 하자. 가정 (1)에 의해서 $1 \in S$이므로 $m \neq 1$이다. 그러므로 $m > 1$이고 따라서 $m - 1$도 또한 자연수이다. $m - 1 < m$이고 m이 S에 있지 않는 N의 최소원소이므로 $m - 1$은 S에 있어야 한다.

이제 S에 있는 $k = m - 1$에 가정 (2)를 응용하면, $k + 1 = (m-1) + 1 = m$도

S에 있다. 이 결론은 m이 S 안에 있지 않다는 것에 모순이다. 한편 m은 $N-S$가 공집합이 아닌 집합이 되도록 가정함으로써 얻어진 것이므로 $N-S$는 공집합이어야 한다. 그러므로 $S=N$이다. ■

수학적 귀납법의 원리는 종종 자연수에 관한 성질이나 명제의 테두리에서 설명될 수가 있다. 만약 $P(n)$이 $n\in N$에 관한 의미있는 명제를 표시하면 $P(n)$은 n의 어떤 값에 대해서 참일 수도 있고 또 거짓일 수도 있다. 예를 들어, $P(n)$이 명제 '$n^2=n$'이라면 $P(1)$은 참이고 $n\neq 1$인 모든 자연수 n에 대해서 $P(n)$은 거짓이다.

정리 1.3.2

(수학적 귀납법) 자연수 $n\in N$에 관한 명제 $P(n)$이 다음 두 조건을 만족한다고 가정하면 모든 자연수 $n\in N$에 대하여 $P(n)$은 참이 된다.

(1) $P(1)$은 참이다.

(2) $P(k)$가 참이면 $P(k+1)$도 참이다.

증명 N의 부분집합 S를 $S=\{n\in N : P(n)$은 참이다$\}$로 정의하면 가정에 의하여 $1\in S$이고, 만약 $n\in S$이면 $n+1$도 S의 원소이다. 따라서 수학적 귀납법의 원리에 의하여 $S=N$이다. 즉, 모든 자연수 $n\in N$에 대하여 $P(n)$은 참이다. ■

보기 1 다음 식을 수학적 귀납법을 이용하여 보여라.

(1) $1^2+2^2+\cdots+n^2=\dfrac{1}{6}n(n+1)(2n+1)$

(2) $2^n\leq (n+1)!$

증명 (1) $n=1$일 때 $1^2=(1/6)\cdot 1\cdot 2\cdot 3$이므로 위 식은 참이 된다.

위 식이 k에 대해서 참이라고 가정하면 가정된 등식 양변에 $(k+1)^2$을 더함으로써얻어진다.

$$1^2+2^2+\cdots+k^2+(k+1)^2=\frac{1}{6}k(k+1)(2k+1)+(k+1)^2$$
$$=\frac{1}{6}(k+1)(2k^2+k+6k+6)$$
$$=\frac{1}{6}(k+1)(k+2)(2k+3).$$

따라서 수학적 귀납법에 의하여 위의 주어진 식은 모든 $n \in \mathbb{N}$ 에 대하여 성립한다.

(2) 분명히 $n = 1$일 때 위 부등식은 성립한다. 만약 $2^k \leq (k+1)!$이라 가정하면

$$2^{k+1} = 2 \cdot 2^k \leq 2(k+1)! \leq (k+2)(k+1)! = (k+2)!.$$

그래서 주어진 부등식이 k에 대하여 성립하면 $k+1$에 대해서도 성립하므로 수학적 귀납법에 의하여 위 식은 모든 $n \in N$에 대하여 참이다. ■

수학적 귀납법의 원리는 때때로 유용한 또 다른 형태가 있다. 그것이 사실 앞의 형태와 동치임에도 불구하고 흔히 강귀납법의 원리(principle of strong induction)라 한다.

정리 1.3.3

(강귀납법의 원리) S가 다음 성질은 만족하는 $\mathbb{N}$의 부분집합이라 하면 $S = \mathbb{N}$이다.

(1) $1 \in S$

(2) $\{1, 2, \cdots, k\} \subseteq S$이면 $k+1 \in S$

---

01 수학적 귀납법을 이용하여 다음 식이 성립함을 보여라.

(1) $1 + 3 + 5 + \cdots + (2n-1) = n^2$

(2) $n < 2^n$

(3) $n^2 < 2^n \ (n \geq 5)$

(4) $2^n < n! \ (n \geq 4)$

(5) $(n!)^3 < n^n \left(\dfrac{n+1}{2}\right)^{2n} \ (n \geq 2)$

(6) $1^3 + 2^3 + \cdots + n^3 = \{n(n+1)/2\}^2$

(7) $x, y \in \mathbb{R}$ 에 대하여 $x^{n+1} - y^{n+1} = (x-y)(x^n + x^{n-1}y + \cdots + y^n)$

(8) $\left(\dfrac{x+y}{2}\right)^n \leq \dfrac{x^n + y^n}{2} \ (x, y \geq 0)$

02 수학적 귀납법을 이용하여 다음을 보여라.

(1) 모든 자연수 $n \in \mathrm{N}$ 에 대하여 $7^n - 4^n$은 3의 배수이다.

(2) (베르누이의 부등식) $h > -1$일 때 모든 $n \in \mathrm{N}$에 대하여 $(1+h)^n \geq 1 + nh$이다.

(3) n이 자연수일 때 $7^n - 2^n$이 5로 나누어진다.

(4) $0 \leq a < 1$일 때 임의의 자연수 n에 대하여 $1 - a^n \geq (1-a)^n$이다.

(5) 모든 자연수 $n \in \mathrm{N}$에 대하여 $n > 0$이다.

(6) a, b가 실수일 때 $a - b$가 모든 $n \in \mathrm{N}$에 대하여 $a^n - b^n$의 인수이다.

03 함수 $f : \mathrm{N} \rightarrow \mathrm{N}$ 가 $f(1) = 1, f(2) = 2, f(n+2) = \dfrac{1}{2}(f(n+1) + f(n))$로 정의될 때 모든 $n \in \mathrm{N}$에 대하여 $1 \leq f(n) \leq 2$임을 보여라.

04 $0 < x_1 < 2$이고 모든 $n \in \mathrm{N}$에 대하여 $x_{n+1} = \sqrt{2 + x_n}$이면 모든 $n \in \mathrm{N}$에 대하여 $0 < x_n < x_{n+1} < 2$임을 보여라.

05 $a + \dfrac{1}{a} \in \mathbb{Z}$인 실수 a와 임의의 자연수 n에 대하여 $a^n + \dfrac{1}{a^n} \in \mathbb{Z}$가 성립함을 보여라.

06 $a_1 = 1$, $a_2 = 3$이고 $n \geq 2$인 자연수에 대하여 $a_{n+1} = 3a_n - 2a_{n-1}$인 수열의 일반

항은 $a_n = 2^n - 1$임을 보여라.

07 $\mathbb{N}$의 정렬성을 이용하여 $0 < n < 1$인 자연수 n이 존재하지 않음을 보여라.

08 위 문제를 이용하여 홀수인 동시에 짝수가 되는 자연수가 존재하지 않음을 보여라.

09 만일 자연수 n에 대하여 명제 $p(n)$이 다음 두 성질을 만족하면 모든 자연수 n

에 대하여 명제 $p(n)$이 참임을 보여라.

(1) 모든 자연수 n에 대하여 $p(2^n)$이 참이다.

(2) $p(n)$이 참일 때 $p(n-1)$이 참이다.

10 (1) 임의의 $n \in \mathbb{N}$, $1 \leq k \leq n$에 대하여 $\binom{n}{k} + \binom{n}{k-1} = \binom{n+1}{k}$임을 보여라.

(2) 이항정리를 증명하기 위하여 수학적 귀납법을 사용하여라.

11 집합 X가 n개의 원소를 가지면 $\wp(X)$는 2^n개의 원소를 가짐을 보여라.

1.4 | 가산집합

칸토어는 집합 사이의 일대일 대응의 중요성을 확립하고, 가산집합과 비가산집합을 구분하였고 '부분이 전체와 일대일 대응'이 되는 성질이 칸토어를 포함해서 많은 수학자들을 놀라게 했다.

정의 1.4.1

두 집합 A, B에 대하여 전단사함수 $f : A \to B$가 존재하면 A와 B는 대등(equipotent 또는 equivalent)이라 하고 $A \sim B$로 나타낸다.

보기 1 (1) 정수 전체의 집합 $\mathbb{Z}$는 자연수의 집합 $\mathbb{N}$과 대등하다. 왜냐하면 다음 함수 $f : \mathbb{N} \to \mathbb{Z}$는 일대일 대응이기 때문이다.

$$f(n) = \begin{cases} -(n-1)/2 & (n = 1, 3, 5, \cdots) \\ n/2 & (n = 2, 4, 6, \cdots) \end{cases}$$

(2) 홀수들의 집합 O는 자연수의 집합 $\mathbb{N}$과 대등하다. 왜냐하면 함수 $f : \mathbb{N} \to O$, $f(n) = 2n - 1$는 전단사함수이기 때문이다.

(3) 함수 $f : \mathbb{R} \to (-1, 1)$, $f(x) = x/(1 + |x|)$은 전단사함수이므로 $\mathbb{R}$과 $(-1, 1)$은 대등하다.

위의 보기로부터 한 집합이 자신의 진부분집합과 대등할 수 있음을 알 수 있다.

정의 1.4.2

(1) 집합 A가 공집합이거나 또는 적당한 자연수 n에 대하여 $\{1, 2, 3, \cdots n\} \sim A$일 때 A를 유한집합(finite set)이라 한다.

(2) 유한집합이 아닌 집합을 무한집합(infinite set)이라 한다.

(3) 집합 A가 유한집합이거나 또는 자연수 전체의 집합 $\mathbb{N}$과 대등하면 A를 가산집합 (countable set 또는 denumerable set)이라 한다.

(4) 가산집합이 아닌 무한집합을 비가산집합(uncountable set)이라 한다.

자연수의 집합 N 의 모든 부분집합은 가산집합이다.

증명 X는 N의 임의의 부분집합이라고 하자. 만약 X가 유한집합이면 분명히 정의에 의하여 정리가 성립한다. 따라서 X는 무한집합이라고 가정한다. N에서 X로의 함수 $f: N \to X$를 다음과 같이 정의한다. $f(1)$을 집합 X의 최소원소라고 하고, $f(2)$를 $X - \{f(1)\}$의 최소원소라고 하자. 이러한 과정을 계속하여 $f(1), f(2), \cdots, f(n)$을 정의하면 $f(n+1)$을 $X - \{f(1), f(2), \cdots, f(n)\}$의 최소원소라고 하자. 그러면 $f: N \to X$는 전단사함수이다. 따라서 X는 가산집합이다. ■

따름정리 1.4.4

가산집합 A의 모든 부분집합 B는 가산집합이다.

정리 1.4.5

공집합이 아닌 집합 X가 가산집합이 되기 위한 필요충분조건은 전사함수 $f: N \to X$가 존재하는 것이다.

증명 만약 X가 가산이고 무한집합이면 정의에 의하여 전단사함수 $f: N \to X$가 존재한다. 만약 X가 유한집합이면 적당한 자연수 n이 존재하여 $X \sim \{1, 2, \cdots, n\}$. 따라서 $X = \{x_1, x_2, \cdots, x_n\}$이다. N에서 X로의 함수 $f: N \to X$를 다음과 같이 정의한다.

$$f(j) = \begin{cases} x_j \ (j = 1, 2, \cdots, n) \\ x_n \ (j > n) \end{cases}$$

그러면 $f: N \to X$는 분명히 전사함수이다.

역으로 $f: N \to X$가 전사함수라고 가정하자. 만약 X가 유한집합이면 정의에 의하여 X는 가산집합이다. 따라서 X는 무한집합이라고 가정한다. X에서 N으로의 함수 $g: X \to N$, $g(x) = \min\{f^{-1}(x)\} \ (x \in X)$를 정의하면 g는 X에서 $g(X)$로의 전단사함수이고 $g(X)$는 N의 무한부분집합이다. 따라서 $g(X)$는 가산집합이다. 그러므로 $X \sim g(X) \sim N$이고 X는 가산집합이다. ■

> **보조정리 1.4.6**
>
> 집합 $N \times N$은 가산집합이다.

증명 함수 $f : N \times N \to N$, $f(m,n) = 2^{m-1}(2n-1)$은 전단사이므로 $N \times N$은 가산집합이다. ■

> **정리 1.4.7**
>
> A_1, A_2, $\cdots$ 가 모두 가산집합이면 집합 $A = \cup_{n=1}^{\infty} A_n$도 가산집합이다.

증명 A_1, A_2, $\cdots$, $A_n, \cdots$이 모두 가산집합이므로

$$A_1 = \{a_1^1, a_2^1, a_3^1, \cdots\}, \ A_2 = \{a_1^2, a_2^2, a_3^2, \cdots\}, \ \cdots, \ A_n = \{a_1^n, a_2^n, a_n^n, \cdots\}, \ \cdots$$

로 나타낼 수 있다. 이것을 다음과 같이 나열하고, 화살표 방향의 순서로 원소의 중복을 피하면서 번호를 붙여 나가면 A는 가산집합임을 알 수 있다.

$$
\begin{array}{ccccccc}
a_1^1 & \to & a_2^1 & & a_3^1 & \to & a_4^1 \cdots \\
 & & \downarrow & & \uparrow & & \downarrow \\
a_1^2 & \leftarrow & a_2^2 & & a_3^2 & & a_4^2 \cdots \\
\downarrow & & & & \uparrow & & \\
a_1^3 & \to & a_2^3 & \to & a_3^3 & & a_4^3 \cdots \\
 & & & & & & \downarrow \\
a_1^4 & \leftarrow & a_2^4 & \leftarrow & a_3^4 & \leftarrow & a_4^4 \cdots \\
\cdots & \cdots & \cdots & \cdots & \cdots & \cdots & \cdots \cdots
\end{array}
$$

■

> **따름정리 1.4.8**
>
> 유리수 전체의 집합 $\mathbb{Q}$는 가산집합이다.

증명 분모가 n인 유리수 전체의 집합을 E_n이라고 하자. 즉,

$$E_n = \left\{ \frac{0}{n}, -\frac{1}{n}, \frac{1}{n}, -\frac{2}{n}, \frac{2}{n}, \cdots \right\} = \left\{ \frac{m}{n} : m \in \mathbb{Z} \right\}$$

그러면 분명히 E_n은 가산집합이다. 유리수 전체의 집합 $\mathbb{Q}$는 $\mathbb{Q} = \cup_{n=1}^{\infty} E_n$으로 나타낼 수 있으므로 정리 1.4.7에 의하여 $\mathbb{Q}$는 가산집합이다. ■

정리 1.4.9

집합 $[0,1] = \{x \in \mathbb{R} : 0 \leq x \leq 1\}$은 비가산집합이다.

증명 만약 $[0,1]$이 가산집합이라 가정하면 $[0,1] = \{x_1, x_2, \cdots\}$로 나타낼 수 있다. 각 x_i를 무한소수로 나타내어 다음과 같이 나열할 수 있다.

$$x_1 = 0.a_1^1 a_2^1 a_3^1 a_4^1 \cdots$$
$$x_2 = 0.a_1^2 a_2^2 a_3^2 a_4^2 \cdots$$
$$\vdots$$
$$x_n = 0.a_1^n a_2^n a_3^n a_4^n \cdots a_n^n \cdots$$
$$\vdots$$

지금 b_1을 $b_1 \neq a_1^1$인 0부터 8까지의 임의의 자연수라 하고, b_2를 $b_2 \neq a_2^2$인 0부터 8까지의 임의의 자연수라 하자. 일반적으로 b_n을 $b_n \neq a_n^n$인 0부터 8까지의 자연수라고 하고 $y = 0.b_1 b_2 \cdots b_n \cdots$이라 하면 $y \neq x_i \, (i = 1, 2, \cdots)$. 하지만 y는 분명히 $0 \leq y \leq 1$인 실수이므로 $[0,1] = \{x_1, x_2, \cdots\}$에 모순이다. 따라서 $[0,1]$은 비가산집합이다. ■

정리 1.4.10

실수 전체의 집합 $\mathbb{R}$은 비가산집합이다.

증명 $\mathbb{R}$이 가산집합이라면 따름정리 1.4.4에 의하여 $[0,1]$은 가산집합이 되므로 정리 1.4.9에 모순이다. ■

정리 1.4.11

(칸토어 정리) 임의의 집합 A의 멱집합 $\wp(A)$는 A와 대등하지 않다.

증명 함수 $g: A \to \wp(A)$, $g(a) = \{a\}$는 단사함수이므로 $A \leq \wp(A)$이다. 만일 A가 $\wp(A)$와 대등하지 않음을 밝힌다면 이 정리는 성립된다. 그러나 일대일이고 위로의 함수 $f: A \to \wp(A)$가 존재한다고 가정하자. a가 그 상의 집합의 원소가 아닐 때, 즉 $a \notin f(a)$일 때 $a \in A$를 '악원소(bad element)'라 하자. B를 악원소의 집합이라 하자. 즉,

$$B = \{x : x \in A,\ x \notin f(x)\}$$

B는 A의 부분집합, 즉 $B \in \wp(A)$이다. $f : A \to \wp(A)$는 위로의 함수이므로 $f(b) = B$인 성질을 만족하는 원소 $b \in A$가 존재한다. 문제는 $b \in A$가 악원소인가 좋은 원소인가이다. 만일 $b \in B$이면 B의 정의에 의하여 $b \notin f(b) = B$이므로 가정에 모순된다.

같은 방법으로 $b \notin B$이면 $b \in f(b) = B$이고 이것은 또한 모순이 된다. 따라서 $A \sim \wp(A)$라는 원래의 가정은 모순임이 나타난다. 따라서 $A \sim \wp(A)$는 거짓이고 따라서 정리가 참이다. ■

따름정리 1.4.12

N 의 멱집합 $\wp(N)$은 비가산집합이다.

연습문제 1.4

01 짝수인 자연수 전체의 집합을 E라 하면 $E \sim \mathbb{N}$임을 보여라.

02 집합의 대등관계 $\sim$는 동치관계임을 보여라.

03 $a, b \in \mathbb{R}$이고 $a < b$일 때 다음을 보여라.

    (1) $(a, b) \sim (0, 1)$ (2) $(0, 1) \sim (0, \infty)$

    (3) 구간 $(0, 1), [0, 1), (0, 1]$은 각각 구간 $[0, 1]$과 대등하다.

    (4) 구간 $[a, b], (a, b), [a, b), (a, b]$은 서로 대등하다.

04 만약 $A \sim X$이고 $B \sim Y$이면 $(A \times B) \sim (X \times Y)$임을 보여라.

05 $[0, 1] \times [0, 1] \sim [0, 1]$임을 보여라.

06 A가 무한집합일 때 $B \sim A$인 A의 부분집합 $B(\neq A)$가 존재함을 보여라.

07 유리수 계수의 다항식 전체의 집합은 가산집합임을 보여라.

08 집합 $\mathbb{Q}(\sqrt{2}) = \{x + y\sqrt{2} : x, y \in \mathbb{Q}\}$는 가산집합임을 보여라.

09 모든 무한집합은 가산인 무한부분집합을 포함함을 보여라.

10 무리수 전체의 집합은 비가산집합임을 보여라.

11 A와 B가 가산집합이면 카테시안곱 $A \times B$도 가산집합임을 보여라.

12 $a_0, a_1, \cdots, a_m$을 정수라 하고, 정수를 계수로 하는 모든 다항식

$$p(x) = a_0 + a_1 x + \cdots + a_m x^m$$

의 집합 P는 가산집합임을 보여라.

13 실수 r이 정수 계수를 갖는 다항식의 방정식 $p(x) = a_0 + a_1 x + \cdots + a_m x^m$의 해일 때 r을 대수적 수(algebraic number)라고 한다. 대수적 수의 집합 A는 가산집합임을 보여라.

14 X를 임의의 집합, $C(X)$를 X 위의 특성함수족, 즉 $f : X \to \{0, 1\}$인 함수족이라 하면 X의 멱집합 $\wp(X)$은 $C(X)$와 대등, 즉 $\wp(X) \sim C(X)$임을 보여라.

15 X, Y가 임의의 집합이고 $X \sim Y$이면 X의 멱집합 $\wp(X)$와 Y의 멱집합 $\wp(Y)$는 대등함을 보여라.

16 (슈뢰더-베른슈타인(Schroder-Bernstein) 정리)

    $X \supseteq Y \supseteq X_1$이고 $X \sim X_1$이면 $X \sim Y$임을 보여라.

02

제2장

실수계

실해석학에서 중요한 개념은 모두 실수계의 성질에 기반을 두고 있기 때문에 실수계의 구조를 정확히 알아야 한다. 이런 측면에서 이 절에서는 유리수들로부터 실수들을 직접 구성하는 구성적 방법(constructive method)을 택하지 않고, 공리적 방법(axiomatic method)을 이용하여 완비 순서체로서 실수계 $\mathbb{R}$ 를 도입한다. 공집합이 아닌 한 집합 $\mathbb{R}$ 위에 덧셈(+)과 곱셈($\cdot$)이라고 부르는 두 이항연산이 정의되고(즉, 임의의 $a,b\in\mathbb{R}$ 에 대하여 $a+b\in\mathbb{R}$ 과 $a\cdot b\in\mathbb{R}$ 이 유일하게 정해진다), 또한 그 집합 $\mathbb{R}$ 이 대수적 구조(algebraic structure)를 형성하여 주는 체의 공리(field axioms), 순서구조를 형성하여 주는 순서공리, 완비성 공리를 만족할 때 집합 $\mathbb{R}$ 을 실수계(real number system)라고 정의하고, 이때 $\mathbb{R}$ 의 각 원소를 실수(real number)라고 부른다.

정의 2.1.1

(체의 공리) 집합 $\mathbb{R}$ 위에 정의된 두 연산 +와 $\cdot$ 은 다음 체의 공리를 만족한다. 즉, +와 $\cdot$ 에 관하여 다음 성질을 만족한다.

F1. 덧셈 (+), 곱셈 ($\cdot$)이라 부르는 이항연산이 존재하여 임의의 $a,b\in\mathbb{R}$ 에 대하여 $a+b\in\mathbb{R}$, $a\cdot b\in\mathbb{R}$ 이다.

F2: (교환법칙) 임의의 $a,b\in\mathbb{R}$ 에 대하여
$$a+b=b+a,\ a\cdot b=b\cdot a$$

F3: (결합법칙) 임의의 $a,b,c\in\mathbb{R}$ 에 대하여
$$(a+b)+c=a+(b+c),\ (a\cdot b)\cdot c=a\cdot(b\cdot c)$$

F4: 임의의 $a\in\mathbb{R}$ 에 대하여 $a+0=0+a=a$을 만족하는 특정한 $0\in\mathbb{R}$ 이 존재한다. 이러한 $0\in\mathbb{R}$ 을 영(zero) 또는 덧셈에 관한 항등원이라 한다.

F5: 각 $a\in\mathbb{R}$ 에 대하여 $a+x=x+a=0$을 만족시키는 $x\in\mathbb{R}$ 가 존재한다. 이 x를 덧셈에 관한 a의 역원이라 한다.

F6: 임의의 $a\in\mathbb{R}$ 에 대하여 $a\cdot 1=1\cdot a=a$을 만족하는 특정한 $1(\neq 0)\in\mathbb{R}$ 이 존재한다. 이러한 $1\in\mathbb{R}$ 을 단위원 또는 곱셈에 관한 항등원이라 한다.

F7: 0이 아닌 각 $a\in\mathbb{R}$ 에 대하여 $a\cdot x=x\cdot a=1$을 만족시키는 $x\in\mathbb{R}$ 가 존재한다. 이 x를 곱셈에 관한 a의 역원이라 한다.

F8: (배분법칙) 임의의 $a,b,c\in\mathbb{R}$ 에 대하여
$$a\cdot(b+c)=a\cdot b+a\cdot c$$

주의 1 임의의 두 실수 a와 b의 곱 $a \cdot b$를 통상적으로 ab로 쓰기로 하고, 특히 $a = b$ 인 경우 $a \cdot a$를 a^2으로 쓴다. 또 $n \in \mathbb{N}$에 대하여

$$a^n = a \cdot a \cdot \cdots \cdot a \ (n\text{개의 곱})$$

으로 나타낸다. 일반적으로 모든 $n \in \mathbb{N}$에 대하여 a^{n+1}을 $a^{n+1} = (a^n) \cdot a$로 정의한다.

이제 실수계의 체의 공리를 사용하여 $\mathbb{R}$ 위의 두 연산 $+$와 $\cdot$에 관한 여러 가지의 대수적 성질들을 소개한다.

정리 2.1.2

$\mathbb{R}$의 영과 단위원은 각각 유일하다.

증명 만약 0과 $0'$이 $\mathbb{R}$의 영이면 영의 정의에 의하여 $0 + 0' = 0$이다. 또한 F4에 의해서 $0' + 0 = 0'$이다. 그런데 F2에 의하여 $0 + 0' = 0' + 0$이므로

$$0 = 0 + 0' = 0' + 0 = 0'$$

이다. 따라서 $0 = 0'$이다.

만약 1과 $1'$이 $\mathbb{R}$의 단위원이면 단위원의 정의에 의해서 $1 \cdot 1' = 1'$이고 $1' \cdot 1 = 1$이므로 F2에 의하여 $1 = 1'$이 된다. ∎

정리 2.1.3

임의의 $a \in \mathbb{R}$에 대하여 $a + x = 0$을 만족시키는 $x \in \mathbb{R}$가 유일하게 존재한다. 또한 0이 아닌 각 $a \in \mathbb{R}$에 대하여 $a \cdot x = 1$을 만족시키는 $x \in \mathbb{R}$가 유일하게 존재한다.

증명 $a + x = 0$과 $a + x' = 0$인 $x, x' \in \mathbb{R}$이 존재할 때 $x = x'$임을 보이면 된다. 그런데

$$x = x + 0 = x + (a + x') = (x + a) + x' = (a + x) + x' = 0 + x' = x'$$

이므로 $x = x'$이다.

같은 방법으로 $a \cdot x = 1$과 $a \cdot x' = 1$인 x, x'이 존재할 때 $x = x'$임을 보일 수 있다. ∎

위의 정리로부터 각 $a \in \mathbb{R}$ 의 덧셈에 관한 역원이 유일하므로 그 역원을 $-a$로 표시하기로 하고, 또한 0이 아닌 $a \in \mathbb{R}$ 의 곱셈에 관한 역원이 유일하므로 그 역원을 a^{-1} 또는 $1/a$로 나타낸다.

정리 2.1.4

(1) 임의의 $a, b \in \mathbb{R}$ 에 대하여 $a + x = b$를 만족하는 유일한 해 $x = (-a) + b$가 존재한다.

(2) 0이 아닌 $a \in \mathbb{R}$ 와 임의의 $b \in \mathbb{R}$ 에 대하여 $ax = b$를 만족하는 유일한 해 $x = (1/a)b$가 존재한다.

정리 2.1.5

임의의 $a, b, c, d \in \mathbb{R}$ 에 대하여 다음이 성립한다.

(1) $a \cdot 0 = 0$ (2) $-a = (-1)a$

(3) $-(a+b) = (-a) + (-b)$ (4) $-(-a) = a$

(5) $(-1)(-1) = 1$ (6) $(-a)(-b) = ab, \quad (-a)b = -(ab)$

증명 (1) $a \cdot 0 = a(0+0) = a \cdot 0 + a \cdot 0$이므로 이 등식의 양변에 $-(a \cdot 0)$를 더하면 다음이 성립한다.

$$0 = a \cdot 0 + (-(a \cdot 0)) = a \cdot 0 + a \cdot 0 + (-(a \cdot 0))$$
$$= a \cdot 0 + [a \cdot 0 + (-(a \cdot 0))] = a \cdot 0 + 0 = a \cdot 0$$

(2), (3), (4), (5), (6)의 증명은 연습문제로 남긴다. ∎

정리 2.1.6

임의의 $a, b, c, d \in \mathbb{R}$ 에 대하여 다음이 성립한다.

(1) 만약 $ab = 0$이면 $a = 0$ 또는 $b = 0$이다.

(2) 만약 a가 0이 아니면 $a^{-1} \neq 0$이고 $(a^{-1})^{-1} = a$이다.

(3) 만약 b와 d가 0이 아니면 $\left(\dfrac{a}{b} \right) \left(\dfrac{c}{d} \right) = \dfrac{ac}{bd}$ 이다.

(4) 만약 b와 d가 0이 아니면 $\dfrac{a}{b} + \dfrac{c}{d} = \dfrac{ad+bc}{bd}$ 이다.

증명 (1) $a \cdot b = 0$이고 $a \neq 0$이라고 하자. $a \neq 0$이므로 a^{-1}이 존재하고, 이것을 $a \cdot b = 0$의 양변에 곱하면

$$b = a^{-1}(ab) = a^{-1} \cdot 0 = 0$$

이므로 $b = 0$이다. 또한 같은 방법으로, $ab = 0$이고 $b \neq 0$이면 $a = 0$임을 보일 수 있다.

(2) 만약 $a^{-1} = 0$이면 $1 = a \cdot a^{-1} = a \cdot 0 = 0$이므로 이것은 F.6에 의해 모순된다. 따라서 $a^{-1} \neq 0$이다. 한편 $a^{-1} \cdot a = 1$이므로 a는 $a^{-1} \cdot y = 1$의 유일한 해이다. 따라서 $a = (a^{-1})^{-1}$이다.

(3), (4)의 증명은 연습문제로 남긴다. ■

주의 2 (1) 임의의 $a, b \in \mathbb{R}$ 에 대하여 뺄셈의 연산을 $b - a = b + (-a)$로 정의한다. 마찬가지로 $b \neq 0$인 $a, b \in \mathbb{R}$ 에 대하여 나눗셈을 $\dfrac{a}{b} = a\left(\dfrac{1}{b}\right)$로 정의한다.

(2) 자연수 $n \in \mathbb{N}$과 단위원 $1 \in \mathbb{R}$ 을 n번 더하면 값 $n \cdot 1 = 1 + 1 + \cdots + 1$과 동일시함으로써 자연수의 집합 $\mathbb{N}$ 을 $\mathbb{R}$ 의 부분집합으로 간주한다. 마찬가지로 $0 \in \mathbb{Z}$와 $\mathbb{R}$ 의 영원과 동일시하고 정수 $-n$과 -1의 n배를 동일시함으로써 $\mathbb{Z}$ 는 $\mathbb{R}$ 의 부분집합으로 간주한다.

(3) $m, n \in \mathbb{Z}$ 이고 $n \neq 0$일 때 m/n 형태로 쓸 수 있는 $\mathbb{R}$ 의 원소를 유리수(rational number)라 하고 유리수의 집합을 $\mathbb{Q}$로 나타낸다.

(4) $\mathbb{Q}$ 에 속하지 않는 $\mathbb{R}$ 의 원소를 무리수(irrational number)라 한다.

01 임의의 $a, b, c \in \mathbb{R}$ 에 대하여 다음을 보여라.

    (1) $a + b = a + c$이면 $b = c$이다.

    (2) $a + b = a$이면 $b = 0$이다.

    (3) $a \neq 0$이고 $ab = ac$이면 $b = c$이다.

02 임의의 $a, b, c, d \in \mathbb{R}$ 에 대하여 다음이 성립함을 보여라.

    (1) $-a = (-1)a$ (2) $-(a+b) = (-a) + (-b)$

    (3) $-(-a) = a$ (4) $(-1)(-1) = 1$

03 $a, b \in \mathbb{R}$ 에 대하여 $ab \neq 0$이면 $a \neq 0, b \neq 0$이고 $(ab)^{-1} = a^{-1}b^{-1}$임을 보여라.

04 정리 2.1.4를 보여라.

05 정리 2.1.6(3), (4)를 보여라.

06 다음을 보여라.

    (1) a, b가 유리수이면 $a + b$와 ab가 유리수이다.

    (2) a가 유리수이고 b가 무리수이면 $a + b$가 무리수이다. 또한 $a \neq 0$이면 ab가 무리수이다.

07 $K = \mathbb{Q}(\sqrt{2}) = \{a + b\sqrt{2} : a, b \in \mathbb{Q}\}$일 때 K가 다음을 만족함을 보여라.

    (1) $x_1, x_2 \in K$이면 $x_1 + x_2, x_1 x_2 \in K$이다.

    (2) $x \neq 0$이고 $x \in K$이면 $1/x \in K$이다.

2.2 | 순서공리

체의 공리를 만족하는 $\mathbb{R}$ 위에 두 원소 사이의 대소관계를 부여함으로써 실수계 위에 순서구조를 형성하여 주는 순서공리를 소개하기로 한다.

정의 2.2.1

(순서공리, the order axiom) $\mathbb{R}$ 에는 다음의 두 조건을 만족하는 공집합이 아닌 부분집합 P가 존재한다.

O1: 임의의 $a,b \in P$에 대하여 $a+b \in P$이고 $ab \in P$이다.

O2: 임의의 $a \in R$에 대하여 다음 중 반드시 하나만이 성립한다(삼분성질).

    (1) $a \in P$ (2) $a = 0$ (3) $-a \in P$

집합 P의 원소를 양의 실수라고 하고, 집합 $N = \{-a : a \in P\}$의 원소를 음의 실수라고 한다. O2로부터 $a \in \mathbb{R}$ 은 양의 실수, 0 또는 음의 실수 중의 어느 하나이다.

순서공리를 이용하여 $\mathbb{R}$ 위에 두 원소 사이의 순서관계, 즉 대소관계를 다음과 같이 정의할 수 있다.

정의 2.2.2

임의의 $a,b \in \mathbb{R}$ 에 대하여,

(1) $a-b \in P$일 때 a가 b보다 크다 또는 b가 a보다 작다고 하고, 기호로는 $a > b$ 또는 $b < a$로 나타낸다.

(2) $-(a-b) \in P$일 때 b가 a보다 크다 또는 a가 b보다 작다고 하고, 기호로는 $a < b$ 또는 $b > a$로 나타낸다. 특히 $a > b$ 또는 $a = b$일 때 $a \geq b$로 나타내고, $a < b$ 또는 $a = b$일 때 $a \leq b$로 나타낸다.

위의 정의에서 $a \in \mathbb{R}$ 가 양의 실수이면 $a > 0$이 되고, 음의 실수이면 $a < 0$임을 알 수 있다. 또한 $a,b,c \in \mathbb{R}$ 가 $a < b$이고 $b < c$이면

$$a < b < c \text{ 또는 } c > b > a$$

로 나타내기로 한다.

이제, 실수계의 순서공리와 위의 정의를 이용하여 실수의 순서에 관한 여러 가지의 성질을 유도하여 보기로 하자.

정리 2.2.3

임의의 $a,b,c \in \mathbb{R}$ 에 대하여 다음이 성립한다.

(1) 다음 중 반드시 하나만 성립한다(三一律).

$$a > b, \ a = b, \ a < b$$

(2) $a < b$이고 $b < c$이면 $a < c$이다.

(3) $a \leq b$이고 $b \leq a$이면 $a = b$이다.

증명 (1) $a - b \in \mathbb{R}$ 에 대하여 순서공리의 O2를 적용시키면 다음 중 단 하나만이 성립한다.

$$a - b \in P, \ a - b = 0, \ b - a \in P$$

따라서 정의에 의하여 (1)이 성립한다.

(2) $a < b$이면 $b - a \in P$이고, $b < c$이면 $c - b \in P$이므로 O1에 의하여

$$(b - a) + (c - b) = c - a \in P$$

이다. 따라서 $a < c$이다.

(3) $a \neq b$이면, (1)에 의하여 $a > b$이거나 $a < b$ 중 꼭 하나만 성립한다. 그런데 $a > b$이면 $a \geq b$는 성립하지만 $a \leq b$는 성립할 수 없다. 또한 $a < b$이면 $a \leq b$는 성립하지만, $a \geq b$는 성립할 수 없으므로 어느 경우이든 주어진 가정에 모순이 된다. 따라서 $a = b$이다. ∎

정리 2.2.4

임의의 $a,b \in \mathbb{R}$ 에 대하여 다음이 성립한다.

(1) 항상 $a^2 \geq 0$이다. 따라서 $1 > 0$이 된다.

(2) $a > 0$이고 $b < 0$이면 $ab < 0$이다.

(3) $a < 0$이고 $b < 0$이면 $ab > 0$이다.

(4) $a > 0$이면 $\dfrac{1}{a} > 0$이다.

증명 (1) $a = 0$이면 $a^2 = 0$이므로 $a^2 \geq 0$이 성립한다. $a > 0$이면 $a^2 > 0$이므로 $a^2 \geq 0$이다. 또한 $a < 0$이면 $-a > 0$이고 순서공리의 O1에 의하여

$$(-a)(-a) = (-a)^2 = a^2 > 0$$

이 된다. 따라서 어느 경우이든 $a^2 \geq 0$이다. 특히 $a = 1$이면 $1^2 \geq 0$이 성립한다. 그런데 체의 공리의 F6에서 $1 \neq 0$이므로 $1 > 0$이다.

(2) $a > 0$이고 $b < 0$이면 $a > 0$이 되고 $-b > 0$이므로 $a(-b) = -ab > 0$이 된다. 따라서 $ab < 0$이다.

(3) 증명은 독자에게 남긴다.

(4) $a > 0$이면 $a \neq 0$이므로 $1/a \neq 0$이다. 만일 $1/a < 0$이면 $a \cdot \dfrac{1}{a} = 1 < 0$이 되므로 (1)에 모순이 된다. 따라서 순서공리의 O2에 의하여 $1/a > 0$이다.

∎

정리 2.2.5

임의의 $a, b, c, d \in \mathbb{R}$ 에 대하여 다음이 성립한다.

(1) $a > b$이면 $a + c > b + c$이다.

(2) $n \in \mathbb{N}$ 이면 $n > 0$이다.

(3) $a > b$이고 $c > d$이면 $a + c > b + d$이다.

(4) $a > b$이고 $c > 0$이면 $ac > bc$이다.

(5) $a > b$이고 $c < 0$이면 $ac < bc$이다.

(6) $ab > 0$이면 $a > 0$, $b > 0$이거나 $a < 0$, $b < 0$이다.

(7) $a > 0$, $b > 0$일 때 $a^2 > b^2 \Leftrightarrow a > b$이다.

정의 2.2.6

임의의 $a \in \mathbb{R}$ 에 대하여 $|a|$를 다음과 같이 정의하고 이것을 a의 절댓값(absolute value)이라 한다.

$$|a| = \begin{cases} a & (a \geq 0 \text{일 때}) \\ -a & (a < 0 \text{일 때}) \end{cases}$$

임의의 실수 $a,b \in \mathbb{R}$ 에 대하여 다음이 성립한다.

(1) $|a| \geq 0$이고, $|a| = 0 \Leftrightarrow a = 0$　　　(2) $|-a| = |a|$

(3) $|ab| = |a||b|$　　　　　　　　　　　(4) $c \geq 0$이면 $|a| \leq c \Leftrightarrow -c \leq a \leq c$

(5) $-|a| \leq a \leq |a|$

정리 2.2.8

$a,b \in \mathbb{R}$ 이고 $a < b$이면 $a < \dfrac{a+b}{2} < b$이다.

증명 $a < b$이므로 정리 2.2.5(1)에 의해 $2a = a + a < a + b$이고 또한 $a + b < b + b$ $= 2b$도 성립한다. 따라서 $2a < a + b < 2b$이다. 정리 2.2.4(4)에 의하여 $1/2 > 0$ 이다. 따라서 정리 2.2.5(4)로부터

$$a = \frac{1}{2}(2a) < \frac{1}{2}(a+b) < \frac{1}{2}(2b) = b.　■$$

정리 2.2.9

(삼각부등식) 임의의 $a,b \in \mathbb{R}$ 에 대하여 다음의 부등식이 성립한다.

(1) $|a \pm b| \leq |a| \pm |b|$　　　　　(2) $||a| - |b|| \leq |a - b|, \quad ||a| - |b|| \leq |a + b|$

증명 (1) 정리 2.2.7(5)에 의하여 $-|a| \leq a \leq |a|$가 성립하고, 또한 $-|b| \leq \pm b \leq |b|$ 이므로 정리 2.2.5(3)에 의하여 $-(|a| + |b|) \leq a \pm b \leq |a| + |b|$이다. 따라서 정리 2.2.7(4)를 적용시키면 $|a \pm b| \leq |a| + |b|$이 성립한다.

(2) 앞에서 증명한 사실을 이용하면 $|a| = |(a - b) + b| \leq |a - b| + |b|$이므로 $|a| - |b| \leq |a - b|$이다. 한편, $|b| = |a + (b - a)| \leq |a| + |b - a|$이므로 $|b| - |a|$ $\leq |a - b|$가 된다. 따라서 정리 2.2.7(4)에 의하여 $||a| - |b|| \leq |a - b|$가 된다. 또한 이 부등식에서 b 대신 $-b$를 대입하면 $||a| - |b|| \leq |a + b|$를 얻는다. 따라서 부등식 $||a| - |b|| \leq |a \pm b|$가 성립한다.　■

수학적 귀납법을 이용하여 삼각부등식을 $\mathbb{R}$ 의 유한개의 원소로 확장할 수 있다.

임의의 실수 $a_1, a_2, \cdots, a_n$에 대하여 $|a_1 + a_2 + \cdots + a_n| \leq |a_1| + |a_2| + \cdots + |a_n|$

보기 1 (베르누이 부등식[1]) $a > -1$이면 $(1+a)^n \geq 1 + na, \ n \in \mathbb{N}$ 임을 보여라.

증명 수학적 귀납법을 이용하여 이를 증명한다. $n = 1$인 경우는 등식이 성립한다. 따라서 자연수 n에 대하여 베르누이 부등식이 성립한다고 가정하자. 그러면 가정 $(1+a)^n \geq 1 + na$와 $1 + a > 0$이라는 사실에 의하여 다음이 성립한다.

$$(1+a)^{n+1} = (1+a)^n(1+a) \geq (1+na)(1+a)$$
$$= 1 + (n+1)a + na^2 \geq 1 + (n+1)a$$

따라서 베르누이 부등식은 $n+1$에 대해서도 성립한다. 수학적 귀납법에 의하여 베르누이 부등식은 모든 $n \in \mathbb{N}$에 대하여 성립한다. ■

보기 2 다음 부등식이 성립함을 보여라.

(1) (코시-슈바르츠 부등식[2]) $n \in \mathbb{N}$이고 $a_i, b_i \in \mathbb{R}$ $(i = 1, 2, \cdots, n)$이면

$$(a_1 b_1 + \cdots + a_n b_n)^2 \leq (a_1^2 + \cdots + a_n^2)(b_1^2 + \cdots + b_n^2). \tag{2.1}$$

특히 b_j가 모두는 0이 아닐 때 식 (2.1)에서 등식이 성립하기 위한 필요충분조건은 $a_1 = sb_1, \cdots, a_n = sb_n$ 되는 $s \in \mathbb{R}$가 존재하는 것이다.

(2) 삼각부등식 : 만일 $n \in \mathbb{N}$이고 $a_i, b_i \in \mathbb{R}$ $(i = 1, 2, \cdots, n)$이면

$$[(a_1 + b_1)^2 + \cdots + (a_n + b_n)^2]^{\frac{1}{2}} \leq [a_1^2 + \cdots + a_n^2]^{\frac{1}{2}} + [b_1^2 + \cdots + b_n^2]^{\frac{1}{2}}. \tag{2.2}$$

특히 b_j가 모두는 0이 아닐 때 식 (2.2)에서 등식이 성립하기 위한 필요충분조건은 $a_1 = sb_1, \cdots, a_n = sb_n$ 되는 $s \in \mathbb{R}$가 존재하는 것이다.

증명 (1) $t \in \mathbb{R}$에 대한 함수 $f : \mathbb{R} \to \mathbb{R}$를 다음과 같이 정의한다.

---

[1] 스위스 수학자인 베르누이(Jakob Bernoulli, 1654~1705)에 의해 발견된 부등식
[2] 유한 차원의 이 부등식은 1821년에 코시(Cauchy, 1789~1857)에 의해 증명되고 내적공간에서 일반적 증명은 1988년에 슈바르츠(Schwarz, 1843~1921)에 의해 증명되었다.

$$f(t) = (a_1 - tb_1)^2 + \cdots + (a_n - tb_n)^2$$

정의와 정리 2.2.4로부터 모든 $t \in \mathbb{R}$ 에 대하여 $f(t) \geq 0$ 이다. 여기서 제곱을 전개하면 다음을 얻는다.

$$f(t) = A - 2Bt + Ct^2 \geq 0$$

단, $A = a_1^2 + \cdots + a_n^2$, $B = a_1b_1 + \cdots + a_nb_n$, $C = b_1^2 + \cdots + b_n^2$. 이차함수 $f(t)$ 가 모든 $t \in \mathbb{R}$ 에 대하여 음이 아니므로 서로 다른 두 실근을 가질 수 없다. 따라서 그의 판별식

$$\Delta = (2B)^2 - 4AC = 4(B^2 - AC)$$

은 $\Delta \leq 0$ 을 만족해야 한다. 결과적으로 $B^2 \leq AC$. 이는 바로 식 (2.1)이다.

모든 $j = 1, 2, \cdots, n$ 에 대하여 $b_j = 0$ 이면 어떠한 a_j 에 대해서도 식 (2.1)에서 등식이 성립한다. 이제 b_j 가 모두는 0이 아니라고 가정하자. 그러면 어떤 $s \in \mathbb{R}$ 와 모든 $j = 1, 2, \cdots, n$ 에 대하여 $a_j = sb_j$ 이면 식 (2.1)의 양변은 $s^2(b_1^2 + \cdots + b_n^2)^2$ 과 같다. 한편 식 (2.1)에서 등식이 성립하면 $\Delta = 0$ 이어야 하므로, 이차방정식 $f(t) = 0$ 의 유일한 해 s 가 존재한다. 그러나 이는 $a_1 - sb_1 = 0, \cdots, a_n - sb_n = 0$ 임을 의미한다. 따라서 모든 $j = 1, 2, \cdots, n$ 에 대하여 $a_j = sb_j$ 가 성립한다.

(2) $j = 1, 2, \cdots, n$ 에 대하여 $(a_j + b_j)^2 = a_j^2 + 2a_jb_j + b_j^2$ 이므로 코시–슈바르츠의 부등식 (2.1)로부터 다음을 얻는다.

$$(a_1 + b_1)^2 + \cdots + (a_n + b_n)^2 = A + 2B + C \leq A + 2\sqrt{AC} + C$$
$$= (\sqrt{A} + \sqrt{C})^2$$

단, A, B, C 는 앞의 (1)에서와 같다. 따라서

$$[(a_1 + b_1)^2 + \cdots + (a_n + b_n)^2]^{1/2} \leq \sqrt{A} + \sqrt{C}.$$

이것이 바로 식 (2.2)이다. 식 (2.2)에서 등식이 성립하면 $B = \sqrt{AC}$ 이고, 그래서 코시–슈바르츠의 부등식에서 등식이 성립하기 위한 필요충분조건이 얻어진다. ∎

01 임의의 $\epsilon > 0$와 $a, b \in \mathbb{R}$에 대하여 다음을 보여라.

 (1) $a \le b + \epsilon$이면 $a \le b$이다.

 (2) $a - \epsilon < b$이면 $a \le b$이다.

 (3) $a = b$일 필요충분조건은 임의의 실수 $\epsilon > 0$에 대하여 $|a - b| < \epsilon$이 성립한다는 것이다.

02 $n \in \mathbb{N}$이면 $n^2 \ge n$이고 따라서 $\dfrac{1}{n^2} \le \dfrac{1}{n}$임을 보여라.

03 임의의 $a, b \in \mathbb{R}$에 대하여 $a^2 + b^2 = 0$이면 $a = b = 0$임을 보여라.

04 $a > 1$에 대하여 다음을 보여라.

 (1) 모든 $n \in \mathbb{N}$에 대하여 $a^n \ge a$이다.

 (2) $m, n \in \mathbb{N}$일 때 $a^m > a^n \Leftrightarrow m > n$이다.

05 $0 < a < 1$에 대하여 다음을 보여라.

 (1) 모든 $n \in \mathbb{N}$에 대하여 $a^n \le a$이다.

 (2) $m, n \in \mathbb{N}$일 때, $a^m < a^n \Leftrightarrow m > n$이다.

06 정리 2.2.5를 보여라.

07 임의의 $a, b \in \mathbb{R}$에 대하여 $|a + b| = |a| + |b|$가 성립할 필요충분조건은 $ab \ge 0$이 성립하는 것임을 보여라.

08 정리 2.2.7을 보여라.

09 임의의 $a, b \in \mathbb{R}$에 대하여 다음 식이 성립함을 보여라.

$$\max\{a, b\} = \frac{1}{2}(a + b + |a - b|), \quad \min\{a, b\} = \frac{1}{2}(a + b - |a - b|)$$

10 다음을 보여라.

 (1) $0 < a < b$이면 $a < \sqrt{ab} < b$이고 $1/b < 1/a$이다.

 (2) 임의의 $a, b \ge 0$이고 $p > 0$에 대하여 $a < b \Leftrightarrow a^p < b^p$.

 (3) $a, b, c \in \mathbb{R}$이고 $a \le c$이면 $a \le b \le c$이기 위한 필요충분조건은 $|a - b| + |b - c| = |a - c|$이다.

11 $a, b \in \mathbb{R}$, $a, b, c \ge 0$이고 $a \le b + c$이면 다음이 성립함을 보여라.

$$\frac{a}{1+a} \le \frac{b}{1+b} + \frac{c}{1+c}$$

12 $n \ge 2$인 모든 자연수 $n \in \mathbb{N}$에 대하여 다음을 보여라.

(1) $\left(1 - \dfrac{1}{n^2}\right)^n > 1 - \dfrac{1}{n}$

(2) $\left(1 + \dfrac{1}{n-1}\right)^{n-1} < \left(1 + \dfrac{1}{n}\right)^n$

(3) $\left(1 + \dfrac{1}{n-1}\right)^n > \left(1 + \dfrac{1}{n}\right)^{n+1}$

13 $x, y \in \mathbb{R}$, $x < y$일 때 임의의 $t \in (0,1)$에 대하여 $x < tx + (1-t)y < y$임을 보여라.

14 $k = 1, 2, \cdots, n$에 대하여 $a_k > 0$일 때 다음을 보여라.

$$n^2 \le (a_1 + a_2 + \cdots + a_n)\left(\frac{1}{a_1} + \frac{1}{a_2} + \cdots + \frac{1}{a_n}\right)$$

15 $k = 1, 2, \cdots, n$에 대하여 $a_k > 0$일 때 다음을 보여라.

$$\frac{a_1 + a_2 + \cdots + a_n}{\sqrt{n}} \le [a_1^2 + a_2^2 + \cdots + a_n^2]^{\frac{1}{2}} \le a_1 + a_2 + \cdots + a_n$$

2.3 | 완비성 공리

이 절에서는 앞에서 소개한 체의 공리와 순서공리를 만족하는 $\mathbb{R}$ 위에 부여할 실수계의 마지막 공리로서 완비성 공리를 소개하기로 한다. 이 공리는 유리수의 집합 $\mathbb{Q}$ 에서는 성립하지 않는 성질이며, 직관적으로 순서 구조상 '틈'이 없이 연속이 되도록 하여 주는 실수계에서 가장 중요한 성질이다.

정의 2.3.1

집합 X은 $\mathbb{R}$ 의 공집합이 아닌 부분집합이라 하자.

(1) 모든 $x \in X$에 대하여 $x \le a$인 $a \in \mathbb{R}$ 가 존재할 때 집합 X는 위로 유계라고 하고 $a \in \mathbb{R}$ 를 X의 상계(upper bound)라고 한다.

(2) 모든 $x \in X$에 대하여 $a \le x$인 $a \in \mathbb{R}$ 가 존재할 때 집합 X는 아래로 유계라고 하고, $a \in \mathbb{R}$ 를 X의 하계(lower bound)라 한다.

(2) X가 위로 유계인 동시에 아래로 유계일 때는 간단히 X는 유계(bounded)라고 한다.

보기 1 (1) 집합 $X = \{x \in \mathbb{R} : x < 0\}$은 위로 유계이고 $0, 1, \sqrt{3}, 2, \cdots$들은 모두 X의 상계가 된다. 그러나 X는 아래로 유계가 아니다.

(2) 집합 $X = \{1/n : n \in \mathbb{N}\}$는 위로 유계이며 동시에 아래로 유계이다. $1, 2, \cdots$은 X의 상계이고, $0, -1, \cdots$은 X의 하계이다.

집합 $X(\ne \varnothing) \subset \mathbb{R}$ 가 유계일 때 X의 상계 또는 하계는 확정적으로 정해지지 않는다. 왜냐하면 하나의 상계보다 더 큰 실수는 모두 X의 상계가 되고, 하나의 하계보다도 더 작은 실수는 또한 X의 하계가 되기 때문이다. 따라서 X의 상계 중에서 가장 작은 상계를, X의 하계 중에서 가장 큰 하계를 찾는 일은 의미가 있다.

정의 2.3.2

$\mathbb{R}$ 의 공집합이 아닌 부분집합 X가 위로 유계라고 하자. 다음 조건 (a)~(b)를 만족하는 $\alpha \in \mathbb{R}$ 가 존재할 때 α를 X의 최소상계(least upper bound) 또는 상한(supremum)이라 하고, $\sup X$ 또는 $\mathrm{lub}\,X$로 표시한다.

(a) α는 X의 상계이다. 즉, 모든 $x \in X$에 대하여 $x \le \alpha$이다.

(b) $\beta \in \mathbb{R}$이고 $\beta < \alpha$이면 β는 X의 상계가 아니다. 즉, β가 X의 임의의 상계이면 $\beta \ge \alpha$이다.

정의 2.3.3

$\mathbb{R}$의 공집합이 아닌 부분집합 X가 아래로 유계라 하자. 다음 조건 (c)~(d)를 만족하는 $a \in \mathbb{R}$가 존재할 때 a를 X의 최대하계(greatest lower bound) 또는 하한 (infimum)이라 하고, $\inf X$ 또는 $\mathrm{glb}\,X$로 표시한다.

(c) a는 X의 하계이다. 즉, 모든 $x \in X$에 대하여 $a \le x$이다.

(d) $a \in \mathbb{R}$이고 $a < b$이면 b는 X의 하계가 될 수 없다. 즉, b가 임의의 X의 하계이면 $a \ge b$이다.

보기 2 다음 집합들에 대하여 최대하계와 최소상계를 구하여라.

(1) $X = \{x \in \mathbb{R} : 2 \le x < 3\}$ (2) $X = \{1/n : n \in \mathbb{N}\}$

풀이 (1) 집합 $X = \{x \in \mathbb{R} : 2 \le x < 3\}$는 유계이며 $\inf X = 2$이고 $\sup X = 3$이다. $2 \in X$이지만, $3 \notin X$임을 알 수 있다.

(2) $X = \{1/n : n \in \mathbb{N}\}$는 유계집합이고 $\inf X = 0$, $\sup X = 1$이다. $0 \notin X$이지만 $1 \in X$이다. ∎

주의 1 (1) X의 최소상계 α의 정의에서 조건 (b)에 관한 다음 명제는 동치이다.

     (b1) β가 X의 임의의 상계이면 $\beta \ge \alpha$이다.

     (b2) $\beta \in \mathbb{R}$이고 $\beta < \alpha$이면 β는 X의 상계가 아니다.

     (b3) $\beta < \alpha$이면 $\beta < x \le \alpha$인 $x \in X$가 반드시 존재한다.

     (b4) 임의의 $\epsilon > 0$에 대하여 $\alpha - \epsilon < x \le \alpha$인 $x \in X$가 존재한다.

(2) X의 최대하계 a의 정의에서 조건 (d)에 관한 다음 명제는 동치이다.

     (d1) b가 임의의 X의 하계이면 $a \ge b$이다.

     (d2) $a \in \mathbb{R}$이고 $a < b$이면 b는 X의 하계가 아니다.

     (d3) $a < b$이면 $a \le x < b$를 만족시키는 $x \in X$가 반드시 존재한다.

     (d4) 임의의 $\epsilon > 0$에 대하여 $a \le x < a + \epsilon$인 $x \in X$가 존재한다.

(3) X의 최소상계 α가 존재한다면 α는 유일하다. 마찬가지로 X의 최대하계 β가 존재한다면 β가 유일하다.

(완비성 공리) $\mathbb{R}$ 의 부분집합 $X \neq \varnothing$ 가 위로 유계이면 $\mathbb{R}$ 에서 X의 최소상계가 반드시 존재한다.

주의 2 $\mathbb{R}$ 의 부분집합 $X \neq \varnothing$ 에 대하여 다음 네가지 경우가 있다.

(1) X는 최소상계와 최대하계를 모두 가질 수 있다.

(2) X는 최소상계를 갖지만 최대하계를 갖지 않을 수 있다.

(3) X는 최대하계를 갖지만 최소상계를 갖지 않을 수 있다.

(4) X는 최소상계와 최대하계 모두를 갖지 않을 수 있다.

보기 3 $\mathbb{R}$ 의 부분집합 $X \neq \varnothing$ 가 위로 유계이고 $a \in \mathbb{R}$ 일 때 $\sup(a+X) = a + \sup X$임을 보여라.

증명 $u = \sup X$라 하면, 임의의 $x \in X$에 대하여 $x \leq u$이므로 $a+x \leq a+u$이다. 따라서 $a+u$는 $a+X$의 한 상계이다. 따라서 $\sup(a+X) \leq a+u$이다.

v가 집합 $a+X$의 임의의 상계라면, 모든 $x \in X$에 대하여 $a+x \leq v$이다. 그래서 모든 $x \in X$에 대하여 $x \leq v-a$이고 이는 $u = \sup X \leq v-a$임을 의미한다. 따라서 $a+u$가 $a+X$의 상계이고 $a+u \leq v$이다. 따라서 $\sup(a+X)$ $= a+u = a+\sup X$이다. ■

실수계의 완비성 공리를 이용하여 증명되는 몇 가지의 정리들을 논하기로 한다.

정리 2.3.5

실수계의 완비성 공리는 다음 명제와 서로 동치이다.
공집합이 아닌 $\mathbb{R}$ 의 부분집합 X가 아래로 유계이면 반드시 최대하계가 존재한다.

증명 공집합이 아닌 $\mathbb{R}$ 의 부분집합 X가 아래로 유계라고 가정하자. 집합

$$Y = \{y \in \mathbb{R} : y \text{는 } X \text{의 하계이다}\}$$

는 X의 하계를 가지므로 공집합이 아니다. 더욱이 만약 $x \in X, y \in Y$이면 $y \leq x$이므로 Y는 위로 유계인 $\mathbb{R}$ 의 부분집합이다. 따라서 완비성 공리에

의해 Y는 최소상계를 갖는다. $\alpha = \sup Y$로 놓으면 최소상계의 정의에 의해서

(i) 모든 $y \in Y$에 대하여 $y \leq \alpha$이고

   또한 모든 $x \in X$는 Y의 상계이므로

(ii) 모든 $x \in X$에 대하여 $\alpha \leq x$이다.

그런데 성질 (ii)는 α가 X의 하계임을 뜻하고, 성질 (i)은 y가 X의 임의의 하계이면(즉, $y \in Y$), $y \leq \alpha$임을 뜻한다. 따라서 최대하계의 정의에 의해 $\alpha = \inf X$이다.

역으로 위에 서술한 명제가 성립한다고 가정하자. 위의 증명과 같은 방법으로 완비성 공리가 성립함을 증명할 수 있다. ■

정리 2.3.6

(아르키메데스 정리) 임의의 $a > 0,\ b \in \mathbb{R}$에 대하여 $na > b$가 성립하는 적당한 $n \in \mathbb{N}$이 존재한다.

증명 만약 $b < a$이면 $n = 1$로 놓으면 이 정리가 성립한다. $a \leq b$이고 정리가 성립하지 않는다고 가정하자. 즉, 적당한 $a > 0,\ b \in \mathbb{R}$가 존재해서 모든 $n \in \mathbb{N}$에 대하여 $na \leq b$가 성립한다고 가정하면 b는 집합 $X = \{na : n \in \mathbb{N}\}$의 상계가 되므로 X는 위로 유계이다. 따라서 실수계의 완비성 공리에 의하여 X는 상한을 갖는다. X의 상한을 α라고 하면 모든 $n \in \mathbb{N}$에 대하여 $(n+1)a \leq \alpha$, 즉 $na \leq \alpha - a$가 되므로 $\alpha - a$는 X의 상계이다. 따라서 $\alpha \leq \alpha - a$가 되므로 $a \leq 0$이 되어 $a > 0$이라는 가정에 모순이다. ■

우리의 속담을 인용하면 아르키메데스 정리는 "티끌모아 태산 정리"라고도 말할 수 있다

따름정리 2.3.7

임의의 양의 실수 $a \in \mathbb{R}$에 대하여 다음이 성립한다.

(1) $a < n$을 만족시키는 $n \in \mathbb{N}$이 존재한다.

(2) $0 < \dfrac{1}{n} < a$를 만족시키는 $n \in \mathbb{N}$이 존재한다.

(3) $n - 1 \leq a < n$인 $n \in \mathbb{N}$이 존재한다.

증명 (1) 아르키메데스 정리에서 $a=1$로 택하고 b를 a로 바꾸어 생각하면 (1)이 증명된다.

(2) 아르키메데스 정리에서 $b=1$로 택하면 $na>1$, 즉 $0<1/n<a$를 만족시키는 자연수 n이 존재한다.

(3) 위 (1)에 의하여 $\mathbb{N}$의 부분집합 $\{m\in\mathbb{N} : a<m\}$은 공집합이 아니다. n이 이 집합의 최소원소라고 하면 $n-1\leq a<n$이다. ∎

정리 2.3.8

(유리수의 조밀성) 임의의 $a,b\in\mathbb{R}$가 $a<b$이면 $a<r<b$를 만족시키는 유리수 r이 존재한다.

증명 (a) $a>0$인 경우를 생각하자. 가정 $a<b$로부터 $b-a>0$이므로 정리 2.3.6에 의하여 $n(b-a)>1$, 즉 $b-a>1/n$을 만족하는 $n\in\mathbb{N}$이 존재한다. 또한 a와 $1/n$에 대하여 다시 정리 2.3.6을 적용하면 $na<k$를 만족하는 $k\in\mathbb{N}$가 존재한다. $na<k$, 즉 $a<k/n$를 만족하는 $k\in\mathbb{N}$ 중에서 가장 작은 자연수 k를 m이라 하자(m의 존재성은 $\mathbb{N}$의 정렬성 때문이다). 따라서 $\dfrac{m-1}{n}\leq a<\dfrac{m}{n}$이 된다. 이때 $r=m/n$으로 놓으면

$$b>a+\frac{1}{n}\geq\frac{m-1}{n}+\frac{1}{n}=\frac{m}{n}=r>a$$

이므로 $a<r<b$이다.

(b) $a<0$인 경우를 생각하자. 따름정리 2.3.7(1)에 의하여 $-a<n$을 만족하는 $n\in\mathbb{N}$이 존재한다. 그런데 $0<a+n<b+n$이므로 (a)에 의하여

$$a+n<r'<b+n$$

을 만족하는 $r'\in\mathbb{Q}$이 존재한다. 여기서 $r=r'-n$으로 놓으면 $r\in\mathbb{Q}$이고 $a<r<b$이므로 정리가 증명된다.

(c) $a=0$인 경우는 따름정리 2.3.7(2)에 의해 분명하다. ∎

정리 2.3.9

(무리수의 조밀성) 임의의 $a, b \in \mathbb{R}$ 가 $0 < a < b$이면 임의의 무리수 $\alpha > 0$에 대하여 적당한 유리수 r이 존재해서 $a < r\alpha < b$가 성립한다. 더욱이 $r\alpha$는 무리수이다.

증명 $0 < a < b$이고 $\alpha > 0$이므로 $a/\alpha < b/\alpha$이다. 따라서 유리수의 조밀성에 의하여 $a/\alpha < r < b/\alpha$인 유리수 r이 존재한다. 그러므로 $a < r\alpha < b$이고 분명히 $r\alpha$는 무리수이다. ■

데데킨트[3] 정리와 완비성 공리와의 관계

다음 정리는 실수계의 완비성 공리의 중요한 결과로서 실수계는 순서구조상 틈이 없이 연속이 되어 있음을 말해주고 있다.

정리 2.3.10

(데데킨트 정리) $\mathbb{R}$ 의 두 부분집합 A와 B가 다음 성질 (1)~(3)을 만족한다고 하면 임의의 $a \in A, b \in B$에 대하여 $a \leq \alpha$이고 $\alpha \leq b$인 $\alpha \in \mathbb{R}$ 가 유일하게 존재한다.
(1) $A \cup B = \mathbb{R}$
(2) $A \neq \varnothing$, $B \neq \varnothing$
(3) 임의의 $a \in A, b \in B$에 대하여 $a < b$이다.

증명 (α의 존재성) 가정에서 A와 B가 공집합이 아니고 임의의 $b \in B$는 A의 상계이므로 $\mathbb{R}$ 의 완비성 공리에 의해서 A는 최소상계를 갖는다. 여기서 $\alpha = \sup A$로 놓으면 α는 A의 상계이므로 임의의 $a \in A$에 대하여 $a \leq \alpha$가 성립하고, 또한 임의의 $b \in B$는 A의 상계이므로 최소상계의 정의로부터 $\alpha \leq b$이다. 따라서 α의 존재성이 증명되었다(여기서, $\alpha \in \mathbb{R}$ 는 $\alpha \in A$인지 또는 $\alpha \in B$인지는 알 수 없다. 만일 $\alpha \in A$이라면 모든 $b \in B$에 대하여 $\alpha < b$가 되고, 한편 $\alpha \in B$이라면 모든 $a \in A$에 대하여 $a < \alpha$가 된다. 따라서 $\alpha \in \mathbb{R}$ 가 $\alpha \in A$이면 A의 최대수가 되고, $\alpha \in B$이면 B의 최소수가 된다).

---

3) 데데킨트(Dedekind, 1831~1916)는 독일 태생으로 해석학과 대수적 수론의 기초를 놓은 중요한 수학자이다. 그는 대단히 추상적 개념인 '집합'과 집합의 '절단'이라는 개념으로 간단하게 유리수로부터 무리수를 '생성'(construction) 할 수 있음을 보여 '무리수'의 논리적 기초를 분명하게 하고 아울러 '실수의 연속성'(continuum)을 보였다.

(α의 유일성) 임의의 $a \in A$, $b \in B$에 대하여 $a \le \beta$이고 $\beta \le b$인 $\beta \in \mathbb{R}$가 존재한다고 하자. β는 A의 상계이므로 $\alpha \le \beta$이다. 만일 $\alpha < \beta$라면 $\gamma = (\alpha + \beta)/2$는 $\alpha < \gamma < \beta$이고 가정 (1)로부터 $\gamma \in A$이거나 $\gamma \in B$이다. 만일 $\gamma \in A$이라면 임의의 $a \in A$에 대하여 $a \le \alpha$라는 사실에 모순이다. 한편 $\gamma \in B$이라면 임의의 $b \in B$에 대하여 $\beta \le b$라는 사실에 모순이다. 따라서 $\alpha = \beta$일 수밖에 없다. ∎

실제로 실수계의 완비성 공리와 데데킨트 정리는 서로 동치가 됨을 보일 수 있다. 따라서 실수계의 세 공리에서 완비성 공리 대신에 데데킨트 정리로 바꾸어 놓아도 상관이 없게 된다.

기원전 6세기에 고대 그리스 학파는 한 변의 길이가 1인 정사각형의 대각선 길이는 정수들의 비(ratio)로 나타낼 수 없음을 증명하였다. 피타고라스 정리에 의하면 어떤 유리수의 제곱도 2와 같을 수 없다는 것이다.

정리 2.3.11

$\sqrt{2}$는 유리수가 아님을 보여라.

증명 $\sqrt{2}$가 유리수라고 가정하면 $\sqrt{2} = n/m$(단, n과 m은 서로소인 자연수)로 쓸 수 있다. 위 식은 $\sqrt{2}\,m = n$이므로 이 식의 양변을 제곱하면 $2m^2 = n^2$이다. 이것은 n^2이 2의 배수임을 나타내므로 n도 2의 배수이다. $n = 2k$(k는 자연수)로 나타내어 위의 식에 대입하면 $2m^2 = (2k)^2$이다. 따라서 $m^2 = 2k^2$이다. 마찬가지로 m도 2의 배수이다. 여기서 m과 n은 모두 2의 배수임을 알 수 있다. 이것은 m과 n이 서로소라는 사실에 모순이다. 따라서 $\sqrt{2}$는 유리수가 아닌 무리수이다. ∎

유리수계의 결함

유리수계 $\mathbb{Q}$에서는 데데킨트 정리가 일반적으로 성립되지 않는다. 예를 들어 설명하고자 한다. $\mathbb{Q}$의 두 부분집합

$$A = \{x \in \mathbb{Q} : x \le 0 \text{ 또는 } x^2 < 2\}, \ B = \{x \in \mathbb{Q} : x > 0 \text{이고 } x^2 > 2\}$$

를 생각하자. 이들 두 집합 A와 B는 명백히 데데킨트 정리의 세 조건 (1)~(3)을 만족한다.

(1) $\mathbb{Q} = A \cup B$

(2) $A \neq \varnothing$, $B \neq \varnothing$

(3) 임의의 $a \in A, b \in B$에 대하여 $a < b$이다.

그러나 임의의 $a \in A$, $b \in B$에 대하여 $a \leq \alpha$이고 $a \leq b$인 $\alpha \in \mathbb{Q}$가 존재하지 않음을 보이고자 한다. 만일 이런 $\alpha \in \mathbb{Q}$가 존재한다면 정리 2.3.10에 의하여 α는 유일하고 $\alpha = \sup A$이어야 한다. 여기서 $\sup A$와 $\inf B$가 다같이 $\mathbb{Q}$에서 존재하지 않음을 보임으로써 $\mathbb{Q}$에서는 완비성 공리가 성립하지 않음을 보이고 따라서 $\mathbb{Q}$는 순서구조상 틈이 있음을 알 수 있게 된다. 이와 같이 $\mathbb{R}$에는 유리수가 아닌 실수가 존재함을 알 수 있으며, 이러한 실수들을 무리수라 한다.

정리 2.3.12

임의의 양수 a에 대하여 $x^2 = a$인 양의 실수 x가 유일하게 존재한다.

증명 (존재성) 집합 $X = \{x \in \mathbb{R} : x \geq 0,\ x^2 \leq a\}$를 생각하면 $0 \in X$이므로 X는 공집합이 아니다. 또한 임의의 $x \in X$에 대하여

$$x^2 \leq a < a^2 + a + 1/4 = (a + 1/2)^2$$

이므로 정리 2.2.5(7)에 의하여 $x < a + 1/2$이 성립하므로 X는 위로 유계집합이다. 따라서 실수계의 완비성 공리에 의하여 X의 최소상계 $\alpha \in \mathbb{R}$가 존재한다. 분명히 $\alpha = \sup X \geq 0$이다. 삼분성질에 의하여

$$\alpha^2 = a,\ \alpha^2 < a,\ \alpha^2 > a$$

중 어느 하나만이 성립해야 한다.

먼저, $\alpha^2 < a$이면 $a - \alpha^2 > 0$이고, 또한 $\alpha > 0$이므로 $2\alpha + 1 > 0$이다. 따라서 아르키메데스 정리에 의하여 $n(a - \alpha^2) > 2\alpha + 1$, 즉 $a - \alpha^2 > (2\alpha + 1)/n$을 만족시키는 $n \in \mathbb{N}$가 존재한다. $2\alpha + 1 \geq 2\alpha + 1/n$이므로

$$a - \alpha^2 > \frac{1}{n}(2\alpha + 1) \geq \frac{1}{n}\left(2\alpha + \frac{1}{n}\right)$$

이 된다. 따라서 $a > \alpha^2 + 2\alpha/n + (1/n)^2 = (\alpha + 1/n)^2$이므로 $\alpha + 1/n \in X$가 된다. 이 사실로부터 α는 X의 상계가 될 수 없음을 알 수 있다(α보다 큰 수 $\alpha + 1/n$이 X에 속하기 때문이다). 이것은 $\alpha = \sup X$에 모순되므로 $\alpha^2 < 2$가 성립할 수 없다.

만약 $\alpha^2 > a$이면 $\alpha^2 - a > 0$이 되고 $2\alpha > 0$이므로 아르키메데스 정리에 의하여 부등식

$$\alpha^2 - a > \frac{1}{n}(2\alpha) > \frac{2\alpha}{n} - \left(\frac{1}{n}\right)^2$$

를 만족시키는 자연수 n이 존재한다. 따라서

$$\alpha^2 - 2\alpha/n + (1/n)^2 = (\alpha - 1/n)^2 > a$$

이다. 또한 분명히 $\alpha - 1/n$은 양의 수이므로 X에 속하는 임의의 $x > 0$에 대하여 정리 2.2.5(7)을 부등식 $(\alpha - 1/n)^2 > a > x^2$에 적용시키면 $\alpha - 1/n > x$를 얻는다. 따라서 $\alpha - 1/n$은 X의 상계가 되므로 $\alpha = \sup X$에 모순이다. 그러므로 $\alpha^2 > 2$가 될 수 없다. 따라서 $\alpha^2 = a$이다.

(유일성) $\beta^2 = a$인 β가 존재한다고 하자. $\beta < \alpha$이면 $\beta^2 < \alpha^2 = a$이고, 또한 $\beta > \alpha$이면 $\beta^2 > \alpha^2 = a$이므로 모순이다. 따라서 $\alpha = \beta$이다. ■

위 정리에서 $a > 0$인 모든 실수에 대하여 방정식 $b^2 = a$가 되는 양의 실수 $b \in \mathbb{R}$가 유일하게 존재함을 보였다. 이런 b를 a의 양의 제곱근이라 하고 $b = \sqrt{a}$ 또는 $b = a^{1/2}$로 나타낸다. 일반적으로 임의의 실수 $a > 0$와 자연수 n에 대하여 $x^n = a$를 만족시키는 실수 x가 유일하게 존재함을 보일 수 있다. 이런 실수 x를 $x = \sqrt[n]{a}$ 또는 $x = a^{1/n}$으로 나타낸다.

01 다음 집합의 최소상계와 최대하계를 구하여라.

    (1) $A = \{x : x = 0 \ \text{또는} \ x = 1/n, \ n \in \mathbb{N}\}$

    (2) $B = \{1/n + (-1)^n : n \in \mathbb{N}\}$

    (3) $C = \{n \cos(n\pi/4) : n \in \mathbb{N}\}$

    (4) $D = \{x^3 - 1 : -1 \leq x \leq 3\}$

    (5) $E = \{1/n - 1/m : m, n \in \mathbb{N}\}$

02 만약 $x > 0$일 때 $1/2^n < x$를 만족하는 자연수 $n \in \mathbb{N}$이 존재함을 보여라.

03 다음을 보여라.

    (1) 자연수 전체의 집합 $\mathbb{N}$은 위로 유계가 아니다.

    (2) $a > 1$일 때 집합 $A = \{a^n : n \in \mathbb{N}\}$는 위로 유계가 아니다,

04 $X \subseteq \mathbb{R}$이고 $a = \sup X$가 X에 속한다고 하자. 만약 $u \not\in X$이면 $\sup(X \cup \{u\}) = \max\{a, u\}$이 성립함을 보여라.

05 X의 최소상계 α가 존재하면 α는 유일함을 보여라.

06 공집합이 아닌 유한집합 $X \subseteq \mathbb{R}$는 그의 최소상계와 최대하계를 포함하고 있음을 보여라.

07 A와 B가 $\mathbb{R}$의 부분집합일 때 $\sup(A \cup B) = \sup A + \sup B$는 항상 성립하는가?

08 $\sup\{r \in \mathbb{Q} : r < \sqrt{2}\} = \sqrt{2}$임을 보여라.

09 B가 공집합이 아니고 유계인 $\mathbb{R}$의 부분집합이고, 또한 $A \subseteq B$이고 $A \neq \varnothing$일 때 다음 부등식이 성립함을 보여라.

$$\inf B \leq \inf A \leq \sup A \leq \sup B$$

10 실수 α가 $\mathbb{R}$의 부분집합 $X(\neq \varnothing)$의 상계라고 하자. 만일 $\alpha \in X$이면 α는 반드시 X의 최소상계임을 보여라.

11 $\mathbb{R}$의 부분집합 $X(\neq \varnothing)$는 위로 유계이고 $-X = \{-x : x \in X\}$로 정의하면 $-X \neq \varnothing$이면 $-X$는 아래로 유계이고 $\sup X = -\inf(-X)$임을 보여라.

12 $X \subseteq \mathbb{R}$가 공집합이 아닐 때 다음은 동치임을 보여라.

    (1) $a = \sup X$

(2) 모든 $n \in \mathbb{N}$에 대하여 $a - 1/n$은 X의 상계가 아니지만 $a + 1/n$은 X의 상계이다.

13 X, Y가 $\mathbb{R}$의 유계부분집합이라 할 때 $X \cup Y$는 유계집합임을 보이고, 다음을 보여라.

$$\sup(X \cup Y) = \max\{\sup X, \sup Y\}$$

14 X, Y가 $\mathbb{R}$의 유계부분집합이고

$$X + Y = \{x + y : x \in X, y \in Y\}, \quad X \cdot Y = \{xy : x \in X, y \in Y\}$$

일 때 다음을 보여라.

(1) $\sup(X + Y) = \sup X + \sup Y$, $\inf(X + Y) = \inf X + \inf Y$

(2) 만약 X, Y가 위로 유계인 양의 실수들의 집합이면 $\sup(X \cdot Y) = (\sup X)(\sup Y)$.

(3) $\sup(X \cdot Y) \neq (\sup X)(\sup Y)$을 만족하는 공집합이 아닌 집합 X, Y의 예를 제시하여라.

15 $X \neq \varnothing$, $a \in \mathbb{R}$이고 $f, g : X \to \mathbb{R}$가 $\mathbb{R}$에서 유계인 치역을 갖는다고 가정할 때 다음을 보여라.

(1) $\sup\{a + f(x) : x \in X\} = a + \sup\{f(x) : x \in X\}$

(2) $\inf\{a + f(x) : x \in X\} = a + \inf\{f(x) : x \in X\}$

(3) $\sup\{f(x) + g(x) : x \in X\} \leq \sup\{f(x) : x \in X\} + \sup\{g(x) : x \in X\}$

(4) $\inf\{f(x) : x \in X\} + \inf\{g(x) : x \in X\} \leq \inf\{f(x) + g(x) : x \in X\}$

(5) 부등식 (3), (4)가 등식이 성립될 수 없는 예를 들어라.

16 f, g가 정의역 $D \subset \mathbb{R}$를 갖는 실숫값 함수이고 치역 $f(D)$와 $g(D)$가 $\mathbb{R}$에서 유계인 집합들이라 하자.

(1) 모든 $x \in D$에 대하여 $f(x) \leq g(x)$이면 $\sup f(D) \leq \sup g(D)$이다.

(2) 모든 $x, y \in D$에 대하여 $f(x) \leq g(y)$이면 $\sup f(D) \leq \inf g(D)$이다.

17 만약 데데킨트 정리가 성립하면 완비성 공리가 성립함을 보여라.

18 다음을 보여라.

(1) 임의의 두 유리수 사이에 무리수가 존재한다.

(2) 임의의 두 실수 사이에 무리수가 존재한다.

19 만약 $n \in \mathbb{N}$은 완전수(perfect square)가 아니면(즉, $n = m^2$인 자연수 m이 존재하지 않는다면) $\sqrt{n}$은 무리수임을 보여라.

20 c는 실수이고 A가 공집합이 아닌 $\mathbb{R}$의 유계인 부분집합이라 할 때 다음 성질

들이 성립함을 보여라.

(1) $c > 0$이면 $\sup(cA) = c \sup A$, $\inf(cA) = c \inf A$.

(2) $c < 0$이면 $\sup(cA) = c \inf A$, $\inf(cA) = c \sup A$.

21 다음을 보여라.

(1) $x^2 = 3$을 만족하는 유리수 x가 존재하지 않는다.

(2) $x^2 = 6$을 만족하는 유리수 x가 존재하지 않는다.

2.4 | 실수 집합의 구조

정의 2.4.1

집합 E는 $\mathbb{R}$의 부분집합이고 ϵ은 임의의 양수라 하자.

(1) 열린구간 $N_\epsilon(x) = (x-\epsilon, x+\epsilon)$을 점 $x \in \mathbb{R}$의 ϵ-근방(ϵ-neighborhood) 또는 간단히 점 x의 근방이라 하고 $N_\epsilon(x)$로 나타낸다. 이때 점 x를 ϵ-근방의 중심, 양수 ϵ를 반지름이라 한다.

(2) 모든 점 $x \in E$에 대하여 $N_\epsilon(x) \subseteq E$인 x의 근방 $N_\epsilon(x)$가 존재하면 E는 $\mathbb{R}$에서 열린집합(open set) 또는 개집합이라 한다.

(3) 여집합 $E^c = \mathbb{R} - E$가 $\mathbb{R}$에서 열린집합이면 E는 $\mathbb{R}$에서 닫힌집합(closed set) 또는 폐집합이라 한다.

보기 1 (1) 임의의 열린구간 (a,b)는 열린집합이다. 왜냐하면 임의의 $x \in J$에 대하여 $\epsilon_x = \min\{x-a, x-b\}$로 취하면 $(x-\epsilon_x, x+\epsilon_x) \subseteq (a,b)$이기 때문이다.

(2) $\mathbb{R} = (-\infty, \infty)$은 열린집합이다. 왜냐하면 임의의 $x \in \mathbb{R}$에 대하여 $\epsilon = 1$로 취하면 $(x-1, x+1) \subset \mathbb{R}$이기 때문이다. 마찬가지로 $(-\infty, b)$와 (a, ∞)는 열린집합들이다.

(3) $\mathbb{R}$의 모든 ϵ-근방은 열린집합이다.

(3) 집합 $I = [0,1]$는 열린집합이 아니다. 왜냐하면 $0 \in I$의 모든 근방이 I에 있지 않는 점들을 포함하기 때문이다.

(4) 집합 $H = [a,b)$는 열린집합도 아니고 닫힌집합도 아니다(왜?).

(5) 공집합 $\varnothing$는 $\mathbb{R}$에서 열린집합이다. 사실, 공집합은 어떤 점도 포함하고 있지 않기 때문이다. 또한 $\varnothing^c = \mathbb{R}$이 열린집합이므로 $\varnothing$는 닫힌집합이다. 역시 닫힌집합이다. ∎

일상적인 어법에서 보면 단어 "개"와 "폐"가 문, 창문, 마음 등에 적용될 때 그들은 반의어이다. 그러나 $\mathbb{R}$의 부분집합에 적용될 때 이들 단어는 반의어가 아니다. 예를 들어, 위의 예에서 집합 $\varnothing$, $\mathbb{R}$은 $\mathbb{R}$에서 열린집합이며 동시에 닫힌집합이다. 또한 위의 보기에서 보듯이 열린집합도 아니고 닫힌집합도 아닌 $\mathbb{R}$의 부분집합은 얼마든지 많이 있다.

정리 2.4.2

(열린집합의 성질)

(1) $\mathbb{R}$ 의 임의의 열린 부분집합족 $\{G_\lambda : \lambda \in I\}$의 합집합 $\cup_{\lambda \in I} G_\lambda$은 열린집합이다.

(2) $\mathbb{R}$ 에서 열린집합의 유한족 $\{G_1, G_2, \cdots, G_n\}$의 교집합 $\cap_{i=1}^{n} G_i$은 열린집합이다.

(3) $\mathbb{R}$ 과 $\varnothing$ 은 열린집합이다.

증명 (1) $G = \cup_{\lambda \in I} G_\lambda$로 두고 $x \in G$이면 합집합의 정의에 의하여 적당한 $\alpha \in I$ 가 존재하여 $x \in G_\alpha$이다. G_α가 열린집합이므로 $N_\epsilon(x) \subseteq G_\alpha$인 x의 한 근방 $N_\epsilon(x)$가 존재한다. 따라서 $N_\epsilon(x) \subseteq G_\alpha \subseteq G$이다. x가 G의 임의의 원소이므로, G는 열린집합이다.

(2) G_1, G_2를 열린집합이고 $G = G_1 \cap G_2$로 두자. 만약 $x \in G$이면 $x \in G_1$이 고 $x \in G_2$이다. G_1은 열린집합이므로 $(x - \epsilon_1, x + \epsilon_1) \subset G_1$인 $\epsilon_1 > 0$이 존 재한다. 마찬가지로 G_2가 열린집합이므로 $(x - \epsilon_2, x + \epsilon_2) \subset G_2$인 $\epsilon_2 > 0$ 가 존재한다. $\epsilon = \min\{\epsilon_1, \epsilon_2\}$로 두면 x의 ϵ-근방 $U = (x - \epsilon, x + \epsilon)$은 $U \subseteq G_1$과 $U \subseteq G_2$를 모두 만족한다. 따라서 $x \in U \subseteq G$이다. x는 G의 임의의 원소이므로 G는 열린집합이다.

귀납법에 의하여 열린집합의 유한족의 교집합이 열린집합이 된다는 사 실을 추론할 수 있다. ■

주의 1 모든 닫힌구간 $[a,b]\,(a < b)$는 $\mathbb{R}$ 의 닫힌집합이다. 왜냐하면 $\mathbb{R} - [a,b] = (-\infty, a) \cup (b, \infty)(-\infty, a) \cup (b, \infty)$는 열린구간들의 합집합이므로 위의 정리에 의하여 $\mathbb{R} - [a,b]$은 $\mathbb{R}$ 의 열린집합이기 때문이다.

닫힌집합에 대한 위의 대응 성질도 드모르간 법칙과 그들의 여집합을 이용함으로써 성립될 수 있다.

따름정리 2.4.3

(닫힌집합의 성질)

(1) $\mathbb{R}$ 의 닫힌 부분집합족 $\{F_\lambda : \lambda \in I\}$의 임의의 교집합 $F = \cap_{\lambda \in I} F_\lambda$은 닫힌집합 이다.

(2) $\mathbb{R}$ 에서 닫힌집합의 유한족 $\{F_1, F_2, \cdots, F_n\}$의 합집합 $\cup_{i=1}^{n} F_i$은 닫힌집합이다.

(3) 전체집합 $\mathbb{R}$ 과 $\varnothing$ 은 닫힌집합이다.

증명 (1) $F^c = \cup_{\lambda \in I} F_\lambda^c$는 열린집합의 합집합이다. 따라서 정리 2.4.2(1)에 의하여 F^c는 열린집합이므로 F는 닫힌집합이다.

(2) $F_1, F_2, \cdots, F_n$이 $\mathbb{R}$의 닫힌 부분집합이고 $F = F_1 \cup F_2 \cup \cdots \cup F_n$이면 드 모르간 법칙에 의하여 F의 여집합은 $F^c = F_1^c \cap F_2^c \cap \cdots \cap F_n^c$이다. 모든 F_i^c가 열린집합이므로 정리 2.4.2(2)으로부터 F^c는 열린집합이다. 따라서 F는 닫힌집합이다. ■

위의 정리와 따름정리에서 유한성의 제약은 제거될 수 없음을 다음 보기를 통해 알 수 있다.

보기 2 (1) $G_n = (0, 1 + 1/n)$ $(n = 1, 2, \cdots)$로 두면 모든 $n \in \mathbb{N}$에 대하여 G_n은 열린집합이지만, 교집합 $\cap_{n=1}^{\infty} G_n = (0, 1]$은 열린집합이 아니다. 따라서 $\mathbb{R}$에서 무한히 많은 열린집합의 교집합이 열린집합일 필요가 없다.

(2) $F_n = [1/n, 1]$이면 각 F_n은 닫힌집합이지만 합집합 $\cup_{n=1}^{\infty} F_n = (0, 1]$은 닫힌집합이 아닌 구간이다. 따라서 $\mathbb{R}$에서의 무한히 많은 닫힌집합의 합집합은 닫힌집합일 필요가 없다. ■

정리 2.4.4

$\mathbb{R}$ 의 부분집합 G가 열린집합이기 위한 필요충분조건은 G가 가산개의 서로소인 열린 구간의 합집합이다.

증명 $G \neq \varnothing$가 $\mathbb{R}$에서 열린집합이라고 하자. 각 $x \in G$에 대하여

$$A_x = \{a \in \mathbb{R} : (a, x] \subseteq G\} \text{이고 } B_x = \{b \in \mathbb{R} : [x, b) \subseteq G\}$$

라고 가정하자. G가 열린집합이므로 A_x와 B_x는 공집합이 아니다(왜?). 집합 A_x가 아래로 유계이면 $a_x = \inf A_x$라 놓고, A_x가 아래로 유계가 아니면

$a_x = -\infty$로 놓으면 각 경우에 $a_x \notin G$가 된다. 또한 집합 B_x가 위로 유계이면 $b_x = \sup B_x$라 놓고, B_x가 유계가 아니면 $b_x = \infty$로 놓으면 각 경우에 모두 $b_x \notin G$가 된다.

$I_x = (a_x, b_x)$라 하면 분명히 I_x는 x를 포함하는 열린구간이다. 이제 $I_x \subseteq G$ 임을 증명하도록 한다. 이를 보이기 위하여 $y \in I_x$이고 $y < x$라고 하자. a_x의 정의에 의하여 $a' < y$인 $a' \in A_x$가 존재하므로 $y \in (a', x] \subseteq G$이다. 마찬가지로 $y \in I_x$이고 $x < y$이면 $y < b'$인 $b' \in B_x$가 존재하므로 $y \in [x, b') \subseteq G$가 성립한다. $y \in I_x$가 임의의 수이므로 $I_x \subseteq G$이다. $x \in G$는 임의의 점이므로 $\cup_{x \in G} I_x \subseteq G$을 얻는다.

반대로 각 $x \in G$에 대하여 $x \in I_x \subseteq G$인 열린구간 I_x가 존재하므로 역시 $G \subseteq \cup_{x \in G} I_x$이 성립한다. 그러므로 $G = \cup_{x \in G} I_x$.

$x, y \in G$이고 $x \neq y$이면 $I_x = I_y$이거나 $I_x \cap I_y = \varnothing$이다. 이를 증명하기 위하여 $z \in I_x \cap I_y \neq \varnothing$라고 가정하면 $a_x < z < b_y$이고 $a_y < z < b_x$이다(왜?). 이제 $a_x = a_y$임을 보일 것이다. 그렇지 않다면 삼분법의 성질로부터 (i) $a_x < a_y$ 또는 (ii) $a_y < a_x$이다. (i)의 경우에 $a_y \in I_x = (a_x, b_x) \subseteq G$가 된다. 이것은 $a_y \notin G$인 것에 모순이다. 마찬가지로 (ii)의 경우에 $a_x \in I_y = (a_y, b_y) \subseteq G$가 된다. 이것은 $a_x \notin G$인 것에 모순이다. 따라서 $a_x = a_y$가 성립한다. 비슷하게 $b_x = b_y$가 성립한다. 따라서 $I_x \cap I_y \neq \varnothing$이면 $I_x = I_y$인 결론을 얻는다.

서로 다른 구간족 $\{I_x : x \in G\}$가 가산임을 보이기 위해, 유리수의 집합 $\mathbb{Q}$를 $\mathbb{Q} = \{r_1, r_2, \cdots, r_n, \cdots\}$으로 배열하자. 유리수의 조밀성 정리에 의하여 각 구간 I_x는 유리수를 포함한다. 이때 $\mathbb{Q}$의 배열 중에 I_x 속에 있는 가장 작은 첨수 n를 갖는 유리수 $r_n(x)$를 택하자. 즉, $I_{r_n(x)} = I_x$이고 $n(x)$가 $I_{r_n} = I_x$인 가장 작은 첨수 n인 $r_{n(x)} \in \mathbb{Q}$를 택한다. 따라서 서로 다른 구간의 집합 $I_x (x \in G)$는 $\mathbb{N}$의 부분집합과 대응된다. 그러므로 이 서로 다른 구간의 집합은 가산이다. G를 서로소인 열린구간의 합집합으로 표현하는 것이 유일하게 결정된다는 사실은 연습문제로 남긴다. ∎

주의 2 앞의 정리로부터, $\mathbb{R}$의 부분집합이 닫힌집합이기 위한 필요충분조건은 그것이 가산 닫힌구간족의 교집합이라는 사실을 유도해 낼 수 없다(왜 그런가?). 사실,

$\mathbb{R}$에서 가산 닫힌구간족의 교집합으로 표시할 수 없는 닫힌집합이 존재한다. 두 점으로 된 집합이 그 한 예이다(왜?).

정의 2.4.5

집합 E는 $\mathbb{R}$의 부분집합이라 하자. 점 $x \in \mathbb{R}$의 모든 ϵ-근방 $N_\epsilon(x) = (x - \epsilon, x + \epsilon)$이 x와 다른 E의 적어도 한 점을 포함할 때, 즉 x의 임의의 ϵ-근방 $N_\epsilon(x)$에 대하여 $(E - \{x\}) \cap N_\epsilon(x) \neq \varnothing$일 때, 점 x를 E의 **집적점**(또는 쌓인 점, cluster point, point of accumulation)이라 한다.

보기 3 (1) 0은 집합 $E = \{1/n : n \in \mathbb{N}\}$의 유일한 집적점이다. 사실 아르키메데스 정리에 의하여 $\delta > 0$에 대해 $1/N < \delta$를 만족하는 자연수 N이 존재한다. $n \geq N$이면 $1/n \leq 1/N$이므로 $(-\delta, \delta) \cap E$는 무한히 많은 점을 포함한다. 따라서 0은 E의 집적점이다. 한편, 만약 $x_0 \neq 0$이고 $\delta < |x_0|$이면 $(x_0 - \delta, x_0 + \delta) \cap E$는 많아야 유한개의 점을 포함한다. 따라서 x_0는 E의 집적점이 아니다.

(2) $E = (0, 1)$이면 닫힌구간 $[0, 1]$의 모든 점이 E의 집적점이다. E는 E의 원소가 아닌 집적점 0과 1을 갖고 있다.

(3) 유한집합은 어떤 집적점도 갖지 않는다(왜?). 유계가 아닌 집합 $E = \mathbb{N}$은 무한집합이지만 어떤 집적점도 갖지 않는다.

(4) 집합 $E = [0, 1] \cap \mathbb{Q}$는 단위구간 $I = [0, 1]$의 모든 유리수로 구성되어 있다. $\mathbb{Q}$의 조밀성을 이용하여 보일 수 있듯이 I의 모든 점이 E의 집적점이다. I의 무리수의 집합도 역시 I를 그의 집적점의 집합으로 갖는다.

(5) E는 위로 유계인 무한집합이고 $u = \sup E$라 하자. $u \notin E$이면 u는 E의 집적점이다. 왜냐하면 임의의 $\epsilon > 0$에 대하여 $x \in (u - \epsilon, u + \epsilon)$인 $x \in E$가 존재하기 때문이다.

정리 2.4.6

x가 집합 $E \subseteq \mathbb{R}$의 집적점일 필요충분조건은 각 자연수 $n \in \mathbb{N}$에 대하여 $0 < |x - s_n| < 1/n$을 만족하는 E의 수열 $\{s_n\}$이 존재한다는 것이다.

증명 만약 x가 집합 $E \subseteq \mathbb{R}$의 집적점이면 정의에 의하여 각 자연수 $n \in \mathbb{N}$에 x

의 근방 $N_{1/n}(x)$은 x와 다른 점 $a \in E$를 포함해야 한다. 이 점을 s_n이라 하면 분명히 $0 < |x - s_n| < 1/n$을 만족한다. 따라서 이렇게 하여 얻은 수열 $\{s_n\}$은 E의 수열이다.

x의 임의의 근방 $N_\epsilon(x)$에 대해 아르키메데스 정리에 의하여 $1/n < \epsilon$인 적당한 자연수 n이 존재한다. 그러면 분명히 $N_{1/n}(x) \subseteq N_\epsilon(x)$이 된다. 한편 가정으로부터 $0 < |x - s_n| < 1/n$을 만족하는 E의 수열 $\{s_n\}$이 존재하므로 $s_n \neq x$이고 또한 $s_n \in N_{1/n}(x) \subseteq N_\epsilon(x)$이다. 따라서 x가 집합 E의 집적점이다. ∎

정리 2.4.7

F'를 $F \subset \mathbb{R}$ 의 집적점 전체의 집합이라 하자. 이때 F가 닫힌집합일 필요충분조건은 $F' \subseteq F$이다.

증명 F가 닫힌집합이라 하자. 만약 x가 F의 집적점이면 $x \in F$(즉, $x \notin F$이면 $x \notin F'$)임을 증명한다. 만일 $x \notin F$이면 x는 열린집합 F^c에 속한다. 따라서 $N_\epsilon(x) \subseteq F^c$을 만족하는 x의 근방 $N_\epsilon(x)$가 존재한다. 결국 $N_\epsilon(x) \cap F = \varnothing$이므로 x가 F의 집적점이 아니다. 따라서 $F' \subseteq F$이다. 역으로 $F' \subseteq F$이라 하자. F^c가 열린집합임을 보이기 위하여 만일 $y \in F^c$이면 가정에 의하여 y는 F의 집적점이 아니다. 집적점의 정의에 의하여 F의 점을 포함하지 않는 (가능한 y를 제외하고) y의 ϵ-근방 $N_\epsilon(y)$이 존재한다. 그러나 $y \in F^c$이므로 $N_\epsilon(y) \cap F = \varnothing$, 즉 $N_\epsilon(y) \subseteq F^c$이다. 따라서 F^c의 임의의 원소 y가 F^c의 내점이므로 F^c는 $\mathbb{R}$에서 열린집합이다. 즉, F는 $\mathbb{R}$에서 닫힌집합이다. ∎

$E \subseteq \mathbb{R}$이고 E'는 E의 모든 집적점들의 집합이라 하면 E의 닫힘(또는 폐포, closure)은 집합 $E \cup E'$로 정의하고, $\overline{E} = E \cup E'$로 나타낸다. 만약 $\overline{E} = \mathbb{R}$이면 E는 $\mathbb{R}$에서 조밀하다고 한다.

정리 2.4.8

E는 $\mathbb{R}$의 부분집합이라 하자.
(1) $\overline{E}$는 닫힌집합이다.

(2) $E = \overline{E}$이 되기 위한 필요충분조건은 E는 닫힌집합이다.

(3) $\overline{E}$는 E를 포함하는 가장 작은 닫힌집합이다.

증명 (1) $\overline{E} = E \cup E'$이므로 $E' \subseteq \overline{E}$이다. 따라서 위의 정리에 의하여 $\overline{E}$는 닫힌집합이다.

(2) 만약 $E = \overline{E}$이면 (1)에 의하여 $\overline{E}$는 닫힌집합이므로 E는 닫힌집합이다. 역으로 만약 E가 닫힌집합이면 위의 정리에 의하여 $E' \subseteq E$이다. 따라서 $\overline{E} = E \cup E' = E$이다.

(3) 만약 F는 $E \subset F$를 포함하는 임의의 닫힌집합이면 (2)에 의하여 $F' \subseteq F \cup F' = \overline{F} = F$이고 또한 분명히 $E' \subseteq F'$이다. 따라서 $\overline{E} = E \cup E' \subseteq F \cup F' = F$이다. ∎

정리 2.4.9

(하이네-보렐, Heine-Borel) $\mathscr{I} = \{I_\alpha\}$가 $\cup_{\alpha \in \Lambda} I_\alpha \supset [a,b]$을 만족하는 열린구간들의 집합족이라 하면 $\cup_{i=1}^{n} I_i \supset [a,b]$을 만족하는 $\mathscr{I}$의 유한 부분집합족 $\{I_1, \cdots, I_n\}$이 존재한다.

증명 $X = \{x \in (a,b): \text{적당한 } I_i, I_1, \cdots, I_n \in \mathscr{I} \text{에 대하여 } [a,x] \subset \cup_{i=1}^{n} I_i\}$로 두면 $a \in \cup_{\alpha \in \Lambda} I_\alpha$이므로 $\mathscr{I}$의 어떤 $I = (s_0, t_0)$에 대하여 $a \in I = (s_0, t_0)$이다. 만약 $a < x_0 < t_0$가 되는 x_0를 선택하면 $x_0 \in X$이다. 따라서 X는 $\mathbb{R}$의 공집합이 아니고 위로 유계인 $\mathbb{R}$의 부분집합이다. 따라서 완비성 공리에 의하여 X는 최소상계 c를 가지며, $a < x_0 \leq c$이므로 $a < c (\leq b)$이다.

지금 $\mathscr{I}$의 어떤 $I = (s_1, t_1)$에 대하여 $c \in I = (s_1, t_1)$이다. $s_1 < c$이므로 s_1은 X의 상계가 아니다. 따라서 $s_1 < x \leq c$를 만족하는 $x > a$인 $x \in X$가 존재한다. X의 정의에 의하여 $I_1, \cdots, I_n \in \mathscr{I}$가 존재하여 $[a,x] \subset \cup_{i=1}^{n} I_i$가 된다. 그러므로

$$[a,c] \subset [\cup_{i=1}^{n} I_i] \cup I$$

이므로 $c \in X$이다.

이제 $c = b$임을 보이면 증명은 끝난다. 만약 $c < b$이면 $c \in X$이므로 $I_1, \cdots, I_n \in \mathscr{I}$

가 존재하여 $[a,c] \subset \cup_{i=1}^n I_i$이 성립한다. 특히 적당한 $j\,(1 \leq j \leq n)$에 대하여 $c \in I_j = (s_2, t_2)$이다. $c < d < b$이고 $c < d < t_2$인 d를 선택하면 $[a,d] \subset \cup_{i=1}^n I_i$이 되므로 $d \in X$이다. $d > c$이므로 이것은 모순이다. 따라서 $c = b$이다. ■

위의 정리에서 주어진 유계인 닫힌구간 $[a,b]$의 성질을 콤팩트성(compactness)이라 한다.

정의 2.4.10

집합 E는 $\mathbb{R}$의 부분집합이라 하자.

(1) E의 열린덮개(또는 개피복, open cover)는 $E \subset \cup \mathcal{E} = \cup_{\alpha \in I} O_\alpha$을 만족하는 $\mathbb{R}$의 열린집합들의 집합족 $\mathcal{E} = \{O_\alpha\}_{\alpha \in I}$를 말한다.

(2) $\mathcal{E}^*$가 $\mathcal{E}$의 부분집합족(subcollection)이고 $E \subset \cup \mathcal{E}^*$이면 $\mathcal{E}^*$를 $\mathcal{E}$의 부분덮개(또는 부분피복, subcover)라 한다. 특히 $\mathcal{E}^*$가 유한인 부분집합족이면 $\mathcal{E}^*$를 유한 부분덮개(finite subcover)라 한다.

(3) $\mathcal{E} = \{O_\alpha\}_{\alpha \in I}$가 E의 열린덮개이고 $E \subseteq O_{\alpha_1} \cup O_{\alpha_2} \cup \cdots \cup O_{\alpha_n}$을 만족하는 α_1, $\alpha_2, \cdots, \alpha_n \in I$이 반드시 존재할 때, E를 콤팩트집합(compact set)이라 한다.

보기 4 (1) $\mathbb{R}$의 모든 유한집합 $E = \{x_1, x_2, \cdots, x_n\}$는 콤팩트집합이다. 왜냐하면 집합족 $\mathcal{E} = \{O_\alpha : \alpha \in I\}$를 E의 임의의 열린덮개라고 하면 각 점 $x_i \in E$에 대하여 $x_i \in O_{\alpha_i}$인 적당한 $\mathcal{E}$의 원소 O_{α_i}가 존재하므로

$$E \subseteq O_{\alpha_1} \cup O_{\alpha_2} \cup \cdots \cup O_{\alpha_n}$$

이 성립하기 때문이다.

(2) $\mathbb{R}$에서 열린구간 $(0,1)$은 콤팩트집합이 아니다. 왜냐하면 열린덮개

$$\mathcal{E} = \{O_n = (1/n, 1) : n \in \mathbb{N}, n \geq 2\}$$

는 $(0,1)$의 열린덮개지만 어떠한 유한인 부분덮개도 갖지 않기 때문이다. 사실 유한개의 열린구간 $O_{n_1}, O_{n_2}, \cdots, O_{n_k}$가 $(0,1)$를 덮는다고 가정하고 $N = \max\{n_1, n_2, \cdots, n_k\}$로 두면

$$(0,1) \subseteq \cup_{j=1}^k O_{n_j} \subseteq \cup_{n=2}^N O_n = (1/N, 1)$$

이다. 따라서 이는 가정에 모순이다.

(3) $\mathbb{R}$은 콤팩트집합이 아니다. 왜냐하면 $\mathcal{E} = \{(-n, n) : n \in \mathbb{N}\}$은 $\mathbb{R}$의 열린 덮개지만 유한부분 피복을 갖지 않기 때문이다.

정리 2.4.11

(1) $\mathbb{R}$의 콤팩트 부분집합 K는 닫힌집합이다.

(2) 콤팩트집합 K의 닫힌 부분집합 F는 콤팩트집합이다.

증명 (1) y는 $K^c = \mathbb{R} - K$의 임의의 원소이면 각 $x \in K$에 대하여 x와 y의 ϵ_x-근방 $N_{\epsilon_x}(x)$와 $N_{\epsilon_x}(y)$가 존재하여 $N_{\epsilon_x}(x) \cap N_{\epsilon_x}(y) = \varnothing$이고 $x \in N_{\epsilon_x}(x)$, $y \in N_{\epsilon_x}(y)$가 된다($N_{\epsilon_x}(x)$와 $N_{\epsilon_x}(y)$를 각각 x와 y의 ϵ_x-근방으로서 반지름 ϵ_x이 $|x - y|/2$보다도 작도록 한다). 그러면 $\{N_{\epsilon_x}(x) \cap K : x \in K\}$는 K의 한 열린덮개이다. K는 콤팩트집합이므로 K의 점 $x_1, x_2, \cdots, x_n \in K$이 존재하여

$$K \subset (N_{\epsilon_{x_1}}(x_1) \cap K) \cup \cdots \cup (N_{\epsilon_{x_n}}(x_n) \cap K)$$

이 성립한다. $\epsilon = \min\{\epsilon_{x_j} : j = 1, 2, \cdots, n\}$로 두면 $\epsilon > 0$이고

$$N_\epsilon(y) \cap N_{\epsilon_{x_j}}(x_j) = \varnothing, \ j = 1, 2, \cdots, n$$

이므로 $N_\epsilon(y) \cap K = \varnothing$, 즉 $N_\epsilon(y) \subseteq K^c$이다. 따라서 y는 K^c의 임의의 점이므로 K^c는 열린집합이다.

(2) F는 콤팩트집합 K의 닫힌 부분집합이고 $\mathcal{E} = \{U_a : a \in I\}$를 F의 임의의 열린덮개라 하자. F는 닫힌집합이므로 F^c는 K의 열린집합이다. 따라서 $\{U_a : a \in I\} \cup \{F^c\}$는 K의 한 열린덮개이다. K은 콤팩트집합이므로 이 집합족은 유한 부분덮개 $\mathcal{F} = \{U_1, U_2, \cdots, U_n\} \cup \{F^c\}$를 갖는다. 따라서 $K \subseteq U_1 \cup U_2 \cup \cdots \cup U_n$이므로 F는 콤팩트집합이다. ■

정리 2.4.12

K가 콤팩트집합일 필요충분조건은 K는 유계인 닫힌집합이다.

증명 K가 $\mathbb{R}$의 콤팩트 부분집합이면 정리 2.4.11에 의하여 K는 닫힌집합이다. K가 유계집합임을 보이기 위하여 $\mathbb{R}$의 열린덮개 $\{(-k,k)\}_{k \in \mathbb{N}}$를 택하면 이는 K의 열린덮개이다. K는 콤팩트집합이므로 자연수 $k_1, k_2, \cdots, k_n$이 존재하여 $K = \cup_{j=1}^{n}(-k_j, k_j)$이 된다. 만약 $N = \max\{k_1, \cdots, k_n\}$이면 K는 $(-N, N)$의 부분집합이 된다. 따라서 K는 유계집합이다.

역으로 만약 K가 닫힌집합이고 유계집합이면 $K \subseteq [-M, M]$이 성립하는 양수 M이 존재한다. $[-M, M]$은 콤팩트집합이고 K는 닫힌집합이므로 정리 2.4.10에 의하여 K는 콤팩트집합이다. ∎

정리 2.4.13

$\{K_\alpha\}$는 $\mathbb{R}$의 콤팩트 부분집합의 집합족이고 $\{K_\alpha\}$의 임의의 유한 부분집합족의 교집합이 공집합이 아니면 $\cap K_\alpha \neq \varnothing$이다.

증명 $\{K_\alpha\}$의 한 원소 K_1을 고정하고 $G_\alpha = K_\alpha^c$라 놓자. 또한 $\cap K_\alpha = \varnothing$, 즉 K_1의 어느 점도 모든 $K_\alpha \,(\alpha \neq 1)$에 속하지 않는다고 가정하면 집합 $\{G_\alpha\}$는 K_1의 열린덮개를 이룬다. K_1은 콤팩트집합이므로 유한개 $\alpha_1, \cdots, \alpha_n$이 존재하여 $K_1 \subset G_{\alpha_1} \cup \cdots \cup G_{\alpha_n}$이 된다. 따라서 $K_1 \cap K_{\alpha_1} \cap \cdots \cap K_{\alpha_n} = \varnothing$이므로 이것은 가정에 모순이다. ∎

따름정리 2.4.14

$\{K_n\}$이 공집합이 아닌 콤팩트집합열이고 $K_n \supset K_{n+1} (n = 1, 2, \cdots)$이면 $\cap_{n=1}^{\infty} K_n$은 공집합이 아니다.

직관적으로 실수의 집합 $\mathbb{R}$에서 연결집합이란 집합이 빈틈없이 한 조각으로 구성되었다는 의미이다.

정의 2.4.15

집합 A는 $\mathbb{R}$의 부분집합이라 하자. 다음 조건을 만족하는 열린집합 U와 V가 존재하지 않을 때 A를 연결집합(connected set)이라 한다.

(1) $A \cap U \neq \varnothing$, $A \cap V \neq \varnothing$

(2) $U \cap V = \varnothing$

(3) $(A \cap U) \cup (A \cap V) = A$

보기 5 (1) 자연수의 집합 $\mathbb{N}$ 은 연결집합이 아니다. 왜냐하면 두 개의 집합 U 와 V 를 각각 $U = (1/2, 5/2)$, $V = (5/2, \infty)$ 로 두면 U 와 V 는 서로소이고 $\mathbb{R}$ 의 열린 부분집합이고 또한 정의의 모든 조건을 만족하는 두 열린집합이 존재하기 때문이다.

(2) 유리수 전체의 집합 $\mathbb{Q}$ 는 연결집합이 아니다. 왜냐하면 두 개의 집합 U 와 V 를 각각

$$U = \{x \in \mathbb{R} : x < \sqrt{2}\}, \quad V = \{x \in \mathbb{R} : x > \sqrt{2}\}$$

로 두면 U 와 V 는 서로소이고 $\mathbb{R}$ 의 열린 부분집합이고 또한 정의의 모든 조건을 만족하는 두 열린집합이 존재하기 때문이다.

(3) 공집합 $\varnothing$ 와 단집합 $\{x\}$ 는 연결집합이다. ∎

정리 2.4.16

$X \subset \mathbb{R}$ 가 연결집합일 필요충분조건은 임의의 $a, b \in X$ 이고 $a < c < b$ 일 때 $c \in X$ 를 만족하는 것이다.

증명 X 를 연결집합이라 하자. $a, b \in X$, $a < b$ 이지만 어떤 $c \in [a,b]$ 에 대하여 $c \notin X$ 라고 가정하면

$$U = \{x \in X : x < c\} = (-\infty, c) \cap X \text{와} \quad V = \{x \in X : c < x\} = (c, \infty) \cap X$$

는 X 의 $\varnothing$ 이 아닌 열린 부분집합들이고 또한 $X = U \cup V$ 이고 $U \cap V = \varnothing$ 이 된다. 그러므로 위의 정의에 의하여 X 는 연결집합이 아니다. 이것은 X 가 연결집합이라는 가정에 모순된다. 따라서 $a, b \in X$, $a < b$ 이면 반드시 $[a, b] \subset X$ 이 된다.

역으로 $a, b \in X$, $a < b$ 이면 반드시 $[a, b] \subset X$ 이라 가정하자. X 가 연결집합이 아니라면 정의 2.4.1에 의하여 X 의 $\varnothing$ 이 아닌 닫힌집합 C 와 D 가 존재하여

$$X = C \cup D, \ C \cap D = \varnothing \tag{2.3}$$

이 된다. $a \in C$, $b \in D$라고 하자. $a < b$라고 가정할 수 있다. 지금

$$c = \sup\{x \in C : x < b\}$$

라고 두자. 모든 자연수 n에 대하여 $x_n \in C$가 존재하여 $c - 1/n < x_n \leq c$가 된다(최소상계의 정의에 의하여). 따라서 $x_n \to c$이므로 c는 C의 한 극한점 이다. C는 닫힌집합이므로 $c \in C$이다. $a \leq c < b$이고 가정에 의하여 $[c,b] \subset X$이 된다.

다음으로 $(c,b) \subset D$임을 보인다. 만일 $y \in (c,b)$이고 $y \not\in D$을 만족하는 y가 X에 존재한다면 (2.3)에 의하여 $y \in C$가 된다. 지금 $y < b$이고 $y \in C$이므로 $y \in \{x \in C : x < b\}$이다. 따라서

$$y \leq c = \sup\{x \in C : x < b\}$$

이다. $y \in (c,b)$이므로 $y > c$이어야 한다. 이것은 모순이다. 따라서 $(c,b) \subset D$ 이다. $(c,b) \subset D$이고 c는 닫힌집합 D의 극한점이므로 $c \in D$가 된다. 그러면 $c \in C \cap D = \varnothing$이 되어 모순이다. 그러므로 X는 연결집합이다. ∎

따름정리 2.4.17

$X \subset \mathbb{R}$가 연결집합일 필요충분조건은 X가 한 점이거나 한 구간이다. 특히, $\mathbb{R}$은 연결집합이다.

증명 정리 2.4.16에 의하여 점과 구간들은 연결집합이다.

역으로 X가 $\mathbb{R}$의 연결집합이라 가정하고 $a = \inf X$, $b = \sup X$로 두면(만일 X가 아래로 유계가 아니면 $a = -\infty$, X가 위로 유계가 아니면 $b = \infty$라고 둔다) $a \leq b$이므로 $a < b$이거나 $a = b$이다.

만일 $a = b$이면 $X = \{a\}$이다. 만일 $a < b$이고 $c \in (a,b)$라고 가정하면 $a < x < c < y < b$인 $x, y \in X$가 존재한다. 따라서 정리 2.4.16에 의하여 $c \in X$이므로 $(a,b) \subset X$이다. 만일 $x < a$이거나 $x > b$이면 $x \not\in X$이다. 즉, $x \in X$이면 $x \geq a$이고 $x \leq b$이다. 따라서 $X \subset [a,b]$. 그러므로 X는 $(a,b), [a,b), (a,b]$ 또는 $[a,b]$ 중의 한 구간이다. ∎

01 $\mathbb{R}$ 의 모든 유한집합은 닫힌집합임을 보여라.

02 다음 구간들은 $\mathbb{R}$ 의 닫힌 부분집합임을 보여라.

   (1) $(-\infty, a]$ (2) $[a, \infty)$

03 정리 2.4.4의 증명에서 다음을 보여라.

   (1) 집합 A_x 와 B_x 는 공집합이 아니다.

   (2) 집합 A_x 가 아래로 유계이면 $a_x = \inf A_x$ 는 G에 속하지 않는다.

   (3) $a_x < y < x$ 이면 $y \in G$ 이다.

   (4) $I_x \cap I_y \neq \varnothing$ 이면 $b_x = b_y$ 이다.

04 $(0,1] = \cap_{n=1}^{\infty}(0, 1+1/n)$ 임을 보여라.

05 $A = \{1/n : n = 1, 2, \cdots\}$ 일 때 정의를 이용하여 다음을 보여라.

   (1) A는 콤팩트집합이 아니다.   (2) 집합 $K = A \cup \{0\}$ 는 콤팩트집합이다.

06 A, B가 $\mathbb{R}$ 의 콤팩트 부분집합일 때 다음을 보여라.

   (1) $A \cup B$, $A \cap B$는 콤팩트집합이다.

   (2) 무한개의 콤팩트집합들의 합집합은 반드시 콤팩트집합인가?

07 $\mathcal{E}$ 가 $\mathbb{R}$ 의 콤팩트집합들의 집합족이면 $\cap \mathcal{E}$ 도 콤팩트집합임을 보여라.

08 $\cup_{n=1}^{\infty} K_n$ 은 콤팩트집합이 안 되는 $\mathbb{R}$ 의 가산개의 콤팩트 부분집합들의 집합족 $\{K_n\}_{n=1}^{\infty}$ 을 구하여라.

09 X는 $\mathbb{R}$ 의 콤팩트 부분집합이고 $y \in \mathbb{R}$ 이면 $\{x + y : x \in X\}$는 콤팩트집합임을 보여라.

10 A, B가 $\mathbb{R}$ 의 연결부분집합일 때 다음을 보여라.

   (1) $\overline{A}$는 연결집합이다.   (2) $A \times B$는 연결집합이다.

11 다음에 알맞은 예를 들어라.

   (1) 연결집합이지만 콤팩트집합이 아닌 $\mathbb{R}$ 의 부분집합

   (2) 콤팩트집합이지만 연결집합이 아닌 $\mathbb{R}$ 의 부분집합

12 $\mathbb{R}$ 의 두 연결집합의 교집합은 연결집합인지를 보이고, 합집합은 반드시 연결집합이 되는 것은 아님을 예를 들어서 보여라.

03

제3장

수열

3.1 │ 수열의 극한

이 절에서는 해석학에서 가장 중요한 개념 중의 하나인 실수열의 극한에 대하여 고찰하기로 한다.

자연수의 집합 $\mathbb{N}$ 에서 실수의 집합 $\mathbb{R}$ 로의 함수 $f: \mathbb{N} \to \mathbb{R}$ 을 실수열(간단히 수열이라 한다)이라 하고 편의상 $f(n)$ 을 a_n 으로 나타낸다. 이를 f 의 n 번째 항이라 한다. 다시 말하면, 수열이란 자연수에 대응해서 정해지는 수의 열 $a_1, a_2, \cdots, a_n, \cdots$ 을 말하며 이를 간단히 $\{a_n\}$ 또는 $\{a_n\}_{n=1}^{\infty}$ 으로 표시한다.

보기 1 피보나치 수열(Fibonacci sequence) $\{a_n\}$ 은

$$a_1 = 1, \quad a_2 = 1, \quad a_{n+1} = a_{n-1} + a_n \quad (n \geq 2)$$

인 점화식으로 주어진다. ■

정의 3.1.1

$\{a_n\}_{n=1}^{\infty}$ 은 수열이고 $a \in \mathbb{R}$ 이라 하자. "임의의 $\epsilon > 0$ 에 대하여 이에 대응하는 적당한 자연수 $N = N(\epsilon)$ 이 존재하여 $n \geq N$ 인 모든 자연수 $n \in \mathbb{N}$ 에 대하여 $|a_n - a| < \epsilon$ 이다"를 만족할 때 $\{a_n\}$ 은 a 에 수렴한다(converge)고 하고, a 을 $\{a_n\}$ 의 극한(limit)이라 한다. 기호로는

$$\lim_{n \to \infty} a_n = a \quad \text{또는} \quad a_n \to a \quad (n \to \infty)$$

로 나타낸다. 때로는 "$\{a_n\}$ 은 극한 a 에 접근한다" 또는 "$\{a_n\}$ 은 극한 a 을 갖는다"고 말하기도 한다. 수열 $\{a_n\}$ 이 수렴하지 않을 때 $\{a_n\}$ 은 발산한다(diverge)고 한다.

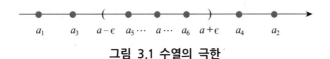

그림 3.1 수열의 극한

주의 1 $N = N(\epsilon)$ 은 N 의 값이 $\epsilon > 0$ 에 따라 결정됨을 의미한다. 또한 "$n \geq N$"은 "$n > N$"으로 하여도 된다.

보기 2 다음을 보여라.

(1) $\{1/n\}_{n=1}^{\infty}$은 0에 수렴한다.

(2) 수열 $\{2n/(n+1)\}$은 2에 수렴한다.

(3) $\{n\}$은 발산한다.

(4) 수열 $\{1-(-1)^n\}$은 발산한다.

증명 (1) ϵ은 임의의 양수이면 아르키메데스 정리에 의하여 $1/N < \epsilon$을 만족하는 자연수 N이 존재한다. 따라서 $n \geq N$인 모든 자연수 n에 대하여 $|1/n - 0| = 1/n \leq 1/N < \epsilon$이 성립하므로 $\{a_n\}$은 0에 수렴한다.

(2) 임의의 주어진 양수 ϵ에 대하여 아르키메데스 정리에 의하여 $N > 2/\epsilon$, 즉 $2/N < \epsilon$을 만족하는 자연수 N이 존재한다. 따라서 $n \geq N$을 만족하는 모든 자연수 n에 대하여

$$\left|\frac{2n}{n+1} - 2\right| = \left|\frac{2n - 2(n+1)}{n+1}\right| = \left|\frac{-2}{n+1}\right| = \frac{2}{n+1} < \frac{2}{N} < \epsilon$$

이 성립한다. 따라서 $\lim_{n \to \infty} 2n/(n+1) = 2$이다.

(3) $\{a_n\} = \{n\}$이 실수 a에 수렴한다고 하면 임의의 $\epsilon > 0$에 대하여 자연수 N이 존재하여 $|a_n - a| < \epsilon \ (n \geq N)$이다. 특히 $\epsilon = 1$이면 $n \geq N$인 모든 자연수 n에 대하여 $|a_n - a| < 1$, 즉 $-1 < n - a < 1$, 즉 $a - 1 < n < a + 1$이다. 이것은 N보다 큰 모든 자연수 n이 $a-1$과 $a+1$ 사이에 있음을 의미한다. 이것은 분명히 모순이다. 따라서 $\{a_n\}$은 발산한다.

(4) 모든 자연수 n에 대하여 $|a_n - a_{n+1}| = 2$이다. 수열 $\{p_n\}$이 실수 a에 수렴한다고 가정하고 ϵ은 $0 < \epsilon < 1$인 임의의 양수로 하자. 정의에 의하여 $n \geq N$일 때 $|a_n - a| < \epsilon$을 만족하는 적당한 자연수 N이 존재한다. 만약 $n \geq N$이면

$$2 = |a_n - a_{n+1}| \leq |a_n - a| + |a - a_{n+1}| < 2\epsilon < 2$$

이다. 따라서 이는 모순이다. ■

정리 3.1.2

(극한의 유일성) 수렴하는 수열의 극한은 유일하다.

증명 $\lim\limits_{n\to\infty} a_n = \alpha$, $\lim\limits_{n\to\infty} a_n = \beta$이고 $\alpha \neq \beta$라고 가정하자. $\epsilon = |\alpha - \beta|/2$로 두면 $\lim\limits_{n\to\infty} a_n$ $= \alpha$이므로 자연수 N_1이 존재하여 $n \geq N_1$일 때 $|a_n - \alpha| < \epsilon$이다. 마찬가지로 $\lim\limits_{n\to\infty} a_n = \beta$이므로 자연수 N_2이 존재하여 $n \geq N_2$일 때 $|a_n - \beta| < \epsilon$이다. 지금 $N = \max\{N_1, N_2\}$로 두면 $n \geq N$인 모든 자연수 n에 대하여

$$|\beta - \alpha| = |(a_n - \alpha) - (a_n - \beta)| \leq |a_n - \alpha| + |a_n - \beta| < 2\epsilon = |\alpha - \beta|.$$

이것은 모순이다. 따라서 $\alpha = \beta$이어야 한다. ■

정의 3.1.3

(1) 실수 M이 존재하여 $a_n \leq M\ (n \in \mathbb{N})$이면 $\{a_n\}$은 위로 유계(bounded above)라 한다.

(2) 실수 L이 존재하여 $L \leq a_n\ (n \in \mathbb{N})$이면 $\{a_n\}$은 아래로 유계(bounded below)라고 한다.

(3) 위로 유계이고 동시에 아래로 유계인 수열을 유계(bounded)라고 한다. 즉, 실수 M이 존재하여 $|a_n| \leq M\ (n \in \mathbb{N})$이면 $\{a_n\}$은 유계수열이다.

보기 3 수열 $\{1, -2, 3, -4, \cdots\}$은 위로 유계도 아래로 유계도 아니다. 수열 $\{1, 2, 1, 3, 1, 4, \cdots\}$는 아래로 유계지만 위로 유계가 아니다. ■

정리 3.1.4

수렴하는 모든 수열 $\{a_n\}$은 유계수열이다.

증명 $L = \lim\limits_{n\to\infty} a_n$이고 $\epsilon = 1$이면 $n \geq N$인 모든 자연수 n에 대하여 $|a_n - L| < \epsilon = 1$이 성립되는 자연수 N이 존재한다. 따라서 $n \geq N$인 모든 자연수 n에 대하여

$$|a_n| = |L + (a_n - L)| \leq |L| + |a_n - L| < |L| + 1$$

이므로 $M = \max(|a_1|, |a_2|, \cdots, |a_{N-1}|, |L| + 1)$로 두면 모든 자연수 n에 대하여 $|a_n| \leq M$이 성립한다. ■

주의 2 위 정리의 역은 성립하지 않는다. 예를 들어, $\{(-1)^n\}$은 유계지만 발산한다.

보기 4 (1) 수열 $\{n\}$은 발산한다. 왜냐하면 수열 $\{n\}$이 수렴하면 정리 3.1.4에 의하여 모든 자연수 n에 대하여 $n = |n| = |a_n| < M$을 만족하는 양수 M이 존재해야 한다. 이것은 아르키메데스 정리에 모순된다. 따라서 수열 $\{n\}$은 발산한다.

(2) 수열 $\{n(-1)^n\}$은 유계수열이 아니므로 발산한다.

보기 5 $a > 1$이면 $\displaystyle\lim_{n\to\infty}\frac{1}{a^n} = 0$임을 보여라.

증명 $a > 1$이면 $a = 1 + \alpha$, $\alpha > 0$인 α가 존재한다. 이항정리에 의하여

$$a^n = (1+\alpha)^n = 1 + n\alpha + \frac{1}{2}n(n-1)\alpha^2 + \cdots + \alpha^n$$
$$\geq 1 + n\alpha > n\alpha$$

이므로 $1/a^n = 1/(1+\alpha)^n < 1/(1+n\alpha) < 1/n\alpha$이다. ϵ은 임의의 양수라 하자. 아르키메데스 정리에 의하여 $N > 1/\alpha\epsilon$인 자연수 N을 선택하면 $n \geq N$일 때

$$|1/a^n - 0| = 1/a^n < \epsilon, \ \ \text{즉} \ \lim_{n\to\infty}\frac{1}{a^n} = 0. \qquad \blacksquare$$

01 다음 수열 $\{a_n\}$의 극한이 존재하면 극한값을 구하여라.

(1) $\displaystyle \lim_{n \to \infty} \frac{1}{n^3 + n}$

(2) $\displaystyle \lim_{n \to \infty} (2n^3 - n + 5)$

(3) $\displaystyle \lim_{n \to \infty} \left(\frac{1}{1 + n} \right)^n$

(4) $\displaystyle \lim_{n \to \infty} \left(2 + \frac{1}{n} \right)^n$

(5) $\displaystyle \lim_{n \to \infty} \left(\frac{n}{n + 1} \right)^{1/n}$

(6) $\displaystyle \lim_{n \to \infty} \frac{n}{3^n}$

02 다음을 보여라.

(1) $\displaystyle \lim_{n \to \infty} \frac{1}{2n + 1} = 0$

(2) $\displaystyle \lim_{n \to \infty} \frac{(-1)^n}{n + 1} = 0$

(3) $\displaystyle \lim_{n \to \infty} \frac{\sqrt{n}}{n + 1} = 0$

(4) $\displaystyle \lim_{n \to \infty} \frac{n^2}{n!} = 0$

03 다음 수열 $\{a_n\}$의 수렴, 발산을 조사하여라.

(1) $a_n = \dfrac{1}{\sqrt{n}}$

(2) $a_n = \dfrac{n}{n + 1}$

(3) $a_n = \dfrac{1}{n} - \dfrac{1}{n + 1}$

(4) $a_n = \dfrac{2n + 3}{n^3 + 1}$

04 다음 각 수열은 $\mathbb{R}$에서 발산함을 보여라.

(1) $\{n(1 + (-1)^n)\}$

(2) $\{(-1)^n + 1/n\}$

(3) $\{(-1)^n\}$

(4) $\{\sin(n\pi/2)\}$

05 수열 $n + 1/n$은 극한을 갖지 않음을 보여라.

06 a_n이 유계는 아니지만 $\displaystyle \lim_{n \to \infty} \frac{a_n}{n} = 0$이 되는 수열의 예를 들어라.

07 $\displaystyle \lim_{n \to \infty} \frac{a_n}{n} = L \neq 0$이면 $\{a_n\}$는 유계가 아님을 보여라.

08 $\displaystyle \lim_{n \to \infty} a_n = a$, $b_n = a_{n+p}$ (p는 정수이고 $p \geq 1$)일 때 $\displaystyle \lim_{n \to \infty} b_n = a$임을 보여라.

09 $\{a_n\}, \{b_n\}$이 유계수열이고 c는 임의의 실수일 때 수열 $\{ca_n\}, \{a_n + b_n\}$과 $\{a_n b_n\}$도 유계수열임을 보여라.

10 다음 조건을 만족하는 예를 들어라.

(1) $\{a_n\}$은 수렴하고 $\{b_n\}$은 발산하지만 $\{a_n b_n\}$이 수렴하는 수열 $\{a_n\}$, $\{b_n\}$

(2) $\{a_n + b_n\}$이 수렴하지만 발산하는 수열 $\{a_n\}$, $\{b_n\}$

(3) $\{a_n b_n\}$이 수렴하지만 발산하는 수열 $\{a_n\}$, $\{b_n\}$

(4) $\{a_n\}$은 유계이고 $\{b_n\}$은 수렴하지만 $\{a_n + b_n\}$이 발산하는 수열 $\{a_n\}$, $\{b_n\}$

(5) $\{a_n\}$은 유계이고 $\{b_n\}$은 수렴하지만 $\{a_n b_n\}$이 발산하는 수열 $\{a_n\}$, $\{b_n\}$

11 다음을 보여라.

(1) $\{a_n\}$은 유계수열이고 $\lim\limits_{n\to\infty} b_n = 0$일 때 $\lim\limits_{n\to\infty} a_n b_n = 0$이다.

(2) $\lim\limits_{n\to\infty} a_n = 0$일 때 $\lim\limits_{n\to\infty} (-1)^n a_n = 0$이다.

12 $a_n = \dfrac{1 \cdot 3 \cdot 5 \cdots (2n-1)}{2 \cdot 4 \cdot 6 \cdots (2n)}$ $(n = 1, 2, 3, \cdots)$일 때 $\{a_n\}$이 유계수열임을 보여라.

13 $\lim\limits_{n\to\infty} a_n = a$일 때 $\lim\limits_{n\to\infty} a_n^2 = a^2$임을 보여라.

14 $\lim\limits_{n\to\infty} \cos n\pi$의 극한이 존재하지 않음을 보여라.

정리 3.2.1

수열 $\{a_n\}$, $\{b_n\}$이 각각 α, β에 수렴한다고 하자. 그러면

(1) $\displaystyle\lim_{n\to\infty} ka_n = k\alpha$ (k는 상수) (2) $\displaystyle\lim_{n\to\infty}(a_n \pm b_n) = \alpha \pm \beta$ (부호동순)

(3) $\displaystyle\lim_{n\to\infty} a_n b_n = \alpha\beta$

증명 (1) ϵ은 임의의 양수라 하면 가정에 의하여 자연수 N이 존재해서 $n \geq N$인 모든 자연수 n에 대하여 $|a_n - \alpha| < \epsilon/(|k|+1)$이 성립한다. 따라서 $n \geq N$인 모든 자연수 n에 대하여

$$|ka_n - k\alpha| = |k||a_n - \alpha| < |k|\frac{\epsilon}{|k|+1} < \epsilon.$$

(2) ϵ은 임의의 양수라 하면 가정에 의하여 자연수 N_1, N_2가 존재해서 $n \geq N_1$인 자연수 n에 대하여 $|a_n - \alpha| < \epsilon/2$이고, $n \geq N_2$인 자연수 n에 대하여 $|b_n - \beta| < \epsilon/2$이다.

$N = \max\{N_1, N_2\}$로 두면 $n \geq N$인 모든 자연수 n에 대하여

$$|(a_n \pm b_n) - (\alpha \pm \beta)| \leq |a_n - \alpha| + |b_n - \beta| < \frac{\epsilon}{2} + \frac{\epsilon}{2} = \epsilon.$$

(3) 다음 항등식을 이용한다.

$$a_n b_n - \alpha\beta = (a_n - \alpha)(b_n - \beta) + \alpha(b_n - \beta) + \beta(a_n - \alpha)$$

ϵ은 임의의 양수라 하면 가정에 의하여

$$n \geq N_1 \text{이면 } |a_n - \alpha| < \sqrt{\epsilon}, \; n \geq N_2 \text{이면 } |b_n - \beta| < \sqrt{\epsilon}$$

인 자연수 N_1, N_2가 존재한다. $N = \max\{N_1, N_2\}$라 하면 $n \geq N$인 모든 자연수 n에 대하여 $|(a_n - \alpha)(b_n - \beta)| < \epsilon$이므로 $\displaystyle\lim_{n\to\infty}(a_n - \alpha)(b_n - \beta) = 0$이다. (1)에 의하면

$$\lim_{n\to\infty}\alpha(b_n - \beta) = \alpha \cdot 0 = 0, \; \lim_{n\to\infty}\beta(a_n - \alpha) = \beta \cdot 0 = 0$$

이다. 따라서 (2)를 이용하면

$$\lim_{n \to \infty} (a_n b_n - \alpha\beta)$$

$$= \lim_{n \to \infty} (a_n - \alpha)(b_n - \beta) + \lim_{n \to \infty} \alpha(b_n - \beta) + \lim_{n \to \infty} \beta(a_n - \alpha)$$

$$= 0 + 0 + 0 = 0.$$

즉, $\lim_{n \to \infty} a_n b_n = \alpha\beta$이다. ∎

정리 3.2.2

두 수열 $\{a_n\}$, $\{b_n\}$이 각각 α, β에 수렴하고 $\beta \neq 0$이라 하자. 이때,

(1) 유한개 자연수를 제외한 모든 자연수 n에 대하여 $b_n \neq 0$이다.

(2) $\lim_{n \to \infty} 1/b_n = 1/\beta$

(3) $\lim_{n \to \infty} \dfrac{a_n}{b_n} = \dfrac{\alpha}{\beta}$

증명 (1) $\epsilon = |\beta|/2$으로 택하면 $\lim_{n \to \infty} a_n = \alpha$이므로

$$n \geq N_1 \text{이면 } |b_n - \beta| < |\beta|/2, \text{ 즉 } |b_n| > |\beta|/2$$

을 만족하는 자연수 N_1이 존재한다. 따라서 $n \geq N_1$이면 $b_n \neq 0$이다.

(2) 위에서 본 바와 같이 $\epsilon = |\beta|/2$로 택하면 $\lim_{n \to \infty} b_n = \beta$이므로

$$n \geq N_1 \text{이면 } |b_n - \beta| < |\beta|/2, \text{ 즉 } |b_n| > |\beta|/2$$

을 만족하는 자연수 N_1이 존재한다. 또한 ϵ은 임의의 양수이면

$$n \geq N_2 \text{이면 } |b_n - \beta| < \beta^2 \epsilon/2$$

을 만족하는 자연수 N_2가 존재한다. $N = \max\{N_1, N_2\}$로 두면 $n \geq N$일 때

$$\left| \frac{1}{b_n} - \frac{1}{\beta} \right| = \frac{|b_n - \beta|}{|b_n||\beta|} < \frac{2}{\beta^2}|b_n - \beta| < \epsilon.$$

따라서 $\lim_{n \to \infty} 1/b_n = 1/\beta$이다.

(3) 정리 3.2.1(3)에 의하여

$$\lim_{n\to\infty}\frac{a_n}{b_n}=\lim_{n\to\infty}a_n\frac{1}{b_n}=\alpha\frac{1}{\beta}=\frac{\alpha}{\beta}.\qquad\blacksquare$$

보기 1 다음을 보여라.

(1) $\displaystyle\lim_{n\to\infty}\frac{1}{n^2}=0$ (2) $\displaystyle\lim_{n\to\infty}\frac{n^2-1}{3n^2-n-1}=\frac{1}{3}$

증명 (1) $\displaystyle\lim_{n\to\infty}(1/n^2)=\lim_{n\to\infty}1/n\cdot\lim_{n\to\infty}1/n=0\cdot0=0$

(2) $\displaystyle\lim_{n\to\infty}\frac{n^2-1}{3n^2-n-1}=\lim_{n\to\infty}\frac{1-1/n^2}{3-1/n-1/n^2}=\frac{1}{3}$ $\blacksquare$

정리 3.2.3

$\{a_n\}$은 a에 수렴하는 수열이고 모든 $n\in\mathbb{N}$에 대하여 $a_n\geq0$이면 $a=\displaystyle\lim_{n\to\infty}a_n\geq0$ 이다.

증명 $a<0$이라 가정하자. $\epsilon=-a$로 선택하면 가정에 의하여 모든 $n\geq N$에 대하여 $a-\epsilon<a_n<a+\epsilon$을 만족하는 자연수 N이 존재한다. 특히 $a_N<a+\epsilon=a+(-a)=0$이다. 이것은 모든 자연수 n에 대하여 $a_n\geq0$이라는 가정에 모순된다. 따라서 $a\geq0$이다. $\blacksquare$

다음 결과는 만일 수열의 모든 항이 $a\leq a_n\leq b$ 형태의 부등식을 만족하면 수열의 극한도 동일한 부등식을 만족함을 보여준다.

정리 3.2.4

(비교정리) $\{a_n\}$, $\{b_n\}$은 수렴하는 수열이라 하자.
(1) 모든 $n\in\mathbb{N}$에 대하여 $a_n\leq b_n$이면 $\displaystyle\lim_{n\to\infty}a_n\leq\lim_{n\to\infty}b_n$이다.
(2) $a\leq a_n\leq b$ $(n\in\mathbb{N})$이면 $a\leq\displaystyle\lim_{n\to\infty}a_n\leq b$이다.

증명 (1) $c_n = b_n - a_n$로 두면 모든 $n \in N$에 대하여 $c_n \geq 0$이다. 그러면 정리 3.2.3에 의하여 $0 \leq \lim_{n \to \infty} c_n = \lim_{n \to \infty} b_n - \lim_{n \to \infty} a_n$이므로 $\lim_{n \to \infty} a_n \leq \lim_{n \to \infty} b_n$이다.

(2) $\{b_n\}$이 상수열 $\{b, b, b, \cdots\}$이면 (1)에 의하여 $\lim_{n \to \infty} a_n \leq \lim_{n \to \infty} b_n = b$이다. 마찬가지로 $a \leq \lim_{n \to \infty} a_n$임을 보일 수 있다. ∎

다음 결과는 동일한 극한으로 수렴하는 두 수열 사이에 놓이는 수열도 역시 동일한 극한으로 수렴함을 보여준다. 다음 정리는 샌드위치 정리, 스퀴즈 정리, 조임정리 또는 압착정리 등으로 표현된다.

정리 3.2.5

(조임정리, Squeeze Theorem) 수열 $\{a_n\}$, $\{b_n\}$, $\{c_n\}$이 다음 조건을 만족하면 $\{b_n\}$은 수렴하고 $\lim_{n \to \infty} a_n = \lim_{n \to \infty} b_n = \lim_{n \to \infty} c_n$이다.

(1) 모든 자연수 $n \in \mathbb{N}$에 대하여 $a_n \leq b_n \leq c_n$이다.

(2) $\lim_{n \to \infty} a_n = \lim_{n \to \infty} c_n$

증명 $L = \lim_{n \to \infty} a_n = \lim_{n \to \infty} c_n$이고 ϵ을 임의의 양수라 하자. 가정에 의하여 $n \geq N$일 때 $|a_n - L| < \epsilon$과 $|c_n - L| < \epsilon$을 만족하는 자연수 N가 존재한다. 한편 가정 (1)에 의하여 모든 자연수 n에 대하여 $a_n - L \leq b_n - L \leq c_n - L$이다. 따라서 $n \geq N$일 때 $|b_n - L| \leq \max\{|a_n - L|, |c_n - L|\} < \epsilon$이다. ϵ는 임의의 양수이므로 $\lim_{n \to \infty} b_n = L$이다. ∎

정리 3.2.6

(1) $\alpha > 0$일 때 $\lim_{n \to \infty} (1/n^{\alpha}) = 0$이다.

(2) $\lim_{n \to \infty} \sqrt[n]{n} = 1$

(3) 만약 $p > 0$이면 $\lim_{n \to \infty} \sqrt[n]{p} = 1$이다.

(4) 만약 $p > 1$이고 α가 실수이면 $\displaystyle\lim_{n\to\infty} \frac{n^\alpha}{p^n} = 0$이다.

(5) 만약 $|p| < 1$이면 $\displaystyle\lim_{n\to\infty} p^n = 0$이다.

(6) 임의의 양수 $p \in \mathbb{R}$에 대하여 $\displaystyle\lim_{n\to\infty} \frac{p^n}{n!} = 0$이다.

증명 (1) 임의의 양수 $\epsilon > 0$에 대하여 아르키메데스 정리에 의하여 $N^\alpha > (1/\epsilon)$을 만족하는 자연수 N를 선택하면 $n \geq N$인 모든 자연수 $n \in \mathbb{N}$에 대하여

$$\left| \frac{1}{n^\alpha} - 0 \right| = \frac{1}{n^\alpha} \leq \frac{1}{N^\alpha} < \epsilon$$

이다. 따라서 $\displaystyle\lim_{n\to\infty}(1/n^\alpha) = 0$이다.

(2) n이 자연수이면 $\sqrt[n]{n} \geq 1$이므로 $\sqrt[n]{n} = 1 + h_n \, (h_n \geq 0)$로 두면 이항정리에 의하여

$$n = (1+h_n)^n = 1 + nh_n + \frac{n(n-1)}{2}h_n^2 + \cdots + h_n^n \geq \frac{n(n-1)}{2}h_n^2 \ (n \geq 2).$$

따라서 $0 \leq h_n^2 \leq 2n/[n(n-1)] = 2/(n-1)$이다. 모든 n에 대하여 $h_n \geq 0$이므로

$$0 \leq h_n \leq \sqrt{2/(n-1)} \ (n \geq 2)$$

이다. 조임정리에 의하여 $\displaystyle\lim_{n\to\infty} h_n = 0$이므로 $\displaystyle\lim_{n\to\infty}(\sqrt[n]{n} - 1) = 0$, 즉 $\displaystyle\lim_{n\to\infty}\sqrt[n]{n} = 1$이다.

(3) 연습문제로 남긴다.

(4) k는 $k > \alpha$인 자연수라 하자. $p > 1$이므로 $p = 1 + q \ (q > 0)$이다. $n > 2k$인 모든 n에 대하여 $n - k + 1 > n - n/2 + 1 = n/2 + 1 > n/2$이므로 이항정리에 의하면

$$p^n = (1+q)^n > \binom{n}{k}q^k = \frac{n(n-1)\cdots(n-k+1)}{k!}q^k > \frac{n^k q^k}{2^k k!}.$$

따라서 $0 < n^\alpha/p^n < (2^k k!/q^k)(1/n^{k-\alpha})$이므로 (1)과 조임정리에 의하여 결과가 성립한다.

(5) p는 $p = \pm 1/q$(단, $q > 1$)로 표현할 수 있으므로 $|p^n| = |p|^n = 1/q^n$이다. (4)의 $\alpha = 0$ 경우와 같으므로 $n \to \infty$일 때 $\{p^n\}$은 0에 수렴한다.

(6) $k > |p|$인 자연수 k를 선택하면 $n > k$에 대하여

$$\left| \frac{p^n}{n!} \right| = \frac{|p|^n}{n!} < \frac{k^{k-1}}{(k-1)!} \left(\frac{|p|}{k} \right)^n.$$

$|p|/k < 1$이므로 (5)에 의하여 결과가 성립한다. ∎

보기 2 다음을 보여라.

    (1) $\displaystyle\lim_{n\to\infty} \frac{\sin n}{n} = 0$ (2) $\displaystyle\lim_{n\to\infty} \frac{\log n}{n} = 0$

증명 (1) 모든 $n \in \mathbb{N}$에 대하여 $-1/n \leq \sin n/n \leq 1/n$이다. $\displaystyle\lim_{n\to\infty} 1/n = 0$이므로 조임정리에 의하여 $\displaystyle\lim_{n\to\infty} \sin n/n = 0$이다.

    (2) 위 정리에 의하여 $\displaystyle\lim_{n\to\infty} \log n/n = \lim_{n\to\infty} \log \sqrt[n]{n} = \log 1 = 0$. ∎

정리 3.2.7

$\{a_n\}$은 $a \in \mathbb{R}$에 수렴하는 수열이고 모든 자연수 n에 대하여 $a_n \geq 0$이면 양의 제곱근의 수열 $\{\sqrt{a_n}\}$은 수렴하고, $\displaystyle\lim_{n\to\infty} \sqrt{a_n} = \sqrt{a}$ 이다.

증명 정리 3.2.3에 의하여 $a = \displaystyle\lim_{n\to\infty} a_n \geq 0$이다.

    (1) $a = 0$인 경우: $\epsilon > 0$은 임의의 양수라 하자. $a_n \to 0$이므로 $n \geq K$인 모든 자연수 n에 대하여 $0 \leq a_n = a_n - 0 \leq \epsilon^2$을 만족하는 자연수 K가 존재한다. 그러므로 $n \geq K$에 대하여 $0 \leq \sqrt{a_n} < \epsilon$이다. 따라서 $\sqrt{a_n} \to 0$이다.

    (2) $a > 0$인 경우: $\sqrt{a} > 0$이므로

$$\left| \sqrt{a_n} - \sqrt{a} \right| = \left| \frac{(\sqrt{a_n} - \sqrt{a})(\sqrt{a_n} + \sqrt{a})}{\sqrt{a_n} + \sqrt{a}} \right| = \frac{|a_n - a|}{\sqrt{a_n} + \sqrt{a}}$$

이고 모든 자연수 n에 대하여 $\sqrt{a_n} + \sqrt{a} \geq \sqrt{a} > 0$이므로

$$|\sqrt{a_n} - \sqrt{a}| \le |a_n - a|/\sqrt{a}$$

이다. 따라서 이 부등식과 $a_n \to a$라는 사실로부터 $\sqrt{a_n} \to \sqrt{a}$이다. ∎

01 다음 수열은 수렴하지 않음을 보여라.

    (1) $\{2^n\}$ (2) $\{(-1)^n n^2\}$

02 수열 $\{a_n\}$, $\{b_n\}$에 대하여 다음을 보여라.

    (1) 만약 수열 $\{a_n\}$과 $\{a_n + b_n\}$이 모두 수렴하면 수열 $\{b_n\}$은 수렴한다.

    (2) 임의의 자연수 $n \in \mathbf{N}$에 대하여 $b_n \neq 0$이라 하자. 만약 수열 $\{b_n\}$과 $\{a_n/b_n\}$
        이 모두 수렴하면 수열 $\{a_n\}$도 수렴한다.

03 $a_n = \sqrt{n+1} - \sqrt{n}$ ($n \in \mathbf{N}$)일 때 $\{a_n\}$과 $\{\sqrt{n}\, a_n\}$은 수렴함을 보여라.

04 $\{a_n\}$은 0에 수렴하는 수열이고 임의의 자연수 $n \in \mathbf{N}$에 대하여 $a_n \neq 0$이라 할
    때, $\displaystyle\lim_{n \to \infty} a_n \sin(1/a_n) = 0$임을 보여라.

05 만약 $p > 0$이면 $\displaystyle\lim_{n \to \infty} \sqrt[n]{p} = 1$임을 보여라.

06 $0 < a < b$일 때 $x_n = (a^n + b^n)^{1/n}$이면 $\displaystyle\lim_{n \to \infty} x_n = b$임을 보여라.

07 양의 수열 $\{a_n\}$에 대하여 $\displaystyle\lim_{n \to \infty}(a_{n+1}/a_n) = L$이라 할 때 다음을 보여라.

    (1) 만일 $0 \le L < 1$이면 $\displaystyle\lim_{n \to \infty} a_n = 0$이다.

    (2) $L > 1$이면 $\{a_n\}$은 유계수열이 아니고 $\displaystyle\lim_{n \to \infty} a_n = \infty$이다.

    (3) $L = 1$인 경우는 수렴, 발산을 판정할 수 없다.

08 $0 < a < 1$, $b > 1$일 때 다음 수열의 수렴성을 논하여라.

    (1) $\{n^2 a^n\}$ (2) $\{b^n/n^2\}$

    (3) $\{b^n/n!\}$ (4) $\{n!/n^n\}$

    (5) $\{5^n/n!\}$

09 양의 수열 $\{a_n\}$에 대하여 $\displaystyle\lim_{n \to \infty} \sqrt[n]{a_n} = L$일 때 다음을 보여라.

    (1) $0 \le L < 1$이면 충분히 큰 자연수 $n \in \mathbf{N}$에 대하여 $0 < a_n < r^n$을 만족하는
        수 $r < 1$이 존재하고 이것을 이용하면 $\displaystyle\lim_{n \to \infty} a_n = 0$이다.

(2) $L = 1$일 때, 수렴하는 양의 수열과 발산하는 양의 수열 $\{a_n\}$의 예를 들어라.

10 임의의 $b > 1$와 임의의 실수 r에 대하여 $\lim\limits_{n \to \infty} n^r / b^n = 0$임을 보여라.

11 P가 3차 다항식이면 $\lim\limits_{n \to \infty} \dfrac{P(n+1)}{P(n)} = 1$임을 보여라.

12 다음을 보여라.

(1) 수열 $\{a_n\}$이 a에 수렴하면 $\{|a_n|\}$은 $|a|$에 수렴한다.

(2) $\lim\limits_{n \to \infty} x_n = x > 0$이면 모든 $n \geq K$에 대하여 $x_n > 0$을 만족하는 자연수 K가

존재한다.

13 다음을 보여라.

(1) $a > 1$이면 $\lim\limits_{n \to \infty} a^n / n = \infty$이다.

(2) $0 < a < 1$이면 $\lim\limits_{n \to \infty} n a^n = 0$이다.

14 $\lim\limits_{n \to \infty} (a_n - 1)/(a_n + 1) = 0$이면 $\lim\limits_{n \to \infty} a_n = 1$임을 보여라.

15 $\lim\limits_{n \to \infty} (n + \sqrt{n})^{1/n}$의 극한값을 구하여라.

16 다음을 보여라.

(1) $\lim\limits_{n \to \infty} a_n = \alpha$이면 $\lim\limits_{n \to \infty} \dfrac{a_1 + a_2 + \cdots + a_n}{n} = \alpha$.

(2) $\lim\limits_{n \to \infty} a_n = \alpha$이고 $a_n > 0 \ (n = 1, 2, \cdots)$이면 $\lim\limits_{n \to \infty} \sqrt[n]{a_1 a_2 \cdots a_n} = \alpha$.

17 수열 $\{a_n\}$에서 $\lim\limits_{n \to \infty} (a_{n+1} - a_n) = a$이면 $\lim\limits_{n \to \infty} \dfrac{a_n}{n} = a$임을 보여라.

3.3 | 단조수열

수열의 극한을 미리 예측하지 않고 그 수열의 수렴성 여부를 조사할 수 있는 기준으로, $\mathbb{R}$ 의 완비성 공리로부터 얻어지는 단조수렴 정리를 고찰한다.

정의 3.3.1

(1) 모든 자연수 n에 대하여 $a_n \leq a_{n+1}$일 때 수열 $\{a_n\}$을 단조증가수열(monotone increasing sequence)이라 한다.

(2) 모든 자연수 n에 대하여 $a_n \geq a_{n+1}$일 때 $\{a_n\}$을 단조감소수열이라 한다.

(3) 단조증가거나 단조감소인 수열을 단조수열(monotone sequence)이라 한다.

정리 3.3.2

(단조수렴 정리) 단조수열 $\{a_n\}$이 수렴하기 위한 필요충분조건은 $\{a_n\}$이 유계수열인 것이다. 더욱이

(1) 만약 $\{a_n\}$이 유계이고 단조증가수열이면 $\displaystyle\lim_{n\to\infty} a_n = \sup\{a_n\}$.

(2) 만약 $\{a_n\}$이 유계이고 단조감소수열이면 $\displaystyle\lim_{n\to\infty} a_n - \inf\{a_n\}$.

증명 $\{a_n\}$은 위로 유계인 단조증가수열이라 하자. 그러면 집합 $A = \{a_1, a_2, \cdots\}$는 공집합이 아니고 위로 유계인 $\mathbb{R}$ 의 부분집합이다. $\mathbb{R}$ 의 완비성 공리에 의하여 집합 A는 최소상계 또는 상한 $\sup A$을 갖는다. $L = \sup A = \sup\{a_1, a_2, \cdots\}$이라 하자.

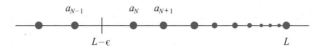

그림 3.2 수열의 극한

임의의 양수 $\epsilon > 0$에 대하여 실수 $L - \epsilon$은 A의 상계가 아니므로 $a_N > L - \epsilon$을 만족하는 자연수 N이 존재한다. $\{a_n\}_{n=1}^{\infty}$은 단조증가수열이므로

$$a_n \geq a_N > L - \epsilon \quad (n \geq N) \tag{3.1}$$

이다. 한편 L은 A의 최소상계이므로

$$L + \epsilon > L \geq a_n \quad (n \geq N) \tag{3.2}$$

이다. 식 (3.1)과 식 (3.2)로부터 $|a_n - L| < \epsilon \ (n \geq N)$임을 알 수 있다. 따라서 $a_n \to L$이다. 마찬가지로 $\{a_n\}$이 유계인 단조감소수열인 경우도 위와 비슷하게 증명할 수 있다.

역으로 $\{a_n\}$이 수렴하는 수열이면 정리 3.1.4에 의하여 $\{a_n\}$은 유계이다. $\blacksquare$

해석학에서 중요한 정리 중의 하나인 축소구간 정리(nested-interval theorem)를 증명하고자 한다.

정리 3.3.3

(축소구간 정리) 구간 $I_n = [a_n, b_n] \ (n \in \mathbb{N})$은 유계이고 $I_1 \supseteq I_2 \supseteq I_3 \supseteq \cdots$이라 하자. 만약 $\lim\limits_{n \to \infty}(b_n - a_n) = 0$이면 $\cap_{n=1}^{\infty} I_n$은 단 한 점만을 포함한다.

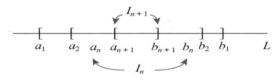

그림 3.3 수열의 극한

증명 가정에 의하여 $I_n \supset I_{n+1}$이므로 $a_n \leq a_{n+1} \leq b_{n+1} \leq b_n$이다. 따라서 $\{a_n\}$은 단조증가이고 $\{b_n\}$은 단조감소 수열이다. 또한 이런 두 수열의 각 항은 모두 I_1에 속하므로 두 수열은 유계이다. 따라서 단조수렴 정리에 의하여 두 수열은 모두 수렴한다. $x = \lim\limits_{n \to \infty} a_n$, $y = \lim\limits_{n \to \infty} b_n$이라 하면 모든 자연수 n에 대하여 $x, y \in I_n$이므로 $x, y \in \cap_{n=1}^{\infty} I_n$이다. 또한 가정에 의하여 $y - x = \lim\limits_{n \to \infty} b_n - \lim\limits_{n \to \infty} a_n = \lim\limits_{n \to \infty}(b_n - a_n) = 0$, 즉 $y = x$이다.

만일 $z \neq x$이고 $z \in \cap_{n=1}^{\infty} I_n$이면 모든 자연수 n에 대하여 $a_n \leq z \leq b_n$이다.

따라서 모든 자연수 n에 대하여 $0 \leq z - a_n \leq b_n - a_n$이고 $\lim\limits_{n \to \infty}(b_n - a_n) = 0$ 이므로 $z = \lim\limits_{n \to \infty} a_n = x$이다. 따라서 $\cap_{n=1}^{\infty} I_n = \{x\}$이다. ■

위 정리에 있어서 구간은 유계이고 닫힌구간이어야 한다. 그렇지 않은 경우에는 다음 주의에서 알 수 있는 바와 같이 성립하지 않는다.

주의 1 다음 축소구간들의 수열 $\{I_n\}$에서 $\cap_{n=1}^{\infty} I_n = \varnothing$ 이다.

    (1) $I_n = (0, 1/n]$　　　　　　　　　(2) $I_n = [n, \infty)$

보기 1 $\alpha > 0$에 대해서 $\lim\limits_{n \to \infty} \dfrac{\alpha^n}{n!} = 0$임을 보여라.

  증명 $a_n = \alpha^n / n! \ (n = 1, 2, \cdots)$로 두면 $a_n / a_{n-1} = \alpha / n \ (n = 2, 3, \cdots)$이다. $\alpha < m$인 자연수 m을 택하면 $\alpha / m < 1$이므로 $a_n < a_{n-1} \ (n = m, m+1, \cdots)$이다. 따라서 $\{a_n\} \ (n \geq m)$은 감소수열이다. 그런데 $a_n > 0 \ (n = 1, 2, \cdots)$이므로 $\{a_n\}$ $(n \geq m)$은 유계인 감소수열이다. 단조수렴 정리에 의하여 이 수열은 수렴한다. 이 수열의 수렴은 $\{a_{n-1}\}$의 수렴과 같다. 지금 $\lim\limits_{n \to \infty} a_n = \beta$로 두면,

$$\beta = \lim_{n \to \infty} a_n = \lim_{n \to \infty} \frac{\alpha}{n} a_{n-1} = \alpha \left(\lim_{n \to \infty} \frac{1}{n} \right) \left(\lim_{n \to \infty} a_{n-1} \right) = \alpha \cdot 0 \cdot \beta = 0. \quad ■$$

보기 2 다음을 보여라.

    (1) $a_1 = 1$, $a_{n+1} = (2a_n + 3)/4$, $n \geq 1$일 때 $\lim\limits_{n \to \infty} a_n = 3/2$이다.

    (2) a_1, c는 양수이고 $a_{n+1} = (a_n + c/a_n)/2$, $n \in \mathbb{N}$일 때 $\lim\limits_{n \to \infty} a_n = \sqrt{c}$이다.

    (3) $a_n = 1 + \dfrac{1}{2} + \dfrac{1}{3} + \cdots + \dfrac{1}{n} \ (n \geq 1)$일 때 $\{a_n\}$은 발산한다.

  증명 (1) $a_2 = 5/4$이므로 $a_1 < a_2 < 2$이다. 어떤 $k \in \mathbb{N}$에 대하여 $a_k < 2$라 가정하면

$$a_{k+1} = \frac{1}{4}(2a_k + 3) < \frac{1}{4}(4 + 3) = \frac{7}{4} < 2$$

이다. 따라서 수학적 귀납법에 의하여 모든 $n \in \mathbb{N}$에 대하여 $a_n < 2$이다.

귀납법을 사용하여 모든 $n \in \mathrm{N}$에 대해 $a_n < a_{n+1}$임을 보이자. $n = 1$인 경우는 앞에서 분명하다. 어떤 k에 대해 $a_k < a_{k+1}$이라 가정하면 $2a_k + 3 < 2a_{k+1} + 3$이므로

$$a_{k+1} = \frac{1}{4}(2a_k + 3) < \frac{1}{4}(2a_{k+1} + 3) = a_{k+2}$$

이다. 따라서 모든 $n \in \mathrm{N}$에 대하여 $a_n < a_{n+1}$이다. 단조수렴 정리로부터 $\{a_n\}$은 수렴한다. 이 경우에 $\sup\{a_n : n \in \mathrm{N}\}$을 계산하여 $\lim_{n \to \infty} a_n$을 구하는 것은 쉽지 않다. 그러나 $L = \lim_{n \to \infty} a_n$이면 $L = \lim_{n \to \infty} a_{n+1}$이고 $a_{n+1} = (2a_n + 3)/4$ $(n \in \mathrm{N})$이므로 $L = (2L + 3)/4$을 얻는다. 따라서 $L = 3/2$이다.

(2) 모든 $n \in \mathrm{N}$에 대하여 $a_n > 0$이므로

$$a_{n+1} = \frac{1}{2}\left(a_n + \frac{c}{a_n}\right) \geq \sqrt{a_n \cdot \frac{c}{a_n}} = \sqrt{c} \quad (n = 1, 2, \cdots)$$

이다. 따라서 $n \geq 2$이면 $a_n^2 \geq c$이다. 또한 $n \geq 2$에 대하여

$$a_n - a_{n+1} = a_n - \frac{1}{2}\left(a_n + \frac{c}{a_n}\right) = \frac{1}{2}\frac{a_n^2 - c}{a_n} \geq 0$$

이므로 모든 $n \geq 2$에 대하여 $a_{n+1} \leq a_n$이다. 단조수렴 정리에 의하여 $a = \lim_{n \to \infty} a_n$이 존재한다. 또한 $\lim_{n \to \infty} a_{n+1} = a$이므로 점화식으로부터 $a = (a + c/a)/2$, 즉 $a^2 = c$이다. 따라서 $a = \sqrt{c}$이다.

(3) $a_{n+1} = a_n + 1/(n+1) > a_n$이므로 $\{a_n\}$은 증가수열이고

$$a_{2^n} = 1 + \frac{1}{2} + \left(\frac{1}{3} + \frac{1}{4}\right) + \cdots + \left(\frac{1}{2^{n-1}+1} + \cdots + \frac{1}{2^n}\right)$$
$$> 1 + \frac{1}{2} + \left(\frac{1}{4} + \frac{1}{4}\right) + \cdots + \left(\frac{1}{2^n} + \cdots + \frac{1}{2^n}\right)$$
$$= 1 + \frac{1}{2} + \frac{1}{2} + \cdots + \frac{1}{2} = 1 + \frac{n}{2}$$

이므로 수열 $\{a_n\}$은 유계가 아니다. 따라서 $\{a_n\}$은 발산한다. $\blacksquare$

위의 보기에서 제시한 제곱근을 구하는 이런 과정은 기원전 1500년경 메소포타미아에서 발견되었다.

정리 3.3.4

수열 $\left\{(1+1/n)^n\right\}_{n=1}^{\infty}$은 수렴한다.

증명 이항정리에 의하여

$$
\begin{aligned}
a_n &= 1+\frac{n}{1!}\frac{1}{n}+\frac{n(n-1)}{2!}\left(\frac{1}{n}\right)^2+\frac{n(n-1)(n-2)}{3!}\left(\frac{1}{n}\right)^3+ \\
&\quad \cdots+\frac{n(n-1)\cdots 3\cdot 2\cdot 1}{n!}\left(\frac{1}{n}\right)^n \\
&= 1+\sum_{k=1}^{n}\frac{n(n-1)\cdots(n-k+1)}{k!}\left(\frac{1}{n}\right)^k \\
&= 1+\frac{1}{1!}+\frac{1}{2!}\left(1-\frac{1}{n}\right)+\cdots+\frac{1}{n!}\left(1-\frac{1}{n}\right)\left(1-\frac{2}{n}\right)\cdots\left(1-\frac{n-1}{n}\right)
\end{aligned}
$$

마찬가지로

$$
\begin{aligned}
a_{n+1} &= 1+1+\frac{1}{2!}\left(1-\frac{1}{n+1}\right)+\cdots+\frac{1}{(n+1)!}\left(1-\frac{1}{n+1}\right)\cdots\left(1-\frac{n}{n+1}\right) \\
&= 1+\sum_{k=1}^{n+1}\frac{(n+1)n\cdots(n+1-k+1)}{k!}\left(\frac{1}{n+1}\right)^k
\end{aligned}
$$

이다. 따라서 $a_n < a_{n+1}\,(n=1,2,3,\cdots)$이다.

한편, $a_n < 1+\frac{1}{1!}+\frac{1}{2!}+\frac{1}{3!}+\cdots+\frac{1}{n!}$이고 $3!>2^2,\ 4!>2^3,\cdots,\ n!>2^{n-1}$이므로

$$
a_n < 1+1+\frac{1}{2}+\frac{1}{2^2}+\cdots+\frac{1}{2^{n-1}}=1+\frac{1-(1/2)^n}{1-1/2}=3-\left(\frac{1}{2}\right)^{n-1}<3
$$

이다. 즉, 수열 $\{a_n\}$은 위로 유계이다. 따라서 단조수렴 정리에 의하여 $\{a_n\}$은 수렴한다. ■

위 수열의 극한값을 보통 e로 표시한다. 즉,

$$
\lim_{n\to\infty}\left(1+\frac{1}{n}\right)^n=e.
$$

주의 2 위의 증명 과정에서 $2 < e \leq 3$임을 알 수 있다. 실제로 이 e의 값은 대략 $e =$ 2.718281828459$\cdots$이며 이것을 자연대수의 밑(base)이라 한다.

정의 3.3.5

임의의 양수 M에 대하여 자연수 N이 존재해서 $n \geq N$인 모든 자연수 n에 대하여 $a_n > M(a_n < -M)$이 성립할 때 $\{a_n\}$은 양의 무한대 ∞ (음의 무한대 $-\infty$)로 발산한다고 한다.

보기 3 $\displaystyle\lim_{n \to \infty} n^2 = \infty$ 임을 밝혀라.

증명 임의의 양수 M에 대하여 $\sqrt{M} < N$인 자연수 N을 선택하면 $M < N^2$이다. 따라서 $n \geq N$이면 $M < n^2$이므로 $\displaystyle\lim_{n \to \infty} n^2 = \infty$ 이다. ∎

정리 3.3.6

두 수열 $\{a_n\}$, $\{b_n\}$이 각각 양의 무한대 ∞로 발산할 때 $\displaystyle\lim_{n \to \infty}(a_n + b_n) = \infty$ 이다.

증명 M을 임의의 양수라 하면 가정에 의하여 자연수 N_1이 존재해서 $n \geq N_1$이면 $a_n > M/2$이다. 또한 자연수 N_2이 존재해서 $n \geq N_2$이면 $b_n > M/2$이다. 따라서 $n \geq \max(N_1, N_2)$이면 $a_n + b_n > \dfrac{M}{2} + \dfrac{M}{2} = M$이다. ∎

정리 3.3.7

(조임정리) 두 수열 $\{a_n\}$, $\{b_n\}$은 임의의 자연수 n에 대하여 $a_n \leq b_n$을 만족한다고 하자. 만약 $\displaystyle\lim_{n \to \infty} b_n = -\infty$ 이면 $\displaystyle\lim_{n \to \infty} a_n = -\infty$ 이다.

증명 M은 임의의 양수라 하면 가정에 의하여 자연수 N이 존재해서 $n \geq N$이면 $b_n < -M$이다. 따라서 $n > N$이면 $a_n \leq b_n < -M$이다. ∎

01 $a_n = \dfrac{1 \cdot 3 \cdot 5 \cdots (2n-1)}{2 \cdot 4 \cdot 6 \cdots (2n)}$ $(n = 1, 2, 3, \cdots)$일 때 $\{a_n\}$은 수렴하고 $\displaystyle\lim_{n \to \infty} a_n \leq 1/2$임을 보여라.

02 다음 수열의 극한을 구하여라.

(1) $\left\{ \dfrac{1^2 + 2^2 + \cdots + n^2}{n^3} \right\}$
(2) $\left\{ \dfrac{1}{1 \cdot 2} + \dfrac{1}{2 \cdot 3} + \cdots + \dfrac{1}{n(n+1)} \right\}$

(3) $\left\{ 1 + \dfrac{1}{2!} + \dfrac{1}{4!} + \cdots + \dfrac{1}{2(n-1)!} \right\}$
(4) $\left\{ \dfrac{\sqrt{n^2+1}}{n} \right\}$

(5) $a_1 = 1$, $a_{n+1} = 2 + \dfrac{1}{2} a_n$ $(n \in \mathbb{N})$
(6) $a_1 = \sqrt{2}$, $a_{n+1} = \sqrt{2 + a_n}$

03 $\{a_n\}$이 유계가 아닌 증가수열일 때 $\displaystyle\lim_{n \to \infty} a_n = \infty$임을 보여라.

04 모든 자연수 $n \in \mathbb{N}$에 대하여 $I_n = [a_n, b_n]$이고 $I_{n+1} \subseteq I_n$일 때 $\bigcap_{n=1}^{\infty} I_n = [a, b]$ 임을 보여라(단, $a = \sup\{a_n : n \in \mathbb{N}\}$, $b = \inf\{b_n : n \in \mathbb{N}\}$).

05 다음 수열이 수렴함을 보이고 그 극한값을 구하여라.

(1) $a_1 = 1$, $a_{n+1} = \sqrt{2a_n}$
(2) $a_1 = \sqrt{2}$, $a_{n+1} = \sqrt{2 + \sqrt{a_n}}$

(3) $a > 0$, $a_1 > 0$, $a_{n+1} = \sqrt{a + a_n}$
(4) $a_1 > 1$, $a_{n+1} = 2 - \dfrac{1}{a_n}$

(5) $a_1 = 3$, $a_{n+1}^3 = 6a_n^2 - 8a_n$

06 다음 수열의 극한을 구하여라.

(1) $\displaystyle\lim_{n \to \infty} \left(1 + \dfrac{1}{n^2} \right)^{n^2}$
(2) $\displaystyle\lim_{n \to \infty} \left(1 + \dfrac{1}{n^2} \right)^{n}$

(3) $\displaystyle\lim_{n \to \infty} \left(1 + \dfrac{1}{n} \right)^{n^2}$
(4) $\displaystyle\lim_{n \to \infty} \left(1 + \dfrac{1}{2n} \right)^{n}$

(5) $\displaystyle\lim_{n \to \infty} \left(1 - \dfrac{1}{n} \right)^{n^2}$
(6) $\displaystyle\lim_{n \to \infty} \left(1 + \dfrac{2}{n} \right)^{n}$

07 수열 $\{a_n\}$이 $\displaystyle\lim_{n \to \infty} n a_n = 0$을 만족할 때 $\displaystyle\lim_{n \to \infty} (1 + 1/n + a_n)^n = e$임을 보여라.

08 모든 수렴하는 수열은 단조부분수열을 가짐을 보여라.

09 다음을 보여라.

(1) $0 \leq a < b$이면

$$\frac{b^{n+1} - a^{n+1}}{b-a} > (n+1)a^n \ (n = 1, 2, \cdots).$$

(2) 위에서 $a = 1 + 1/(n+1)$, $b = 1 + 1/n$로 취하여

$$\left(1 + \frac{1}{n}\right)^{n+1} > \left(1 + \frac{1}{n+1}\right)^n \left[1 + \frac{1}{n+1} + \frac{1}{n}\right] \quad (n = 1, 2, \cdots).$$

(3) $\left(1 + \dfrac{1}{n+1}\right)^n \left[1 + \dfrac{1}{n+1} + \dfrac{1}{n}\right] > \left(1 + \dfrac{1}{n+1}\right)^{n+2} \quad (n = 1, 2, \cdots)$

(4) 수열 $\left\{\left(1 + \dfrac{1}{n}\right)^{n+1}\right\}$은 극한 e를 갖는 감소수열이다.

10 $a_1 = a > 0$이고 $a_{n+1} = a_n + 1/a_n$로 정의할 때 수열 $\{a_n\}$이 수렴하는지 발산하는지를 결정하여라.

11 x, y는 양수이고

$$a_0 = y, \ a_n = \frac{(x/a_{n-1}) + a_{n-1}}{2} \ (n = 1, 2, \cdots)$$

일 때 $\{a_n\}$은 극한 $\sqrt{x}$를 갖는 감소수열임을 보여라.

12 (1) $\{a_n\}$은 양의 수열이고 수열 $\{a_{n+1}/a_n\}$이 1에 의하여 위로 유계이면 $\{a_n\}$은 수렴함을 보여라.

(2) $\{a_n\}$은 양의 수열이고 $\lim\limits_{n \to \infty} a_{n+1}/a_n$이 존재하고 이 극한이 1보다 작으면

$\lim\limits_{n \to \infty} n a_n = 0$임을 보여라.

13 $\{a_n\}$은 양의 수열이고 조건 $a_{n+2} = a_{n+1} + a_n \ (n = 1, 2, \cdots)$을 만족한다고 하자. 다음을 보여라.

(1) $\lim\limits_{n \to \infty} \dfrac{a_{n+1}}{a_n}$이 존재한다고 하면 이 극한값은 $\dfrac{1 + \sqrt{5}}{2}$이다.

(2) $\lim\limits_{n \to \infty} \dfrac{a_{n+1}}{a_n}$이 존재한다.

14 $0 < a_1 < b_1$이고 $a_{n+1} = \sqrt{a_n b_n}$, $b_{n+1} = (a_n + b_n)/2$로 정의할 때 다음을 보여라.

(1) 모든 자연수 n에 대하여 $a_n < a_{n+1} < b_{n+1} < b_n$이다.

(2) $\lim\limits_{n \to \infty} a_n = \lim\limits_{n \to \infty} b_n$

15 $\{a_n\}$이 유계수열이고 각 $n \in \mathbb{N}$에 대하여 $x_n = \sup\{a_k : k \geq n\}$이고 $y_n = \inf\{a_k : k \geq n\}$이라 하면 $\{x_n\}$과 $\{y_n\}$이 수렴함을 보여라. 또한 $\lim_{n \to \infty} x_n = \lim_{n \to \infty} y_n$이면 $\{a_n\}$은 수렴함을 보여라.

16 A는 위로 유계인 $\mathbb{R}$의 무한부분집합이고 $u = \sup A$라고 하자. 모든 $n \in \mathbb{N}$에 대하여 $a_n \in A$이고 $u = \lim_{n \to \infty} a_n$인 증가수열 $\{a_n\}$이 존재함을 보여라.

17 다음 수열 $\{a_n\}$이 수렴하는지 발산하는지를 결정하여라.

$$a_n = \frac{1}{n+1} + \frac{1}{n+2} + \cdots + \frac{1}{2n}, \quad n \in \mathbb{N}$$

18 다음 수열 $\{a_n\}$은 증가이고 유계이고, 따라서 수렴함을 보여라.

(1) $a_n = \dfrac{1}{1^2} + \dfrac{1}{2^2} + \cdots + \dfrac{1}{n^2}$ (2) $a_n = 1 + \dfrac{1}{2^2} + \dfrac{1}{3^3} + \cdots + \dfrac{1}{n^n}$

19 $a_n = \sqrt[n]{n}$이고 $b_n = a_{n+1}/a_n$일 때 $\{b_n\}_{n=5}^{\infty}$은 증가수열이고 이 수열의 극한을 구하여라.

20 $a_n = \dfrac{1 + 2^2 + 3^3 + \cdots + n^n}{(n+1)^n}$일 때 $\lim_{n \to \infty} a_n$을 구하여라.

> **정의 3.4.1**
>
> $\{a_n\}$은 주어진 수열이고 N에서의 수열 $\{n_k\}$가 $n_1 < n_2 < \cdots < n_k < \cdots$인 관계를 만족할 때 수열 $\{a_{n_k}\}$를 $\{a_n\}$의 부분수열(subsequence)이라 한다.

위에서 정의한 부분수열을 다음과 같이 바꾸어서 정의할 수 있다. $\{a_n\}$을 주어진 수열이라 하자. 함수 $f: N \to N$가 모든 자연수 k에 대하여 $f(k) < f(k+1)$인 관계를 만족할 때 수열 $\{a_{f(n)}\}$를 $\{a_n\}$의 부분수열이라 한다.

보기 1 (1) 수열 $\{1/n\}$에 대하여 수열 $\{1, 1/3, 1/5, \cdots, 1/(2n-1), \cdots\}$은 $\{1/n\}$의 부분수열이다. 이때 $f: N \to N$은 $f(k) = 2k-1$이다.

(2) 수열 $\{1/n\}$에 대하여 수열 $\{1/3, 1/6, \cdots, 1/3n, \cdots\}$은 $\{1/n\}$의 부분수열이다. 이때 $f: N \to N$은 $f(k) = 3k$이다.

(3) 수열 $\{(-1)^n\}$에 대하여 수열 $\{1, 1, 1, \cdots\}$은 $\{(-1^n)\}$의 부분수열이다. 이때 $f: N \to N$은 $f(k) = 2k$이다. ∎

> **정리 3.4.2**
>
> 수열 $\{a_n\}$이 L에 수렴하면 $\{a_n\}$의 임의의 부분수열도 L에 수렴한다.

증명 만약 $\{a_{f(n)}\}$가 $\{a_n\}$의 한 부분수열이라고 하면 정의에 의하여 $f: N \to N$는 강한 의미로 증가함수이다. 즉, 모든 자연수 k에 대하여 $f(k) < f(k+1)$이다. 가정에 의하여 임의의 양수 $\epsilon > 0$에 대하여 자연수 N이 존재하여 $|a_n - L| < \epsilon (n \geq N)$이다. f가 증가함수이므로 $n \geq N$이면 $f(n) \geq f(N) \geq N$임을 알 수 있다. 따라서 $n \geq N$일 때 $|a_{f(n)} - L| < \epsilon$이다. ∎

보기 2 $c > 0$에 대하여 $\lim\limits_{n \to \infty} \sqrt[n]{c} = 1$임을 보여라.

증명 (1) $c > 1$인 경우 : $a_n = \sqrt[n]{c}$이면 모든 $n \in N$에 대하여 $a_n > 1$이고

$a_{n+1} < a_n$이다. 따라서 정리 3.4.2와 단조수렴 정리에 의하여 $a = \lim\limits_{n \to \infty} a_n$ $= \lim\limits_{n \to \infty} a_{2n}$이다. 한편

$$a_{2n} = \sqrt[2n]{c} = \sqrt{c^{1/n}} = \sqrt{a_n}$$

이므로 $a = \lim\limits_{n \to \infty} a_{2n} = \sqrt{\lim\limits_{n \to \infty} a_n} = \sqrt{a}$ 을 얻는다. 따라서 $a^2 = a$, 즉 $a = 0$ 이거나 $a = 1$이다. 모든 $n \in \mathbb{N}$에 대하여 $a_n > 1$이므로 $a = 1$이다.

(2) $0 < c < 1$인 경우의 증명은 연습문제로 남긴다. ■

보기 3 (1) $0 < x < 1$이면 수열 $\{x^n\}_{n=1}^{\infty}$은 0에 수렴한다.

(2) $1 < x < \infty$이면 수열 $\{x^n\}_{n=1}^{\infty}$은 ∞로 발산한다.

증명 (1) $0 < x < 1$이므로 $x^{n+1} = x \cdot x^n < x^n$이고 또한 $x^n > 0$ $(n \in \mathbb{N})$이다. 즉, $\{x^n\}$은 아래로 유계인 단조감소수열이므로 단조수렴 정리에 의하여 수렴한다. 지금 $\lim\limits_{n \to \infty} x^n = L$이라 가정하면 $\lim\limits_{n \to \infty} x^{n+1} = \lim\limits_{n \to \infty} x \cdot x^n = xL$이다. 한편 $\{x^{n+1}\}$은 $\{x^n\}$의 부분수열이므로 정리 3.4.2에 의하여 $\lim\limits_{n \to \infty} x^{n+1} = L$이다. 따라서 $xL = L$이고 $x \neq 1$이므로 $L = 0$이다.

(2) 결론을 부정하여 $\{x^n\}$이 수렴한다고 하면 정리 3.1.8에 의하여 $\{x^n\}$은 유계수열이다. 따라서 모든 n에 대하여 $x^n \leq M$이 되는 $M > 0$이 존재한다. 그런데 $x > 1$이므로 $x^n > M$인 n이 존재한다. 이는 모순이다. ■

정리 3.4.3

(볼차노-바이어슈트라스 정리) 임의의 유계수열은 반드시 수렴하는 부분수열을 갖는다.

증명 $\{a_n\}$은 유계수열이라 가정하자. 집합 $S = \{a_1, a_2, \cdots\}$는 유계집합이므로 이 집합 S를 포함하는 유계인 닫힌구간 $I = [c,d]$가 존재한다. 따라서 모든 자연수 n에 대하여 $a_n \in [c,d]$이다.

먼저, I를 닫힌 부분구간 $[c,(c+d)/2]$, $[(c+d)/2, d]$으로 이등분하고 이들 두 개의 구간 중 적어도 하나는 무한히 많은 항 a_n을 포함해야 한다. 만약

그렇지 않으면 S는 두 유한집합의 합집합이 될 것이고, 따라서 S는 유한집합이 되어 수렴하는 부분수열을 찾을 수 있기 때문이다. 이 구간을 $I_1 = [c_1, d_1]$으로 표시한다.

앞에서와 마찬가지로 I_1을 $[c_1, (c_1 + d_1)/2]$, $[(c_1 + d_1)/2, d_1]$으로 이등분한다. 이들 두 개의 구간 중 적어도 하나는 무한히 많은 항 a_n을 포함해야 한다. 이 구간을 $I_2 = [c_2, d_2]$로 표시하자. 이와 같은 방법을 계속하면 I_n의 길이가 $l(I_n) = (d - c)/2^n$이고 모든 $n \in \mathbb{N}$에 대하여 $S \cap I_n$이 무한히 많은 항 a_n을 포함하는 축소된 유계이고 닫힌구간열 $I_1 \supseteq I_2 \supseteq \cdots \supseteq I_n \supseteq \cdots$을 얻는다.

$a_{n_1} \in I_1$를 만족하는 자연수 n_1을 선택한다. $I_2 = [c_2, d_2]$는 무한히 많은 항 a_n을 포함하므로 $a_{n_2} \in I_2$이고 $n_2 > n_1$인 자연수 n_2를 얻는다. 이러한 과정을 계속 반복하여 다음 조건을 만족하는 수열 $\{a_{n_1}, a_{n_2}, \cdots\}$를 얻을 수 있다.

$$a_{n_k} \in I_k = [c_k, d_k], \quad k = 1, 2, \cdots \text{이고} \quad n_1 < n_2 < \cdots \tag{3.4}$$

따라서 $\{a_{n_k}\}_{k=1}^{\infty}$는 $\{a_n\}$의 부분수열이다. $\{a_{n_k}\}$가 수렴함을 증명하고자 한다. $\{c_k\}$는 단조증가이고 유계인 수열이므로 $\{c_k\}$는 수렴한다. $L = \lim_{k \to \infty} c_k$라 하자. 마찬가지로 수열 $\{d_k\}$는 어떤 수 M에 수렴한다. 따라서

$$M - L = \lim d_k - \lim c_k = \lim_{k \to \infty} (d_k - c_k) = \lim_{k \to \infty} \frac{d - c}{2^k} = 0$$

이다. (3.4)에 의하여 $c_k \leq a_{n_k} \leq d_k$이므로, 따라서 조임정리에 의하여 $\{a_{n_k}\}$은 $L = M$에 수렴한다. ∎

01 0과 1은 수열 $\{1-(-1)^n\}$의 부분수열의 유일한 극한임을 보여라.

02 다음과 같이 정의되는 수열 $\{a_n\}$은 극한을 갖지 않음을 보여라.

$$a_n = \begin{cases} 1, & n\text{이 짝수일 때} \\ 0, & n\text{이 홀수일 때} \end{cases}$$

03 $\{a_n\}$은 한 수열이고 $\lim a_{2n} = L = \lim a_{2n-1}$이면 $\displaystyle\lim_{n\to\infty} a_n = L$임을 보여라.

04 부분수열의 부분수열은 부분수열임을 보여라.

05 유계수열 $\{a_n\}$의 모든 부분수열이 $L \in \mathbb{R}$에 수렴하면 수열 $\{a_n\}$도 L에 수렴함을 보여라.

06 $\{a_n\}$은 유한수열일 때 $\{a_n\}$의 수렴하는 부분수열이 존재함을 보여라.

07 볼차노-바이어슈트라스 정리에서 "유계"라는 용어는 생략될 수 없음을 예를 들어 보여라.

08 수렴하는 부분수열을 갖는 유계가 아닌 수열의 예를 들어라.

09 모든 수열은 단조부분수열을 가짐을 보여라.

10 수열 $\{a_n\}$의 모든 단조부분수열이 극한 L을 가지면 $\displaystyle\lim_{n\to\infty} a_n = L$임을 보여라.

11 다음을 만족하는 수열 $\{a_n\}$은 수렴하는 부분수열을 갖지 않음을 보여라.

적당한 양수 $\epsilon > 0$가 존재하여 모든 $n \neq m$에 대하여 $|a_n - a_m| \geq \epsilon$이 성립한다.

12 $\{x_n\}$, $\{y_n\}$이 주어진 수열일 때 혼합수열 $\{a_n\}$이

$$a_1 = x_1, \ a_2 = y_1, \ \cdots, \ a_{2n-1} = x_n, \ a_{2n} = y_n, \ \cdots$$

으로 정의된다고 하자. 그러면 $\{a_n\}$이 수렴할 필요충분조건은 $\{x_n\}$과 $\{y_n\}$이 수렴하고, $\displaystyle\lim_{n\to\infty} x_n = \lim_{n\to\infty} y_n$임을 보여라.

13 각 $n \in \mathbb{N}$에 대하여 $a_n = \sqrt[n]{n}$이라고 하자.

(1) 부등식 $a_{n+1} < a_n$이 부등식 $(1+1/n)^n < n$과 동치임을 보이고 이 부등식이 $n \geq 3$일 때 성립함을 추론하여라. 또한 $\{a_n\}$이 최종적으로 감소수열이고 $a = \displaystyle\lim_{n\to\infty} a_n$이 존재함을 보여라.

(2) 부분수열 $\{a_{2n}\}$도 역시 a에 수렴한다는 사실을 이용하여 $\sqrt{a}$ 임을 보이고, $a = 1$임을 보여라.

14 모든 $n \in \mathbb{N}$에 대하여 $a_n \geq 0$이고 $\lim_{n \to \infty}(-1)^n a_n$이 존재하면 $\{a_n\}$은 수렴함을 보여라.

15 $\{a_n\}$이 서로 다른 실수로 이루어진 유계수열이고 그의 치역 $\{a_n : n \in \mathbb{N}\}$이 정확히 한 개의 집적점을 갖는다면 $\{a_n\}$은 수렴함을 보여라.

16 $\{a_n\}$이 유계수열이고 각 $n \in \mathbb{N}$에 대하여 $x_n = \sup\{a_k : k \geq n\}$이고 $L = \inf\{x_n\}$이면 $\{x_n\}$은 L에 수렴함을 보여라.

볼차노(Bernard Placidus Johann Nepomuk Bolzano, 1781~1848)의 생애와 업적

프라하의 상인 가정에서 태어난 체코의 수학자 및 철학자, 논리학자로 1796년 이래 철학·수학을 배우고, 가톨릭 신학을 연구, 1805년 사제(司祭)에 서품되었다. 이후 프라하 대학의 종교학 교수가 되었으나 이단이라 하여 1819년 면직을 당했고, 저서의 출판도 금지되었다. 수학에서 볼차노는 볼차노 정리로 유명하며, 바이어슈트라스와 함께 볼차노-바이어슈트라스 정리를 발견하고 무한(無限)의 역설(逆說)을 생각했다. 주저는 4권의 《지식학(知識學)》으로 '명제 자체(命題自體)', '표상(表象) 자체', '진리 자체'라는 세 개의 개념을 기본으로 한다. 명제 자체는 사고나 판단의 내용이지만 결코 현실에 존재하는 것이 아니라 초월적인 의미이다. 표상 자체는 그 요소이며, 진리 자체는 객관적인 진리로 명제 자체의 일종이다. 이 논리주의는 후설에 영향을 미쳤다.

바이어슈트라스(Karl Theodor Wilhelm Weierstrass, 1815~1897)의 업적

독일의 수학자로 함수의 연속에 관한 입실론-델타 논법, 균등수렴의 개념을 고안했으며, 미적분학의 기초를 견고히 하고, 1변수 복소함수, 로그함수의 멱급수에 대한 이론을 정비하는 등의 업적을 남겼다.

그는 파더본의 김나지움(고등학교)를 졸업하고 본 대학에서 공무원이 되기 위해 1834년부터 1838년까지 법학과 회계학을 공부하지만 졸업장을 따지 못한 채 대학을 나와 뮌스터에서 아버지가 주선해 준 교사 자격 과정을 거쳐 김나지움의 선생으로 일한다. 뮌스터에서 바이어슈트라스는 크리스토프 구데르만에게 타원 함수에 대한 수업을 듣고 큰 흥미를 갖는다. 이후 연구가 수학계에 알려지자 베를린 대학교의 교수 자리로 초청을 받는다. 1850년 이후 병치레로 고생했지만 그때 발표한 논문은 그에게 명예를 가져다 주었다. 1857년엔 베를린 대학교의 수학학장이 된다. 그는 말년 3년 동안 움직일 수 없었으며 베를린에서 폐렴으로 죽었다.

이 절에서는 한 수열의 극한을 모르고서도 그 수열의 수렴여부를 판정하는 방법 중 가장 중요한 코시 판정법을 설명하고자 한다.

정의 3.5.1

수열 $\{a_n\}$이 다음 조건을 만족하면 $\{a_n\}$은 코시수열(Cauchy sequence)이라 한다. 임의로 주어진 $\epsilon > 0$에 대하여 적당한 자연수 $N = N(\epsilon)$이 존재하여 $m, n \geq N$이면 모든 자연수 m, n에 대하여 $|a_m - a_n| < \epsilon$이다.

보기 1 다음 수열 $\{a_n\}$이 코시수열임을 보여라.

(1) $a_n = \dfrac{2n+1}{n}$

(2) $a_n = \dfrac{1}{2} + \dfrac{1}{6} + \cdots + \dfrac{1}{n(n+1)}$

(3) $|a_n - a_{n+1}| \leq 1/2^n \ (n \in \mathbb{N})$

증명 (1) 임의의 양수 ϵ에 대하여 $2/N < \epsilon$이 되는 자연수 N을 선택한다. 만일 $m > n \geq N$이면

$$|a_m - a_n| = \left| \frac{1}{m} - \frac{1}{n} \right| < \frac{1}{m} + \frac{1}{n} < \frac{\epsilon}{2} + \frac{\epsilon}{2} = \epsilon$$

이다. 따라서 $\{a_n\}$은 코시수열이다.

(2) 임의의 양수 ϵ에 대하여 $1/N < \epsilon$이 되는 자연수 N을 선택한다. 만일 $m > n \geq N$이면

$$0 < |a_m - a_n| = |1/(n+1) - 1/(m+1)| < 1/(n+1) < 1/N < \epsilon$$

이다. 따라서 $\{a_n\}$은 코시수열이다.

(3) 만약 $m > n$이면

$$|a_n - a_m| = |a_n - a_{n+1} + a_{n+1} - a_{n+2} + \cdots + a_{m-1} - a_m|$$
$$\leq |a_n - a_{n+1}| + |a_{n+1} - a_{n+2}| + \cdots + |a_{m-1} - a_m|$$

$$\leq \frac{1}{2^n} + \cdots + \frac{1}{2^{m-1}}$$

이므로 임의의 자연수 $m > n \geq 1$에 대하여 $|a_n - a_m| < 1/2^{n-1}$이 된다. 임의의 양수 ϵ에 대하여 $1/2^{N-1} < \epsilon$이 되는 자연수 N을 선택한다. 따라서 $m > n \geq N$이면 $|a_n - a_m| < 1/2^{n-1} \leq 1/2^{N-1} < \epsilon$이 성립한다. 즉, $\{a_n\}$은 코시수열이다. ■

우선 수렴하는 수열은 코시수열임을 증명한다.

정리 3.5.2

모든 코시수열 $\{a_n\}$은 유계수열이다.

증명 $\epsilon = 1$에 대하여 자연수 N이 존재하여 $m, n \geq N$인 모든 자연수 m, n에 대하여 $|a_m - a_n| \leq 1$이 성립한다. 특히 $|a_m - a_N| \leq 1 \ (m \geq N)$이다. 따라서 $m \geq N$인 자연수 m에 대하여

$$|a_m| = |(a_m - a_N) + a_N| \leq |a_m - a_N| + |a_N| \leq 1 + |a_N|$$

이다. 따라서 $M = \max(|a_1|, |a_2|, \cdots, |a_{N-1}|, 1 + |a_N|)$로 두면 $|a_m| \leq M \ (m \in \mathbb{N})$, 즉 $\{a_n\}$은 유계이다. ■

정리 3.5.3

(코시의 수렴판정법) 실수열 $\{a_n\}$이 수렴하기 위한 필요충분조건은 $\{a_n\}$이 코시수열 이다.

증명 만약 수열 $\{a_n\}$이 L에 수렴하고 ϵ은 임의의 양수라 하면 자연수 N이 존재하여 $|a_k - L| < \epsilon/2 \ (k \geq N)$이다. 따라서 $m, n \geq N$인 모든 자연수 m, n에 대하여

$$|a_m - a_n| = |(a_m - L) + (L - a_n)| \leq |a_m - L| + |L - a_n| < \frac{\epsilon}{2} + \frac{\epsilon}{2} = \epsilon$$

이 된다. 따라서 $\{a_n\}$은 코시수열이다.

역으로 $\{a_n\}$이 코시수열이라 가정하면 정리 3.5.2에 의하여 수열 $\{a_n\}$은 유계이다. 따라서 볼차노–바이어슈트라스 정리에 의하여 수열 $\{a_n\}$의 수렴하는 부분수열 $\{a_{n_k}\}$가 존재한다. $L = \lim\limits_{k \to \infty} a_{n_k}$이고 ϵ은 임의의 양수라 하자. $\{a_n\}$은 코시수열이므로 $n, m \geq N$이면 $|a_n - a_m| < \epsilon/2$를 만족하는 자연수 N이 존재한다. 부분수열 $\{a_{n_k}\}$는 L에 수렴하므로 $k \geq N_1$일 때 $|a_{n_k} - L| < \epsilon/2$를 만족하는 자연수 N_1이 존재한다. $K \geq N_1$이고 $n_K \geq N$을 만족하는 자연수 K를 선택한다. 따라서 $n \geq N$이면,

$$|a_n - L| = |(a_n - a_{n_K}) + (a_{n_K} - L)| \leq |a_n - a_{n_K}| + |a_{n_K} - L| < \frac{\epsilon}{2} + \frac{\epsilon}{2} = \epsilon$$

이다. $\epsilon > 0$은 임의의 양수이므로 $\lim\limits_{n \to \infty} a_n = L$, 즉 수열 $\{a_n\}$은 수렴한다. ■

주의 1 $a_{n+1} - a_n \to 0$을 만족하는 수열 $\{a_n\}$은 반드시 코시수열이 아니다. 예를 들어, $a_n = \log n$으로 두면 로그의 성질에 의하여 $n \to \infty$일 때

$$a_{n+1} - a_n = \log(n+1) - \log n = \log\left(\frac{n+1}{n}\right) \to \log 1 = 0$$

이다. 하지만 $\{a_n\}$은 수렴하지 않으므로 $\{a_n\}$은 코시수열이 아니다.

보기 2 수열 $\left\{\dfrac{1}{1} + \dfrac{1}{2} + \cdots + \dfrac{1}{n}\right\}$은 발산함을 보여라.

증명 $a_n = 1/1 + 1/2 + \cdots + 1/n$로 두고 $m > n$일 때

$$a_m - a_n = \frac{1}{n+1} + \cdots + \frac{1}{m} > \frac{1}{m} + \cdots + \frac{1}{m} = \frac{m-n}{m} = 1 - \frac{n}{m}$$

이므로 $m = 2n$이면 $a_{2n} - a_n > 1/2$이다. 따라서 $\{a_n\}$은 코시수열이 아니므로 $\{a_n\}$은 발산한다. ■

정의 3.5.4

실수의 집합 A의 모든 코시수열 $\{a_n\}$이 A에 속하는 점으로 수렴할 때 집합 A는 완비하다(complete)라고 한다.

보기 3 (1) 정수의 집합 $\mathbb{Z} = \{\cdots, -2, -1, 0, 1, 2, \cdots\}$는 완비이다. 왜냐하면 이미 알고 있는 바와 같이 $\mathbb{Z}$에 속하는 코시수열 $\{a_n\}$은 최종적으로 상수수열이다. 즉, $\{a_n\}$은 $\{a_1, a_2, \cdots, a_{n_0}, b, b, b, \cdots\}$ 형태의 수열이고 이것은 점 $b \in \mathbb{Z}$에 수렴하기 때문이다.

(2) 유리수의 집합 $\mathbb{Q}$는 완비하지 않다. 왜냐하면 유리수가 아닌 실수 $\sqrt{2}$로 수렴하는 $\{1, 1.4, 1.41, 1.414, \cdots\}$와 같은 유리수열을 택하면 이 수열은 코시수열이지만 $\sqrt{2}$는 $\mathbb{Q}$에 속하지 않기 때문이다. ■

정의 3.5.5

수열 $\{a_n\}$에 대하여

$$|a_{n+2} - a_{n+1}| \le c|a_{n+1} - a_n|, \quad n \in \mathbb{N}$$

을 만족하는 상수 $c\,(0 < c < 1)$가 존재하면, $\{a_n\}$을 축소수열(contractive sequence)이라 한다. 이런 c를 축소수열의 상수라고 한다.

정리 3.5.6

모든 축소수열은 코시수열이고, 따라서 수렴한다.

증명 축소수열에 대한 정의를 계속적으로 응용하면 다음과 같이 된다.

$$
\begin{aligned}
|a_{n+2} - a_{n+1}| &\le c|a_{n+1} - a_n| \le c^2|a_n - a_{n-1}| \\
&\le c^3|a_{n-1} - a_{n-2}| \le \cdots \le c^n|a_2 - a_1|
\end{aligned}
$$

$m > n$에 대하여 먼저 삼각부등식을 적용하고 기하급수의 합에 대한 공식을 사용하면, $|a_m - a_n|$을 다음과 같이 추정할 수 있다.

$$
\begin{aligned}
|a_m - a_n| &\le |a_m - a_{m-1}| + |a_{m-1} - a_{m-2}| + \cdots + |a_{n+1} - a_n| \\
&\le (c^{m-2} + c^{m-3} + \cdots + c^{n-1})|a_2 - a_1| \\
&= c^{n-1}(c^{m-n-1} + c^{m-n-2} + \cdots + 1)|a_2 - a_1| \\
&= c^{n-1}\left(\frac{1 - c^{m-n}}{1 - c}\right)|a_2 - a_1| \le c^{n-1}\left(\frac{1}{1-c}\right)|a_2 - a_1|
\end{aligned}
$$

$0 < c < 1$이므로 $\displaystyle\lim_{n \to \infty} c^n = 0$이다. 따라서 $\{a_n\}$은 코시수열이고 코시의 수렴 판정법에 의하여 $\{a_n\}$은 수렴하는 수열이다. ■

축소수열의 극한을 계산하는 과정에서 n번째 단계에서 오차를 추정하는 것이 매우 중요하다. 다음 결과에서 우리는 그와 같은 두 가지 오차추정을 갖는다. 첫 번째 것은 수열의 처음 두 항 및 n과 관련되어 있고, 두 번째 것은 차 $a_n - a_{n-1}$과 관계되어 있다.

따름정리 3.5.7

$\{a_n\}$은 상수 $c\,(0 < c < 1)$를 갖는 축소수열이고, $a^* = \lim a_n$이면

(1) $|a^* - a_n| \leq \dfrac{c^{n-1}}{1-c}|a_2 - a_1|$ (2) $|a^* - a_n| \leq \dfrac{c}{1-c}|a_n - a_{n-1}|$

증명 (1) 앞의 증명에서 $m > n$이면 $|a_m - a_n| \leq \dfrac{c^{n-1}}{(1-c)}|a_2 - a_1|$임을 증명하였다. 이 부등식에서 ($m$에 관하여) 극한을 취하면 (1)를 얻는다.

(2) $m > n$이면 $|a_m - a_n| \leq |a_m - a_{m-1}| + \cdots + |a_{n+1} - a_n|$이므로 귀납법을 사용하면

$$|a_{n+k} - a_{n+k-1}| \leq c^k|a_n - a_{n-1}|$$

이므로

$$|a_m - a_n| \leq (c^{m-n} + \cdots + c^2 + c)|a_n - a_{n-1}| \leq \frac{c}{1-c}|a_n - a_{n-1}|. \qquad \blacksquare$$

01 다음 수열 $\{a_n\}$이 코시수열임을 직접적인 방법으로 보여라.

(1) $a_n = \dfrac{n+1}{n}$
(2) $a_n = 1 + \dfrac{1}{2!} + \cdots + \dfrac{1}{n!}$

(3) $a_n = 1 + \dfrac{1}{2^2} + \dfrac{1}{3^3} + \cdots + \dfrac{1}{n^2}$

02 코시수열이 아닌 유계수열의 예를 들어라.

03 다음 수열 $\{a_n\}$은 코시수열이 되는지 여부를 결정하여라.

(1) $\{(n^2+1)/3n^2\}$
(2) $\{(-1)^n\}$

(3) $\left\{n + \dfrac{(-1)^n}{n}\right\}$
(4) $\left\{\left(1 + \dfrac{1}{\sqrt{n}}\right)^n\right\}$

04 $(0,1]$에서 수열 $\{1/n\}_{n=1}^{\infty}$은 코시수열이지만 수렴하지 않음을 보여라.

05 만약 $\{a_n\}$과 $\{b_n\}$은 코시수열이고 c는 임의의 실수이면 $\{a_n + b_n\}$, $\{a_n - b_n\}$, $\{ca_n\}$과 $\{a_n b_n\}$은 코시수열임을 보여라.

06 유계인 단조증가수열은 코시수열임을 직접적인 방법으로 보여라.

07 $0 \le \alpha < 1$이고 함수 $f \colon \mathbb{R} \to \mathbb{R}$는 다음 조건을 만족한다고 하자.

$$|f(x) - f(y)| \le \alpha |x - y| \quad (x, y \in \mathbb{R})$$

만약 $a_1 \in \mathbb{R}$이고 $a_{n+1} = f(a_n) \, (n = 1, 2, \cdots)$이면 $\{a_n\}$은 코시수열임을 보여라.

08 $\{a_n\}$이 모든 $n \in \mathbb{N}$에 대하여 정수인 코시수열이면 $\{a_n\}$이 최종적으로 상수임을 보여라.

09 $\{a_n\}$이 수열이고 $S_n = a_1 + a_2 + \cdots + a_n$, $T_n = |a_1| + |a_2| + \cdots + |a_n|$일 때 $\{T_n\}$이 코시수열이면 $\{S_n\}$도 코시수열임을 보여라.

10 다음 수열 $\{a_n\}$이 수렴함을 보여라. 또 그 극한을 구하여라.

(1) a_1가 임의의 실수이고 $a_{n+1} = (1+a_n)/2 \, (n = 1, 2 \cdots)$

(2) $a_1 = 1$, $a_{n+1} = 1/(3+a_n) \, (n = 1, 2, \cdots)$

(3) $a_1 = 1$, $a_{n+1} = 1 + \dfrac{1}{1+a_n} \, (n = 1, 2, \cdots)$

(4) $a_1 < a_2$가 임의의 상수이고 $a_{n+2} = \dfrac{1}{3}a_{n+1} + \dfrac{2}{3}a_n \, (n = 1, 2, \cdots)$

11 다음 수열 $\{a_n\}$은 코시수열임을 보여라.

(1) $a_1 = 1$, $a_{n+1} = a_n + 1/3^n$ $(n = 1, 2, \cdots)$

(2) $|a_{n+1} - a_n| < \dfrac{1}{n^2}$ $(n = 1, 2, \cdots)$

(3) $0 < a < 1$이고 $|a_{n+1} - a_n| \leq a^n$ $(n = 1, 2, \cdots)$

(4) $a_1 = 0$, $a_2 = 1$, $a_{n+1} = \dfrac{a_n + a_{n+1}}{2}$ $(n = 2, 3, 4, \cdots)$

(5) $a_n = \displaystyle\int_1^n \dfrac{\sin t}{t^2} dt$

12 $a_1, a_2 \in \mathbb{R}$, $a_1 \neq a_2$, $0 < b < 1$이고 $n \geq 3$에 대하여 $a_n = ba_{n-1} + (1-b)a_{n-2}$로 정의할 때 다음을 보여라.

(1) 수열 $\{a_n\}$은 축소수열이다.

(2) $\displaystyle\lim_{n \to \infty} a_n$을 구하여라.

13 다음 수열 $\{a_n\}$이 축소수열임을 보이고 그 극한을 구하여라.

(1) $a_1 > 0$, $a_{n+1} = (2 + a_n)^{-1}$ (2) $a_1 = 3$, $a_{n+1} = 3 + 1/a_n$

(3) $a_1 > 0$, $a_{n+1} = 2/(2 + a_n)$

14 수열 $\{a_n\}$이 코시수열이 되기 위한 필요충분조건은 임의의 양수 ϵ에 대해서 자연수 N이 존재하여 모든 $n \geq N$일 때 $|a_n - a_N| < \epsilon$임을 보여라.

15 코시수열의 부분수열은 코시수열임을 보여라.

16 만약 $\mathbb{R}$의 모든 코시수열이 수렴한다면 공집합이 아니고 위로 유계인 $\mathbb{R}$의 모든 부분집합은 최소상계를 가짐을 보여라.

코시(Augustin-Louis Cauchy, 프랑스, 1789~1857)의 생애와 업적

1789년에 파리에서 태어났으며, 라그랑주와 라플라스에 견줄만한 19세기 프랑스의 대수학자이다. 1805년에 에꼴 폴리테크니크(École Polytichnique)에 입학하여 라그랑주와 라플라스에게서 수학을 배웠다. 처음에는 토목기사가 되려고 하였으나 라그랑주와 라플라스의 권유로 에꼴 폴리테크에서 수학을 연구하였으며, 1816년에 에꼴 폴리테크니크의 정교수가 되었다. 코시는 미적분학, 실함수와 복소수함수론, 미분방정식, 행렬식, 확률론, 수리물리학, 역학, 파동, 탄성체 등 순수수학과 응용수학을 포함하는 여러 분야에 걸쳐서 연구를 하였으며, 다작을 하여 많은 수의 논문을 발표하였다. 특히, 코시는 해석학을 엄밀하게 다져 놓았다는 평가를 받는다.

피보나치(Leonardo Fibonacci, 이탈리아, 1170~1250)의 생애와 업적

피사의 레오나르도(Leonardo Pisano)라고도 불리는 피보나치는 1170년 이탈리아 피사에서 태어났다. 비록 이탈리아에서 태어났지만 피보나치가 주로 자라고 배운 곳은 북아프리카다. 그의 아버지 구리엘모는 지금의 알제리 항구에서 활동하던 상인들을 대변하는 피사 공화국의 외교관이었다.

이슬람 제국에서 자라고 배우면서 피보나치는 당시 유럽보다 훨씬 앞서 있던 수 체계를 접했다. 또 그는 압바스 왕조의 몰락도 직접 목격한다[이 왕조는 34대 칼리프인 안 나시르(1180~1225 재위) 이후 내리막길을 걷는다]. 그 당시 스페인과 포르투갈은 기독교도에 의해 대부분 정복당했는데 압바스 왕조는 1258년 바그다드가 함락 당하면서 끝나게 된다.

피보나치는 여러 지역을 여행한 후 1200년에 피사로 돌아온다. 거기서 《산술교본(Liber Abaci)》(1202), 《실용 기하학(Practica Geometriae)》(1220), 《플로스(Flos)》(1225), 《제곱수의 책(Liver Quadratorum)》(1225)을 집필했다. 그 외의 저술들도 있었으나 현재까지 전해지는 것은 없다. 피보나치는 피보나치 수에 대한 연구로 유명하고 유럽에 아라비아 수 체계를 소개하기도 했다. 1250년 피보나치는 피사에서 세상을 떠났다.

3.6 │ 수열의 상극한과 하극한

이 절에서는 수열이 수렴하지 않는 경우에도 적용할 수 있는 수열의 일반화된 극한, 상극한(上極限)과 하극한(下極限)의 성질에 대해 고찰한다.

우선 위로 유계인 수열 $\{a_n\}$을 생각하여 보자. 즉, $a_n \leq M$ ($n \in \mathbb{N}$)이라 하면 집합 $\{a_n, a_{n+1}, a_{n+2}, \cdots\}$은 분명히 위로 유계이므로 실수의 완비성의 공리에 의하여 최소상계

$$M_n = \text{lub}\{a_n, a_{n+1}, a_{n+2}, \cdots\} = \text{lub}\{a_k : k \geq n\}$$

를 갖는다. 수열 $\{M_n\}_{n=1}^{\infty}$은 단조감소수열이므로 수렴하거나 $-\infty$로 발산한다.

정의 3.6.1

$\{a_n\}$을 위로 유계인 수열이고 $M_n = \text{lub}\{a_n, a_{n+1}, a_{n+2}, \cdots\}$라 하자.

(1) $\{M_n\}$이 수렴할 때 $\{a_n\}$의 상극한(limit superior)을 $\displaystyle\lim_{n \to \infty} \sup a_n = \lim_{n \to \infty} M_n$로 정의한다.

(2) $\{M_n\}$이 $-\infty$로 발산할 때 $\{a_n\}$의 상극한을 $\displaystyle\lim_{n \to \infty} \sup a_n = -\infty$로 정의한다.

정의 3.6.2

$\{a_n\}$이 위로 유계가 아닐 때 $\displaystyle\lim_{n \to \infty} \sup a_n = \infty$로 정의한다.

이제 수열의 하극한을 정의하기로 한다. 수열 $\{a_n\}$이 아래로 유계이면 집합 $\{a_n, a_{n+1}, a_{n+2}, \cdots\}$는 최대하계 $m_n = \text{glb}\{a_n, a_{n+1}, a_{n+2}, \cdots\} = \text{glb}\{a_k : k \geq n\}$를 갖는다. 수열 $\{m_n\}_{n=1}^{\infty}$은 단조증가수열이므로 $\{m_n\}$은 수렴하거나 ∞로 발산한다.

정의 3.6.3

$\{a_n\}$을 아래로 유계인 수열이고 $m_n = \text{glb}\{a_n, a_{n+1}, a_{n+2}, \cdots\}$라 하자.

(1) $\{m_n\}$이 수렴할 때 $\{a_n\}$의 하극한(limit inferior)을 $\displaystyle\lim_{n \to \infty} \inf a_n = \lim_{n \to \infty} m_n$로 정의한다.

(2) $\{m_n\}$이 ∞로 발산할 때 $\displaystyle\lim_{n \to \infty} \inf a_n = \infty$로 정의한다.

정의 3.6.4

수열 $\{a_n\}$이 아래로 유계가 아닐 때 $\displaystyle\liminf_{n\to\infty} a_n = -\infty$로 정의한다.

보기 1 (1) $a_n = (-1)^n$이면 $\{a_n\}$은 위로 유계이고 $M_n = 1 \,(n \in \mathbb{N})$이므로 $\displaystyle\lim_{n\to\infty} M_n = 1$,

즉 $\displaystyle\limsup_{n\to\infty}(-1)^n = 1$이다. 또한 $\displaystyle\liminf_{n\to\infty}(-1)^n = -1$.

(2) 수열 $\{a_n\} = \{1, -1, 1, -2, 1, -3, 1, -4, \cdots\}$인 경우에는 $M_n = 1 \,(n \in \mathbb{N})$이므로

$\displaystyle\limsup_{n\to\infty} a_n = 1$이다. 또한 $\displaystyle\liminf_{n\to\infty} a_n = -\infty$이다.

(3) $a_n = -n \,(n \in \mathbb{N})$일 때 $M_n = \mathrm{lub}\{-n, -(n+1), -(n+2), \cdots\} = -n$이므로

M_n은 $-\infty$로 발산한다. 따라서 $\displaystyle\limsup_{n\to\infty}(-n) = -\infty$이다. 또한 $\displaystyle\liminf_{n\to\infty}(-n)$

$= -\infty$이다.

(4) $a_n = n(1 + (-1)^n) = \begin{cases} 0 & (n\text{은 홀수}) \\ 2n & (n\text{은 짝수}) \end{cases}$일 때 $\displaystyle\limsup_{n\to\infty} a_n = \infty$, $\displaystyle\liminf_{n\to\infty} a_n = 0$.

정리 3.6.5

수열 $\{a_n\}$에 대하여

$$\liminf_{n\to\infty} a_n \leq \limsup_{n\to\infty} a_n. \tag{3.3}$$

증명 경우 1: 수열 $\{a_n\}$이 유계이면 $m_n = \mathrm{glb}\{a_n, a_{n+1}, \cdots\} \leq \mathrm{lub}\{a_n, a_{n+1}, \cdots\} = M_n$, 즉 $m_n \leq M_n$이다. 따라서 단조수렴 정리에 의하여 (3.3)이 성립한다.

경우 2: $\{a_n\}$이 유계가 아니면 $\{a_n\}$이 위로 유계가 아니거나 아래로 유계가 아니다. $\{a_n\}$이 위로 유계가 아니면 $\displaystyle\liminf_{n\to\infty} a_n \leq \infty = \limsup_{n\to\infty} a_n$이고, $\{a_n\}$이 아래로 유계가 아니면 $\displaystyle\liminf_{n\to\infty} a_n = -\infty \leq \limsup_{n\to\infty} a_n$이다. 따라서 (3.3)이 성립한다. ■

정리 3.6.6

수열 $\{a_n\}$이 L에 수렴하면 $\displaystyle\limsup_{n\to\infty} a_n = L = \liminf_{n\to\infty} a_n$이다.

증명 임의로 주어진 $\epsilon > 0$에 대하여 자연수 N이 존재하여 $|a_n - L| < \epsilon \, (n \geq N)$, 즉 $L - \epsilon < a_n < L + \epsilon \, (n \geq N)$이 된다. 따라서 $n \geq N$이면

$$L - \epsilon < M_n = \mathrm{lub}\{a_n, a_{n+1}, a_{n+2}, \cdots\} \leq L + \epsilon$$

이다. 따라서 조임정리에 의하여 $L - \epsilon \leq \lim_{n \to \infty} M_n \leq L + \epsilon$이다. 그러나 $\lim_{n \to \infty} M_n$ $= \limsup_{n \to \infty} a_n$이므로 $L - \epsilon \leq \limsup_{n \to \infty} a_n \leq L + \epsilon$이다. ϵ는 임의의 수이므로 $\limsup_{n \to \infty} a_n = L$이다.

마찬가지로 $\liminf_{n \to \infty} a_n = \lim_{n \to \infty} a_n$임을 증명할 수 있다. ■

다음 정리에서 정리 3.6.6의 역도 성립함을 증명하고자 한다.

정리 3.6.7

만약 수열 $\{a_n\}$에 대하여 $\limsup_{n \to \infty} a_n = \liminf_{n \to \infty} a_n = L$이면 $\{a_n\}$은 수렴하고

$$\lim_{n \to \infty} a_n = L$$

이다.

증명 가정에 의하여 $L = \limsup_{n \to \infty} a_n = \lim_{n \to \infty} M_n = \lim_{n \to \infty} \mathrm{lub}\{a_n, a_{n+1}, \cdots\}$이다. 따라서 주어진 $\epsilon > 0$에 대하여 자연수 N_1이 존재하여

$$|M_n - L| = |\mathrm{lub}\{a_n, a_{n+1}, \cdots\} - L| < \epsilon \quad (n \geq N_1)$$

이므로 $a_n < L + \epsilon \, (n \geq N_1)$을 얻는다. 한편 $\liminf_{n \to \infty} a_n = L$이므로 자연수 N_2가 존재하여 $|m_n - L| = |\mathrm{glb}\{a_n, a_{n+1}, \cdots\} - L| < \epsilon \, (n \geq N_2)$이다. 이로부터 $a_n > L - \epsilon \, (n \geq N_2)$를 얻는다. $N = \max(N_1, N_2)$로 두면 위 식들로부터 $|a_n - L| < \epsilon \, (n \geq N)$를 얻는다. 따라서 $\{a_n\}$은 L에 수렴한다. ■

∞로 발산하는 수열에 대하여도 비슷한 결과를 얻는다.

정리 3.6.8

수열 $\{a_n\}$에 대하여 $\displaystyle\liminf_{n\to\infty} a_n = \infty$ 이면 $\displaystyle\lim_{n\to\infty} a_n = \infty$ 이고, $\displaystyle\limsup_{n\to\infty} a_n = -\infty$ 이면 $\displaystyle\lim_{n\to\infty} a_n = -\infty$ 이다.

증명 $\displaystyle\liminf_{n\to\infty} a_n = \infty$ 이므로 임의의 주어진 $M > 0$에 대하여 자연수 N이 존재하여 $n \geq N$이면 $m_n = \mathrm{glb}\{a_n, a_{n+1}, \cdots\} > M$이다. 이것은 M이 $\{a_n, a_{n+1}, \cdots\}$에 대한 하계임을 의미한다. 따라서 $n \geq N$이면 $a_n > M$, 즉 $\{a_n\}$은 ∞로 발산한다. ■

정리 3.6.9

만약 $\{a_n\}$과 $\{b_n\}$은 유계수열이고 $a_n \leq b_n \, (n \in \mathbb{N})$이면
$$\limsup_{n\to\infty} a_n \leq \limsup_{n\to\infty} b_n, \quad \liminf_{n\to\infty} a_n \leq \liminf_{n\to\infty} b_n.$$

증명 $a_n \leq b_n \, (n \in \mathbb{N})$이므로
$$\mathrm{lub}\{a_n, a_{n+1}, \cdots\} \leq \mathrm{lub}\{b_n, b_{n+1}, \cdots\}, \quad \mathrm{glb}\{a_n, a_{n+1}, \cdots\} \leq \mathrm{glb}\{b_n, b_{n+1}, \cdots\}$$
이다. $n \to \infty$ 되게 하면 정리 3.2.5(1)에 의하여 원하는 결과를 얻는다. ■

주의 1 일반적으로 $\displaystyle\limsup_{n\to\infty}(a_n + b_n) = \limsup_{n\to\infty} a_n + \limsup_{n\to\infty} b_n$이라 할 수 없다. 예를 들어, $a_n = (-1)^n$, $b_n = (-1)^{n+1}$일 때 $a_n + b_n = 0 \, (n \in \mathbb{N})$이므로 $\displaystyle\lim_{n\to\infty}(a_n + b_n) = 0$이지만 $\displaystyle\limsup_{n\to\infty} a_n + \limsup_{n\to\infty} b_n = 1 + 1 = 2$이다.

정리 3.6.10

$\{a_n\}$과 $\{b_n\}$이 유계수열이면

(1) $\displaystyle\limsup_{n\to\infty}(a_n + b_n) \leq \limsup_{n\to\infty} a_n + \limsup_{n\to\infty} b_n$

(2) $\displaystyle\liminf_{n\to\infty}(a_n + b_n) \geq \liminf_{n\to\infty} a_n + \liminf_{n\to\infty} b_n$

(3) $c \geq 0$이면 $\displaystyle\lim_{n \to \infty} \sup ca_n = c \lim_{n \to \infty} \sup a_n$, $\displaystyle\lim_{n \to \infty} \inf ca_n = c \lim_{n \to \infty} \inf a_n$

(4) $\displaystyle\lim_{n \to \infty} \inf(-a_n) = -\lim_{n \to \infty} \sup a_n$, $\displaystyle\lim_{n \to \infty} \sup(-a_n) = -\lim_{n \to \infty} \inf a_n$

증명 (1) $M_n = \text{lub}\{a_n, a_{n+1}, \cdots\}$, $P_n = \text{lub}\{b_n, b_{n+1}, \cdots\}$로 두면

$$\lim_{n \to \infty} \sup a_n = \lim_{n \to \infty} M_n, \quad \lim_{n \to \infty} \sup b_n = \lim_{n \to \infty} P_n$$

이고 $a_k \leq M_n$, $b_k \leq P_n$ $(k \geq n)$이므로 $a_k + b_k \leq M_n + P_n$ $(k \geq n)$이다. 따라서 $M_n + P_n$은 $\{a_n + b_n, a_{n+1} + b_{n+1}, \cdots\}$의 한 상계이고,

$$Q_n = \text{lub}\{a_n + b_n, a_{n+1} + b_{n+1}, \cdots\} \leq M_n + P_n$$

이다. 조임정리에 의하여

$$\lim_{n \to \infty} Q_n \leq \lim_{n \to \infty}(M_n + P_n) = \lim_{n \to \infty} M_n + \lim_{n \to \infty} P_n$$

즉, $\displaystyle\lim_{n \to \infty} \sup(a_n + b_n) \leq \lim_{n \to \infty} \sup a_n + \lim_{n \to \infty} \sup b_n$이다.

(2)의 증명은 (1)과 같은 방법으로 증명할 수 있다. 또한 (3)의 증명은 쉬우므로 생략한다.

(4)를 증명하기 위하여 $\text{glb}\{-a_k : k \geq n\} = -\text{lub}\{a_k : k \geq n\}$이 성립한다는 사실에 주목한다.

$$\lim_{n \to \infty} \inf(-a_n) = \lim_{n \to \infty} \text{glb}\{-a_k : k \geq n\} = \lim_{n \to \infty}(-\text{lub}\{a_k : k \geq n\})$$

$$= -\lim_{n \to \infty} \text{lub}\{a_k : k \geq n\} = -\lim_{n \to \infty} \sup a_n$$

끝으로, (4)의 나머지 증명도 같은 방법으로 할 수 있다. ∎

상극한과 하극한을 다른 방법으로 정의할 수 있다. 다음 정리는 한 방법을 제시해 준다.

정리 3.6.11

$\{a_n\}$은 유계수열이라 하자.

(1) 만약 $\lim\limits_{n\to\infty}\sup a_n = M \in R$이면 임의의 양수 $\epsilon > 0$에 대하여 다음 조건 (a)~(b)가 성립한다.

   (a) 이에 대응하는 적당한 자연수 N이 존재하여 $a_n < M+\epsilon \, (n \geq N)$이고,

   (b) 무한히 많은 n값에 대하여 $a_n > M-\epsilon$이다.

(2) 만약 $\lim\limits_{n\to\infty}\inf a_n = m \in \mathbb{R}$ 이면 임의의 양수 $\epsilon > 0$에 대하여 다음 조건 (c)~(d)가 성립한다.

   (c) 이에 대응하는 적당한 자연수 N이 존재하여 $a_n > m-\epsilon \, (n \geq N)$이고,

   (d) 무한히 많은 n값에 대하여 $a_n < m+\epsilon$이다.

정리 3.6.12

$\{a_n\}$은 유계수열이고 $M, \, m \in \mathbb{R}$ 라고 하자. 그러면

(1) 임의의 양수 $\epsilon > 0$에 대하여 위의 정리 3.6.11(a)~(b)가 성립하면 $\lim\limits_{n\to\infty}\sup a_n = M$ 이다.

(2) 임의의 양수 $\epsilon > 0$에 대하여 정리 3.6.11(c)~(d)가 성립하면 $\lim\limits_{n\to\infty}\inf a_n = m$ 이다.

증명 (1) 각 $n \in \mathrm{N}$ 에 대하여 $M_n = \mathrm{lub}\,\{a_k : k \geq n\}$이라 하자. (a)로부터 임의의 $\epsilon > 0$에 대하여 이에 대응하는 자연수 N이 존재해서 $n \geq N \to M_n \leq M+\epsilon$ 이다.

한편, $\{M_n\}$은 단조감소수열이므로 $\lim\limits_{n\to\infty}\sup a_n = \lim\limits_{n\to\infty} M_N \leq M+\epsilon$이다. 이 부등식은 임의의 $\epsilon > 0$에 대해 성립하므로 $\lim\limits_{n\to\infty}\sup a_n \leq M$이다. 또한 (b)로부터 무한히 많은 n에 대하여 $a_n > M-\epsilon$이 된다. 그러면 임의의 $n \in \mathrm{N}$에 대하여 집합 $\{a_n, a_{n+1}, \cdots\}$은 $M-\epsilon$보다 큰 수를 포함한다. 따라서 $M_n = \mathrm{lub}\{a_n, a_{n+1}, \cdots\} \geq M-\epsilon$이 되고 정리 3.2.5(1)에 의하여 $\lim\limits_{n\to\infty}\sup a_n = \lim\limits_{n\to\infty} M_n \geq M-\epsilon$이 된다. 이 부등식은 임의의 $\epsilon > 0$에 대해

성립하므로 $\displaystyle\limsup_{n\to\infty} a_n \geq M$이다.

(2)의 증명은 (1)의 증명과 비슷하므로 독자에게 남긴다. ∎

$\{a_n\}$이 유계수열이라 하면 적당한 수 M이 존재하여 모든 $n\in\mathbb{N}$에 대하여 $|a_n|\leq M$이다. $\mathcal{L}_a$를 어떤 부분수열 $\{a_{n_k}\}$에 대해서 $\displaystyle\lim_{k\to\infty} a_{n_k}=L$이 되는 실수 L의 집합이라 하자 (즉, 집합 $\mathcal{L}_a$는 부분수열의 극한 전체로 이루어진 집합이다). 볼차노–바이어슈트라스의 정리에 의하여 $\mathcal{L}_a\neq\varnothing$이다. 또한 집합 $\mathcal{L}_a$는 M에 의하여 위로 유계이다. 따라서 완비성 공리에 의하여 $\text{lub}\,\mathcal{L}_a$는 존재한다. 마찬가지로 집합 $\mathcal{L}_a$는 $-M$에 의하여 아래로 유계하므로 $\text{glb}\,\mathcal{L}_a$가 존재한다.

다음 정리는 상극한과 하극한을 정의하는 또 다른 방법을 제시해준다.

정리 3.6.13

$\{a_n\}$은 유계수열이라 할 때 $\displaystyle\limsup_{n\to\infty} a_n = \text{lub}\,\mathcal{L}_a$, $\displaystyle\liminf_{n\to\infty} a_n = \text{glb}\,\mathcal{L}_a$이다.

01 다음 수열의 상극한과 하극한을 구하여라.

    (1) $1, 2, 3, 1, 2, 3, 1, 2, 3, \cdots$ (2) $\{(1 + 1/n)\cos n\pi\}$

    (3) $\{(1 + 1/n)^n\}$ (4) $\{(-1)^n/n\}$

    (5) $\{\sin n\}$ (6) $\{n \sin (n\pi/4)\}$

02 수열 $\{a_n\}$이 유계수열이고, $\displaystyle\limsup_{n \to \infty} a_n = M$ (또는 $\displaystyle\liminf_{n \to \infty} a_n = m$)이면 M(또는

    m)에 수렴하는 $\{a_n\}$의 부분수열이 존재함을 보여라.

03 두 수열 $\{a_n\} = \{\sin (n\pi/2)\}$, $\{b_n\} = \{\cos (n\pi/2)\}$에 대하여 다음을 구하여라.

    (1) $\displaystyle\limsup_{n \to \infty} a_n + \limsup_{n \to \infty} b_n$

    (2) $\displaystyle\limsup_{n \to \infty} (a_n + b_n)$

    (3) $\displaystyle\liminf_{n \to \infty} a_n + \liminf_{n \to \infty} b_n$

    (4) $\displaystyle\liminf_{n \to \infty} (a_n + b_n)$

04 $\{a_n\}$이 ∞로 발산하는 수열이면 $\displaystyle\limsup_{n \to \infty} a_n = \infty = \liminf_{n \to \infty} a_n$임을 보여라.

05 $\{a_n\}$이 수열이고 $\displaystyle\limsup_{n \to \infty} |a_n| = 0$이면 $\displaystyle\lim_{n \to \infty} a_n = 0$임을 보여라.

06 $\{a_n\}$이 유계수열이고 $\{a_n\}$의 모든 수렴하는 부분수열이 극한 L을 가지면 $\lim a_n$

    $= L$임을 보여라.

07 $\{a_n\}$이 수열이고

$$\sigma_n = \frac{a_1 + a_2 + \cdots + a_n}{n} \quad (n \in \mathbb{N})$$

    이면 $\displaystyle\limsup_{n \to \infty} \sigma_n \le \limsup_{n \to \infty} a_n$임을 보여라.

08 정리 3.6.10 (2), (3)을 보여라.

09 정리 3.6.11을 보여라.

10 정리 3.6.13을 보여라.

11 수열 $\{(a_1 + a_2 + \cdots + a_n)/n\}$은 수렴하지만 $\{a_n\}$은 발산하는 수열 $\{a_n\}$의 예를 제시하여라.

12 $\{a_{n_k}\}$가 유계수열 $\{a_n\}$의 부분수열이면 $\limsup\limits_{k\to\infty} a_{n_k} \le \limsup\limits_{n\to\infty} a_n$임을 보여라.

13 $\{a_n\}$은 수렴하는 수열이고 $\{b_n\}$은 유계수열일 때 다음을 보여라.

(1) $\limsup\limits_{n\to\infty}(a_n + b_n) = \limsup\limits_{n\to\infty} a_n + \limsup\limits_{n\to\infty} b_n$

(2) $\liminf\limits_{n\to\infty}(a_n + b_n) = \liminf\limits_{n\to\infty} a_n + \liminf\limits_{n\to\infty} b_n$

14 $\{a_n\}$과 $\{b_n\}$은 유계수열이고 모든 $n\in\mathbb{N}$에 대하여 $a_n, b_n \ge 0$일 때 다음을 보여라.

$$(\liminf\limits_{n\to\infty} a_n)(\liminf\limits_{n\to\infty} b_n) \le \liminf\limits_{n\to\infty} a_n b_n \le \limsup\limits_{n\to\infty} a_n b_n \le (\limsup\limits_{n\to\infty} a_n)(\limsup\limits_{n\to\infty} b_n)$$

15 $\{a_n\}$은 유계수열이라 하자. 임의의 수열 $\{b_n\}$에 대하여

$$\limsup\limits_{n\to\infty}(a_n + b_n) = \limsup\limits_{n\to\infty} a_n + \limsup\limits_{n\to\infty} b_n$$

이라 가정하면 $\{a_n\}$은 수렴하는 수열임을 보여라.

16 $\{a_n\}$은 음의 극한을 갖는 수열이고 $\{b_n\}$은 유계수열이라 하자. 만약

$$\limsup\limits_{n\to\infty} a_n b_n = (\limsup\limits_{n\to\infty} a_n)(\limsup\limits_{n\to\infty} b_n)$$

이면 $\{b_n\}$은 수렴하는 수열임을 보여라.

17 $\{a_n\}$은 극한 L을 갖는 양수의 수열이라 하면 다음을 보여라.

$$\lim\limits_{n\to\infty} \sqrt[n]{a_1 a_2 \cdots a_n} = L$$

18 (조임정리) $\{a_n\}, \{b_n\}, \{c_n\}$은 유계수열이라 하자. 모든 $n\in\mathbb{N}$에 대하여 $a_n \le b_n \le c_n$이고 $\limsup\limits_{n\to\infty} c_n \le \liminf\limits_{n\to\infty} a_n$일 때 $\lim\limits_{n\to\infty} a_n = \lim\limits_{n\to\infty} b_n = \lim\limits_{n\to\infty} c_n$이 성립함을 보여라.

19 $\{a_n\}, \{b_n\}$은 모든 $n\in\mathbb{N}$에 대하여 $b_{n+1} = a_n + a_{n+1}$를 만족하는 수열이고 $\{b_n\}$이 수렴할 때 $\lim\limits_{n\to\infty} \dfrac{a_n}{n} = 0$임을 보이고, $\{a_n\}$은 수렴할 필요는 없음을 예를 들어 설명하여라.

20 $\{a_n\}$이 양의 수열일 때 다음을 보여라.

(1) $\liminf\limits_{n\to\infty} \dfrac{a_{n+1}}{a_n} \le \liminf\limits_{n\to\infty} \sqrt[n]{a_n}$

(2) $\displaystyle\limsup_{n\to\infty} \sqrt[n]{a_n} \le \limsup_{n\to\infty} \frac{a_{n+1}}{a_n}$

21 $\{a_n\}$의 부분수열 $\{a_{m_k}\}$와 $\{a_{n_k}\}$가 존재하여

$$\lim_{k\to\infty} a_{n_k} = \limsup_{n\to\infty} a_n, \;\; \lim_{k\to\infty} a_{m_k} = \liminf_{n\to\infty} a_n$$

이 됨을 보여라.

04

제4장
함수의 극한과 연속

함수의 극한에 관한 개념은 수열의 극한개념의 일반화이다. 함수의 연속, 미분, 적분, 무한급수의 수렴 등은 모두 극한개념의 응용이다. 이 절에서는 $\mathbb{R}$ 의 부분집합에서 $\mathbb{R}$ 로의 함수에 대한 극한의 개념과 그 성질을 고찰한다.

2.4절에서 정의했듯이 임의의 $\delta > 0$에 대하여 $0 < |x-a| < \delta$를 만족하는 $X(\subset \mathbb{R})$ 의 적어도 한 점 $x \in X$가 존재할 때 $a \in \mathbb{R}$ 를 X의 쌓인점 또는 집적점(accumulation point)이라 한다. 다시 말하면, a에 임의로 가까우면서 a와는 다른 점 $x \in X$가 존재할 때, 즉 임의의 $\delta > 0$에 대하여 $(N_\delta(a) - \{a\}) \cap X \neq \varnothing$를 만족할 때 a를 X의 집적점이라 한다.

정의 4.1.1

a는 $X(\subset \mathbb{R})$의 한 집적점이라 하자. 함수 $f : X \to \mathbb{R}$ 가 실수 L에 대하여 다음 조건을 만족할 때 "x가 a에 가까워질 때 $f(x)$는 극한 L을 갖는다"고 말하고, 이때 L을 $x = a$에서 f의 극한값이라 한다. 이것을

$$\lim_{x \to a} f(x) = L$$

로 나타낸다.

임의의 $\epsilon > 0$에 대하여 적당한 양수 $\delta = \delta(\epsilon, a) > 0$가 존재해서 $0 < |x-a| < \delta$인 X의 모든 x에 대하여 $|f(x) - L| < \epsilon$이다.

위의 조건을 다시 말하면, 열린구간 $(L-\epsilon, L+\epsilon)$이 주어지면 열린구간 $(a-\delta, a+\delta)$ 가 존재하여 $x \in (a-\delta, a+\delta)$, $x \neq a$일 때 $f(x) \in (L-\epsilon, L+\epsilon)$됨을 의미한다.

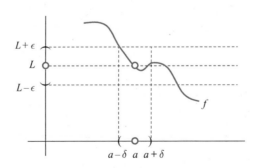

그림 4.1 함수의 극한

주의 1 (1) 극한의 정의에서 주어진 ϵ에 대한 δ의 선택은 ϵ와 함수뿐만 아니라 점 a에 의존한다.

(2) 만약 a가 X의 집적점이 아니면 충분히 작은 δ에 대하여 $0 < |x - a| < \delta$을 만족하는 임의의 $x \in X$가 존재하지 않는다. 따라서 만일 a가 X의 고립점이면 함수의 극한개념은 의미가 없다.

(3) 극한의 정의에서 $a \in X$라는 조건은 요구되지 않지만 a가 X의 집적점이라는 조건은 요구된다. $a \in X$이고 f가 a에서 극한을 갖는다고 할지라도 $\lim_{x \to a} f(x) \neq f(a)$가 될 수도 있다.

(4) $X \subseteq \mathbb{R}$이고 a가 X의 집적점이라 하자. 함수 f가 a에서 극한을 갖지 않는다는 것을 보이기 위해서는 임의의 $L \in \mathbb{R}$에 대하여 양수 $\epsilon > 0$이 존재해서 임의의 $\delta > 0$에 대하여 $0 < |x - a| < \delta$이지만 $|f(x) - L| \geq \epsilon$인 $x \in X$가 존재함을 보여야 한다.

보기 1 다음을 보여라.

(1) $\lim_{x \to 3} (x^2 + 2x) = 15$ (2) $\lim_{x \to 1} (2x + 1) = 3$

증명 (1) $|(x^2 + 2x) - 15| = |x - 3||x + 5|$이므로 $|x - 3| < \delta$이고 $\delta < 1$이 되도록 양수 δ를 선택하면

$$|(x^2 + 2x) - 15| = |x - 3||x + 5| < (|x - 3| + 8)|x - 3| < 9\delta$$

이다. 따라서 $\delta = \min(1, \epsilon/9)$로 두면 $0 < |x - 3| < \delta$일 때 $|(x^2 + 2x) - 15| < \epsilon$이 된다.

(2) $0 < |x - 1| < \delta$인 모든 x에 대하여 $|(2x + 1) - 3| = 2|x - 1| < 2\delta$이므로 임의의 $\epsilon > 0$에 대하여 $\delta = \epsilon/2$이 되도록 δ를 택하면 $0 < |x - 1| < \delta$인 모든 x에 대하여

$$|(2x + 1) - 3| = 2|x - 1| < 2\delta = \epsilon$$

이 성립한다. 따라서 $\lim_{x \to 1} (2x + 1) = 3$이다. ∎

보기 2 다음 디리클레 함수 $f:\mathbb{R}\to\mathbb{R}$ 에 대하여 모든 실수 $p\in\mathbb{R}$ 에서 $\lim\limits_{x\to p} f(x)$ 가 존재하지 않음을 보여라.

$$f(x) = \begin{cases} 1 & (x\in\mathbb{Q}) \\ 0 & (x\not\in\mathbb{Q}) \end{cases}$$

증명 p는 임의의 고정된 실수라 하자. $L\in\mathbb{R}$ 는 임의의 실수이고 $\epsilon = \max\{|L-1|, |L|\}$ 로 두자. 만약 $\epsilon = |L-1|$ 이면 유리수의 조밀성에 의하여 임의의 $\delta>0$ 에 대하여 $0<|p-x|<\delta$ 인 $x\in\mathbb{Q}$ 가 존재한다. 이런 x 에 대하여 $|f(x)-L| = |1-L| = \epsilon$ 이다.

만약 $\epsilon=|L|$ 이면 무리수의 조밀성에 의하여 임의의 $\delta>0$ 에 대하여 $0<|x-p|<\delta$ 인 무리수 x 가 존재한다. 다시 이런 x 에 대하여 $|f(x)-L|=\epsilon$ 이다. 따라서 임의의 $\delta>0$ 에 대하여 $0<|x-p|<\delta$ 인 무리수 x 가 존재하면 $|f(x)-L| \ge \epsilon$ 이다. 이는 모든 실수 L 에 대하여 성립하므로 $\lim\limits_{x\to p} f(x)$ 는 존재하지 않는다. ∎

보기 3 다음을 보여라.

(1) 임의의 $a\in\mathbb{R}$ 에 대하여 $\lim\limits_{x\to a}\sin x = \sin a$.

(2) $\lim\limits_{x\to 0} x\sin(1/x) = 0$

(3) $\lim\limits_{x\to a}\sqrt{x} = \sqrt{a}$ (단, $a>0$)

풀이 (1) a는 임의의 실수라 하면

$$\begin{aligned}|\sin x - \sin a| &= 2|\sin(x-a)/2||\cos(x+a)/2| \\ &\le 2|\sin(x-a)/2| \le 2|(x-a)/2| = |x-a|\end{aligned}$$

이다. 따라서 임의의 양수 ϵ 에 대하여 $\delta \le \epsilon$ 인 δ 를 택하면 $0<|x-a|<\delta$ 일 때 $|\sin x - \sin a| < \epsilon$ 이므로 $\lim\limits_{x\to a}\sin x = \sin a$ 이다.

(2) 임의의 양수 ϵ 에 대하여 $\delta=\epsilon$ 로 택하면 $0<|x-0|<\delta$ 일 때 $|\sin(1/x)| \le 1$ 이므로 $|x\sin(1/x)-0| \le |x| < \delta = \epsilon$ 이다. 따라서 $\lim\limits_{x\to 0} x\sin(1/x) = 0$ 이다.

(3) $f(x) = \sqrt{x}$ 는 $[0,\infty)$ 에서 정의되므로 $0<\delta\le a$ 이면 $f(x) = \sqrt{x}$ 는 a의 근방에서 정의된다. $\sqrt{x}+\sqrt{a} > \sqrt{a}$ 이므로

$$\left| \sqrt{x} - \sqrt{a} \right| = \frac{|x-a|}{\sqrt{x} + \sqrt{a}} \le \frac{1}{\sqrt{a}} |x-a|$$

이다. 따라서 임의의 양수 ϵ에 대해 $\delta = \min(a, \epsilon\sqrt{a})$로 택하면 $0 < |x-a| < \delta$일 때

$$\left| \sqrt{x} - \sqrt{a} \right| < \frac{1}{\sqrt{a}} |x-a| < \frac{\delta}{\sqrt{a}} \le \frac{\epsilon\sqrt{a}}{\sqrt{a}} = \epsilon$$

이므로 $\displaystyle\lim_{x \to a} \sqrt{x} = \sqrt{a}$ 이다. ∎

정리 4.1.2

(극한의 유일성) a가 X의 집적점이고 $f : X \to \mathbb{R}$ 가 a에서 극한값을 가지면 오직 하나의 극한을 갖는다.

증명 f가 a에서 극한 L, L'을 갖는다고 가정하고 $L \ne L'$이라 하자. $L < L'$이고 $\epsilon = (L'-L)/2$이라고 하자. 가정에 의하여 적당한 양수 δ_1이 존재해서

$$0 < |x-a| < \delta_1 \text{이면} \quad |f(x) - L| < \frac{L'-L}{2}$$

이 된다. 또한 적당한 양수 δ_2가 존재해서

$$0 < |x-a| < \delta_2 \text{이면} \quad |f(x) - L'| < \frac{L'-L}{2}$$

이 된다. $\delta = \mathrm{mim}\{\delta_1, \delta_2\}$로 놓으면 $0 < |x-a| < \delta$일 때

$$|L'-L| \le |L' - f(x)| + |f(x) - L| \le \frac{L'-L}{2} + \frac{L'-L}{2} = L' - L.$$

따라서 이는 가정에 모순이므로 a에서 f의 극한은 유일하다. ■

정리 4.1.3

(수열판정법) $f : X \to \mathbb{R}$, $X \subset \mathbb{R}$ 이고, a가 X의 한 집적점이라 할 때 다음은 동치이다.

(1) $\displaystyle\lim_{x \to a} f(x) = L$

(2) 모든 n에 대하여 $a_n \ne a$이고 $\displaystyle\lim_{n \to \infty} a_n = a$인 X의 임의의 수열 $\{a_n\}$에 대하여 $\displaystyle\lim_{n \to \infty} f(a_n) = L$이다.

증명 (1)⇒(2) : 만약 $\lim\limits_{x \to a} f(x) = L$이면 임의로 주어진 $\epsilon > 0$에 대하여 $\delta > 0$가 존재해서

$$0 < |x - a| < \delta \text{이면} \quad |f(x) - L| < \epsilon$$

이 된다. 수열 $\{a_n\}\,(a_n \neq a)$이 a에 수렴한다면 주어진 양수 δ에 대하여 자연수 N이 존재하여 $|a_n - a| < \delta \,(n \geq N)$가 된다. 그런데 $a_n \neq a \,(n \in \mathbb{N})$이므로 $0 < |a_n - a| < \delta$이다. 따라서 $n \geq N$이면 $0 < |a_n - a| < \delta$이 되므로 $|f(a_n) - L| < \epsilon$이 성립한다. 즉, $\lim\limits_{n \to \infty} f(a_n) = L$이다.

(2)⇒(1): a에 수렴하는 모든 수열 $\{a_n\}\,(a_n \neq a)$에 대하여 $\lim\limits_{n \to \infty} f(a_n) = L$이고 $\lim\limits_{x \to a} f(x) \neq L$이라 가정하자. 그러면 어떤 $\epsilon > 0$이 존재하여 모든 $\delta > 0$에 대하여 $0 < |x - a| < \delta,\ x \in X$을 만족하는 x가 존재해서 $|f(x) - L| \geq \epsilon$이 된다. 지금 $\delta = 1/n \,(n \in \mathbb{N})$로 두면 $0 < |a_n - a| < 1/n$이고 $|f(a_n) - L| \geq \epsilon$을 만족하는 $a_n \in X$이 존재한다. X의 수열 $\{a_n\}$은 $\lim\limits_{n \to \infty} a_n = a$이고 $a_n \neq a \,(n \in \mathbb{N})$을 만족한다. 모든 자연수 n에 대하여 $|f(a_n) - L| \geq \epsilon$이므로 $\lim\limits_{n \to \infty} f(a_n) \neq L$이다. 이것은 가정에 모순된다. ■

정리 4.1.4

(발산판정법) $f : X \to \mathbb{R}$, $X \subset \mathbb{R}$이고 $a \in \mathbb{R}$는 X의 한 집적점이라 하자.
1. 다음은 서로 동치이다.
  (1) f는 a에서 극한 $L \in \mathbb{R}$을 갖지 않는다.
  (2) 수열 $\{a_n\}$은 a에 수렴하지만 수열 $\{f(a_n)\}$은 L에 수렴하지 않는 $a_n \neq a \,(n \in \mathbb{N})$인 X의 수열 $\{a_n\}$이 존재한다.
2. 다음은 서로 동치이다.
  (1) 함수 f가 a에서 극한을 갖지 않는다.
  (2) 수열 $\{a_n\}$은 a에 수렴하지만 수열 $\{f(a_n)\}$은 $\mathbb{R}$에서 수렴하지 않는 $a_n \neq a \,(n \in \mathbb{N})$인 X의 수열 $\{a_n\}$이 존재한다.

보기 4 $\lim\limits_{x \to 0} \sin(1/x)$은 존재하지 않음을 밝혀라.

풀이 $f(x) = \sin(1/x)\ (x \neq 0)$로 두면 $t = n\pi\ (n \in \mathbb{Z})$일 때 $\sin t = 0$이고, $t = \dfrac{\pi}{2} + 2n\pi$

$(n \in \mathbb{Z})$일 때 $\sin t = 1$이다. 만일 $a_n = 1/n\pi\ (n \in \mathbb{N})$이면 $\lim\limits_{n \to \infty} a_n = 0$, $f(a_n) =$

$\sin n\pi = 0$이므로 $\lim\limits_{n \to \infty} f(a_n) = 0$이다.

한편 $b_n = \left(\dfrac{\pi}{2} + 2n\pi\right)^{-1}\ (n \in \mathbb{N})$이면 $\lim\limits_{n \to \infty} b_n = 0$, $f(b_n) = \sin\left(\dfrac{\pi}{2} + 2n\pi\right) = 1$이

므로 $\lim\limits_{n \to \infty} f(b_n) = 1$이다. 따라서 정리 4.1.10에 의하여 $\lim\limits_{x \to 0} \sin\dfrac{1}{x}$은 존재하지

않는다. ∎

정의 4.1.5

$f, g : X \to \mathbb{R}$, $X \subset \mathbb{R}$이고 c가 상수일 때 다음과 같이 새로운 함수를 정의한다.

(1) $|f|(x) = |f(x)|,\quad x \in X$

(2) $(cf)(x) = cf(x),\quad x \in X$

(3) $(f + g)(x) = f(x) + g(x),\quad x \in X$

(4) $(f - g)(x) = f(x) - g(x),\quad x \in X$

(5) $(fg)(x) = f(x)g(x),\quad x \in X$

(6) $\left(\dfrac{f}{g}\right)(x) = \dfrac{f(x)}{g(x)},\quad x \in X, g(x) \neq 0$

정리 4.1.6

$f, g : X \to \mathbb{R}$, $X \subset \mathbb{R}$이고 a는 X의 한 집적점이고 $\lim\limits_{x \to a} f(x) = L$, $\lim\limits_{x \to a} g(x) = M$이면

(1) $\lim\limits_{x \to a} cf(x) = cL,\quad c \in \mathbb{R}$

(2) $\lim\limits_{x \to a} (f(x) + g(x)) = L + M$

(3) $\lim\limits_{x \to a} (f(x) - g(x)) = L - M$

(4) $\lim\limits_{x \to a} f(x)g(x) = LM$

(5) $\lim\limits_{x \to a} f(x)/g(x) = L/M \quad (M \neq 0)$

증명 정리 4.1.3을 이용하면 쉽게 증명된다. $\{a_n\}$은 $\lim\limits_{n\to\infty} a_n = a, a_n \neq a \ (n \in \mathbb{N})$을 만족하는 수열이라고 하면 정리 4.1.3에 의하여 $\lim\limits_{n\to\infty} f(a_n) = L, \quad \lim\limits_{n\to\infty} g(a_n) = M$이다.

(2) 두 수열의 합의 극한은 각 수열의 극한의 합과 같다는 정리 3.2.1에 의하여

$$\lim_{n\to\infty}(f+g)(a_n) = \lim_{n\to\infty}[f(a_n) + g(a_n)] = L + M$$

이다. 그러면 다시 정리 4.1.3에 의하여 $\lim\limits_{x\to a}[f(x) + g(x)] = L + M$이다.

(4) 두 수열의 곱의 극한은 각 수열의 극한의 곱과 같다는 정리 3.2.1에 의하여

$$\lim_{n\to\infty}(fg)(a_n) = \lim_{n\to\infty}[f(a_n)g(a_n)] = LM$$

이다. 그러면 다시 정리 4.1.3에 의하여 $\lim\limits_{x\to a}[f(x)g(x)] = LM$이다.

이 정리의 나머지도 이와 동일한 방법으로 증명된다. ■

주의 2 (1) $f : X \to \mathbb{R}$, $X \subset \mathbb{R}$이고 a는 X의 한 집적점이라고 하자. $\lim\limits_{x\to a} f(x) = L$이면 모든 자연수 n에 대하여 $\lim\limits_{x\to a}\{f(x)\}^n = L^n$이다.

(2) $p(x) = a_n x^n + a_{n-1}x^{n-1} + \cdots + a_1 x + a_0 \ (n \in \mathbb{N})$이 $\mathbb{R}$에서의 다항식 함수이면 정리 4.1.6과 $\lim\limits_{x\to c} x^k = c^k$로부터 다음이 성립한다.

$$\lim_{x\to c} p(x) = \lim_{x\to c}[a_n x^n + a_{n-1}x^{n-1} + \cdots + a_{1x} + a_0]$$

$$= \lim_{x\to c}(a_n x^n) + \cdots + \lim_{x\to c} a_0 = a_n c^n + a_{n-1}c^{n-1} + \cdots + a_1 c + c_0$$

$$= p(c)$$

따라서 임의의 다항식 함수 p에 대하여 $\lim\limits_{x\to c} p(x) = p(c)$이다.

(3) p, q가 $\mathbb{R}$에서의 다항식 함수이고 $q(c) \neq 0$이면 $\lim\limits_{x\to c} p(x)/q(x) = p(c)/q(c)$.

정리 4.1.7

$f:X\to\mathbb{R}$, $X\subset\mathbb{R}$이고 a는 X의 한 집적점이라고 하자.

(1) 만일 $c\le f(x)\le d$, $x\in X$, $x\ne a$이고, $\lim\limits_{x\to a}f(x)=L$가 존재하면 $c\le L\le d$.

(2) (조임정리) 만일 $g(x)\le f(x)\le h(x)$ $(x\in X,\ x\ne a)$이고, $\lim\limits_{x\to a}g(x)=L=$ $\lim\limits_{x\to a}h(x)$가 존재하면 $\lim\limits_{x\to a}f(x)=L$이다.

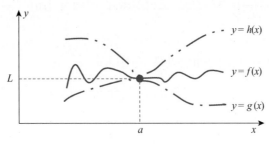

그림 4.2 조임정리

증명 (1) $\lim\limits_{x\to a}f(x)=L$이면 정리 4.1.3으로부터 $\{a_n\}$은 $a\ne a_n\in X$ $(n\in\mathbb{N})$인 임의의 수열로서 a에 수렴하면 수열 $\{f(a_n)\}$은 L에 수렴한다. 이때

$$c\le f(a_n)\le d\quad(n\in\mathbb{N})$$

이므로 조임정리로부터 $c\le L\le d$이다. ∎

보기 5 다음을 보여라.

(1) $\lim\limits_{x\to0}\sin x=0$　　　　　(2) $\lim\limits_{x\to0}\cos x=1$

(3) $\lim\limits_{x\to0}x^2\sin(1/x)=0$　　　(4) $\lim\limits_{x\to0}\dfrac{\sin x}{x}=1$

증명 (1) $-|x|\le\sin x\le|x|$이고 $\lim\limits_{x\to0}|x|=0$이므로 조임정리에 의하여 $\lim\limits_{x\to0}\sin x=0$이다.

(2) $1-\dfrac{1}{2}x^2\le\cos x\le1$ $(x\in\mathbb{R})$이고 $\lim\limits_{x\to0}\left(1-\dfrac{1}{2}x^2\right)=1$이므로 조임정리에 의하여 $\lim\limits_{x\to0}\cos x=1$이다.

(3) $|x^2\sin(1/x)|=|x^2||\sin(1/x)|$이고 $|\sin(1/x)|\le1$이므로

$$\left| x^2 \sin \frac{1}{x} \right| \le |x^2| = |x|^2, \quad x \ne 0$$

이다. 따라서 $\lim_{x \to 0} |x^2| = 0$이므로 $\lim_{x \to 0} x^2 \sin(1/x) = 0$이다.

(4) $x - \dfrac{x^3}{6} \le \sin x \le x \ (x \ge 0)$이므로 $x \le \sin x \le x - \dfrac{x^3}{6} \ (x \le 0)$이다. 따라서 $1 - \dfrac{x^2}{6} \le \dfrac{\sin x}{x} \le 1 \ (x \ge 0)$이고 $1 \ge \dfrac{\sin x}{x} \ge 1 - \dfrac{x^2}{6} \ (x \le 0)$이다. $\lim_{x \to 0} \left(1 - \dfrac{x^2}{6} \right) = 1$이므로 조임정리에 의해서 $\lim_{x \to 0} \dfrac{\sin x}{x} = 1$이다. ∎

모든 $x \in X$에 대하여 $f(x) \ge 0$이라고 가정하고 $\sqrt{f}$를

$$(\sqrt{f})(x) = \sqrt{f(x)} \quad (x \in X)$$

라고 정의한다.

정리 4.1.8

$f : X \to \mathbb{R}$이고 a는 $X \subseteq \mathbb{R}$의 한 집적점이라고 하자.

(1) $\lim_{x \to a} f(x) = L$가 존재하면 $\lim_{x \to a} |f(x)| = |L|$이다.

(2) 모든 $x \in X$에 대하여 $f(x) \ge 0$이라고 가정하고 $\lim_{x \to a} f(x) = L$가 존재하면

$$\lim_{x \to a} \sqrt{f(x)} = \sqrt{L}.$$

증명 (1) 삼각부등식에 의하여 모든 $x \in X$에 대하여 $||f(x)| - |L|| \le |f(x) - L|$이다. 이 정리는 이 부등식으로부터 직접 나온다.

(2) 증명은 독자에게 맡긴다. ∎

주의 3 정리 4.1.8 (1)의 역은 성립하지 않는다. 예를 들어 $f : \mathbb{R} \to \mathbb{R}$, $f(x) = \begin{cases} 1 & (x \in \mathbb{Q}) \\ -1 & (x \not\in \mathbb{Q}) \end{cases}$에 대하여 $\lim_{x \to 0} |f(x)| = 1$이지만 $\lim_{x \to 0} f(x)$는 존재하지 않는다.

정리 4.1.9

만일 $f : X \to \mathbb{R}$가 $a \in \mathbb{R}$에서 극한을 갖는다면 f는 a의 어떤 근방에서 유계함수이다.

증명 만약 $L = \lim\limits_{x \to a} f(x)$이면 정의에 의하여 적당한 양수 δ가 존재해서 $0 < |x - a| < \delta$, $x \in X$이면 $|f(x) - L| < 1$, 즉 $-1 < f(x) - L < 1$이 된다. 따라서

$$U = (a - \delta, a + \delta), \quad x \in X \cap U, \quad x \neq a$$

이면 $|f(x)| \leq |L| + 1$이다.

만약 $a \notin X$이면 $M = |L| + 1$이고, $a \in X$이면 $M = \max\{|f(a)|, |L| + 1\}$로 두면 $x \in X \cap U$일 때 $|f(x)| \leq M$. 따라서 f는 a의 근방에서 유계이다. ■

01 다음 극한값을 구하여라.

(1) $\displaystyle\lim_{x \to 1} \frac{\sqrt{x} - 1}{x}$

(2) $\displaystyle\lim_{x \to 0} \cos\left(x^2 + x - \frac{\pi}{2}\right)$

(3) $\displaystyle\lim_{x \to a} \frac{x^3 + a^3}{x + a}$

(4) $\displaystyle\lim_{x \to 1} \frac{x^2 - 1}{x - 1}$

02 극한의 정의를 사용하여 다음을 보여라.

(1) $\displaystyle\lim_{x \to a} c = c$

(2) $\displaystyle\lim_{x \to 3} x^2 = 9$

(3) $\displaystyle\lim_{x \to 0} \sqrt{4 - x} = 2$

(4) $\displaystyle\lim_{x \to a} (1/x) = 1/a$ (단, $a \neq 0$)

(5) $\displaystyle\lim_{x \to a} \cos x = \cos a$ $(a \in \mathbb{R})$

(6) $\displaystyle\lim_{x \to a} 1/\sqrt{x} = 1/\sqrt{a}$ (단, $a > 0$)

03 다음 극한이 존재하지 않음을 보여라.

(1) $\displaystyle\lim_{x \to 0} (1/x^2)$

(2) $\displaystyle\lim_{x \to 0} \sin(1/x^2)$

(3) $\displaystyle\lim_{x \to 0} \operatorname{sgn}(x)$

(4) $\displaystyle\lim_{x \to 0} \operatorname{sgn} \sin(1/x)$

(5) $\displaystyle\lim_{x \to 0} \frac{1}{x} \sin \frac{1}{x}$

(6) $\displaystyle\lim_{x \to 0} \frac{|x|}{x}$

(여기서 부호함수 $\operatorname{sgn}(x) = \begin{cases} 1 & (x > 0) \\ 0 & (x = 0) \\ -1 & (x < 0) \end{cases}$을 의미한다.)

04 다음 함수 $f : \mathbb{R} \to \mathbb{R}$에 대해 $\displaystyle\lim_{x \to 0} f(x) = 0$이지만 임의의 $p \neq 0$에 대하여 $\displaystyle\lim_{x \to p} f(x)$가 존재하지 않음을 보여라.

$$f(x) = \begin{cases} 0 & (x \in Q) \\ x & (x \notin Q) \end{cases}$$

05 $f : D \to \mathbb{R}$는 함수이고 $a \in D$이라 하자. 임의의 $x \in D$에 대하여 적당한 양수 M이 존재하여 $|f(x) - f(a)| \leq M|x - a|$가 성립하면 $\displaystyle\lim_{x \to a} f(x)$가 존재함을 보여라.

06 정리 4.1.4를 보여라.

07 $f : \mathbb{R} \to \mathbb{R}$이고 $a \in \mathbb{R}$일 때 다음이 동치임을 보여라.

(1) $\displaystyle\lim_{x \to a} f(x) = L$

(2) $\displaystyle\lim_{x \to 0} f(x + a) = L$

08 $f : \mathbb{R} \to \mathbb{R}$ 이고 $I \subseteq \mathbb{R}$ 는 열린구간이며 $a \in I$ 라 하자. 만일 f_1을 I에서 축소함수라고 하면 다음이 동치임을 보여라.

(1) f_1이 a에서 하나의 극한을 갖는다.

(2) f는 a에서 극한을 갖고 $\lim\limits_{x \to a} f(x) = \lim\limits_{x \to a} f_1(x)$이다.

09 $\lim\limits_{x \to 0} f(x) = 0$일 때 $\lim\limits_{x \to 0} f(x) \sin(1/x) = 0$임을 보여라.

10 함수 $f : \mathbb{R} \to \mathbb{R}$ 가 0에서 극한 L을 가지고 $a > 0$이라고 가정하자. 이때 $g : \mathbb{R} \to \mathbb{R}$ 인 함수 $g(x) = f(ax)$ $(x \in \mathbb{R})$에 대하여 $\lim\limits_{x \to 0} g(x) = L$임을 보여라.

11 $I \subseteq \mathbb{R}$ 는 구간이고 $f : I \to \mathbb{R}$, $a \in I$ 라 하자. 만약 $|f(x) - L| \le C|x - a|$ $(x \in I)$인 상수 $C \ge 0$와 L이 존재하면 $\lim\limits_{x \to a} f(x) = L$임을 보여라.

12 $\lim\limits_{x \to a} f(x) = L > 0$이면 $0 < |x - a| < \delta$일 때 $f(x) > 0$을 만족하는 양수 δ가 존재함을 보여라.

13 $\lim\limits_{x \to 0} \cos(1/x)$은 존재하지 않으나 $\lim\limits_{x \to 0} x \cos(1/x) = 0$임을 보여라.

14 $f, g : X \to \mathbb{R}$ 이고 a는 X의 집적점이라 하자. 다음이 성립함을 보여라.

(1) $\lim\limits_{x \to a} f(x)$, $\lim\limits_{x \to a}(f(x) + g(x))$가 존재하면 $\lim\limits_{x \to a} g(x)$도 존재한다.

(2) $\lim\limits_{x \to a} f(x)$, $\lim\limits_{x \to a} f(x)g(x)$가 존재하면 $\lim\limits_{x \to a} g(x)$도 존재한다(단, $\lim\limits_{x \to a} f(x) \ne 0$).

15 $f, g : \mathbb{R} \to \mathbb{R}$ 이고 a는 $X(\subseteq \mathbb{R})$의 집적점이라 하자. f가 a의 근방에서 유계이고 $\lim\limits_{x \to a} g(x) = 0$이면 $\lim\limits_{x \to a} f(x)g(x) = 0$임을 보여라.

16 $f : \mathbb{R} \to \mathbb{R}$ 는 조건 $f(x + y) = f(x) + f(y)$ $(x, y \in \mathbb{R})$을 만족하는 함수라 하자. $\lim\limits_{x \to 0} f(x) = L$이 존재한다고 가정할 때 $L = 0$임을 보여라. 또 모든 점 $a \in \mathbb{R}$ 에 대하여 f가 하나의 극한을 가짐을 보여라(귀띔: $f(x + x) = f(x) + f(x) = 2f(x)$, $f(x) = f(x - a) + f(a)$ $(x \in \mathbb{R})$임에 유의하여라).

17 두 함수 $f, g : \mathbb{R} \to \mathbb{R}$ 에 대하여 다음을 만족하는 예를 들어라.

(1) $\lim\limits_{x \to a}(f(x) + g(x)) \ne \lim\limits_{x \to a} f(x) + \lim\limits_{x \to a} g(x)$

(2) $\lim\limits_{x \to a} f(x)g(x) \ne \lim\limits_{x \to a} f(x) \cdot \lim\limits_{x \to a} g(x)$

18 $X = \{1/n : n \in \mathbb{N}\}$이고 $f : X \to \mathbb{R}$, $f(x) = x$일 때 $\lim\limits_{x \to 0} f(x) = 0$임을 보여라.

디리클레(Johann Peter Gustav Lejeune Dirichlet, 1805-1859)의 생애와 업적

독일 수학자로 14세에 본의 한 김나지움(고등학교)에서 쾰른의 예수회 김나지움으로 전학하여 옴의 법칙을 발견한 게오르크 옴(Ohm, 1789~1854)의 수업을 들었다. 1822년 파리에서 수학공부를 시작하고, 여기서 당대의 주요 수학자인 장바티스트 비오(Biot, 1774~1862), 장바티스트 조제프 푸리에(Fourier, 1768~1830), 루이방자맹 프랑쾨르(프랑스어: Louis-Benjamin Francœur), 장 아셰트(프랑스어: Jean Hachette), 피에르시몽 라플라스, 라크루아, 아드리앵마리 르장드르, 시메옹 드니 푸아송 등을 만났다.

1825년 르장드르와 함께 페르마의 마지막 정리 중 한 경우인 $n = 5$인 경우에 대해 증명을 해서 처음 주목을 받게 되었다. 후에 그는 $n = 14$인 경우에 대해서도 증명하였다.

1827년 독일 본 대학에서 명예 교수자격을 얻게 된 후, 1839년에는 베를린 훔볼트 대학교의 수학 정교수가 되었다. 1855년 카를 프리드리히 가우스의 후임으로 괴팅겐 대학교에서 고등수학 교수를 맡았다. 그는 이 자리를 1859년 죽을 때까지 갖고 있었다.

그는 편미분 방정식과 주기 급수, 정적분, 수론 분야를 연구했다. 그는 당시만 해도 서로 무관한 분야였던 수론과 응용수학을 이어주었다. 주요 관심사는 수론으로 등차수열에서 반드시 등장하는 소수의 성질에 대한 디리클레 등차수열 정리를 증명하였고, 또한 수론의 주요 분야인 해석적 수론을 창시하였다. 그리고 그는 푸리에 급수의 수렴성을 증명했으며, 오늘날 쓰이는 추상적인 함수의 개념을 최초로 정의하였다.

4.2 | 극한개념의 확장

정의 4.2.1

$a \in \mathbb{R}$ 가 다음 조건을 만족할 때 a를 $X(\subseteq \mathbb{R})$의 좌집적점(left accumulation point)이라 한다.

　　임의의 양수 $\delta > 0$에 대하여 $a - \delta < x < a$이 되는 점 $x \in X$가 존재한다.

　　같은 방법으로 우집적점을 정의한다.

정의 4.2.2

$f : X \to \mathbb{R}$, $X \subset \mathbb{R}$ 이고 a는 X의 좌집적점이고 $L \in \mathbb{R}$ 이라 하자. 임의의 양수 $\epsilon > 0$에 대하여 $\delta > 0$가 존재해서

$$a - \delta < x < a \text{인 } X\text{의 모든 } x \in X \text{에 대하여 } |f(x) - L| < \epsilon$$

이 성립하면, x가 왼쪽에서 a에 가까워질 때 $f(x)$는 좌극한(left-hand limit) L을 갖는다고 하고 $\lim\limits_{x \to a-} f(x) = L$ (또는 $f(a-) = L$)로 나타낸다. 같은 방법으로 우극한을 정의한다.

보기 1 다음 극한을 계산하여라.

　　(1) $\lim\limits_{x \to 1+} \dfrac{x^2 - 1}{|x - 1|}$　　　　　　　　(2) $\lim\limits_{x \to 1-} \dfrac{x^2 - 1}{|x - 1|}$

풀이　(1) $\lim\limits_{x \to 1+} \dfrac{x^2 - 1}{|x - 1|} = \lim\limits_{x \to 1+} \dfrac{x^2 - 1}{x - 1} = \lim\limits_{x \to 1+} (x + 1) = 2$

　　　(2) $\lim\limits_{x \to 1-} \dfrac{x^2 - 1}{|x - 1|} = \lim\limits_{x \to 1-} \dfrac{x^2 - 1}{-(x - 1)} = \lim\limits_{x \to 1-} -(x + 1) = -2$　　　■

보기 2 $\lim\limits_{x \to 1+} (x - [x]) = 0$, $\lim\limits_{x \to 1-} (x - [x]) = 1$임을 보여라.

증명　$[0, 1)$에서 $f(x) = x - [x] = x$이고 $[1, 2)$에서 $f(x) = x - [x] = x - 1$이다. 임의의 양수 ϵ에 대하여 $\delta = \min(1, \epsilon)$로 택하면 $1 < x < 1 + \delta$일 때 $|f(x) - 0|$ $= |x - 1| < \delta \leq \epsilon$이므로 $\lim\limits_{x \to 1+} (x - [x]) = 0$이다. 또한 $1 - \delta < x < 1$일 때 $|f(x) - 1| = |x - 1| < \delta \leq \epsilon$이므로 $\lim\limits_{x \to 1-} (x - [x]) = 1$이다.　　　■

정리 4.2.3

(수열판정법) $f: X \to \mathbb{R}$, $X \subset \mathbb{R}$ 이고 a가 $X \cap (a, \infty)$의 우집적점이면 다음은 서로 동치이다.

(1) $\lim_{x \to a+} f(x) = L \in \mathbb{R}$

(2) a에 수렴하고 $a_n > a \, (n \in \mathbb{N})$인 X의 임의의 수열 $\{a_n\}$에 대하여 수열 $\{f(a_n)\}$은 L에 수렴한다.

이 정리의 증명은 정리 4.1.3과 비슷하므로 독자에게 맡긴다.

정리 4.2.4

a가 X의 우 및 좌집적점일 때 $\lim_{x \to a} f(x) = L$이기 위한 필요충분조건은

$$\lim_{x \to a+} f(x) = L = \lim_{x \to a-} f(x)$$

이다.

증명 만약 $\lim_{x \to a} f(x) = L$이면 임의의 양수 $\epsilon > 0$에 대하여 $\delta > 0$가 존재해서 $0 < |x - a| < \delta$이면 $|f(x) - L| < \epsilon$가 된다. 만일 $a < x < a + \delta$이면 $0 < |x - a| < \delta$이므로 $|f(x) - L| < \epsilon$이다. 따라서 $\lim_{x \to a+} f(x) = L$이다. 마찬가지로 $\lim_{x \to a-} f(x) = L$이다.

역으로 $\lim_{x \to a+} f(x) = L = \lim_{x \to a-} f(x)$이라 하자. 임의의 양수 $\epsilon > 0$에 대하여 $\delta_1 > 0$가 존재해서 $a < x < a + \delta_1$이면 $|f(x) - L| < \epsilon$이다. 또한 $\delta_2 > 0$가 존재해서 $a - \delta_2 < x < a$이면 $|f(x) - L| < \epsilon$이다. 지금 $\delta = \min(\delta_1, \delta_2)$로 두면 $0 < |x - a| < \delta$이면 $a < x < a + \delta_1$이거나 $a - \delta_2 < x < a$가 되므로 $|f(x) - L| < \epsilon$이다. ■

보기 3 $x \geq 0$일 때 $f(x) = x^2$, $x < 0$일 때 $f(x) = -x$이면 $\lim_{x \to 0+} f(x) = \lim_{x \to 0+} x^2 = 0$이고 $\lim_{x \to 0-} f(x) = 0$이므로 위 정리에 의하여 $\lim_{x \to 0} f(x) = 0$이다.

정의 4.2.5

(무한대에서 극한) $X \subset \mathbb{R}$, $f : X \to \mathbb{R}$ 이고 $L \in \mathbb{R}$ 이라 하자.

(1) 임의의 양수 $\epsilon > 0$에 대하여 실수 M이 존재해서 $x > M$인 모든 $x \in X$에 대하여 $|f(x) - L| < \epsilon$이 성립하면 L을 $x \to \infty$일 때 f의 극한이라 하고, $\displaystyle\lim_{x \to \infty} f(x) = L$ 로 나타낸다.

(2) 임의의 양수 $\epsilon > 0$에 대하여 실수 M이 존재해서 $x < M$인 모든 $x \in X$에 대하여 $|f(x) - L| < \epsilon$이 성립하면 L을 $x \to -\infty$일 때 f의 극한이라 하고, $\displaystyle\lim_{x \to -\infty} f(x) = L$ 로 나타낸다.

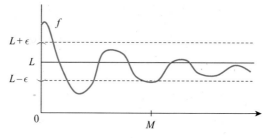

그림 4.3 무한대에서 극한

보기 4 다음을 보여라.

    (1) $\displaystyle\lim_{x \to \infty} (1/x) = 0$ (2) $\displaystyle\lim_{x \to -\infty} [-1/(x+1)] = 0$

증명 (1) 임의의 양수 ϵ에 대하여 $M = 1/\epsilon$로 선택하면 모든 $x > M$에 대해서 $|1/x - 0| < 1/M = \epsilon$이다. 따라서 $\displaystyle\lim_{x \to \infty} 1/x = 0$이다.

    (2) 임의의 양수 ϵ에 대하여 $M = 1 + 1/\epsilon$로 선택하면 $x < -M$인 모든 x에 대해 $x + 1 < -1/\epsilon$, $1/(x+1) > -\epsilon$, 즉 $-1/(x+1) < \epsilon$이므로 $|f(x) - 0| = |-1/(x+1)| < \epsilon$이다. 따라서 $\displaystyle\lim_{x \to -\infty} [-1/(x+1)] = 0$이다. ∎

정리 4.2.6

(수열판정법) $f : X \to \mathbb{R}$, $X \subset \mathbb{R}$ 이고, 어떤 c에 대하여 $(c, \infty) \subseteq X$라 하면, 다음은 서로 동치이다.

(1) $\displaystyle\lim_{x\to\infty} f(x) = L \in \mathbb{R}$

(2) $\displaystyle\lim_{n\to\infty} a_n = \infty$인 $X \cap (c, \infty)$의 모든 수열 $\{a_n\}$에 대하여 수열 $\{f(a_n)\}$은 L에 수렴한다.

보기 5 $f(x) = x\sin x$는 $[a, \infty)$에서 유계함수가 아니고$(a > 0)$, $\displaystyle\lim_{x\to\infty} f(x)$가 존재하지 않음을 보여라.

증명 수열 $x_n = \pi/2 + 2n\pi$로 두면 적당한 자연수 N에 대하여 $\pi/2 + 2N\pi > a$이므로 $n > N$인 모든 자연수 n에 대하여 $\pi/2 + 2n\pi \in [a, \infty)$이다. 하지만

$$f\left(\frac{\pi}{2} + 2n\pi\right) = \left(\frac{\pi}{2} + 2n\pi\right)\sin\left(\frac{\pi}{2} + 2n\pi\right) = \frac{\pi}{2} + 2n\pi$$

이므로 f는 $[a, \infty)$에서 유계함수가 아니다. 따라서 $\displaystyle\lim_{x\to\infty} f(x) = L$을 만족하는 실수 L이 존재하지 않는다. ■

이 정리의 증명과 $x \to -\infty$일 때의 극한에 관한 그 대응정리의 증명은 정리 4.1.3과 비슷하므로 독자에게 맡긴다.

정의 4.2.7

함수 f가 $0 < |x - a| < \delta$인 모든 x의 집합에서 정의된다고 하자.
(1) 충분히 큰 임의의 양수 M에 대응하는 적당한 양수 δ가 존재해서 $0 < |x - a| < \delta$인 모든 x에 대해서 $f(x) > M$이 성립할 때 $f(x)$의 극한은 양의 무한대라 하고 $\displaystyle\lim_{x\to a} f(x) = \infty$로 나타낸다.
(2) 충분히 큰 임의의 양수 M에 대응하는 적당한 양수 δ가 존재해서 $0 < |x - a| < \delta$인 모든 x에 대해서 $f(x) < -M$일 때 $f(x)$의 극한은 음의 무한대라 하며, $\displaystyle\lim_{x\to a} f(x) = -\infty$로 나타낸다.

보기 6 다음을 보여라.

(1) $\displaystyle\lim_{x\to 0} 1/x^2 = \infty$ (2) $\displaystyle\lim_{x\to 0} \ln|x| = -\infty$

증명 (1) 임의의 양수 M에 대해서 $\delta = 1/\sqrt{M}$로 선택하면 $0 < |x-0| = |x| < \delta = 1/\sqrt{M}$인 모든 x에 대해 $f(x) = 1/x^2 > 1/\delta^2 = M$이 된다.

따라서 $\displaystyle\lim_{x \to 0} 1/x^2 = \infty$이다.

(2) 임의의 양수 M에 대해서 $\delta = e^{-M}$로 선택한다. $0 < |x-0| = |x| < \delta$인 모든 x에 대해 $|x| < e^{-M}$이므로 $f(x) = \ln|x| < -M$이 된다.

따라서 $\displaystyle\lim_{x \to 0} \ln|x| = -\infty$이다. ∎

정리 4.2.8

$X \subset \mathbb{R}$, $f, g : X \to \mathbb{R}$ 이고 a가 X의 집적점이라 하자. 모든 $x \in X \, (x \neq a)$에 대하여 $f(x) \leq g(x)$라고 가정하면

(1) $\displaystyle\lim_{x \to a} f(x) = \infty$이면 $\displaystyle\lim_{x \to a} g(x) = \infty$이다.

(2) $\displaystyle\lim_{x \to a} g(x) = -\infty$이면 $\displaystyle\lim_{x \to a} f(x) = -\infty$이다.

증명 (1) $\displaystyle\lim_{x \to a} f(x) = \infty$이므로 임의의 양수 M에 대하여 $x \in X$, $0 < |x-a| < \delta$일 때 $f(x) > M$를 만족하는 양수 δ가 존재한다. 가정에 의하여 $x \in X$, $0 < |x-a| < \delta$이면 $g(x) > M$이다.

따라서 $\displaystyle\lim_{x \to a} g(x) = \infty$이다.

(2)의 증명도 비슷하다. ∎

정의 4.2.9

$X \subset \mathbb{R}$ 이고 $f : X \to \mathbb{R}$ 이라 하자.

(1) 어떤 c에 대하여 $(c, \infty) \subseteq X$이고 임의의 $\alpha \in \mathbb{R}$ 에 대하여 $x > M$일 때 $f(x) > \alpha$ (또는 $f(x) < \alpha$)을 만족하는 $M = M(\alpha) > c$가 존재하면 f는 $x \to \infty$일 때 ∞ (또는 $-\infty$)에 접근한다고 하며,

$$\lim_{x \to \infty} f(x) = \infty \quad (\text{또는 } \lim_{x \to \infty} f(x) = -\infty)$$

로 나타낸다.

(2) 어떤 c에 대하여 $(-\infty, c) \subseteq X$이고 임의의 $\beta \in \mathbb{R}$에 대하여 $x < M$일 때 $f(x) > \beta$ (또는 $f(x) < \beta$)을 만족하는 $M = M(\beta) < c$가 존재하면 f는 $x \to -\infty$일 때 ∞ (또는 $-\infty$)에 접근한다고 하며,

$$\lim_{x \to -\infty} f(x) = \infty \ (\text{또는} \ \lim_{x \to -\infty} f(x) = -\infty)$$

로 나타낸다.

정리 4.2.10

(수열판정법) $f : X \to \mathbb{R}$, $X \subset \mathbb{R}$이고 어떤 c에 대하여 $(c, \infty) \subseteq X$라 하면 다음은 서로 동치이다.

(1) $\lim_{x \to \infty} f(x) = \infty$ (또는 $\lim_{x \to \infty} f(x) = -\infty$)

(2) $\lim_{n \to \infty} a_n = \infty$인 $X \cap (c, \infty)$의 모든 수열 $\{a_n\}$에 대하여

$$\lim_{n \to \infty} f(a_n) = \infty \ (\text{또는} \ \lim_{n \to \infty} f(a_n) = -\infty)$$

증명 증명은 정리 4.1.3과 비슷하므로 독자에게 맡긴다.

정리 4.2.11

$f, g : X \to \mathbb{R}$, $X \subset \mathbb{R}$이고 어떤 c에 대하여 $(c, \infty) \subseteq X$라 하자. 또한 $g(x) > 0 \ (x > c)$ 이고 어떤 $L \in \mathbb{R} \ (L \neq 0)$에 대하여

$$\lim_{x \to \infty} \frac{f(x)}{g(x)} = L$$

이라고 가정하자.

(1) $L > 0$이면 $\lim_{x \to \infty} f(x) = \infty$일 필요충분조건은 $\lim_{x \to \infty} g(x) = \infty$이다.

(2) $L < 0$이면 $\lim_{x \to \infty} f(x) = -\infty$일 필요충분조건은 $\lim_{x \to \infty} g(x) = \infty$이다.

증명 (1) $L > 0$이므로 가정에 의하여

$$0 < \frac{1}{2}L < \frac{f(x)}{g(x)} < 2L \ (x > a_1)$$

인 $a_1 > c$가 존재한다. 따라서 $x > a_1$에 대하여

$$\frac{1}{2} Lg(x) < f(x) < 2Lg(x)$$

이 부등식으로부터 (1)은 쉽게 증명된다.
(2)의 증명도 비슷하다. ∎

01 다음 극한을 구하여라(단, $[x]$는 x보다 크지 않은 최대의 정수를 의미한다).

(1) $\displaystyle\lim_{x\to3+}\frac{|x-3|}{x-3}$

(2) $\displaystyle\lim_{x\to-3-}(x+|x|)$

(3) $\displaystyle\lim_{x\to1+}\frac{[x]}{1+x}$

(4) $\displaystyle\lim_{x\to0-}\frac{[4x]}{1+x}$

(5) $\displaystyle\lim_{x\to\infty}\frac{[x]}{x}$

(6) $\displaystyle\lim_{x\to-\infty}\frac{[x]}{x}$

02 다음을 보여라.

(1) $\displaystyle\lim_{x\to2-}\frac{1}{(x-2)^3}=-\infty$

(2) $\displaystyle\lim_{x\to2+}\frac{1}{(x-2)^3}=\infty$

(3) $\displaystyle\lim_{x\to2+}\frac{x}{x-2}=\infty$

(4) $\displaystyle\lim_{x\to\infty}\sqrt{x}=\infty$

03 다음을 보여라.

(1) $\displaystyle\lim_{x\to\infty}e^{-x}=0$

(2) $\displaystyle\lim_{x\to-\infty}e^{-1/(x+1)}=1$

(3) $\displaystyle\lim_{x\to\infty}\frac{\sin x}{x}=0$

04 $\displaystyle\lim_{x\to a}f(x)=\infty$이 되기 위한 필요충분조건은 $\displaystyle\lim_{x\to a+}f(x)=\infty=\lim_{x\to a-}f(x)$임을 보여라.

05 만약 $\displaystyle\lim_{x\to\infty}f(x)=L$이면 f가 $[a,\infty)$에서 유계함수가 되는 실수 $a\in\mathbb{R}$가 존재함을 보여라.

06 $a\in\mathbb{R}$이고 f는 (a,∞)에서 정의된 양의 함수일 때 $\displaystyle\lim_{x\to a+}f(x)=\infty$일 필요충분조건은 $\displaystyle\lim_{x\to a+}1/f(x)=0$임을 보여라.

07 함수 f가 구간 (a,∞)에서 단조증가함수이고 위로 유계이면 $\displaystyle\lim_{x\to\infty}f(x)$가 존재함을 보여라.

08 만약 $\displaystyle\lim_{x\to\infty}f(x)=L$, $\displaystyle\lim_{x\to\infty}g(x)=M$이면 $\displaystyle\lim_{x\to\infty}(f(x)+g(x))=L+M$임을 보여라.

09 $x\to\infty$일 때 함수 $f,\,g$가 극한을 가지고 $f(x)\leq g(x)$ $(x\in(a,\infty))$이면

$$\lim_{x \to \infty} f(x) \le \lim_{x \to \infty} g(x)$$

임을 보여라.

10 함수 $f : (0, \infty) \to \mathbb{R}$ 에 대하여 $\lim_{x \to \infty} f(x) = L$일 필요충분조건은 $\lim_{x \to 0+} f(1/x) = L$임

을 보여라.

11 함수 $f : (a, \infty) \to \mathbb{R}$ 에 대하여 $\lim_{x \to \infty} x f(x) = L \; (L \in \mathbb{R})$이면 $\lim_{x \to \infty} f(x) = 0$임을 보

여라.

12 $\lim_{x \to a} f(x) = L > 0$이고 $\lim_{x \to a} g(x) = 0$이면 $\lim_{x \to a} \dfrac{f(x)}{g(x)} = \infty$임을 보여라.

13 $\lim_{x \to a} f(x) = L > 0, \; \lim_{x \to a} g(x) = \infty$ 이라 가정하면 $\lim_{x \to a} f(x) g(x) = \infty$임을 보이고, $L = 0$

이면 위의 결론이 성립하지 않는 예를 들어라.

고등학교 교과서에서 연속함수를 다음과 같이 정의한다.

함수 $f(x)$가 다음 세 조건을 만족할 때 함수 $f(x)$는 $x = a$에서 연속이라 한다.

(1) $f(a)$가 정의되고 (2) $\lim_{x \to a} f(x)$가 존재하고 (3) $\lim_{x \to a} f(x) = f(a)$.

연속에 대한 볼차노(1817)와 코시(1821)의 엄밀한 정의는 다음과 같다.

정의 4.3.1

$X \subset \mathbb{R}$ 이고 $f : X \to \mathbb{R}$ 라 하자.

(1) f가 다음을 만족하면 f는 $p \in X$에서 연속(continuous)이라 한다.

　임의로 주어진 $\epsilon > 0$에 대하여 $\delta > 0$가 존재해서 $|x - p| < \delta$인 모든 $x \in X$에 대하여 $|f(x) - f(p)| < \epsilon$이 성립한다.

(2) f가 X의 모든 점에서 연속이면 f는 X에서 연속이라 한다.

주의 1 (1) 만약 $p \in X$가 X의 집적점이면 f가 p에서 연속되기 위한 필요충분조건은 $\lim_{x \to p} f(x) = f(p)$이다.

(2) 만약 $p \in X$가 X의 고립점이면 X에서 모든 함수 f는 p에서 연속이다. 왜냐하면 X의 고립점 p에 대하여 $N_\delta(p) \cap X = \{p\}$를 만족하는 양수 δ가 존재하여

$$|x - p| < \delta,\ x \in X일\ 때\ |f(x) - f(p)| = |f(p) - f(p)| = 0 < \epsilon$$

이 되기 때문이다.

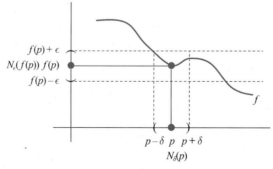

그림 4.4 연속함수의 정의

보기 1 다음을 보여라.

    (1) 상수함수 $f : \mathbb{R} \to \mathbb{R}$, $f(x) = a \; (x \in \mathbb{R})$는 연속함수이다.

    (2) $f(x) = \sin x$는 $(-\infty, \infty)$에서 연속이다.

    (3) 코사인함수 $f(x) = \cos x$는 $\mathbb{R}$에서 연속이다.

    (4) 최대정수함수 $f(x) = [x]$는 $x = 1$에서 연속이 아니다.

풀이 (1) ϵ을 임의의 양수라 하면 임의의 $\delta > 0$에 대해서 $|x - p| < \delta$이면 $|f(x) - f(p)| = |a - a| = 0 < \epsilon$이다. 따라서 f는 연속이다.

    (2) a를 임의의 수라고 하면

$$\begin{aligned} |\sin x - \sin a| &= 2|\sin (x-a)/2||\cos (x+a)/2| \\ &\leq 2|\sin (x-a)/2| \leq 2|(x-a)/2| = |x-a| \\ &= |x-a| \end{aligned}$$

이다. 따라서 임의의 양수 ϵ에 대하여 $\delta \leq \epsilon$인 δ를 잡으면 $|x - a| < \delta$일 때 $|\sin x - \sin a| < \epsilon$이므로 $f(x)$는 a에서 연속함수이다.

    (3) 모든 $x, y, z \in \mathbb{R}$에 대하여 $|\sin z| \leq |z|$, $|\sin z| \leq 1$이고,

$$\cos x - \cos y = 2 \sin [(x+y)/2] \sin [(y-x)/2]$$

이다. 따라서 $a \in \mathbb{R}$이면

$$|\cos x - \cos a| \leq 2 \cdot 1 \cdot \frac{1}{2} |a - x| = |x - a|$$

이다. 그러므로 $\cos x$는 a에서 연속이다. 이때 $a \in \mathbb{R}$가 임의의 점이므로, $f(x) = \cos x$는 $\mathbb{R}$에서 연속이다.

    (4) $f(1) = 1$이지만 $\lim\limits_{x \to 1-} [x] = 0$, $\lim\limits_{x \to 1+} [x] = 1$이므로 $\lim\limits_{x \to 1} f(x)$는 존재하지 않는다. 따라서 f는 $x = 1$에서 연속이 아니다.   ■

정리 4.3.2

$f : X \to \mathbb{R}$, $X \subset \mathbb{R}$, $a \in X$일 때 다음 명제들은 서로 동치이다.

(1) f가 a에서 연속이다.

(2) $x_n \in X \; (n \in \mathbb{N})$이고 $\lim\limits_{n \to \infty} x_n = a$인 임의의 수열 $\{x_n\}$에 대하여 수열 $\{f(x_n)\}$은 $f(a)$에 수렴한다.

증명 정리 4.1.3의 증명을 약간 수정하면 된다. ■

다음의 불연속 판정법은 정리 4.1.4와 동치인 결과이다.

정리 4.3.3

(불연속 판정법) $f : X \to \mathbb{R}$, $X \subset \mathbb{R}$, $a \in X$일 때 다음 명제들은 서로 동치이다.
(1) f가 a에서 불연속이다.
(2) $\lim_{n \to \infty} x_n = a$이지만 $\lim_{n \to \infty} f(x_n) \neq f(a)$인 수열 $\{x_n\}$이 X 안에서 존재한다.

보기 2 다음을 보여라.

(1) 다음 디리클레 함수 f는 $\mathbb{R}$의 모든 점에서 연속이 아니다.

$$f(x) = \begin{cases} 1 & (x \in \mathbb{Q}) \\ 0 & (x \not\in \mathbb{Q}) \end{cases}$$

(2) 다음 리만 함수 $f : (0,1) \to \mathbb{R}$는 $(0,1)$의 모든 무리수에서 연속이고, $(1,0)$의 모든 유리수에서 불연속이다.

$$f(x) = \begin{cases} 1/n & (x \in (0,1) \text{는 유리수}, \, x = m/n \, (\text{기약분수})) \\ 0 & (x \text{는 무리수}) \end{cases}$$

풀이 (1) 〈방법1〉 a는 임의의 유리수이고 $\{x_n\}$은 a에 수렴하는 무리수들의 수열이라 하자(이 수열은 무리수의 조밀성에 의하여 그 존재성이 보장된다). 모든 $n \in \mathbb{N}$에 대하여 $f(x_n) = 0$이므로 $\lim_{n \to \infty} f(x_n) = 0$이다. 그러나 $f(a) = 1$이다. 따라서 f는 유리수 a에서 연속이 아니다.

한편 a가 무리수이고, $\{y_n\}$을 a에 수렴하는 유리수들의 수열이라고 하자(이 수열은 유리수의 조밀성에 의하여 그 존재성이 보장된다). 모든 $n \in \mathbb{N}$에 대하여 $f(y_n) = 1$이므로 $\lim_{n \to \infty} f(y_n) = 1$이다. 그러나 $f(a) = 0$이다. 따라서 f는 무리수 a에서 연속이 아니다. 그런데 모든 실수는 유리수이거나 무리수이므로 f는 $\mathbb{R}$의 모든 점에서 연속이 아니다.

〈방법 2〉 a는 임의의 실수라 하고 $0 < \epsilon < 1$이 주어졌다고 하자. 어떤 $\delta > 0$을 취해도 a의 δ근방 $N_\delta(a) = \{x : |x - a| < \delta\}$는 유리수도 무리수도 포함하고 있다. 따라서 a가 유리수이면 무리수 $x \in N_\delta(a)$를 택하고, a가

무리수이면 유리수 $x \in N_\delta(a)$를 택하면

$$|f(x) - f(a)| = 1 > \epsilon$$

곧, $0 < \epsilon < 1$에 대하여 어떤 양수 δ를 택하여도 $|x - a| < \delta$이고 $|f(x) -$ $f(a)| > \epsilon$을 만족하는 x가 존재한다. 따라서 f는 모든 점에서 불연속이다.

(2) 먼저 $p = m/n$ (기약분수)은 $(0,1)$의 임의의 유리수라면 무리수의 조밀성에 의하여 열린구간 $(p - \dfrac{1}{n}, p + \dfrac{1}{n})$은 무리수 x_n을 포함한다.

따라서 $x_n \to p$이지만 $f(x_n) = 0 \not\to f(p) = \dfrac{1}{n}$이므로 f는 임의의 유리수 p에서 불연속이다.

이제 p는 $(0,1)$의 임의의 무리수라 하자. 임의의 양수 ϵ에 대하여 $|x - p| < \delta$, $x \in (0,1)$일 때 $|f(x) - f(p)| < \epsilon$를 만족하는 양수 δ가 존재함을 보이면 된다. p는 무리수이므로 $f(p) = 0$이고 모든 $x \in (0,1)$에 대하여 $f(x) \geq 0$이다.

ϵ은 임의의 양수라 하면 $1/N < \epsilon$인 자연수 $N \in \mathbb{N}$를 선택한다. N보다 작은 분모를 갖는 유한개의 유리수 m/n(기약분수)가 $(0,1)$에 존재한다. 이들 유리수를 $r_1, r_2, \cdots, r_k$로 나타내고

$$\delta = \min\{|r_i - p| : i = 1, 2, \cdots, k, \ r_i \neq p\}$$

로 두면 $\delta > 0$이다. 만약 $r \in \mathbb{Q} \cap N_\delta(p) \cap (0,1)$이고 $r \neq p$, $r = m/n$(기약분수)이면 $n \geq N$이므로 $|f(r)| = \dfrac{1}{n} \leq \dfrac{1}{N} < \epsilon$이다. 따라서 $|x - p| < \delta$, $x \in (0,1)$인 모든 x에 대하여 $|f(x) - f(p)| = |f(x)| < \epsilon$이다. 즉, f는 모든 무리수 p에서 연속이다. ∎

정리 4.3.4

함수 f, g가 a에서 연속이고 c가 상수이면 cf, $f \pm g$, fg, f/g (단, $g(a) \neq 0$)도 a에서 연속이다.

증명 정리 4.1.7에 의하여 분명하다. ∎

보기 3 tan, cot, sec, csc 등의 함수는 그들이 정의되는 점에서 연속이다. 예를 들어, 코탄젠트함수는 다음과 같이 정의된다.

$$\cot x = \frac{\cos x}{\sin x} \, (\sin x \neq 0, \ \ \text{즉} \ \ x \neq n\pi, \ n \in Z)$$

sin과 cos이 $\mathbb{R}$에서 연속이므로 정리 4.3.4에 의하여 cot도 정의역 안에서 역시 연속이다. 나머지 삼각함수에 대하여도 마찬가지다.

정리 4.3.5

$X \subseteq \mathbb{R}$이고 $f : X \to \mathbb{R}$는 함수라 하자.

(1) f가 $a \in X$에서 연속이면 $|f|$도 점 a에서 연속이다.

(2) f가 X에서 연속이면 $|f|$도 X에서 연속이다.

증명 이는 정리 4.1.6의 직접적인 결과이다. ∎

정의 4.3.6

$X \subseteq \mathbb{R}$이고 $f, g : X \to \mathbb{R}$는 임의의 함수일 때 함수 $(f \vee g) : X \to \mathbb{R}$와 $(f \wedge g) : X \to \mathbb{R}$를 다음과 같이 정의한다. 각 $x \in X$에 대하여

$$(f \vee g)(x) = \max\{f(x), g(x)\}, \quad (f \wedge g)(x) = \min\{f(x), g(x)\}$$

(때로는 $(f \vee g)$를 $\max(f, g)$로, $(f \wedge g)$를 $\min(f, g)$라 쓰기도 한다).

정리 4.3.7

$X \subseteq \mathbb{R}$이고 $f, g : X \to \mathbb{R}$는 두 함수라고 하자.

(1) f, g가 한 점 $a \in X$에서 연속이면 $(f \vee g)$와 $(f \wedge g)$도 a에서 연속이다.

(2) f, g가 X에서 연속이면 $(f \vee g)$, $(f \wedge g)$도 X에서 연속이다.

증명 $x \in X$에 대하여

$$(f \vee g)(x) = \max\{f(x), g(x)\} = \frac{1}{2}(f(x) + g(x)) + \frac{1}{2}|f(x) - g(x)|$$

이 성립하므로 $(f \vee g) = \frac{1}{2}(f + g) + \frac{1}{2}|f - g|$이다. 정리 4.3.4에 의하여 $(f \vee g)$

는 f와 g가 a에서 연속이므로 연속이다. 마찬가지로 모든 $x \in X$에 대하여,

$$(f \wedge g)(x) = \min\{f(x), g(x)\} = \frac{1}{2}(f(x) + g(x)) - \frac{1}{2}|f(x) - g(x)|.$$

따라서 $(f \wedge g)$는 f와 g가 a에서 연속이므로 연속이다. ■

다음 정리는 연속함수의 합성함수에 연속임을 보여준다.

정리 4.3.8

f가 a에서 연속이고 g가 $f(a)$에서 연속이면 $g \circ f$는 a에서 연속이다.

증명 $\epsilon > 0$는 임의의 양수라 하자. g는 $f(a)$에서 연속함수이므로 $\delta_1 > 0$가 존재하여

$$|y - f(a)| < \delta_1 \text{이면} \quad |g(y) - g(f(a))| < \epsilon$$

가 된다. 또한 f가 a에서 연속이므로 $\delta > 0$가 존재하여

$$|x - a| < \delta \text{이면} \quad |f(x) - f(a)| < \delta_1$$

가 된다. 지금 $|x - a| < \delta$이면 $|f(x) - f(a)| < \delta_1$가 되므로 $|g(f(x)) - g(f(a))|$ $< \epsilon$가 된다. 따라서 $g \circ f$는 a에서 연속이다. ■

보기 4 (1) 함수 $g(x) = \sin(1/x)$ $(x \neq 0)$은 점 $x \neq 0$에서 연속이지만 $x = 0$에서 극한을 갖지 않으므로 $x = 0$에서 연속이 아니다. 따라서 $x = 0$에서 g의 연속인 확장함수를 얻기 위한 $x = 0$에 대응되는 어떤 값도 없다.

(2) $f(x) = x \sin(1/x)$ $(x \neq 0)$는 점 $x \neq 0$에서 연속이다. f가 $x = 0$에서 정의되지 않지만 $|x \sin(1/x)| \leq |x|$이므로 $\lim\limits_{x \to 0} f(x) = 0$는 존재하므로 f는 $x = 0$에서 연속이 아니다. 따라서 $F : \mathbb{R} \to \mathbb{R}$를 다음과 같이 정의하면 F는 $x = 0$에서 연속이다.

$$F(x) = \begin{cases} 0, & x = 0 \\ x \sin(1/x), & x \neq 0 \end{cases}$$

보기 5 $f(x) = |x|$, $g(x) = (2x^3 + 1)/(x^2 + 1)$은 $\mathbb{R}$의 모든 점에서 연속이므로 정리 4.3.8에 의하여

$$(g \circ f)(x) = g(f(x)) = |(2x^3 + 1)/(x^2 + 1)|$$

은 $\mathbb{R}$의 모든 점에서 연속이다.

우리는 연속함수에 의한 열린구간(또는 닫힌구간)의 상이 반드시 열린구간(또는 닫힌구간)은 아니라는 사실을 알 수 있다. 따라서 연속함수의 "역상"이 열린구간과 닫힌구간을 보존한다는 것은 특기할만한 사실이다.

만약 $A \subseteq \mathbb{R}$, $f : A \to \mathbb{R}$이고 $H \subseteq \mathbb{R}$이면 집합 $\{x \in A : f(x) \in H\}$을 f에 의한 H의 역상(inverse image)이라 하고 $f^{-1}(H)$로 표시한다.

정리 4.3.9

(대역적 연속성의 정리, Global Continuity Theorem) 함수 $f : \mathbb{R} \to \mathbb{R}$에 대하여 다음은 서로 동치이다.

(1) f는 $\mathbb{R}$에서 연속이다.

(2) 만일 F가 $\mathbb{R}$의 닫힌 부분집합이면, $f^{-1}(F)$는 $\mathbb{R}$에서 닫힌집합이다.

(3) 만일 G가 $\mathbb{R}$의 열린 부분집합이면, $f^{-1}(G)$는 $\mathbb{R}$에서 열린집합이다.

증명 (1)$\Rightarrow$(2) : $F \subseteq \mathbb{R}$는 닫힌집합이고 $F_1 = f^{-1}(F)$라고 하자. 이제 F_1이 닫힌 집합임을 보이면 된다. $\{x_n\}$을 x_0에 수렴하는 F_1의 점열이라고 하자. f가 x_0에서 연속이므로 $f(x_0) = \lim_{n \to \infty} f(x_n)$이다. 그러나 $x_n \in F_1$이므로 $f(x_n) \in F$이다. 닫힌집합의 성질에 의하여

$$f(x_0) = \lim_{n \to \infty} f(x_n) \in F$$

이므로 $x_0 \in F_1$이다. $\{x_n\}$은 F_1의 임의의 수열이므로 F_1은 닫힌집합이다.

(2)$\Rightarrow$(3): $G \subseteq \mathbb{R}$가 열린집합이면 $F = G^c$는 닫힌집합이고 (2)로부터 $F_1 = f^{-1}(F)$도 닫힌집합이다. 이제 $G_1 = f^{-1}(G)$가 F_1의 여집합임을 보이자. 다음의 관계가 성립한다.

$$y \in G_1 \Leftrightarrow f(y) \in G \Leftrightarrow f(y) \notin F \Leftrightarrow y \notin f^{-1}(F) = F_1 \Leftrightarrow y \in F_1^c$$

따라서 $G_1 = F_1^c$이므로 G_1은 열린집합이다.

$(3) \Rightarrow (1)$: $c \in \mathbb{R}$ 이고 $V_\epsilon = N_\epsilon(f(c))$을 $f(c)$의 ϵ-근방이라 하자. V_ϵ이 열린집합이므로 (3)에 의하여 $U_\epsilon = f^{-1}(V_\epsilon)$은 열린집합이며 $f(U_\epsilon) \subseteq V_\epsilon$이다. $f(c) \in V_\epsilon$이므로 $c \in U_\epsilon$이다. 따라서 적당한 양수 δ가 존재해서 $N_\delta(c) \subset U_\epsilon = f^{-1}(V_\epsilon)$이다. 즉 $|x - c| < \delta$일 때 $|f(x) - f(c)| < \epsilon$이다. 그러므로 f는 c에서 연속이다. ∎

01 다음 함수가 연속인 구간을 구하여라.

(1) $f(x) = \dfrac{x^2 - 1}{x - 1}$

(2) $g(x) = |\sin x|$

(3) $h(x) = \cos\sqrt{x}$

(4) $k(x) = \sin x / x$

02 함수 $f : \mathbb{R} \to \mathbb{R}$, $f(x) = \begin{cases} 0 & (x \in \mathbb{Q}) \\ x & (x \notin \mathbb{Q}) \end{cases}$ 에 대하여 다음을 보여라.

(1) f는 $x = 0$에서 연속이다.

(2) $a \neq 0$일 때 f는 $x = a$에서 연속이 아니다.

03 다음 함수 $f : \mathbb{R} \to \mathbb{R}$ 에 대하여 $x \cdot f(x)$는 $x = 0$에서 연속임을 보여라.

$$f(x) = \begin{cases} 1 & (x \in \mathbb{Q}) \\ 0 & (x \notin \mathbb{Q}) \end{cases}$$

04 $f : A \to \mathbb{R}$ 가 $A \subseteq \mathbb{R}$ 에서 연속이고 $n \in \mathbb{N}$ 이면 $f^n(x) = (f(x))^n$ $(x \in A)$로 정의된 함수 f^n은 A에서 연속임을 보여라.

05 함수 $f : \mathbb{R} \to \mathbb{R}$ 가 모든 실수 x에 대하여 $f(x + y) = f(x) + f(y)$을 만족할 때 다음을 보여라.

(1) f가 $x = 0$에서 연속이면 f는 모든 점 x에서 연속이다.

(2) f가 $\mathbb{R}$ 에서 연속이고 $f(1) = a$라고 할 때 모든 실수 x에 대하여 $f(x) = ax$ 이다.

06 함수 $f : \mathbb{R} \to \mathbb{R}$ 가 임의의 x, y에 대하여 $f(x + y) = f(x)f(y)$일 때 함수 f가 $x = 0$에서 연속이면 함수 f는 $\mathbb{R}$ 에서 연속임을 보여라.

07 f는 $[0,1]$의 모든 점에서 불연속이지만 $|f|$는 $[0,1]$의 모든 점에서 연속이 되는 함수 $f : [0,1] \to \mathbb{R}$ 의 예를 들어라.

08 $f : \mathbb{R} \to \mathbb{R}$ 가 모든 $m \in \mathbb{Z}$, $n \in \mathbb{N}$ 에 대해서 $f(m/2^n) = 0$을 만족하는 $\mathbb{R}$ 에서 연속함수일 때, 모든 $x \in \mathbb{R}$ 에 대하여 $f(x) = 0$임을 보여라.

09 함수 $f : \mathbb{R} \to \mathbb{R}$ 가 연속함수이고 임의의 $a \in \mathbb{R}$ 에 대하여 $f(a) = f(a/3)$이면 f는 상수함수임을 보여라.

10 다음 함수 $f : [0,1] \to \mathbb{R}$ 는 $[0,1]$의 무리수에서만 연속임을 보여라.

$$f(x) = \begin{cases} 1/n & (x = m/n \in \mathbb{Q}) \\ 0 & (x \notin \mathbb{Q}) \\ 1 & (x = 0) \end{cases}$$

11 함수 $f, g : \mathbb{R} \to \mathbb{R}$ 가 $\mathbb{R}$ 에서 연속일 때 다음을 보여라.

(1) $A = \{x \in \mathbb{R} : f(x) = g(x)\}$ 는 $\mathbb{R}$ 에서 닫힌집합이다.

(2) $B = \{x \in \mathbb{R} : f(x) > g(x)\}$ 는 $\mathbb{R}$ 에서 열린집합이다.

12 $X \subseteq \mathbb{R}$, $f : X \to \mathbb{R}$ 이고 $f(x) \geq 0 (x \in X)$ 일 때 다음을 보여라.

(1) f 기 점 $a \in X$ 에서 연속이면 $\sqrt{f}$ 도 a 에서 연속이다.

(2) f 가 X 에서 연속이면 $\sqrt{f}$ 도 X 에서 연속이다.

13 $f(x)/g(x)$ 와 $g(x)$ 이 a 에서 연속일 때 $f(x)$ 는 a 에서 연속임을 보여라.

14 f 와 g 가 모든 점에서 각각 불연속이고 그 합 $f + g$ 가 $\mathbb{R}$ 의 모든 점에서 연속이 되는 두 함수 $f : \mathbb{R} \to \mathbb{R}$ 와 $g : \mathbb{R} \to \mathbb{R}$ 의 예를 들어라.

15 다음을 보여라.

(1) $f : \mathbb{R} \to \mathbb{R}$ 는 연속이고 모든 유리수 $q \in \mathbb{Q}$ 에 대해서 $f(q) = 0$ 이면 모든 실수 $x \in \mathbb{R}$ 에 대해서 $f(x) = 0$ 이다.

(2) $f, g : \mathbb{R} \to \mathbb{R}$ 는 연속이고 모든 유리수 $r \in \mathbb{Q}$ 에 대해서 $f(r) = g(r)$ 이면 모든 실수 $x \in \mathbb{R}$ 에 대해서 $f(x) = g(x)$ 이다.

16 $f : \mathbb{R} \to \mathbb{R}$ 를 점 $p \in \mathbb{R}$ 에서 연속함수라 할 때 다음 명제가 성립함을 보여라.

(1) $f(p)$ 가 양, 즉 $f(p) > 0$ 이면 p 를 포함하는 열린구간 G 가 존재해서 G 의 모든 점에서 f 는 양이 된다.

(2) $f(p)$ 가 음, 즉 $f(p) < 0$ 이면 p 를 포함하는 열린구간 G 가 존재해서 G 의 모든 점에서 f 는 음이 된다.

4.4 | 최대 · 최솟값 정리

함수 f가 닫힌구간 $[a,b]$의 모든 점에서 연속일 때 f는 구간 $[a,b]$에서 연속이라 한다(양 끝점에서는 $\lim_{x\to a+} f(x) = f(a)$, $\lim_{x\to b-} f(x) = f(b)$를 만족한다). 이 절에서는 f가 유계이고 닫힌구간 $[a,b]$에서 연속이면 f는 $[a,b]$에서 최댓값과 최솟값을 가짐을 증명한다.

정의 4.4.1

모든 $x \in E$에 대하여 $|f(x)| < M$인 상수 M이 존재할 때 함수 $f : E \to \mathbb{R}$ 는 E에서 유계함수(bounded function)라고 한다.

정리 4.4.2

함수 $f : [a,b] \to \mathbb{R}$ 가 유계이고 닫힌구간 $[a,b]$에서 연속이면 f는 $[a,b]$에서 유계함수이다.

증명 c는 $[a,b]$의 임의의 점이라 하자. f가 c에서 연속이므로 $\epsilon = 1$로 취하면 $\delta > 0$가 존재하여 $|x - c| < \delta$, $x \in [a,b]$일 때 $|f(x) - f(c)| < 1$이므로 $x \in (c - \delta, c + \delta)$이면

$$|f(x)| \leq |f(x) - f(c)| + |f(c)| < 1 + |f(c)|$$

이다. 따라서 f는 열린구간 $I_c = (c - \delta, c + \delta)$에서 유계이다.

$[a,b] \subset \cup \{I \in [a,b]\}$, 즉 집합족 $\{I_c : c \in [a,b]\}$은 $[a,b]$의 열린덮개이므로 하이네-보렐 정리에 의하여 $[a,b] \subset \cup_{i=1}^{n} I_{c_i}$를 만족하는 점 $c_1, \cdots, c_n \in [a,b]$이 존재한다. f는 $\cup_{i=1}^{n} I_{c_i}$에서 유계이므로 f는 $[a,b]$에서 유계이다. ■

만약 f가 $[a,b]$에서 유계함수이면 $\mathbb{R}$의 완비성 공리에 의하여

$$M = \sup\{f(x) : x \in [a,b]\}, \quad m = \inf \{f(x) : x \in [a,b]\}$$

이 존재한다.

보기 1 (1) $f(x) = x^2$은 $(0,2)$에서 연속이고 유계이다. $M = 4$, $m = 0$이지만 $f(x_1) = 4$, $f(x_2) = 0$을 만족하는 점 $x_1, x_2 \in (0,2)$가 존재하지 않는다.

(2) $f(x) = x|x|/(1+x^2)$이면 f는 $\mathbb{R}$에서 연속이고 유계함수이다. $M = 1$, $m = -1$이지만 $f(x_1) = 1$, $f(x_2) = -1$을 만족하는 점 $x_1, x_2 \in \mathbb{R}$가 존재하지 않는다.

정리 4.4.3

(최대 · 최솟값 정리) 함수 $f : [a,b] \to \mathbb{R}$가 유계인 닫힌구간 $[a,b]$에서 연속이면 f는 $[a,b]$에서 최댓값(maximum) M과 최솟값(minimum) m을 갖는다. 즉, $m = f(x_m) \leq f(x) \leq f(x_M) = M$ $(x \in [a,b])$을 만족하는 점 $x_m, x_M \in [a,b]$가 존재한다.

증명 f가 $[a,b]$에서 연속이므로 f가 $[a,b]$에서 유계이다. 따라서 $\mathbb{R}$의 완비성 공리에 의하여 $M = \sup\{f(x) : x \in [a, b]\}$와 $m = \inf\{f(x) : x \in [a,b]\}$은 존재한다. f가 $[a,b]$에서 최댓값을 취하지 않는다고 가정하면 모든 $x \in [a,b]$에 대하여 $f(x) < M$이므로 함수 $g(x) = 1/[M-f(x)]$은 $[a,b]$에서 연속함수이고 모든 $x \in [a,b]$에 대하여 $g(x) > 0$이다. 따라서 위의 증명에 의하여 g는 $[a,b]$에서 유계함수이다. 특히, $|g(x)| = g(x) \leq C$를 만족하는 적당한 양수 $C > 0$가 존재한다. 따라서 모든 $x \in [a,b]$에 대하여

$$f(x) \leq M - 1/C \tag{4.1}$$

이다. $[a,b]$에서 (4.1)의 최소상계를 구하면

$$M = \sup_{x \in [a,b]} f(x) \leq M - 1/C$$

을 얻을 수 있으므로 이것은 모순이다. 따라서 $f(x_M) = M$을 만족하는 점 $x_M \in [a,b]$이 존재한다. 마찬가지 방법으로 $f(x_m) = m$을 만족하는 점 $x_m \in [a,b]$이 존재함을 증명할 수 있다. ∎

주의 1 위 정리에서 구간 $[a,b]$는 반드시 닫힌구간이나 유계인 구간이라는 조건이 없으면 정리는 성립하지 않는다. 예를 들어, 함수 $f(x) = 1/x$은 유계이지만 닫힌 구간이 아닌 $(0,1)$에서 연속이지만 유계함수가 아니다. 또한 $f(x) = x$는 닫힌

구간이지만 유계가 아닌 구간 $[0, \infty)$에서 연속이지만 유계함수가 아니다.

정리 4.4.4

(부호보존 성질) 함수 $f : [a,b] \to \mathbb{R}$ 가 x_0에서 연속이고 $f(x_0) > 0$이면 적당한 양수 ϵ과 δ가 존재해서 $|x - x_0| < \delta$이면 $f(x) > \epsilon$이 성립한다.

증명 $\epsilon = f(x_0)/2$로 두면 f가 x_0에서 연속이므로 적당한 양수 δ가 존재해서 $|x - x_0| < \delta$이면 $|f(x) - f(x_0)| < \epsilon = f(x_0)/2$이 성립한다. 즉, $|x - x_0| < \delta$이면

$$-f(x_0)/2 < f(x) - f(x_0) < f(x_0)/2$$

이 성립한다. 따라서 좌변의 부등식을 풀면 $|x - x_0| < \delta$인 모든 x에 대하여 $f(x) > f(x_0)/2 = \epsilon > 0$이 성립한다. ■

정리 4.4.5

(볼차노 중간값 정리) 함수 $f : [a,b] \to \mathbb{R}$ 가 유계이고 닫힌구간 $[a,b]$에서 연속이고 $f(a) \leq k \leq f(b)$(또는 $f(b) \leq k \leq f(a)$)이면 적어도 하나의 점 $c \in [a,b]$가 존재하여 $f(c) = k$를 만족한다.

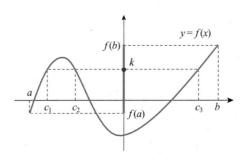

그림 4.5 중간값 정리

증명 집합 $E = \{x \in [a,b] : f(x) \leq k\}$로 두면 $a \in E$이고 $E \subseteq [a,b]$이므로 $E \neq \varnothing$ 이고 $E \subseteq \mathbb{R}$ 이다. 따라서 완비성 공리에 의하여 $c = \sup E$는 유한값이다. 최소상계의 정의로부터 $c = \lim_{n \to \infty} x_n$을 만족하는 점 $x_n \in E$를 선택할 수 있다. $E \subseteq [a,b]$이므로 $c \in [a,b]$이다. f의 연속성과 E의 정의에 의하여

$$f(c) = \lim_{n \to \infty} f(x_n) \le k$$

이다. $f(c) = k$임을 보이기 위하여 $f(c) < k$이라고 가정하자. 이때 $k - f(x)$는 $[a,b]$에서 연속함수이고 $k - f(c) > 0$이다. 따라서 위의 정리에 의하여

$$|x - c| < \delta \text{이면 } k - f(x) > \epsilon > 0$$

을 만족하는 양수 ϵ과 δ를 선택할 수 있다. 특히 $c < x < c + \delta$이면 $f(x) < k$이므로 $(c, c+\delta) \subseteq E$이다. 따라서 이것은 $c = \sup E$라는 사실에 모순이므로 $f(c) = k$이다. ■

따름정리 4.4.6

함수 f가 닫힌구간 $[a,b]$에서 연속이면 집합 $f([a,b])$는 유계 닫힌구간이다.

증명 $M = \sup\{f(x): x \in [a,b]\}$, $m = \infty\{f(x): x \in [a,b]\}$이면 최대·최솟값 정리에 의하여 m, M이 $f([a,b])$에 속함을 알 수 있다. 또한 $f([a,b]) \subseteq [m,M]$이다. 한편 k가 $[m,M]$의 임의의 원소이면 중간값 정리에 의하여 $k = f(c)$인 한 점 $c \in [a,b]$가 존재함을 알 수 있다. 따라서 $k \in f([a,b])$이고 $[m,M] \subseteq f([a,b])$이다. 그러므로 $f([a,b]) = [m,M]$이다. ■

보기 2 함수 $f(x) = x + 1$ $(0 < x \le 1)$, $f(0) = 0$은 볼차노의 중간값 정리의 결론을 만족하지 않음을 보여라.

증명 f는 $[0,1]$에서 유계이지만 연속이 아니다. 또한 $M = 2$, $m = 0$이다. 사실 $f(0) = 0$, $f(1) = 2$지만 $f(c) = 1$을 만족하는 점 $c \in (0,1)$가 존재하지 않는다. 분명히 임의의 점 $z \in (0,1)$에 대하여 $f(x) = z$를 만족하는 점 $x \in (0,1)$가 존재하지 않는다. ■

보기 3 다음을 보여라.

(1) $-1 < c < 1$일 때 구간 $[\pi/2, 3\pi/2]$에서 $\sin x = c$를 만족하는 x는 단 한 개 존재한다.

(2) 방정식 $(x^2 - 1)\cos x + \sqrt{2}\sin x = 0$은 구간 $(0, \pi/2)$에서 적어도 하나의 해

를 가진다.

증명 (1) $f(x) = \sin x$라고 하면 $f(\pi/2) = 1$, $f(3\pi/2) = -1$. 또한 구간 $[\pi/2, 3\pi/2]$ 에서 f는 연속이므로 $f(x_1) = \sin x_1 = c$ 되는 x_1이 적어도 하나 존재한다. f가 이 구간에서 단조감소이므로 그와 같은 x_1은 하나뿐이다.

(2) $f(x) = (x^2 - 1)\cos x + \sqrt{2}\sin x$라고 두면 $f(x)$는 $[0, \pi/2]$에서 연속이고,

$$f(0) = -1 < 0, \ f\left(\frac{\pi}{2}\right) = \sqrt{2} > 0$$

이다. 따라서 중간값 정리에 의해 $f(x_1) = 0$ 되는 $x_1 (0 < x_1 < \pi/2)$이 적어도 한 개 존재한다. ∎

따름정리 4.4.7

임의의 양수 $\alpha > 0$와 임의의 자연수 n에 대하여 방정식 $y^n = \alpha$를 만족하는 양의 실수 y가 유일하게 존재한다.

증명 $f(x) = x^n$이라 하면 f는 $\mathbb{R}$에서 연속이다. $a = 0$, $b = \alpha + 1$로 두면

$$f(\alpha + 1) = (1 + \alpha)^n = 1 + n\alpha + \frac{n(n-1)}{2}\alpha^2 + \cdots + \alpha^n$$

$$\geq 1 + n\alpha \geq 1 + \alpha > \alpha$$

이므로 $f(0) = 0 < \alpha < f(\alpha + 1)$. 볼차노의 중간값 정리에 의하여 $f(y) = y^n = \alpha$를 만족하는 점 $y \in (0, \alpha + 1)$가 적어도 하나 존재한다.

한편 $x > 0$일 때 $f(x) = x^n$은 단조증가함수이므로 $f(x) = \alpha$의 양의 근은 단 하나뿐이다. ∎

따름정리 4.4.8

닫힌구간 $[a, b]$에서 정의된 연속함수 $f : [a, b] \to [a, b]$는 항상 부동점(fixed point)을 갖는다. 즉, $f(\alpha) = \alpha$를 만족하는 점 $\alpha \in [a, b]$가 존재한다.

증명 함수 $g : [a,b] \rightarrow \mathbb{R}$을 $g(x) = x - f(x)$로 정의하자. 그러면 g는 $[a,b]$에서 연속이고 $g(a) = a - f(a) \leq 0$, $g(b) = b - f(b) \geq 0$이다. 중간값 정리에 의하여 $g(\alpha) = 0$인 $\alpha \in [a,b]$가 존재한다. 따라서 $\alpha - f(\alpha) = 0$이므로 α는 고정점이 된다. ∎

보조정리 4.4.9

$S \subseteq \mathbb{R}$를 다음 성질을 갖는 공집합이 아닌 집합이라고 하자.

$x, y \in S, \ x < y$이면 $[x,y] \subseteq S$이다. (4.2)

그러면 S는 구간이다.

증명 연습문제로 남긴다. ∎

정리 4.4.10

(구간보존 정리, Preservation of Intervals Theorem) I는 구간이고, $f : I \rightarrow \mathbb{R}$는 구간 I에서 연속이라 하면 집합 $f(I)$는 구간이다.

증명 $\alpha, \beta \in f(I) \ (\alpha < \beta)$라고 하자. $\alpha = f(a)$, $\beta = f(b)$를 만족하는 두 점 $a, b \in I$가 존재한다. 중간값 정리에 의하여 $k \in [\alpha, \beta]$이면 $k = f(c) \in f(I)$을 만족한다. 따라서 $[\alpha, \beta] \subseteq f(I)$이고 $f(I)$가 앞 보조정리의 성질 (4.2)를 가지고 있으므로 $f(I)$는 구간이다. ∎

01 $f(x) = [x]$일 때 f는 $x = n$(정수)에서 불연속, 다른 점에서는 연속임을 증명하여라.

02 f가 c에서 연속이면 적당한 $\delta > 0$가 존재하여 f는 열린구간 $(c - \delta, c + \delta)$에서 유계임을 보여라.

03 K는 $\mathbb{R}$의 부분집합이고 함수 $f : K \to \mathbb{R}$가 K에서 연속일 때 다음을 보여라.

(1) K가 콤팩트집합이면 $f(K)$도 콤팩트집합이다.

(2) K가 연결집합이면 $f(K)$도 연결집합이다.

04 함수 f가 $[a, b]$에서 연속이면 $f(p) = \inf\{f(x) : x \in [a, b]\}$을 만족하는 $p \in [a, b]$가 존재함을 보이고 정리 4.4.3의 증명을 완성하여라.

05 함수 $f : [a, b] \to \mathbb{R}$가 $[a, b]$에서 연속이고 모든 $x \in [a, b]$에 대하여 $f(x)$가 유리수이면 f는 상수함수임을 보여라.

06 f가 $[a, b]$에서 연속이고 모든 $x \in [a, b]$에 대하여 $f(x) > 0$이면 $f(x) \geq \epsilon$이 되는 $\epsilon > 0$가 존재함을 보여라.

07 열린구간 (a, b)에 대해서도 하이네-보렐 정리가 성립하는가?

08 다음 조건에 알맞은 예를 들어라.

(1) $[0, 1)$에서 최솟값은 갖지만 최댓값을 갖지 않는 연속함수

(2) $[0, 1]$에서 유계가 아닌 불연속함수

09 다음 함수 f는 최댓값은 갖지만 최솟값은 갖지 않음을 보여라.

$$f(x) = \frac{1}{1 + x^2} \quad (-\infty < x < \infty)$$

10 함수 $f, g : [a, b] \to \mathbb{R}$가 연속이고 $f(a) < g(a)$, $f(b) > g(b)$를 만족하면 $f(x) = g(x)$를 만족하는 점 $x \in (a, b)$가 존재함을 보여라.

11 다음 방정식이 주어진 구간에서 적어도 하나의 실근을 가짐을 보여라.

(1) $x^3 + 3x = 2 \ (0 \leq x \leq \pi/2)$ (2) $x^5 + 2x + 5 = x^4 + 10 \ (1 \leq x \leq 2)$

(3) $\cos x = x \ (0 < x < \pi/2)$ (4) $\dfrac{\pi}{2} - x = \sin x \ (0 \leq x \leq \pi/2)$

(5) $\tan x = \sin^3 x + \cos^3 x \ (-\pi/2 < x < \pi/2)$

12 적당한 상수 $M(\neq 0)$과 a의 δ-근방 $N_\delta(a)$에 대하여

$$|f(x) - f(a)| \le M|x - a|, \;\; \forall\, x \in N_\delta(a)$$

일 때 f는 a에서 연속임을 보여라.

13 보조정리 4.4.9를 보여라.

14 다음 사실을 완성하면서 따름정리 4.4.6의 다른 증명을 제시하여라.

만약 f가 $[a,b]$에서 유계가 아니면 $|f(a_n)| > n$를 만족하는 수열 $\{a_n\}$이 $[a,b]$에 존재한다. 볼차노-바이어슈트라스 정리에 의하여 $\{a_n\}$의 수렴하는 수열 $\{a_{n_k}\}$가 존재한다. $c = \lim\limits_{k \to \infty} a_{n_k}$라 하면 $f(c) = \lim\limits_{k \to \infty} f(a_{n_k})$이다. 이것은 모순이다.

15 $f : [0,1] \to \mathbb{R}$가 구간 $[0,1]$에서 연속이고 $f(0) = f(1)$을 만족하면 적어도 한 점 $c \in [0,1]$가 존재하여 $f(c + 1/2) = f(c)$임을 보여라.

16 함수 $f : [a,b] \to \mathbb{R}$가 연속함수이고 각 $x \in [a,b]$에 대해서 $|f(y)| \le \dfrac{1}{2}|f(x)|$를 만족하는 $y \in [a,b]$가 존재할 때, $f(c) = 0$이 되는 $c \in [a,b]$가 존재함을 보여라.

17 실수계수를 갖는 모든 홀수 차수의 다항식은 적어도 하나의 실근을 가짐을 보여라(귀띔: 평균값 정리를 이용하여라).

18 f는 $[a,b]$에서 연속이고 $f(a) = f(b)$이면 $f(x_0) = f\!\left(x_0 + \dfrac{b-a}{2}\right)$을 만족하는 점 $x_0 \in (a,b)$가 존재함을 보여라.

19 K는 $\mathbb{R}$의 콤팩트 부분집합이고 $G = \{(x, f(x)) \in \mathbb{R}^2 : x \in K\}$는 f의 그래프라 하자. 그러면 $f : K \to \mathbb{R}$가 K에서 연속일 필요충분조건은 G는 $\mathbb{R}^2$의 콤팩트 부분집합임을 보여라.

X는 $\mathbb{R}$의 부분집합이고 함수 $f : X \to \mathbb{R}$가 X에서 연속이라고 하자. 그러면 임의의 양수 ϵ과 각 $y \in X$에 대하여 $\delta = \delta(\epsilon, y) > 0$가 존재하여 $|x - y| < \delta$이면 $|f(x) - f(y)| < \epsilon$가 된다. 일반적으로 δ는 ϵ과 y에 따라서 결정된다. 특히 δ가 y에 관계 없는 ϵ만의 함수일 때 f는 X에서 균등연속이라 한다.

정의 4.5.1

X를 $\mathbb{R}$의 부분집합이라 하자. 함수 $f : X \to \mathbb{R}$가 다음 명제를 만족할 때 f는 X에서 균등연속(또는 고른연속, uniformly continuous)이라 한다.
임의의 양수 $\epsilon > 0$에 대하여 $\delta = \delta(\epsilon)$가 존재하여 $|x - y| < \delta$인 모든 $x, y \in X$에 대하여 $|f(x) - f(y)| < \epsilon$가 된다.

주의 1 연속함수의 정의에서는 양수 δ가 ϵ과 주어진 점에 의하여 결정되지만 균등연속의 정의에서는 δ가 오직 ϵ에 의하여 결정된다.

보기 1 다음을 보여라.

(1) 함수 $f : \mathbb{R} \to \mathbb{R}$, $f(x) = 2x$는 $\mathbb{R}$에서 균등연속이다.

(2) 함수 $f : (0, a] \to \mathbb{R}$, $f(x) = x^2$는 $(0, a]$에서 균등연속이다($a > 0$).

풀이 (1) ϵ은 임의의 양수라 하고 $\delta = \epsilon/2$로 놓으면 $x, y \in \mathbb{R}$, $|x - y| < \delta$일 때

$$|f(x) - f(y)| = 2|x - y| = 2\delta < \epsilon$$

이 된다. 따라서 f는 $\mathbb{R}$에서 균등연속이다.

(2) ϵ은 임의의 양수라 하고 $\delta = \epsilon/2a$으로 놓으면 $x, y \in (0, a]$, $|x - y| < \delta$일 때

$$|f(x) - f(y)| = |x^2 - y^2| = |x + y||x - y| \leq 2a|x - y| < 2a\delta = \epsilon$$

이 된다. 따라서 f는 $(0, a]$에서 균등연속이다. ∎

주의 2 함수 $f : X \to \mathbb{R}$가 균등연속이면 분명히 f는 X의 각 점 $x \in X$에서 연속이 된다. 따라서 f가 X에서 균등연속이면 f는 X에서 연속이다. 그러나 그 역은 일반적으로 성립하지 않는다.

다음 정리는 정의 4.4.1을 부정하여 얻은 것이며 함수가 그 정의역에서 균등연속이 아님을 보일 때 편리하게 쓰인다.

정리 4.5.2

(불균등연속 판정법) X는 $\mathbb{R}$ 의 부분집합이고, $f : X \to \mathbb{R}$ 가 함수일 때 다음 명제는 서로 동치이다.

(1) f는 X에서 균등연속이 아니다.

(2) 임의의 양수 $\delta > 0$에 대하여 X의 적당한 두 점 $x = x(\delta)$, $y = y(\delta)$가 존재하여 $|x - y| < \delta$이지만 $|f(x) - f(y)| \geq \epsilon$을 만족하는 적당한 양수 $\epsilon > 0$이 존재한다.

(3) 모든 $n \in \mathbb{N}$ 에 대하여 $\lim_{n \to \infty}(x_n - y_n) = 0$이지만 $|f(x_n) - f(y_n)| \geq \epsilon$인 양수 ϵ과 두 수열 $\{x_n\}$, $\{y_n\}$이 X 안에 존재한다.

보기 2 함수 $f : \mathbb{R} \to \mathbb{R}$, $f(x) = x^2$는 $\mathbb{R}$ 에서 연속이지만 균등연속이 아님을 보여라.

증명 $\epsilon = 1$에 대하여 $|x - y| < \delta$일 때 $|f(x) - f(y)| < 1$를 만족하는 δ가 존재하지 않음을 보이면 된다. 이와 같은 δ가 존재한다고 가정하자. 아르키메데스 정리에 의하여 $n\delta > 1$를 만족하는 자연수 n을 선택하고, $x = n + \delta/2, y = n$이라 하자. 이때 $|x - y| = \delta/2 < \delta$이지만

$$|f(x) - f(y)| = |x^2 - y^2| = |(x+y)(x-y)| = n\delta + \frac{\delta^2}{4} > n\delta > 1$$

따라서 f는 $\mathbb{R}$ 에서 균등연속이 아니다. ■

보기 3 다음을 보여라.

(1) $a > 0$일 때 $f(x) = 1/x$은 $[a, \infty)$에서 균등연속이다.

(2) $f(x) = 1/x$은 $(0, \infty)$에서 균등연속이 아니다.

증명 (1) ϵ을 임의의 양수라고 하고 $\delta = a^2\epsilon$으로 놓으면 $x, y \in [a, \infty)$, $|x - y| < \delta$일 때

$$|f(x) - f(y)| = \left|\frac{1}{x} - \frac{1}{y}\right| = \frac{|x - y|}{xy} \leq \frac{|x - y|}{a^2} < \frac{\delta}{a^2} = \epsilon$$

이 된다. 따라서 f는 $[a, \infty)$에서 균등연속이다.

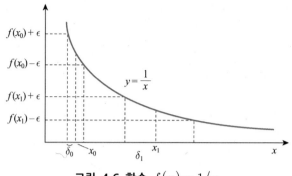

그림 4.6 함수 $f(x) = 1/x$

(2) $\epsilon = 1$로 잡고 임의의 $0 < \delta < 1$에 대하여 두 점 $x,\, y \in (0,1)$를 $x = \delta$, $y = \delta/2$로 놓으면 $|x - y| < \delta$이지만

$$|f(x) - f(y)| = |1/\delta - 2/\delta| = 1/\delta > 1 = \epsilon$$

이 된다. 따라서 f는 $(0, \infty)$에서 균등연속이 아니다. ■

정리 4.5.3

(균등연속 정리) 함수 $f : [a,b] \to \mathbb{R}$ 가 유계이고 닫힌구간 $[a,b]$에서 연속이면, f는 $[a,b]$에서 균등연속이다.

증명 f는 $[a,b]$에서 연속이지만 균등연속이 아니라고 가정하자. 그러면 정리 4.5.2 로부터 모든 자연수 n에 대하여

$$|x_n - u_n| < 1/n \text{이지만 } |f(x_n) - f(u_n)| \geq \epsilon \tag{4.3}$$

인 $\epsilon > 0$과 $[a,b]$의 두 수열 $\{x_n\}$, $\{u_n\}$이 존재한다. $[a,b]$가 유계집합이므로 수열 $\{x_n\}$은 유계수열이다. 볼차노-바이어슈트라스 정리에 의하여 한 원소 z에 수렴하는 $\{x_n\}$의 부분수열 $\{x_{n_k}\}$가 존재한다. $[a,b]$가 닫힌구간이므로 극한 z는 $[a,b]$에 속한다. $|u_{n_k} - z| \leq |u_{n_k} - x_{n_k}| + |x_{n_k} - z|$이므로 그에 대응하는 부분수열 $\{u_{n_k}\}$도 z에 수렴한다. f가 z에서 연속이므로 수열 $\{f(x_{n_k})\}$, $\{f(u_{n_k})\}$는 모두 $f(z)$에 수렴해야만 한다. 따라서

$$\lim_{k \to \infty} \left[f(x_{n_k}) - f(u_{n_k}) \right] = f(z) - f(z) = 0 \tag{4.4}$$

이다. 그러나 (4.3)에 의하여 $|f(x_{n_k}) - f(u_{n_k})| \geq \epsilon$ $(k \in \mathbb{N})$이므로 이것은 (4.4)에 모순이다. 따라서 f는 $[a,b]$에서 균등연속이다. ■

정리 4.5.4

X는 $\mathbb{R}$의 부분집합이고 함수 $f : X \to \mathbb{R}$가 균등연속이라고 하자. 만약 $\{x_n\}$이 X에서 임의의 코시수열이면 수열 $\{x_n\}$에 대응하는 수열 $\{f(x_n)\}$도 코시수열이다.

증명 $\{x_n\}$이 X에서 임의의 코시수열이고 ϵ을 임의의 양수라 하자. 함수 f가 X에서 균등연속이므로 주어진 ϵ에 대하여 적당한 $\delta > 0$이 존재하여

$$x, y \in X, \ |x - y| < \delta \implies |f(x) - f(y)| < \epsilon$$

이 성립한다. 그런데 $\{x_n\}$이 코시수열이므로 $\delta > 0$에 대응하여 적당한 자연수 N_0가 존재하여 $n, m \geq N_0 \implies |x_n - x_m| < \delta$가 성립한다. 따라서

$$n, m \geq N_0 \implies |f(x_n) - f(x_m)| < \epsilon$$

이 성립하므로 $\{f(x_n)\}$도 코시수열이다. ■

정의 4.4.5

$X \subseteq \mathbb{R}$이고 $f : X \to \mathbb{R}$이라 하자. 모든 $x, u \in X$에 대하여
$$|f(x) - f(u)| \leq K|x - u| \tag{4.5}$$
인 상수 $K > 0$가 존재하면, 함수 f를 립시츠[4] 함수(Lipschitz function)라고 한다(또는 f는 립시츠 조건을 만족한다고 한다).

보기 4 $f(x) = \sqrt{x}$는 $[a, \infty)$ $(a > 0)$에서 립시츠 조건을 만족함을 보여라.

증명 $|\sqrt{x} - \sqrt{y}| = \dfrac{|x - y|}{\sqrt{x} + \sqrt{y}} \leq \dfrac{1}{2\sqrt{a}} |x - y|$ $(x, y \in [a, \infty))$ ■

---

[4] 립시츠(Lipschitz, 1832~1903)는 독일의 수학자로 1832년에 쾨니히스베르크의 지주의 아들로 태어났다. 쾨니히스베르크 대학교에서 1853년에 박사 학위를 수여받아 1862년에 브로츠와프 대학교 교수가 되어 1864년에 본 대학교의 교수로 이전하였다.

$f : X \to \mathbb{R}$ 가 립시츠 함수이면 f 는 X에서 균등연속이다.

증명 임의의 양수 ϵ에 대하여 $\delta = \delta(\epsilon) = \epsilon/K$으로 택한다. f는 립시츠 함수이므로 $x, u \in X$, $|x - u| < \delta$일 때 $|f(x) - f(u)| \le K|x - u| < K(\epsilon/K) = \epsilon$이 된다. 따라서 f는 X에서 균등연속이다. ■

보기 5 (1) 모든 균등연속 함수가 립시츠 함수는 아니다. 함수 $g(x) = \sqrt{x}$는 $I = [0, 2]$에서 연속이므로 균등연속 정리로부터 g는 I에서 균등연속이다. 그러나 모든 $x \in I$에 대하여 $|g(x)| \le K|x|$인 수 $K > 0$는 존재하지 않으므로 g는 I에서 립시츠 함수가 아니다.

(2) 균등연속 정리 4.5.3과 정리 4.5.6을 이용하여 한 집합에서 고른 함수를 구성할 수 있다. $X = [0, \infty)$에서 정의되는 함수 $g(x) = \sqrt{x}$를 생각하면 (1)에 의하여 g는 구간 $I = [0, 2]$에서 균등연속이다. 또한 $x, u \ge 1$이면

$$|g(x) - g(u)| = |\sqrt{x} - \sqrt{u}| = \frac{|x - u|}{\sqrt{x} + \sqrt{u}} \le \frac{1}{2}|x - u|$$

이므로 g는 집합 $J = [1, \infty)$에서 립시츠 함수이다. 따라서 정리 4.5.6에 의하여 g는 $[1, \infty)$에서 균등연속이다. $X = I \cup J$이므로 $\delta(\epsilon) = \inf\{1, \delta_I(\epsilon), \delta_J(\epsilon)\}$으로 택하면 g가 $X = [0, \infty)$에서 균등연속임을 쉽게 보일 수 있다. ■

01 다음 함수들이 주어진 정의역에서 균등연속임을 보여라.

(1) $f(x) = x^3$, $0 < x \leq 2$　　　(2) $f(x) = \dfrac{1}{1+x^2}$ $(x \in \mathbb{R})$

(3) $h(x) = x/(1+x^2)$ $(x \in \mathbb{R})$

(4) $f(x) = \begin{cases} x\sin(1/x) & (x \neq 0) \\ 0 & (x = 0) \end{cases}$, $0 \leq x \leq 1$

02 다음 함수들이 주어진 정의역에서 균등연속이 아님을 보여라.

(1) $f(x) = 1/2x$, $D(f) = (0,1)$　　　(2) $h(x) = 1/x^2$, $D(h) = (0,\infty)$

(3) $k(x) = \sin(1/x)$, $D(k) = (0,\infty)$

03 함수 $f, g : \mathbb{R} \to \mathbb{R}$ 가 균등연속이면, $f \pm g$, cf 도 $\mathbb{R}$ 에서 균등연속임을 보여라(단, $c \in \mathbb{R}$).

04 $E \subseteq \mathbb{R}$ 이고 f, g 는 E 에서 균등연속함수라 하자. 만약 f, g 가 유계함수이면 fg 는 E 에서 균등연속임을 보여라.

05 다음을 보여라.

(1) 함수 $f(x) = x$, $g(x) = x$ 는 $\mathbb{R}$ 에서 균등연속이지만 fg 는 $\mathbb{R}$ 에서 균등연속이 아니다.

(2) 함수 $f(x) = x$, $g(x) = \sin x$ 는 $\mathbb{R}$ 에서 균등연속이지만 fg 는 $\mathbb{R}$ 에서 균등연속이 아니다.

06 $f : [0,1] \to \mathbb{R}$ 가 $(0,1]$ 에서 균등연속이고, $L = \lim\limits_{n \to \infty} f(1/n)$ 이라고 하자. $\{x_n\}$ 이 $\lim\limits_{n \to \infty} x_n = 0$ 인 $(0,1]$ 의 임의의 수열이면 $\lim\limits_{n \to \infty} f(x_n) = L$ 임을 보여라. 또한 함수 f 가 0 에서 $f(0) = L$ 로 정의되면 f 는 0 에서 연속임을 추론하여라.

07 $f : X \to \mathbb{R}$ 는 $X \subseteq \mathbb{R}$ 에서 균등연속이고 X 가 유계집합이면 f 도 X 에서 유계임을 보여라.

08 A, B 가 $\mathbb{R}$ 의 부분집합이고, $f : A \cup B \to \mathbb{R}$ 라고 정의하자. f 가 집합 A 와 B 에서 각각 균등연속이라고 가정하자. 이때 f 가 $A \cup B$ 에서 연속이면 f 는 $A \cup B$ 에서 균등연속임을 보여라.

09 $A \subseteq \mathbb{R}$ 이고 $f : A \to \mathbb{R}$ 가 다음 성질을 갖는 함수라고 가정하자. 각 $\epsilon > 0$ 에 대하

여, g_ϵ이 A에서 균등연속이고 모든 $x \in A$에 대하여 $|f(x) - g_\epsilon(x)| < \epsilon$인 함수 $g_\epsilon : A \to \mathbb{R}$이 존재한다. 이때 f가 A에서 균등연속임을 보여라.

10 다음 각 함수는 립시츠 함수임을 보여라.

(1) $f(x) = \dfrac{1}{x^2}$ $(0 < a \le x < \infty)$ (2) $g(x) = \dfrac{x}{x^2 + 1}$ $(0 \le x < \infty)$

(3) $h(x) = \sin(1/x)$ $(0 < a \le x < \infty)$

(4) $p(x)$는 다항식 $(-a \le x \le a,\ a > 0)$

11 모든 $x \in \mathbb{R}$에 대하여 $f(x+p) = f(x)$인 p가 존재하면 함수 $f : \mathbb{R} \to \mathbb{R}$를 $\mathbb{R}$에서 주기적(periodic)이라 한다. 그러면 연속인 주기함수가 유계이면 균등연속임을 보여라.

12 함수 $f : \mathbb{N} \to \mathbb{R}$가 $\mathbb{N}$에서 균등연속임을 보여라.

13 함수 $f : E \to \mathbb{R}$ (E는 구간)에 대하여 다음과 같이 주어진 집합 D가 유계이면 f는 E에서 균등연속임을 보여라.

$$D = \left\{ \frac{|f(x) - f(y)|}{|x - y|} : x, y \in E,\, x \ne y \right\}$$

14 (a, b)는 유계인 열린구간이고 $f : (a, b) \to \mathbb{R}$일 때 다음은 동치임을 보여라.

(1) f는 (a, b)에서 균등연속이다.

(2) f는 $[a, b]$로 연속적으로 확장될 수 있다. 즉, 연속함수 $g : [a, b] \to \mathbb{R}$가 존재하여 $f(x) = g(x),\ x \in (a, b)$이다.

4.6 | 단조함수와 역함수

이 절에서는 단조증가함수에 관하여 고찰하는데, 감소함수에 대응되는 결과도 역시 성립된다.

정의 4.6.1

X는 $\mathbb{R}$의 부분집합이라 하자.

(1) $x_1, x_2 \in X$이고 $x_1 < x_2$이면 $f(x_1) \leq f(x_2)$인 함수 $f : X \to \mathbb{R}$를 X에서 단조증 가함수(monotone increasing function)라고 한다.

(2) $x_1, x_2 \in X$이고 $x_1 < x_2$이면 $f(x_1) < f(x_2)$인 함수 $f : X \to \mathbb{R}$를 X에서 순증가 함수(strictly increasing function)라고 한다.

(3) $x_1, x_2 \in X$이고 $x_1 < x_2$이면 $g(x_1) \geq g(x_2)$인 함수 $g : X \to \mathbb{R}$를 X에서 단조감 소함수라고 한다.

(4) $x_1, x_2 \in X$이고 $x_1 < x_2$이면 $g(x_1) > g(x_2)$인 함수 $g : X \to \mathbb{R}$ 함수를 X에서 순 감소함수라고 한다.

(5) 만일 함수가 X에서 단조증가이거나 단조감소이면 이 함수를 단조함수라고 한다. 또한 함수 f가 X에서 순증가이거나 순감소이면 이 함수를 순단조함수라고 한다.

주의 1 단조함수가 반드시 연속은 아니다. 예를 들어

$$f(x) = \begin{cases} 0 & x \in [0,1] \\ 1 & x \in (1,2] \end{cases}$$

이면 f는 $[0,2]$에서 증가함수이지만, $x = 1$에서 연속이 아니다.

다음 결과는 단조함수가 정의역의 끝점이 아닌 모든 점에서 항상 편측극한을 갖는다는 것을 보여준다.

정리 4.6.2

$f : I \to \mathbb{R}$는 구간 I에서 단조증가이고 $c \in I$가 I의 끝점이 아니라고 가정하면

(1) $\displaystyle \lim_{x \to c-} f(x) = \sup\{f(x) : x \in I,\ x < c\}$

---

(2) $\displaystyle\lim_{x \to c+} f(x) = \inf\{f(x) : x \in I,\ x > c\}$

증명 $x \in I$, $x < c$이면 $f(x) \leq f(c)$임을 주목하여라. 따라서 c가 I의 끝점이 아니므로 공집합이 아닌 집합 $\{f(x) : x \in I, x < c\}$는 $f(c)$에 의하여 위로 유계이다. 따라서 완비성 공리에 의하여 최소상계가 존재한다. 이것을 L이라고 하자. 임의의 $\epsilon > 0$에 대하여 $L - \epsilon$은 이 집합의 상계가 아니다. 따라서 $L - \epsilon < f(y_\epsilon) \leq L$인 $y_\epsilon < c$ $(y_\epsilon \in I)$가 존재한다. f가 단조증가함수이므로 $\delta(\epsilon) = c - y_\epsilon$이고 $0 < c - y < \delta(\epsilon)$이면 $y_\epsilon < y < c$이고, $L - \epsilon < f(y_\epsilon) \leq f(y) \leq L$이다. 따라서 $0 < c - y < \delta(\epsilon)$일 때 $|f(y) - L| < \epsilon$이다. 이때 $\epsilon > 0$은 임의의 양수이므로 (1)이 성립한다.

(2)의 증명도 비슷하다. ■

주의 2 정리 4.6.2는 다음과 같이 표현할 수 있다.

(1) f는 (a,b)에서 단조증가함수라 할 때, 각 점 $x \in (a,b)$에서 $f(x+)$와 $f(x-)$가 존재하고, 더욱 정확하게 말하면,

$$\sup_{a < t < x} f(t) = f(x-) \leq f(x) \leq f(x+) = \inf_{x < t < b} f(t)$$

또한 $a < x < y < b$이면 $f(x+) \leq f(y-)$이다.

(2) 단조감소인 함수에 대해서도 같은 결과가 성립한다.

다음 결과는 f가 정의된 구간의 끝점이 아닌 점 c에서 단조증가함수 f의 연속성에 대한 판정법을 제공한다.

따름정리 4.6.3

$f : I \to \mathbb{R}$는 구간 I에서 단조증가함수이고 $c \in I$는 I의 끝점이 아니라고 가정하면 다음 명제들은 서로 동치이다.

(1) f는 c에서 연속이다.

(2) $\displaystyle\lim_{x \to c-} f(x) = f(c) = \lim_{x \to c+} f(x)$

(3) $\sup\{f(x) : x \in I, x < c\} = f(c) = \inf\{f(c) : x \in I, x > c\}$

이 따름정리는 정리 4.6.2와 정리 4.2.4에 의하여 쉽게 추론된다. 상세한 것은 독자에게 남긴다. $f:I \to \mathbb{R}$ 는 구간 I에서 단조증가함수이고 a가 I의 왼쪽 끝점일 때 다음이 동치임을 증명하는 것은 연습문제로 남긴다.

(1) f는 a에서 연속이다.

(2) $f(a) = \lim_{x \to a+} f(x)$

(3) $f(a) = \infty\{f(x) : x \in I, \ a < x\}$

비슷한 조건이 오른쪽 끝점에 대하여도 적용되면 감소함수에 대하여도 적용된다.

$f:I \to \mathbb{R}$ 가 구간 I에서 단조증가함수이고 c가 I의 끝점이 아니면, c에서의 f의 도약 (jump)은

$$j_f(c) = \lim_{x \to c+} f(x) - \lim_{x \to c-} f(x)$$

로 정의한다. 정리 4.6.2로부터 단조증가함수에 대하여 다음이 성립한다.

$$j_f(c) = \inf\{f(x) : x \in I, x > c\} - \sup\{f(x) : x \in I, \ x < c\}$$

만일 I의 왼쪽 끝점 a가 I에 속하면 a에서 f의 도약은

$$j_f(a) = \lim_{x \to a+} f(x) - f(a)$$

로 정의한다.

만일 I의 오른쪽 끝점 b가 I에 속하면 b에서 f의 도약은 다음과 같이 정의한다.

$$j_f(b) = f(b) - \lim_{x \to b-} f(x)$$

정리 4.6.4

$f:I \to \mathbb{R}$ 는 구간 I에서 단조증가함수이고 $c \in I$이라 하자. 그러면 f가 c에서 연속일 필요충분조건은 $j_f(c) = 0$이다.

증명 c가 구간 I의 끝점이 아니라면 따름정리 4.6.3으로부터 증명된다. $c \in I$가 왼쪽 끝점이면 f가 c에서 연속이기 위한 필요충분조건은 $f(c) = \lim_{x \to c+} f(x)$로

서 이것은 $j_f(c) = 0$과 동치이다. 오른쪽 끝점에 대해서도 마찬가지 방법으로 할 수 있다. ■

이제 단조함수들이 불연속인 점들의 집합은 기껏해야 가산집합임을 보여준다.

정리 4.6.5

만약 $f : I \to \mathbb{R}$ 가 구간 I에서 단조함수이면 f의 불연속인 점들의 집합 $D \subseteq I$는 많아야 가산집합이다.

증명 f가 I에서 단조증가함수라고 가정하면 f의 모든 불연속점 c에 대하여 항상

$$\lim_{x \to c-} f(x) = f(c-) < f(c+) = \lim_{x \to c+} f(x)$$이 성립한다. 임의의 $x \in D$에 대해서

$$f(x-) < r(x) < f(x+)$$

를 만족하는 유리수 $r(x)$로 대응시킨다. $x_1 < x_2$이면 $f(x_1+) \leq f(x_2-)$이므로 $r(x_1) \neq r(x_2)$이다. 따라서 함수 $h : D \to \mathbb{Q}$를 $h(x) = r(x)$로 정의하면 h는 단사함수가 되므로 집합 D와 유리수 집합의 어떤 부분집합 사이에 일대일 대응이 얻어진다. 그러므로 D는 많아야 가산집합이다. ■

정리 4.6.6

(연속역정리) 만약 $f : I \to \mathbb{R}$ 가 구간 I에서 순단조이고 연속함수이면 f의 역함수 g도 $J = f(I)$에서 순단조이고 연속함수이다.

증명 여기서는 f가 순증가함수일 경우에 대해서만 증명하기로 한다.

f가 연속이고 I가 구간이므로 구간보존정리에 의하여 $J = f(I)$도 하나의 구간이 된다. 또한 f가 I에서 순증가함수이면 f는 I에서 단사함수이다. 따라서 f에 대한 역함수 $g : J \to \mathbb{R}$ 가 존재한다.

이제 g가 순증가함수임을 보이자. 실제로 $y_1, y_2 \in J$, $y_1 < y_2$이면 어떤 $x_1, x_2 \in I$에 대하여 $y_1 = f(x_1)$, $y_2 = f(x_2)$이다. 만약 $x_1 \geq x_2$이면 $y_1 = f(x_1) \geq f(x_2) = y_2$이므로 $y_1 < y_2$라는 가정에 모순이 된다. 따라서 $g(y_1) = x_1 < x_2 = g(y_2)$

이다. y_1, y_2가 $y_1 < y_2$인 J의 임의의 원소이므로 g는 J에서 순증가함수이다. 끝으로 g가 J에서 연속임을 증명한다. g가 한 점 $c \in J$에서 불연속이면 c에서 g의 도약이 0이 아니므로 $\lim_{y \to c-} g(y) < \lim_{y \to c+} g(y)$이다. 만약 $\lim_{y \to c-} g(y) < x < \lim_{y \to c+} g(y)$를 만족하는 임의의 점 $x \neq g(c)$를 택하면 x는 임의의 $y \in J$에 대하여 $x \neq g(y)$라는 성질을 가진다. 따라서 $x \not\in I$이고 이것은 I가 하나의 구간이라는 사실에 모순이 된다. 따라서 g는 J에서 연속이다. ∎

연속역정리에서 만들어진 f가 순단조함수라는 가정은 강력하다. 따라서 위의 가정이 정말 필요한가 하는 의문이 자연스럽게 제기된다.

정리 4.6.7

만약 $f : [a,b] \to \mathbb{R}$ 는 $[a,b]$에서 단사함수이고 연속함수이면 f는 $[a,b]$에서 순단조함수이다.

증명 f가 $[a,b]$에서 단사이므로 $f(a) \neq f(b)$이다. 따라서 $f(a) < f(b)$이거나 $f(a) > f(b)$이다. $f(a) < f(b)$라고 가정하고 f가 $[a,b]$에서 순증가함수임을 증명할 것이다. [$f(a) > f(b)$이면 f가 $[a,b]$에서 순감소함수임을 마찬가지로 증명하면 된다.]

x가 (a,b)의 임의의 점일 때 $f(a) < f(x) < f(b)$임을 증명하고 한다. $f(x) < f(a) < f(b)$이면 볼차노의 중간값 정리를 구간 $[x,b]$에 응용하면, $f(a) = f(a')$인 한 점 $a' \in (x,b)$가 존재한다. 이것은 f가 단사라는 가정에 모순이다. 마찬가지로 $f(a) < f(b) < f(x)$이면 $f(b) = f(b')$인 한 점 $b' \in (a,x)$가 존재하여 f가 단사함수라는 사실에 모순이 된다. 따라서 모든 $x \in (a,b)$에 대하여 $f(a) < f(x) < f(b)$이다.

y가 $x < y$을 만족하는 (a,b)의 원소이면 앞의 증명에서 $f(a) < f(y) < f(b)$이다. 만일 $f(a) < f(y) < f(x)$이면 중간값 정리에 의하여 $f(y') = f(y)$인 $y' \in (a,x)$가 존재한다. 이것은 f가 단사함수라는 사실에 역시 모순이 된다. 따라서 $x < y$일 때 $f(x) < f(y)$이어야 한다. $x, y(x < y)$가 (a,b)의 임의의 원소이므로 f는 $[a,b]$에서 순단조증가함수이다. ∎

주의 3 정리 4.6.7은 f가 연속이 아니면 성립하지 않는다. 예를 들어

$$f(x) = \begin{cases} x, & x \text{는 유리수} \\ -x, & x \text{는 무리수} \end{cases}$$

는 단사함수이지만 f는 $\mathbb{R}$에서 순증가함수가 아니다.

01 다음을 보여라.

(1) $f : I \to \mathbb{R}$ 가 $I = [a,b]$ 에서 증가함수이면 점 a(또는 b)는 I에서 f에 대한 최소(최대)점이다. 만일 f가 순증가함수이면 a는 f에 대한 유일한 최소점이다.

(2) f, g가 구간 $I \subseteq \mathbb{R}$ 에서 증가함수이면 $f+g$도 I에서 증가함수이다. 또한 f가 I에서 순증가함수이면 $f+g$도 I에서 순증가함수이다.

02 $f(x) = x$, $g(x) = x - 1$은 $[a,b]$에서 순증가함수이나 fg는 $[a,b]$에서 증가함수가 아님을 보여라.

03 f, g가 구간 $I \subseteq \mathbb{R}$ 에서 양의 증가함수이면 fg도 I에서 증가함수임을 보여라.

04 $f : [a,b] \to \mathbb{R}$ 가 증가함수이면 다음 명제가 동치임을 보여라.

(1) f는 a에서 연속이다.

(2) $f(a) = \inf\{f(x) : x \in (a,b]\}$

05 $f : I \to \mathbb{R}$ 는 구간 I에서 증가함수이고 c가 I의 끝점이 아니면 c에서 f의 도약이 $j_f(c) = \inf\{f(y) - f(x) : x < c < y, \quad x, y \in I\}$로 주어짐을 보여라.

06 $I = [0,1]$이고 $f : I \to \mathbb{R}$를 x가 유리수일 때 $f(x) = x$, x가 무리수일 때 $f(x) = 1 - x$로 정의하자. 이때 f가 I에서 단사임을 보이고 또 모든 $x \in I$에 대하여 $f(f(x)) = x$임을 보여라(따라서 f는 그 자신의 역함수를 갖는다). f가 점 $x = 1/2$에서만 연속임을 보여라.

07 f, g는 $I \subseteq \mathbb{R}$ 에서 증가함수이고 모든 $x \in I$에 대하여 $f(x) > g(x)$이라 하자. 만일 $y \in f(I) \cap g(I)$이면 $f^{-1}(y) < g^{-1}(y)$임을 보여라.

08 $I = [a,b]$는 구간이고 $f : I \to \mathbb{R}$ 가 증가함수라고 하자. 만약 $c \in I$가 I의 끝점이 아니면 다음 명제가 동치임을 보여라.

(1) f는 c에서 연속이다.

(2) $n = 1, 3, 5, \cdots$일 때 $x_n < c$이고 $n = 2, 4, 6, \cdots$일 때 $x_n > c$이면, $c = \lim_{n \to \infty} x_n$,

$f(c) = \lim_{n \to \infty} f(x_n)$인 수열 $\{x_n\}$이 I 안에 존재한다.

05

제5장

함수의 미분

17세기에 뉴턴(1642~1727)과 라이프니츠(1646~1716)에 의한 미분과 적분에 대한 이론전개는 수학에서 가장 위대한 발전 가운데 하나이다. 뉴턴은 1664년에 케임브리지 대학에서 학위를 취득한 후 2년 동안 속도와 운동에 관한 물리학의 문제를 해결하기 위해 유율법(fluxion, 도함수)과 변량(fluent, 적분)의 방법을 창안하였다. 같은 기간에 그는 중력의 법칙과 광학 연구에 중요한 공헌을 하였다. 한편, 라이프니츠는 10년 후에 곡선의 접선에 관한 연구와 넓이의 문제를 통해 미적분학을 발견하였다. 뉴턴의 미적분학에 관한 연구는 1687년에 처음으로 발표되었으면 불행하게도 뉴턴이 죽은 지 10년이 지난 1737년에 미적분학에 대한 뉴턴의 많은 업적이 발견되었다.

5.1 | 미분의 정의

> **정의 5.1.1**
>
> (1) 함수 $f : (a,b) \to \mathbb{R}$ 와 점 $c \in (a,b)$에 대하여
> $$\lim_{h \to 0} \frac{f(c+h) - f(c)}{h} = \lim_{x \to c} \frac{f(x) - f(c)}{x - c} = L$$
> 이 존재할 때 L을 c에서 f의 미분계수라고 한다. 이 경우에 f는 c에서 미분가능하다(differentiable)라고 말하고, L을 $f'(c)$로 나타낸다. 그렇지 않으면 f는 c에서 미분불가능하다고 한다. f가 (a,b)의 모든 점에서 미분가능하면 f는 (a,b)에서 미분가능하다고 한다.
>
> (2) 함수 f가 (a,b)에서 미분가능할 때 임의의 $x \in (a,b)$에 대하여 미분계수 $f'(x)$를 대응시키는 함수를 도함수(derivative)라 하고 y', $f'(x)$, $\dfrac{dy}{dx}$, $\dfrac{d}{dx}f(x)$ 등으로 나타낸다. 도함수 $f'(x)$를 구하는 것을 $f(x)$를 미분한다고 한다.

닫힌구간에서 정의된 함수의 미분에 관하여는 다음과 같이 정의한다.

> **정의 5.1.2**
>
> (1) 함수 $f : [a,b] \to \mathbb{R}$ 와 $c \in [a,b]$에 대하여 $f_+'(c) = \lim_{x \to c+} \dfrac{f(x) - f(x)}{x - c}$ 와 $f_-'(c)$
> $= \lim_{x \to c-} \dfrac{f(x) - f(x)}{x - c}$ 가 존재하면 $f_+'(c) = f_r'(c)$를 c에서 f의 우도함수(right

derivative), $f_-'(c) = f_l'(c)$를 c에서 f의 좌도함수(left derivative)라고 한다.

(2) $f : [a,b] \to \mathbb{R}$ 가 (a,b)에서 미분가능하고 $f_+'(a)$와 $f_-'(b)$가 존재할 때 f는 $[a,b]$에서 미분가능하다고 한다.

주의 1 $f'(c)$가 존재할 필요충분조건은 $f_+'(c)$와 $f_-'(c)$가 존재하고 $f_+'(c) = f_-'(c)$가 됨을 쉽게 알 수 있다.

보기 1 (1) $f(x) = x^2$이면 $f'(x) = 2x \ (x \in \mathbb{R})$이다. 왜냐하면

$$f'(x_0) = \lim_{h \to 0} \frac{(x_0 + h)^2 - x_0^2}{h} = \lim_{h \to 0}(2x_0 + h) = 2x_0$$

이기 때문이다.

(2) $f : \mathbb{R} \to \mathbb{R}$ 가

$$f(x) = \begin{cases} x^2 \sin(1/x) & x \neq 0 \\ 0 & x = 0 \end{cases}$$

으로 정의되면 $f'(0) = 0$이다. 왜냐하면

$$f'(0) = \lim_{x \to 0} \frac{f(x) - f(0)}{x - 0} = \lim_{x \to 0} \frac{x^2 \sin(1/x)}{x} = \lim_{x \to 0} x \sin \frac{1}{x} = 0$$

이기 때문이다.

(3) $f : \mathbb{R} \to \mathbb{R}$, $f(x) = |x|$에 대하여

$$f'_+(0) = \lim_{h \to 0+} \frac{|h|}{h} = \lim_{h \to 0+} \frac{h}{h} = 1, \ f'_-(0) = \lim_{h \to 0-} \frac{|h|}{h} = \lim_{h \to 0-} \frac{-h}{h} = -1$$

이므로 $f'_+(0)$과 $f'_-(0)$는 존재하지만 $f'_+(0) \neq f'_-(0)$. 따라서 $f'(0)$은 존재하지 않는다.

(4) $f : \mathbb{R} \to \mathbb{R}$는 $\mathbb{R}$에서 정의된 함수로서 임의의 x, y에 대하여

$$|f(x) - f(y)| \leq M(x - y)^2$$

일 때 모든 x에서 $f'(x) = 0$, 즉 f는 상수함수이다. 왜냐하면 x는 임의의 실수일 때 임의의 실수 h에 대하여

$$\left|\frac{f(x+h)-f(x)}{h}\right| \le M\frac{h^2}{|h|} = M|h|$$

이므로 $f'(x) = \lim\limits_{h \to 0}\dfrac{f(x+h)-f(x)}{h} = 0$이기 때문이다. 사실 평균값 정리에 의하여 f는 상수함수이다.

(5) 함수 $f : \mathbb{R} \to \mathbb{R}$, $f(x) = \begin{cases} x\sin(1/x), & x \ne 0 \\ 0, & x = 0 \end{cases}$는 0에서 연속이지만 0에서 미분불가능하다. 왜냐하면

$$\lim_{x \to 0}\frac{f(x)-f(0)}{x-0} = \lim_{x \to 0}\frac{x\sin(1/x)}{x} = \lim_{x \to 0}\sin(1/x)$$

은 유일한 값을 갖지 않기 때문이다.

정리 5.1.3

만약 f가 $x = a$에서 미분가능하면 f는 $x = a$에서 연속이다.

증명 가정에 의하여

$$f'(a) = \lim_{x \to a}\frac{f(x)-f(a)}{x-a}$$

가 존재하므로

$$\lim_{x \to a}(f(x)-f(a)) = \lim_{x \to a}\frac{f(x)-f(a)}{x-a} \cdot (x-a) = \lim_{x \to a}\frac{f(x)-f(a)}{x-a} \cdot \lim_{x \to a}(x-a)$$
$$= f'(a) \cdot 0 = 0$$

이다. 따라서 f는 a에서 연속이다. ■

주의 2 위 정리의 역은 성립하지 않는다. 예를 들어, 함수 $f(x) = |x|$, $x \in \mathbb{R}$에 대하여 $f'(0)$는 존재하지 않지만 함수 f는 $x = 0$에서 연속이다.

정리 5.1.4

함수 f와 g가 구간 (a,b)에서 정의되고 $c \in (a,b)$에서 미분가능하면, 함수 $f + g$, kf, $f \cdot g$, f/g (단, $g(c) \ne 0$)는 c에서 미분가능하고,

---

(1) $(f+g)'(c) = f'(c) + g'(c)$

(2) $(kf)'(c) = kf'(c)$ (단, k는 상수)

(3) $(f \cdot g)'(c) = f'(c)g(c) + f(c)g'(c)$

(4) $\left(\dfrac{f}{g}\right)'(c) = \dfrac{f'(c) \cdot g(c) - f(c) \cdot g'(c)}{[g(c)]^2}$ (단, $g(c) \neq 0$)

증명 (3)만을 증명하고자 한다.

$$\begin{aligned}
(f \cdot g)'(c) &= \lim_{x \to c} \frac{(f \cdot g)(x) - (f \cdot g)(c)}{x - c} = \lim_{x \to c} \frac{f(x)g(x) - f(c)g(c)}{x - c} \\
&= \lim_{x \to c}\left(f(x)\frac{[g(x) - g(c)]}{x - c} + g(c)\frac{[f(x) - f(c)]}{x - c} \right) \\
&= f'(c)g(c) + f(c)g'(c)
\end{aligned}$$

(1), (2), (4)의 증명은 연습문제로 남긴다. ■

보기 2 (1) $f(x) = x^2 = x \cdot x$이면 모든 $x \in \mathbb{R}$ 에 대하여 $f'(x) = 1 \cdot x + x \cdot 1 = 2x$이다.

(2) $f(x) = x^n$(n은 자연수)이면 모든 $x \in \mathbb{R}$ 에 대하여 $f'(x) = nx^{n-1}$이다.

정리 5.1.5

(연쇄법칙, chain rule) $I, J \subseteq \mathbb{R}$ 는 구간이고, $f : I \to \mathbb{R}$ 과 $g : J \to \mathbb{R}$ 는 함수이고 $f(I) \subseteq J$라고 하자. 만약 f가 $c \in I$에서 미분가능하고 g가 $f(c) \in J$에서 미분가능하면, $h = g \circ f$는 점 c에서 미분가능하고

$$h'(c) = g'(f(c))f'(c).$$

즉, $y = g(u)$, $u = f(x)$라 두면 $y = g(f(x))$이고

$$\frac{dy}{dx} = \frac{dy}{du}\frac{du}{dx}.$$

증명 g가 $f(c)$에서 미분가능하므로, G를 J에서

$$G(y) = \begin{cases} \dfrac{g(y) - g(f(c))}{y - f(c)} & y \in J, \ y \neq f(c) \\ g'(f(c)) & y = f(c) \end{cases}$$

로 정의하면 $\displaystyle\lim_{y \to f(c)} G(y) = g'(f(c)) = G(f(c))$이므로 G는 $f(c)$에서 연속이다.

f가 $c \in I$에서 연속이고 $f(I) \subseteq J$이므로 $G \circ f$는 c에서 연속이다. 따라서

$$\lim_{x \to c}(G \circ f)(x) = \lim_{y \to f(c)} G(y) = g'(f(c))$$

이다. $x \in I$이고 $y = f(x)$이면 G의 정의에 의하여

$$h(x) - h(c) = g(f(x)) - g(f(c)) = (G \circ f)(x)(f(x) - f(c))$$

이므로 $x \in I$, $x \neq c$이면

$$\frac{h(x) - h(c)}{x - c} = (G \circ f)(x)\frac{f(x) - f(c)}{x - c}$$

를 얻는다. 따라서

$$\lim_{x \to c}\frac{h(x) - h(c)}{x - c} = g'(f(c))f'(c)$$

이므로 $h = g \circ f$는 $c \in I$에서 미분가능하고 $h'(c) = g'(f(c))f'(c)$가 성립한다. ■

보기 3 (1) 함수 $f(x) = \sin x$는 $\mathbb{R}$에서 미분가능하고 $f'(x) = \cos x$이다. 만약 $g : I \to \mathbb{R}$이 구간 I에서 미분가능하면 $h(x) = (f \circ g)(x) = \sin g(x)$는 구간 I에서 미분가능하고

$$h'(x) = f'(g(x))g'(x) = g'(x)\cos g(x).$$

(2) $f(x) = x^2 + 3 \ (-1 < x < 1)$, $g(y) = \sqrt{y} \ (3 < y < 4)$이면

$$h(x) = g(f(x)) = \sqrt{x^2 + 3} \ (-1 < x < 1)$$

은 연쇄법칙에 의하여 $(-1, 1)$의 모든 점에서 미분가능하고

$$h'(x) = g'(f(x)) \cdot f'(x)$$

이다. 따라서 $(-1, 1)$의 모든 점 x에서

$$h'(x) = \frac{1}{2\sqrt{f(x)}} \cdot f'(x) = \frac{1}{2\sqrt{x^2 + 3}} \cdot 2x = \frac{x}{\sqrt{x^2 + 3}}.$$

01 다음 함수의 도함수를 구하여라.

(1) $f(x) = x^5 - 2x^3 + 2x - 1$

(2) $f(x) = \sin x - 1/x$

(3) $f(x) = (x^2 - 1)(x^3 - 2x + 1)$

(4) $f(x) = \dfrac{x^2 - 3}{x^2 + 3}$

(5) $f(x) = x|x|$

(6) $f(x) = e^{-|x|}$

(7) $f(x) = \begin{cases} x\sin(1/x^2), & x \neq 0 \\ 0, & x = 0 \end{cases}$

02 함수 $f(x) = |x^3|$에 대하여 $f'(x)$, $f''(x)$를 구하고 $f'''(0)$은 존재하지 않음을 보여라.

03 다음 함수 f에 대하여 $f'(x)$가 존재하지만 $f''(0)$가 존재하지 않음을 보여라.

$$f(x) = \begin{cases} x^3 \sin(1/x), & x \neq 0 \\ 0, & x = 0 \end{cases}$$

04 다음 함수 $f : \mathbb{R} \to \mathbb{R}$가 $x = 0$에서 미분가능함을 보여라.

(1) $f(x) = \begin{cases} x & (x \in \mathbb{Q}) \\ \sin x & (x \not\in \mathbb{Q}) \end{cases}$

(2) $f(x) = \begin{cases} x^2 & (x \in \mathbb{Q}) \\ x & (x \not\in \mathbb{Q}) \end{cases}$

(3) $f(x) = \begin{cases} x^2 & (x \in \mathbb{Q}) \\ 0, & (x \not\in \mathbb{Q}) \end{cases}$

(4) $f(x) = \begin{cases} x^2 + 1, & (x \in \mathbb{Q}) \\ 1, & (x \not\in \mathbb{Q}) \end{cases}$

05 함수 f가 임의의 실수 x, y에 대하여 $|f(x) - f(y)| \leq |x - y|^p$, $p > 1$를 만족하면 $f'(x) = 0$임을 보여라.

06 다음 함수 $y = f(x)$의 도함수 y'를 구하여라.

(1) $f(x) = \cos(x^2 + 1)$

(2) $f(x) = \sin^2 x$

(3) $f(x) = \sqrt{x + \sqrt{x}}$

(4) $f(x) = \left(x^3 - \dfrac{1}{x}\right)^3$

(5) $x^y = y^x$

(6) $x^{2/3} + y^{2/3} = 1$

(7) $y = x^{x^x}$

07 곡선 $y = e^{x^2}/x$ 위의 점 $(1, e)$에서 접선의 방정식을 구하여라.

08 f가 닫힌구간 $[a, b]$에서 정의된 실함수이고 f가 $c \in [a, b]$에서 우미분계수를 가지면 f는 c에서 우측으로부터 연속임을 보여라.

09 함수 f가 $x = a$에서 미분가능하면 $f'(a) = \displaystyle\lim_{n \to \infty} n\left[f\left(a + \dfrac{1}{n}\right) - f(a)\right]$임을 보여라. 하지만 위의 극한이 존재한다고 하더라도 $f'(a)$는 존재하지 않는 예를 들어라.

10 다음을 보여라.

(1) f가 a에서 미분가능할 필요충분조건은 구간 $(-\delta, \delta)$에서 정의된 함수 $R(h)$와 상수 c가 존재하여 $f(a+h) = f(a) + ch + R(h)$이 된다(단, $\lim_{h \to 0} R(h)/h = 0$).

(2) f가 a에서 미분가능할 때에는 (1)에서 $f'(a) = c$이다.

(3) (1)의 결과를 이용하여 연쇄법칙이 성립한다.

11 f는 $[a,b]$에서 연속함수이고 ϵ은 임의의 양수일 때 다음이 성립함을 보여라. 적당한 양수 $\delta > 0$가 존재해서 $x, t \in [a,b]$이고 $0 < |t-x| < \delta$일 때

$$\left| \frac{f(t) - f(x)}{t - x} - f'(x) \right| < \epsilon.$$

12 함수 $f : (a,b) \to \mathbb{R}$가 $x \in (a,b)$에서 미분가능하다고 하자. $\{\alpha_n\}, \{\beta_n\}$은 $a < \alpha_n < x < \beta_n < b$, $\alpha_n \to x, \beta_n \to x$를 만족하는 임의의 수열이라 할 때

$$\lim_{n \to \infty} \frac{f(\beta_n) - f(\alpha_n)}{\beta_n - \alpha_n} = f'(x)$$

임을 보여라.

13 a와 c는 실수이고 $c > 0$이고 f를 $[-1,1]$에서 다음과 같이 정의할 때

$$f(x) = \begin{cases} x^a \sin(x^{-c}), & x \neq 0 \\ 0, & x = 0 \end{cases}$$

다음을 보여라.

(1) f가 연속이기 위한 필요충분조건은 $a > 0$이다.

(2) $f'(0)$이 존재하기 위한 필요충분조건은 $a > 1$이다.

(3) f'이 유계이기 위한 필요충분조건은 $a \geq 1 + c$이다.

(4) f'이 연속이기 위한 필요충분조건은 $a > 1 + c$ 이다.

14 다음을 보여라.

(1) $f : \mathbb{R} \to \mathbb{R}$가 미분가능한 기함수이면 f'은 우함수이다.

(2) $g : \mathbb{R} \to \mathbb{R}$가 미분가능한 우함수이면 g'은 기함수이다.

15 $f : \mathbb{R} \to \mathbb{R}$가 임의의 $x, y \in \mathbb{R}$에 대하여 $f(x+y) = f(x)f(y)$이고 $f(0) \neq 0$이며 f가 $x = 0$에서 미분가능하면 f는 $\mathbb{R}$에서 미분가능함을 보여라.

16 만약 f가 x_0에서 미분가능하면 다음을 구하여라.

$$\lim_{h \to 0} \frac{f(x_0 + h) - f(x_0 - h)}{h}$$

17 $[-1,1]$에서 정의된 함수 f가 $x \leq f(x) \leq x^2 + x \ (-1 \leq x \leq 1)$을 만족할 때 $f'(0) = 1$임을 보여라

5.2 | 평균값 정리

정의 5.2.1

$D \subseteq \mathbb{R}$ 이고 $f : D \to \mathbb{R}$ 는 함수라고 하자.

(1) $|c - x| < \delta$인 모든 $x \in D$에 대하여 $f(x) \leq f(c)$를 만족하는 적당한 양수 $\delta > 0$ 가 존재하면 함수 $f : D \to \mathbb{R}$ 는 $c \in D$에서 극댓값(local maximum)을 갖는다고 한다.

(2) $|d - x| < \delta$인 모든 $x \in D$에 대하여 $f(x) \geq f(d)$를 만족하는 적당한 양수 $\delta > 0$ 가 존재하면 함수 $f : D \to \mathbb{R}$ 는 $d \in D$에서 극솟값(local minimum)을 갖는다고 한다.

보기 1 (1) $f(x) = -x^2 + 3$은 $x = 0$에서 극댓값 3을 가지고, 극솟값은 갖지 않는다.

(2) $f(x) = x(x^2 - 3)$은 $x = -1$에서 극댓값을 갖고, $x = 1$에서 극솟값을 갖는다.

(3) $f(x) = |x|$는 $x = 0$에서 극솟값을 갖는다.

정리 5.2.2

(극값 정리, 페르마 정리) 함수 $f : [a, b] \to \mathbb{R}$ 가 $c \in (a, b)$에서 극댓값(또는 극솟값)을 가지고 $f'(c)$가 존재하면 $f'(c) = 0$이다.

증명 f가 c에서 극댓값 $f(c)$를 갖고 $f'(c)$가 존재한다고 가정하자. 그러면

$$f'(c) = f_-'(c) = \lim_{x \to c-} \frac{f(x) - f(c)}{x - c}$$

이고, 모든 $x \in N_\delta(c)$에 대하여 $f(c) \geq f(x)$을 만족하는 양수 δ가 존재하므로 모든 $x \in N_\delta(c)$에 대하여 $f(x) - f(c) \leq 0$이다. $x - c < 0$인 모든 $x \in N_\delta(c)$에 대하여 $\dfrac{f(x) - f(c)}{x - c} \geq 0$이다. 따라서 극한을 취하면

$$f'(c) = f_-'(c) \geq 0 \tag{5.1}$$

를 얻는다. 마찬가지로

$$f'(c) = f_+{}'(c) = \lim_{x \to c+} \frac{f(x) - f(c)}{x - c}$$

이고, 모든 $x \in N_\delta(c)$에 대하여 $f(x) - f(c) \leq 0$. $x - c > 0$인 모든 $x \in N_\delta(c)$에 대하여 $\dfrac{f(x) - f(c)}{x - c} \leq 0$이다. 극한을 취하면

$$f'(c) = f_+{}'(c) \leq 0 \tag{5.2}$$

를 얻는다. 부등식 (5.1)과 (5.2)를 결합하면

$$0 \leq f_-{}'(c) = f'(c) = f_+{}'(c) \leq 0$$

이다. 따라서 $f'(c) = 0$을 얻는다. ■

보기 2 (1) 함수 $f(x) = |x|$ $(-1 \leq x \leq 1)$은 $x = 0$에서 극솟값을 갖지만 $f'(0)$가 존재하지 않는다.

(2) 함수 $f(x) = \left(x - \dfrac{1}{2}\right)^2$ $(0 \leq x \leq 1)$는 $x = 0$과 $x = 1$에서 극댓값을 가지고, $x = \dfrac{1}{2}$에서 극솟값을 가진다. 직접 계산에 의하여 $f'_+(0) = -1$, $f'_-(1) = 1$, $f'\left(\dfrac{1}{2}\right) = 0$이다. ■

정리 5.2.3

(롤(Rolle)의 정리) 함수 $f : [a,b] \to \mathbb{R}$ 가 $[a,b]$에서 연속이고 (a,b)에서 미분가능하고, $f(a) = f(b)$이면 $f'(c) = 0$을 만족하는 점 $c \in (a,b)$가 존재한다.

증명 만약 임의의 $x \in (a,b)$에 대하여 $f(x) = f(a)$이면 f는 $[a,b]$에서 상수함수이므로 임의의 $x \in (a,b)$에 대하여 $f'(x) = 0$이다. 따라서 $f(x) \neq f(a)$을 만족하는 점 $x \in (a,b)$가 존재한다고 가정할 수 있다. f는 $[a,b]$에서 연속이므로 f는 최댓값과 최솟값을 가진다. 즉,

$$f(x_M) = \sup\{f(x) : x \in [a,b]\}, \ \ f(x_m) = \inf\{f(x) : x \in [a,b]\}$$

을 만족하는 x_M, $x_m \in [a,b]$가 존재한다. f는 상수함수가 아니고 $f(a) = f(b)$이므로 $x_M \in (a,b)$ 또는 $x_m \in (a,b)$ 중 하나가 성립한다. 만약 $x_M \in (a,b)$라

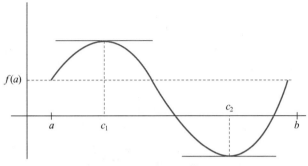

그림 5.1 롤의 정리

고 가정하면 f는 $x_M \in (a,b)$에서 최댓값을 가지므로 f는 $x_M \in (a,b)$에서 극 댓값을 가진다. 극값정리에 의하여 $f'(x_M) = 0$이다. ∎

주의 1 (1) $f(x) = 1 - |x|$는 $[-1,1]$에서 연속이고 $f(-1) = 0 = f(1)$이지만, $x = 0$에 서 미분가능하지 않으므로 $f'(x_1) = 0$이 되는 점 x_1은 존재하지 않는다.

(2) 롤의 정리에서 f가 점 a와 b에서 미분가능하다는 것을 요구하지 않는다. 예 를 들어, $f(x) = \sqrt{4 - x^2} \ (-2 \leq x \leq 2)$는 롤의 정리의 가정을 만족하지만 -2와 2에서 미분가능하지 않는다. $(-2,2)$에 대하여 $f'(x) = \dfrac{-x}{\sqrt{4 - x^2}}$이 고 $f'(0) = 0$이다. 따라서 롤의 정리가 $c = 0$에서 성립한다.

정리 5.2.4

(평균값 정리, 라그랑주 정리) 함수 $f : [a,b] \to \mathbb{R}$가 $[a,b]$에서 연속이고, (a,b)에서 미분가능하면,

$$\frac{f(b) - f(a)}{b - a} = f'(c) \tag{5.3}$$

를 만족하는 점 $c \in (a,b)$가 존재한다.

증명 $F(x) = f(x) - f(a) - \dfrac{f(b) - f(a)}{b - a}(x - a)$로 두면 $F(x)$는 $[a,b]$에서 연속이 고 (a,b)에서 미분가능하다. 또한 $F(a) = 0 = F(b)$이다. 따라서 롤의 정리에 의해서 $F'(c) = 0 \ (a < c < b)$을 만족하는 점 c가 존재한다. 그러므로

$$f'(c) - \frac{f(b)-f(a)}{b-a} = F'(c) = 0, \ \text{즉} \ \frac{f(b)-f(a)}{b-a} = f'(c) \ (a < c < b)$$

을 얻는다.　　　　　　　　　　　　　　　　　　　　　　　　　　　　■

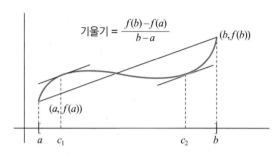

그림 5.2 평균값 정리의 기하학적 의미

주의 2 (1) (평균값 정리의 기하학적 의미) 평균값 정리는 정리의 가정에서 두 점 $(a, f(a))$, $(b, f(b))$를 잇는 선분과 평행인 $y = f(x)$의 접선을 (a, b) 안의 점에서 그을 수 있다는 것이다.

(2) 함수 $y = f(x)$가 미분가능할 때 $dx = \Delta x$를 x의 미분(differential)이라 하고 $dy = f'(x)dx$를 y의 미분이라 한다.

(3) $b - a = h$, $c - a = \theta h \ (0 < \theta < 1)$로 두면 식 (5.3)은

$$f(a + h) = f(a) + h f'(a + \theta h) \quad (0 < \theta < 1) \tag{5.4}$$

이 된다. 만일 h가 충분히 작은 수이면 $a + \theta h$는 a와 근사적으로 같으므로

$$f(a + h) \doteqdot f(a) + h f'(a) \tag{5.5}$$

로 쓸 수 있다.

보기 3 (1) 함수 $f(x) = \ln x$에 대하여 구간 $[e^{-1}, e]$에서 평균값 정리 $\dfrac{f(b)-f(a)}{b-a} = f'(c)$를 만족하는 c의 값을 구하여라.

(2) 미분을 이용하여 $e^{0.05}$의 근삿값을 구하여라.

풀이 (1) $f(x) = \ln x$는 구간 $[e^{-1}, e]$에서 연속이고 구간 (e^{-1}, e)에서 미분가능하므로 평균값 정리에 의하여

$$\frac{f(e) - f(e^{-1})}{e - e^{-1}} = f'(c)(= \frac{1}{c})$$

인 $c \in (e^{-1}, e)$가 적어도 하나 존재한다. 따라서

$$\frac{\ln e - \ln e^{-1}}{e - e^{-1}} = \frac{1}{c}, \text{ 즉 } \frac{1 - (-1)}{e - e^{-1}} = \frac{1}{c}$$

이므로 $c = (e - e^{-1})/2$이다.

(2) $f(x) = e^x$는 $\mathbb{R}$에서 미분가능하고 $f'(x) = e^x$, $f'(0) = 1$이므로 $e^{0.05}$의 근 삿값은

$$e^{0.05} = f(0.05) \fallingdotseq f(0) + 0.05 f'(0) = 1 + 0.05 = 1.05. \qquad \blacksquare$$

보기 4 다음 부등식이 성립함을 보여라(단, $0 < \alpha < \beta < \frac{\pi}{2}$).

$$\sin\beta - \sin\alpha < \beta - \alpha < \tan\beta - \tan\alpha$$

증명 , $f(x) = \sin x$라 하면 $f'(x) = \cos x$이다. $f(x)$는 구간 $[\alpha, \beta]$에서 연속이고 (α, β)에서 미분가능하므로 평균값 정리에 의하여

$$\sin\beta - \sin\alpha = (\beta - \alpha)\cos r_1 \, (\alpha < r_1 < \beta)$$

을 만족하는 r_1이 존재한다. $0 < \alpha < r_1 < \beta < \frac{\pi}{2}$에서 $0 < \cos r_1 < 1$이다. 따라서 $\sin\beta - \sin\alpha < \beta - \alpha$이 성립한다.

또한 $g(x) = \tan x$라 하면 $g'(x) = \sec^2 x$이다. $g(x)$는 $[\alpha, \beta]$에서 연속이고 (α, β)에서 미분가능하므로 평균값 정리에 의하여

$$g(\beta) - g(\alpha) = \tan\beta - \tan\alpha = (\beta - \alpha)\sec^2 r_2 \quad (\alpha < r_2 < \beta)$$

을 만족하는 r_2이 존재한다. $0 < \alpha < r_2 < \beta < \frac{\pi}{2}$에서 $1 < 1/\cos^2 r_2 = \sec^2 r_2$. 따라서 $\beta - \alpha < \tan\beta - \tan\alpha$이 성립한다. $\qquad \blacksquare$

다음 예는 평균값 정리가 복소수 함수에서는 항상 성립하지 않음을 보이고 있다.

보기 5 $f(x) = e^{ix} = \cos x + i \sin x \ (x \in \mathbb{R})$로 두면 $f(2\pi) - f(0) = 1 - 1 = 0$이지만 $f'(x)$ $= ie^{ix}$이므로 $|f'(x)| = 1$이다. 따라서 어떠한 실수 x에 대해서도 $f'(x) \neq 0$으로 평균값 정리는 성립하지 않는다.

위의 평균값 정리를 다음과 같이 확장할 수 있다.

정리 5.2.5

(코시의 확장된 평균값 정리) 함수 f와 g가 구간 $[a,b]$에서 연속이고 (a,b)에서 미분 가능하면

$$\{f(b) - f(a)\}g'(c) = \{g(b) - g(a)\}f'(c)$$

을 만족하는 점 $c \in (a,b)$가 존재한다.

그림 5.3 코시의 평균값 정리

증명 $F(x) = \{g(b) - g(a)\}f(x) - \{f(b) - f(a)\}g(x)$로 두면 F는 $[a,b]$에서 연속이고 (a,b)에서 미분가능하다. 또한

$$F(b) = [g(b) - g(a)]f(b) - [f(b) - f(a)]g(b) = f(a)g(b) - g(a)f(b)$$
$$= [g(b) - g(a)]f(a) - [f(b) - f(a)]g(a) = F(a)$$

이다. 롤의 정리에 의하여 $F'(c) = 0$를 만족하는 $c \in (a,b)$가 존재한다. 즉,

$$\{f(b) - f(a)\}g'(c) = \{g(b) - g(a)\}f'(c). \qquad \blacksquare$$

정의 5.2.6

함수 $f : I \to \mathbb{R}$ 가 구간 I의 점 x_1, x_2에 대하여 $x_1 < x_2$일때 $f(x_1) \leq f(x_2)$를 만족하면 f는 I에서 증가한다(increasing)고 한다. $x_1 < x_2$일 때 $f(x_1) \geq f(x_2)$이면 f는 I에서 감소한다(decreasing)고 한다.

정리 5.2.7

함수 $f : (a,b) \to \mathbb{R}$ 가 미분가능하고 모든 $x \in (a,b)$에 대하여

(1) $f'(x) \geq 0$이면 f는 (a,b)에서 단조증가한다.

(2) $f'(x) \leq 0$이면 f는 (a,b)에서 단조감소한다.

(3) $f'(x) \neq 0$이면 f는 (a,b)에서 단사함수이다.

(4) $f'(x) = 0$이면 f는 (a,b)에서 상수이다.

증명 (1) $x_1,\ x_2 \in (a,b)$는 임의의 두 점이고 $x_1 < x_2$라고 가정하면 f는 $[x_1, x_2]$에서 연속이고 (x_1, x_2)에서 미분가능하다. 평균값 정리에 의하여

$$\frac{f(x_2) - f(x_1)}{x_2 - x_1} = f'(c) \geq 0$$

을 만족하는 점 $c \in (x_1, x_2)$가 존재한다. 따라서 $x_1 < x_2$이면 $f(x_1) \leq f(x_2)$이 된다.

(2), (3), (4)도 위와 같은 방법으로 증명할 수 있다. ■

보기 6 $a \leq x < b$에서 $f''(x) > 0$이면 $g(x) = \dfrac{f(x) - f(a)}{x - a}$ 는 (a,b)에서 증가함을 보여라.

증명 $g(x) = \dfrac{f(x) - f(a)}{x - a}$를 미분하면

$$g'(x) = \frac{f'(x)(x - a) - \{f(x) - f(a)\}}{(x - a)^2}$$

$a < x < b$일 때 $f(x)$는 (a, x)에서 미분가능하므로 평균값 정리에 의해

$$f(x) - f(a) = f'(c)(x - a) \qquad (a < c < x)$$

이다. 따라서

$$g'(x) = \frac{\{f'(x) - f'(c)\}(x - a)}{(x - a)^2} = \frac{f'(x) - f'(c)}{x - a}$$

이다. $f'(x)$는 증가함수이고 $x > c$이므로 $f'(x) > f'(c)$이다. 따라서 $g'(x) > 0$이 되어 $g(x)$는 (a,b)에서 증가한다. ■

정리.5.2.8

모든 점 $x \in (a,b)$에서 $f'(x) > 0$이면 f의 역함수 g가 존재하고 g는 $f((a,b))$의 각 점에서 미분가능하고 $g'(f(x)) = \dfrac{1}{f'(x)}$, $x \in (a,b)$.

증명 (a,b)에서 $f'(x) > 0$이므로 f는 (a,b)에서 증가함수이다. 따라서 f는 (a,b)에서 단사함수이므로 f의 역함수 $g : (f(a), f(b)) \to (a,b)$가 존재한다.

이제 $(g \circ f)(x) = x$의 양변을 x로 미분하면 연쇄법칙에 의하여 $g'(f(x))f'(x) = 1$이다. 따라서 $g'(y) = g'(f(x)) = 1/f'(x)$이다. ∎

보기 7 $(0,2)$에서 $f(x) = x^2$이면 $(0,2)$의 모든 점 x에서 $f'(x) = 2x > 0$이다. $g(y) = \sqrt{y}$는 구간 $(f(0), f(2)) = (0,4)$에서 f의 역함수이다. $\sqrt{y} = g(y) = x$이므로 위의 정리에 의하여

$$g'(y) = g'(f(x)) = \frac{1}{f'(x)} = \frac{1}{2x} = \frac{1}{2\sqrt{y}}$$

이다. 예를 들어, $y = 3$이면 $f(\sqrt{3}) = 3$이다. 따라서 $g'(3) = g'(f(\sqrt{3})) = 1/2\sqrt{3}$이다.

정리 5.2.9

(미분에 관한 중간값 정리, 다르부 정리, Darboux theorem) $f : [a,b] \to \mathbb{R}$는 $[a,b]$에서 미분가능한 함수이고 $f'(a) < \lambda < f'(b)$이면 $f'(c) = \lambda$를 만족하는 한 점 $c \in (a,b)$가 존재한다.

증명 $g(x) = f(x) - \lambda x$로 놓으면 g는 $[a,b]$에서 연속이므로 g는 $[a,b]$에서 최댓값과 최솟값을 갖는다. 또한 g는 $[a,b]$에서 미분가능하다.

$g'(a) = f'(a) - \lambda < 0$이므로 적당한 점 $t_1 \in (a,b)$에 대해서 $g(t_1) < g(a)$이다. 마찬가지로 $g'(b) = f'(b) - \lambda > 0$이므로 적당한 점 $t_2 \in (a,b)$에 대해서 $g(t_2) < g(b)$이다. 그러므로 g는 $a < c < b$인 어떤 점 c에서 최솟값을 갖는다. 따라서 정리 5.2.2에 의하여 $g'(c) = 0$이므로 $f'(c) = \lambda$이다. ∎

함수 f가 구간 (a,b)에서 미분가능하고 $|f'(x)| \leq M$이면 f는 (a,b)에서 균등연속이다.

증명 $x_1,\ x_2\ (x_1 < x_2)$는 (a,b)의 임의의 두 점이라 하면 평균값 정리에 의하여 $[f(x_2) - f(x_1)]/(x_2 - x_1) = f'(x_0)$을 만족하는 점 $x_0 \in (x_1, x_2)$가 존재한다. 따라서

$$|f(x_2) - f(x_1)| \leq |f'(x_0)||x_2 - x_1| \leq M|x_2 - x_1|$$

이다.

ϵ은 임의의 양수라 하면 $\delta = \epsilon/M$로 택한다. $x_1,\ x_2 \in (a,b)$이고 $|x_1 - x_2| < \delta$이면 $|f(x_2) - f(x_1)| \leq M|x_2 - x_1| < M\delta = \epsilon$이다. 따라서 f는 (a,b)에서 균등연속이다. ■

보기 8 $f(x) = \tan^{-1}x$와 $f'(x) = 1/(x^2 + 1)$는 $\mathbb{R}$에서 균등연속임을 보여라.

증명 $|f'(x)| = |1/(x^2 + 1)| \leq 1$이므로 위 정리에 의하여 f는 $\mathbb{R}$에서 균등연속이다. 또한 임의의 실수 x에 대하여 $f''(x) = -2x/(x^2 + 1)^2$이다.

만약 $x \in [-1, 1]$이면 $|f''(x)| = |2x/(x^2 + 1)^2| \leq |2x| \leq 2$이고, 만약 $|x| > 1$이면

$$|f''(x)| = \left|\frac{2x}{(x^2 + 1)^2}\right| \leq \left|\frac{2x}{x^4}\right| = \left|\frac{2}{x^3}\right| \leq 2$$

이다. 따라서 임의의 실수 x에 대하여 $|f''(x)| \leq 2$이므로 위 정리에 의하여 f'는 $\mathbb{R}$에서 균등연속이다. ■

함수 f가 구간 (a,b)에서 미분가능하다고 하자. 이때 f'가 (a,b)에서 유계가 되기 위한 필요충분조건은 f는 (a,b)에서 립시츠 함수이다.

증명 f'가 (a,b)에서 유계함수라 하면 정리 5.2.10의 증명에 의하여 임의의 $x_1,\ x_2 \in (a,b)$에 대하여 $|f(x_2) - f(x_1)| \leq M|x_2 - x_1|$이다. 따라서 f는 (a,b)에서 립시츠 함수이다.

역으로 f는 (a,b)에서 립시츠 함수라 하면 임의의 $x_1,\ x_2 \in (a,b)$에 대하여 $|f(x_2) - f(x_1)| \leq M|x_2 - x_1|$이다. 가정에 의하여 임의의 $x_0 \in (a,b)$에 대하여

$$f'(x_0) = \lim_{x \to x_0} \frac{f(x) - f(x_0)}{x - x_0}$$

이고 임의의 $x \neq x_0,\ x \in (a,b)$에 대하여 $|[f(x) - f(x_0)]/[x - x_0]| \leq M$이므로 $|f'(x_0)| \leq M$이다. 따라서 f'가 (a,b)에서 유계함수이다. ∎

01 다음 방정식이 주어진 구간에서 하나의 해를 가짐을 보여라.

(1) $5\cos x + 4\sin 3x = 3$ $\quad (\frac{\pi}{6} < x < \frac{\pi}{3})$

(2) $x^3 + 3x + 1 = 0$ $\quad (-\infty < x < \infty)$

02 $c_0, \cdots, c_n$은 상수이고 $c_0 + \dfrac{c_1}{2} + \cdots + \dfrac{c_{n-1}}{n} + \dfrac{c_n}{n+1} = 0$이면 방정식

$$c_0 + c_1 x + \cdots + c_{n-1} x^{n-1} + c_n x^n = 0$$

은 0과 1 사이에 적어도 하나의 실근을 가짐을 보여라.

03 다음 주어진 함수들과 구간에 대해 코시의 평균값 정리의 결론의 식을 만족하는 c의 모든 값을 구하여라.

(1) $f(x) = x$, $g(x) = x^2$, (a,b)는 임의의 점

(2) $f(x) = \dfrac{1}{3} x^3 - 4x$, $g(x) = x^2$, $(a,b) = (0,3)$

04 $a \neq 0$, a, b, c, d는 상수일 때 $f(x) = ax^3 + bx^2 + cx + d$가 3개의 실근을 갖기 위한 필요조건은 $b^2 - 3ac > 0$임을 보여라.

05 평균값 정리를 이용하여 다음 부등식이 성립함을 보여라.

(1) $e^x > 1 + x$ $(\forall x > 0)$ $\qquad$ (2) $\ln x < x$ $(\forall x > 1)$

(3) $\sqrt{1+x} < 1 + \dfrac{1}{2} x$ $(\forall x > 0)$ $\qquad$ (4) $|\cos x - \cos y| \leq |x - y|$ $(\forall x, y \in \mathbb{R})$

(5) $\dfrac{x}{1+x} < \ln(1+x) < x$ $\ (\forall x > 0)$ $\quad$ (6) $\dfrac{x}{1+x^2} < \tan^{-1} x < x$ $\ (\forall x > 0)$

(7) $0 < b < a$일 때 $\dfrac{a-b}{a} < \ln \dfrac{a}{b} < \dfrac{a-b}{b}$

06 평균값 정리를 이용하여 다음을 보여라.

(1) $\dfrac{1}{11} < \ln 1.1 < \dfrac{1}{10}$ $\qquad\qquad$ (2) $10\dfrac{1}{11} < \sqrt{102} < 10\dfrac{1}{10}$

07 $f(x) = x^2$일 때 $f(a+h) - f(a) = hf'(a + \theta h)$를 만족하는 θ의 값을 구하여라.

08 $f(x) = \dfrac{\ln x}{x} (x > 0)$일 때 $f(x) = f(x+1)$을 만족하는 x는 꼭 한 개 있음을 보여라.

09 모든 양수 x에 대하여 $f'(x) = -g(x)/x$, $g'(x) = -f(x)/x$를 만족하는 미분가능한 함수 $f, g : (0, \infty) \to \mathbb{R}$ 을 구하여라.

10 다음을 보여라.

    (1) 모든 $x \in (a, b)$에 대하여 $f'(x) = 0$이면 $f(x)$는 (a, b)에서 상수이다.

    (2) f는 $[a, b]$에서 연속이고 모든 $x \in [a, b]$에 대하여 $f_+'(x) = 0$이면 $f(x)$는 (a, b)에서 상수이다.

11 $0 < x < \pi$일 때 $f(x) = \sin x / x$는 감소함수임을 증명하고 이것을 이용하여 다음을 보여라.

    (1) $0 < \alpha < \beta < \pi$일 때 $\sin\alpha / \sin\beta > \alpha/\beta$이다.

    (2) $0 < x < \dfrac{\pi}{2}$일 때 $\sin x > (2/\pi)x$이다.

12 $x > 0$일 때 부등식 $e^x > 1 + x$을 이용하여 e^π와 π^e의 대소를 판정하여라.

13 롤의 정리에서 함수 f가 $[a, b]$에서 연속이라는 가정이 반드시 요구됨을 증명하여라.

14 함수 f는 다음 조건을 만족하면 $g(x) = \dfrac{f(x)}{x}\ (x > 0)$는 단조증가임을 보여라.

    (1) f는 $[0, \infty)$에서 연속이고 $(0, \infty)$에서 미분가능하다.

    (2) $f(0) = 0$이고 $f'(x)$는 단조증가한다.

15 모든 실수 x에 대하여 $f(x) < 0$, $f'(x) < 0$이고 $f''(x) > 0$인 함수 f가 존재하는지 밝혀라.

16 만약 함수 f가 $[a, b]$에서 연속이고 (a, b)에서 미분가능하고 $f(a) = f(b) = 0$이면 임의의 실수 λ에 대하여 $f'(c) = \lambda f(c)$가 성립하는 $c \in (a, b)$가 존재함을 보여라.

17 $x > 0$이고 $0 < r < 1$일 때 $x^r \leq rx + (1 - r)$임을 보여라.

18 함수 $f(x)$는 $[a, b]$에서 연속이고 또 (a, b)에서 2회 미분가능하다고 하면

$$f(b) = f(a) + (b - a)f'(a) + \frac{1}{2}(b - a)^2 f''(x_1)$$

이 되는 x_1이 a와 b 사이에 적어도 하나 존재함을 보여라. 또한 다음 공식을 유도하여라.

$$f(a + h) = f(a) + hf'(a) + \frac{1}{2}h^2 f''(a + \theta h) \quad (0 < \theta < 1)$$

19 다음을 보여라.

(1) f는 구간 I에서 미분가능하다고 가정하자. f'이 I에서 유계가 되기 위한 필요충분조건은 임의의 $x, y \in I$에 대하여 $|f(x) - f(y)| \leq M|x - y|$를 만족하는 상수 M이 존재한다.

(2) 임의의 $x, y \in \mathbb{R}$에 대하여 $|\sin x - \sin y| \leq |x - y|$.

(3) 임의의 $x, y \in [a, \infty)$, $a > 0$에 대하여 $|\sqrt{x} - \sqrt{y}| \leq \dfrac{1}{2\sqrt{a}}|x - y|$.

20 함수 $f : E \to \mathbb{R}$가 다음과 같을 때 E에서 f는 균등연속임을 보여라.

(1) $f(x) = \log x$, $E = [1, \infty)$ (2) $f(x) = \tan^{-1} x$, $E = \mathbb{R}$

21 모든 실수 x에 대하여 $f'(x) \neq 1$이면 f는 많아야 하나의 부동점, 즉 $f(a) = a$되는 점을 가짐을 보여라.

22 (원점기준 대칭점 정리, antipodal points theorem)

$f : [0, 2\pi] \to \mathbb{R}$은 연속함수이고 $f(0) = f(2\pi)$일 때 $f(c) = f(c + \pi)$을 만족하는 점 $c \in [0, \pi]$가 존재함을 보여라.

23 타원 $\dfrac{x^2}{a} + \dfrac{y^2}{b} = 1$, $a, b > 0$에 내접하는 가장 넓은 직사각형의 넓이를 구하여라.

피에르 드 페르마(Pierre de Fermat, 프랑스, 1601~1665)의 생애와 업적

페르마는 1601년 8월 17일에 프랑스의 보몽 드 로마뉴에서 태어나 1623년에 오를레앙 대학교에 입학해서 1626년에 법학 학사 학위를 취득했다. 페르마는 아폴로니오스의 논문을 접한 뒤 취미로 수학을 공부하기 시작하였다.

페르마는 아무리 뛰어난 증명을 해도 "언론의 각광을 받으니까 피곤하다"라는 이유로 절대 증명을 발표하지 않는 성격으로도 유명하다. 그는 책을 읽으면서 떠오르는 모든 생각들을 책의 여백에다가 적어놓는 습관이 있었다고 한다.

페르마는 1631년 툴루즈 지방의 청원위원으로 취임하여 생애의 34년을 국가를 위해서 봉사하다가 1665년에 65세의 나이로 사망하였다.

페르마는 프랑스의 변호사이자 수학자로 미적분학에서 이용되는 여러 방법을 창안하는 등 많은 연구 성과를 남겼다. 또 현대 정수론의 창시자로 알려졌고, 데카르트의 발견과 독립적으로 좌표기하학을 확립하는 데 크게 이바지하고 카테시안 좌표를 도입하였다. 특히 그의 이름이 붙은 정리로 광학에서 페르마의 원리, 페르마의 소정리(p가 소수일 때 $\{1,\cdots,p-1\}$의 원소인 모든 a에 대해 $a^{p-1} \equiv 1 \bmod p$)를 만족한다. 스위스의 수학자 레온하르트 오일러에 의해 증명됐다), 페르마의 마지막 정리 등이 있다. 이 마지막 정리는 "2보다 큰 정수 n에 대하여 식 $x^n + y^n = z^n$을 만족하는 0이 아닌 정수해 x, y, z는 존재하지 않는다"는 것이다. 그러나 페르마가 증명했다는 증거가 없어서 수학자들은 그가 증명했다는 소문에 대하여 의문을 갖기도 한다. 이 마지막 정리는 357년 동안이나 미해결 문제로 남아 있다가 1994년 앤드루 와일스에 의해서 증명됐다.

롤(Michel Rolle, 1652~1719)의 생애와 업적

프랑스의 오베르뉴(Auvergne) 주 앙베르(Ambert)에서 태어났으며, 1675년에 파리로 이주하였다. 1685년 이후로 Académie Royale des Sciences에서 활동하였다. 롤은 초기에는 부정확하고 비정상적인 추론에 의해 도출되었다는 이유로 미적분학에 대해 부정적이었으나, 후에 견해를 바꾸어서 미적분학을 연구하였다. 1690년에는 행렬에서 가우스 소거법(Gauss elimination algorithm)을 가우스와 독립적으로 발견한 것으로 알려져 있으며, 또한 1691년에 현재 롤의 정리로 알려진 미분학의 정리를 발견하였다.

다음 로피탈(L'Hospital)의 법칙은 부정형 $\dfrac{0}{0}$꼴의 극한값을 구하는 데 매우 편리한 방법을 제공해 준다.

정리 5.3.1

(로피탈의 법칙) 함수 f, g가 $(a,b]$에서 미분가능하고 모든 점 $x\in(a,b]$에 대하여 $g'(x)\neq 0$이라 하자. 만일 $\displaystyle\lim_{x\to a+}f(x)=0=\lim_{x\to a+}g(x)$이면 다음이 성립한다.

(1) 만약 $\displaystyle\lim_{x\to a+}\dfrac{f'(x)}{g'(x)}=L$이 유한값을 가지면 $\displaystyle\lim_{x\to a+}\dfrac{f(x)}{g(x)}=\lim_{x\to a+}\dfrac{f'(x)}{g'(x)}=L$.

(2) 만약 $\displaystyle\lim_{x\to a+}\dfrac{f'(x)}{g'(x)}=\infty$ (또는 $-\infty$)이면 $\displaystyle\lim_{x\to a+}\dfrac{f(x)}{g(x)}=\lim_{x\to a+}\dfrac{f'(x)}{g'(x)}=\infty$ (또는 $-\infty$).

증명 (1) ϵ은 임의의 양수라 하자. 가정에 의하여 적당한 $\delta>0$가 존재하여 $a<x<a+\delta$이면 $\left|\dfrac{f'(x)}{g'(x)}-L\right|<\epsilon$이다. $\displaystyle\lim_{x\to a+}f(x)=0=\lim_{x\to a+}g(x)$이므로 $f(a)=f(a)=g(a)=0$으로 정의하면 f와 g는 구간 $[a,b]$에서 연속이다.

$(a,a+\delta)$의 임의의 점 x에 대하여 f와 g는 구간 $[a,x]$에서 연속이고 (a,x)에서 미분가능하므로 코시의 평균값 정리에 의하여

$$\frac{f(x)-f(a)}{g(x)-g(a)}=\frac{f(x)}{g(x)}=\frac{f'(c)}{g'(c)}$$

를 만족하는 점 $c\in(a,x)$가 존재한다. 따라서

$$a<x<a+\delta\text{이면 } \left|\frac{f(x)}{g(x)}-L\right|=\left|\frac{f'(c)}{g'(c)}-L\right|<\epsilon$$

이다. 우극한의 정의에 의하여 $\displaystyle\lim_{x\to a+}\dfrac{f(x)}{g(x)}=L$이다.

(2) $\displaystyle\lim_{x\to a+}\dfrac{f'(x)}{g'(x)}=\infty$인 경우를 증명한다. M을 임의의 양의 실수라 하면 M에 대응하는 적당한 $\delta>0$가 존재해서 $a<x<a+\delta$이면 $\dfrac{f'(x)}{g'(x)}>M$가 된다. 한편 (1)의 증명에서와 같이 임의의 점 $x\in(a,a+\delta)$에 대하여

$$\frac{f(x)-f(a)}{g(x)-g(a)} = \frac{f(x)}{g(x)} = \frac{f'(c)}{g'(c)}$$

을 만족하는 $c \in (a,x)$가 존재한다. 따라서 $a < x < a+\delta$이면 $\dfrac{f(x)}{g(x)} > M$

이다. 따라서 우극한의 정의에 의하여 $\displaystyle\lim_{x\to a+} \frac{f(x)}{g(x)} = \infty$이다. ■

위의 정리의 우극한을 좌극한으로 바꾸어도 정리가 성립한다.

정리 5.3.2

(로피탈의 법칙) 함수 f, g가 $[a,b)$에서 미분가능하고 모든 점 $x \in [a,b)$에 대하여 $g(x) \neq 0$이라 하자. 만약 $\displaystyle\lim_{x\to b-} f(x) = 0 = \lim_{x\to b-} g(x)$이면 다음이 성립한다.

(1) 만약 $\displaystyle\lim_{x\to b-} \frac{f'(x)}{g'(x)} = L$이 유한값을 가지면 $\displaystyle\lim_{x\to b-} \frac{f(x)}{g(x)} = \lim_{x\to b-} \frac{f'(x)}{g'(x)} = L$.

(2) 만약 $\displaystyle\lim_{x\to b-} \frac{f'(x)}{g'(x)} = \infty$ (또는 $-\infty$)이면 $\displaystyle\lim_{x\to b-} \frac{f(x)}{g(x)} = \lim_{x\to b-} \frac{f'(x)}{g'(x)} = \infty$ (또는 $-\infty$).

보기 1 다음 극한값을 구하여라.

(1) $\displaystyle\lim_{x\to 0-} \frac{\sin x^2}{x^4}$ 　　　　　　 (2) $\displaystyle\lim_{x\to 0+} \frac{1-\cos x^2}{x^4}$

풀이 (1) 로피탈의 법칙에 의하여

$$\lim_{x\to 0-} \frac{\sin x^2}{x^4} = \lim_{x\to 0-} \frac{2x\cos x^2}{4x^3} = \lim_{x\to 0-} \frac{\cos x^2}{2x^2} = \infty.$$

(2) 로피탈의 법칙에 의하여

$$\lim_{x\to 0+} \frac{1-\cos x^2}{x^4} = \lim_{x\to 0+} \frac{2x\sin x^2}{4x^3} = \lim_{x\to 0+} \frac{\sin x^2}{2x^2}$$
$$= \lim_{x\to 0+} \frac{2x\cos x^2}{4x} = \lim_{x\to 0+} \frac{\cos x^2}{2} = \frac{1}{2}.$$ ■

주의 1 (1) 부정형에는 $\dfrac{0}{0}$ 이외에 $\dfrac{\infty}{\infty}$, $0 \cdot \infty$, $\infty - \infty$, ∞^0, 0^0, 1^∞ 등이 있는데 적

당히 변경하여 $\dfrac{0}{0}$ 형으로 고쳐서 극한값을 구할 수 있다.

(2) $\displaystyle\lim_{x \to a} \dfrac{f'(x)}{g'(x)}$ 의 값이 존재하지 않으면 $\displaystyle\lim_{x \to a} \dfrac{f(x)}{g(x)}$ 의 값이 존재하지 않는다고 단

정할 수 없다. 예를 들어, $f(x) = x^2 \sin(1/x)$ (단, $f(0) = 0$), $g(x) = \sin x$ 이면

$$f(0) = 0 = g(0), \quad f'(x) = 2x \sin(1/x) - \cos(1/x), \quad g'(x) = \cos x$$

이다. 따라서

$$\lim_{x \to 0} \dfrac{f'(x)}{g'(x)} = \lim_{x \to 0} \dfrac{2x \sin(1/x) - \cos(1/x)}{\cos x} = \lim_{x \to 0} \dfrac{-\cos(1/x)}{\cos x}$$

이므로 극한값이 존재하지 않지만,

$$\lim_{x \to 0} \dfrac{f(x)}{g(x)} = \lim_{x \to 0} \left(\dfrac{x}{\sin x} \right)\left(x \sin \dfrac{1}{x} \right) = 1 \times 0 = 0$$

이므로 $\displaystyle\lim_{x \to 0} \dfrac{f(x)}{g(x)}$ 는 존재한다.

(3) $f(x)$, $g(x)$ 가 a 를 포함하는 구간에서 n 회 미분가능하고, 그 구간에서

$g^{(n)}(x) \neq 0$ 라고 하자.

$$f(a) = g(a) = 0, \ f'(a) = g'(a) = 0, \cdots, f^{(n-1)}(a) = g^{(n-1)}(a) = 0$$

이고 극한 $\displaystyle\lim_{x \to a} \dfrac{f^{(n)}(x)}{g^{(n)}(x)}$ 가 존재하면 $\displaystyle\lim_{x \to a} \dfrac{f(x)}{g(x)} = \lim_{x \to a} \dfrac{f^{(n)}(x)}{g^{(n)}(x)}$ 임을 알 수 있다.

다음 보기는 로피탈의 정리가 복소함수에서는 항상 성립하지 않음을 보이고 있다.

보기 2 열린구간 $(0, 1)$ 에서 $f(x) = x$, $g(x) = x + x^2 e^{i/x^2}$ 일 때 모든 실수 t 에 대해서

$|e^{it}| = 1$ 이므로

$$\lim_{x \to 0} \dfrac{f(x)}{g(x)} = \lim_{x \to 0} \dfrac{x}{x + x^2 e^{i/x^2}} = \lim_{x \to 0} \dfrac{1}{1 + x e^{i/x^2}} = 1. \tag{5.6}$$

또한

$$g'(x) = 1 + \left\{ 2x - \dfrac{2i}{x} \right\} e^{i/x^2} \ (0 < x < 1)$$

이므로

$$|g'(x)| \geq \left|2x - \frac{2i}{x}\right| - 1 \geq \frac{2}{x} - 1 = \frac{2-x}{x} \tag{5.7}$$

이다. 그런데 $\left|\dfrac{f'(x)}{g'(x)}\right| = \dfrac{1}{|g'(x)|} \leq \dfrac{x}{2-x}$ 이므로

$$\lim_{x \to 0} \frac{f'(x)}{g'(x)} = 0. \tag{5.8}$$

따라서 이 경우에는 (5.6)과 (5.8)로부터 로피탈의 정리가 성립하지 않는다. 또한 식 (5.7)로부터 $0 < x < 1$일 때, $g'(x) \neq 0$이 됨을 주의하자.

보조정리 5.3.3

$f(x)$, $g(x)$가 $[a, \infty)$에서 미분가능하고 $[a, \infty)$에서 $g'(x) \neq 0$이라 하자. 만약 $\displaystyle\lim_{x \to \infty} f(x) = 0 = \lim_{x \to \infty} g(x)$이고 $\displaystyle\lim_{x \to \infty} \frac{f'(x)}{g'(x)}$이 존재하면

$$\lim_{x \to \infty} \frac{f(x)}{g(x)} = \lim_{x \to \infty} \frac{f'(x)}{g'(x)}$$

이다($x \to -\infty$인 경우도 마찬가지다).

증명 $x = 1/t$이라 하면 $x \to \infty$일 때 $t \to 0+$, $t \to 0+$이면 $x \to \infty$이다. 그리고 $F(t) = f(1/t)$, $G(t) = g(1/t)$는 각각 정리 6.3.1의 가정을 만족하고 $\dfrac{F'(t)}{G'(t)} = \dfrac{f'(1/t)}{g'(1/t)}$ 이므로

$$\lim_{x \to \infty} \frac{f(x)}{g(x)} = \lim_{t \to 0+} \frac{f(1/t)}{g(1/t)} = \lim_{t \to 0+} \frac{(-1/t^2)f'(1/t)}{(-1/t^2)g'(1/t)} = \lim_{x \to \infty} \frac{f'(x)}{g'(x)}. \qquad \blacksquare$$

정리 5.3.4

(부정형 $\dfrac{\infty}{\infty}$꼴에 관한 로피탈의 법칙) f, g는 $(a, b]$에서 미분가능하고, $(a, b]$에서 $g'(x) \neq 0$이라고 하자. 만일 $\displaystyle\lim_{x \to a+} f(x) = \infty = \lim_{x \to a+} g(x)$이고 $\displaystyle\lim_{x \to a+} \frac{f'(x)}{g'(x)} = L$이 존재하면

$$\lim_{x \to a+} \frac{f(x)}{g(x)} = \lim_{x \to a+} \frac{f'(x)}{g'(x)}$$

이다($x \to a-$, $x \to \pm\infty$인 경우에도 똑같이 성립한다).

증명 임의의 양수 $\epsilon > 0$에 대하여 $a < t < a+\delta$일 때

$$\left| \frac{f'(t)}{g'(t)} - L \right| < \epsilon \text{과} \ f(t) \neq 0$$

을 만족하는 δ를 선택한다. $x_0 = a+\delta$로 두고 $a < x < x_0$이 되는 임의의 점 x를 선택한다. 코시의 평균값 정리에 의하여

$$\frac{f(x) - f(x_0)}{g(x) - g(x_0)} = \frac{f'(t)}{g'(t)}$$

을 만족하는 점 $t \in (a, x_0)$가 존재한다. 따라서

$$\left| \frac{f(x) - f(x_0)}{g(x) - g(x_0)} - L \right| < \epsilon$$

이다. 다음과 같은 표현이 잘 정의되는 모든 x에 대하여 함수 h를 다음과 같이 정의한다.

$$h(x) = \frac{1 - f(x_0)/f(x)}{1 - g(x_0)/g(x)}$$

이때 모든 $x \in (a, x_0)$에 대하여 $\left| \frac{f(x)}{g(x)} \cdot h(x) - L \right| < \epsilon$이다. $\lim_{x \to a+} f(x) = \infty$ $= \lim_{x \to a+} g(x)$이므로 $\lim_{x \to a+} h(x) = 1$이다. $x \in (a, x_1)$일 때 $|h(x) - 1| < \epsilon$이고 $h(x) > 1/2$이 되는 점 $x_1 \in (a, x_0)$을 선택한다. 이런 x에 대하여

$$\left| \left(\frac{f(x)}{g(x)} - L \right) \cdot h(x) \right| = \left| \frac{f(x)}{g(x)} \cdot h(x) - L \cdot h(x) \right|$$

$$\leq \left| \frac{f(x)}{g(x)} \cdot h(x) - L \right| + |L[1 - h(x)]| < \epsilon + |L|\epsilon$$

이고 $\left| \frac{f(x)}{g(x)} - L \right| < \frac{(1 + |L|)\epsilon}{h(x)} < 2(1 + |L|)\epsilon$이다. 따라서 $\lim_{x \to a+} \frac{f(x)}{g(x)} = L$이다. ■

보기 3 다음 극한값을 구하여라.

(1) $\displaystyle\lim_{x \to 0} \frac{x - \log(1+x)}{x^2}$ (2) $\displaystyle\lim_{x \to 0+} x^x$

(3) $\displaystyle\lim_{x \to \infty} (x - \log x)$

풀이 (1) $\displaystyle\lim_{x \to 0} \frac{x - \log(1+x)}{x^2} = \lim_{x \to 0} \frac{1 - 1/(1+x)}{2x} = \lim_{x \to 0} \frac{x}{2x(1+x)}$

$$= \lim_{x \to 0} \frac{1}{2(x+1)} = \frac{1}{2}$$

(2) $y = x^x$ 이라 두면 $\log y = x \log x$ 이다. 여기서

$$\lim_{x \to 0+} \log y = \lim_{x \to 0+} x \log x = \lim_{x \to 0+} \frac{\log x}{1/x} = \lim_{x \to 0+} \frac{1/x}{-1/x^2} = \lim_{x \to 0+} (-x) = 0.$$

따라서 $\displaystyle\lim_{x \to 0+} y = \lim_{x \to 0+} e^{\log y} = e^0 = 1$ 이므로 $\displaystyle\lim_{x \to 0+} x^x = 1$ 이다.

(3) $y = x - \log x$ 라 놓고 $e^y = e^{x - \log x} = e^x / e^{\log x} = e^x / x$ 의 극한값을 구한다.
그러면

$$\lim_{x \to \infty} e^y = \lim_{x \to \infty} \frac{e^x}{x} = \lim_{x \to \infty} \frac{e^x}{1} = \infty$$

이다. $e^y \to \infty$ 이기 위해서는 $y \to \infty$ 이어야 한다. 따라서

$$\lim_{x \to \infty} (x - \log x) = \infty.$$ ∎

보기 4 $\displaystyle\lim_{x \to 0+} \frac{e^{-1/x}}{x}$ 의 값을 구하여라.

풀이 로피탈의 정리를 적용하면

$$\lim_{x \to 0+} \frac{e^{-1/x}}{x} = \lim_{x \to 0+} \frac{(1/x^2)e^{-1/x}}{1} = \lim_{x \to 0+} \frac{e^{-1/x}}{x^2}.$$

이 경우에 로피탈의 법칙을 반복하여 사용해도 아무런 결과를 얻지 못한다. 그러므로 원식을 다른 형으로 고쳐 쓰고, 변수를 바꾸어 주면

$$\lim_{x \to 0+} \frac{1/x}{e^{1/x}} = \lim_{z \to \infty} \frac{z}{e^z} = \lim_{z \to \infty} \frac{1}{e^z} = 0.$$ ∎

01 다음 극한값을 구하여라.

(1) $\displaystyle\lim_{x \to 0} \frac{1 - \cos x}{x^2}$

(2) $\displaystyle\lim_{x \to 0} \frac{\sin^2(x/4)}{x^2}$.

(3) $\displaystyle\lim_{x \to 0} \frac{1 - \cos x}{x + x^2}$

(4) $\displaystyle\lim_{x \to 0} \left(\frac{1}{x} - \frac{1}{\sin x} \right)$

02 다음 극한을 구하여라.

(1) $\displaystyle\lim_{x \to \infty} \frac{x^4}{e^x}$

(2) $\displaystyle\lim_{x \to \infty} \frac{x + \ln x}{x \ln x}$

(3) $\displaystyle\lim_{x \to 0+} \frac{e^{1/x} - 1}{e^{1/x} + 1}$

(4) $\displaystyle\lim_{x \to 0+} \frac{\ln x}{\ln(\sin x)}$

03 다음 극한을 구하여라.

(1) $\displaystyle\lim_{x \to 0+} x^3 \ln x$

(2) $\displaystyle\lim_{x \to \infty} (x - \sqrt{x^2 + x})$

(3) $\displaystyle\lim_{x \to \frac{\pi}{2}-} (\tan x - \sec x)$

(4) $\displaystyle\lim_{x \to \infty} \frac{\log(1 + e^{3x})}{x}$

04 다음 극한을 구하여라.

(1) $\displaystyle\lim_{x \to 0+} (\sin x)^x$

(2) $\displaystyle\lim_{x \to 0+} x^{\sin x}$

(3) $\displaystyle\lim_{x \to 0} (\cos x)^{1/x^2}$

(4) $\displaystyle\lim_{x \to \infty} x^{\sin(1/x)}$

05 임의의 실수 $a \neq 0$에 대하여 $\displaystyle\lim_{x \to 0} (1 + x)^{a/x} = e^a$임을 보여라.

06 $0 < a < 1$이면 $\displaystyle\lim_{x \to \infty} x^a \sin(1/x) = 0$임을 보여라.

07 함수 f는 $(0, \infty)$에서 미분가능하고 $\displaystyle\lim_{x \to \infty} [f(x) + f'(x)] = L$이면 $\displaystyle\lim_{x \to \infty} f(x) = L$이고 $\displaystyle\lim_{x \to \infty} f'(x) = 0$임을 보여라(귀띔: $f(x) = e^x f(x)/e^x$).

08 f'가 a의 적당한 근방에서 연속이면 다음 식이 성립함을 보여라.

$$\lim_{h \to 0} \frac{f(a + h/2) - f(a - h/2)}{h} = f'(a)$$

09 f''가 a의 적당한 근방에서 연속이면 다음 식이 성립함을 보여라.

$$\lim_{h \to 0} \frac{f(a+h) - 2f(a) + f(a-h)}{h^2} = f''(a)$$

10 다음 함수 f가 주어질 때 모든 자연수 n에 대하여 $f^{(n)}(0) = 0$임을 보여라.

$$f(x) = \begin{cases} e^{-1/x^2} & (x \neq 0) \\ 0 & (x = 0) \end{cases}$$

로피탈(Marquis de l'Hospital, 1661~1704)의 생애와 업적

프랑스 파리의 귀족 가문에서 태어났다. 약한 시력 때문에 군인의 삶을 포기하고 수학자의 길을 선택하였으며, 스위스의 수학자 베르누이(Johann Bernoulli, 1667~1748)에게 수학을 배운 것으로 알려져 있다. 그는 프랑스 과학 아카데미(French Academy of Sciences)의 회원으로 동 시대의 학자인 Gottfried Leibniz, Christiaan Huygens, Jacob Bernoulli, Johaan Bernoulli 등과 교류하면서 미분법을 연구하였다. 여기에 소개된 로피탈의 정리는 원래 요한 베르누이가 발견한 것으로 알려져 있다. 이것을 로피탈이 최초의 미분법 교재로 알려진 그의 저서 《Analyse des Infiniment Petits pour l'Intelligence des Lignes Courbes》에 소개하면서 널리 알려졌고, 그의 이름을 따서 로피탈의 정리라고 불리고 있다.

라이프니츠(Gottfried Wilhelm Leibniz, 독일, 1646 ~ 1716)

라이프니츠는 독일의 철학자이자 수학자로 아이작 뉴턴과는 별개로 무한소 미적분을 창시하였으며, 라이프니츠의 수학적 표기법은 아직까지도 널리 쓰인다. 라이프니츠는 기계적 계산기 분야에서 가장 많은 발명을 한 사람 중 한 명이기도 하다. 파스칼의 계산기에 자동 곱셈과 나눗셈 기능을 추가했고 1685년에 핀 톱니바퀴 계산기를 최초로 묘사했으며, 최초로 대량생산된 기계적 계산기인 라이프니츠 휠을 발명했다. 또 라이프니츠는 모든 디지털 컴퓨터의 기반이 되는 이진법 수 체계를 다듬었다.

라이프니츠는 선형방정식의 계수를 배열(오늘날의 행렬)로 생각할 수 있다고 하였다. 행렬을 이용하면 그 방정식의 해를 찾는 것이 쉬워지는데, 이 방법은 후에 가우스 소거법으로 명명되었다. 라이프니츠의 불 논리와 수리논리학의 발견 또한 수학적 업적의 일부이다.

라이프니츠는 아이작 뉴턴과 같이 무한소를 사용한 계산법(미분과 적분)을 발명한 것으로 알려져 있다. 라이프니츠의 공책을 보면 그가 처음으로 $y = f(x)$의 그래프 밑의 넓이를 계산하는 데 적분계산법을 도입한 날이 1675년 11월 11일이라는 것을 알 수 있다. 적분기호 $\int$와 미분기호 d에 대한 그의 제안이 가장 큰 수학적 업적일 것이다. 미적분학에서 곱셈법칙은 현재 '라이프니츠의 법칙'으로 불리고, 적분 기호 안에 있는 함수를 어떻게 미분해야 되는지 설명한 이론은 라이프니츠의 적분 규칙이라고 불린다. 라이프니츠는 무한소라고 불리는 수학적 존재를 밝혀냈고, 역설적이게도 이것을 대수적 성질에 적용하자고 제안했다.

19세기에 극한에 대한 정의와 실수에 대한 정밀한 분석이 코시, 리만, 바이어슈트라스와 그 외 다른 사람들에 의해 이루어졌고 보다 엄격한 미적분학이 나왔다.

이 절에서는 실함수를 다항함수로 근사시키는 방법에 대하여 생각한다. 즉, 열린구간 (a,b)에서 실함수 $f : (a,b) \to \mathbb{R}$ 가 주어질 때 (a,b)의 모든 x에 대해서 $|f(x) - p(x)|$의 값이 작아지는 다항식 $p(x)$를 찾아보기로 한다.

정의 5.4.1

$f : (a,b) \to \mathbb{R}$ 를 구간 (a,b)에서 함수이고 $c \in (a,b)$, $n \in \mathbb{N}$ 이라 하자. f는 임의의 $x \in (a,b)$에서 n계 도함수 $f^{(n)}(x)$를 가지면 f에 대응된 n차 다항함수 $P_n : (a,b) \to \mathbb{R}$ 은 다음과 같이 정의할 수 있다.

$$P_n(x) = f(c) + f'(c)(x-c) + \frac{f''(c)}{2!}(x-c)^2 + \cdots + \frac{f^{(n)}(c)}{n!}(x-c)^n$$
$$= \sum_{k=0}^{n} \frac{f^{(k)}(c)}{k!}(x-c)^{k.}$$

이러한 다항함수 P_n을 간단히 c에서 f에 대한 n번째 테일러 다항식(Taylor polynomial)이라 한다. 다항식 P_n을 함수 f로 근사시킬 때 $R_n = f - P_n$을 점 c에서 f의 나머지항(remainder)이라 한다.

근사 정도를 알기 위해서는 R_n에 관한 정보가 필요하다. (a,b)의 모든 x에 대하여 $P_n(x)$는 $f(x)$의 얼마나 좋은 근사함수인가를 다음 정리가 말해주고, 실제로 R_n을 구하는 방법을 제공할 것이다.

정리 5.4.2

(테일러 정리) $f : (a,b) \to \mathbb{R}$ 는 함수이고 $c \in (a,b)$, $n \in \mathbb{N}$ 이라 하자. f와 그 도함수 f', f'', $\cdots$, $f^{(n)}$이 (a,b)에서 연속이고 $f^{(n+1)}$이 (a,b)에서 존재한다고 하면, 임의의 $x \in (a,b)$에 대하여

$$f(x) = f(c) + f'(c)(x-c) + \frac{f''(c)}{2!}(x-c)^2 + \cdots + \frac{f^{(n)}(c)}{n!}(x-c)^n + R_n(x)$$

를 만족하는 점 ζ가 x와 c 사이에 존재한다.

---

(1) 라그랑주의 나머지 항

$$R_n(x) = \frac{f^{(n+1)}(\zeta)}{(n+1)!}(x-c)^{n+1}, \ c < \zeta < x)$$

(2) 코시의 나머지 항

$$R_n(x) = \frac{f^{(n+1)}(\zeta)}{n!}(x-\zeta)^n(x-c), \ (c < \zeta < x)$$

증명 (1) 임의의 점 $x \in (a,b)$에 대하여 $c < x$라 가정하고 함수 $F: [c,x] \to \mathbb{R}$ 을

$$F(t) = f(x) - f(t) - (x-t)f'(t) - \cdots - \frac{(x-t)^n}{n!}f^{(n)}(t)$$

로 정의하면 F는 $[c,x]$에서 연속이고 (c,x)에서 미분가능하며, 간단한 계산에 의하여

$$F'(t) = -\frac{(x-t)^n}{n!}f^{(n+1)}(t), \ t \in (c,x)$$

를 얻는다. 임의의 점 $x \in (c,b)$에 대하여 $G: [c,x] \to \mathbb{R}$ 을

$$G(t) = F(t) - \left(\frac{x-t}{x-c}\right)^{n+1}F(c)$$

로 정의하면 함수 G는 $[c,x]$에서 연속이고 (c,x)에서 미분가능하며 $G(c) = G(x) = 0$이 된다. 롤의 정리에 의하여

$$0 = G'(\zeta) = F'(\zeta) + (n+1)\frac{(x-\zeta)^n}{(x-c)^{n+1}}F(c)$$

를 만족하는 점 $\zeta \in (c,x)$가 존재한다. 따라서

$$F(c) = \frac{-1}{n+1}\frac{(x-c)^{n+1}}{(x-\zeta)^n}F'(\zeta) = \frac{1}{n+1}\frac{(x-c)^{n+1}}{(x-\zeta)^n}\frac{(x-\zeta)^n}{n!}f^{(n+1)}(\zeta)$$

$$= \frac{f^{(n+1)}(\zeta)}{(n+1)!}(x-c)^{n+1}$$

을 얻으므로 요구하는 라그랑주의 나머지항을 얻을 수 있다.

(2) 임의의 점 $x \in (a,b)$에 대하여 $c < x$라 가정하고 함수 $F: [c,x] \to \mathbb{R}$ 을

$$F(t) = f(x) - f(t) - (x-t)f'(t) - \cdots - \frac{(x-t)^n}{n!}f^{(n)}(t)$$

로 정의하면 F는 $[c,x]$에서 연속이고 (c,x)에서 미분가능하며, 간단한 계산에 의하여

$$F\,'(t) = -\frac{(x-t)^n}{n!}f^{(n+1)}(t), \quad t \in (c,x)$$

를 얻는다. 따라서 평균값 정리에 의하여

$$\frac{F(x)-F(c)}{x-c} = F\,'(\zeta) = -\frac{f^{(n+1)}(\zeta)}{n!}(x-\zeta)^n$$

을 만족하는 $\zeta \in (c,x)$가 존재한다. 그런데 $F(x)=0$, $F(c)=R_n(x)$이므로

$$R_n(x) = \frac{f^{(n+1)}(\zeta)}{n!}(x-\zeta)^n(x-c), \ (c<\zeta<x). \qquad \blacksquare$$

보기 1 모든 $x \in (100,102)$에 대하여

$$\left| P(x) - \frac{1}{x} \right| < \frac{1}{10,000}$$

되는 다항식 $P(x)$를 구하여라.

풀이 $c=101$ 주위에서 전개한 테일러 다항식을 이용한다. $f(x)=1/x$에 대하여

$$\left| f^{(n+1)}(t)/(n+1)! \right|, \ t \in (100,102)$$

를 살펴본다.

$$\frac{f^{(n+1)}(t)}{(n+1)!} = \frac{(-1)^{n+1}(n+1)!t^{-(n+2)}}{(n+1)!} = (-1)^{n+1}t^{-(n+2)}$$

이므로 모든 $t \in (100,102)$에 대하여

$$\left| f^{(n+1)}(t)/(n+1)! \right| = |t|^{-(n+2)} < 1/100^{n+2}$$

이다. 모든 $d \in (100,102)$에 대하여

$$|d-c|^{n+1} = |d-101|^{n+1} \leq 1^{n+1} = 1$$

이다. 위의 테일러 정리에 의하여 $n=1$일 때 각 $d \in (100,102)$에 대하여 $t_d \in (100,102)$가 존재하여

$$|f(d) - P_1(d)| = \left| \frac{f^{(1+1)}(t_d)}{(1+1)!} \right| |d - 101|^{1+1} < \frac{1}{(100)^3} \cdot 1 = \frac{1}{1,000,000}$$

$$P_1(x) = f(101) + \frac{f^{(1)}(101)}{1!}(x-101) = \frac{1}{101} - \frac{1}{(101)^2}(x-101)$$

$$= \frac{2}{101} - \frac{1}{(101)^2}x$$

이 된다. 위 식에 의하여 모든 $x \in (100, 102)$에 대하여 $|1/x - P_1(x)| < 10^{-6}$ 임을 알 수 있다. 이것은 우리가 원했던 것보다 더 좋은 근삿값이다.   ∎

정의 5.4.3

함수 $f: I \to \mathbb{R}$ 가 열린구간 I에서 무한회 미분가능하고 $a \in I$이면 테일러 정리를 계속 적용하여 얻어지는 멱급수

$$\sum_{n=0}^{\infty} \frac{f^{(n)}(a)}{n!}(x-a)^n$$

을 점 a에서 f의 테일러 급수(Taylor series)라고 한다. 특히 I가 0을 포함하면, $a = 0$ 에서 테일러 급수 $\sum_{n=0}^{\infty} \frac{f^{(n)}(0)}{n!}x^n$을 f의 매클로린 급수(Maclaurin series)라고 한다.

정리 5.4.4

(테일러 급수) $f: I \to \mathbb{R}$ 가 열린구간 I에서 무한회 미분가능하고 $a \in I$이면 모든 $x \in I$ 에 대하여

$$f(x) = \sum_{n=0}^{\infty} \frac{f^{(n)}(a)}{n!}(x-a)^n$$

이 성립할 필요충분조건은 모든 $x \in I$에 대하여 $\lim_{n \to \infty} R_n = 0$이 성립하는 것이다. 여기 서 R_n은 정리 5.4.2의 나머지항을 나타낸다.

증명 정리 5.4.2에 의하여 분명하다.   ∎

보기 2 함수 $f(x) = \sin x$의 매클로린 급수를 구하고, 이 급수가 $\mathbb{R}$의 모든 점에서 f 에 수렴함을 보여라.

풀이 모든 $n = 0, 1, 2, \cdots$에 대하여

$$f^{(4n)}(x) = \sin x, \qquad f^{(4n+1)}(x) = \cos x,$$
$$f^{(4n+2)}(x) = -\sin x, \qquad f^{(4n+3)}(x) = -\cos x$$

이므로 $f^{(4n)}(0) = 0$, $f^{(4n+1)}(0) = 1$, $f^{(4n+2)}(0) = 0$, $f^{(4n+3)}(0) = -1$이다.
또한 $|t| < |x|$에 대하여

$$|R_n(x)| = \left| \frac{\sin(t + (n+1)\pi/2)}{(n+1)!} x^{n+1} \right| \leq \frac{|x|^{n+1}}{(n+1)!} \to 0 \qquad (n \to \infty)$$

이므로 $\lim_{n \to \infty} R_n = 0$이 된다. 따라서 정리 5.4.4에 의하여 구하는 $f(x) = \sin x$
의 매클로린 급수는 다음과 같다.

$$\sin x = x - \frac{x^3}{3!} + \frac{x^5}{5!} - \cdots + \frac{(-1)^n x^{2n+1}}{(2n+1)!} + \cdots \qquad (-\infty < x < \infty) \qquad \blacksquare$$

보기 3 e^x의 매클로린 급수를 구하여라.

풀이 $f(x) = e^x$로 놓으면 $f(x) = f'(x) = \cdots = f^{(n)}(x)$이므로

$$f(0) = f'(0) = \cdots = f^{(n)}(0) = 1$$

이다. 정리 5.4.2에 의하여 $x \neq 0$일 때

$$e^x = f(0) + f'(0)x + \cdots \frac{f^{(n)}(0)}{n!} x^n + R_n(x)$$
$$= 1 + x + \frac{x^2}{2!} + \frac{x^3}{3!} + \cdots + \frac{1}{n!} x^n + R_n(x)$$

이고 $R_n(x) = [e^t/(n+1)!]x^{n+1}$, $0 < |t| < |x|$이므로

$$\lim_{n \to \infty} |R_n(x)| = \lim_{n \to \infty} |[e^t x^{n+1}]/(n+1)!| \leq e^{|t|} \lim_{n \to \infty} |x|^{n+1}/(n+1) \neq 0$$

이다. 따라서 e^x의 매클로린 급수는 다음과 같다.

$$e^x = 1 + x + \frac{x^2}{2!} + \frac{x^3}{3!} + \cdots + \frac{1}{n!} x^n + \cdots \qquad (-\infty < x < \infty) \qquad \blacksquare$$

극값

만일 함수 $f : I \to \mathbb{R}$가 구간 I의 내점 c에서 미분가능하면 f가 c에서 극값을 가질
필요조건이 $f'(c) = 0$임을 앞 절에서 살펴보았다. f가 c에서 극대 또는 극소가 되는지

(또는 아무것도 되지 않는지)를 결정하는 한 방법은 제1 도함수 검정을 사용하는 것이다. 고계도함수도 역시 이 결정에 사용될 수 있다.

정리 5.4.5

x_0는 구간 I 안의 점이고 $n \geq 2$라고 하자. 또한 도함수 f', f'', $\cdots$, $f^{(n)}$이 x_0의 근방에서 존재하고 연속이며

$$f'(x_0) = \cdots = f^{(n-1)}(x_0) = 0, \quad f^{(n)}(x_0) \neq 0$$

라고 가정하자.

(1) 만약 n이 짝수이고 $f^{(n)}(x_0) > 0$이면 f는 x_0에서 극소가 된다.

(2) 만약 n이 짝수이고 $f^{(n)}(x_0) < 0$이면 f는 x_0에서 극대가 된다.

(3) 만약 n이 홀수이면, f는 x_0에서 극소도 극대도 되지 않는다.

증명 x_0에서 테일러 정리를 응용하면, $x \in I$에 대하여

$$f(x) = \sum_{k=0}^{n-1} \frac{f^{(k)}(x_0)}{k!}(x-x_0)^k + R_{n-1}(x) = f(x_0) + \frac{f^{(n)}(c)}{n!}(x-x_0)^n$$

을 만족하는 점 c가 x_0와 x 사이에 존재한다. $f^{(n)}$이 x_0에서 연속이고 $f^{(n)}(x_0) \neq 0$이므로 U에서 $f^n(x)$ $(x \in U)$가 $f^{(n)}(x_0)$와 동일한 부호를 갖는 x_0를 포함하는 적당한 열린구간 U가 존재한다. 만약 $x \in U$이면 점 c는 역시 U에 속하고, 결국 $f^{(n)}(c)$와 $f^{(n)}(x_0)$는 동일한 부호를 갖는다.

(1) 만일 n이 짝수이고 $f^{(n)}(x_0) > 0$이면 $x \in U$에 대하여 $f^{(n)}(c) > 0$이고 $(x-x_0)^n \geq 0$이므로 $R_{n-1}(x) \geq 0$이다. 따라서 $x \in U$에 대하여 $f(x) \geq f(x_0)$이므로 f는 x_0에서 극소가 된다.

(2) 만일 n이 짝수이고 $f^{(n)}(x_0) < 0$이면 $x \in U$에 대하여 $R_{n-1}(x) \leq 0$이다. 따라서 $x \in U$에 대하여 $f(x) \leq f(x_0)$이므로 f는 x_0에서 극대가 된다.

(3) 만일 n이 홀수이면, $(x-x_0)^n$은 $x > x_0$일 때 협의의 양이고, $x < x_0$일 때 협의의 음이다. 결국 $x \in U$이면 $R_{n-1}(x)$는 x_0의 우측과 좌측에서 반대부호를 갖게 된다. 따라서 f는 x_0에서 극소도 극대도 되지 않는다. ■

01 다음 함수의 테일러 급수를 구하여라.

    (1) $f(x) = \sinh x,\ a = 0$ (2) $f(x) = e^x,\ u - 1$

    (3) $f(x) = e^{\sin x},\quad a = 0$ (4) $f(x) = (x-1)\ln x,\quad a = 1$

    (5) $f(x) = \cos x,\ a = \pi/4$

02 $x = 2$에 관하여 $f(x) = x^3 + 2x + 1\ (-\infty < x < \infty)$의 테일러 급수를 구하고 모든 실수 x에 대하여 $f(x)$에 수렴함을 보여라.

03 다음 함수의 매클로린 급수를 구하여라.

    (1) xe^x (2) $\sin x / x$

    (3) $\sin^2 x$ (4) $e^x \cos x$

04 $f(x) = 5x^3 + 4x^2 + 3x + 2$를 $x + 3$의 다항식으로 고쳐라.

05 매클로린 급수를 이용하여 다음 극한값을 구하여라.

    (1) $\displaystyle\lim_{x \to 0} \frac{\sin x - \tan x}{x^3}$ (2) $\displaystyle\lim_{x \to 0} \frac{\log(1 + x^2)}{1 - \cos x}$

    (3) $\displaystyle\lim_{x \to 0} \frac{\cos x^2 - 1 + x^4/2}{x^8}$

06 $\ln(1-x)$의 매클로린 전개식에서 $0 < x < 1$이면

$$|R_n| < \frac{x^{n+1}}{(n+1)(1-x)^{n+1}}$$

이고, $-1 \le x < 0$이면 $|R_n| < |x|^{n+1}/(n+1)$임을 보여라.

07 $\tan^{-1} x$에 대한 매클로린 전개식을 $\dfrac{1}{1+x^2}$의 멱급수 표시를 이용하여 구하여라.

08 다음 수의 값을 지시한 대로 구하여라.

    (1) $3\sqrt{e}$; e^x의 매클로린 급수의 제3항까지

    (2) $\sqrt{0.98}$; $\sqrt{1-x}$의 매클로린 급수의 제3항까지

    (3) $\cos 47°$; $x = \pi/4$에 관한 $\cos x$의 테일러 급수의 제2항까지

09 구간 $(4,5)$에서 $f(x) = \sqrt{x}$를 오차 10^{-8} 이내에 근사시키는 다항식 $P(x)$를 구하여라.

10 테일러 정리에서 $n = 0$으로 두면 평균값 정리를 얻음을 보여라.

11 테일러 정리를 이용하여 $1 - \dfrac{1}{2}x^2 \leq \cos x$임을 보여라.

12 f와 g가 n회 미분가능한 함수이면 다음 라이프니츠의 공식이 성립함을 보여라.

$$(fg)^{(n)} = \sum_{k=0}^{n} \binom{n}{k} f^{(k)} g^{(n-k)}$$

13 $a \in \mathbb{R}$, f는 (a, ∞)에서 2회 미분가능한 실함수이고 (a, ∞)에서 $|f(x)|$, $|f'(x)|$, $|f''(x)|$의 최소상계를 각각 M_0, M_1, M_2라고 하자. 이때 $M_1^2 \leq 2M_0 M_2$임을 보여라.

14 $e^x \doteqdot 1 + x$ ($|x|$가 충분히 작을 때)를 보이고, $f(x) = e^{0.1x(1-x)}$일 때 $f(1.05)$의 근삿값을 구하여라.

테일러(Brook Taylor, 1685~1731)의 생애와 업적

미적분학에서 테일러 급수로 잘 알려진 테일러는 영국의 미들섹스(Middlesex) 지방의 에드먼턴(Edmonton)에서 부유한 귀족집안의 아들로 태어났으며, 어려서부터 음악과 미술에 재능을 보였다. 그는 1703년에 케임브리지 대학의 성 존스 칼리지에 입학한 후 수학에 뛰어난 소질을 보였으며, 당시의 천문학자인 Machin과 뉴턴의 제자인 Keill의 지도하에 수학을 공부하였다. 1715년에 그가 저술한 책《Methodus Incrementorum Directa et Inversa》에는 유한 차분의 미적분학(calculus of finite difference)이라고 하는 새로운 분야를 소개하였고, 부분적분법(integration by parts)을 발견하였다. 특히, 이 책에는 현재 테일러 급수로 알려진 공식이 등장하는데, 이것은 1772년에 라그랑주가 미적분학의 주요한 원천이라고 언급하면서 이 공식의 중요성이 알려지게 되었다. 한편, 테일러 급수를 처음으로 발견한 수학자가 테일러라는 주장에는 다소 논란의 여지가 있는데, 이는 뉴턴, 라이프니츠, 제임스 그레고리, 요한 베르누이도 테일러 정리의 변형들을 발견했음이 여러 문헌을 통해 알려졌기 때문이다.

매클로린(Colin Maclaurin, 1698~1746)의 생애와 업적

스코틀랜드에서 교구 목사의 아들로 태어났으며, 어려서부터 수학의 천재라고 불렸다. 11세의 나이에 글래스고 대학교에 입학하였고 14세에 중력의 힘(Power of Gravidity)에 관한 학위논문으로 공개심사를 받았다. 19세에는 에버딘에 있는 매리스칼 대학의 수학 교수직에 선발되었는데, 이는 2008년까지 깨지지 않은 최연소 교수직이라는 기록이 되었다. 대학 입학 후 유클리드의 기하학원론에 심취하였고 21세기에 처녀작《기하학의 기본(Geometria organica)》을 저술하였다. 매클로린은 1725년 그의 나이 27세에 에딘버러 대학의 수학과 학과장 조수(deputy)로 임명되었고, 그해 11월에 교수직을 승계하였다. 그는 $x=0$에서의 테일러 급수인 매클로린 급수를 이용해 함수의 최댓값, 최솟값, 매끈한 함수의 변곡점의 특성화와 타원체의 중력 및 타원곡선에 관한 연구에 크게 기여하였다. 또한 그는 해석적 정수론에서 잘 알려진 오일러-매클로린 공식을 발견하였다. 그의 저서《유율법 연구(Treatise of Fluxions)》에는 회전하는 두 타원체의 인력에 관한 고찰이 실려 있다.

5.5 | 볼록함수

볼록성의 개념은 많은 분야에서, 특히 최적화(optimization)의 현대 이론에서 중요한 역할을 한다. 이제 일변수의 볼록함수에 대하여 간단히 살펴보고 미분과의 관계도 알아본다.

> **정의 5.5.1**
>
> 함수 $f : I \to \mathbb{R}$ 가 다음 조건을 만족하면 구간 I에서 볼록하다(convex)고 한다.
> $0 \leq t \leq 1$을 만족하는 t와 I의 임의의 점 x_1, x_2에 대하여
> $$f((1-t)x_1 + tx_2) \leq (1-t)f(x_1) + tf(x_2)$$

만일 $x_1 < x_2$이면, t가 0에서 1까지 움직일 때 점 $(1-t)x_1 + tx_2$는 x_1부터 x_2까지 구간을 움직인다는 것을 주목해야 한다. 따라서 f가 I에서 볼록하고 x_1, $x_2 \in I$이면, f의 그래프 위의 두 점 $(x_1, f(x_1))$과 $(x_2, f(x_2))$를 연결한 현은 f의 그래프 위에 놓인다 (그림 5.4).

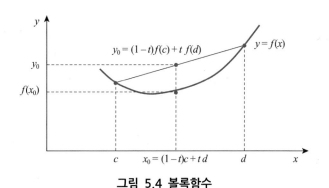

그림 5.4 볼록함수

주의 1 다음은 서로 동치이다.

    (1) 함수 $f : I \to \mathbb{R}$ 가 구간 I에서 볼록함수이다.

    (2) 임의의 구간 $[c, d] \subset I$에 대하여 두 점 $(c, f(c))$, $(d, f(d))$를 지나는 현은 곡선 $y = f(x) \, (x \in [c, d])$의 그래프 위 (on) 또는 더 위에(above)에 놓이게 된다.

증명 $f : I \mapsto \mathbb{R}$ 가 구간 I에서 볼록함수이고 $x_0 \in [c,d]$ 라고 가정하자. 그러면 $x_0 = \alpha c + (1-\alpha)d$를 만족하는 상수 $\alpha \in [0,1]$를 선택할 수 있다. 두 점 $(c, f(c))$, $(d, f(d))$를 지나는 현은 기울기 $\dfrac{f(d)-f(c)}{d-c}$ 을 가진다. 따라서 이런 현 위에 있는 점 $(x_0,\ y_0)$은 $y_0 = \alpha f(c) + (1-\alpha)f(d)$를 만족해야 한다. f는 I에서 볼록함수이므로 $f(x_0) \le y_0$, 즉 (x_0, y_0)은 $(x_0, f(x_0))$과 같거나 더 위에 놓이게 된다.

역에 관한 증명은 비슷하게 증명할 수 있다. ∎

위의 주의로부터 함수 $f(x) = |x|$과 $f(x) = x^2$은 임의의 구간에서 볼록함수임을 알 수 있다.

주의 2 볼록함수는 미분가능할 필요가 없다. 예를 들면, $f(x) = |x|$는 0을 포함하는 임의의 구간 I에서 볼록함수이지만 $0 \in I$에서 미분가능하지 않다. 그러나 I가 열린구간이고 $f : I \mapsto \mathbb{R}$ 가 I에서 볼록하면 f의 좌, 우도함수가 I의 모든 점에서 존재한다. 한 결과로서 열린구간에서 볼록함수는 반드시 연속이다.

정리 5.5.2

함수 f가 (a,b)에서 볼록함수가 되기 위한 필요충분조건은 현의 기울기가 항상 증가한다는 것이다. 즉, $a < c < x < d < b$이면

$$\frac{f(x)-f(c)}{x-c} \le \frac{f(d)-f(x)}{d-x}.$$

증명 $a < c < x < d < b$를 고정하고 $\lambda(x)$는 점 $(c, f(c))$와 $(d, f(d))$를 지나는 현 (직선)의 방정식이라 하자. 만약 f가 볼록함수이면 $f(x) \le \lambda(x)$이다. 따라서 $\lambda(c) = f(c)$, $\lambda(d) = f(d)$이므로

$$\frac{f(x)-f(c)}{x-c} \le \frac{\lambda(x)-\lambda(c)}{x-c} = \frac{\lambda(d)-\lambda(x)}{d-x} \le \frac{f(d)-f(x)}{d-x}.$$

역으로 만약 f가 볼록함수가 아니라면 $\lambda(x) < f(x)$를 만족하는 점 $x \in (a,b)$가 존재한다. 따라서

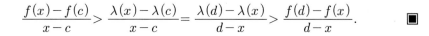

$$\frac{f(x)-f(c)}{x-c} > \frac{\lambda(x)-\lambda(c)}{x-c} = \frac{\lambda(d)-\lambda(x)}{d-x} > \frac{f(d)-f(x)}{d-x}. \qquad \blacksquare$$

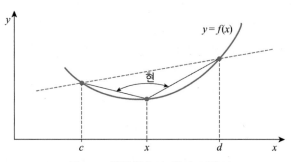

그림 5.5 볼록함수와 현의 기울기

정리 5.5.3

f는 (a,b)에서 미분가능한 함수라 하자. 이때 f는 (a,b)에서 볼록함수가 되기 위한 필요충분조건은 f'은 (a,b)에서 증가함수이다.

증명 f는 볼록함수이고 $c<d$이고 $c,\ d\in(a,b)$이라 하자. $a<c-h,\ c+h<d$이고 $d+h<b$가 되도록 $h>0$를 선택한다. 위의 정리에 의하여

$$\frac{f(c+h)-f(c)}{h} \le \frac{f(d+h)-f(d)}{h}.$$

양변에 $h\to 0$의 극한을 취하면 $f'(c) \le f'(d)$이다.

역으로 f'는 (a,b)에서 증가함수라 하고 $a<c<x<d<b$라 하자. 평균값 정리에 의하여 $x_0(c$와 x 사이의 점)와 $x_1(x$와 d 사이의 점)이 존재해서

$$\frac{f(x)-f(c)}{x-c}=f'(x_0), \ \frac{f(d)-f(x)}{d-x}=f'(x_1)$$

이다. $x_0 < x_1$이므로 $f'(x_0) \le f'(x_1)$이다. 특히, 위의 정리에 의하여 f는 (a,b)에서 볼록함수이다. $\qquad \blacksquare$

다음 따름정리는 볼록함수 f와 그의 2계 도함수가 존재할 때 f''와의 관계에 관한 결과로 정리 5.5.2와 정리 5.5.3을 이용하면 증명할 수 있다.

따름정리 5.5.4

I가 열린구간이고 $f : I \rightarrow \mathbb{R}$ 가 $\mathbb{R}$ 에서 2계 도함수를 갖는다고 하자. 이때 f가 I에서 볼록함수가 되기 위한 필요충분조건은 모든 $x \in I$에 대하여 $f''(x) \geq 0$이다.

위의 따름정리로부터 다음 함수들은 볼록함수들임을 알 수 있다.

$$f(x) = x^2, \ f(x) = |x|, \ f(x) = e^x, \ f(x) = \frac{1}{x} \ (x > 0)$$

01 만약 함수 f가 열린구간 (a,b)에서 볼록함수이면 f는 (a,b)에서 연속임을 보여라. 이 명제는 닫힌구간 $[a,b]$에서는 성립하지 않음을 보여라.

02 함수 $f(x)$가 구간 I에서 볼록함수이고 $x_1, \cdots, x_n$는 I의 임의의 점일 때 다음을 보여라.

(1) (젠센 부등식) $\lambda_1 + \cdots + \lambda_n = 1$인 임의의 양수 λ_j에 대해서
$$f(\lambda_1 x_1 + \cdots + \lambda_n x_n) \leq \lambda_1 f(x_1) + \cdots + \lambda_n f(x_n).$$

(2) $f\left(\dfrac{x_1 + x_2 + \cdots + x_n}{n}\right) \leq \dfrac{f(x_1) + f(x_2) + \cdots + f(x_n)}{n}$

03 모든 x에 대하여 $f(x) > 0$이고 $F(x) = \ln f(x)$가 볼록함수이면 f도 볼록함수임을 보여라.

04 f가 (a,b)에서 연속함수이고 모든 $x, y \in (a,b)$에 대하여 $f\left(\dfrac{x+y}{2}\right) \leq \dfrac{f(a)+f(b)}{2}$ 이면 f는 볼록함수임을 보여라.

f는 $[a,b]$에서 연속함수이고 $f(a)f(b)<0$이라 하면 f는 끝점 a, b에서 반대부호를 가지므로 중간값 정리에 의하여 $f(c)=0$이 되는 적어도 하나의 값 $c \in (a,b)$가 존재한다. 디구나 f가 (a,b)에서 미분가능하고 모든 $x \in (a,b)$에 대하여 $f'(x) \neq 0$이면 f는 $[a,b]$에서 증가함수 또는 감소함수이다. 이 경우에 값 c는 유일하다. 즉 f의 그래프가 x축을 횡단하는 정확히 한 점이 존재한다. 값 c의 수치적 근삿값을 찾는 기본적 방법은 분할 방법(method of bisection)이다.

f는 그림 5.6과 같이 $f(a)<0<f(b)$를 만족하고 $c_1=(a+b)/2$라 하자. 만약 $f(c_1)=0$이면 c를 구하는 과정은 끝난다. 만약 $f(c_1) \neq 0$이면 c는 구간 (a,c_1) 또는 (c_1,b) 중의 하나에 속하므로 $|c_1 - c| < (b-a)/2$이다.

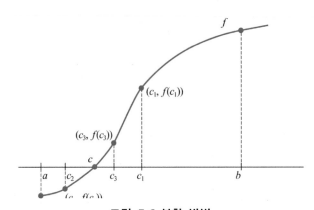

그림 5.6 분할 방법

그림 5.6과 같이 $f(c_1)>0$이라 가정하면 $c \in (a,c_1)$이고 이 경우에

$$c_0 = a, \ c_2 = (c_0 + c_1)/2$$

으로 놓는다. 만약 $f(c_2)=0$이면 c를 찾는 과정은 끝난다. 그렇지 않으면 그림과 같이 $f(c_2)<0$이라 가정하면 $c \in (c_2,c_1)$이고 위와 같이 $c_3=(c_1+c_2)/2$로 둔다. 일반적으로 $c_1, c_2, \cdots, c_n \ (n \geq 2)$가 결정되고 적당한 $j=0,\cdots,n-2$에 대하여 $c_n = (c_{n-1}+c_j)/2$라 가정하자. 우연히 만약 $f(c_n)=0$이면 정확한 근을 얻는다. 만약 $f(c_{n-1})f(c_n)<0$이면 c는 c_{n-1}과 c_n 사이에 있고 $c_{n+1} = \dfrac{1}{2}(c_n + c_{n-1})$로 정의한다.

만약 $f(c_{n-1})f(c_n) \geq 0$이면 c는 c_n과 c_j 사이에 놓여있고 이 경우에 $c_{n+1} = (c_n + c_j)/2$ 로 정의한다. 이러한 과정에서

$$|c_n - c| \leq \frac{1}{2^n}(b-a)$$

인 수열 $\{c_n\}$을 얻는다. 따라서 $\lim\limits_{n \to \infty} c_n = c$이고 연속성에 의하여 $f(c) = 0$이다. 비록 이 방법이 f의 0에 수렴하는 수열을 제공하지만 수렴성이 다소 느리다는 단점을 갖고 있다.

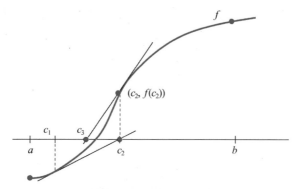

그림 5.7 뉴턴-랩슨 방법

뉴턴-랩슨(Newton-Rapshon) 방법은 f의 0에 근사화하는 연속적 점 c_n을 구하기 위하여 곡선의 접선을 사용한다. 우리가 본 바와 같이 이 방법을 해에 훨씬 빠르게 수렴할 것이다. 위와 같이 f는 $[a,b]$에서 미분가능하고 $f(a)f(b) < 0$이고 모든 $x \in [a,b]$에 대하여 $f'(x) \neq 0$이라 가정하자. c_1은 값 c의 초기 추측값이라 하자. $(c_1, f(c_1))$에서 f의 그래프의 접선의 식은

$$y = f(c_1) + f'(c_1)(x - c_1)$$

이다. $f'(c_1) \neq 0$이므로 이 직선은 c_2로 표시되는 점에서 x축과 만난다. 따라서

$$0 = f(c_1) + f'(c_1)(c_2 - c_1)$$

이므로 c_2에 대하여 풀면

$$c_2 = c_1 - \frac{f(c_1)}{f'(c_1)}$$

을 얻는다. 값 c_3를 얻기 위하여 점 c_1을 제2추정값 c_2로 치환하는 등 계속하여 나가면 공식

$$c_{n+1} = c_n - \frac{f(c_n)}{f'(c_n)} \ (n = 1, 2, \cdots) \tag{5.9}$$

로 주어지는 수열 $\{c_n\}$을 얻는다. 여기서 c_1은 $f(c) = 0$의 최초 추정값이다. 우리가 본 바와 같이 적당한 가정 아래서 수열 $\{c_n\}$은 방정식 $f(x) = 0$의 한 해에 매우 빠르게 수렴할 것이다.

주요 결과를 증명하기 전에 하나의 예로 실증한다.

보기 1 $\alpha > 0$이고 $f(x) = x^2 - \alpha$라 하자. 만약 $\alpha > 1$이면 f는 $[0, \alpha]$에서 정확히 하나의 영(zero), 즉 $\sqrt{\alpha}$를 갖는다. 만약 $0 < \alpha < 1$이면 f의 영은 $[0, 1]$에 놓여 있다. $c_1 = \sqrt{\alpha}$의 최초 추정값이라 하자. 공식 (5.9)에 의하여

$$c_{n+1} = c_n - \frac{c_n^2 - \alpha}{2c_n} = \frac{1}{2}\left(c_n + \frac{\alpha}{c_n}\right) \ (n \geq 1).$$

이 수열 $\{c_n\}$은 $\sqrt{\alpha}$에 수렴한다. $\alpha = 2$일 때 최초 추정값 $c_1 = 1.4$를 취하면 $c_2 = 1.4142857$, $c_3 = 1.4142135$. 이 값은 적어도 7개의 소수자리와 일치한다.

정리 5.6.1

$f : [a, b] \to \mathbb{R}$는 $[a, b]$에서 두 번 미분가능한 함수이고 $f(a)f(b) < 0$라 하자. 모든 $x \in [a, b]$에 대하여 $|f'(x)| \geq m > 0$, $|f''(x)| \leq M$을 만족하는 상수 m, M이 존재한다고 가정하자. 이때 f의 영 c를 포함하는 $[a, b]$의 부분구간 I가 존재하여 임의의 $c_1 \in I$에 대하여

$$c_{n+1} = c_n - \frac{f(c_n)}{f'(c_n)} \ (n \in \mathbb{N})$$

로 주어지는 수열 $\{c_n\}$은 I에 속하고 c에 수렴한다. 더구나

$$|c_{n+1} - c| \leq \frac{M}{2m}|c_n - c|^2.$$

위의 정리를 증명하기 앞서 먼저 다음 보조정리를 서술하고 증명한다. 이 결과는 사실 테일러 정리의 특별한 경우이다.

보조정리 5.6.2

f와 f'는 $[a,b]$에서 연속이고 모든 $x \in (a,b)$에 대하여 $f''(x)$가 존재한다고 가정하고 $x_0 \in [a,b]$라 하자. 이때 임의의 $x \in [a,b]$에 대하여

$$f(x) = f(x_0) + f'(x_0)(x - x_0) + \frac{1}{2}f''(\zeta)(x - x_0)^2$$

을 만족하는 실수 ζ가 x_0와 x 사이에 존재한다.

증명 $x \in [a,b]$에 대하여 $\alpha \in \mathbb{R}$는 $f(x) = f(x_0) + f'(x - x_0) + \alpha(x - x_0)^2$로 주어지는 실수라 하자. $[a,b]$에서 함수 g를 다음과 같이 정의한다.

$$g(t) = f(t) - f(x_0) - f'(x_0)(t - x_0) - \alpha(t - x_0)^2$$

만약 $x = x_0$이면 $\zeta = x_0$로 결론은 참이다. $x > x_0$라 가정하자. g는 $[x_0, x]$에서 연속이고 미분가능하고 $g(x_0) = g(x) = 0$이다. 롤의 정리에 의하여 $g'(c) = 0$을 만족하는 $c \in (x_0, x)$가 존재한다. 그러나

$$g'(t) = f'(t) - f'(x_0) - 2\alpha(t - x_0).$$

가정에 의하여 g'는 $[x_0, c]$에서 연속이고 (x_0, c)에서 미분가능하고 $g'(x_0) = g'(c) = 0$이다. 롤의 정리를 다시 적용하면 $g''(\zeta) = 0$인 $\zeta \in (x_0, c)$가 존재한다. 그러나 $g''(t) = f''(t) - 2\alpha$이다. 따라서 $\alpha = \frac{1}{2}f''(\zeta)$이다. ■

정리 5.6.1의 증명

$f(a)f(b) < 0$이고 모든 $x \in [a,b]$에 대하여 $f'(x) \neq 0$이므로 f는 구간 (a,b)에서 정확히 하나의 영 c를 갖는다. $x_0 \in [a,b]$는 임의의 실수라 하자. 보조정리 5.6.2에 의하여 c와 x_0 사이에 점 ζ가 존재해서

$$0 = f(c) = f(x_0) + f'(x_0)(c - x_0) + \frac{1}{2}f''(\zeta)(c - x_0)^2$$

또는

$$-f(x_0) = f'(x_0)(c - x_0) + \frac{1}{2}f''(\zeta)(c - x_0)^2. \tag{5.10}$$

만약 x_1이 $x_1 = x_0 - f(x_0)/f'(x_0)$로 정의되면 방정식 (5.10)에 의하여

$$x_1 = x_0 + (c - x_0) + \frac{1}{2} \frac{f''(\zeta)}{f'(x_0)} (c - x_0)^2$$

이다. 따라서

$$|x_1 - c| = \frac{1}{2} \frac{|f''(\zeta)|}{|f'(x_0)|} |c - x_0|^2 \leq \frac{M}{2m} |c - x_0|^2 \qquad (5.11)$$

이다. $\delta < 2m/M$인 $\delta > 0$를 선택하고 $I = [c - \delta, c + \delta] \subset [a, b]$라 하자. 만약 $c_n \in I$이면 $|c - c_n| < \delta$이다. 만약 $c_{n+1} = c_n - \dfrac{f(c_n)}{f'(c_n)}$이면 (5.11)에 의하여

$$|c_{n+1} - c| \leq \frac{M}{2m} \delta^2 < \delta.$$

따라서 $c_{n+1} \in I$이다. 만약 최초의 선택한 수 c_1이 I에 속하면 모든 $n = 2,$ $3, \cdots$에 대하여 $c_n \in I$이다. 끝으로 $\lim\limits_{n \to \infty} c_n = c$임을 보여야 한다. 만약 $c_1 \in I$이면 추론에 의하여

$$|c_{n+1} - c| < \left(\frac{M}{2m} \delta \right)^n |c_1 - c|$$

이다. δ의 선택에 의하여 $\dfrac{M}{2m} \delta < 1$이므로 $c_n \to c$이다. ∎

01 뉴턴의 방법을 이용하여 $\sqrt[4]{3}$의 근삿값을 구하고자 한다. $x_1 = 1$로 택했을 때 x_3까지 구하여라.

02 양수 α에 대하여 α의 세제곱근에 수렴하는 수열 $\{c_n\}$을 얻기 위하여 $f(x) = x^3 - \alpha$에 뉴턴의 방법을 적용하여라.

03 $f(x) = \ln x - x + 3 = 0$은 $(0, \infty)$에서 두 개의 실근을 가짐을 보여라.

06

제6장

리만 적분

1850년대에 독일의 수학자 리만(Riemann)은 닫힌구간 $[a,b]$에서 정의된 연속함수의 그래프 아래의 넓이을 구하는 문제들을 해결하는 방법으로 리만 적분(Riemann integral)을 도입하였다. 이 장에서는 리만 적분의 성질을 살펴보기로 한다.

6.1 | 리만 적분

이 절에서는 닫힌구간 $[a,b]$에서 정의된 유계함수에 대한 리만 적분을 정의한다.

정의 6.1.1

$a = x_0 < x_1 < \cdots < x_n = b$일 때 $P = \{x_0, x_1, \cdots, x_n\}$을 닫힌구간 $[a,b]$의 분할 (partition)이라 한다. 각 닫힌구간 $I_i = [x_{i-1}, x_i]\,(i = 1, \cdots, n)$을 분할 P의 소구간 이라 한다.

정의 6.1.2

$f : [a,b] \to \mathbb{R}$ 가 유계함수라 하자.
$$M = \mathrm{lub}\{f(x) : x \in [a,b]\}, \quad m = \mathrm{glb}\{f(x) : x \in [a,b]\}$$
로 나타낸다. $[a,b]$의 임의의 분할 $P = \{x_0, x_1, \cdots, x_n\}$에 대하여 P의 각 소구간 $I_k\,(k = 1, 2, \cdots, n)$에서 $\Delta x_k = x_k - x_{k-1}$이고,
$$M_k = M(f, I_k) = \mathrm{lub}\{f(x) : x \in I_k\}, \quad m_k = m(f, I_k) = \mathrm{glb}\{f(x) : x \in I_k\}$$
로 나타내면 $m \le m_k \le M_k \le M$이다. 이때
$$U(f, P) = \sum_{k=1}^{n} M_k \Delta x_k, \quad L(f, P) = \sum_{k=1}^{n} m_k \Delta x_k$$
을 각각 분할 P에 대한 f의 리만 상합(upper Riemann sum), 리만 하합(lower Riemann sum)이라 한다.

보조정리 6.1.3

만약 f가 $[a,b]$에서 유계함수이면 $[a, b]$의 임의의 분할 P에 대하여
$$m(b-a) \le L(f, P) \le U(f, P) \le M(b-a).$$

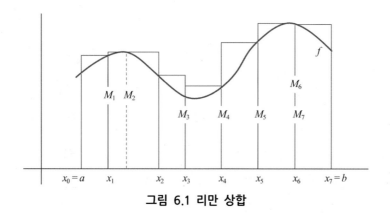

그림 6.1 리만 상합

증명 f가 $[a,b]$에서 유계함수이므로 $\mathbb{R}$의 완비성 공리에 의하여

$$M = \text{lub}\{f(x): x \in [a,b]\}, \quad m = \text{glb}\{f(x): x \in [a,b]\}$$

가 존재한다. 또한 $[a,b]$의 분할 P의 각 소구간 I_k에 대하여 M_k와 m_k는 항상 존재하고 $m \le m_k \le M_k \le M$이다. 임의의 $k = 1, 2, \cdots, n$에 대하여

$$m(x_k - x_{k-1}) \le m_k(x_k - x_{k-1}) \le M_k(x_k - x_{k-1}) \le M(x_k - x_{k-1})$$

이므로

$$m(b-a) = \sum_{k=1}^{n} m\,\Delta x_k \le \sum_{k=1}^{n} m_k \Delta x_k \le \sum_{k=1}^{n} M_k \Delta x_k \le \sum_{k=1}^{n} M \Delta x_k$$
$$= M(b-a)$$

이다. 따라서 $[a, b]$의 임의의 분할 P에 대하여

$$m(b-a) \le L(f, P) \le U(f, P) \le M(b-a). \qquad \blacksquare$$

정의 6.1.4

$[a,b]$의 두 분할 P_1과 P_2에 대하여 $P_1 \subset P_2$일 때 P_2를 P_1의 세분할(refinement)이라 하고, 분할 $P = P_1 \cup P_2$를 P_1과 P_2의 공통 세분할(common refinement)이라 한다.

보기 1 $[0,1]$의 분할 $P_1 = \{0, 1/4, 3/4, 1\}$, $P_2 = \{0, 1/3, 3/4, 1\}$에 대하여 $P = P_1 \cup P_2 = \{0, 1/4, 1/3, 3/4, 1\}$은 P_1과 P_2의 공통 세분할이다.

보조정리 6.1.5

$f : [a,b] \to \mathbb{R}$ 는 $[a,b]$에서 유계함수라고 하자. P_1과 P_2가 $[a,b]$의 분할이고 P_2가 P_1의 세분할이면 다음이 성립한다.
$$L(f, P_1) \le L(f, P_2) \le U(f, P_2) \le U(f, P_1)$$

증명 먼저 P_1의 세분할 P_2가 $P_2 = P_1 \cup \{t\}$ $(a < t < b)$라고 하자. 예를 들어, P_1과 P_2를 각각

$$P_1 = \{x_0, x_1, \cdots, x_{i-1}, x_i, \cdots, x_n\},$$
$$P_2 = \{x_0, x_1, \cdots, x_{i-1}, t, x_i, \cdots, x_n\}$$

이라 하자. 지금

$$c_1 = \text{glb}\{f(x) : x_{i-1} \le x \le t\}, \quad c_2 = \text{glb}\{f(x) : t \le x \le x_i\}$$

로 놓으면

$$L(f, P_1) = \sum_{k=1}^{n} m(f, I_k)\Delta x_k,$$
$$L(f, P_2) = \sum_{k=1}^{i-1} m(f, I_k)\Delta x_k + c_1(t - x_{i-1}) + c_2(x_i - t) + \sum_{k=i+1}^{n} m(f, I_k)\Delta x_k$$

가 된다. 그런데 $c_1, c_2 \ge m(f, I_i)$이므로

$$m(f, I_i)\Delta x_i = m(f, I_i)(t - x_{i-1}) + m(f, I_i)(x_i - t)$$
$$\le c_1(t - x_{i-1}) + c_2(x_i - t)$$

가 된다. 따라서 $L(f, P_1) \le L(f, P_2)$가 된다.

다음으로 P_2가 $P_2 = P_1 \cup \{t_1, t_2\}$이면

$$P_1 \subset P_1 \cup \{t_1\} \subset P_1 \cup \{t_1, t_2\} = P_2$$

되므로 위의 증명방법을 2회 시행하면

$$L(f, P_1) \le L(f, P_2)$$

를 얻는다. 일반적으로 $P_2 = P_1 \cup \{t_1, t_2, \cdots, t_k\}$일 때도 같은 방법으로 증명할 수 있다. 이와 같은 방법으로 $U(f, P_1) \ge U(f, P_2)$이 성립함을 증명할 수 있다. ■

정리 6.1.6

$f:[a,b]\to\mathbb{R}$ 는 유계함수이고 P_1, P_2가 $[a,b]$의 임의의 두 분할이면

$$L(f,P_1)\leq U(f,P_2).$$

증명 P를 P_1과 P_2의 공통 세분할이라고 하면 $P_1\subset P$, $P_2\subset P$이므로 보조정리 6.1.5에 의하여

$$L(f,P_1)\leq L(f,P),\ U(f,P)\leq U(f,P_2)$$

이다. 그런데 항상 $L(f,P)\leq U(f,P)$이므로 $L(f,P_1)\leq U(f,P_2)$가 된다. ■

정리 6.1.6에서 P_2를 고정하면 $[a,b]$의 모든 분할 P에 대하여

$$L(f,P)\leq U(f,P_2),\ L(f,P_2)\leq U(f,P)$$

가 된다. 따라서 $\mathbb{R}$의 완비성 공리에 의하여

$$\text{lub}\{L(f,P):P\text{는 }[a,b]\text{의 분할}\},\ \text{glb}\{U(f,P):P\text{는 }[a,b]\text{의 분할}\}$$

은 항상 존재한다. 이들의 값을 각각

$$\underline{\int_a^b}f(x)dx,\quad \overline{\int_a^b}f(x)dx$$

로 나타내고, $[a,b]$에서 f의 리만 하적분(lower Riemann integral), 리만 상적분(upper Riemann integral)이라 한다.

따름정리 6.1.7

$$\underline{\int_a^b}f(x)dx\leq \overline{\int_a^b}f(x)dx$$

증명 P를 $[a,b]$의 한 분할이라 하면 $[a,b]$의 임의의 분할 S에 대하여 정리 6.1.5에 의하여

$$m(b-a)\leq L(f,S)\leq U(f,P)\leq M(b-a)$$

이다. 따라서 $U(f,P)$는 하합들의 집합에 대한 상계이다. 그러므로 $[a,b]$의 모든 분할 P에 대하여 $\underline{\int_a^b} f(x)dx \leq U(f,P)$이다. 따라서 $\underline{\int_a^b} f(x)dx$는 상합들의 집합에 대한 하계이다. 그러므로 최대하계의 정의에 의하여

$$\underline{\int_a^b} f(x)dx \leq \overline{\int_a^b} f(x)dx.$$ ■

정의 6.1.8

$f:[a,b] \to \mathbb{R}$ 가 닫힌구간 $[a,b]$에서 유계함수이고

$$\overline{\int_a^b} f(x)dx = \underline{\int_a^b} f(x)dx$$

이면 f는 $[a,b]$에서 리만 적분가능(Riemann integrable) 또는 간단히 R-적분가능하다(R-integrable)고 하고, 그 공통된 값을 $[a,b]$에서 f의 리만 적분(Riemann integral)이라 하고

$$\int_a^b f(x)dx, \quad \int_a^b f dx \text{ 또는 } \int_a^b f$$

로 나타낸다. f가 $[a,b]$에서 리만 적분가능하면 $f \in \Re[a,b]$로 나타낸다.

주의 1 (1) 만약 $f:[a,b] \to \mathbb{R}$ 는 닫힌구간 $[a,b]$에서 유계함수, 즉 임의의 $t \in [a,b]$에 대하여 $m \leq f(t) \leq M$이면 $[a,b]$의 모든 분할 P에 대하여

$$m(b-a) \leq L(f,P) \leq U(f,P) \leq M(b-a)$$

이므로

$$m(b-a) \leq \underline{\int_a^b} f(x)dx \leq \overline{\int_a^b} f(x)dx \leq M(b-a).$$

(2) 만약 $f \in \Re[a,b]$가 리만 적분가능하면

$$m(b-a) \leq \int_a^b f(x)dx \leq M(b-a).$$

(3) 만약 임의의 $x \in [a,b]$에 대하여 $f(x) \geq 0$이고 $f \in \Re[a,b]$이면

$$\int_a^b f(x)dx \geq 0.$$

보기 2 다음 함수가 리만 적분가능함을 보여라.

(1) $f: [a,b] \to \mathbb{R}$, $f(x) = c$(상수)

(2) $f: [0,1] \to \mathbb{R}$, $g(x) = x^2$

증명 (1) $[a,b]$의 모든 분할 P에 대하여 $L(f,P) = c(b-a)$, $U(f,P) = c(b-a)$이다. 따라서

$$\overline{\int_a^b} f(x)dx = \mathrm{glb}\{U(f,P) : P\text{는 } [a, b]\text{의 분할}\} = c(b-a)$$

$$\underline{\int_a^b} f(x)dx = \mathrm{lub}\{L(f,P) : P\text{는 } [a, b]\text{의 분할}\} = c(b-a)$$

이므로 $\int_a^b f(x)dx = c(b-a)$이 된다.

(2) $[0, 1]$을 n개의 부분구간으로 나누는 분할 P_n을

$$P_n = \{0, 1/n, 2/n, \cdots, (n-1)/n, n/n\}$$

이라 하자. f가 $[0, 1]$에서 증가함수이므로 $k = 1, 2, \cdots, n$에 대하여 $m_k = ((k-1)/n)^2$, $M_k = (k/n)^2$이다. 각 $n \in \mathbb{N}$에 대하여

$$L(f,P_n) = \frac{(n-1)n(2n-1)}{6n^3} = \frac{1}{3}\left(1 - \frac{3}{2n} + \frac{1}{2n^2}\right),$$

$$U(f,P_n) = \frac{n(n+1)(2n+1)}{6n^3} = \frac{1}{3}\left(1 + \frac{3}{2n} + \frac{1}{2n^2}\right)$$

이다. $\lim\limits_{n \to \infty} U(f,P_n) = 1/3$이므로 $\overline{\int_0^1} x^2 dx \le \dfrac{1}{3}$이 성립한다. 같은 방법으로 $\lim\limits_{n \to \infty} L(f,P_n) = \dfrac{1}{3}$이므로 $\dfrac{1}{3} \le \underline{\int_0^1} x^2 dx$이 성립한다. 따라서 f는 $I = [0, 1]$에서 적분가능하고 $\int_0^1 x^2 dx = \dfrac{1}{3}$이다. ∎

보기 3 다음 디리클레 함수는 리만 적분가능하지 않음을 보여라.

$$f : [a,b] \to \mathbb{R}, \quad f(x) = \begin{cases} 1 & (x\text{가 유리수}) \\ 0 & (x\text{가 무리수}) \end{cases}$$

풀이 P를 $[a,b]$의 임의의 분할이라고 하자. P의 각 소구간 I_k는 적어도 하나의 유

리수와 무리수를 동시에 포함하므로

$$M_k = \text{lub}\{f(x): x \in I_k\} = 1, \quad m_k = \text{glb}\{f(x): x \in I_k\} = 0$$

이 된다. 따라서

$$U(f,P) = \sum_{k=1}^{n} M_k \Delta x_k = \sum_{k=1}^{n} 1 \cdot \Delta x_k = b-a,$$

$$L(f,P) = \sum_{k=1}^{n} m_k \Delta x_k = \sum_{k=1}^{n} 0 \cdot \Delta x_k = 0$$

이다. 그러므로

$$\overline{\int_a^b} f(x)dx = \text{glb}\{U(f,P): P는 [a,b]의 분할\} = b-a \ ,$$

$$\underline{\int_a^b} f(x)dx = \text{lub}\{L(f,P): P는 [a,b]의 분할\} = 0$$

이 된다. 따라서 f는 $[a,b]$에서 리만 적분가능하지 않다. ∎

정리 6.1.9

(적분가능성에 대한 리만 판정법) 유계함수 f가 $[a,b]$에서 리만 적분가능한 필요충분 조건은 모든 양수 ϵ에 대하여
$$U(f,P) - L(f,P) < \epsilon$$
를 만족하는 $[a,b]$의 한 분할 P가 존재한다.

증명 $f \in \Re[a,b]$이고 ϵ은 임의의 양수라 하자. 그러면 $[a,b]$의 분할 S와 T가 존재하여

$$\underline{\int_a^b} fdx - \frac{\epsilon}{2} < L(f,T), \ U(f,S) < \overline{\int_a^b} fdx + \frac{\epsilon}{2}$$

이 된다. $P = S \cup T$라고 하면 보조정리 6.1.5에 의하여

$$U(f,P) - L(f,P) \leq U(f,S) - L(f,T) < \left(\overline{\int_a^b} fdx + \frac{\epsilon}{2}\right) - \left(\underline{\int_a^b} fdx - \frac{\epsilon}{2}\right) = \epsilon$$

이다. 우변의 등식은 $\overline{\int_a^b} fdx = \int_a^b fdx = \underline{\int_a^b} fdx$로부터 얻는다.

역으로, 정리의 조건이 성립한다고 가정하고 $\epsilon > 0$은 임의의 양수라 하자. 그러면 $U(f,P) - L(f,P) < \epsilon$을 만족하는 $[a,b]$의 분할 P가 존재한다. 따라서

$$\overline{\int_a^b} fdx - \underline{\int_a^b} fdx \leq U(f,P) - L(f,P) < \epsilon$$

이다. 그러므로 따름정리 6.1.7을 이용하면 임의의 $\epsilon > 0$에 대하여

$$0 \leq \overline{\int_a^b} fdx - \underline{\int_a^b} fdx < \epsilon$$

임을 알 수 있다. 따라서 $\overline{\int_a^b} fdx = \underline{\int_a^b} fdx$가 되어 $f \in \Re[a,b]$이 된다. ■

보기 4 디리클레 함수 f에 대하여 닫힌구간 $[0,1]$의 임의의 분할 P라 하면 $U(f,P) - L(f,P) = 1 - 0 = 1$이므로 위 정리에 의하여 f는 $[0,1]$에서 리만 적분가능하지 않다.

따름정리 6.1.10

유계함수 $f : [a,b] \to \mathbb{R}$에 대하여 $\{P_n : n \in \mathbb{N}\}$이
$$\lim_{n \to \infty} (U(f,P_n) - L(f,P_n)) = 0$$
을 만족하는 $[a,b]$의 분할들의 수열이면 f는 리만 적분가능하고
$$\lim_{n \to \infty} U(f,P_n) = \int_a^b f = \lim_{n \to \infty} L(f,P_n).$$

보기 5 $f(x) = x^2 \ (x \in [0, 1])$일 때 $\displaystyle\int_0^1 x^2 dx$를 구하여라.

풀이 $[0, 1]$을 n개의 부분구간으로 나누는 분할 P_n을 $P_n = \{0, 1/n, 2/n, \cdots, (n-1)/n, n/n\}$이라 하면 보기 2에 의하여 $\lim_{n \to \infty} (U(f,P_n) - L(f,P_n)) = 0$이다. 따라서 f는 리만 적분가능하고,

$$\int_0^1 x^2 dx = \lim_{n \to \infty} U(f,P_n) = \lim_{n \to \infty} \frac{1}{3}\left(1 + \frac{3}{2n} + \frac{1}{2n^2}\right) = \frac{1}{3}.$$ ■

연속함수나 단조함수는 리만 적분가능함을 증명하고자 한다.

정리 6.1.11

(1) f가 $[a,b]$에서 연속함수이면 f는 $[a,b]$에서 리만 적분가능하다.

(2) f는 $[a,b]$에서 단조함수이면 f는 $[a,b]$에서 리만 적분가능하다.

증명 (1) $\epsilon > 0$은 임의의 양수라고 하자. f는 $[a,b]$에서 연속함수이므로 f는 $[a,b]$에서 균등연속이다. 따라서 적당한 $\delta > 0$가 존재하여 $|s-t| < \delta$이면 $|f(s) - f(t)| < \epsilon/2(b-a)$이 된다. $P = \{x_0, x_1, \cdots, x_n\}$를 $x_i - x_{i-1} < \delta$ $(i = 1, 2, \cdots, n)$를 만족하는 한 분할이라 하자. 그러면

$$M_i - m_i \leq \frac{\epsilon}{2[b-a]} \ (i = 1, 2, \cdots, n)$$

이다. 따라서

$$U(f,P) - L(f,P) = \sum_{i=1}^{n} (M_i - m_i)\Delta x_i \leq \frac{\epsilon}{2[b-a]} \sum_{i=1}^{n} \Delta x_i = \frac{\epsilon}{2} < \epsilon$$

이다. 따라서 적분가능성에 대한 리만 판정법에 의하여 $f \in \Re[a,b]$이다.

(2) $\epsilon > 0$는 임의의 양수라 하자. 자연수 n에 대하여 $\Delta x_i = (b-a)/n \ (i = 1, 2, \cdots, n)$가 되도록 $[a,b]$의 분할 P를 선택한다. f가 단조증가(단조감소일 때도 같은 방법으로 증명할 수 있다)라고 하면

$$M_i = f(x_i), \ m_i = f(x_{i-1}) \ (i = 1, 2, \cdots, n)$$

이므로 충분히 큰 n에 대하여

$$U(f,P) - L(f,P) = \frac{b-a}{n} \sum_{i=1}^{n} [f(x_i) - f(x_{i-1})]$$
$$= \frac{b-a}{n} \cdot [f(b) - f(a)] < \epsilon$$

이 성립한다. 따라서 적분가능성에 대한 리만 판정법에 의하여 $f \in \Re[a,b]$이다. ∎

주의 2 정리 6.1.11(1)의 역은 성립하지 않는다. 특히, 가산개의 불연속점을 갖는 함수도 리만 적분가능할 수 있다.

보기 6 다음 함수 f에 대하여 $\int_0^1 f(x)dx$가 존재함을 보여라.

$$f(x) = \begin{cases} \sin x / x & (x \neq 0) \\ 1 & (x = 0) \end{cases}$$

증명 $\dfrac{\sin x}{x}$는 $x \neq 0$에서 연속이고 $\lim\limits_{x \to 0} \dfrac{\sin x}{x} = 1 = f(0)$이므로 f는 $[0,1]$에서 연속함수이다. 위 정리에 의하여 f는 $[0,1]$에서 리만 적분가능하고 $\int_0^1 f(x)dx$가 존재한다. ■

보기 7 최대정수함수 $f(x) = [x]$는 $[0,4]$에서 리만 적분가능함을 보여라.

증명 f는 $[0,4]$에서 연속함수가 아니지만 f는 단조증가함수이다. 위 정리에 의하여 f는 $[0,4]$에서 리만 적분가능하고 $\int_0^4 f(x)dx$가 존재한다. ■

정리 6.1.12

f는 $[a,b]$에서 유계함수이고 $[a,b]$의 모든 x에 대하여 $m \leq f(x) \leq M$라고 가정하자. 만일 $f \in \Re\,[a,b]$이고 g가 $[m, M]$에서 연속이면 $g \circ f \in \Re\,[a,b]$.

증명 $h = g \circ f$라 두면 g는 $[m, M]$에서 연속이므로 유계함수이다. 따라서 모든 $t \in [m,M]$에 대하여 $|g(t)| < k$이고 $\epsilon > 0$는 임의의 양수라 하자. g는 $[m,M]$에서 균등연속이므로 $|s - t| < \delta$이면

$$|g(s) - g(t)| < \frac{\epsilon}{2k + b - a} \tag{6.1}$$

를 만족하는 $\delta > 0$, $0 < \delta < \dfrac{\epsilon}{2k + b - a}$가 존재한다. $f \in \Re\,[a,b]$이므로 정리 6.1.8에 의하여 $[a,b]$의 한 분할 $P = \{x_0, x_1, \cdots, x_n\}$이 존재하여 $U(f, P) - L(f, P) < \delta^2$이 된다. $i = 1, 2, \cdots, n$에 대하여

$$M_i = \sup\{f(x) : x \in [x_{i-1}, x_i]\}, \quad m_i = \inf\{f(x) : x \in [x_{i-1}, x_i]\}$$
$$M_i^* = \sup\{h(x) : x \in [x_{i-1}, x_i]\}, \quad m_i^* = \inf\{h(x) : x \in [x_{i-1}, x_i]\}$$

라고 두고, 또한

$$A = \{i : 1 \leq i \leq n \text{ 이고 } M_i - m_i < \delta\}$$
$$B = \{i : 1 \leq i \leq n \text{ 이고 } M_i - m_i \geq \delta\}$$

라고 놓는다.

만일 $i \in A$이면 부등식 (6.1)에 의하여 $M_I^* - m_i^* \leq \dfrac{\epsilon}{2k+b-a}$이고, 만일

$i \in B$이면 $M_i^* - m_i^* \leq 2k$이다. 따라서

$$\delta \sum_{i \in B} \varDelta x_i \leq \sum_{i \in B} (M_i - m_i) \varDelta x_i \leq \sum_{i=1}^{n} (M_i - m_i) \varDelta x_i = U(f, P) - L(f, P) < \delta^2$$

이므로 $\displaystyle\sum_{i \in B} \varDelta x_i < \delta$이다. 그러므로

$$U(h, P) - L(h, P) = \sum_{i=1}^{n} (M_i^* - m_i^*) \varDelta x_i = \sum_{i \in A} (M_i^* - m_i^*) \varDelta x_i + \sum_{i \in B} (M_i^* - m_i^*) \varDelta x_i$$
$$\leq \frac{\epsilon}{2k+b-a} \sum_{i \in A} \varDelta x_i + 2k \sum_{i \in B} \varDelta x_i \leq \frac{\epsilon}{2k+b-a} \sum_{i=1}^{n} \varDelta x_i + 2k\delta$$
$$< \frac{\epsilon}{2k+b-a} (b-a) + 2k \frac{\epsilon}{2k+b-a} = \epsilon.$$

따라서 적분가능성에 대한 리만 판정법에 의하여 $h \in \Re\,[a, b]$. ∎

01 $f(x) = x^2 - 2x + 2$일 때 구간 $[-1, 3]$의 분할 $P = \{-1, -1/2, 0, 1, 3\}$에 대하여 $L(f, P)$와 $U(f, P)$를 구하여라.

02 다음 $f : [0, 1] \to \mathbb{R}$ 에 대하여 $\displaystyle\int_0^1 f(x)dx = 0$임을 보여라.

$$f(x) = \begin{cases} 0 & (x \neq 1/2) \\ 1 & (x = 1/2) \end{cases}$$

03 구간 $[0, 1]$에서 정의된 다음 함수 f가 $[0, 1]$에서 리만 적분가능함을 증명하고, $\displaystyle\int_0^1 f(x)dx$ 를 구하여라.

$$f(x) = \begin{cases} 1 & x \in (0, 1) \\ 2 & x = 0 \text{ 또는 } 1 \end{cases}$$

04 $f : [0, 1] \to \mathbb{R}$ 가 $f(x) = x$로 정의될 때 $[0, 1]$의 분할 $P_n = \{0, 1/n, 2/n, \cdots, n/n\}$에 대하여

$$U(f, P_n) = \frac{1}{2}\left(1 + \frac{1}{n}\right), \;\; L(f, P_n) = \frac{1}{2}\left(1 - \frac{1}{n}\right)$$

이 됨을 보이고, $\displaystyle\lim_{n \to \infty} U(f, P_n) = \lim_{n \to \infty} L(f, P_n) = 1/2$ 임을 보여라. 따라서

$$\int_0^1 f(x)dx = \frac{1}{2}$$

이다.

05 $f : [0, 1] \to \mathbb{R}$ 가 유계이고 임의의 $x \in [0, 1]$에 대하여 $f(x) \geq 0$이면 $\displaystyle\underline{\int_0^1} f \geq 0$임을 보여라.

06 $f(x) = \begin{cases} x, & x \in \mathbb{Q} \cap [a, b] \\ a, & x \in (\mathbb{R} - \mathbb{Q}) \cap [a, b] \end{cases}$ 일 때 다음에 답하여라.

(1) $[a, b]$의 임의의 분할 P에 대하여 $L(f, P)$를 구하여라.

(2) $\displaystyle\underline{\int_a^b} f(x)dx$를 구하여라.

(3) P_n이 $[a, b]$을 n등분한 분할일 때 $U(f, P_n)$를 구하여라.

(4) $\overline{\int_a^b} f(x)dx$를 구하여라.

07 $f^2 \in \Re\,[a,b]$이지만 $f \notin \Re\,[a,b]$인 함수의 예를 들어라.

08 다음 각 함수의 예를 들어라.

(1) $[a,b]$에서 유계이지만 리만 적분가능하지 않는 함수

(2) $[a,b]$에서 리만 적분가능하지만 연속이 아닌 함수

(3) $[a,b]$에서 리만 적분가능하지만 단조함수가 아닌 함수

(4) $[a,b]$에서 리만 적분가능하지만 연속도 아니고 단조함수도 아닌 함수

09 다음 함수 f가 $[0,1]$에서 리만 적분가능한가를 결정하여라.

(1) $f(x) = 1/(x+3)$ $\qquad\qquad$ (2) $f(x) = [x]$

(3) $f(x) = \begin{cases} 1/x, & x \neq 0 \\ 1, & x = 0 \end{cases}$ $\qquad$ (4) $f(x) = \begin{cases} x\sin(1/x), & x \neq 0 \\ 1, & x = 0 \end{cases}$

(5) $f(x) = \begin{cases} 0, & x = 0 \text{ 또는 } x = 1 \\ 1, & x\text{는 다른 값} \end{cases}$ $\qquad$ (6) $f(x) = \begin{cases} 0, & x\text{는 유리수} \\ \sqrt{x}, & x\text{는 무리수} \end{cases}$

(7) $f(x) = \begin{cases} \dfrac{1}{x - 1/2}, & x \neq 1/2 \\ 0, & x = 1/2 \end{cases}$ $\qquad$ (8) $f(x) = \begin{cases} \sin(1/x), & x\text{는 무리수} \\ 0, & x\text{는 유리수} \end{cases}$

10 다음 각 조건을 만족하는 유계함수 f는 $[a,b]$에서 리만 적분가능함을 보여라.

(1) $[a,b]$에서 정확히 하나의 불연속점을 갖는 함수 f

(2) $[a,b]$에서 오직 유한개의 불연속점을 갖는 함수 f

11 다음 함수 f에 대하여 $\displaystyle\int f = \dfrac{b^3 - a^3}{3}$임을 보여라 $(a > 0)$.

$$f(x) = \begin{cases} x^2, & x \in \mathbb{Q} \cap [a,b] \\ 0, & x \in (\mathbb{R} - \mathbb{Q}) \cap [a,b] \end{cases}$$

12 f는 $[a,b]$에서 연속이고 임의의 $x \in (a,b)$에 대하여 $f(x) \geq 0$이라 가정하자. 만약 $\displaystyle\int_a^b f = 0$이면 $[a,b]$의 모든 점에서 $f(x) = 0$임을 보여라. 만약 f가 $[a,b]$에서 연속이 아니면 위 결론이 거짓이 되는 예를 제시하여라.

13 $[a,b]$에서 정의되는 함수 f가 모든 $x,y \in [a,b]$에 대하여 조건

$$|f(x) - f(y)| \leq M|x - y| \quad (\text{단, } M > 0)$$

을 만족하면 f는 $[a,b]$에서 리만 적분가능함을 보여라.

리만(Georg Friedrich Bernhard Riemann, 1826~1866)의 생애와 업적

독일의 수학자로 해석학, 미분기하학에 혁신적인 업적을 남겼으며, 리만 기하학은 훗날 아인슈타인에 의해서 확립된 일반상대성이론의 수학적 배경이 된다. 그의 이름은 리만 적분, 코시-리만 방정식, 리만 제타 함수, 리만 다양체 등의 수학용어에 남아 있다. 특히 리만 제타 함수에 관한 그의 예상은 현재 가장 중요한 수학의 미해결 문제 중의 하나로 남아 있다. 현재 독일의 다넨베르크(Dannenberg) 근처인 당시 하노버 왕국의 한 마을에서 루터파 교회의 가난한 목사의 아들로 태어났으며, 어릴 때부터 보기드문 수학적 재능을 나타내었다. 1847 년 베를린 대학에서 야코비(Jacobi), 디리클레(Dirichlet), 슈타이너(Steiner) 등의 수학자에게 배웠으며, 1849년 괴팅겐에서 역사적인 첫 취임 강의를 하였는데 이것이 바로 리만 기하학 의 기초가 되는 것이었다. 1859년 디리클레가 사망한 후에 괴팅겐 대학의 수학부를 이끄는 책임자가 되었다. 1866년 세 번째 이탈리아 여행 중 셀라스카(Selasca)에서 결핵으로 사망하 였다.

르베그(Henri Léon Lebesgue, 프랑스, 1875~ 1941)의 생애와 업적

르베그는 적분 이론으로 유명한 프랑스 수학자이다. 르베그 적분은 그의 1902년 낭시 대 학교의 박사 학위 논문에서 기원한다.

19세기에 이르러 리만은 적분에 대해 수학적으로 엄밀하게 정의하였으며 1823년에 코시 는 모든 연속함수는 적분 가능함을 증명하였다. 리만은 이를 확장하여 연속함수 $f(x)$의 적 분은 해당 구간에서 리만 합의 극한과 같다는 점을 증명하였다. 이렇게 정의된 적분을 흔히 리만 적분이라 한다.

1902년에 르베그는 연속된 함수의 유계 구간에 대해 내측도와 외측도의 개념을 정립하고 이를 덮개로 파악하여 계측하는 르베그 측도를 이용한 르베그 적분과 여러 가지 정리를 발 표하였다. 르베그 적분은 n차원의 일반적인 함수에 대해 리만 적분을 확장하여 적용한 것이 다. 르베그 적분은 특정 함수에 대해 리만 적분이 존재할 때에는 리만 적분과 일치하지만 그렇지 않은 경우에도 적분가능한 함수들을 제시하였다.

6.2 | 적분의 성질

> **정리 6.2.1**
>
> 만약 f, $g \in \Re[a,b]$는 $[a,b]$에서 리만 적분가능하고 $c \in \mathbb{R}$ 이면
>
> (1) $cf \in \Re[a,b]$는 $[a,b]$에서 리만 적분가능하고 $\displaystyle\int_a^b cf dx = c\int_a^b f dx$.
>
> (2) $f + g \in \Re[a,b]$ 이고 $\displaystyle\int_a^b (f+g)dx = \int_a^b f dx + \int_a^b g dx$.
>
> (3) $fg \in \Re[a,b]$는 $[a,b]$에서 리만 적분가능하다.

증명 (1) $g(x) = cx$로 두면 정리 6.1.12에 의하여 $(g \circ f)(x) = cf(x)$는 $[a,b]$에서 리만 적분가능하다. $c \geq 0$이고 P를 $[a,b]$의 한 분할이라 하면

$$U(cf, P) = cU(f, P) \geq c\int_a^b f dx$$

이다. 따라서 $\displaystyle\int_a^b cf dx \geq c\int_a^b f dx$ 이다. 같은 방법으로 $\displaystyle\int_a^b cf dx \leq c\int_a^b f dx$ 이다. 그러므로 $\displaystyle\int_a^b cf dx = c\int_a^b f dx$이다.

$c < 0$인 경우도 같은 방법으로 증명할 수 있다.

(2) $[a,b]$의 모든 분할 P에 대하여

$$L(f, P) + L(g, P) \leq L(f+g, P) \leq U(f+g, P) \leq U(f, P) + U(g, P)$$

이다. $\epsilon > 0$는 임의의 양수라고 하자. 적분가능성에 대한 리만 판정법에 의하여

$$U(f, S) - L(f, S) < \frac{\epsilon}{2}, \quad U(g, T) - L(g, T) < \frac{\epsilon}{2}$$

를 만족하는 $[a,b]$의 분할 S와 T가 존재한다. $P = S \cup T$로 두면

$$U(f+g, P) - L(f+g, P) < \frac{\epsilon}{2} + \frac{\epsilon}{2} = \epsilon$$

이다. 따라서 적분가능성에 대한 리만 판정법에 의하여 $f + g \in \Re[a,b]$

이다. 또한

$$U(f,P) \leq U(f,S) < L(f,S) + \frac{\epsilon}{2} \leq \int_a^b f dx + \frac{\epsilon}{2}$$

이다. 같은 방법으로 $U(g,P) < \int_a^b g dx + \frac{\epsilon}{2}$ 을 얻는다. 따라서

$$\int_a^b (f+g)dx \leq U(f+g,P) \leq U(f,P) + U(g,P) < \int_a^b f dx + \int_a^b g dx + \epsilon$$

$\epsilon > 0$은 임의의 수이므로

$$\int_a^b (f+g)dx \leq \int_a^b f dx + \int_a^b g dx$$

이다. 같은 방법으로

$$\int_a^b (f+g)dx \geq \int_a^b f dx + \int_a^b g dx$$

를 얻는다. 따라서 $\int_a^b (f+g)dx = \int_a^b f dx + \int_a^b g dx$.

(3) 만약 $f \in \Re[a,b]$가 $[a,b]$에서 리만 적분가능하고 $g(x) = x^2$ 로 두면 $g(x) = x^2$
은 $\mathbb{R}$에서 연속이므로 정리 6.1.12에 의하여 $f^2 = g \circ f \in \Re[a,b]$은 $[a,b]$
에서 리만 적분가능하다.

만약 $f, g \in \Re[a,b]$이면 (1)과 (2)에 의하여 $f+g$, $f-g \in \Re[a,b]$이다.
위의 결과에 의하여 $(f+g)^2$, $(f-g)^2 \in \Re[a,b]$이다. 다시 (1)과 (2)에
의하여

$$f \cdot g = \frac{1}{4}[(f+g)^2 - (f-g)^2)]$$

는 $[a,b]$에서 리만 적분가능하다. ∎

정의 6.2.2

(1) 만약 f가 $x = a$에서 정의되면 $\int_a^a f(x)dx = 0$으로 정의한다.

(2) 만약 $f \in \Re[a,b]$이면

$$\int_b^a f(x)\,dx = -\int_a^b f(x)\,dx$$

로 정의한다.

정리 6.2.3

$f,\ g \in \Re\,[a,b]$는 $[a,b]$에서 리만 적분가능하다고 하자.

(1) 모든 $x \in [a,b]$ 에 대하여 $f(x) \geq 0$이면 $\int_a^b f\,dx \geq 0$.

(2) 모든 $x \in [a,b]$ 에 대하여 $f(x) \leq g(x)$이면 $\int_a^b f\,dx \leq \int_a^b g\,dx$.

(3) $|f| \in \Re\,[a,b]$이고 $|\int_a^b f\,dx| \leq \int_a^b |f|\,dx$ 이다.

증명 (1) $f \in \Re\,[a,b]$는 $[a,b]$에서 리만 적분가능하고 $[a,b]$에서 $f(x) \geq 0$이라 가정

하자. P를 $[a,b]$의 한 분할이라 하면 $\int_a^b f\,dx \geq L(f,P) \geq 0$이다.

(2) $f,\ g \in \Re\,[a,b]$이고 $[a,b]$에서 $g(x) \geq f(x)$이면 $g(x) - f(x) \geq 0$이다. 따

라서 위의 결과에 의하여 $\int_a^b (g-f)\,dx \geq 0$가 된다. 정리 6.2.1의 (1)과

(2)에 의하여

$$\int_a^b (g-f)\,dx = \int_a^b g\,dx - \int_a^b f\,dx$$

이므로 $\int_a^b g\,dx \geq \int_a^b f\,dx$를 얻는다.

(3) $g(x) = |x|$는 연속함수이므로 $|f| = g \circ f \in \Re\,[a,b]$이다. c를 다음과 같이

식으로 정의하자(c의 값은 1이거나 -1이다).

$$c\int_a^b f\,dx = \left|\int_a^b f\,dx\right|$$

$[a,b]$의 모든 x에 대하여 $cf(x) \leq |f(x)|$이므로 (4)에 의하여

$$\int_a^b cf\,dx \leq \int_a^b |f|\,dx$$

이 된다. (1)을 이용하면

$$\left| \int_a^b f dx \right| = c \int_a^b f dx = \int_a^b c f dx \leq \int_a^b |f| dx. \qquad \blacksquare$$

주의 1 정리 6.2.3(3)의 역은 성립하지 않는다. 다음과 같이 함수 $f : [a,b] \to \mathbb{R}$ 을 정의하면 $|f|, f^2 \in \mathfrak{R}[a,b]$이지만 $f \not\in \mathfrak{R}[a,b]$이다.

$$f(x) = \begin{cases} 1 & (x \text{는 } [a,b] \text{에서 유리수}) \\ -1 & (x \text{는 } [a,b] \text{에서 무리수}) \end{cases}$$

정리 6.2.4

만약 $f \in \mathfrak{R}[a,b]$가 $[a,b]$에서 리만 적분가능하면 $[a,b]$의 모든 닫힌 부분구간 $[c,d]$에 대하여 $f \in \mathfrak{R}[c,d]$이고 모든 $c \in (a,b)$에 대하여

$$\int_a^b f dx = \int_a^c f dx + \int_c^b f dx.$$

증명 $c \in (a,b)$이고 P를 $[a,b]$의 한 분할이라 하자. $P^* = P \cup \{c\}$로 두면 $P_1 = P^* \cap [a,c]$와 $P_2 = P^* \cap [c,b]$는 각각 $[a,c]$와 $[c,b]$의 분할이다. 그러면

$$U(f,P) \geq U(f,P^*) = U(f,P_1) + U(f,P_2) \geq \overline{\int_a^c} f dx + \overline{\int_c^b} f dx$$

이므로 $\int_a^b f dx \geq \overline{\int_a^c} f dx + \overline{\int_c^b} f dx$ 이다. 같은 방법으로 $\int_a^b f dx \leq \underline{\int_a^c} f dx + \underline{\int_c^b} f dx$를 얻는다. 따라서

$$\int_a^b f dx \geq \overline{\int_a^c} f dx + \overline{\int_c^b} f dx \geq \overline{\int_a^c} f dx + \underline{\int_c^b} f dx$$

$$\geq \underline{\int_a^c} f dx + \underline{\int_c^b} f dx \geq \int_a^b f dx$$

이므로

$$\overline{\int_a^c} fdx = \underline{\int_a^c} fdx, \quad \overline{\int_c^b} fdx = \underline{\int_c^b} fdx, \ 즉 \ f \in \Re[a,c] \cap \Re[c,b]$$

이다. 또한 $\int_a^b fdx = \int_a^c fdx + \int_c^b fdx$ 이다. $[c,d]$를 $[a,b]$의 닫힌 부분공간

이라 하면 위의 결과에 의하여 $f \in \Re[a,d]$이고 위의 결과를 한 번 더 적용하면

$f \in \Re[c,d]$를 얻는다. ■

정리 6.2.5

f는 $[a,b]$에서 음이 아니고 적분가능하고 또한 f가 적당한 점 $c \in [a,b]$에서 연속이고

$f(c) > 0$이면 $\int_a^b fdx > 0$이다.

증명 f가 c에서 연속이므로 연속의 성질에 의하여

$$f(x) > f(c)/2 \quad (x \in (c-\delta, c+\delta) \cap [a,b])$$

를 만족하는 $\delta > 0$가 존재한다. $c - \delta < a$ 또는 $c + \delta > b$일 경우는 조작하면
위 정리에 의하여

$$\int_a^b f = \int_a^{c-\delta} f + \int_{c-\delta}^{c+\delta} f + \int_{c+\delta}^b f$$

이다. 정리 6.2.3(적분의 순서보존 성질)에 의하여

$$\int_a^b fdx \geq 0 + \int_{c-\delta}^{c+\delta} fdx + 0 \geq \int_{c-\delta}^{c+\delta} \frac{1}{2} f(c) = 2\delta(\frac{1}{2}f(c)) = \delta f(c) > 0. \quad ■$$

정의 6.2.6

f는 $[a,b]$에서 유계함수이고 $P = \{x_0, x_1, \cdots, x_n\}$을 $[a,b]$의 한 분할이라 하자. 각
$i = 1, 2, \cdots, n$에 대하여 $\xi_i \in [x_{i-1}, x_i]$를 임의로 택하고 $\xi = \{\xi_1, \xi_1, \cdots, \xi_n\}$로 두면 합

$$S(f, P, \xi) = \sum_{i=1}^n f(\xi_i) \triangle x_i$$

를 분할 P에 대한 f의 리만합(Riemann sum)이라 한다.

---

f와 P를 위 정의에서와 같다고 하면 정의에 의하여 임의의 집합 $\xi = \{\xi_1, \xi_1, \cdots, \xi_n\}$에 대하여

$$L(f, P) \le S(f, P, \xi) \le U(f, P)$$

이 항상 성립한다. 따라서 리만 상합과 리만 하합이 적분값에 접근하면 리만합도 적분값에 접근한다.

정의 6.2.7

$P = \{x_0, x_1, \cdots, x_n\}$가 $[a, b]$의 분할이면 P의 노름(norm)을

$$\|P\| = \max\{|x_i - x_{i-1}| : 1 \le i \le n\}$$

으로 정의하고 $\|P\|$로 나타낸다.

정의 6.2.8

f가 $[a, b]$에서 유계함수라고 하자. 임의의 양수 $\epsilon > 0$에 대하여 적당한 양수 δ가 존재해서 $\|P\| < \delta$인 $[a, b]$의 분할 P에 대한 모든 리만합 $S(f, P, \xi)$가 부등식 $|S(f, P, \xi) - L| < \epsilon$을 만족하면 $\|P\| \to 0$일 때 $S(f, P, \xi)$은 L에 수렴한다 또는 L을 $\|P\| \to 0$일 때 $S(f, P, \xi)$의 극한이라 한다. 이 극한을

$$L = \lim_{\|P\| \to 0} S(f, P, \xi) = \lim_{\|P\| \to 0} \sum_{j=1}^{n} f(\xi_j)(x_j - x_{j-1})$$

로 나타낸다.

정리 6.2.9

$f : [a, b] \to \mathbb{R}$ 은 유계함수라고 하자.

(1) f가 $[a, b]$에서 리만 적분가능하면 $\displaystyle\lim_{\|P\| \to 0} S(f, P, \xi) = \int_a^b f dx$.

(2) 만약 $\displaystyle\lim_{\|P\| \to 0} S(f, P, \xi) = L$이면 f는 $[a, b]$에서 리만 적분가능하고 $\displaystyle\int_a^b f dx = L$.

증명 (1) f는 $[a, b]$에서 리만 적분가능하고 $\epsilon > 0$이라 가정하자. 정의와 최소상계(최대하계)의 성질에 의하여 적당한 양수 $\delta > 0$가 존재해서 $\|P_\epsilon\| < \delta$인 $[a, b]$의 적당한 분할 P_ϵ에 대하여

$$L(f,P_\epsilon) > \int_a^b f(x)dx - \epsilon \text{이고} \quad U(f,P_\epsilon) < \int_a^b f(x)dx + \epsilon \qquad (6.2)$$

이 된다. $P = \{x_0, x_1, \cdots, x_n\}$은 P_ϵ의 세분할이라 하자. 이때

$$L(f,P_\epsilon) \leq L(f,P) \leq U(f,P) \leq U(f,P_\epsilon)$$

이므로 식 (6.2)에서 P_ϵ 대신 P로 치환해도 식 (6.2)가 성립한다. 또한 임의의 $\xi_j \in [x_{j-1}, x_j]$에 대하여 $m_j \leq f(\xi_j) \leq M_j$이다. 따라서

$$\int_a^b f(x)dx - \epsilon < L(f,P) \leq S(f,P,\xi) = \sum_{j=1}^n f(\xi_j) \triangle x_j$$

$$\leq U(f,P) < \int_a^b f(x)dx + \epsilon$$

이 된다. 특히 임의의 $P \supseteq P_\epsilon$과 임의의 $\xi_j \in [x_{j-1}, x_j]$ $(j = 1, \cdots, n)$에 대하여

$$\left| S(f,P,\xi) - \int_a^b f(x)dx \right| < \epsilon$$

이 된다.

(2) $\lim\limits_{\|P\| \to 0} S(f,P,\xi) = L$이고 ϵ은 임의의 양수라고 하자. 정의에 의하여 적당한 양수 $\delta > 0$가 존재해서 $\|P\| < \delta$인 $[a,b]$의 적당한 분할 P에 대하여

$$|S(f,P,\xi) - L| = |\sum_{j=1}^n f(\xi_j) \triangle x_j - L| < \frac{\epsilon}{2} \qquad (6.3)$$

이 성립한다. P^*는 $\|P^*\| < \delta$인 $[a,b]$의 분할이라 하자. 최소상계와 최대하계의 성질에 의하여 $f(\xi_i) > M_i - \epsilon/2(b-a)$ $(i = 1, 2, \cdots, n)$을 만족하는 $\xi_i \in [x_{i-1}, x_i]$를 선택하고, $f(\overline{\xi_i}) < m_i + \epsilon/2(b-a)$ $(i = 1, 2, \cdots, n)$을 만족하는 $\overline{\xi_i} \in [x_{i-1}, x_i]$를 선택한다. 그러면

$$S(f,P^*,\xi) = \sum_{j=1}^n f(\xi_i) \triangle x_i > \sum_{j=1}^n \left[M_i - \frac{\epsilon}{2(b-a)} \right] \triangle x_i = U(f,P^*) - \frac{\epsilon}{2},$$

$$S(f,P^*,\overline{\xi}) = \sum_{j=1}^n f(\overline{\xi_i}) \triangle x_i < \sum_{j=1}^n \left[m_i + \frac{\epsilon}{2(b-a)} \right] \triangle x_i = L(f,P^*) + \frac{\epsilon}{2}$$

이다. 따라서

$$\overline{\int_a^b} f \leq U(f,P^*) < S(f,P^*,\xi) + \frac{\epsilon}{2} < \left(L + \frac{\epsilon}{2}\right) + \frac{\epsilon}{2} = L + \epsilon,$$

$$\underline{\int_a^b} f \geq L(f,P^*) > S(f,P^*,\overline{\xi}) - \frac{\epsilon}{2} > \left(L - \frac{\epsilon}{2}\right) - \frac{\epsilon}{2} = L - \epsilon$$

이다. ϵ은 임의의 양수이므로 $\overline{\int_a^b} f \leq L$이고 $\underline{\int_a^b} f \geq L$이다. 따라서 $\overline{\int_a^b} f =$ $\underline{\int_a^b} f = L$이므로 f는 $[a,b]$에서 리만 적분가능하고 $\int_a^b f dx = L$이다. ∎

보기 1 $f(x) = x^2$이고 $b > 0$일 때 $\int_0^b f dx$를 구하여라.

풀이 f는 $[0,b]$에서 연속(또는 단조증가)이므로 f는 $[0,b]$에서 적분가능하다. $P : 0 = x_0 < x_1 < \cdots < x_n = b$는 $[0,b]$의 임의의 분할이고 부분구간 $[x_{i-1}, x_i]$의 중간점 $\xi_i = \left[\frac{1}{3}(x_i^2 + x_i x_{i-1} + x_{i-1}^2)\right]^{1/2}$을 선택하면 모든 $i = 1, 2, \cdots, n$에 대하여 $\xi_i \in (x_{i-1}, x_i)$이다. 지금

$$S(f,P,\xi) = \sum_{i=1}^n f(\xi_i) \Delta x_i = \sum_{i=1}^n \frac{1}{3}(x_i^2 + x_i x_{i-1} + x_{i-1}^2)(x_i - x_{i-1})$$
$$= \frac{1}{3}\sum_{i=1}^n (x_i^3 - x_{i-1}^3) = \frac{1}{3}(x_n^3 - x_0^3) = \frac{1}{3}b^3.$$

정리 6.2.9에 의하여 $\lim_{\|P\| \to 0} S(f,P,\xi)$가 존재하고 $[a,b]$의 임의의 분할 P에 대하여 $S(f,P,\xi) = b^3/3$을 만족하는 중간점 $\xi_i \in (x_{i-1}, x_i)$가 존재하므로 $\lim_{\|P\| \to 0} S(f,P,\xi) = b^3/3$이다. 따라서 $\int_a^b f dx = b^3/3$이다. ∎

01 f는 $[a, b]$에서 유계함수이고 $a < c < b$일 때 다음 등식을 보여라.

$$\overline{\int_a^b} f dx = \overline{\int_a^c} f dx + \overline{\int_c^b} f dx, \quad \underline{\int_a^b} f dx = \underline{\int_a^c} f dx + \underline{\int_c^b} f dx$$

02 f는 $[a, b]$에서 유계함수일 때 다음 등식을 보여라.

$$\overline{\int_a^b} f dx = - \underline{\int_a^b} (-f) dx$$

03 $c < 0$이고 $f \in \Re[a,b]$가 $[a,b]$에서 리만 적분가능하면 $cf \in \Re[a,b]$이고

$$\int_a^b cf dx = c \int_a^b f dx$$

임을 보여라(정리 6.2.1(1)의 증명은 완결하게 된다).

04 $f, g \in \Re[a,b]$가 $[a,b]$에서 리만 적분가능할 때 다음 부등식을 보여라.

$$\int_a^b (f+g) dx \geq \int_a^b f dx + \int_a^b g dx$$

05 f와 g를 $[a,b]$에서 유계함수라 할 때 다음 부등식을 보여라.

$$\underline{\int_a^b} f dx + \underline{\int_a^b} g dx \leq \underline{\int_a^b} (f+g) dx \leq \overline{\int_a^b} (f+g) dx \leq \overline{\int_a^b} f dx + \overline{\int_a^b} g dx$$

06 다음 부등식을 보여라.

(1) $\left| \int_{-1}^1 \dfrac{x^2 \cos e^x}{1+x^2} dx \right| \leq \dfrac{2}{3}$ (2) $0 \leq \int_{-2\pi}^{2\pi} x^2 \sin^{100}(e^x) dx \leq \dfrac{16\pi^3}{3}$

07 $f, g \in \Re[a,b]$는 $[a,b]$에서 리만 적분가능하면 다음을 보여라.

(1) $\max\{f,g\}$와 $\min\{f,g\}$는 리만 적분가능하다.

(2) f^+와 f^-는 리만 적분가능하다.

08 $f \in \Re[a,b]$가 $[a,b]$에서 리만 적분가능하고 $[a,b]$에서 어떤 양수 M에 대하여 $|f(x)| > M$이면 $1/f \in \Re[a,b]$임을 보여라.

09 (적분에 관한 코시-슈바르츠 부등식) $f, g \in \Re[a,b]$가 $[a,b]$에서 리만 적분가능할 때 다음을 보여라.

$$\left| \int_a^b f(x)g(x)dx \right|^2 \leq \left(\int_a^b f^2(x)dx \right) \left(\int_a^b g^2(x)dx \right)$$

10 $[a,b]$에서 정의된 유계함수 f와 g에 대하여 f는 리만 적분가능하고 g는 리만 적분가능하지 않아도 fg는 리만 적분가능한 예를 구하여라.

11 f가 $[a,b]$에서 음이 아닌 연속함수일 때 $\int_a^b f > 0$이거나 $[a,b]$에서 $f \equiv 0$임을 보여라.

12 $x_0 \in [a,b]$에서 $f(x_0) > 0$이지만 $\int_a^b f = 0$을 만족하는 음이 아닌 적분가능한 $f \in \Re[a,b]$의 예를 들어라.

13 f가 $[a,b]$에서 연속이고 $[a,b]$에서 모든 함수 g에 대하여 $\int_a^b fg = 0$이면 모든 $x \in [a,b]$에 대하여 $f(x) = 0$임을 보여라.

14 $\lim_{\|P\| \to 0} S(f,P,\xi)$이 존재하고 임의의 분할 P에 대하여 $S(f,P,\xi) = \alpha$을 만족하는 중간점 ξ_i을 선택가능하면 $\int_a^b f = \alpha$ 임을 보여라.

15 정리 6.2.9와 문제 14를 이용하여 다음 적분을 계산하여라.

(1) $\int_a^b x^3 dx$ (2) $\int_a^b \frac{1}{x^2} dx \ (a > 0)$

(3) $\int_a^b \frac{1}{\sqrt{x}} dx \ (a > 0)$

16 $f : [0,1] \to \mathbb{R}$ 가 연속함수일 때 $\lim_{n \to \infty} \frac{1}{n} \sum_{k=1}^n f\left(\frac{k}{n}\right) = \int_0^1 f(x)dx$임을 보여라.

17 다음 극한을 구하기 위하여 문제 16을 이용하여라.

(1) $\lim_{n \to \infty} \frac{1}{n^3} \sum_{k=1}^n k^2$ (2) $\lim_{n \to \infty} \sum_{k=1}^n \frac{k}{n^2 + k^2}$

18 $f : [a,b] \to \mathbb{R}$ 가 $[a,b]$에서 단조증가함수라 하자. $i = 0,1,\cdots,n$에 대하여 $x_i = a + \frac{b-a}{n}i$ 라 하고 이 분할점을 갖는 $[a,b]$의 분할을 P_n이라 하면

$$0 \leq U(f,P_n) - \int_a^b f(x)dx \leq \frac{b-a}{n}[f(b) - f(a)]$$

이고

$$0 \leq \int_a^b f(x)dx - L(f, P_n) \leq \frac{b-a}{n}[f(b) - f(a)]$$

임을 보여라.

19 $f : [0,1] \to \mathbb{R}$ 가 미분가능하고 $f'(x)$ 가 $[0,1]$ 에서 연속이고 $f(0) = 0$ 일 때

$$\sup_{0 \leq x \leq 1}|f(x)| \leq \left\{ \int_0^1 |f'(x)|^2 dx \right\}^{1/2}$$

가 성립함을 보여라(귀띔 : 코시-슈바르츠 부등식을 이용하여라).

20 다음을 보여라.

(1) $f : [0,1] \to \mathbb{R}$ 가 연속함수이면 $(n+1)\int_0^1 f(x)x^n dx = f(c)$ 를 만족하는

$c \in [0,1]$ 가 존재한다(2006 중등교사 임용시험문제).

(2) f 가 $[0,1]$ 에서 적분가능하면 $\lim_{n \to \infty} \int_0^1 x^n f(x) dx = 0$ 이다.

6.3 | 적분학의 기본정리

이 절에서는 리만 적분에 대한 평균값 정리, 미적분학의 기본정리와 변수변환공식 (치환적분공식)을 증명한다.

정리 6.3.1

(적분의 평균값 정리) f가 $[a,b]$에서 연속함수이면

$$\int_a^b f dx = f(c)(b-a)$$

을 만족하는 점 $c \in [a,b]$가 존재한다.

증명 f는 콤팩트집합 $[a,b]$에서 연속이므로 f는 $[a,b]$에서 적분가능하고 또한 최 댓값 $M = f(x_M)$과 최솟값 $m = f(x_m)$을 갖는다(단, x_m, $x_M \in [a,b]$). 따라서 분할 $P = \{a,b\}$에 대하여

$$m[b-a] = L(f,P) \le \int_a^b f dx \le U(f,P) = M(b-a)$$

이므로

$$f(x_m) = m \le \frac{1}{b-a}\int_a^b f dx \le M = f(x_M)$$

이다. 연속함수의 중간값 정리에 의하여 $f(c) = \dfrac{1}{b-a}\displaystyle\int_a^b f dx$를 만족하는 점 $c \in [a,b]$가 존재한다. ∎

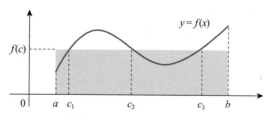

그림 6.2 적분의 평균값 정리

주의 1 평균값 정리에서 연속함수라는 가정이 필요하다. 예를 들어, 다음 함수

$$f(x) = \begin{cases} 1, & 1 \leq x < 2 \\ 2, & 2 \leq x \leq 3 \end{cases}$$

를 생각하면 $\int_1^3 f = 3$이므로 $[1,3]$에서 f의 평균값은 $3/2$이다. f는 $[1,3]$에서 이 값을 취하지 않는다.

만약 f가 $[a,b]$에서 적분가능하면 정리 6.2.4에 의하여 f는 임의의 $x \in (a,b]$에 대하여 f는 $[a,x]$에서 적분가능하므로 $\int_a^x f$가 존재한다. 따라서 $F(x) = \int_a^x f$는 $[a,b]$에서 잘 정의되고 $F(a) = 0$, $F(b) = \int_a^b f(x)dx$이다.

보기 1 (1) 연속이 아닌 함수 $f(x) = \begin{cases} 1, & x \geq 0 \\ -1, & x < 0 \end{cases}$ 에 대하여

$$F(x) = \int_0^x f(t)dt = \begin{cases} x, & x \geq 0 \\ -x, & x < 0 \end{cases}$$

따라서 $F(x) = |x|$는 $\mathbb{R}$에서 연속함수이다.

(2) $I = [-1,1]$이고 함수 $f: I \to \mathbb{R}$을

$$f(x) = \begin{cases} 0 & (-1 \leq x < 0) \\ 1 & (0 \leq x \leq 1) \end{cases}$$

로 정의하면 f는 I에서 증가함수이므로 f는 I에서 리만 적분가능하다. 함수

$$F: [-1,1] \to \mathbb{R}, \quad F(x) = \int_{-1}^x f(t)dt = \begin{cases} 0 & (-1 \leq x \leq 0) \\ x & (0 < x \leq 1) \end{cases}$$

을 정의하면 이 함수 F는 I에서 연속이지만, f의 불연속점 $x = 0$에서는 F가 미분가능하지 않음을 알 수 있다.

정리 6.3.2

(적분학의 기본정리, Fundamental Theorem of Integral Calculus)
(1) $f \in \mathfrak{R}[a,b]$가 리만 적분가능하고

$$F(x) = \int_a^x f(t)dt, \quad x \in [a,b]$$

으로 정의하면 F는 $[a,b]$에서 연속이다.

(2) 만약 f가 $[a,b]$에서 연속이면 F는 미분가능하고

$$\frac{d}{dx}\int_a^x f(t)dt = F'(x) = f(x).$$

(3) f는 $[a,b]$에서 리만 적분가능하고 F는 $[a,b]$에서 f의 원시함수(부정적분)이면

$$\int_a^b f(x)dx = F(b) - F(a).$$

증명 (1) $[a,b]$에서 $|f(x)| < M$이고 $\epsilon > 0$이라 하자. $\delta = \epsilon/M$로 두면 $x < y$이고 $|x-y| < \delta$일 때

$$|F(x) - F(y)| = \left|\int_x^y f(t)dt\right| \leq \int_x^y |f(t)|dt < \int_x^y Mdt = M(y-x) < \epsilon$$

이 된다. 따라서 F는 $[a,b]$에서 균등연속이므로 F는 $[a,b]$에서 연속함수이다.

(2) c는 $[a,b]$의 임의의 점이라 하면

$$F'(c) = \lim_{h \to 0}\frac{F(c+h) - F(c)}{h} = \lim_{h \to 0}\frac{1}{h}\left[\int_a^{c+h}f - \int_a^c f\right]$$
$$= \lim_{h \to 0}\frac{1}{h}\left[\int_a^{c+h}f + \int_c^a f\right] = \lim_{h \to 0}\frac{1}{h}\int_c^{c+h}f.$$

적분의 평균값 정리에 의하여 $\int_c^{c+h}f = h \cdot f(d)$를 만족하는 점 d가 c와 $c+h$ 사이에 존재한다. 따라서 $F'(c) = \lim_{h \to 0}\frac{1}{h}[hf(d)] = \lim_{h \to 0}f(d)$이다. f 가 c에서 연속이므로 $\lim_{h \to 0}f(d) = f(c)$이다. 따라서 $F'(c) = f(c)$이고 c는 임의의 점이므로 $[a,b]$의 임의의 점 x에 대하여 $F'(x) = f(x)$이다.

(3) $P = \{x_0, x_1, \cdots, x_n\}$을 $[a,b]$의 한 분할이라 하자. F는 $[a,b]$에서 f의 원시함수이므로 평균값 정리에 의하여 임의의 $i = 1, 2, \cdots, n$에 대하여

$$F(x_i) - F(x_{i-1}) = f(t_i)\Delta x_i$$

를 만족하는 점 $t_i \in (x_{i-1}, x_i)$이 존재한다. 그러므로

$$\sum_{i=1}^{n} f(t_i)\Delta x_i = \sum_{i=1}^{n} [F(x_i) - F(x_{i-1})] = F(b) - F(a)$$

이 된다. $L(f,P) \leq \sum_{i=1}^{n} f(t_i)\Delta x_i \leq U(f,P)$이므로

$$\underline{\int_a^b} f(x) \leq F(b) - F(a) \leq \overline{\int_a^b} f(x)$$

이다. 따라서 f는 $[a,b]$에서 적분가능하므로 $\int_a^b f(x) = F(b) - F(a)$이 된다. ∎

따름정리 6.3.3

f는 $[a,b]$에서 연속함수라고 하자. G가 $[a,b]$에서 연속이고 미분가능하며, $[a,b]$의 모든 x에 대하여 $G'(x) = f(x)$이면

$$\int_a^b f(x)dx = G(b) - G(a).$$

증명 f가 $[a,b]$에서 연속이므로 f가 $[a,b]$에서 적분가능하다. 따라서 정리 6.3.2(3)에 의하여

$$\int_a^b f(x)dx = \int_a^b G'(x)dx = G(b) - G(a). \quad ∎$$

보기 2 $\int_0^1 \left(2x\sin\frac{1}{x} - \cos\frac{1}{x}\right)dx$를 계산하여라.

풀이 $F:[0,1] \to \mathbb{R}$ 가

$$F(x) = \begin{cases} x^2\sin\dfrac{1}{x}, & x \neq 0 \\ 0, & x = 0 \end{cases}$$

으로 정의되면 F는 $[0,1]$에서 연속이고 직접 계산에 의하여

$$f(x) = F'(x) = \begin{cases} 2x\sin\dfrac{1}{x} - \cos\dfrac{1}{x}, & x \neq 0 \\ 0, & x = 0 \end{cases}$$

이다. f는 $[0,1]$에서 유계함수이고 $x=0$을 제외한 점에서 연속이므로 $f \in \Re[0,1]$이고 적분학의 기본정리에 의하여

$$\int_0^1 f(x)dx = F(1) - F(0) = \sin 1.$$ ∎

정리 6.3.4

(부분적분법) 만약 함수 $f, g : [a, b] \to \mathbb{R}$ 는 $[a,b]$에서 미분가능하고 $f', g' \in \Re[a, b]$가 $[a,b]$에서 리만 적분가능하면

$$\int_a^b f'(x)g(x)dx = [f(b)g(b) - f(a)g(a)] - \int_a^b f(x)g'(x)dx.$$

증명 f, g는 $[a,b]$에서 미분가능하므로 f, g는 $[a,b]$에서 연속이다. 따라서 f, g는 $[a,b]$에서 적분가능하다. 따라서 정리 6.2.1에 의하여 fg'와 $f'g$는 $[a,b]$에서 적분가능하다. $h = fg$로 두면 h는 $[a,b]$에서 연속이고 $h' = f'g + fg'$이므로 $h' = (fg)'$는 $[a,b]$에서 리만 적분가능하다. 따라서 적분학의 기본정리에 의하여

$$\int_a^b (f'(x)g(x) + f(x)g'(x))dx = \int_a^b h'(x)dx = h(b) - h(a)$$
$$= f(b)g(b) - f(a)g(a).$$ ■

다음 치환정리는 적분을 계산하는 데 흔히 이용되는 변수변환에 대한 타당성을 제공해준다.

정리 6.3.5

(치환정리) 함수 $\phi : [a,b] \to \mathbb{R}$ 는 $J = [a,b]$에서 미분가능하고 $\phi' \in \Re[a,b]$가 $[a,b]$에서 적분가능하다고 하자. 만약 f가 $I = \phi([a,b])$에서 연속이면

$$\int_a^b f(\phi(t))\phi'(t)dt = \int_{\phi(a)}^{\phi(b)} f(x)dx.$$

증명 $c = \phi(a), d = \phi(b)$라고 하면, $I = \phi([a,b])$는 c, d를 포함하는 유계인 닫힌구간이다. $f \circ \phi$는 구간 $J = [a,b]$에서 연속이고 $\phi' \in \Re\,[a,b]$이므로 정리 6.2.1에 의하여 $(f \circ \phi)\phi' \in \Re\,[a,b]$는 $[a,b]$에서 적분가능하다. 만약 $I = \phi([a,b])$가 단집합이면 ϕ는 $[a,b]$에서 상수함수이다. 이 경우 모든 t에 대하여 $\phi'(t) = 0$이고 위의 두 적분값은 0이다.

만약 그렇지 않으면 임의의 $x \in I$에 대하여

$$F(x) = \int_{\phi(a)}^{x} f(s)ds$$

로 정의한다. f가 I에서 연속이므로, 임의의 $x \in I$에 대하여 $F'(x) = f(x)$이다. 연쇄법칙에 의하여 임의의 $t \in [a,b]$에 대하여

$$\frac{d}{dt} F(\phi(t)) = F'(\phi(t))\phi'(t) = f(\phi(t))\phi'(t).$$

적분학의 기본정리에 의하여

$$\int_{a}^{b} f(\phi(t))\phi'(t)dt = F(\phi(b)) - F(\phi(a)) = \int_{\phi(a)}^{\phi(b)} f(s)ds. \qquad \blacksquare$$

01 f는 $[a,b]$에서 연속함수이고 H는 $[a,b]$에서 $H(x) = \int_x^b f$로 정의될 때 $H'(x)$를 구하여라.

02 $f : [a,b] \to \mathbb{R}$ 는 연속함수이고 $g, h : [c,d] \to [a,b]$는 미분가능한 함수라 하자. 임의의 $x \in [c,d]$에 대하여 $H(x) = \int_{h(x)}^{g(x)} f(t)dt$로 정의될 때 $H'(x)$를 구하여라.

03 $f : \mathbb{R} \to \mathbb{R}$ 는 연속함수이고, 임의의 $a > 0$에 대하여 $\mathbb{R}$ 에서 함수 g를 $g(x) = \int_{x-a}^{x+a} f(t)dt$로 정의할 때 g가 미분가능함을 보이고 $g'(x)$를 구하여라.

04 $F(x) = \int_2^{x^2} e^{\sin t} dt$, $G(x) = \int_{-3x}^{2x+1} \cos(t^2 + 1)dt$일 때 $F'(2)$, $G'(0)$를 계산하여라.

05 f는 $[-1, 1]$에서 연속이고 볼록함수일 때 다음 부등식을 보여라.

$$f(0) \le \frac{1}{2} \int_{-1}^1 f(x)dx$$

06 $f(x) = \int_0^{x^3} e^{t^2} dt$일 때 다음 등식이 성립함을 보여라.

$$6 \int_0^1 x^2 f(x)dx - 2 \int_0^1 e^{x^2} dx = 1 - e$$

07 $f : [a,b] \to \mathbb{R}$ 는 연속함수이고 $g \in \mathfrak{R}[a,b]$는 $[a,b]$에서 적분가능하고 임의의 $x \in [a,b]$에 대하여 $g(x) \ge 0$이라고 하자.

$$\int_a^b f(x)g(x)dx = f(c) \int_a^b g(x)dx$$

를 만족하는 점 $c \in [a,b]$가 존재함을 보여라.

08 $f : [0,1] \to \mathbb{R}$ 는 연속함수일 때 $\displaystyle\lim_{n \to \infty} \int_0^1 f(x^n)dx = f(0)$임을 보여라.

09 함수 $f : [a,b] \to \mathbb{R}$ 가 연속이라 하자. 그러면 구간 $[a,b]$에서 $f(x) = 0$일 필요충분조건은 모든 $x \in [0, 1]$에 대하여 $\int_a^x f(t)dt = 0$임을 보여라.

10 $f' \in \Re\,[0,1]$가 $[0,1]$에서 적분가능하면 다음을 보여라.

$$\left| f\left(\frac{1}{2}\right) \right| \le \int_0^1 |f| + \frac{1}{2} \int_0^1 |f'|$$

11 함수 $f : [0,1] \to \mathbb{R}$가 구간 $[0,1]$에서 연속이고 모든 $x \in [0,1]$에 대하여

$$\int_0^x f(t)dt = \int_x^1 f(t)dt$$

이면, 모든 $x \in [0,1]$에 대하여 $f(x) = 0$임을 보여라.

12 g는 $[a,b]$에서 음이 아닌 연속이고 f는 $[a,b]$ 위의 증가함수라고 하자.

(1) $[a,b]$의 어떤 점 c에 대하여 다음을 보여라.

$$\int_a^b f(x)g(x)dx = f(a) \int_a^c g(x)dx + f(b) \int_c^b g(x)dx$$

(2) (보네(Bonnet) 정리) (1)의 조건에 $f(x) \ge 0$라는 조건을 추가하면 $[a,b]$의 어떤 점 c에 대하여 다음을 보여라.

$$\int_a^b f(x)g(x)dx = f(b) \int_c^b g(x)dx$$

6.4 | 측도 0과 리만적분의 존재성

실수의 집합 $\mathbb{R}$에서 구간 $I = [a,b]$에 대하여 길이는 $l(I) = b - a$로 정의된다. 구간이 아닌 집합에 대하여는 길이를 정의할 수 없으므로 프랑스 수학자 르베그(Henri Lebesgue, 1875~1941)는 1901년에 길이의 개념을 일반화한 개념인 측도(measure)를 정의하였다. 측도라 부르는 비슷한 일반화가 $\mathbb{R}^2$에서 넓이, $\mathbb{R}^3$에서 부피 등에 적용할 수 있다.

정의 6.4.1

E는 $\mathbb{R}$의 부분집합이라 하자. 임의의 양수 ϵ에 대하여 $E \subseteq \cup_{n=1}^{\infty} I_n$이고 $\sum_{n=1}^{\infty} |I_n| < \epsilon$ 을 만족하는 열린구간들의 가산집합족 $\{I_n\}$이 존재할 때 E는 **측도(measure) 0의 집합**이라 한다(여기서 $|I|$는 구간 I의 길이를 나타낸다).

다시 말해, $\mathbb{R}$의 부분집합 E의 측도가 0이란 열린구간들의 길이의 합이 임의로 작게 할 수 있는 열린구간들의 가산집합족으로 E를 피복할 수 있음을 의미한다. 이 개념은 $\mathbb{R}^2$, $\mathbb{R}^n$으로 일반화할 수 있다.

보기 1 (1) 유한집합 $E = \{x_1, \cdots, x_n\}$은 측도 0의 집합임을 보여라.

(2) $\mathbb{R}$의 임의의 가산집합 E는 측도 0의 집합임을 보여라.

증명 (1) 임의의 양수 $\epsilon > 0$에 대하여
$$I_i = (x_i - \epsilon/3n, \ x_i + \epsilon/3n) \ (i = 1, 2, \cdots, n)$$
으로 두면 $E \subseteq \cup_{n=1}^{\infty} I_i$이고
$$\sum_{i=1}^{n} |I_i| = \sum_{i=1}^{n} \left[\left(x_i + \frac{\epsilon}{3n} \right) - \left(x_i - \frac{\epsilon}{3n} \right) \right] = n \frac{2\epsilon}{3n} = \frac{2}{3}\epsilon < \epsilon$$
이 된다. 따라서 E의 측도는 0이다.

(2) $E = \{x_1, x_2, \cdots\}$을 $\mathbb{R}$의 가산집합이라 하자. 임의의 자연수 n에 대하여
$$I_n = \left(x_n - \frac{\epsilon}{2^{n+1}}, \ x_n + \frac{\epsilon}{2^{n+1}} \right)$$

으로 두면 임의의 자연수 n에 대해 $x_n \in I_n$, $E \subseteq \cup_{n=1}^{\infty} I_n$이고 $\sum_{n=1}^{\infty} |I_n| \leq$

$\epsilon \sum_{n=1}^{\infty} \dfrac{1}{2^n} = \epsilon$이 된다. 따라서 E는 측도 0의 집합이다. ■

위의 사실로부터 유리수의 집합 $\mathbb{Q}$는 가산집합이므로 $\mathbb{Q}$는 측도 0의 집합이다. 지금 측도가 0이 아닌 집합의 예를 제시하려고 한다.

정리 6.4.2

닫힌구간 $[a,b]$는 측도 0의 집합이 아니다.

증명 수학적 귀납법에 의하여 $\{I_k\}_{k=1}^n$이 $[a,b]$를 피복하는 열린구간들의 유한집합이면 $\sum_{k=1}^{n} |I_k| \geq b-a$임을 쉽게 증명할 수 있다. $[a,b]$의 측도가 0이라고 가정하자. $\epsilon = (b-a)/2$로 취하면 $[a,b]$를 피복하고 $\sum_{k=1}^{\infty} |I_k| < \epsilon = (b-a)/2$를 만족하는 열린구간들의 가산집합족 $\{I_k\}$가 존재한다. 하이네–보렐의 정리에 의하여 $[a,b]$를 피복하는 유한집합족 $\{I_{k_j}\}_{j=1}^n$가 존재한다. 이때

$$\sum_{j=1}^{n} |I_{k_j}| < \sum_{k=1}^{\infty} |I_k| < \frac{b-a}{2}$$

이 되어 모순이다. 따라서 $[a,b]$는 측도 0의 집합이 아니다. ■

닫힌구간 $E_0 = [0,1]$을 3등분하여 중앙의 열린구간 $I_1 = I_{1,1} = (1/3, 2/3)$를 제거하면 서로소인 닫힌구간

$$J_{1,1} = [0,1/3], \ J_{1,2} = [2/3,1]$$

을 얻고 $E_1 = [0,1/3] \cup [2/3,1] = J_{1,1} \cup J_{1,2}$로 놓는다. 다시 이들 각 닫힌구간 $J_{1,1}, J_{1,2}$을 3등분하여 길이 $1/3^2$인 가운데의 열린구간 $I_{2,1} = (1/3^2, 2/3^2)$과 $I_{2,2} = (7/3^2, 8/3^2)$을 제거하면 길이 $1/3^2$이고 2^2개의 서로소인 닫힌구간

$$J_{2,1} = \left[0, \frac{1}{9}\right], \ J_{2,2} = \left[\frac{2}{9}, \frac{1}{3}\right], \ J_{2,3} = \left[\frac{2}{3}, \frac{7}{9}\right], \ J_{2,4} = \left[\frac{8}{9}, 1\right]$$

을 얻고

$$E_2 = J_{2,1} \cup J_{2,2} \cup J_{2,3} \cup J_{2,4}$$

로 놓는다. 이와 같은 방법을 계속하면 n번째 단계에 길이가 $1/3^n$이고 2^n개의 서로소인 닫힌구간 $J_{n,1}, \ J_{n,2}, \ \cdots, \ J_{n,2^n}$과 2^{n-1}개의 열린구간 $I_{n,1}, \ I_{n,2}, \ \cdots, \ I_{n,2^{n-1}}$을 얻을 수 있다.

$$E_n = J_{n,1} \cup J_{n,2} \cup \cdots \cup J_{n,2^n}, \ I_n = \cup_{k=1}^{2^{n-1}} I_{n,k}$$

로 둔다. 여기서 임의의 j에 대하여 $J_{n,j}$는

$$\left[x_j/3^n, x_{j+1}/3^n\right]$$

형태의 닫힌구간이다. 다시 이들 각 닫힌구간 $J_{n,k}$를 3등분하여 중앙의 열린구간 $I_{n,k}(k=1,2,\cdots,2^n)$을 제거하면 집합

$$E_{n+1} = (J_{n,1} - I_{n+1,1}) \cup (J_{n,2} - I_{n+1,2}) \cup \cdots \cup (J_{n,2^n} - I_{n+1,2^n})$$

을 얻는다. 따라서 다음 성질을 만족하는 콤팩트집합 E_n의 집합열을 얻을 수 있다.

(1) $E_0 \supset E_1 \supset E_2 \supset E_3 \supset \cdots$

(2) 모든 E_n은 각각의 길이가 3^{-n}인 2^n개의 닫힌구간들의 합집합이다. 즉,

$$E_n = \cup_{k=1}^{2^n} J_{n,k} \text{이고} \ |J_{n,k}| = 3^{-n} \ (k = 1,2,\cdots,2^n)$$

이다. 따라서 모든 E_n은 닫힌집합이다.

(3) 모든 E_n은 $[0,1]$의 부분집합이므로 E_n은 유계집합이다. 따라서 위의 (2)에 의하여 E_n은 콤팩트집합이다.

집합

$$C = \cap_{n=0}^{\infty} E_n = [0,1] - \cup_{n=1}^{\infty} I_n$$

을 칸토어 집합(Cantor set)이라 한다.

정리 6.4.3

칸토어 집합 C는 측도 0의 집합이다.

증명 칸토어 집합의 구성 시에 1단계에서 길이 $1/3$의 한 구간을 제거하고, 2단계에서는 길이 $1/3^2$의 두 개의 구간을 제거하였다. 이런 과정을 계속하여 n단계에서 E_n을 얻기 위하여 길이 $1/3^n$의 2^{n-1}개의 구간들을 제거하였다. 따라서 제거된 구간들의 길의의 총합은

$$\frac{1}{3}+2\frac{1}{3^2}+\cdots+2^{n-1}\frac{1}{3^n}=\sum_{n=1}^{\infty}\frac{2^{n-1}}{3^n}=\frac{1}{3}\sum_{n=1}^{\infty}\left(\frac{2}{3}\right)^{n-1}=\frac{1}{3}\frac{1}{1-2/3}=1$$

이므로 칸토어 집합의 측도는 0이다. ■

정리 6.4.4

(르베그 정리) f는 $[a,b]$에서 유계함수라 하자. 이때 f가 $[a,b]$에서 리만 적분가능할 필요충분조건은 f는 $[a,b]$의 거의 모든 점에서 연속이다. 즉, f의 불연속점들의 집합은 측도 0의 집합이다.

이 정리의 증명은 Johnsonbaugh과 Pfaffenberger의 책을 참조하길 바란다.

주의 1 (1) 만약 f가 $[a,b]$에서 연속이면 f는 분명히 르베그 정리 6.4.4의 가정을 만족하므로 $f\in\mathfrak{R}[a,b]$이다.

(2) 만약 f가 유한개의 점을 제외하고는 유계이고 연속이면 보기 1(1)에 의하여 f의 불연속점들의 집합은 측도 0의 집합이다. 따라서 $f\in\mathfrak{R}[a,b]$이다.

(3) 만약 f가 $[a,b]$에서 단조함수이면 f의 불연속점들의 집합 E는 가산집합이다. 보기 1(2)에 의하여 이 집합 E는 측도 0의 집합이다. 따라서 $f\in\mathfrak{R}[a,b]$이다.

보기 2 (1) $f:[0,1]\to\mathbb{R}$는 다음과 같이 정의하자.

$$f(x)=\begin{cases} 1 & (x=0) \\ 0 & (x\text{는 무리수}) \\ 1/n & (x=m/n\text{는 기약분수, } x\neq 0) \end{cases}$$

f는 유리수를 제외한 점에서 연속이고 보기 1(2)에 의하여 유리수들의 집합은 측도 0의 집합이므로 $f \in \Re[0,1]$이다. $[0,1]$의 모든 분할 P에 대하여 $L(f,P) = 0$이므로

$$\int_0^1 f(x)dx = 0$$

(2) f는 (1)과 같이 리만 적분가능하고 $g : [0,1] \to \mathbb{R}$는 다음과 같이 정의하자.

$$g(x) = \begin{cases} 0 & (x = 0) \\ 1 & (x \in (0,1]) \end{cases}$$

g는 0을 제외한 점에서는 연속이므로 $g \in \Re[0,1]$이다. 그러나 모든 $x \in [0,1]$에 대하여

$$(g \circ f)(x) = \begin{cases} 1 & (x = 0 \text{ 또는 } x \text{는 유리수}) \\ 0 & (x = \text{무리수}) \end{cases}$$

이 된다. 6.1절 보기 3에 의하여 $g \circ f \notin \Re[0,1]$이다.

따름정리 6.4.5

만약 $f \in \Re[a,b]$이고 $\displaystyle\int_a^b |f| = 0$이면 $[a,b]$의 거의 모든 점에서 $f(x) = 0$이다.

증명 르베그 정리에 의하여 f는 $[a,b]$의 거의 모든 점에서 연속이다. f의 모든 연속점 $x \in [a,b]$에서 $f(x) = 0$, 즉 $f(x) \neq 0$이면 f는 x에서 불연속점임을 보이면 증명은 끝난다. 사실, 이는 $[a,b]$의 거의 모든 점 x에서 $f(x) = 0$임을 의미한다.

f는 한 점 $x \in [a,b]$에서 연속이고 $f(x) \neq 0$이라고 가정하자. 이때 $|f(x)| > 0$이다. 따라서 x를 포함하는 닫힌구간 $[c,d]$가 존재해서 모든 $y \in [c,d]$에서 $|f(y)| > |f(x)|/2$이다. 지금

$$0 = \int_a^b |f| = \int_a^c |f| + \int_c^d |f| + \int_d^b |f| \geq \int_c^d |f| \geq \frac{|f(x)|}{2}(d - c) > 0$$

이므로 모순이 된다. 따라서 $[a,b]$의 거의 모든 점에서 $f(x) = 0$이다. ■

01 $\mathbb{R}$ 의 임의의 구간은 측도 0 의 집합이 아님을 보여라.

02 E, E_1, E_2,$\cdots$는 측도 0 의 집합들이라 할 때 다음을 보여라.

   (1) E의 모든 부분집합은 측도 0 의 집합이다.

   (2) $E_1 \cup E_2$는 측도 0 의 집합이다.

   (3) $\cup_{n=1}^{\infty} E_n$은 측도 0 의 집합이다.

03 다음 집합 중 어느 집합의 측도가 0인가?

   (1) $\{n/(n+1) : n = 1, 2, \cdots\}$

   (2) $(0, 1)$

   (3) $[0,1]$에서 무리수들의 집합

04 칸토어 집합 C의 다음 성질이 성립함을 보여라.

   (1) C의 모든 점은 C의 집적점이다.

   (2) $C = C'$, 즉 C는 완전집합(perfect set)이다.

   (3) C는 가산집합이 아니다.

05 다음 함수 중 어느 함수가 $[0,1]$에서 리만 적분가능한가?

   (1) $f(x) = [100x]$

   (2) $f(x) = \begin{cases} x^2 & (x \text{는 유리수}) \\ 0 & (x \text{는 무리수}) \end{cases}$

   (3) $f(x) = \begin{cases} 1/q & (x = p/q \text{는 기약분수}) \\ 0 & (x \text{는 무리수}) \end{cases}$

   (4) $f(x) = \begin{cases} n & (x = 1/n,\ n = 1, 2, \cdots) \\ 0 & (\text{그밖의 점}) \end{cases}$

06 f는 $[a,b]$에서 연속함수이고 $[a,b]$의 거의 모든 점에서 $f(x) = 0$이면 모든 $x \in [a,b]$에 대하여 $f(x) = 0$임을 보여라.

07 K는 $[a,b]$의 임의의 무한 가산집합이라 하자. K에서 불연속이고 $[a,b]$에서 유계인 함수의 예를 들어라. $f \in \Re[a,b]$인가?

08 K는 $[a,b]$의 임의의 무한 가산집합이고 $[a,b]$에서 함수 f를 다음과 같이 정의하면 $f \in \Re[a,b]$인가?

$$f(x) = \begin{cases} 0 & (x \in K) \\ 1 & (x \in [a,b] - K) \end{cases}$$

09 $f \in \Re\,[a,b]$이고 임의의 $x \in (a,b]$에 대하여 $\displaystyle\int_a^x f(t)dt = 0$이면 $[a,b]$의 거의 모든 점에서 $f(x) = 0$임을 보여라.

10 $f,\ g \in \Re\,[a,b]$이고 $[a,b]$의 거의 모든 점에서 $f(x) \le g(x)$이면 $\displaystyle\int_a^b f \le \int_a^b g$임을 보여라.

11 $f,\ g \in \Re\,[a,b]$이고 $[a,b]$의 거의 모든 점에서 $f(x) = g(x)$이면 $\displaystyle\int_a^b f = \int_a^b g$임을 보여라.

12 $f \in \Re\,[a,b]$이고 $[a,b]$의 거의 모든 점에서 $f(x) = g(x)$이면 $g \in \Re\,[a,b]$인가?

13 르베그 정리를 이용하여 만약 $f,\ g \in \Re\,[a,b]$이고 h는 f의 치역에서 연속이고 $c \in \mathbb{R}$이면 $f+g,\ cf,\ f \cdot g,\ h \circ f$는 $[a,b]$에서 리만 적분가능함을 보여라. 만약 추가로 $1/f$이 $[a,b]$에서 유계이면 $1/f \in \Re\,[a,b]$임을 보여라.

07

제7장

급수

이 절에서는 급수의 수렴과 발산을 정의하고, 양항급수의 수렴과 발산에 대하여 설명한다.

수열 $\{a_n\}_{n=1}^{\infty}$ 이 실수열일 때 $a_1 + a_2 + \cdots + a_n + \cdots = \sum_{n=1}^{\infty} a_n$ 을 무한급수(infinite series) 또는 간단히 급수라 정의한다.

$$S_n = a_1 + a_2 + \cdots + a_n \ (n \in \mathbb{N})$$

로 둘 때 a_n 을 이 급수의 제n항, S_n 을 이 급수의 제n부분합(nth partial sum)이라 한다.

정의 7.1.1

수열 $\{S_n\}_{n=1}^{\infty}$ 이 실수 S에 수렴할 때 급수 $\sum_{n=1}^{\infty} a_n$ 은 S에 수렴한다고 하고 S를 급수의 합이라 한다. $\sum_{n=1}^{\infty} a_n = S$로 나타낸다. 만약 $\{S_n\}$이 발산하면 급수 $\sum_{n=1}^{\infty} a_n$ 은 발산한다고 한다.

보기 1 급수 $1 - 1 + \cdots + (-1)^{n+1} + \cdots$의 제$n$부분합 S_n은 n이 홀수이면 1이고, n이 짝수이면 0이다. 급수 $1 + x + x^2 + \cdots$ 은 $\sum_{n=0}^{\infty} x^n$으로 나타낸다.

$a_1 = S_1$, $a_n = S_n - S_{n-1}$이므로 수열에 관한 정리는 어느 것이나 급수의 말로 바꾸어 놓을 수가 있다.

역으로 급수의 정리는 수열의 정리로 바꾸어 놓을 수 있다. 따라서 수열과 급수라는 두 개의 개념을 경우에 따라서는 적당히 사용할 수가 있다.

주의 1 주어진 급수에 대하여 두 가지 의문을 제기할 수 있는데, 하나는 급수가 수렴할 것인가 하는 것이고, 다른 하나는 그 합이 얼마인가 하는 것이다. 급수의 수렴성을 여러 가지 판정법을 이용하여 비교적 쉽게 해결할 수 있지만 그 급수의 합을 구하는 것은 쉬운 일이 아니다.

다음 정리는 급수가 수렴하기 위한 필요조건(충분조건은 아니다)을 준다.

정리 7.1.2

급수 $\displaystyle\sum_{n=1}^{\infty} a_n$이 수렴하면 $\displaystyle\lim_{n\to\infty} a_n = 0$이다.

증명 급수 $\displaystyle\sum_{n=1}^{\infty} a_n = S$는 수렴하고 $S_n = \displaystyle\sum_{k=1}^{n} a_k$이라 하면 $a_n = S_n - S_{n-1}$이고

$$\lim_{n\to\infty} S_n = S = \lim_{n\to\infty} S_{n-1}$$

이다. 따라서 $\displaystyle\lim_{n\to\infty} a_n = \lim_{n\to\infty} S_n - \lim_{n\to\infty} S_{n-1} = S - S = 0$이다. ∎

주의 2 (발산정리) 만약 $\displaystyle\lim_{n\to\infty} a_n \neq 0$이면 급수 $\displaystyle\sum_{n=1}^{\infty} a_n$는 발산한다. 이 명제는 정리 7.1.2의 대우명제이다.

보기 2 다음 급수는 발산함을 보여라.

(1) $\displaystyle\sum_{n=1}^{\infty} \sqrt[n]{n}$
(2) $\displaystyle\sum_{n=1}^{\infty} \frac{1}{n}$

증명 (1) $\displaystyle\lim_{n\to\infty} \sqrt[n]{n} = 1$이므로 $\displaystyle\sum_{n=1}^{\infty} \sqrt[n]{n}$은 발산한다.

(2) $S_1 = 1,\ S_2 = 1 + \dfrac{1}{2} = \dfrac{3}{2},\ S_4 = S_2 + \dfrac{1}{3} + \dfrac{1}{4} \geq \dfrac{3}{2} + \dfrac{1}{4} + \dfrac{1}{4} = 2,$

$S_8 = S_4 + \dfrac{1}{5} + \dfrac{1}{6} + \dfrac{1}{7} + \dfrac{1}{8} \geq 2 + \dfrac{1}{8} + \dfrac{1}{8} + \dfrac{1}{8} + \dfrac{1}{8} = \dfrac{5}{2},\ \cdots$

이므로 $S_{2^n} \geq (n+2)/2 = 1 + \dfrac{n}{2}$ 이다. 따라서 $\{S_n\}$은 유계수열이 아니므로

$\{S_n\}$은 발산한다. 그러므로 $\displaystyle\sum_{n=1}^{\infty} \frac{1}{n}$은 발산하지만 $\displaystyle\lim_{n\to\infty} \frac{1}{n} = 0$이다. ∎

수열에 관한 코시의 수렴판정법으로부터 급수에 관한 코시의 수렴판정법을 쉽게 얻을 수 있다.

정리 7.1.3

(코시의 수렴판정법) $\sum\limits_{n=1}^{\infty} a_n$ 이 수렴하기 위한 필요충분조건은 임의의 $\epsilon > 0$에 대하여 적당한 자연수 N이 존재해서 $m \geq n \geq N$인 모든 자연수 m, n에 대하여 $\left| \sum\limits_{k=n}^{m} a_k \right| \leq \epsilon$ 이 성립하는 것이다.

정리 7.1.4

a는 0이 아닌 실수일 때 무한등비급수 $\sum\limits_{n=0}^{\infty} ar^n$에 대하여 다음이 성립한다.

(1) 만일 $|r| < 1$이면 $\sum\limits_{n=0}^{\infty} ar^n$은 $\dfrac{a}{1-r}$에 수렴한다.

(2) 만일 $|r| \geq 1$이면 $\sum\limits_{n=0}^{\infty} ar^n$은 발산한다.

증명 $r \neq 1$이면 $S_n = a + ar + ar^2 + \cdots + ar^{n-1} = a\dfrac{1-r^n}{1-r}$이다

(1) $|r| < 1$이면 $\lim\limits_{n \to \infty} r^n = 0$이므로

$$\lim_{n \to \infty} S_n = \frac{a}{1-r} \lim_{n \to \infty} (1 - r^n) = \frac{a}{1-r}$$

이다. 따라서 $\sum\limits_{n=0}^{\infty} ar^n$은 수렴한다.

(2) $|r| \geq 1$이면 $\lim\limits_{n \to \infty} r^n$이 존재하지 않으므로 $\lim\limits_{n \to \infty} S_n$도 존재하지 않는다. 따라서 $\sum\limits_{n=0}^{\infty} ar^n$은 발산한다.

$r = 1$이면 $S_n = an$이므로 $\lim\limits_{n \to \infty} S_n$이 존재하지 않는다. 따라서 $\sum\limits_{n=0}^{\infty} ar^n$은 발산한다.

$r = -1$이면 $S_n = a[1 - (-1)^n]/2$이므로 $\lim\limits_{n \to \infty} S_n$이 존재하지 않는다. 따라서 $\sum\limits_{n=0}^{\infty} ar^n$은 발산한다. ∎

주의 3 양항급수 $\displaystyle\sum_{n=1}^{\infty} a_n$이 수렴할 때는 $\displaystyle\sum_{n=1}^{\infty} a_n < \infty$로, 발산할 때는 $\displaystyle\sum_{n=1}^{\infty} a_n = \infty$로 나타낸다. 예를 들어, $\displaystyle\sum_{n=0}^{\infty} \left(\frac{1}{2}\right)^n < \infty$, $\displaystyle\sum_{n=1}^{\infty} \frac{1}{n} = \infty$.

보기 3 다음 급수의 합을 구하여라.

(1) $\displaystyle\sum_{n=1}^{\infty} \frac{2}{3^n}$

(2) $\displaystyle\sum_{n=1}^{\infty} \frac{1}{n(n+1)}$

풀이 (1) 이 급수는 초항이 2/3이고 공비가 1/3이므로 정리 7.1.4에 의하여 급수는 수렴하고 급수의 합은 $\dfrac{a}{1-r} = \dfrac{2/3}{1-1/3} = 1$이다.

(2) 모든 자연수 n에 대하여

$$S_n = \sum_{k=1}^{n} \frac{1}{k(k+1)} = \sum_{k=1}^{n} \left(\frac{1}{k} - \frac{1}{k+1}\right) = 1 - \frac{1}{n+1}$$

이므로 $\displaystyle\lim_{n\to\infty} S_n = \lim_{n\to\infty}\left(1 - \frac{1}{n+1}\right) = 1$이다. 따라서 $\displaystyle\sum_{n=1}^{\infty} \frac{1}{n(n+1)}$은 1에 수렴한다. ■

정리 7.1.5

급수 $\displaystyle\sum_{n=1}^{\infty} a_n$이 A에 수렴하고 급수 $\displaystyle\sum_{n=1}^{\infty} b_n$이 B에 수렴하면 다음이 성립한다.

(1) $\displaystyle\sum_{n=1}^{\infty} (a_n \pm b_n) = A \pm B$

(2) 임의의 실수 c에 대하여 $\displaystyle\sum_{n=1}^{\infty} c a_n = cA$.

증명 (1) $S_n = a_1 + a_2 + \cdots + a_n$, $T_n = b_1 + b_2 + \cdots + b_n$이라 하면 가정에 의해 $\displaystyle\lim_{n\to\infty} S_n = A$이고 $\displaystyle\lim_{n\to\infty} T_n = B$이다. 그리고 급수 $\displaystyle\sum_{n=1}^{\infty} (a_n \pm b_n)$의 제$n$부분합은

$$(a_1 \pm b_1) + (a_2 \pm b_2) + \cdots + (a_n \pm b_n) = S_n \pm T_n$$

이다. 따라서 $\lim\limits_{n \to \infty}(S_n \pm T_n) = A \pm B$ 이므로 $\sum\limits_{n=1}^{\infty}(a_n \pm b_n)$은 $A \pm B$에 수렴한다. ∎

다음 정리는 가장 다루기 쉬운 양항급수의 수렴과 발산을 설명한다.

정리 7.1.6

$\sum\limits_{n=1}^{\infty} a_n$은 양항급수이고 $S_n = a_1 + a_2 + \cdots + a_n$이라 하자. $\sum\limits_{n=1}^{\infty} a_n$이 수렴할 필요충분조건은 부분합의 수열 $\{S_n\}_{n=1}^{\infty}$이 유계수열이다.

증명 만약 부분합의 수열 $\{S_n\}_{n=1}^{\infty}$이 유계수열이면 $a_{n+1} \geq 0$이므로

$$S_{n+1} = S_n + a_{n+1} \geq S_n$$

이다. 따라서 $\{S_n\}$은 단조증가수열이고 가정에 의하여 유계수열이므로 단조수렴 정리에 의하여 $\{S_n\}$은 수렴한다. 즉, $\sum\limits_{n=1}^{\infty} a_n$은 수렴한다.

역으로 만약 $\{S_n\}$이 유계가 아니면 단조수렴 정리에 의하여 $\{S_n\}$은 발산한다. 따라서 $\sum\limits_{n=1}^{\infty} a_n$은 발산한다. ∎

$n \geq 1$이면 $n! = 1 \cdot 2 \cdot 3 \cdots n$ 이고 $0! = 1$로 정의한다.

$$S_n = 1 + 1 + \frac{1}{1 \cdot 2} + \frac{1}{1 \cdot 2 \cdot 3} + \cdots + \frac{1}{1 \cdot 2 \cdots n}$$
$$< 1 + 1 + \frac{1}{2} + \frac{1}{2^2} + \cdots + \frac{1}{2^{n-1}} < 3$$

이므로 $\sum\limits_{n=0}^{\infty} \dfrac{1}{n!}$은 수렴한다.

정리 7.1.7

$$e = \sum_{n=0}^{\infty} \frac{1}{n!}$$

증명 $S_n = \sum_{k=0}^{n} \dfrac{1}{k!}$, $T_n = \left(1 + \dfrac{1}{n}\right)^n$ 으로 놓으면 이항정리에 의하여

$$T_n = 1 + 1 + \frac{1}{2!}\left(1 - \frac{1}{n}\right) + \frac{1}{3!}\left(1 - \frac{1}{n}\right)\left(1 - \frac{2}{n}\right) + \cdots$$
$$+ \frac{1}{n!}\left(1 - \frac{1}{n}\right)\left(1 - \frac{2}{n}\right)\cdots\left(1 - \frac{n-1}{n}\right)$$

이 된다. 그러므로 $T_n \le S_n$ 이다. 따라서 정리 3.6.9에 의하여

$$e = \limsup_{n \to \infty} T_n \le \sum_{n=0}^{\infty} \frac{1}{n!} \tag{7.1}$$

이다. 다음으로 $n \ge m$ 이면

$$T_n \ge 1 + 1 + \frac{1}{2!}\left(1 - \frac{1}{n}\right) + \cdots + \frac{1}{m!}\left(1 - \frac{1}{n}\right)\cdots\left(1 - \frac{m-1}{n}\right)$$

이다. m 을 고정시키고 $n \to \infty$ 로 하면

$$\liminf_{n \to \infty} T_n \ge 1 + 1 + \frac{1}{2!} + \cdots + \frac{1}{m!}$$

이므로 $S_m \le \liminf_{n \to \infty} T_n$ 이다. 따라서 $m \to \infty$ 로 하면

$$\sum_{n=0}^{\infty} \frac{1}{n!} \le \lim_{n \to \infty} T_n = e \tag{7.2}$$

이 된다. 그러므로 정리는 (7.1)과 (7.2)로부터 성립함을 알 수 있다. ■

급수 $\sum_{n=0}^{\infty} \dfrac{1}{n!}$ 이 수렴하는 속도는 다음과 같이 평가된다. S_n 이 이미 기술한 바와 같이 같은 의미를 갖는다고 하면,

$$e - S_n = \frac{1}{(n+1)!} + \frac{1}{(n+2)!} + \frac{1}{(n+3)!} + \cdots$$
$$< \frac{1}{(n+1)!}\left\{1 + \frac{1}{n+1} + \frac{1}{(n+1)^2} + \cdots\right\} = \frac{1}{n!n}$$

이므로

$$0 < e - S_n < 1/n!n. \tag{7.3}$$

예를 들어 $0 < e - S_5 < 1/5!5 = 1/600 = 0.00\dot{1}\dot{6}$이고

$$S_5 = 1 + 1 + \frac{1}{2!} + \frac{1}{3!} + \frac{1}{4!} + \frac{1}{5!}$$
$$= 1 + 1 = \frac{1}{2} + \frac{1}{6} + \frac{1}{24} + \frac{1}{120} = \frac{163}{60} = 2.71\dot{6}$$

이므로 $2.71\dot{6} < e < 2.71\dot{6} + 0.00\dot{1}\dot{6} = 2.718\dot{3}$이다. 사실 $e = 2.71828182845\cdots$.

정리 7.1.8

e는 무리수이다.

증명 e를 유리수라 하고, $e = p/q$ (p, q는 자연수)로 놓으면 식 (7.3)으로부터

$$0 < q!(e - S_q) < 1/q \qquad (7.4)$$

이고 가정에 의해 $q!e = (q-1)!p$는 자연수이다. 또한

$$q!S_q = q!\left(1 + 1 + \frac{1}{2!} + \cdots + \frac{1}{q!}\right)$$

도 자연수이므로 $q!(e - S_q)$는 자연수이다. $q \geq 1$이므로 (7.4)는 0과 1 사이에 자연수가 있음을 나타내어 모순된다. ∎

다음 정리는 코시 응집판정법 또는 2^n판정법이라 한다.

정리 7.1.9

(코시 응집판정법) $\{a_n\}$은 양수의 단조감소수열이라 하자. 급수 $\displaystyle\sum_{n=1}^{\infty} a_n$이 수렴하기 위한 필요충분조건은 급수 $\displaystyle\sum_{n=0}^{\infty} 2^n a_{2^n}$이 수렴한다는 것이다.

증명 $\displaystyle\sum_{n=0}^{\infty} 2^n a_{2^n}$이 수렴한다고 가정하면

$$a_1 \leq a_1, \ a_2 + a_3 \leq a_2 + a_2 = 2a_2, \ a_4 + a_5 + a_6 + a_7 \leq 4a_4$$

이므로 임의의 $n \in \mathbb{N}$에 대하여 $a_{2^n} + a_{2^n+1} + \cdots + a_{2^{n+1}-1} \leq 2^n a_{2^n}$이다. 위의 부등식들을 더하면

$$S_{2^{n+1}-1} = \sum_{k=1}^{2^{n+1}-1} a_k \leq \sum_{k=0}^{n} 2^k a_{2^k} \leq \sum_{k=0}^{\infty} 2^k a_{2^k}$$

를 얻는다. 따라서 $\{S_{2^{n+1}-1}\}$은 수열 $\{S_n\}$의 부분수열이고 $\sum_{k=0}^{\infty} 2^k a_{2^k}$에 의하여 유계된다. $\{S_n\}$은 단조증가수열이므로 임의의 $m \in \mathbb{N}$에 대하여 $S_m = \sum_{k=1}^{m} a_k$ $\leq \sum_{k=1}^{\infty} 2^k a_{2^k} < \infty$이다. 정리 7.1.6에 의하여 $\sum_{n=1}^{\infty} a_n$은 수렴한다.

$\sum_{n=1}^{\infty} a_n$이 수렴한다고 가정하면 $a_3 + a_4 \geq 2a_4$, $a_5 + a_6 + a_7 + a_8 \geq 4a_8$이므로 임의의 $n \in \mathbb{N}$에 대하여

$$a_{2^n+1} + a_{2^n+2} + \cdots + a_{2^{n+1}} \geq 2^n a_{2^{n+1}} = \frac{1}{2}(2^{n+1} a_{2^{n+1}})$$

이다. 위의 부등식들을 더하면

$$\sum_{k=3}^{2^{n+1}} a_k \geq \frac{1}{2} \sum_{k=1}^{n} 2^{k+1} a_{2^{k+1}} = \frac{1}{2} \sum_{k=2}^{n+1} 2^k a_{2^k}$$

를 얻는다. 따라서 $\sum_{n=0}^{\infty} 2^n a_{2^n}$의 부분합의 수열은 유계이다. 정리 7.1.6에 의하여 $\sum_{n=0}^{\infty} 2^n a_{2^n}$은 수렴한다. ■

따름정리 7.1.10

(p-급수 판정법) p-급수 $\sum_{n=1}^{\infty} \dfrac{1}{n^p}$은 $p > 1$일 때 수렴하고, $p \leq 1$일 때 발산한다.

증명 만약 $p \leq 0$이면 $\lim_{n \to \infty} \dfrac{1}{n^p} \neq 0$이므로 정리 7.1.2에 의하여 $\sum_{n=1}^{\infty} \dfrac{1}{n^p}$은 발산한다.

만약 $p > 0$이면 코시 응집판정법에 의하여 $\sum_{n=1}^{\infty} 1/n^p$이 수렴하기 위한 필요충

분조건은

$$\sum_{n=1}^{\infty} 2^n \frac{1}{(2^n)^p} = \sum_{n=1}^{\infty} 2^{(1-p)n}$$

이 수렴하는 것이다. 기하급수 판정법에 의하여 기하급수 $\displaystyle\sum_{n=1}^{\infty} 2^{(1-p)n}$은 $2^{(1-p)}$ < 1일 때 수렴하고, $2^{(1-p)} \geq 1$일 때 발산한다. 따라서 $\displaystyle\sum_{n=1}^{\infty} 1/n^p$은 $1-p < 0$ 일 때 수렴하고, $1-p \geq 0$일 때 발산한다. ■

수렴하는 급수의 항들이 단조감소수열을 이루면 그 급수의 각 항은 $\dfrac{1}{n}$보다 '더 빨리' 0에 가까워져야 한다. 이 결과는 원래 아벨(Abel)에 의하여 발견되었지만 프링스하임 정리(Pringsheim's theorem)로 불린다.

정리 7.1.11

(프링스하임 정리) $\{a_n\}$은 양수의 단조감소수열이고 $\displaystyle\sum_{n=1}^{\infty} a_n$이 수렴하면 $\displaystyle\lim_{n \to \infty} n a_n = 0$ 이다.

증명 $S_n = a_1 + \cdots + a_n$, $\displaystyle\sum_{n=1}^{\infty} a_n = L$이라 하면 $\displaystyle\lim_{n \to \infty} S_n = L = \lim_{n \to \infty} S_{2n}$이므로 $\displaystyle\lim_{n \to \infty}(S_{2n} - S_n) = 0$이다. 지금

$$S_{2n} - S_n = a_{n+1} + a_{n+2} + \cdots + a_{2n} \geq a_{2n} + a_{2n} + \cdots + a_{2n} = n a_{2n}$$

이므로 $0 \leq n a_{2n} \leq S_{2n} - S_n$이다. 따라서 $\displaystyle\lim_{n \to \infty} n a_{2n} = 0$이므로 $\displaystyle\lim_{n \to \infty} 2n a_{2n} = 0$ 이다. 그런데 $a_{2n+1} \leq a_{2n}$이므로

$$(2n+1)a_{2n+1} \leq \left(\frac{2n+1}{2n}\right)(2n a_{2n})$$

이다. 위 식에 의하여 $\displaystyle\lim_{n \to \infty}(2n+1)a_{2n+1} = 0$이므로 $\displaystyle\lim_{n \to \infty} n a_n = 0$이다. ■

주의 4 정리 7.1.11은 $\{a_n\}$이 단조감소수열이라는 가정이 없다면 성립하지 않는다. 예를 들어, 다음과 같은 항 a_n으로 이루어진 급수 $\displaystyle\sum_{n=1}^{\infty} a_n$을 생각하자.

$$a_n = \begin{cases} 1/n & (n=1,4,9,16,\cdots \text{ 일 때}) \\ 1/n^2 & (n\text{이 완전제곱수가 아닐 때}) \end{cases}$$

이때 $\{a_n\}$은 단조감소수열이 아니다.

$$\sum_{n=1}^{\infty} a_n = \frac{1}{1} + \frac{1}{2^2} + \frac{1}{3^2} + \frac{1}{4} + \frac{1}{5^2} + \cdots + \frac{1}{8^2} + \frac{1}{9} + \cdots$$
$$= \left(\frac{1}{2^2} + \frac{1}{3^2} + \frac{1}{5^2} + \cdots \right) + \left(1 + \frac{1}{4} + \frac{1}{9} + \cdots \right) < 2\sum_{n=1}^{\infty} \frac{1}{n^2}$$

이므로 $\displaystyle\sum_{n=1}^{\infty} a_n$의 부분합의 수열은 위로 유계이다. 따라서 $\displaystyle\sum_{n=1}^{\infty} a_n$은 수렴한다. 그러나 n이 완전제곱수일 때는 언제나 $na_n = 1$이므로 $na_n \nrightarrow 0$이다.

01 급수 $\sum a_n$이 S에 수렴할 때 다음을 보여라.

   (1) $a_2 + a_3 + \cdots$는 $S - a_1$에 수렴한다.

   (2) $\sum a_n$의 유한개의 항 a_n을 다른 값 $a_n{}'$으로 바꾸어 놓은 급수도 수렴한다.

   (3) $\displaystyle\sum_{n=1}^{\infty} a_n$이 수렴하기 위한 필요충분조건은 $\displaystyle\sum_{n=1}^{\infty} ca_n$(단 $c \neq 0$)이 수렴한다.

   (4) 임의의 자연수 p에 대하여 급수 $\displaystyle\sum_{n=p}^{\infty} a_n$은 수렴하고 $\displaystyle\lim_{p \to \infty} \sum_{n=p}^{\infty} a_n = 0$이다.

02 다음 급수에 대하여 부분합 S_n을 구하고 이를 이용하여 급수가 수렴하는지 발산하는지를 판정하여라.

   (1) $\displaystyle\sum_{n=1}^{\infty} \frac{1}{n(n+1)}$ (2) $\displaystyle\sum_{n=1}^{\infty} \left(-\frac{1}{3}\right)^n$

   (3) $\displaystyle\sum_{n=1}^{\infty} \left(\frac{3}{4^n} - \frac{2}{5^{n-1}}\right)$ (4) $\displaystyle\sum_{n=1}^{\infty} \frac{n}{(n+1)!}$

03 다음 급수의 수렴, 발산을 조사하여라.

   (1) $\displaystyle\sum_{n=1}^{\infty} \frac{n}{n+1}$ (2) $\displaystyle\sum_{n=2}^{\infty} \frac{1}{\sqrt[n]{\ln n}}$

   (3) $\displaystyle\sum_{n=1}^{\infty} \log\left(1 + \frac{1}{n}\right)$

04 $|x| < 1$일 때 급수 $\displaystyle\sum_{n=0}^{\infty} x^{2n}$은 수렴함을 보이고 그 합을 구하여라.

05 급수 $\displaystyle\sum_{n=1}^{\infty} (a + nb)$가 수렴하기 위한 필요충분조건은 $a = 0 = b$임을 보여라.

06 급수 $(a_1 - a_2) + (a_2 - a_3) + (a_3 - a_4) + \cdots$가 수렴하기 위한 필요충분조건은 $\{a_n\}$이 수렴하는 것임을 보여라.

07 급수 $\sum a_n, \sum b_n$이 발산하지만 $\sum (a_n + b_n)$이 수렴하는 두 급수의 예를 들어라.

08 양항급수 $\displaystyle\sum_{n=1}^{\infty} a_n$이 수렴하고 $\{a_{n_i}\}_{i=1}^{\infty}$가 $\{a_n\}$의 부분수열이면 $\displaystyle\sum_{i=1}^{\infty} a_{n_i}$는 수렴함을 보여라.

09 $\{a_n\}$, $\{b_n\}$은 수열이고 적당한 자연수 N이 존재해서 $a_n = b_n \ (\forall\, n \geq N)$이라 하자. 급수 $\displaystyle\sum_{n=1}^{\infty} a_n$이 수렴하면 $\displaystyle\sum_{n=1}^{\infty} b_n$은 수렴함을 보여라. 급수 $\displaystyle\sum_{n=1}^{\infty} a_n$의 합이 L이면 $\displaystyle\sum_{n=1}^{\infty} b_n$의 합을 구하여라.

10 급수 $\displaystyle\sum_{n=1}^{\infty} a_n$은 수렴하고 $\displaystyle\sum_{n=1}^{\infty} b_n$이 발산한다면 급수 $\displaystyle\sum_{n=1}^{\infty} (a_n + b_n)$은 발산함을 보여라.

11 $S_n = 1 + 1/2 + \cdots + 1/n$이면 수학적 귀납법을 이용하여 $S_{2^n} \geq (n+2)/2$임을 보여라.

12 부등식 $\dfrac{1}{k^2} \leq \dfrac{1}{k(k-1)} = \dfrac{1}{k-1} - \dfrac{1}{k}$을 이용하여 급수 $\displaystyle\sum_{n=1}^{\infty} \dfrac{1}{n^2}$은 수렴하고 $\displaystyle\sum_{n=1}^{\infty} \dfrac{1}{n^2} \leq 2$임을 보여라.

13 서로 다른 상수 c, d에 대하여 $\displaystyle\sum_{n=1}^{\infty} (a_{2n} + c a_{2n-1})$과 $\displaystyle\sum_{n=1}^{\infty} (a_{2n} + d a_{2n-1})$이 수렴한다고 하면 급수 $\displaystyle\sum_{n=1}^{\infty} a_n$이 수렴함을 보여라.

14 $\displaystyle\sum_{n=1}^{\infty} a_n$은 발산하는 양항급수라고 하고 $\{S_n\}$은 부분합의 수열이라 하자. $\displaystyle\lim_{n \to \infty} S_n = \infty$임을 보여라(이 경우 $\displaystyle\sum_{n=1}^{\infty} a_n = \infty$로 표현한다).

15 급수 $\displaystyle\sum_{n=1}^{\infty} a_n$은 수렴하는 양항급수이고 $\{a_{n_k}\}$은 $\{a_n\}$의 부분수열이라 하면 $\displaystyle\sum_{k=1}^{\infty} a_{n_k}$는 수렴하고 $\displaystyle\sum_{k=1}^{\infty} a_{n_k} \leq \sum_{n=1}^{\infty} a_n$임을 보여라.

16 $\displaystyle\sum_{n=1}^{\infty} a_n$은 수렴하는 양항급수이고 $\{b_n\}$은 음이 아닌 수의 유계수열이라 하면 급수 $\displaystyle\sum_{n=1}^{\infty} a_n b_n$은 수렴함을 보여라.

17 $\{a_n\}$, $\{b_n\}$은 모든 자연수 n에 대하여 $a_n \geq 0$, $b_n > 0$을 만족하는 수열이라 하자. $\displaystyle\sum_{n=1}^{\infty} b_n$은 수렴하고 수열 $\{a_n/b_n\}$이 감소수열이면 $\displaystyle\sum_{n=1}^{\infty} a_n$은 수렴함을 보여라.

18 코시 응집판정법을 이용하여 다음 급수의 수렴·발산을 판정하여라.

(1) $\displaystyle\sum_{n=1}^{\infty}\frac{1}{n^2}$

(2) $\displaystyle\sum_{n=2}^{\infty}\frac{1}{n(\ln n)^2}$

(3) $\displaystyle\sum_{n=3}^{\infty}\frac{1}{n\log n(\log\log n)}$

19 어떠한 실수 p의 값에 대해서도 $\displaystyle\sum_{n=2}^{\infty}\frac{1}{(\log n)^p}$은 발산함을 보여라.

20 $\displaystyle\sum_{n=2}^{\infty}\frac{1}{n(\log n)^p}$은 $p>1$이면 수렴하고, $p\le 1$이면 이 급수는 발산함을 보여라.

21 양항급수 $\displaystyle\sum_{n=1}^{\infty}a_n$이 발산하면 0에 수렴하는 양수의 수열 $\{\epsilon_n\}$을 적당히 취해 $\displaystyle\sum_{n=1}^{\infty}\epsilon_n a_n$을 발산하게 할 수 있음을 보여라.

22 모든 자연수 n에 대해 $a_n \ge 0$이고 $\sum a_n$은 발산한다고 가정하자. $S_n = a_1 + \cdots + a_n$로 놓으면 다음이 성립함을 보여라.

(1) $\displaystyle\sum\frac{a_n}{1+a_n}$은 발산한다.

(2) $\displaystyle\sum\frac{a_n}{S_n}$은 발산한다.

(3) $\displaystyle\sum\frac{a_n}{S_n^2}$은 수렴한다.

(4) $\displaystyle\sum\frac{a_n}{1+na_n},\ \sum\frac{a_n}{1+n^2a_n}$에 대하여 어떤 결론을 내릴 수 있는가?

23 모든 자연수 n에 대하여 $a_n \ge 0$이고 급수 $\sum a_n$이 수렴한다고 할 때 다음을 보여라.

(1) $p > \dfrac{1}{2}$이면 $\displaystyle\sum\frac{\sqrt{a_n}}{n^p}$은 수렴한다.

(2) $p = \dfrac{1}{2}$이면 $\displaystyle\sum\frac{\sqrt{a_n}}{n^p}$는 수렴할 필요가 없다.

7.2 | 급수의 판정법

이 절에서는 절대수렴, 조건수렴의 성질과 급수의 판정법을 설명한다.

교대급수(alternating series)란 각 항의 부호가 교대로 바뀌는 무한급수를 한다. $1 - \dfrac{1}{2} + \dfrac{1}{4} - \dfrac{1}{8} + \cdots$, $1 - 2 + 3 - 4 + \cdots$ 등은 교대급수이며 보통 $\displaystyle\sum_{n=1}^{\infty} (-1)^{n+1} a_n$과 같이 나타낸다.

정리 7.2.1

(교대급수 판정법) 만일 $\{a_n\}$이 단조감소수열이고 $\displaystyle\lim_{n \to \infty} a_n = 0$이면 교대급수

$\displaystyle\sum_{n=1}^{\infty} (-1)^{n+1} a_n$은 수렴한다.

증명 가정에 의하여 임의의 자연수 n에 대하여 $a_n \geq 0$이다. $\{a_n\}$이 감소수열이므로 $a_{2n} \geq a_{2n+1}$이다. 따라서

$$S_1, S_3, S_5, \cdots, S_{2n-1}, S_{2n+1}$$

은 부분합의 수열이므로 임의의 자연수 n에 대하여

$$S_{2n+1} - S_{2n-1} = -a_{2n} + a_{2n+1} \leq 0.$$

즉, 수열 $\{S_{2n-1}\}_{n=1}^{\infty}$은 감소수열이다. 또한 임의의 자연수 n에 대하여

$$S_{2n-1} = (a_1 - a_2) + (a_3 - a_4) + \cdots + (a_{2n-3} - a_{2n-2}) + a_{2n-1} \geq 0$$

이다. 따라서 수열 $\{S_{2n-1}\}_{n=1}^{\infty}$은 단조감소이고 유계이므로 정리 3.3.2에 의하여 수열 $\{S_{2n-1}\}_{n=1}^{\infty}$은 수렴한다. $S_{2n} = S_{2n-1} - a_{2n}$이므로 수열 $\{S_{2n}\}$은 수렴한다. 지금

$$M = \lim_{n \to \infty} S_{2n-1}, \quad L = \lim_{n \to \infty} S_{2n}$$

이라 하자. 가정에 의하여

$$0 = \lim_{n \to \infty} a_{2n} = \lim_{n \to \infty} (S_{2n} - S_{2n-1}) = L - M$$

이 된다. $L = M$이므로 $\{S_{2n}\}_{n=1}^{\infty}$와 $\{S_{2n-1}\}_{n=1}^{\infty}$은 동시에 L에 수렴한다. 따라서 $\{S_n\}_{n=1}^{\infty}$은 L에 수렴한다. 그러므로 $\sum_{n=1}^{\infty} (-1)^{n+1} a_n$는 L에 수렴한다. ■

따름정리 7.2.2

교대급수 $\sum_{n=1}^{\infty} (-1)^{n+1} a_n$이 정리 7.2.1의 가정을 만족하여 실수 L에 수렴하면

$$|S_n - L| \le a_{n+1} \ (n \in \mathbb{N})$$

증명 모든 k에 대하여 $a_{k-1} - a_k \ge 0$이고

$$S_{2n} = \sum_{k=1}^{2n} (-1)^{k+1} a_k = (a_1 - a_2) + \cdots + (a_{2n-1} - a_{2n})$$

이므로 수열 $\{S_{2n}\}$은 단조증가수열이다. 마찬가지로 $\{S_{2n+1}\}$은 단조감소수열이다. 수열 $\{S_n\}_{n=1}^{\infty}$은 L에 수렴하므로 부분수열 $\{S_{2n-1}\}, \{S_{2n}\}$은 수렴한다. 따라서 모든 n에 대하여 $S_{2n} \le L \le S_{2n+1}$이므로 모든 k에 대하여 $|L - S_k| \le |S_{k+1} - S_k| = a_{k+1}$이다. ■

따름정리 7.2.2는 교대급수의 합 L과 임의의 부분합 S_k와의 차가 부분합에 포함되지 않는 첫 번째 항 a_{k+1}보다 크지 않음을 보여준다.

보기 1 $L = \sum_{n=1}^{\infty} \dfrac{(-1)^{n+1}}{n}$은 수렴함을 보이고 따름정리 7.2.2를 이용하여 L의 값을 계산하여라.

증명 $\{1/n\}_{n=1}^{\infty}$은 단조감소수열이고 $\lim_{n \to \infty} (1/n) = 0$이다. 따라서 교대급수 판정법에 의하여 $\sum_{n=1}^{\infty} \dfrac{(-1)^{n+1}}{n}$은 수렴한다. 따름정리 7.2.2에 의하여 모든 $n \in N$에 대하여

$$\left| \left\{ 1 - \frac{1}{2} + \cdots + \frac{(-1)^{n+1}}{n} \right\} - L \right| \le \frac{1}{n+1}$$

이므로 $n = 9$를 택하면 $|0.7456 - L| \le \dfrac{1}{10}$ 이다. 따라서 $0.6456 \le L \le 0.8456$ 임을 알 수 있다(실제로 $L = \log 2 = 0.6932 \cdots$). ■

정의 7.2.3

급수 $\displaystyle\sum_{n=1}^{\infty} |a_n|$이 수렴할 때 $\displaystyle\sum_{n=1}^{\infty} a_n$은 절대수렴한다(converges absolutely)고 한다. $\displaystyle\sum_{n=1}^{\infty} a_n$ 이 수렴하지만 $\displaystyle\sum_{n=1}^{\infty} |a_n|$은 발산할 때 $\displaystyle\sum_{n=1}^{\infty} a_n$은 조건수렴한다(converges conditionly) 고 한다.

보기 2 $1 - \dfrac{1}{2} + \dfrac{1}{4} - \dfrac{1}{8} + \cdots$ 은 기하급수 판정법에 의하여 절대수렴하고,

$1 - \dfrac{1}{2} + \dfrac{1}{3} - \dfrac{1}{4} + \cdots$ 은 교대급수 판정법에 의하여 조건수렴한다. ■

정리 7.2.4

급수 $\displaystyle\sum_{n=1}^{\infty} a_n$이 절대수렴하면 $\displaystyle\sum_{n=1}^{\infty} a_n$은 수렴하고 $\left| \displaystyle\sum_{n=1}^{\infty} a_n \right| \le \displaystyle\sum_{n=1}^{\infty} |a_n|$.

증명 임의의 자연수 $m, n \in \mathbb{N}$에 대하여 $m \ge n$이면 $\left| \displaystyle\sum_{k=n}^{m} a_k \right| \le \displaystyle\sum_{k=n}^{m} |a_k|$ 이고 $\displaystyle\sum_{n=1}^{\infty} |a_n|$

이 수렴하므로 급수에 관한 코시 판정법에 의하여 $\displaystyle\sum_{n=1}^{\infty} a_n$은 수렴한다. 또한 임의의 자연수 n에 대하여

$$|S_n| = \left| \sum_{k=1}^{n} a_k \right| \le \sum_{k=1}^{n} |a_k| = T_n$$

이다. 극한을 취하면 $\left| \displaystyle\sum_{k=1}^{\infty} a_k \right| \le \displaystyle\sum_{k=1}^{\infty} |a_k|$ 를 얻는다. ■

$\displaystyle\sum_{n=1}^{\infty} a_n$에 대하여

$$p_n = a_n^+ = \begin{cases} a_n & (a_n \geq 0) \\ 0 & (a_n < 0) \end{cases}, \quad q_n = a_n^- = \begin{cases} 0 & (a_n \geq 0) \\ -a_n & (a_n < 0) \end{cases}$$

으로 정의하면 $a_n = p_n - q_n$, $|a_n| = p_n + q_n$으로 표현된다.

다음 정리는 절대수렴과 조건수렴의 차이점을 보여준다.

정리 7.2.5

(1) $\displaystyle\sum_{n=1}^{\infty} a_n$이 절대수렴하면 $\displaystyle\sum_{n=1}^{\infty} p_n$과 $\displaystyle\sum_{n=1}^{\infty} q_n$은 수렴한다.

(2) $\displaystyle\sum_{n=1}^{\infty} a_n$이 조건수렴하면 $\displaystyle\sum_{n=1}^{\infty} p_n$과 $\displaystyle\sum_{n=1}^{\infty} q_n$은 발산한다.

증명 (1) 가정에서 $\displaystyle\sum_{n=1}^{\infty} a_n$과 $\displaystyle\sum_{n=1}^{\infty} |a_n|$이 동시에 수렴하므로 정리 7.1.5에 의하여

$\displaystyle\sum_{n=1}^{\infty} (a_n + |a_n|)$도 수렴한다. $2p_n = a_n + |a_n|$이므로 $\displaystyle\sum_{n=1}^{\infty} 2p_n$은 수렴한다.

따라서 $\displaystyle\sum_{n=1}^{\infty} p_n$이 수렴한다. 같은 방법으로 $2q_n = |a_n| - a_n$에서 $\displaystyle\sum_{n=1}^{\infty} q_n$은

수렴한다.

(2) $|a_n| = 2p_n - a_n$이다. 지금 $\displaystyle\sum_{n=1}^{\infty} p_n$이 수렴한다고 하면, 정리 7.1.5에 의하

여 $\displaystyle\sum_{n=1}^{\infty} (2p_n - a_n) = \displaystyle\sum_{n=1}^{\infty} |a_n|$도 수렴한다. 이것은 $\displaystyle\sum_{n=1}^{\infty} a_n$이 조건수렴한다

는 가정에 모순이다. 따라서 $\displaystyle\sum_{n=1}^{\infty} p_n$은 발산하고, 같은 방법으로 $\displaystyle\sum_{n=1}^{\infty} q_n$도

발산한다. ■

보기 3 $\displaystyle\sum_{n=1}^{\infty} a_n = 1 - \frac{1}{2} + \frac{1}{3} - \frac{1}{4} + \cdots$은 조건수렴하므로

$$\sum_{n=1}^{\infty} p_n = 1 + 0 + \frac{1}{3} + 0 + \frac{1}{5} + 0 + \cdots = 1 + \frac{1}{3} + \frac{1}{5} + \cdots$$

은 발산한다.

정리 7.2.6

(비교판정법) 임의의 자연수 n에 대하여 $|a_n| \leq |b_n|$이라 하자. 그러면

(1) 급수 $\displaystyle\sum_{n=1}^{\infty} b_n$이 절대수렴하면 $\displaystyle\sum_{n=1}^{\infty} |a_n| < \infty$이다.

(2) $\displaystyle\sum_{n=1}^{\infty} |a_n| = \infty$이면 $\displaystyle\sum_{n=1}^{\infty} |b_n| = \infty$이다.

증명 (1) $M = \displaystyle\sum_{n=1}^{\infty} |b_n|$로 두면 모든 자연수 n에 대하여 $|a_n| \leq |b_n|$이므로 $S_n = |a_1| +$

$\cdots + |a_n|$일 때 모든 n에 대하여 $S_n \leq |b_1| + \cdots + |b_n| \leq M$이 된다. 따라서

$\displaystyle\sum_{n=1}^{\infty} |a_n|$의 부분합의 수열은 위로 유계이므로 정리 7.1.7에 의하여

$\displaystyle\sum_{n=1}^{\infty} |a_n| < \infty$이므로 $\displaystyle\sum_{n=1}^{\infty} a_n$은 절대수렴한다.

더구나 $\displaystyle\sum_{n=1}^{\infty} |a_n| = \lim_{k \to \infty} (|a_1| + \cdots + |a_k|) \leq M = \displaystyle\sum_{n=1}^{\infty} |b_n|$이다.

(2) 연습문제로 남긴다. ■

위 정리를 절대수렴에 대한 비교판정법(comparison test)이라 한다. 위 정리에 따르면 $x \in (-1, 1)$인 모든 x에 대하여 기하급수 $\displaystyle\sum_{n=0}^{\infty} x^n$은 절대수렴한다. 왜냐하면 모든 자연수 n에 대하여 $x^n \leq |x|^n$이고 $\displaystyle\sum_{n=0}^{\infty} |x|^n$은 수렴하기 때문이다.

보기 4 다음 급수의 수렴, 발산을 판정하여라.

(1) $\displaystyle\sum_{n=1}^{\infty} \frac{\cos n}{n^2}$

(2) $\displaystyle\sum_{n=1}^{\infty} \frac{1}{2n+5}$

풀이 (1) 임의의 자연수 n에 대하여 $|(\cos n)/n^2| \le 1/n^2$이고 $\sum 1/n^2$은 수렴하므로 교판정법에 의해서 $\displaystyle\sum_{n=1}^{\infty} \frac{\cos n}{n^2}$은 절대수렴한다. 따라서 정리 7.2.4에 의해서 $\displaystyle\sum_{n=1}^{\infty} \frac{\cos n}{n^2}$은 수렴한다.

(2) 모든 자연수 $n \ge 5$에 대하여 $\dfrac{1}{3n} < b_n = \dfrac{1}{2n+5}$이므로 비교판정법에 의해서 $\displaystyle\sum_{n=1}^{\infty} \frac{1}{2n+5}$은 발산한다. ■

정리 7.2.7

$\displaystyle\sum_{n=1}^{\infty} a_n$은 임의의 급수이고 $\{b_n\}$은 임의의 수열이라 하자.

(1) $\displaystyle\sum_{n=1}^{\infty} a_n$이 절대수렴하고 수열 $\{b_n\}$이 유계수열이면 $\displaystyle\sum_{n=1}^{\infty} a_n b_n$은 절대수렴한다.

(2) $\{1/b_n\}$이 유계수열이고 $\displaystyle\sum_{n=1}^{\infty} |a_n|$이 발산하면 $\displaystyle\sum_{n=1}^{\infty} |a_n b_n|$은 발산한다.

증명 (1) 가정에 의하여 양수 M이 존재해서 모든 자연수 n에 대하여 $|b_n| < M$이다. 따라서 모든 n에 대하여 $|a_n b_n| \le M|a_n|$이다. 한편 $\displaystyle\sum_{n=1}^{\infty} M|a_n|$은 수렴하므로 비교판정법에 의하여 $\displaystyle\sum_{n=1}^{\infty} |a_n b_n|$은 수렴한다.

(2) 만약 $\displaystyle\sum_{n=1}^{\infty} |a_n b_n|$이 수렴한다면 $\{1/b_n\}$이 유계수열이므로 (1)에 의하여

$$\sum_{n=1}^{\infty} |a_n| = \sum_{n=1}^{\infty} |a_n b_n||1/b_n|$$

이 수렴한다. 이는 가정에 모순된다. 따라서 $\displaystyle\sum_{n=1}^{\infty} |a_n b_n|$은 발산한다. ■

따름정리 7.2.8

수열 $\{b_n\}$은 수렴하는 수열이라 하자.

(1) 만약 $\displaystyle\sum_{n=1}^{\infty} a_n$이 절대수렴하면 급수 $\displaystyle\sum_{n=1}^{\infty} a_n b_n$은 절대수렴한다.

(2) $\displaystyle\lim_{n\to\infty} b_n \neq 0$이고 $\displaystyle\sum_{n=1}^{\infty} |a_n|$이 발산하면 $\displaystyle\sum_{n=1}^{\infty} |a_n b_n|$은 발산한다.

증명 (1) 수렴하는 수열은 유계수열이므로 (1)은 정리 7.2.7(1)에서 나온다.

(2) 만약 $\displaystyle\lim_{n\to\infty} b_n \neq 0$이면 $\displaystyle\lim_{n\to\infty}(1/b_n)$이 존재한다. 따라서 유한개의 항 다음부터 $\{1/b_n\}$은 유계수열이다. (2)는 비교판정법에 의하여 성립한다. ■

보기 5 (1) 급수 $\displaystyle\sum_{n=1}^{\infty}\frac{n}{1+n^2} = \sum_{n=1}^{\infty}\frac{1}{n}\left[\frac{n^2}{1+n^2}\right]$에서 $a_n = \dfrac{1}{n}$, $b_n = \dfrac{n^2}{1+n^2}$ 으로 택하면

따름정리 7.2.8(2)에 의하여 $\displaystyle\sum_{n=1}^{\infty}\frac{n}{1+n^2}$은 발산한다.

(2) $\dfrac{1}{n^2+n} = \dfrac{1}{n^2}\left[\dfrac{n^2}{n+n^2}\right]$이므로 $a_n = \dfrac{1}{n^2}$, $b_n = \dfrac{n^2}{n+n^2}$ 으로 택하면 따름정리

7.2.8(1)에 의하여 $\displaystyle\sum_{n=1}^{\infty}\frac{1}{n^2+n}$은 수렴한다.

다음 정리는 정리 7.2.7의 중요한 결과이다.

정리 7.2.9

(1) 급수 $\displaystyle\sum_{n=1}^{\infty} b_n$이 절대수렴하고 $\displaystyle\lim_{n\to\infty}(|a_n|/|b_n|)$이 존재하면 $\displaystyle\sum_{n=1}^{\infty} a_n$은 절대수렴한다.

(2) $\displaystyle\sum_{n=1}^{\infty} |a_n| = \infty$이고 $\displaystyle\lim_{n\to\infty}(|a_n|/|b_n|)$이 존재하면 $\displaystyle\sum_{n=1}^{\infty} |b_n| = \infty$이다.

증명 (1) 정리 3.1.4에 의하여 수열 $\{|a_n/b_n|\}$은 유계이다. 따라서 적당한 $M > 0$에

대하여 $|a_n| \leq M\,|b_n|\,(n \in \mathbb{N})$이다. 가정에 의하여 $\displaystyle\sum_{n=1}^{\infty} Mb_n$이 절대수렴하

므로 비교판정법에 의하여 $\sum\limits_{n=1}^{\infty}|a_n| < \infty$ 이다.

(2) $|a_n| \le M|b_n|$ 이므로 $\dfrac{1}{M}|a_n| \le |b_n|$ 이고 가정에 의하여 $\sum\limits_{n=1}^{\infty}\dfrac{1}{M}|a_n|$ 은 발산한

다. 따라서 비교판정법에 의하여 $\sum\limits_{n=1}^{\infty}|b_n| = \infty$ 이다. ■

보기 6 $b_n = \dfrac{2n}{n^2-4n+7}$, $a_n = \dfrac{1}{n}$ 로 두면

$$\lim_{n\to\infty}\left|\frac{a_n}{b_n}\right| = \lim_{n\to\infty}\left|\frac{n^2-4n+7}{2n^2}\right| = \frac{1}{2}$$

이고 $\sum\limits_{n=1}^{\infty}|a_n| = \sum\limits_{n=1}^{\infty}\dfrac{1}{n} = \infty$ 이다. 따라서 정리 7.2.7(2)에 의하여

$$\sum_{n=1}^{\infty}\left|\frac{2n}{n^2-4n+7}\right| = \sum_{n=1}^{\infty}\frac{2n}{n^2-4n+7} = \infty.$$

정리 7.2.10

(비판정법) $\sum\limits_{n=1}^{\infty}a_n$ 은 0이 아닌 실수의 급수이고

$$a = \liminf_{n\to\infty}|a_{n+1}/a_n|, \quad A = \limsup_{n\to\infty}|a_{n+1}/a_n|$$

(따라서 $0 \le a \le A$)라 하면 다음이 성립한다.

(1) 만약 $A < 1$ 이면 $\sum\limits_{n=1}^{\infty}a_n$ 은 절대수렴한다.

(2) 만약 $a > 1$ 이면 $\sum\limits_{n=1}^{\infty}a_n$ 은 발산한다.

(3) 만약 $a \le 1 \le A$ 이면 $\sum\limits_{n=1}^{\infty}a_n$ 의 수렴성을 판정할 수 없다.

증명 (1) $A < 1$ 이므로 $A < B < 1$ 를 만족하는 임의의 B를 취할 수 있다. 그러면 적당한 $\epsilon > 0$ 에 대하여 $B = A + \epsilon$ 이다. 따라서 수열의 상극한의 성질인

정리 3.6.11에 의하여 $n \geq N$일 때 $\left|\dfrac{a_{n+1}}{a_n}\right| \leq B$를 만족하는 자연수 $N \in \mathbb{N}$가 존재한다. 따라서 $|a_{N+1}/a_N| \leq B$, $|a_{N+2}/a_{N+1}| \leq B$, $\cdots$이므로 $|a_{N+2}/a_N| = |a_{N+2}/a_{N+1}| \cdot |a_{N+1}/a_N| \leq B^2$. 마찬가지로 임의의 $k \geq 0$에 대하여

$$\left|\frac{a_{N+k}}{a_N}\right| = \left|\frac{a_{N+k}}{a_{N+k-1}}\right| \cdots \left|\frac{a_{N+1}}{a_N}\right| \leq B^k.$$

즉, $|a_{N+k}| \leq |a_N|B^k$ $(k = 0, 1, 2, \cdots)$. $0 < B < 1$이므로 정리 7.1.4에 의하여 $\displaystyle\sum_{k=0}^{\infty} |a_N| \cdot B^k$은 수렴한다. 따라서 비교판정법에 의하여 $\displaystyle\sum_{k=0}^{\infty} |a_{N+k}|$는 수렴하므로 $\displaystyle\sum_{n=1}^{\infty} |a_n|$은 수렴한다.

(2) $a > 1$이므로 수열의 하극한의 성질인 정리 3.6.11에 의하여 $n \geq N$에 대하여 $|a_{n+1}/a_n| > 1$을 만족하는 자연수 $N \in \mathbb{N}$이 존재한다. 그런데 $|a_N| < |a_{N+1}| < \cdots$이고, $\{a_n\}$은 0에 수렴하지 않으므로 정리 7.1.2에 의하여 $\displaystyle\sum_{n=1}^{\infty} a_n$은 발산한다.

(3) 먼저 $\displaystyle\sum_{n=1}^{\infty} a_n = \sum_{n=1}^{\infty} \frac{1}{n}$을 생각하면 $\displaystyle\lim_{n \to \infty} \frac{a_{n+1}}{a_n} = 1$이다. 따라서 $a = 1 = A$이고 $\displaystyle\sum_{n=1}^{\infty} a_n$는 발산한다. 그러나 $\displaystyle\sum_{n=1}^{\infty} \frac{1}{n^2}$은 $a = 1 = A$이지만 수렴한다. ■

정리 7.2.10에 따르면 $L = \displaystyle\lim_{n \to \infty} |a_{n+1}/a_n|$이 존재하여 $L < 1$이면 $\displaystyle\sum_{n=1}^{\infty} |a_n|$은 수렴하고, $L > 1$이면 $\displaystyle\sum_{n=1}^{\infty} a_n$은 발산하며 $L = 1$이면 판정할 수 없다.

보기 7 다음 급수의 수렴·발산을 판정하여라.

(1) $\displaystyle\sum_{n=1}^{\infty} \frac{n^n}{n!}$

(2) $\displaystyle\sum_{n=1}^{\infty} \frac{n!}{n^n}$

(3) $\displaystyle\sum_{n=0}^{\infty} \frac{x^n}{n!}$ $(x \in \mathbb{R})$

(4) $\displaystyle\sum_{n=1}^{\infty} \frac{p^n}{n!}$ $(0 < p < \infty)$

풀이 (1) $\dfrac{|a_{n+1}|}{|a_n|} = \dfrac{(n+1)^{n+1}}{(n+1)!} \cdot \dfrac{n!}{n^n} = \dfrac{(n+1)^n}{n^n} = \left(1 + \dfrac{1}{n}\right)^n$ 이므로 정리 3.3.4에 의

하여 $\displaystyle\lim_{n\to\infty}(1+1/n)^n = e > 2$이다. 따라서 주어진 급수는 발산한다.

(2) $A = 1/e < 1/2 < 1$이므로 비판정법에 의하여 따라서 주어진 급수는 수렴한다.

(3) $|a_{n+1}/a_n| = (|x|^{n+1}/(n+1)!) \cdot (n!/|x|^n) = |x|/(n+1)$이므로 $\displaystyle\lim_{n\to\infty}|a_{n+1}/a_n|$

$= 0$이다. 따라서 모든 실수 x에 대하여 $\displaystyle\sum_{n=0}^{\infty} \dfrac{x^n}{n!}$은 절대수렴한다(급수의 합

은 e^x이다).

(4) $\displaystyle\lim_{n\to\infty}\dfrac{a_{n+1}}{a_n} = \lim_{n\to\infty}\dfrac{p^{n+1}}{p^n}\dfrac{n!}{(n+1)!} = p\lim_{n\to\infty}\dfrac{1}{n+1} = 0$이므로 비판정법에 의하여

주어진 급수는 모든 $p\,(0 < p < \infty)$에 대하여 수렴한다. ∎

정리 7.2.11

(근판정법, root test) $\displaystyle\limsup_{n\to\infty}\sqrt[n]{|a_n|} = A$라 할 때 다음이 성립한다.

(1) $(0 \le)A < 1$이면 급수 $\displaystyle\sum_{n=1}^{\infty} a_n$은 절대수렴한다.

(2) $A > 1$이면 $\displaystyle\sum_{n=1}^{\infty} a_n$은 발산한다($\displaystyle\limsup_{n\to\infty}\sqrt[n]{|a_n|} = \infty$도 포함한다).

(3) $A = 1$이면 이 방법으로 수렴성을 판정할 수 없다.

증명 (1) $A < 1$이므로 $A < B < 1$를 만족하는 B를 택하면 수열의 상극한의 성질

인 정리 3.6.11에 의하여 $n \ge N$에 대하여 $\sqrt[n]{|a_n|} < B$을 만족하는 자연

수 $N \in \mathbb{N}$가 존재한다. 즉, 모든 $n \ge N$에 대하여 $|a_n| < B^n$이다. 따라서

급수 $\displaystyle\sum_{n=1}^{\infty} B^n$은 절대수렴하므로 비교판정법에 의하여 $\displaystyle\sum_{n=1}^{\infty}|a_n| < \infty$이다.

(2) $\displaystyle\limsup_{n\to\infty}\sqrt[n]{|a_n|} > 1$이면 수열의 상극한의 성질인 정리 3.6.11에 의하여

무한히 많은 n값에 대하여 $\sqrt[n]{|a_n|} > 1$이다. 즉, 무한히 많은 n값에 대하

여 $|a_n| > 1$이다. 따라서 $\{a_n\}_{n=1}^{\infty}$는 0에 수렴하지 않는다. 정리 7.1.2에

의하여 $\displaystyle\sum_{n=1}^{\infty} a_n$은 발산한다.

(3) $\lim_{n\to\infty} \sqrt[n]{1/n} = 1$이지만 $\sum_{n=1}^{\infty} \dfrac{1}{n}$ 은 발산한다. 한편, $\lim_{n\to\infty} \sqrt[n]{1/n^2} = \lim_{n\to\infty}(\sqrt[n]{1/n})^2$

$= 1$이지만 $\sum_{n=1}^{\infty} 1/n^2$ 은 수렴한다. 따라서 $A = 1$일 때 이처럼 근판정법은

수렴, 발산에 대하여 어떠한 판정도 제공하지 못한다. ■

보기 8 $\dfrac{1}{2} + \dfrac{1}{3} + \dfrac{1}{2^2} + \dfrac{1}{3^2} + \dfrac{1}{2^3} + \dfrac{1}{3^3} + \dfrac{1}{2^4} + \dfrac{1}{3^4} + \cdots$ 의 수렴·발산을 판정하여라.

풀이 $\liminf_{n\to\infty} \dfrac{a_{n+1}}{a_n} = \lim_{n\to\infty}\left(\dfrac{2}{3}\right)^n = 0, \quad \liminf_{n\to\infty} \sqrt[n]{a_n} = \lim_{n\to\infty} \sqrt[2n]{\dfrac{1}{3^n}} = \dfrac{1}{\sqrt{3}},$

$\limsup_{n\to\infty} \sqrt[n]{a_n} = \lim_{n\to\infty} \sqrt[2n]{\dfrac{1}{2^n}} = \dfrac{1}{\sqrt{2}}, \quad \limsup_{n\to\infty} \dfrac{a_{n+1}}{a_n} = \lim_{n\to\infty}\left(\dfrac{3}{2}\right)^n = \infty$

이므로 근판정법으로는 급수의 수렴을 알 수 있지만 비판정법으로는 급수의
수렴성을 판정할 수 없다. ■

정리 7.2.12

양의 수열 $\{a_n\}$에 대해서

$$\liminf_{n\to\infty} \frac{a_{n+1}}{a_n} \le \liminf_{n\to\infty} \sqrt[n]{a_n} \le \limsup_{n\to\infty} \sqrt[n]{a_n} \le \limsup_{n\to\infty} \frac{a_{n+1}}{a_n}.$$

증명 첫 부등식의 증명은 세 번째 부등식의 증명과 아주 비슷하므로 세 번째의
부등식을 증명하기로 한다. $\alpha = \limsup_{n\to\infty}(a_{n+1}/a_n)$로 두자. 만약 $\alpha = \infty$이면
부등식은 물론 성립한다. 만약 α가 유한이면 $\beta > \alpha$를 만족하는 β를 선택한
다. 수열의 상극한에 관한 정리 3.6.11에 의하여 $n \ge n_0$일 때 $\dfrac{a_{n+1}}{a_n} \le \beta$
성립하는 자연수 n_0가 존재한다. 이때 임의의 양수 p에 대하여

$$a_{n_0+k+1} \le \beta a_{n_0+k} \quad (k = 0, 1, \cdots, p-1)$$

이다. 따라서 이들 부등식을 곱하여 합치면

$$a_{n_0+p} \le \beta^p a_{n_0} \quad \text{또는} \quad a_n \le a_{n_0}\beta^{-n_0} \cdot \beta^n \quad (n \ge n_0).$$

따라서 $\sqrt[n]{a_n} \leq \sqrt[n]{a_{n_0} \beta^{-n_0}} \cdot \beta$ 이므로 $\lim\limits_{n \to \infty} \sup \sqrt[n]{a_n} \leq \beta$ 이다. 모든 $\beta > \alpha$ 에 대해서 위 식은 항상 성립하므로 $\lim\limits_{n \to \infty} \sup \sqrt[n]{a_n} \leq \alpha$ 이다. ∎

정리 7.2.13

(적분판정법, Integral test) $\{a_n\}$ 은 양항을 갖는 수열로서 0에 수렴하는 단조감소수열이고 $f : [1, \infty) \to \mathbb{R}^+$ 는 단조감소함수이며 임의의 $n \in \mathbb{N}$ 에 대하여 $f(n) = a_n$ 이라 하자. 이때 급수 $\sum\limits_{n=1}^{\infty} a_n$ 이 수렴하기 위한 필요충분조건은 이상적분 $\int_1^{\infty} f(x)dx$ 의 적분값이 존재한다는 것이다.

증명 f 는 $[1, \infty)$ 에서 단조감소함수이므로 임의의 $c > 1$ 에 대하여 f 는 $[1, c]$ 에서 적분가능하고, 임의의 자연수 k 에 대하여

$$a_{k+1} \leq f(x) \leq a_k \quad (x \in [k, k+1])$$

이므로 임의의 자연수 k 에 대하여 $a_{k+1} \leq \int_k^{k+1} f(x) \leq a_k$ 이다.

만약 $n \geq 2$ 이면

$$\sum_{k=2}^{n-1} a_{k+1} \leq \sum_{k=2}^{n-1} \int_k^{k+1} f(x)dx \leq \sum_{k=2}^{n-1} a_k$$

이므로

$$S_n - a_1 = \sum_{k=2}^{n} a_k \leq \int_1^{n} f(x)dx \leq \sum_{k=1}^{n-1} a_k = S_{n-1} \tag{7.5}$$

이 된다.

만약 $\int_1^{\infty} f(x)dx = L$ 이면 식 (7.5)에 의하여 모든 자연수 n 에 대하여

$$\sum_{k=2}^{n} a_k \leq \int_1^{n} f(x)dx \leq \int_1^{\infty} f(x)dx = L$$

이다. 따라서 $\sum\limits_{n=1}^{\infty} a_n$ 은 수렴한다.

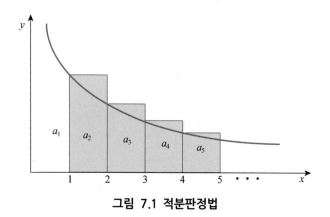

그림 7.1 적분판정법

한편, $\displaystyle\int_1^\infty f(x)dx = \infty$ 이면 $\displaystyle\lim_{n\to\infty}\int_1^n f(x)dx = \infty$ 이므로 식 (7.5)에 의해서

$$\lim_{n\to\infty}\sum_{k=1}^{n-1} a_k = \lim_{n\to\infty} S_{n-1} = \infty$$

이다. 따라서 $\displaystyle\sum_{n=1}^\infty a_n$ 는 발산한다. ∎

보기 9 다음 급수의 수렴, 발산을 조사하여라.

(1) $\displaystyle\sum ne^{-n^2}$　　　　　　　　　　(2) p-급수 $\displaystyle\sum\frac{1}{n^p}$

풀이 (1) $f(x) = xe^{-x^2}$로 두면 f는 $x \geq 1$에서 연속이고,

$$f'(x) = e^{-x^2} - 2x^2 e^{-x^2} = e^{-x^2}(1 - 2x^2) < 0 \quad (x \geq 1)$$

이므로 f는 $[1,\infty)$에서 감소한다. 따라서 f는 적분판정의 조건을 만족한다. 또한

$$\int_1^\infty xe^{-x^2}dx = \lim_{n\to\infty}\int_1^n xe^{-x^2}dx = \lim_{n\to\infty}\left[-\frac{1}{2}e^{-x^2}\right]_1^n$$
$$= \lim_{n\to\infty}\left[-\frac{1}{2}(e^{-n^2} - e^{-1})\right] = \frac{1}{2e}$$

이다. 따라서 $\displaystyle\sum ne^{-n^2}$은 수렴한다.

(2) 만약 $p \leq 0$이면 $\displaystyle\lim_{n\to\infty}(1/n^p) \neq 0$이므로 p-급수는 발산한다. 만약 $p > 0$이면 수열 $\{1/n^p\}$은 0에 수렴하는 단조감소수열이고 모든 n에 대하여 $1/n^p > 0$

이다. $f(x) = 1/x^p$는 $[1, \infty)$에서 단조감소이고 $f(n) = a_n = 1/n^p$이다.

따라서 적분판정법에 의하여 $\sum \dfrac{1}{n^p}$이 수렴하기 위한 필요충분조건은 수열

$\displaystyle\int_1^n f(x)dx = \int_1^n (1/x^p)dx$가 수렴하는 것이다. 따라서

$$\int_1^n \frac{1}{x^p}\,dx = \begin{cases} (n^{1-p} - 1)/(1-p), & p \neq 1 \\ \ln n, & p = 1 \end{cases}$$

이므로 $\displaystyle\int_1^n (1/x^p)dx$가 수렴하기 위한 필요충분조건은 $p > 1$이다. 그러므로 $\sum \dfrac{1}{n^p}$이 수렴하기 위한 필요충분조건은 $p > 1$이다. 또한 $p \leq 1$이면 주어진 급수는 발산한다. ∎

정리 7.2.14

(극한 비교판정법) 충분히 큰 자연수 k에 대하여 $a_k, b_k \geq 0$이고 $0 < \displaystyle\lim_{n \to \infty} \frac{a_n}{b_n} < \infty$이라 하자. 이때 급수 $\displaystyle\sum_{k=1}^{\infty} a_k$가 수렴하기 위한 필요충분조건은 $\displaystyle\sum_{k=1}^{\infty} b_k$가 수렴한다.

증명 $c = \displaystyle\lim_{n \to \infty}(a_n/b_n)$, $\epsilon = c/2$로 두면 가정에 의하여 자연수 N이 존재해서

$$k \geq N일 \ 때 \ |a_n/b_n - c| < \epsilon = c/2$$

이 된다. 따라서 $k \geq N$일 때 $\dfrac{c}{2}b_k < a_k < \dfrac{3c}{2}b_k$이다. 그러므로 비교판정법에 의하여 정리는 성립한다. ∎

보기 10 (1) 급수 $\displaystyle\sum_{n=1}^{\infty} \frac{1}{\sqrt{n(n+1)}}$의 수렴·발산을 결정하여라.

(2) $\displaystyle\lim_{k \to \infty} a_k = 0$일 때 급수 $\displaystyle\sum_{k=1}^{\infty} \sin|a_k|$가 수렴하기 위한 필요충분조건은 $\displaystyle\sum_{k=1}^{\infty} |a_k|$가 수렴함을 보여라.

풀이 (1) $a_n = 1/\sqrt{n(n+1)}\,]$, $b_n = 1/n$으로 두면

$$\frac{b_n}{a_n} = \frac{1/n}{1/\sqrt{n(n+1)}} = \frac{\sqrt{n(n+1)}}{n} = \sqrt{1 + \frac{1}{n}}\,.$$

$\displaystyle \lim_{n \to \infty} \frac{b_n}{a_n} = \lim_{n \to \infty} \sqrt{1 + 1/n} = 1$이고 $\displaystyle \sum_{n=1}^{\infty} b_n = \sum_{n=1}^{\infty} \frac{1}{n}$은 발산하므로 극한 비교

판정법에 의하여 주어진 급수 $\displaystyle \sum_{n=1}^{\infty} a_n$은 발산한다.

(2) 로피탈의 법칙에 의해서 $\displaystyle \lim_{k \to \infty} \frac{\sin|a_k|}{|a_k|} = \lim_{x \to 0^+} \frac{\sin x}{x} = 1$이다. 따라서 극한 비

교판정법에 의하여 $\displaystyle \sum_{k=1}^{\infty} \sin|a_k|$가 수렴하기 위한 필요충분조건은 $\displaystyle \sum_{k=1}^{\infty} |a_k|$는

수렴하는 것이다. ∎

정리 7.2.15

(라베(Raabe) 판정법, 달랑베르 비판정법) 모든 자연수 n에 대하여 $a_n > 0$이고 $p > 1$
이라 하자. 만약 충분히 큰 모든 자연수 n에 대해 $a_{n+1}/a_n \leq 1 - p/n$이라 가정하면
$\sum a_n$은 수렴한다.

증명 베르누이의 부등식에 의하여

$$\frac{a_{n+1}}{a_n} \leq 1 - \frac{p}{n} \leq \left(1 - \frac{1}{n}\right)^p = \frac{(n-1)^p}{n^p}$$

이다. 만약 $b_{n+1} = 1/n^p$이면

$$\frac{a_{n+1}}{a_n} \leq \frac{(n-1)^p}{n^p} = \frac{b_{n+1}}{b_n}$$

이므로 연습문제 14에 의하여 $\sum b_n$은 수렴하므로 $\sum a_n$은 수렴한다. ∎

보기 11 급수

$$\frac{1}{4} + \frac{1 \cdot 3}{4 \cdot 6} + \frac{1 \cdot 3 \cdot 5}{4 \cdot 6 \cdot 8} + \cdots + \frac{1 \cdot 3 \cdots (2n-1)}{4 \cdot 6 \cdots (2n+2)} + \cdots$$

에 대하여 연속하는 항의 비 a_{n+1}/a_n은 $\dfrac{3}{6}$, $\dfrac{5}{8}$, $\cdots$, $\dfrac{2n-1}{2n+2}$이고 $\displaystyle\lim_{n\to\infty} a_{n+1}/a_n = 1$이다. 따라서 비판정법으로 판정할 수 없다. 그러나

$$\frac{2n-1}{2n+2} = \frac{2n+2-3}{2n+2} = 1 - \frac{3}{2n+2}$$

이고 이는 $1 - p/(n+1)\,(p = 3/2 > 1)$ 형태이므로 라베[5] 판정법에 의하여 주어진 급수는 수렴한다.

보기 12 급수

$$\frac{\alpha}{\beta} + \frac{\alpha(\alpha+1)}{\beta(\beta+1)} + \frac{\alpha(\alpha+1)(\alpha+2)}{\beta(\beta+1)(\beta+2)} + \cdots \quad (\alpha > 0, \beta > 0)$$

은 $\beta > 1 + \alpha$일 때 수렴하고 $\beta \le 1 + \alpha$일 때 발산함을 보여라.

증명 이웃하는 항의 비는 일반적으로 $(\alpha+n)/(\beta+n)$이므로 $\displaystyle\lim_{n\to\infty}\frac{a_{n+1}}{a_n} = 1$이다. 따라서 비판정법으로 이 급수는 수렴 · 발산을 판정할 수 없다.

$$\frac{\alpha+n}{\beta+n} = 1 - \frac{\beta-\alpha}{n+\beta}$$

이므로 $\beta - \alpha > 1$일 때 라베 판정법에 의하여 주어진 급수는 수렴한다. 만약 $\beta - \alpha = 1$이면 주어진 급수는

$$\begin{aligned}
&\frac{\alpha}{\beta} + \frac{\alpha(\alpha+1)}{\beta(\beta+1)} + \frac{\alpha(\alpha+1)(\alpha+2)}{\beta(\beta+1)(\beta+2)} + \cdots \\
&= \frac{\alpha}{\alpha+1} + \frac{\alpha}{\alpha+2} + \frac{\alpha}{\alpha+3} + \cdots + \frac{\alpha}{\alpha+n} + \cdots
\end{aligned}$$

이 되므로 발산한다. 만약 $\beta < \alpha + 1$이면 항은 더 크게 되어 주어진 급수는 발산한다. ■

---

5) 라베(Joseph Ludwig Raabe, 1801-1859)는 스위스의 수학자이다.

01 두 급수 $\displaystyle\sum_{n=1}^{\infty} a_n$과 $\displaystyle\sum_{n=1}^{\infty} b_n$이 절대수렴하면 다음을 보여라.

(1) $\displaystyle\sum_{n=1}^{\infty} a_n^2$, $\displaystyle\sum_{n=1}^{\infty} \sqrt{|a_n b_n|}$ 은 수렴한다.

(2) $\displaystyle\sum_{n=1}^{\infty} c_n$이 수렴하면 $\displaystyle\sum_{n=1}^{\infty} c_n a_n$도 절대수렴한다.

02 $\displaystyle\sum_{n=1}^{\infty} a_n^2$과 $\displaystyle\sum_{n=1}^{\infty} b_n^2$이 수렴하면 급수 $\displaystyle\sum_{n=1}^{\infty} a_n b_n$은 절대수렴함을 보여라.

03 $\displaystyle\sum a_n$는 발산하고 $\displaystyle\sum a_n^2$이 수렴하는 수열 $\{a_n\}$의 예를 들어라.

04 비교판정법을 이용하여 다음 급수의 수렴, 발산을 판정하여라.

(1) $\displaystyle\sum_{n=1}^{\infty} \frac{1+\sin n}{3^n + 2n^4}$

(2) $\displaystyle\sum_{n=1}^{\infty} \frac{1}{2^{n^2}}$

(3) $\displaystyle\sum_{n=1}^{\infty} \frac{n^2}{2^n}$

(4) $\displaystyle\sum_{n=1}^{\infty} n^4 e^{-n^2}$

05 다음 급수의 수렴, 발산을 판정하여라.

(1) $\displaystyle\sum_{n=1}^{\infty} n^{-n}$

(2) $\displaystyle\sum_{n=1}^{\infty} \frac{(n!)^2}{(2n)!}$

(3) $\displaystyle\sum_{n=1}^{\infty} (\sqrt[n]{n} - 1)^n$

(4) $\displaystyle\sum_{n=2}^{\infty} \frac{1}{(\log n)^2}$

(5) $\dfrac{2!}{4} + \dfrac{4!}{4^2} + \dfrac{6!}{4^3} + \cdots + \dfrac{(2n)!}{4^n} + \cdots\cdots$

06 적분판정법을 이용하여 다음 급수의 수렴, 발산을 조사하여라.

(1) $\displaystyle\sum_{n=2}^{\infty} \frac{1}{n \log n}$

(2) $\displaystyle\sum_{n=2}^{\infty} \frac{1}{n (\log n)^p}$

(3) $\displaystyle\sum_{n=1}^{\infty} \frac{e^{-\sqrt{n}}}{\sqrt{n}}$

07 다음 급수의 절대수렴, 조건수렴을 결정하여라.

(1) $\displaystyle\sum_{n=1}^{\infty} \frac{(-1)^{n-1}n}{n^2+1}$ (2) $\displaystyle\sum_{n=1}^{\infty} \frac{\cos n\pi}{n\sqrt{n}}$

08 극한 비교판정법을 사용하여 급수 $\displaystyle\sum \sin^3 \frac{1}{n}$ 의 수렴, 발산을 판정하여라.

09 $a_n > 0$ 이고 모든 n에 대하여 $\sqrt[n]{a_n} \le k < 1$ 이면 $\displaystyle\sum_{n=1}^{\infty} a_n$ 이 수렴함을 보여라.

10 $\{a_n\}$ 이 $\displaystyle\liminf_{n\to\infty} \sqrt[n]{|a_n|} < 1$ 을 만족하는 수열이면 $\displaystyle\sum_{n=1}^{\infty} a_n$ 은 수렴하거나 발산함을 예를 들어 보여라. 만약 $\displaystyle\liminf_{n\to\infty} \sqrt[n]{|a_n|} > 1$ 이면 $\displaystyle\sum_{n=1}^{\infty} a_n$ 은 발산함을 보여라.

11 모든 $n \in \mathbb{N}$ 에 대하여 $a_n \ge 0$ 이고 급수 $\displaystyle\sum a_n$ 이 수렴하면 다음 급수도 수렴함을 보여라.

(1) $\displaystyle\sum_{n=1}^{\infty} a_n^2$ (2) $\displaystyle\sum_{n=1}^{\infty} \frac{\sqrt{a_n}}{n}$

12 모든 n에 대하여 $a_n > 0$, $a_n \ne 1$ 이고 $\displaystyle\sum_{n=1}^{\infty} a_n$ 이 수렴하면 다음 급수도 수렴함을 보여라.

(1) $\displaystyle\sum_{n=1}^{\infty} \frac{a_n}{1+a_n}$ (2) $\displaystyle\sum_{n=1}^{\infty} \frac{a_n}{1-a_n}$

13 모든 n에 대하여 $a_n > 0$ 이고 $\displaystyle\sum_{n=1}^{\infty} a_n^2$ 이 수렴하면 $\displaystyle\sum_{n=1}^{\infty} \frac{a_n}{n}$ 도 수렴함을 보여라.

14 모든 자연수 n에 대하여 $a_n, b_n > 0$ 이고 $\displaystyle\sum b_n$ 이 수렴한다고 하자. 만약 충분히 큰 모든 자연수 n에 대하여 $a_{n+1}/a_n \le b_{n+1}/b_n$ 이면 급수 $\displaystyle\sum a_n$ 은 수렴함을 보여라.

15 $\displaystyle\sum a^{\ln n}$ 이 수렴하는 양수 a의 범위를 구하여라.

16 $R_n = \displaystyle\sum_{k=n+1}^{\infty} \frac{1}{k!}$ 은 급수 $\displaystyle\sum_{k=1}^{\infty} \frac{1}{k!}$ 과 $\displaystyle\sum_{k=1}^{n} \frac{1}{k!}$ 의 오차라고 하자. 다음을 보여라.

$$\frac{1}{(n+1)!} < R_n < \frac{n+2}{n+1} \frac{1}{(n+1)!}$$

17 $f : [1, \infty) \to \mathbb{R}^+$ 는 단조감소함수이고 $c_n = \displaystyle\sum_{k=1}^{n} f(k) - \int_1^n f(x)dx$ 이면 $\displaystyle\lim_{n\to\infty} c_n$ 이 존재함을 보여라.

18 $\{a_n\}$을 각 항이 $0, 1, 2, \cdots, 9$ 중의 하나로 이루어진 수열이라 하면 $\displaystyle\sum_{n=1}^{\infty} \frac{a_n}{10^n}$은 수렴하고 그 합은 닫힌구간 $[0,1]$ 안에 있음을 보여라.(여기서 항 a_1, a_2, $\cdots$를 수 $\displaystyle\sum_{n=1}^{\infty} \frac{a_n}{10^n}$의 소수전개라고 한다.)

19 $x \in [0,1]$에 대해서 $0, 1, 2, \cdots, 9$ 중의 하나인 수열 $\{a_n\}$이 존재하여

$$\sum_{n=1}^{\infty} \frac{a_n}{10^n} = x$$

가 됨을 보여라.

이 절에서는 부분합 공식을 소개하고 새로운 판정법에 대하여 설명하고자 한다.

정리 7.3.1

(부분합 공식) $\{a_n\}$, $\{b_n\}$은 임의의 수열이고 $S_n = a_1 + a_2 + \cdots + a_n$이면 모든 자연수 n에 대하여

$$\sum_{k=1}^{n} a_k b_k = S_n b_{n+1} - \sum_{k=1}^{n} S_k (b_{k+1} - b_k). \tag{7.6}$$

증명 $S_0 = 0$으로 두면 $a_k = S_k - S_{k-1}$이므로

$$
\begin{aligned}
\sum_{k=1}^{n} a_k b_k &= \sum_{k=1}^{n} (S_k - S_{k-1}) b_k \\
&= b_1 (S_1 - S_0) + b_2 (S_2 - S_1) + \cdots + b_{n-1}(S_{n-1} - S_{n-2}) + b_n (S_n - S_{n-1}) \\
&= S_1 (b_1 - b_2) + S_2 (b_2 - b_3) + \cdots + S_{n-1}(b_{n-1} - b_n) + S_n b_n \\
&= -\sum_{k=1}^{n-1} S_k (b_{k+1} - b_k) + S_n b_n - S_n b_{n+1} + S_n b_{n+1} \\
&= -\sum_{k=1}^{n} S_k (b_{k+1} - b_k) + S_n b_{n+1}.
\end{aligned}
$$

■

식 (7.6)을 보통 부분합 공식(summation by parts)이라 한다.

정리 7.3.2

$\displaystyle\sum_{n=1}^{\infty} a_n$은 부분합 $S_n = \displaystyle\sum_{k=1}^{n} a_k$이 유계인 급수이고 급수 $\displaystyle\sum_{n=1}^{\infty} |b_n - b_{n+1}|$이 수렴한다고 하자. 만약 $\displaystyle\lim_{n \to \infty} b_n = 0$이면 $\displaystyle\sum_{k=1}^{\infty} a_k b_k$는 수렴한다.

증명 정리 7.2.5(1)에 의하여 $\displaystyle\sum_{n=1}^{\infty} S_n (b_n - b_{n+1})$은 절대수렴한다. 수열 $\{S_n\}$은 유계이고 수열 $\{b_{n+1}\}$은 0에 수렴하므로 수열 $\{S_n b_{n+1}\}$은 0에 수렴한다. 따

라서 부분합 공식에 의하여 $\displaystyle\sum_{k=1}^{\infty} a_k b_k$는 수렴한다. ∎

보조정리 7.3.3

(아벨 정리) 수열 $\{a_n\}$의 부분합 $S_n = \displaystyle\sum_{k=1}^{n} a_k$가 적당한 실수 m, M에 대하여 $m \leq S_n \leq M \, (n \in \mathbb{N})$을 만족하고, $\{b_n\}$은 음수가 아닌 단조감소수열이면

$$mb_1 \leq \sum_{k=1}^{n} a_k b_k \leq Mb_1 \ (n \in \mathbb{N}).$$

증명 정리 7.3.1의 (7.6)에서 $\displaystyle\sum_{k=1}^{n} a_k b_k = \sum_{k=1}^{n} S_k(b_k - b_{k+1}) + S_n b_{n+1}$이다. 가정에서 $b_k - b_{k+1} \geq 0$이고 $S_k \leq M$이므로

$$\begin{aligned}
\sum_{k=1}^{n} a_k b_k &\leq M \sum_{k=1}^{n} (b_k - b_{k+1}) + Mb_{n+1} \\
&= M\{(b_1 - b_2) + (b_2 - b_3) + \cdots + (b_n - b_{n+1}) + b_{n+1}\} = Mb_1.
\end{aligned}$$

마찬가지로 $mb_1 \leq \displaystyle\sum_{k=1}^{n} a_k b_k$를 증명할 수 있다. ∎

보조정리 7.3.3에서 보면, 모든 자연수 n에 대하여 $\left| \displaystyle\sum_{k=1}^{n} a_k \right| \leq M$이면

$$\left| \sum_{k=1}^{n} a_k b_k \right| \leq Mb_1.$$

정리 7.3.4

(디리클레(Dirichlet) 판정법) 부분합 $S_n = \displaystyle\sum_{k=1}^{n} a_k$의 수열이 유계수열이고 $\{b_n\}$이 0에 수렴하는 단조감소수열이면 급수 $\displaystyle\sum_{k=1}^{\infty} a_k b_k$는 수렴한다.

증명 급수 $\displaystyle\sum_{n=1}^{\infty}|b_n-b_{n+1}|$의 부분합으로 이루어진 수열 $\{T_n\}$은

$$T_n=|b_1-b_2|+\cdots+|b_n-b_{n+1}|=(b_1-b_2)+\cdots+(b_n-b_{n+1})=b_1-b_{n+1}$$

이므로 b_1에 수렴한다. 정리 7.3.2에 의하여 $\displaystyle\sum_{k=1}^{\infty}a_kb_k$는 수렴한다. ■

정리 7.3.5

(삼각급수) 수열 $\{b_n\}$은 0에 수렴하는 단조감소수열이라고 하자(즉, $b_1\geq b_2\geq\cdots\geq 0$ 이고 $\displaystyle\lim_{n\to\infty}b_n=0$). 이때

(1) 임의의 $t\in\mathbb{R}$에 대하여 $\displaystyle\sum_{k=1}^{\infty}b_k\sin kt$는 수렴한다.

(2) $t=2p\pi,\ p\in\mathbb{Z}$를 제외한 $t\in\mathbb{R}$에 대하여 $\displaystyle\sum_{k=1}^{\infty}b_k\cos kt$는 수렴한다.

증명 우선 $t\neq 2p\pi,\ p\in\mathbb{Z}$에 대하여 다음 항등식을 증명한다.

$$\sum_{k=1}^{n}\sin kt=\frac{\cos(t/2)-\cos(n+1/2)t}{2\sin(t/2)} \tag{7.7}$$

$$\sum_{n=1}^{n}\cos kt=\frac{\sin(n+1/2)t-\sin(t/2)}{2\sin(t/2)} \tag{7.8}$$

등식 (7.8)의 증명은 연습문제로 남기고 등식 (7.7)을 보이고자 한다.

$S_n=\displaystyle\sum_{k=1}^{n}\sin kt$로 두고 항등식 $2\sin A\sin B=\cos(B-A)-\cos(B+A)$를 이용하면 다음 식을 얻는다.

$$2(\sin t/2)S_n=(\cos t/2-\cos(3t/2))+(\cos(3t/2)+\cos(5t/2))$$
$$+\cdots+(\cos(n-1/2)t-\cos(n+1/2)t)$$
$$=\cos(t/2)-\cos(n+1/2)t$$

(1) 위 등식으로부터 $t\neq 2p\pi,\ p\in\mathbb{Z}$에 대하여

$$S_n=\frac{\cos(t/2)-\cos(n+1/2)t}{2\sin(t/2)}$$

임을 알 수 있다. 그러므로

$$|S_n| \le \frac{|\cos(t/2)| + |\cos(n+1/2)t|}{2|\sin(t/2)|} \le \frac{1}{|\sin(t/2)|}$$

이므로 $t \ne 2p\pi$, $p \in \mathbb{Z}$ 인 경우에 $|S_n|$는 유한이다. 디리클레 판정법에 의하면 $t \ne 2p\pi$, $p \in \mathbb{Z}$ 인 모든 t에 대하여 $\sum_{k=1}^{\infty} b_k \sin kt$는 수렴한다. 만약 $t = 2p\pi$, $p \in \mathbb{Z}$ 이면 임의의 k에 대하여 $\sin kt = 0$이다. 따라서 임의의 $t \in \mathbb{R}$ 에 대하여 $\sum_{k=1}^{\infty} b_k \sin kt$는 수렴한다.

(2) 급수의 수렴에 관한 증명은 (1)의 증명과 비슷하다. 그러나 $t = 2p\pi$인 경우에 임의의 k에 대하여 $\cos kt = 0$이다. 주어진 급수는 수렴하거나 발산할지도 모른다. ∎

보기 1 정리 7.3.5에 의하여 급수 $\sum_{k=1}^{\infty} \frac{\cos kt}{k}$ 는 $t \ne 2p\pi$, $p \in \mathbb{Z}$ 인 모든 t에 대하여 수렴한다. $t = 2p\pi$, $p \in \mathbb{Z}$ 일 때 임의의 k에 대하여 $\cos kt = 1$이고 급수 $\sum_{k=1}^{\infty} \frac{1}{k}$은 발산한다. 한편 급수 $\sum_{k=1}^{\infty} \frac{1}{k^2} \cos kt$ 는 모든 $t \in \mathbb{R}$ 에 대하여 수렴한다.

정리 7.3.6

두 급수 $\sum_{n=1}^{\infty} a_n$, $\sum_{n=1}^{\infty} |b_n - b_{n+1}|$ 이 수렴하면 급수 $\sum_{n=1}^{\infty} a_n b_n$은 수렴한다.

증명 $S_n = \sum_{k=1}^{n} a_k$로 두면 가정에 의하여 수열 $\{S_n\}$은 수렴하므로 정리 7.2.5(1)에 의하여 $\sum_{n=1}^{\infty} S_n(b_n - b_{n+1})$은 절대수렴한다. 가정에 의하여 $\sum_{n=1}^{\infty} (b_n - b_{n+1})$은 수렴하므로

$$\lim_{n \to \infty} [(b_1 - b_2) + (b_2 - b_3) + \cdots + (b_n - b_{n+1})] = \lim_{n \to \infty} (b_1 - b_{n+1})$$

가 존재한다. 따라서 수열 $\{b_{n+1}\}$은 수렴하므로 수열 $\{S_n b_{n+1}\}$은 수렴한다.

그러므로 부분합 공식에 의하여 $\displaystyle\sum_{n=1}^{\infty} a_n b_n$은 수렴한다. ∎

> **정리 7.3.7**
>
> (아벨 판정법) $\displaystyle\sum a_n$이 수렴하고 $\{b_n\}$이 유계인 단조수열이면 $\displaystyle\sum_{n=1}^{\infty} a_n b_n$도 수렴한다.

증명 디리클레 판정법의 증명에서와 같이 $\displaystyle\sum_{n=1}^{\infty} |b_n - b_{n+1}|$은 수렴한다. 정리 7.3.8에 의하여 $\displaystyle\sum_{n=1}^{\infty} a_n b_n$은 수렴한다. ∎

보기 2 다음 급수가 수렴함을 보여라.

(1) $\displaystyle\sum_{n=1}^{\infty} \frac{(-1)^n (1+1/n)^n}{n}$ 　　　　　　 (2) $\displaystyle\sum_{k=1}^{\infty} \left(1+\frac{1}{k}\right)^k \left(\frac{\log(k+1)}{\sqrt{k+1}} - \frac{\log k}{\sqrt{k}}\right)$

풀이 (1) 급수 $\displaystyle\sum_{n=1}^{\infty} \frac{(-1)^n}{n}$은 수렴하고 수열 $\{(1+1/n)^n\}$은 유계 단조수열이므로 주어진 급수는 수렴한다.

(2) $k \to \infty$일 때 $\log k / \sqrt{k} \to 0$이므로

$$\sum_{k=1}^{\infty} \left(\frac{\log(k+1)}{\sqrt{k+1}} - \frac{\log k}{\sqrt{k}}\right) = \lim_{k\to\infty} \frac{\log k}{\sqrt{k}} = 0$$

은 수렴한다. 또한 수열 $\{(1+1/k)^k\}$은 e에 수렴하는 단조증가수열이다. 따라서 아벨 판정법에 의하여 주어진 급수는 수렴한다. ∎

보기 3 급수 $1-1+\dfrac{1}{2}-\dfrac{1}{2}+\dfrac{1}{3}-\dfrac{1}{3}+\dfrac{1}{4}-\cdots$은 수렴하고, 또한 수열 $0, \dfrac{1}{2}, \dfrac{1}{2}, \dfrac{2}{3}, \dfrac{2}{3},$ $\dfrac{3}{4}, \dfrac{3}{4}, \cdots$이 수렴하는 단조수열이므로 아벨 판정법에 의하여 급수

$$0 - \frac{1}{2} + \frac{1}{2^2} - \frac{1}{3} + \frac{2}{3^2} - \frac{1}{4} + \frac{3}{4^2} - \cdots \tag{7.9}$$

는 수렴한다.

01 급수 $\displaystyle\sum_{n=1}^{\infty} a_n = 1 + \frac{1}{2} - \frac{1}{3} + \frac{1}{4} + \frac{1}{5} - \frac{1}{6} + \cdots$ 에 디리클레 판정법을 적용할 수 있는가? 그리고 이 급수의 수렴성을 판정하여라.

02 $t \neq 2p\pi \, (p \in \mathbb{Z})$ 일 때 다음 식이 성립함을 보여라.

$$\sum_{k=1}^{n} \cos kt = \frac{\sin(n+1/2)t - \sin(t/2)}{2\sin(t/2)}$$

03 다음 급수가 조건수렴함을 보여라.

(1) $1 + \dfrac{1}{\sqrt{2}} - \dfrac{2}{\sqrt{3}} + \dfrac{1}{\sqrt{4}} + \dfrac{1}{\sqrt{5}} - \dfrac{2}{\sqrt{6}} + \cdots$

(2) $\displaystyle\sum_{n=1}^{\infty} (-1)^n n^{(1-n)/n}$

04 $\displaystyle\lim_{n \to \infty} b_n = 0$ 이고 $\displaystyle\sum_{n=1}^{\infty} a_n b_n$ 이 발산하는 급수가 되도록 수렴하는 급수 $\displaystyle\sum_{n=1}^{\infty} a_n$ 과 양의 수열 $\{b_n\}$ 의 예를 제시하여라.

05 다음을 보여라.

(1) 급수 $\displaystyle\sum_{n=1}^{\infty} \sqrt{na_n}$ 이 수렴하면 $\displaystyle\sum_{n=1}^{\infty} a_n$ 도 수렴한다.

(2) 급수 $\displaystyle\sum_{n=1}^{\infty} na_n$ 이 수렴하면 $\displaystyle\sum_{n=1}^{\infty} a_n$ 도 수렴한다.

06 다음 급수의 조건수렴, 절대수렴을 판정하여라.

(1) $1 - \dfrac{1}{1!} + \dfrac{1}{2!} - \dfrac{1}{3!} + \cdots$ 　　(2) $1 - \dfrac{1}{3} + \dfrac{1}{5} - \dfrac{1}{7} + \cdots$

(3) $\dfrac{1}{2} - \dfrac{2}{3} + \dfrac{3}{4} - \dfrac{4}{5} + \cdots$ 　　(4) $\displaystyle\sum_{n=1}^{\infty} \dfrac{\cos n\pi}{n\sqrt{n}}$

07 다음 급수의 수렴, 발산을 판정하여라.

(1) $\displaystyle\sum_{k=1}^{\infty} \dfrac{(-1)^{k+1}}{k^p}, \, p > 0$ 　　(2) $\displaystyle\sum_{k=2}^{\infty} \dfrac{(-1)^k}{k\log k}$

(3) $\displaystyle\sum_{k=1}^{\infty}(-1)^{k+1}\frac{k^k}{(k+1)^k}$ (4) $\displaystyle\sum_{k=1}^{\infty}(-1)^{k+1}\frac{k^k}{(k+1)^{k+1}}$

(5) $\displaystyle\sum_{k=2}^{\infty}\frac{\sin k}{\log k}$ (6) $\displaystyle\sum_{k=1}^{\infty}\frac{\sin kt}{k^p}$, $t\in\mathbb{R}$, $p>0$

08 다음 각 경우의 예를 들어라.

(1) $\displaystyle\lim_{n\to\infty}a_n=0$이지만 $\displaystyle\sum_{n=1}^{\infty}(-1)^{n+1}a_n$은 발산하는 양수의 수열 $\{a_n\}$

(2) $\displaystyle\sum a_n$은 수렴하고 $\displaystyle\lim_{n\to\infty}b_n=0$이지만 $\displaystyle\sum a_nb_n$이 발산하는 예

(3) $\displaystyle\sum b_n$은 수렴하고 $\displaystyle\lim_{n\to\infty}(a_n/b_n)=1$이지만 $\displaystyle\sum a_n$이 발산하는 예

09 다음 급수는 수렴함을 보여라.

(1) $\displaystyle\sum_{n=1}^{\infty}(-1)^{n+1}\left[e-\left(1+\frac{1}{n}\right)^n\right]$ (2) $\displaystyle\sum_{n=1}^{\infty}(-1)^{n+1}\left[\sqrt[n]{n}-1\right]$

10 모든 자연수 $n\in\mathbb{N}$에 대하여 $a_n>a_{n+1}>0$이고, $\displaystyle\sum_{n=1}^{\infty}(-1)^{n-1}a_n=S$이면 부분합은

부등식 $S_{2n}<S<S_{2n+1}$을 만족함을 보여라.

11 모든 자연수 $n\in\mathbb{N}$에 대하여 $a_n>a_{n+1}>0$이고 $\displaystyle\lim_{n\to\infty}a_n=0$일 때

$$\sum_{n=1}^{\infty}\frac{(-1)^{n-1}a_n}{1+a_n}$$

은 수렴함을 보여라.

12 $\displaystyle\sum_{n=1}^{\infty}a_n$이 수렴할 때 $\displaystyle\lim_{n\to\infty}\frac{1}{n}\sum_{k=1}^{n}ka_k=0$임을 보여라.

13 다음 아벨의 보조정리를 보여라.

만약 $\{S_n\}$은 $\displaystyle\sum_{n=1}^{\infty}a_n$의 부분합 수열이고 $\{b_n\}$은 음이 아닌 수의 감소수열일 때

$$\left|\sum_{k=1}^{n}a_kb_k\right|\le b_1\max\{|S_1|,\cdots,|S_n|\}.$$

14 $\{a_n\}$은 주기가 p인 주기수열(각 모든 n에 대하여 $a_n=a_{n+p}$)이고 $\displaystyle\sum_{n-1}^{p}a_n=0$이라

하자. 만약 $\{b_n\}$이 0에 수렴하는 감소수열이면 $\displaystyle\sum_{n=1}^{\infty}a_nb_n$은 수렴함을 보여라.

15 (Shohat, 1933) $\{a_n\}$은 임의의 수열이고 $b_n = n(a_n - a_{n+1})$ $(n = 1, 2, \cdots)$일 때 다음을 보여라.

(1) 만약 $\lim\limits_{n\to\infty} na_n$이 존재하고 0이 아닐 때 $\sum\limits_{n=1}^{\infty} a_n$과 $\sum\limits_{n=1}^{\infty} b_n$은 발산한다.

(2) 만약 $\sum\limits_{n=1}^{\infty} a_n$과 $\sum\limits_{n=1}^{\infty} b_n$이 수렴하면 $\lim\limits_{n\to\infty} na_n = 0$이고 $\sum\limits_{n=1}^{\infty} a_n = \sum\limits_{n=1}^{\infty} b_n$이다.

(3) (2)를 이용하여 다음을 보여라.

$$\sum_{n=1}^{\infty} \frac{1}{n^2} = 2 - \sum_{n=1}^{\infty} \frac{1}{n(n+1)^2} = \frac{13}{8} + \frac{1}{2} \sum_{n=1}^{\infty} \frac{1}{(n+1)^2 (n+2)^2}$$

아벨(Niels Henrik Abel, 1802~1829)의 생애와 업적

노르웨이 수학자인 아벨은 대학에 들어가 호른보에를 만나서 수학에 흥미를 갖게 되었다. 1823년 크리스티아니아 대학교를 졸업하고, 1825년 독일 베를린에서 유학하였다. 1827년 귀국하여, 타원함수·적분방정식과 5차 방정식의 대수적 불능 문제를 연구하였다(5차 이상의 대수방정식에는 제곱근 연산과 사칙연산만으로 쓸 수 있는 일반적인 근의 공식이 존재하지 않는다는 것을 처음으로 정확하게 증명하였다. 이를 아벨-루피니 정리라고 한다). 그는 대수함수론의 기본 정리인 '아벨의 정리'를 발표하였다. 친구들과 유럽을 돌아다니며, 가우스를 비롯한 많은 저명한 수학자들의 참다운 벗을 얻었지만, 귀국 후에는 일자리를 잡지 못하고 빈곤한 생활을 하다가 죽고 말았다. 아벨은 수학 교수가 되고 싶었지만, 결국 꿈을 이루지 못하고 죽고 말았는데, 운 나쁘게도 죽은 지 3일 후에 독일에 있는 베를린 대학교에서 수학 교수로 일해 달라는 전보가 왔다고 한다.

아벨의 진가가 발휘된 것은 그 후의 타원함수에 관한 연구이다. 아벨은 가우스의 저작에 있는 몇 마디로부터 힌트를 얻어 타원 적분의 역함수 연구에 임해 가우스의 연구(완벽주의적인 가우스의 성격 때문에 생전에는 공표되지 않았다)에 독자적으로 육박했다. 연구의 라이벌이었던 야코비는 아벨의 논문을 보고, "나로선 비평도 할 수 없는 대논문"이라고 최대의 찬사를 보냈다고 한다.

또한 아벨 군 등의 수학 용어에도 이름을 남기고 있다. 무한급수의 수렴에 관한 정리도 유명하다. 그 외에도 아벨 방정식, 아벨 적분, 아벨 함수, 아벨 다양체, 원(遠) 아벨(anabelian) 기하학 등 아벨의 이름을 딴 수학 용어는 무수히 많다. 5차 이상 방정식의 비가해성을 군이라고 하는 새로운 개념과 함께 증명한 갈루아와 함께 젊은 시절 비극적으로 죽음을 맞은 19세기의 수학자로서, 수학 팬들에게도 크게 사랑받고 있다. 그의 이름을 딴 아벨상이 2001년에 창설되었다.

간단히 말하면, $\sum_{n=1}^{\infty} a_n$의 항의 순서를 바꿔 얻어지는 새로운 급수 $\sum_{n=1}^{\infty} b_n$을 $\sum_{n=1}^{\infty} a_n$의 재배열이라 하고 엄밀한 정의는 다음과 같다.

정의 7.4.1

자연수의 수열 $I = \{n_i\}_{i=1}^{\infty}$가 $\mathbf{N}$에서 $\mathbf{N}$으로 전단사함수라 하자. 급수 $\sum_{n=1}^{\infty} a_n$에 대하여 $b_i = a_{n_i}\,(i \in \mathbf{N})$일 때 $\sum_{i=1}^{\infty} b_i$를 $\sum_{n=1}^{\infty} a_n$의 재배열(rearrangement)이라 한다.

보기 1 수렴하지만 절대수렴하지 않는 한 급수

$$\sum_{n=1}^{\infty} \frac{(-1)^{n+1}}{n} = 1 - \frac{1}{2} + \frac{1}{3} - \frac{1}{4} + \frac{1}{5} - \frac{1}{6} + \frac{1}{7} - \frac{1}{8} + \cdots \tag{7.10}$$

와 이 급수의 재배열인 급수

$$1 + \frac{1}{3} - \frac{1}{2} + \frac{1}{5} + \frac{1}{7} - \frac{1}{4} + \frac{1}{9} + \frac{1}{11} - \frac{1}{6} + \cdots \tag{7.11}$$

을 생각하자. $L = \sum_{n=1}^{\infty} \frac{(-1)^{n+1}}{n}$로 두면 따름정리 7.3.6의 증명에서 본 바와 같이 임의의 $n \in \mathbf{N}$에 대하여 $L < S_{2n+1}$이다. 특히

$$L < S_3 = 1 - \frac{1}{2} + \frac{1}{3} = \frac{5}{6}.$$

재배열 (7.11)의 제n번째 부분합을 $S_n{}'$로 두면

$$S_{3n} = \sum_{k=1}^{n} \left(\frac{1}{4k-3} + \frac{1}{4k-1} - \frac{1}{2k} \right),$$

$$\frac{1}{4k-3} + \frac{1}{4k-1} - \frac{1}{2k} = \frac{8k-3}{2k(4k-1)(4k-3)}$$

이므로

$$0 < \frac{1}{4k-3} + \frac{1}{4k-1} - \frac{1}{2k} \leq M\frac{1}{k^2}$$

을 만족하는 적당한 상수 M이 존재한다. $\{S_{3n}'\}$은 증가수열이고 비교판정법에 의하여 $\{S_{3n}'\}$은 수렴한다. $L' = \lim_{n \to \infty} S_{3n}'$로 두면 $S_{3n+1}' = S_{3n}' + \frac{1}{4n+1}$이고

$$S_{3n+2}' = S_{3n}' + \frac{1}{4n+1} + \frac{1}{4n+3}$$

이므로 수열 $\{S_{3n+1}'\}$, $\{S_{3n+2}'\}$도 또한 L'에 수렴한다. 그러므로 $\lim_{n \to \infty} S_n' = L'$ 이다. 따라서 급수 (7.11)도 수렴한다. 그러나 $5/6 = S_3' < S_6' < S_9' < \cdots$이므로 $L' = \lim_{n \to \infty} S_n' > 5/6$이다. 따라서 급수 (7.11)은 원급수의 합 L에 수렴하지 않는다. 여기서 $L = \log 2$이고, 급수 (7.11)의 합은 $\frac{3}{2}\log 2$로 서로 다르다.

보조정리 7.4.2

$\sum_{n=1}^{\infty} a_n$이 실수 A에 수렴하는 양항급수이면 $\sum_{n=1}^{\infty} a_n$의 모든 재배열 $\sum_{n=1}^{\infty} b_n$은 수렴하고

$\sum_{n=1}^{\infty} b_n = A$이다.

증명 임의의 $N \in \mathbb{N}$에 대하여 $S_N = b_1 + \cdots + b_N$이라 하자. $b_i = a_{n_i}$이므로 적당한 수열 $\{n_i\}_{i=1}^{\infty}$에 대하여 $b_1 = a_{n_1}, \cdots, b_N = a_{n_N}$이다. $M = \max(n_1, \cdots, n_N)$이 라 하면

$$S_N \leq a_1 + \cdots + a_M \leq A$$

가 되므로 정리 7.1.7에 의하여 $\sum_{n=1}^{\infty} b_n$은 어떤 실수 B에 수렴한다. 다시 말하면, $B = \lim_{N \to \infty} S_N$이므로 $B \leq A$, 즉 $\sum_{n=1}^{\infty} b_n \leq \sum_{n=1}^{\infty} a_n$이다. 그런데 $\sum_{n=1}^{\infty} a_n$은 역시 $\sum_{n=1}^{\infty} b_n$의 재배열이므로 $\sum_{n=1}^{\infty} a_n \leq \sum_{n=1}^{\infty} b_n$, 즉 $A \leq B$이다. 따라서 $B = A$ 이다. ∎

보조정리 7.4.2는 다음 정리의 특수한 경우이다.

정리 7.4.3

만약 $\displaystyle\sum_{n=1}^{\infty} a_n$이 절대수렴하고 $\displaystyle\sum_{j=1}^{\infty} b_j$가 $\displaystyle\sum_{n=1}^{\infty} a_n$의 임의의 재배열이면 급수 $\displaystyle\sum_{j=1}^{\infty} b_j$는 수렴하고 $\displaystyle\sum_{n=1}^{\infty} a_n = \sum_{j=1}^{\infty} b_j$이다.

증명 $S_n = \displaystyle\sum_{k=1}^{n} a_k$, $S = \displaystyle\sum_{k=1}^{\infty} a_k$, $T_m = \displaystyle\sum_{j=1}^{m} b_j$ $(n, m \in \mathbb{N})$로 두고 $\epsilon > 0$이라 하자. $\displaystyle\sum_{k=1}^{\infty} a_k$는 절대수렴하므로 자연수 N이 존재하여

$$\sum_{k=N+1}^{\infty} |a_k| < \frac{\epsilon}{2} \tag{7.12}$$

이다. 따라서

$$|S_N - S| = \left| \sum_{k=N+1}^{\infty} a_k \right| \leq \sum_{k=N+1}^{\infty} |a_k| < \frac{\epsilon}{2} \tag{7.13}$$

이다. 함수 $f : \mathbb{N} \to \mathbb{N}$는 $b_{f(k)} = a_k (k \in \mathbb{N})$를 만족하는 전단사함수이고 $M = \max\{f(1), \cdots, f(N)\}$이라 하자. $\{a_1, \cdots, a_N\} \subseteq \{b_1, \cdots, b_M\}$에 주의하고 $m \geq M$이라 하자. 그러면 $T_m - S_N$은 $a_k (k > N)$항만을 포함하므로 (7.12)에 의하여 $|T_m - S_N| \leq \displaystyle\sum_{k=N+1}^{\infty} |a_k| < \frac{\epsilon}{2}$이다. 따라서 (7.13)에 의하여 $m \geq N$일 때

$$|T_m - S| \leq |T_m - S_N| + |S_N - S| < \frac{\epsilon}{2} + \frac{\epsilon}{2} = \epsilon$$

이므로 $S = \displaystyle\sum_{j=1}^{\infty} b_j$이다. ∎

정리 7.4.4

$\displaystyle\sum_{n=1}^{\infty} a_n$이 조건수렴하고 $\alpha \in \mathbb{R}$일 때 α에 수렴하는 $\displaystyle\sum_{n=1}^{\infty} a_n$의 재배열 $\displaystyle\sum_{n=1}^{\infty} a_n{}'$이 존재한다.

증명 연습문제로 남긴다. ■

정의 7.4.5

$\displaystyle\sum_{n=0}^{\infty} a_n$과 $\displaystyle\sum_{n=0}^{\infty} b_n$에 대하여

$$\sum_{n=0}^{\infty} c_n = \left(\sum_{n=0}^{\infty} a_n\right) \cdot \left(\sum_{n=0}^{\infty} b_n\right), \qquad c_n = \sum_{k=0}^{n} a_k b_{n-k} \quad (n = 0, 1, 2, \cdots)$$

을 주어진 두 급수의 코시곱(Cauchy product)이라 한다.

이것을 곱이라 정의하는 이유는 다음과 같다.

두 멱급수 $\displaystyle\sum_{n=0}^{\infty} a_n x^n$과 $\displaystyle\sum_{n=0}^{\infty} b_n x^n$의 항끼리 서로 곱하여 x의 동차항 순으로 묶어 정렬하면

$$\begin{aligned}\left(\sum_{n=0}^{\infty} a_n x^n\right) \cdot \left(\sum_{n=0}^{\infty} b_n x^n\right) &= (a_0 + a_1 x + a_2 x^2 + \cdots) \cdot (b_0 + b_1 x + b_2 x^2 + \cdots) \\ &= a_0 b_0 + (a_0 b_1 + a_1 b_0)x + (a_0 b_2 + a_1 b_1 + a_2 b_0)x^2 + \cdots \\ &= c_0 + c_1 x + c_2 x^2 + \cdots \end{aligned}$$

이다. 여기서 $x = 1$로 두면 위의 정의가 얻어진다.

정리 7.4.6

급수 $\displaystyle\sum_{n=0}^{\infty} a_n$과 $\displaystyle\sum_{n=0}^{\infty} b_n$이 각각 A와 B에 수렴하고, 또한 두 급수가 모두 절대수렴하면

$AB = C$이다. 여기서 $C = \displaystyle\sum_{n=0}^{\infty} c_n$(절대수렴하는 급수)이고

$$c_n = \sum_{k=0}^{n} a_k b_{n-k} \quad (k = 0, 1, 2, \cdots).$$

증명 $k = 0, 1, 2, \cdots$에 대하여 $|c_k| \leq |a_0 b_k| + |a_1 b_{k-1}| + \cdots + |a_k b_0|$이다. 따라서 모든 n에 대하여

$$\begin{aligned}|c_0| + |c_1| + \cdots + |c_n| &\leq |a_0 b_0| + (|a_0 b_1| + |a_1 b_0|) + \cdots \\ &\quad + (|a_0 b_n| + |a_1 b_{n-1}| + \cdots + |a_n b_0|) \\ &= (|a_0| + \cdots + |a_n|)(|b_0| + \cdots + |b_n|)\end{aligned}$$

$$\leq \left(\sum_{k=0}^{\infty} |a_k|\right)\left(\sum_{k=0}^{\infty} |b_k|\right)$$

이 된다. $\sum_{k=0}^{\infty} |c_k|$의 부분합의 수열은 위로 유계이므로 $\sum_{k=0}^{\infty} |c_k| < \infty$이다. 따라서 다음 급수가 절대수렴함을 의미한다.

$$\sum_{k=0}^{\infty} c_k = a_0 b_0 + (a_0 b_1 + a_1 b_0) + (a_0 b_2 + a_1 b_1 + a_2 b_0) + (a_0 b_3 + \cdots) + \cdots \quad (7.14)$$

정리 7.4.3에 의하여 (7.14)의 다음 재배열도 절대수렴한다.

$$\sum_{k=0}^{\infty} c_k = (a_0 b_0) + (a_0 b_1 + a_1 b_0 + a_1 b_1)$$
$$+ (a_0 b_2 + a_2 b_0 + a_1 b_2 + a_2 b_1 + a_2 b_2) + \cdots \quad (7.15)$$

위 식의 n번째$(n = 0, 1, 2, \cdots)$ 괄호는 $i, j \leq n$인 $a_i b_j$의 합이다. 이제 각 괄호 안의 합을 계산하자. $A_n = a_0 + a_1 + \cdots + a_n$, $B_n = b_0 + b_1 + \cdots + b_n$로 두면

$$a_0 b_0 = A_0 B_0,$$
$$a_0 b_1 + a_1 b_0 + a_1 b_1 = (a_0 + a_1)(b_0 + b_1) - a_0 b_0 = A_1 B_1 - A_0 B_0,$$
$$a_0 b_2 + a_2 b_0 + a_1 b_2 + a_2 b_1 + a_2 b_2$$
$$= (a_0 + a_1 + a_2)(b_0 + b_1 + b_2) - (a_0 + a_1)(b_0 + b_1)$$
$$= A_2 B_2 - A_1 B_1$$

이다. 일반적으로 $n \geq 1$인 모든 n에 대하여 (7.15)의 n번째 괄호 안은 $A_n B_n - A_{n-1} B_{n-1}$과 같다. (7.15)의 처음 n째 괄호까지의 합

$$(A_0 B_0) + (A_1 B_1 - A_0 B_0) + \cdots + (A_n B_n - A_{n-1} B_{n-1}) = A_n B_n$$

은 $n \to \infty$일 때 AB에 가까워진다. 따라서 (7.15)의 우변은 AB와 같다. ■

따름정리 7.4.7

적당한 실수 x에 대하여 멱급수 $\sum_{n=0}^{\infty} a_n x^n$과 $\sum_{n=0}^{\infty} b_n x^n$이 절대수렴하면

$$\left(\sum_{n=0}^{\infty} a_n x^n\right)\left(\sum_{n=0}^{\infty} b_n x^n\right) = \sum_{n=0}^{\infty} c_n x^n \quad (7.16)$$

이다. 여기서 $c_n = \displaystyle\sum_{k=0}^{n} a_k b_{n-k}$ 이다.

증명 $A_n = a_n x^n$, $B_n = b_n x^n$ 이라 하면 정리 7.4.6에 의하여

$$\left(\sum_{n=0}^{\infty} A_n \right)\left(\sum_{n=0}^{\infty} B_n \right) = \sum_{n=0}^{\infty} C_n \tag{7.17}$$

이다. 여기서

$$C_n = \sum_{k=0}^{n} A_k B_{n-k} = \sum_{k=0}^{n} a_k x^k b_{n-k} x^{n-k} = x^n \sum_{k=0}^{n} a_k b_{n-k} = c_n x^n$$

이므로 (7.16)은 (7.17)로부터 나온다. ∎

주의 1 두 급수 중 어느 하나가 절대수렴하면 그 두 급수의 코시곱은 반드시 수렴한다. 그러나 수렴하는 두 급수의 코시곱은 수렴하지 않을 수 있다. 예를 들어, 수렴하는 급수 $\displaystyle\sum_{n=0}^{\infty} \frac{(-1)^n}{\sqrt{n+1}}$ 에 대하여 자기 자신과의 코시곱 $\displaystyle\sum_{n} c_n$ 을 생각하면

$$c_n = (-1)^n \sum_{k=0}^{n} \frac{1}{\sqrt{(n-k+1)(k+1)}}, \quad n = 0, 1, 2, \cdots$$

이다. 그런데

$$(n-k+1)(k+1) = \left(\frac{n}{2}+1 \right)^2 - \left(\frac{n}{2}-k \right)^2 \le \left(\frac{n+2}{2} \right)^2$$

이므로 $\sqrt{(n-k+1)(k+1)} \le \dfrac{n+2}{2}$ 이다. 따라서

$$|c_n| \ge \sum_{k=0}^{n} \frac{2}{n+2} = \frac{2(n+1)}{n+2}$$

이므로 급수 $\displaystyle\sum c_n$ 은 수렴하지 않는다.

01 급수 $\sum_{n=1}^{\infty} \frac{(-1)^{n+1}}{n} = L$의 재배열 $1 + \frac{1}{3} - \frac{1}{2} + \frac{1}{5} + \frac{1}{7} - \frac{1}{4} + \frac{1}{9} + \frac{1}{11} - \frac{1}{6} + \cdots$ 은 $\frac{3}{2}L$ 에 수렴함을 보여라.

02 급수 $1 + \frac{1}{2} - \frac{1}{3} + \frac{1}{4} + \frac{1}{5} - \frac{1}{6} + \cdots$ 가 발산함을 보여라.

03 $\sum_{n=1}^{\infty} a_n$, $\sum_{n=1}^{\infty} b_n$ 은 절대수렴하는 급수이고 $f : \mathbb{N} \to \mathbb{N} \times \mathbb{N}$ 를 전단사함수라 하자. $f(n) = (\alpha_n, \beta_n)$ 으로 정의하면 $\sum_{n=1}^{\infty} a_{\alpha_n} b_{\beta_n}$ 은 절대수렴하고

$$\left(\sum_{n=1}^{\infty} a_n \right) \left(\sum_{n=1}^{\infty} b_n \right) = \sum_{n=1}^{\infty} a_{\alpha_n} b_{\beta_n}$$

이 됨을 보여라.

04 코시곱이 발산하는 두 수렴하는 급수 $\sum_{n=1}^{\infty} a_n$ 과 $\sum_{n=1}^{\infty} b_n$ 의 예를 들어라.

05 만약 $\sum_{n=1}^{\infty} a_n$ 은 절대수렴하고 $\sum_{n=1}^{\infty} b_n$ 은 조건수렴하면 그들의 코시곱 $\sum_{n=1}^{\infty} c_n$ 은 수렴하고 $\sum_{n=1}^{\infty} c_n = \left(\sum_{n=1}^{\infty} a_n \right) \left(\sum_{n=1}^{\infty} b_n \right)$ 임을 증명하고, 이 경우에 $\sum_{n=1}^{\infty} c_n$ 은 절대수렴할 필요는 없음을 예를 들어 설명하여라.

06 $\sum_{n=1}^{\infty} a_n$ 은 조건수렴하는 급수이고 x, y 는 실수$(x \le y)$ 또는 $\infty, -\infty$ 라고 하자. 그러면 $\sum_{n=1}^{\infty} a_n$ 의 재배열이 존재하여 만약 $\{S_n\}$ 이 재배열의 부분합에 대한 수열이라고 하면

$$\liminf_{n \to \infty} S_n = x, \qquad \limsup_{n \to \infty} S_n = y$$

임을 보여라.

07 정리 7.4.4를 보여라.

08

제8장

함수열과 함수항 급수

이 장에서는 함수열과 함수항 급수의 수렴에 관하여 고찰한다. 특히 함수열 $\{f_n\}$의 각 함수들이 특정한 성질(연속, 적분가능, 미분가능)을 가질 때 극한함수도 그 성질을 갖는가 하는 문제들에 관심을 둔다. 그리고 부가적 가정 밑에서 이런 성질의 보존성을 조사한다.

8.1 │ 점별수렴

어떤 집합 E에서 정의된 실함수들의 함수열에 대하여 고찰한다. 이러한 함수열을 $\{f_n\}_{n=1}^{\infty}$ 또는 간단히 $\{f_n\}$으로 나타낸다.

기하급수 $\displaystyle\sum_{n=1}^{\infty} x^{n-1} = \frac{1}{1-x}$ ($|x| < 1$)에서 각 항 $f_n(x) = x^{n-1}$ ($n = 1, 2, \cdots$)과 $f(x) = \frac{1}{1-x}$는 $|x| < 1$에서 함수이고 또한 모든 $x \in (-1, 1)$에서 급수는 $\frac{1}{1-x}$에 수렴한다. 따라서 기하급수는 $(-1, 1)$에서 하나의 함수 $f(x) = \frac{1}{1-x}$을 결정한다.

정의 8.1.1

$\{f_n\}$을 E에서 정의된 함수열이라 하자.

(1) f가 E의 함수이고 모든 $x \in E$에 대하여 $\displaystyle\lim_{n \to \infty} f_n(x) = f(x)$이면 $\{f_n\}$은 E에서 f에 점별수렴한다(또는 점마다 수렴한다, converge pointwise)고 하고, f를 점별수렴 함수(pointwise limit function) 또는 간단히 극한함수라고 한다. $f = \lim f_n$ 또는 $f_n \to f$ 또는 $f_n(x) \to f(x)$, $x \in E$로 표기한다.

(2) $\{f_n\}$의 각 항 f_n을 합(+)의 기호로 연결한 식

$$f_1 + f_{2+} \cdots + f_n + \cdots = \sum_{n=1}^{\infty} f_n$$

을 E에서 정의된 함수항 급수라 한다.

(3) 모든 자연수 $n \in \mathbb{N}$에 대하여 함수 $S_n : E \to \mathbb{R}$을 $S_n(x) = \displaystyle\sum_{k=1}^{n} f_k(x)$로 정의할 때, 함수열 $\{S_n\}$을 $\displaystyle\sum_{n=1}^{\infty} f_n$의 부분합의 함수열이라 한다. 함수항 급수 $\displaystyle\sum_{n=1}^{\infty} f_n$은 부분

합의 함수열 $\{S_n\}$이 E에서 함수 f에 점별수렴할 때, $\displaystyle\sum_{n=1}^{\infty} f_n$은 E에서 f에 점별수렴한다 또는 점마다 수렴한다고 한다. 이때 함수 f를 $\displaystyle\sum_{n=1}^{\infty} f_n$의 합(sum)이라고 하고, $f = \displaystyle\sum_{n=1}^{\infty} f_n$으로 나타낸다.

주의 1 $\{f_n\}$은 E에서 f에 점별수렴한다는 것은 임의의 $x \in E$와 임의의 양수 ϵ에 대하여 적당한 자연수 $N = N(x, \epsilon)$이 존재해서 $n \geq N$인 모든 자연수 n에 대하여 $|f_n(x) - f(x)| < \epsilon$을 만족한다는 것이다. 여기서 N은 점 x와 ϵ에 의존한다.

보기 1 $f_n(x) = x^n \ (0 \leq x \leq 1)$으로 두면 f_n은 $[0,1]$에서 연속이다. 모든 자연수 $n \in \mathbb{N}$에 대하여 $f_n(1) = 1$이므로 $\displaystyle\lim_{n \to \infty} f_n(1) = 1$이다. 만약 $0 \leq x < 1$이면 $\displaystyle\lim_{n \to \infty} f_n(x) = 0$이다. 따라서 함수 f는 $[0,1]$에서 다음과 같이 정의한다.

$$f(x) = \lim_{n \to \infty} f_n(x) = \begin{cases} 0 & (0 \leq x < 1) \\ 1 & (x = 1) \end{cases}$$

즉, $\{f_n\}$은 $[0,1]$에서 f에 점별수렴한다.

보기 1로부터 각 f_n은 $[0,1]$에서 연속이지만 점별극한함수 f는 연속이 아니다. 따라서 연속성은 점별수렴 밑에서 보존되지 않음을 알 수 있다.

보기 2 함수 $f_n : \mathbb{R} \to \mathbb{R}$, $f_n(x) = \dfrac{nx}{1 + n^2 x^2}$와 $f : \mathbb{R} \to \mathbb{R}$, $f(x) = 0$일 때 $\{f_n\}$은 $\mathbb{R}$에서 $f = 0$에 점별수렴함을 보여라.

증명 $x = 0$일 때 $\displaystyle\lim_{n \to \infty} f_n(0) = 0$이 성립하므로 $x \neq 0$일 때 $\displaystyle\lim_{n \to \infty} f_n(x) = 0$임을 보이자. 임의의 $\epsilon > 0$에 대하여 $1/K < \epsilon |x|$인 자연수 K를 택한다(아르키메데스 정리에 의해). 그러면 $n \geq K$인 모든 $n \in \mathbb{N}$에 대하여

$$|f_n(x)| = \left| \frac{nx}{1 + n^2 x^2} \right| < \left| \frac{nx}{n^2 x^2} \right| = \frac{1}{n|x|} \leq \frac{1}{K|x|} < \epsilon$$

이 성립하므로 $\lim_{n\to\infty} f_n(x) = 0$이 된다. 따라서 $\lim_{n\to\infty} f_n = f = 0$, 즉 $\{f_n\}$은 $\mathbb{R}$에서 $f = 0$에 점별수렴한다. ∎

주의 2 (핵심문제) 함수 $f_n : [a,b] \to \mathbb{R}$ $(n = 1, 2, \cdots)$과 임의의 $x \in [a,b]$에 대하여 $f(x) = \lim_{n\to\infty} f_n(x)$ 또는 $f(x) = \sum_{n=1}^{\infty} f_n(x)$일 때 다음과 같은 주요 문제가 제기될 수 있다.

(1) 만약 각 함수 f_n이 점 $p \in [a,b]$에서 연속이면 함수 f는 p에서 연속인가?

(2) 만약 모든 자연수 n에 대하여 함수 f_n이 $[a,b]$에서 적분가능하면 함수 f는 $[a,b]$에서 적분가능한가? 만약 그렇다면 다음 식이 성립하는가?

$$\int_a^b f(x)dx = \lim_{n\to\infty} \int_a^b f_n(x)dx \;\; \text{또는} \;\; \int_a^b f(x)dx = \sum_{n=1}^{\infty} \int_a^b f_n(x)dx$$

(3) 만약 모든 자연수 $n \in \mathbb{N}$에 대하여 함수 f_n이 점 $p \in [a,b]$에서 미분가능하면 함수 f는 p에서 미분가능한가? 만약 그렇다면 다음 식이 성립하는가?

$$f'(p) = \lim_{n\to\infty} f'_n(p) \;\; \text{또는} \;\; f'(p) = \sum_{n=1}^{\infty} f'_n(p)$$

위의 질문들에 대한 답은 일반적으로 "아니오"임을 보이기 위하여 많은 예를 제시하고자 한다.

다음 예는 일반적으로 이중수열에 대한 극한의 순서를 바꿀 수 없다는 것을 보여준다.

보기 3 $m = 1, 2, 3, \cdots$, $n = 1, 2, 3, \cdots$에 대하여 $s_{m,n} = \dfrac{m}{m+n}$으로 두면 고정된 n에 대해서 $\lim_{m\to\infty} s_{m,n} = 1$이므로 $\lim_{n\to\infty} \lim_{m\to\infty} s_{m,n} = 1$이다. 한편 고정된 m에 대해서 $\lim_{n\to\infty} s_{m,n} = 0$이므로 $\lim_{m\to\infty} \lim_{n\to\infty} s_{m,n} = 0$이다. 따라서 $\lim_{n\to\infty} \lim_{m\to\infty} s_{m,n} \neq \lim_{m\to\infty} \lim_{n\to\infty} s_{m,n}$이다.

01 다음 함수열의 점별수렴 함수(극한함수)를 구하여라.

(1) $f_n(x) = \dfrac{x}{n}, \quad x \in \mathbb{R}$

(2) $f_n(x) = \dfrac{x^2 + nx}{n}, \quad x \in \mathbb{R}$

(3) $f_n(x) = (\cos x)^{2n}, \quad x \in \mathbb{R}$

(4) $f_n(x) = \dfrac{\sin nx}{1 + nx}, \quad x \in [0, \infty)$

(5) $f_n(x) = \dfrac{nx}{1 + nx}, \quad x \in [0, 1]$

(6) $f_n(x) = \dfrac{x^{2n}}{1 + x^{2n}}, \quad x \in [-1, 1]$

02 $f_n(x) = 2nxe^{-nx^2}, \ x \in [0, 1], \ n \in \mathbb{N}$ 에 대하여 다음을 보여라.

(1) 모든 $x \in [0, 1]$에 대하여 $f(x) = \displaystyle\lim_{n \to \infty} f_n(x) = 0$.

(2) $\displaystyle\int_0^1 f(x)dx = 0 \neq 1 = \lim_{n \to \infty} \int_0^1 f_n(x)dx$

03 $\{f_n\}$은 $[0, 1]$에서 다음과 같이 정의된 함수열일 때 다음을 보여라.

$$f_n(x) = \begin{cases} 4n^2 x, & 0 \leq x \leq 1/2n \\ -4n^2 x + 4n, & 1/2n < x < 1/n \\ 0, & 1/n \leq x \leq 1 \end{cases}$$

(1) $\{f_n\}$은 $[0, 1]$에서 $f(x) = 0$에 점별수렴한다.

(2) $\displaystyle\lim_{n \to \infty} \int_0^1 f_n(x)dx \neq \int_0^1 \lim_{n \to \infty} f_n(x)dx$

04 $I = [0, 1]$에서 연속인 실함수 전체의 집합을 $C[I, \mathbb{R}]$로 나타내고 노름

$$\|f\| = \int_0^1 |f(x)| \, dx$$

를 갖는다고 하자. 위 노름에서 $f_n \to g$이나 $\{f_n\}$은 g에 점별수렴하지 않는 $C[I, \mathbb{R}]$에 속하는 함수열 $\{f_1, f_2, \cdots\}$의 예를 들어라.

앞 절에서 E에서 정의된 실함수열 $\{f_n\}$이 함수 f에 점별수렴한다는 것은 각 점 $x \in E$에 대하여, 임의의 양수 $\epsilon > 0$이 주어질 때, 이에 대응하는 자연수 $K = K(x,\epsilon) \in \mathbb{N}$이 존재하여

$$n \geq K \text{일 때 } |f_n(x) - f(x)| < \epsilon$$

이 성립하는 것이다. 여기서 자연수 $K = K(x,\epsilon)$는 E의 점 x와 양수 ϵ에 따라 결정된다는 사실에 유의하여야 한다.

정의 8.2.1

모든 $n \in \mathbb{N}$에 대하여 $f_n : E \to \mathbb{R}$, $f : E \to \mathbb{R}$는 함수라고 하자.

(1) 모든 양수 $\epsilon > 0$에 대하여 자연수 $N = N(\epsilon)$이 존재하여 $n \geq N$이면 모든 $x \in E$에 대하여

$$|f_n(x) - f(x)| < \epsilon \qquad (8.1)$$

이 성립되면 $\{f_n\}$은 E에서 f로 균등수렴(또는 고른수렴, converge uniformly)한다고 하고, f를 E에서 함수열 $\{f_n\}$의 균등극한(또는 고른극한, uniform limit)이라 한다.

(2) 급수 $\displaystyle\sum_{n=1}^{\infty} f_n$에서 부분합들의 함수열 $\{S_n\}$이 E에서 함수 f에 균등수렴하면 $\displaystyle\sum_{n=1}^{\infty} f_n$는 E에서 f에 균등수렴한다고 한다.

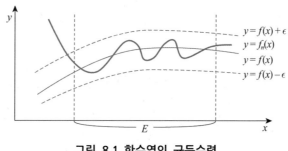

그림 8.1 함수열의 균등수렴

주의 1 (1) 위 정의에서 자연수 N은 x에 의존하지 않고 오직 ϵ에 따라 결정된다.

(2) 함수열 $\{f_n\}$이 E에서 f로 균등수렴하면 $\{f_n\}$은 E에서 f로 점별수렴한다.

(3) 함수항 급수 $\sum\limits_{n=1}^{\infty} f_n$이 균등수렴하면 이 급수는 점별수렴한다.

(4) 정의의 부등식 (8.1)은

$$f(x) - \epsilon < f_n(x) < f(x) + \epsilon \quad (\forall x \in E, \forall n \geq N)$$

으로 표현될 수 있다. 만약 $E \subseteq \mathbb{R}$이면 위 부등식의 기하학적 의미는 $n \geq N$일 때 $y = f_n(x)$의 그래프는 $y = f(x) - \epsilon$과 $y = f(x) + \epsilon$의 그래프 사이에 놓인다는 것이다(그림 8.1).

보기 1 $S_n(x) = (1 - x^n)/(1 - x)$ $(|x| < 1)$일 때 $\{S_n\}$은 $(-1, 1)$에서 균등수렴 여부를 결정하여라.

풀이 임의의 $x \in (-1, 1)$에 대하여

$$\lim_{n \to \infty} S_n(x) = \lim_{n \to \infty} (1 - x^n)/(1 - x) = 1/(1 - x)$$

이므로 $f(x) = 1/(1 - x)$은 함수열 $\{f_n\}$의 점별극한이다. 다음 함숫값의 차를 생각하면

$$|S_n(x) - f(x)| = \left| \frac{1 - x^n}{1 - x} - \frac{1}{1 - x} \right| = \left| \frac{x^n}{1 - x} \right| = \frac{|x|^n}{1 - x}$$

이고 $|x|^n/(1 - x)$는 $(-1, 1)$에서 유계함수가 아니다(x가 1에 가까워질 때 함숫값은 무한히 커진다). 그러므로 임의의 양수 ϵ에 대하여

$$|S_n(x) - f(x)| < \epsilon \quad (x \in (-1, 1))$$

을 만족하는 자연수 n이 존재하지 않는다. 따라서 $\{S_n\}$은 $(-1, 1)$에서 점별수렴하지만 균등수렴하지 않는다. ∎

보기 2 다음을 보여라.

(1) 함수 $f_n : \mathbb{R} \to \mathbb{R}$, $f_n(x) = \dfrac{\sin(nx + n)}{n}$ $(n = 1, 2, \cdots)$가 주어질 때 $\{f_n\}$은 $\mathbb{R}$에서 $f = 0$에 균등수렴한다.

(2) 다음과 같은 함수열 $\{f_n\}$은 $\mathbb{R}$에서 상수함수 $f(x) = 1$로 점별수렴하지만 f로 균등수렴하지 않는다.

$$f_n(x) = \begin{cases} 1 - \dfrac{1}{n}|x| & (|x| < n) \\ 0 & (|x| \geq n) \end{cases}$$

증명 (1) 모든 $y \in \mathbb{R}$ 에 대하여 $|\sin y| \leq 1$ 이므로 분명히 $\{f_n\}$은 $\mathbb{R}$ 에서 $f = 0$에 점별수렴한다. 임의의 양수 ϵ에 대하여 $1/N < \epsilon$을 만족하는 자연수 N 을 선택한다. 그러면 $n \geq N$인 모든 자연수 n과 모든 실수 x에 대하여

$$|f_n(x) - f(x)| \leq \left| \frac{1}{n} \sin(nx + n) \right| \leq \frac{1}{n} \leq \frac{1}{N} < \epsilon$$

이므로 함수열 $\{f_n\}$은 $\mathbb{R}$ 에서 함수 f에 균등수렴한다.

(2) $|x| = n$일 때 $f_n(x) = 0$이다. $\epsilon = \dfrac{1}{2}$이면 모든 자연수 $n \in \mathbb{N}$ 에 대해서 $f_n(x_0) = 0$을 만족하는 점 $x_0 \in \mathbb{R}$ 가 존재하므로 $|f_n(x_0) - f(x_0)| = 1 > \epsilon$ 이다. 따라서 $\{f_n\}$은 $\mathbb{R}$ 에서 점별수렴하지만 균등수렴하지 않는다. ∎

보조정리 8.2.2

$\{f_n\}$은 $E(\subseteq \mathbb{R})$에서 함수열이고 $f : E \to \mathbb{R}$ 이면 다음은 서로 동치이다.

(1) $\{f_n\}$이 E에서 f로 균등수렴하지 않는다.

(2) 어떤 $\epsilon_0 > 0$ 에 대하여 $k \in \mathbb{N}$ 일 때

$$|f_{n_k}(x_k) - f(x_k)| \geq \epsilon_0 \qquad (8.2)$$

인 $\{f_n\}$의 부분수열 $\{f_{n_k}\}$와 E의 수열 $\{x_k\}$가 존재한다.

이 결과의 증명은 정의 8.2.1을 단순히 부정하면 된다. 이제 이 결과가 다음 보기에서 어떻게 사용되는지 알아보자.

보기 3 다음 함수열은 균등수렴하지 않음을 보여라.

(1) $f_n(x) = \dfrac{x}{n}$, $f(x) = 0$ $(n \in \mathbb{N},\ x \in \mathbb{R})$

(2) $f_n(x) = x^n$ $(n \in \mathbb{N},\ 0 \leq x \leq 1)$, $f(x) = \begin{cases} 0, & 0 \leq x < 1 \\ 1, & x = 1 \end{cases}$

증명 (1) $\lim\limits_{n \to \infty} f_n(x) = \lim\limits_{n \to \infty} \dfrac{x}{n} = 0 = f(x)$이므로 수열 $\{f_n\}$은 $\mathbb{R}$ 에서 $f = 0$에 점별

수렴한다. 만일 $n_k = k$이고 $x_k = k$이면 $f_{n_k}(k) = 1$이다. 따라서

$$|f_{n_k}(x_k) - f(x_k)| = |1 - 0| = 1$$

이므로 수열 $\{f_n\}$은 $\mathbb{R}$에서 $f = 0$으로 균등수렴하지 않는다.

(2) 분명히 수열 $\{f_n\}$은 $[0,1]$에서 f에 점별수렴한다. 만일 $n_k = k$이고 $x_k = (1/2)^{1/k}$이면

$$|f_{n_k}(x_k) - f(x_k)| = \left|\frac{1}{2} - 0\right| = \frac{1}{2}$$

이다. 따라서 수열 $\{f_n\}$은 $[0,1]$에서 f로 균등수렴하지 않는다. ■

정리 8.2.3

임의의 n에 대하여 $f_n : E \to \mathbb{R}$는 유계함수이고 $\{f_n\}$이 E에서 f로 점별수렴한다고 하자. 임의의 n에 대하여

$$M_n = \|f_n - f\|_E = \sup\{|f_n(x) - f(x)| : x \in E\}$$

로 정의한다. 이때 $\{f_n\}$이 E에서 f로 균등수렴할 필요충분조건은 $\lim_{n \to \infty} M_n = 0$이다.

증명 만일 $\{f_n\}$이 E에서 f로 균등수렴하고 ϵ은 임의의 양수라 하자. 정의에 의하여 $n \geq N$이고 $x \in E$일 때 $|f_n(x) - f(x)| < \epsilon$을 만족하는 자연수 $N = N(\epsilon)$이 존재한다. 따라서 $n \geq N$일 때

$$M_n = \sup\{|f_n(x) - f(x)| : x \in E\} \leq \epsilon$$

이다. $\epsilon > 0$은 임의의 양수이므로 $M_n \to 0$임을 알 수 있다.

역으로 $M_n \to 0$이면 임의의 $\epsilon > 0$에 대하여

$$n \geq N \text{일 때 } M_n = \sup\{|f_n(x) - f(x)| : x \in E\} \leq \epsilon$$

을 만족하는 자연수 $N = N(\epsilon)$이 존재한다. M_n의 정의로부터 모든 $n \geq N$와 $x \in E$에 대하여 $|f_n(x) - f(x)| \leq \epsilon$이 성립한다. 따라서 $\{f_n\}$은 E에서 f로 균등수렴한다. ■

보기 4 (1) $f_n(x) = nxe^{-nx^2}$, $n = 1, 2, \cdots$일 때 임의의 $x \in [0, \infty)$에 대하여 $\lim\limits_{n \to \infty} f_n = 0$

이지만
$$M_n = \sup\{f_n(x) : x \in [0, \infty)\} = \sqrt{n/2e}$$

은 ∞로 발산한다. 따라서 $\{f_n\}$은 $[0, \infty)$에서 f로 균등수렴하지 않는다.

(2) $f_n(x) = x^n$ $(x \in [0,1])$일 때 $\{f_n\}$은 $[0,1]$에서 $f(x) = \begin{cases} 0 & (0 \leq x < 1) \\ 1 & (x = 1) \end{cases}$에 점

별수렴하지만, $M_n = \sup\{|f_n(x) - f(x)| : x \in [0,1]\} = 1$은 0에 수렴하지 않

는다. 따라서 $\{f_n\}$은 $[0,1]$에서 f로 균등수렴하지 않는다.

함수항 급수 $\sum\limits_{n=1}^{\infty} f_n$이 실제로 균등수렴하는가를 알아보는 판정법에 대하여 논하기로
한다. 다음 두 정리에서 함수항 급수의 균등수렴성을 알아보는 대표적인 판정법으로서
코시 판정법과 바이어슈트라스 M-판정법을 소개하기로 한다.

정리 8.2.4

(균등수렴에 관한 코시의 조건) $\{f_n\}$을 $E(\subseteq \mathbb{R})$에서 정의된 함수열이라고 하자. 다음은 서로 동치이다.

(1) $\{f_n\}$이 E에서 함수 $f : E \to \mathbb{R}$에 균등수렴한다.

(2) 임의의 $\epsilon > 0$에 대하여 $n, m \geq K$인 모든 $n, m \in \mathbb{N}$과 모든 $x \in E$에 대하여
$$|f_n(x) - f_m(x)| < \epsilon$$
을 만족하는 적당한 자연수 $K \in \mathbb{N}$가 존재한다.

증명 (1)⟹(2): 함수열 $\{f_n\}$이 E에서 f에 균등수렴한다고 하자. 그러면 주어진
임의의 $\epsilon > 0$에 대하여 $n \geq K$인 모든 $n \in \mathbb{N}$과 모든 $x \in E$에 대하여

$$|f_n(x) - f(x)| < \frac{\epsilon}{2}$$

이 성립하는 적당한 $K \in \mathbb{N}$가 존재한다. 따라서 $n, m \geq K$인 모든 $n, m \in \mathbb{N}$과
모든 $x \in E$에 대하여

$$|f_n(x) - f_m(x)| \leq |f_n(x) - f(x)| + |f(x) - f_m(x)| < \epsilon$$

이 성립한다.

(1)⇒(2): 함수열 $\{f_n\}$이 코시조건을 만족한다고 하자. 즉 임의의 $\epsilon > 0$에 대하여 $m, n \geq K$일 때

$$\|f_m - f_n\| = \sup\{|f_m(x) - f_n(x)| : x \in E\} < \epsilon$$

이 성립하는 적당한 자연수 $K \in \mathbb{N}$가 존재한다고 가정하자. 그러면 각 점 $x \in E$에 대하여 수열 $\{f_n(x)\}$는 코시수열이므로 코시의 수렴판정법에 의하여 $\{f_n(x)\}$는 수렴한다. 따라서 함수 $f : E \to \mathbb{R}$, $f(x) = \lim_{n \to \infty} f_n(x)$를 정의한다.

이제 함수열 $\{f_n\}$이 E에서 f에 균등수렴함을 보이자. 가정으로부터 임의의 $\epsilon > 0$에 대하여 이에 대응하는 적당한 $K \in \mathbb{N}$이 존재하여 $n, m \geq K$인 모든 $n, m \in \mathbb{N}$과 모든 $x \in E$에 대하여 $|f_n(x) - f_m(x)| < \dfrac{\epsilon}{2}$이 성립한다. n을 고정하고 $m \to \infty$을 적용하면 모든 $x \in E$에 대하여

$$\lim_{m \to \infty} |f_n(x) - f_m(x)| = |f_n(x) - f(x)| \leq \frac{\epsilon}{2} < \epsilon$$

이 된다. 따라서 $n \geq K$인 모든 $n \in \mathbb{N}$과 모든 $x \in E$에 대하여 $|f_n(x) - f(x)| < \epsilon$이 되므로 $\{f_n\}$는 E에서 f에 균등수렴한다. ■

정리 8.2.5

$\{f_n\}$은 집합 E에서 정의된 함수열이라 하자. $\displaystyle\sum_{n=1}^{\infty} f_n$이 E에서 균등수렴할 필요충분 조건은 모든 $\epsilon > 0$에 대하여 $n > m \geq N$이면 모든 $x \in E$에 대하여

$$\left| \sum_{k=m+1}^{n} f_k(x) \right| < \epsilon \tag{8.3}$$

이 성립하는 자연수 N이 존재한다.

증명 $S_n = f_1 + \cdots + f_n$을 $\displaystyle\sum_{n=1}^{\infty} f_n$의 n번째 부분합이라고 하자. 우선 $\displaystyle\sum_{n=1}^{\infty} f_n$이 E에서 f에 균등수렴하고 ϵ은 임의의 양수일 때 $n \geq N$이면 모든 $x \in E$에 대하여

$$|S_n(x) - f(x)| < \frac{\epsilon}{2}$$

가 성립하는 자연수 N이 존재한다. 따라서 $n > m \geq N$이면 모든 $x \in E$에 대하여

$$\left| \sum_{k=m+1}^{n} f_k(x) \right| = |S_n(x) - S_m(x)|$$

$$\leq |S_n(x) - f(x)| + |f(x) - S_m(x)| < \frac{\epsilon}{2} + \frac{\epsilon}{2} = \epsilon.$$

역으로 (8.3)이 성립한다고 가정하자. ϵ은 임의의 양수라 하면 자연수 N이 존재하여 $n > m \geq N$이면 모든 $x \in E$에 대하여 $\left| \sum_{k=m+1}^{n} f_k(x) \right| < \frac{\epsilon}{2}$이 된다.

$$\sum_{k=m+1}^{n} f_k(x) = S_n(x) - S_m(x)$$

이므로 모든 $x \in E$에 대하여 $\{S_n(x)\}$는 코시수열이다. 따라서 모든 $x \in E$에 대하여 $\{S_n\}$은 수렴한다. $f(x) = \lim_{n \to \infty} S_n(x)$, $x \in E$로 두면 $\{S_n(x)\}$이 E에서 f에 균등수렴함을 증명하고자 한다. $x \in E$이고 $m \geq N$이면,

$$|S_m(x) - f(x)| = \left| \sum_{k=1}^{m} f_k(x) - \sum_{k=1}^{\infty} f_k(x) \right| = \left| \sum_{k=m+1}^{\infty} f_k(x) \right|$$

$$= \lim_{n \to \infty} \left| \sum_{k=m+1}^{n} f_k(x) \right| \leq \frac{\epsilon}{2} < \epsilon$$

이다. 따라서 $m \geq N$이면 모든 $x \in E$에 대하여 $|S_m(x) - f(x)| < \epsilon$이 된다. 즉, $\{S_n\}$은 E에서 f에 균등수렴한다. ∎

함수항 급수가 균등수렴하는 한 충분조건을 말해주는 다음 정리는 자주 이용되는 중요한 정리이다.

정리 8.2.6

(바이어슈트라스 M-판정법, Weierstrass M-test) $\{f_n\}$을 집합 E에서 정의된 함수들의 함수열이라 하자. 양수들의 수열 $\{M_n\}$이 존재하여 모든 자연수 n과 모든 $x \in E$에 대하여 $|f_n(x)| \leq M_n$이고 $\sum_{n=1}^{\infty} M_n$이 수렴하면 $\sum_{n=1}^{\infty} f_n$은 E에서 균등수렴한다.

증명 $\displaystyle\sum_{n=1}^{\infty} f_n$이 정리 8.2.5의 가정을 만족함을 증명한다. ϵ은 임의의 양수라고 하자.

$\displaystyle\sum_{n=1}^{\infty} M_n$이 수렴하므로 자연수 N이 존재하여 $n > m \geq N$이면 $M_{m+1} + \cdots + M_n <$ ϵ이다. $n > m \geq N$이고 $x \in E$이면

$$|f_{m+1}(x) + \cdots + f_n(x)| \leq |f_{m+1}(x)| + \cdots + |f_n(x)| \leq M_{m+1} + \cdots + M_n < \epsilon$$

이므로 정리 8.2.5에 의하여 $\displaystyle\sum_{n=1}^{\infty} f_n$은 E에서 균등수렴한다. ∎

보기 5 (1) 만약 $\displaystyle\sum_{n=1}^{\infty} a_n$이 절대수렴하면 임의의 $x \in \mathbb{R}$에 대하여 $|a_n \cos nx| \leq |a_n|$이므로 바이어슈트라스 M-판정법에 의하여 $\displaystyle\sum_{n=1}^{\infty} a_n \cos nx$는 $\mathbb{R}$에서 균등수렴한다. 마찬가지로 $\displaystyle\sum_{n=1}^{\infty} a_n \sin nx$도 $\mathbb{R}$에서 균등수렴한다. 특히 급수 $\displaystyle\sum_{n=1}^{\infty} \frac{1}{n^p}$은 $p > 1$일 때 수렴하므로 급수

$$\sum_{n=1}^{\infty} \frac{\sin nx}{n^p}, \quad \sum_{n=1}^{\infty} \frac{\cos nx}{n^p} \quad (p > 1)$$

는 각각 $\mathbb{R}$에서 균등수렴한다.

(2) 모든 $x \in [-1, 1]$와 모든 $n \in \mathbb{N}$에 대하여 $|x^n / n^2| \leq 1/n^2$이 성립하고 급수 $\displaystyle\sum_{n=1}^{\infty} \frac{1}{n^2}$은 수렴하므로 바이어슈트라스 M-판정법에 의하여 급수 $\displaystyle\sum_{n=1}^{\infty} \frac{x^n}{n^2}$은 $[-1, 1]$에서 균등수렴한다.

보기 6 급수 $\displaystyle\sum_{n=1}^{\infty} (x e^{-x})^n$이 $[0, 2]$에서 균등수렴함을 보여라.

증명 $f(x) = x e^{-x}$는 구간 $[0, 2]$에서 연속이고 미분가능하므로 이 구간에서 최대·최솟값을 갖는다. 이들을 구하기 위하여 $f'(x) = -x e^{-x} + e^{-x} = 0$으로부터 $x = 1$을 얻는다. 따라서 $f(0) = 0, f(1) = e^{-1}, f(2) = 2e^{-2}$이므로 $f(x)$의 최댓값은 $f(1) = e^{-1}$이고, 최솟값은 $f(0) = 0$이다. 모든 $x \in [0, 2]$에 대하여

$|f(x)| \le e^{-1}$이고 모든 자연수 n에 대하여 $(xe^{-x})^n \le e^{-n}$이 성립한다. 또한 급수 $\displaystyle\sum_{n=1}^{\infty} e^{-n}$가 수렴하므로 바이어슈트라스 M-판정법에 의하여 $\displaystyle\sum_{n=1}^{\infty}(xe^{-x})^n$은 $[0, 2]$에서 균등수렴한다. ∎

01 다음 함수열의 점별극한함수를 구하고 균등수렴 여부를 결정하여라.

(1) $f_n(x) = \dfrac{1}{nx+2}$, $x \in [0,1]$　　　　(2) $f_n(x) = \dfrac{x^{2n}}{1+x^{2n}}$, $x \in [-1,1]$

(3) $f_n(x) = x^n$, $x \in [-1,1]$　　　　(4) $f_n(x) = x^n$, $x \in (-1,1)$

(5) $f_n(x) = x^n(1-x)$, $x \in [0,1]$　　　　(6) $f_n(x) = n^2 x(1-x^n)$, $x \in [0,1]$

02 함수열 $\{f_n\}$이 E에서 f로 균등수렴하면 $\{f_n\}$은 E에서 f로 점별수렴함을 보여라.

03 $\{f_n\}$은 집합 E에서 정의된 유계함수들의 함수열일 때 다음을 보여라.

(1) $\{f_n\}$은 E에서 f에 균등수렴하면 f는 유계함수이다.

(2) 위 명제에서 균등수렴을 점별수렴으로 바꾸면 위의 명제는 성립하지 않는다.

04 다음을 보여라.

(1) 만약 $\{f_n\}$과 $\{g_n\}$이 E에서 균등수렴하면 $\{f_n \pm g_n\}$은 E에서 균등수렴한다.

(2) 만약 $\{f_n\}$과 $\{g_n\}$이 E에서 균등수렴하고, 모든 $n \geq N$이고 모든 $x \in E$에 대하여 $|f_n(x)| \leq M$, $|g_n(x)| \leq K$을 만족하는 상수 M, K가 존재한다면 $\{f_n g_n\}$은 E에서 균등수렴한다.

(3) $\{f_n\}$과 $\{g_n\}$은 E에서 균등수렴하지만 $\{f_n g_n\}$은 E에서 균등수렴하지 않는 수열 $\{f_n\}$, $\{g_n\}$을 구하여라.

05 만약 $\{f_n\}$은 (a,b)에서 균등수렴하고 수열 $\{f_n(a)\}$과 $\{f_n(b)\}$은 수렴하면 $\{f_n\}$은 $[a,b]$에서 균등수렴함을 보여라.

06 다음을 보여라.

(1) $f_n(x) = \dfrac{x}{1+n^2 x^2}$ $(0 \leq x \leq 1)$일 때 $\{f_n\}$은 $[0,1]$에서 $f=0$에 균등수렴한다.

(2) $f_n(x) = nxe^{-nx^2}$ $(0 < a \leq x)$일 때 $\{f_n\}$은 $[a,\infty)$에서 0에 균등수렴한다.

(3) $f_n(x) = n^2 x^2 e^{-nx}$ $(0 < a \leq x)$일 때 $\{f_n\}$은 $[a,\infty)$에서 0에 균등수렴하지 않는다.

(4) $f_n(x) = \dfrac{x^2 + nx}{n}$일 때 $\{f_n\}$은 $\mathbb{R}$에서 $f(x) = x$에 균등수렴하지 않는다.

07 다음 함수열 $\{f_n\}$은 $[0,1]$에서 점별수렴하지만 균등수렴하지 않음을 보여라.

    (1) $f_n(x) = \dfrac{1}{1+n^2x^2}$ (2) $g_n(x) = nx(1-x)^n$

    (3) $f_n(x) = nx(1-x^2)^n$

08 $f_n(x) = \dfrac{x^n}{1+x^n},\ 0 \le x \le 1$ 이고 $0 < a < 1$일 때

    (1) $[0,1]$에서 점별극한함수 f를 구하여라.

    (2) $\{f_n\}$은 $[0,a]$에서 0에 균등수렴하는가?

    (3) $\{f_n\}$은 $[0,1]$에서 균등수렴하는가?

09 $\displaystyle\sum_{k=1}^{\infty} a_k$가 절대수렴하면 $\displaystyle\sum_{k=1}^{\infty} a_k \cos kx,\ \displaystyle\sum_{k=1}^{\infty} a_k \sin kx$는 $\mathbb{R}$에서 균등수렴함을 보여라.

10 모든 $x \in E$와 모든 자연수 n에 대하여 $|f_n(x)| < M$가 되는 상수 M이 존재하면 $\{f_n\}$은 E에서 균등유계라고 한다. M에서 $\{f_n\}$과 $\{g_n\}$이 각각 f와 g에 균등수렴할 때 다음을 보여라.

    (1) 각 f_n이 유계함수이면 f도 유계함수이고 $\{f_n\}$은 균등유계이다.

    (2) E에서 $\{f_n + g_n\}$은 $f+g$에 균등수렴한다.

    (3) 임의의 실수 c에 대하여 $\{cf_n\}$은 cf에 균등수렴한다.

    (4) $\{f_n\}$과 $\{g_n\}$이 E에서 정의된 고른 유계인 함수열이면 함수열 $\{f_n g_n\}$은 fg에 균등수렴한다.

11 $\displaystyle\sum_{k=1}^{\infty} f_k(x)$는 E에서 균등수렴하고 g가 E에서 유계함수이면 $\displaystyle\sum_{k=1}^{\infty} g(x)f_k(x)$는 E에서 균등수렴함을 보여라.

12 다음을 보여라.

    (1) $\displaystyle\sum_{n=1}^{\infty} \dfrac{x}{1+n^2x^2}$는 $[a,1]$에서 균등수렴한다(단, $0 < a < 1$).

    (2) $\displaystyle\sum_{n=1}^{\infty} (x/2)^n$은 $[-a, a]$에서 균등수렴하지만 $(-2,2)$에서 균등수렴하지 않는다 (단, $0 < a < 2$).

13 $\displaystyle\sum_{n=0}^{\infty} \dfrac{x^n}{n!}$은 $\mathbb{R}$에서 연속함수에 점별수렴하지만 균등수렴하지 않음을 보여라.

14 $\displaystyle\sum_{n=1}^{\infty} \dfrac{1}{n}[\log(n+x) - \log n]$은 구간 $[0,1]$에서 균등수렴함을 보여라.

이제 균등수렴 밑에서 연속성이 보존됨을 증명하고자 한다.

정리 8.3.1.

$E \subseteq \mathbb{R}$에서 정의된 실함수열 $\{f_n\}$이 함수 f로 균등수렴한다고 하자. 만일 모든 f_n이 점 $a \in E$에서 연속이면 f도 a에서 연속이다.

증명 ϵ을 임의의 양수라 하자. 그러면 가정에 의해 모든 $x \in E$에 대하여 $|f_N(x) - f(x)| < \dfrac{\epsilon}{3}$을 만족하는 자연수 N이 존재한다. 또한 f_N이 a에서 연속이므로

$$|x - a| < \delta \text{이면 } |f_N(x) - f_N(a)| < \frac{\epsilon}{3}$$

이 성립하는 $\delta > 0$가 존재한다. 따라서 $|x - a| < \delta$이면

$$|f(x) - f(a)| \leq |f(x) - f_N(x)| + |f_N(x) - f_N(a)| + |f_N(a) - f(a)|$$
$$< \frac{\epsilon}{3} + \frac{\epsilon}{3} + \frac{\epsilon}{3} = \epsilon$$

이 된다. ■

주의 1 정리 8.3.1의 결과는 $\displaystyle\lim_{x \to a}\lim_{n \to \infty} f_n(x) = \lim_{n \to \infty}\lim_{x \to a} f_n(x)$로 쓸 수 있다. 왜냐하면 $\displaystyle\lim_{n \to \infty} f_n(x) = f(x)$이고 f가 a에서 연속이므로 $\displaystyle\lim_{x \to a} f(x) = f(a)$이다. 또한 각 f_n은 연속이므로 $\displaystyle\lim_{x \to a} f_n(x) = f_n(a)$이고 $\displaystyle\lim_{n \to \infty} f_n(a) = f(a)$이 성립하기 때문이다.

보기 1 (1) $f_n(x) = x^n \ (0 \leq x \leq 1)$일 때 f_n은 $[0,1]$에서 연속이다. 함수열 $\{f_n\}$은 $[0,1]$에서

$$f(x) = \lim_{n \to \infty} f_n(x) = \begin{cases} 0 & (0 \leq x < 1) \\ 1 & (x = 1) \end{cases}$$

로 정의되는 함수 f에 점별수렴하지만 f는 $x = 1$에서 불연속이다.

(2) $f_n(x) = \dfrac{x^2}{(1+x^2)^n}$ $(x \in \mathbb{R},\ n = 0, 1, 2, \cdots)$일 때 f_n은 $\mathbb{R}$에서 연속이고 $f_n(0) = 0$이다. 급수

$$f(x) = \sum_{n=0}^{\infty} f_n(x) = \sum_{n=0}^{\infty} \frac{x^2}{(1+x^2)^n}$$

에 대하여 $f(0) = 0$이고 $x \neq 0$일 때 공비가 $\dfrac{1}{1+x^2} < 1$이므로 이 급수는 합이 $f(x) = 1 + x^2$인 수렴하는 기하급수이다. 따라서 급수는

$$f(x) = \begin{cases} 0 & (x = 0) \\ 1 + x^2 & (x \neq 0) \end{cases}$$

에 점별수렴하며 f는 $x = 0$에서 불연속이다. 그러므로 연속함수의 수렴급수가 불연속인 합을 가질 수도 있다.

따름정리 8.3.2

$\{f_n\}$은 $E \subseteq \mathbb{R}$에서 연속함수들의 함수열이라 하자.

(1) $\{f_n\}$이 E에서 f로 균등수렴하면 f는 E에서 연속이다.

(2) 급수 $\displaystyle\sum_{n=1}^{\infty} f_n$이 E에서 f에 균등수렴하면 $f(x) = \displaystyle\sum_{n=1}^{\infty} f_n(x)$도 E에서 연속이다.

증명 (1) p는 E의 임의의 점이라 하자. 임의의 $n \in \mathbb{N}$에 대하여 f_n은 p에서 연속이므로 $\displaystyle\lim_{x \to p} f_n(x) = f_n(p)$이다. 위의 정리에 의하여

$$\lim_{x \to p} f(x) = \lim_{x \to p} (\lim_{n \to \infty} f_n(x)) = \lim_{n \to \infty} (\lim_{x \to p} f_n(x)) = f(p)$$

이다. 따라서 f는 p에서 연속이다.

(2) 임의의 $n \in \mathbb{N}$에 대하여 부분합 $S_n = f_1 + \cdots + f_n$은 E에서 연속함수이고 $\{S_n\}$은 E에서 f에 균등수렴하므로 (1)에 의하여 f는 E에서 연속이다. ■

주의 2 따름정리 8.3.2에 의하여 보기 1(1)의 함수열은 균등수렴하지 않음을 알 수 있다. 따라서 점별수렴한다고 균등수렴하는 것은 아니다.

균등수렴을 논의하는 데에는 유계함수의 집합에서 고른노름의 개념을 사용하는 것이 편리하다.

정의 8.3.3

$E \subseteq \mathbb{R}$ 이고 $\varphi : E \to \mathbb{R}$ 이 함수일 때 φ의 치역 $\varphi(E)$가 $\mathbb{R}$ 의 유계인 부분집합이면 φ가 E에서 유계라고 한다. 만일 φ가 유계이면 E에서 φ의 **균등노름**(또는 고른노름 (uniform norm))은 다음과 같이 정의된다.

$$\|\varphi\|_E = \sup\{|\varphi(x)| : x \in E\} \tag{8.4}$$

여기서 $\epsilon > 0$이면 모든 $x \in X$에 대하여

$$\|\varphi\|_E \leq \epsilon \Leftrightarrow |\varphi(x)| \leq \epsilon \tag{8.5}$$

임을 주목하여라.

보기 2 $[a,b]$에서 연속인 실함수 전체의 집합을 $C[a,b]$로 나타내자. $C[a,b]$에서 거리함수 d를

$$d(f,g) = \mathrm{lub}\{|f(x) - g(x)| : x \in [a,b]\}$$

로 정의한다. $|f - g|$는 $[a,b]$에서 연속이므로 위의 최소상계가 존재한다. d는 $C[a,b]$ 위의 거리임을 쉽게 증명할 수 있다. 이 거리를 다음 정리 때문에 **균등수렴 거리**(metric of uniform convergence)라고 한다. 앞으로 특별히 언급하지 않는 한 $C[a,b]$는 이 거리를 갖는 것으로 한다. ∎

정리 8.3.4

$\{f_n\}$을 $C[a,b]$의 한 점열이라 하자. $C[a,b]$에서 $\{f_n\}$이 f로 수렴할 필요충분조건은 $\{f_n\}$이 $[a,b]$에서 f로 균등수렴하는 것이다.

증명 증명은 연습문제로 남겨둔다. ■

$C[a, b]$는 완비거리공간(complete metric space)이다.

증명 증명은 연습문제로 남겨둔다. ∎

01 (디니(Dini)의 정리) $\{f_n\}$은 $[a,b]$에서 연속인 실함수열이라 하자. 임의의 $t \in [a,b]$에 대하여 $f_1(t) \leq f_2(t) \leq \cdots$이고 $f(t) = \lim_{n \to \infty} f_n(t)$는 $[a,b]$에서 연속이면 $\{f_n\}$은 $[a,b]$에서 f에 균등수렴함을 보여라.

02 함수 f는 $\mathbb{R}$에서 균등연속이고 $n \in \mathbb{N}$에 대하여 $f_n(x) = f(x - 1/n)$일 때 함수열 $\{f_n\}$은 $\mathbb{R}$에서 f에 균등수렴함을 보여라.

03 정리 8.3.4를 보여라.

04 $C[a,b]$는 완비거리공간임을 보여라.

닫힌구간 $[a,b]$에서 정의된 리만 적분가능한 함수열 $\{f_n\}$이 함수 f에 점별수렴하거나 균등수렴한다면 다음 문제가 제기된다.

(1) 함수 f는 $[a,b]$에서 리만 적분가능한가?

(2) 함수 f가 $[a,b]$에서 리만 적분가능하면 $\lim\limits_{n\to\infty}\int_a^b f_n = \int_a^b f$가 성립하는가?

리만 적분가능한 함수열 $\{f_n\}$이 $[a,b]$에서 f에 점별수렴할 경우는 위의 문제 (1)과 (2)에 대한 답은 모두 "아니오"이다.

보기 1 (1) 집합 $\{r_n\}$은 $[0,1]$에서 유리수 전체의 집합이라 하자. 각 자연수 n에 대하여 함수

$$f_n : [0,1] \to \mathbb{R}, \ f_n(x) = \begin{cases} 1, & x \in \{r_1, r_2, \cdots, r_n\} \\ 0, & x \in [0,1] - \{r_1, r_2, \cdots, r_n\} \end{cases}$$

을 정의하면 함수열 $\{f_n\}$은 $[0,1]$에서 디리클레 함수

$$f : [0,1] \to \mathbb{R}, \quad f(x) = \begin{cases} 1, & (x가 \ [0,1]에서 \ 유리수) \\ 0, & (x가 \ [0,1]에서 \ 무리수) \end{cases}$$

에 점별수렴한다. 각 함수 f_n은 $[0,1]$에서 적분가능하지만 함수 f는 $[0,1]$에서 적분가능하지 않다. 따라서 문제 (1)은 성립하지 않는다.

(2) 함수 $f_n : [0,1] \to \mathbb{R}$ 을 다음과 같이 정의한다.

$$f_n(x) = \begin{cases} n - n^2 x, & x \in (0, 1/n) \\ 0 & , \ 그밖의 \ 값 \end{cases}$$

이때 $\{f_n\}$이 $[0,1]$에서 $f = 0$에 점별수렴하지만 균등수렴하지 않는다. 모든 $n \in \mathbb{N}$에 대하여 f_n은 $[0,1]$에서 적분가능하고 $\int_0^1 f_n(x)dx = \dfrac{1}{2}$이다. f도 $[0,1]$에서 적분가능하고 $\int_0^1 f(x)dx = 0$이다. 따라서

$$\lim \int_0^1 f_n(x)dx = \frac{1}{2} \neq 0 = \int_0^1 f(x)dx$$

이다. 따라서 문제 (2)가 성립하지 않는다.

$[a,b]$에서 적분가능한 함수들의 함수열 $\{f_n\}$이 f로 균등수렴하면 f도 적분가능하고

$$\lim_{n\to\infty}\int_a^b f_n(x)\,dx = \int_a^b f(x)\,dx, \quad \text{즉} \quad \lim_{n\to\infty}\int_a^b f_n\,dx = \int_a^b (\lim_{n\to\infty} f_n)\,dx.$$

여기서 $\lim_{n\to\infty} f_n$은 $\{f_n\}$의 균등수렴의 극한함수이다.

증명 ϵ을 임의의 양수라 하면 모든 $x\in[a,b]$에 대하여

$$|f(x) - f_N(x)| < \frac{\epsilon}{3(b-a)}$$

을 만족하는 자연수 N이 존재한다. $[a,b]$의 모든 분할 P에 대하여

$$|U(f - f_N, P)| \le \frac{\epsilon}{3}, \quad |L(f - f_N, P)| \le \frac{\epsilon}{3} \tag{8.6}$$

됨을 쉽게 알 수 있다. $f_N \in \Re[a,b]$이므로 적분가능성에 대한 리만 판정법에 의하여 $[a,b]$의 한 분할 P가 존재하여

$$U(f_N, P) - L(f_N, P) < \frac{\epsilon}{3} \tag{8.7}$$

가 된다. 이제

$$M_i = \text{lub}\{f(x) : x\in[x_{i-1}, x_i]\}, \quad M_i^* = \text{lub}\{f_N(x) : x\in[x_{i-1}, x_i]\},$$
$$M_i^{**} = \text{lub}\{(f - f_N)(x) : x\in[x_{i-1}, x_i]\}$$

라고 하자. $x\in[x_{i-1}, x_i]$이면

$$f(x) = [f(x) - f_N(x)] + f_N(x) \le M_i^{**} + M_i^*$$

이므로 $M_i \le M_i^{**} + M_i^*$이다. 이로부터

$$U(f, P) \le U(f - f_N, P) + U(f_N, P) \tag{8.8}$$

를 얻는다. 같은 방법으로

$$L(f, P) \ge L(f - f_N, P) + L(f_N, P) \tag{8.9}$$

이다. 부등식 (8.6), (8.7), (8.8), (8.9)를 이용하여

$$U(f,P) - L(f,P) \leq U(f-f_N,P) - L(f-f_N,P) + U(f_N,P) - L(f_N,P)$$

$$< |U(f-f_N,P) + |L(f-f_N,P)| + \frac{\epsilon}{3}$$

$$\leq \frac{\epsilon}{3} + \frac{\epsilon}{3} + \frac{\epsilon}{3} = \epsilon$$

이다. 따라서 f는 $[a,b]$에서 적분가능하다.

나음으로 $\lim\limits_{n \to \infty} \int_a^b f_n(x)\,dx = \int_a^b f\,dx$를 증명한다. $\epsilon > 0$은 임의의 양수라 하면

자연수 N이 존재하여 $n \geq N$이면 $|f_n(x) - f(x)| < \dfrac{\epsilon}{2(b-a)}$가 된다. 정리

6.2.1(4)에 의하여 $n \geq N$이면

$$\int_a^b |f_n - f|\,dx \leq \int_a^b \frac{\epsilon}{2(b-a)}\,dx = \frac{\epsilon}{2}$$

가 된다. 따라서 $n \geq N$이면

$$\left| \int_a^b f\,dx - \int_a^b f_n\,dx \right| = \left| \int_a^b (f - f_n)\,dx \right| \leq \int_a^b |f - f_n|\,dx \leq \frac{\epsilon}{2} < \epsilon$$

이 된다. ∎

따름정리 8.4.2

$\{f_n\}$은 $[a,b]$에서 적분가능한 함수들의 함수열이라 하자. 급수 $\displaystyle\sum_{n=1}^{\infty} f_n$이 $[a,b]$에서 f

에 균등수렴하면 f는 $[a,b]$에서 적분가능하고

$$\int_a^b f\,dx = \sum_{n=1}^{\infty} \int_a^b f_n\,dx.$$

증명 정리 8.4.1을 이용하면 된다. ∎

01 $[a,b]$에서 적분가능한 함수들의 함수열 $\{f_n\}$이 $[a,b]$에서 $f \in \Re[a,b]$에 점별수렴하지만 균등수렴하지 않고 다음이 성립되는 예를 들어라.

$$\lim_{n \to \infty} \int_a^b f_n(x)dx = \int_a^b f(x)dx$$

02 함수 $f : [0,1] \to \mathbb{R}$ 가 $[0,1]$에서 연속이고 $n = 0, 1, 2, \cdots$에 대하여

$$\int_0^1 f(x)x^n dx = 0$$

일 때 f는 상수함수임을 보여라(1998 중등교사 임용시험문제).

03 $f_n(x) = nx(1-x^2)^n$ $(0 \le x \le 1, \ n = 1,2,3\cdots)$일 때 $\lim_{n \to \infty}\int_a^b f_n \ne \int_a^b f$임을 보여라.

04 f_n, g는 $[a,b]$에서 연속함수이고 f_n은 $[a,b]$에서 f에 균등수렴하면 다음을 보여라.

$$\lim_{n \to \infty} \int_a^b f_n g = \int_a^b fg$$

05 다음 조건을 만족하는 함수열 $\{f_n\}$과 f의 예를 들어라.

(1) 모든 n에 대하여 $f_n \in \Re[a,b]$은 $[a,b]$에서 적분가능하다.

(2) $f \in \Re[a,b]$은 $[a,b]$에서 적분가능하다.

(3) $\lim_{n \to \infty} \int_a^b f_n = \int_a^b f$

(4) $\lim_{n \to \infty} f_n(x)$는 $[a,b]$의 어느 점에서도 존재하지 않는다.

06 $\{f_n\}$이 $[a,b]$에서 균등유계인 함수열이고 $f \in \Re[a,b]$로 점별수렴하면 다음을 보여라.

$$\lim_{n \to \infty} \int_a^b f_n(x)dx = \int_a^b f(x)dx$$

07 $f_m(x) = \lim_{n \to \infty}(\cos m!\pi x)^{2n}$ $(m = 1,2,3,\cdots)$일 때 $f(x) = \lim_{m \to \infty} f_m(x)$는 임의의 구간 $[a,b]$에서 리만 적분가능하지 않음을 보여라.

08 급수 $\displaystyle\sum_{n=0}^{\infty}\frac{1}{2^n}\cos(3^n x)$에 대하여 다음을 보여라(2003년 임용시험문제).

(1) 위 급수는 $\mathbb{R}$에서 균등수렴한다.

(2) $f(x)=\displaystyle\sum_{n=0}^{\infty}\frac{1}{2^n}\cos(3^n x)$일 때 함수 f가 구간 $[0,2\pi]$에서 리만 적분가능하고,

$\displaystyle\int_0^{2\pi}f(x)dx$를 구하여라.

09 $f(x)=\displaystyle\sum_{n=1}^{\infty}\frac{\sin nx}{n^3}$일 때 $\displaystyle\int_0^{\pi}f(x)dx=2\sum_{n=1}^{\infty}\frac{1}{(2n-1)^4}$임을 보여라.

$f_n(x) = \dfrac{x^n}{n}$ $(0 \leq x \leq 1)$으로 두면 $\{f_n\}$은 $[0,1]$에서 $f = 0$에 균등수렴하지만, $f'_n(1)$ $= 1 \neq f'(1)$이다. 또한 $[0,1]$에서 미분가능한 함수들의 함수열 $\{f_n\}$이 f로 균등수렴하지만, f는 $[0,1]$의 어느 점에서도 미분가능하지 않은 예도 있다.

$E \subseteq \mathbb{R}$에서 정의된 미분가능한 함수열 $\{f_n\}$이 E에서 함수 f에 점별수렴하거나 균등수렴한다면 다음 문제가 제기된다.

(1) 함수 f는 E에서 미분가능한가?

(2) 함수 f는 E에서 미분가능하면 모든 $x \in E$에 대하여 $\lim\limits_{n \to \infty} f_n'(x) = f'(x)$인가?

위의 문제 (1)과 (2)에 대한 답은 모두 "아니오"이다. E에서 미분가능한 함수열 $\{f_n\}$이 E에서 f에 점별수렴하거나 균등수렴한다고 할지라도 f는 미분가능하지 않을 수 있다. 또한 미분가능한 함수 f에 점별수렴하거나 균등수렴한다고 할지라도 $\{f_n'\}$이 E에서 f'에 수렴하지 않을 수 있다.

보기 1 $f_n(x) = \dfrac{\sin nx}{\sqrt{n}}$ (x는 실수, $n = 1,2,3,\cdots$)이고 $f(x) = \lim\limits_{n \to \infty} f_n(x) = 0$으로 징의하면 $\{f_n\}$이 $\mathbb{R}$에서 $f = 0$에 균등수렴하지만 $f'(x) = 0$이고, $f_n'(x) = \sqrt{n}\cos nx$이다. 따라서 $\{f'_n\}$은 $\mathbb{R}$에서 f'에 점별수렴하지 않는다. 예를 들어, $n \to \infty$일 때 $f'_n(0) = \sqrt{n} \to +\infty$이지만 $f'(0) = 0$이다. 그러므로 문제 (1)이 성립하지만 문제 (2)가 성립하지 않는다.

미분가능함수들에 관한 다음 정리는 가끔 매우 유용하다.

정리 8.5.1

$\{f_n\}$은 (a,b)에서 다음 세 조건을 만족하는 미분가능한 함수들의 함수열이면 f는 (a,b)에서 미분가능하고 $\{f'_n\}$는 (a,b)에서 f'로 균등수렴한다.

(1) f'_n는 (a,b)에서 연속이다.

(2) $\{f_n\}$은 (a,b)에서 f로 점별수렴한다.

(3) $\{f'_n\}$은 (a,b)에서 균등수렴한다.

증명 $c\in(a,b)$, $x\in(a,b)$이고 $\{f'_n\}$의 극한함수를 g라고 두자. f'_n이 연속이므로 $f'_n\in\Re[c,x]$ (또는 $\Re[x,c]$)는 $[c,x]$에서 적분가능하다. 정리 8.4.1에 의하여

$$\lim_{n\to\infty}\int_c^x f'_n = \int_c^x g. \tag{8.10}$$

적분학의 기본정리에 의하여 $\int_c^x f'_n = f_n(x) - f_n(c)$이다. 가정 (2)를 이용하여

$$\lim_{n\to\infty}\int_c^x f'_n = \lim_{n\to\infty}[f_n(x)-f_n(c)] = f(x) - f(c) \tag{8.11}$$

이다. 등식 (8.10), (8.11)을 결합하면 $\int_c^x g = f(x) - f(c)$이다. 이 등식의 양변을 미분하면 $g(x) = f'(x)$이다. ∎

정리 8.5.2

$\{f_n\}$은 (a,b)에서 다음 세 조건을 만족하는 미분가능한 함수들의 함수열이면 f는 (a,b)에서 미분가능하고 모든 $x\in(a,b)$에 대하여 $f'(x)=\displaystyle\sum_{n=1}^{\infty}f'_n(x)$이다.

(1) f'_n가 (a,b)에서 연속이다.

(2) $\displaystyle\sum_{n=1}^{\infty}f_n$이 (a,b)에서 함수 f로 점별수렴한다.

(3) $\displaystyle\sum_{n=1}^{\infty}f'_n$는 (a,b)에서 균등수렴한다.

증명 정리 8.5.1을 이용하면 된다. ∎

보기 2 함수 $f_n(x)=x^n$는 $[0,1]$에서 연속인 도함수를 갖는다. 그러나 다음 극한함수 f는 $x=1$에서 도함수를 갖지 않는다. 왜냐하면

$$f(x) = \begin{cases} 0, & 0 \le x < 1 \\ 1, & x = 1 \end{cases}$$

는 $x = 1$에서 연속이 아니기 때문이다.

ℝ에서 연속이지만 ℝ의 모든 점에서 미분불가능한 함수의 존재성

이 절의 결과들의 한 응용 예로서 ℝ에서 연속이지만 ℝ의 모든 점에서 미분불가능한 함수의 예를 들기로 한다. 바이어슈트라스가 이런 예를 처음으로 구하였고, 이 예는 1875년에 그의 제자 보이스-레이몬드(P. du Bois-Reymond, 1831~1889)에 의하여 처음으로 발표되었다. 바이어슈트라스는 수학에서 엄밀성이 중요함을 이 예를 통하여 강조하고 직관은 수학에 혼란을 가져올 수 있음을 경고하였다.

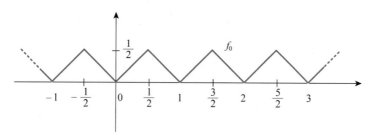

그림 8.2 주기함수 f_0

점 x에서 x에 가장 가까운 정수까지의 거리를 $f_0(x)$라고 하자. $0 \le x \le 1/2$일 때 $f_0(x) = x$이고, $1/2 \le x \le 1$일 때 $f_0(x) = 1 - x$이고, $f_0(x+1) = f_0(x)$이다. 따라서 f_0는 ℝ에서 연속이고, 모든 정수 n에 대하여 $f_0(x+n) = f_0(x)$이고, 모든 $x \in$ ℝ에 대하여 $|f_0(x)| \le 1/2$이다. 다시

$$f_k(x) = f_0(4^k x)/4^k, \; x \in ℝ, \; k = 1, 2, \cdots$$

이라 정의하면 f_k는 ℝ에서 연속이고, $|f_k(x)| \le 1/2 \cdot 4^k$이다. 바이어슈트라스 M-판정법에 의하여 $F = \sum_{k=0}^{\infty} f_k$는 ℝ에서 균등수렴한다. 각 f_k가 ℝ에서 연속이므로 극한함수 F는 ℝ에서 연속이다(따름정리 8.3.2). 함수 F는 어떠한 점에서도 미분가능하지 않음을 증명하기로 한다.

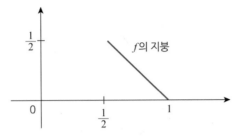

그림 8.3 함수의 지붕

어떤 정수 n에 대한 구간 $[n/(2 \cdot 4^m), (n+1)/(2 \cdot 4^m)]$ 위의 f_m의 그래프를 f_m의 지붕(roof)이라 정의하자. x와 y가 f_m의 지붕 밑에 있으면, 점 $(x, f_m(x))$와 $(y, f_m(y))$는 기울기가 $+1$이거나 -1인 선분 위에 놓이게 되므로

$$\frac{[f_m(x) - f_m(y)]}{x - y} = \pm 1$$

이 된다. 더욱이 이런 경우에 x와 y는 $f_k \, (k < m)$의 지붕 밑에 있으므로

$$\frac{f_k(x) - f_k(y)}{x - y} = \pm 1, \quad k \le m \, .$$

지금 $a \in \mathbb{R}$ 라 하고, m을 임의의 자연수라고 하면 어떤 정수 n에 대하여

$$a \in [n/(2 \cdot 4^{m-1}), (n+1)/(2 \cdot 4^{m-1})]$$

가 된다. 이 구간의 길이가 $1/(2 \cdot 4^{m-1})$이므로 $h_m = +1/4^m$ 또는 $-1/4^m$로 취하여

$$a, \ a + h_m \in [n/(2 \cdot 4^{m-1}), (n+1)/(2 \cdot 4^{m-1})]$$

이 되게 할 수 있다. 이 경우에 $k < m$에 대하여

$$\frac{f_k(a + h_m) - f_k(a)}{h_m} = \pm 1$$

이 됨을 위에서 보였다.

만일 $k \ge m$이면 어떤 정수 N에 대하여

$$f_k(a + h_m) - f_k(a) = \frac{f_0(4^k a + 4^k h_m) - f_0(4^k a)}{4^k} = \frac{f_0(4^k a + N) - f_0(4^k a)}{4^k}$$

가 된다. 따라서 $k \ge m$에 대하여 $f_k(a + h_m) - f_k(a) = 0$가 됨을 알 수 있다. 그러므로

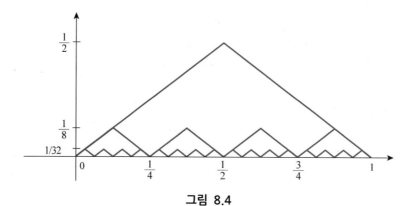

그림 8.4

$$\frac{F(a+h_m)-F(a)}{h_m} = \sum_{k=0}^{\infty} \frac{f_k(a+h_m)-f_k(a)}{h_m}$$
$$= \sum_{k=0}^{m-1} \frac{f_k(a+h_m)-f_k(a)}{h_m}$$
$$= \sum_{k=0}^{m-1} \pm 1$$

이다. 따라서

$$\frac{[F(a+h_m)-F(a)]}{h_m}$$

는 m이 홀수일 때 홀수인 정수이고, m이 짝수이면 짝수인 정수이다. 따라서

$$\lim_{m\to\infty} \frac{[F(a+h_m)-F(a)]}{h_m}$$

는 존재하지 않는다. 만일 F가 a에서 미분가능하면 이 극한값은 존재해야 한다. 결과적으로 F는 $\mathbb{R}$의 어떠한 점에서도 미분가능하지 않다.

01 다음 함수열 $\{f_n\}$는 $[0,1]$에서 0에 균등수렴하지만 $[0,1]$에서 $\lim\limits_{n \to \infty} f'_n(x) \neq 0$임을 보여라.

    (1) $f_n(x) = \dfrac{\sin nx}{n}$

    (2) $f_n(x) = (1-x)x^n$

02 $\{f_n\}$은 $\mathbb{R}$에서 f로 균등수렴하지만, $\{f'_n\}$는 f'로 점별수렴하고 균등수렴하지 않는 미분가능함수들의 함수열 $\{f_n\}$과 함수 f의 예를 들어라.

03 $f_n(x) = |x|^{1+1/n}$ $(n = 1, 2, \cdots)$일 때 다음을 보여라.

    (1) $\{f_n\}$이 $[-1,1]$에서 $f(x) = |x|$에 균등수렴한다.

    (2) 모든 f_n은 $[-1,1]$에서 미분가능하지만 $f'(0)$이 존재하지 않는다.

    (3) $[-1,1]$에서 $\{f_n'\}$의 점별극한은 $\text{sgn}(x)$이고 균등수렴하지 않음을 보여라.

04 $f_n(x) = |x|^{1+1/(2n-1)}$ $(-1 < x < 1, n = 1, 2, \cdots)$일 때 $\{f_n\}$은 $(-1,1)$에서 미분가능한 함수들의 함수열이고, $\{f_n\}$은 $(-1,1)$에서 $f(x) = |x|$로 균등수렴하지만 $f'(0)$는 존재하지 않음을 보여라.

05 함수항 급수 $\displaystyle\sum_{n=1}^{\infty} \dfrac{1}{n^2 + x^2}$은 $[0, \infty)$에서 균등수렴함을 보여라.

06 $\displaystyle\sum_{n=1}^{\infty} x^n (1-x)$는 $[0,1]$에서 점별수렴하지만 균등수렴하지 않음을 보여라.

    또한 $\displaystyle\sum_{n=1}^{\infty} (-1)^n x^n (1-x)$는 $[0,1]$에서 균등수렴함을 보여라.

07 모든 자연수 n에 대하여 $|f_n(x)| \leq |g_n(x)|$ $(x \in E)$이고 $\displaystyle\sum_{n=1}^{\infty} |g_n|$이 E에서 균등수렴하면 $\displaystyle\sum_{n=1}^{\infty} f_n$도 균등수렴함을 보여라.

08 $f_n(x) = x/(1 + nx^2)$, $x \in [-1,1]$일 때 $\{f_n\}$은 $[-1,1]$에서 $f = 0$에 균등수렴하지만 $\{f_n'\}$은 $[-1,1]$에서 $f = 0$에 수렴하지 않음을 보여라.

09 $f_n(x) = (2x/\pi)\tan^{-1} nx$일 때 다음을 보여라.

(1) $\{f_n\}$은 $\mathbb{R}$에서 $f(x)=|x|$로 균등수렴한다.

(2) $\{f_n'\}$은 $\mathbb{R}$에서 $g(x)=\mathrm{sgn}(x)$로 점별수렴한다.

(3) $f'(0)\neq g(0)$

함수항 급수의 특수한 경우로서 거듭제곱급수(또는 멱급수)에 관한 수렴성을 논하기로 한다.

멱급수 $\displaystyle\sum_{n=0}^{\infty} a_n(x-x_0)^n$의 수렴반지름이 R일 때 $\displaystyle\sum_{n=0}^{\infty} a_n(x-x_0)^n$은 $|x-x_0| < R$이면 절대수렴하고, $|x-x_0| > R$이면 발산한다는 것을 의미하고, $R = 1/\varlimsup\limits_{n\to\infty}|a_n|^{1/n}$ 또는 $R = \lim\limits_{n\to\infty}|a_n/a_{n+1}|$이다. 앞 절의 결과를 이용하여 $|x-x_0| < R$에 대하여 멱급수를 항별로 적분 또는 미분할 수 있음을 증명하고자 한다.

정리 8.6.1

멱급수 $\displaystyle\sum_{n=0}^{\infty} a_n(x-x_0)^n$의 수렴반지름을 R이라 하자.

$$f(x) = \sum_{n=0}^{\infty} a_n(x-x_0)^n, \quad |x-x_0| < R$$

로 두면 다음이 성립한다.

(1) 만약 $0 < S < R$이면 $\displaystyle\sum_{n=0}^{\infty} a_n(x-x_0)^n$은 $[x_0 - S, x_0 + S]$에서 f에 균등수렴한다.

(2) f는 $(x_0 - R, x_0 + R)$에서 연속이다.

(3) $a, b \in (x_0 - R, x_0 + R)$, $a < b$이면 f는 $[a,b]$에서 적분가능하고

$$\sum_{n=0}^{\infty} a_n \int_a^b (x-x_0)^n \, dx$$는 수렴하고 $\displaystyle\int_a^b f \, dx = \sum_{n=0}^{\infty} a_n \int_a^b (x-x_0)^n \, dx.$

(4) f는 $(x_0 - R, x_0 + R)$에서 미분가능하고, $|x-x_0| < R$이면 $\displaystyle\sum_{n=1}^{\infty} na_n(x-x_0)^{n-1}$

은 절대수렴하고 또한 $f'(x) = \displaystyle\sum_{n=1}^{\infty} na_n(x-x_0)^{n-1}$, $|x-x_0| < R$이다.

증명 (1) 만약 $0 < S < R$, $|x-x_0| \le S$이면 $|a_n(x-x_0)^n| \le |a_n|S^n$이고 $\displaystyle\sum_{n=0}^{\infty}|a_n|S^n$ 수렴한다. 바이어슈트라스 M-판정법에 의하여 $\displaystyle\sum_{n=0}^{\infty} a_n(x-x_0)^n$은 $[x_0 - S, x_0 + S]$에서 균등수렴한다

(2) $0 < S < R$라고 하자. 각 함수 $u_n(x) = a_n(x-x_0)^n$은 $[x_0 - S, x_0 + S]$에서

연속이다. 따름정리 8.3.2에 의하여 균등수렴 극한함수 f는 $[x_0 - S, x_0 + S]$ 에서 연속이다. $S(0 < S < R)$는 임의의 수이므로 f는 $(x_0 - R, x_0 + R)$에서 연속이다.

(3) 따름정리 8.4.2로부터 쉽게 증명된다.

(4) 멱급수 $\sum_{n=1}^{\infty} na_n(x - x_0)^{n-1}$의 수렴반지름은 $1/\limsup_{n \to \infty} \sqrt[n]{|na_n|}$ 이다. 그런데 $\lim_{n \to \infty} \sqrt[n]{n} = 1$이므로 $\limsup_{n \to \infty} |n\,a_n|^{1/n} = \limsup_{n \to \infty} |a_n|^{1/n}$ 이다. 따라서

$$R = 1/\limsup_{n \to \infty} |a_n|^{1/n} = 1/\limsup_{n \to \infty} |n\,a_n|^{1/n}$$

이므로 $\sum_{n=1}^{\infty} n\,a_n(x - x_0)^{n-1}$은 $|x - x_0| < R$일 때 절대수렴한다.

지금 $u_n(x) = a_n(x - x_0)^n$, $0 < S < R$이라 하면

(a) $u'_n(x) = na_n(x - x_0)^{n-1}$은 $(x_0 - S, x_0 + S)$에서 연속이고

(b) $\sum_{n=0}^{\infty} u_n$은 $(x_0 - S, x_0 + S)$에서 f에 점별수렴(실제로 균등수렴)한다.

(c) $\sum_{n=1}^{\infty} u'_n$은 $(x_0 - S, x_0 + S)$에서 균등수렴한다.

(b)와 (c)를 증명하는 데 (1)을 이용한다. 정리 8.5.2에 의하여 f는 $(x_0 - S, \ x_0 + S)$에서 미분가능하고

$$f'(x) = \sum_{n=1}^{\infty} na_n(x - x_0)^{n-1}, \ |x - x_0| < S$$

이다. 이제 (4)는 쉽게 증명된다. ■

보기 1 $|x| < 1$일 때 기하급수 $1 - x + x^2 - \cdots = 1/(1 + x)$과 정리 8.6.1(4)에 의하여

$$-1 + 2x - 3x^2 + \cdots = \frac{d}{dx}\left(\frac{1}{1+x}\right) = \frac{-1}{(1+x)^2}, \ |x| < 1$$

이다. 또한

$$\int_0^x \frac{1}{1+t}\,dt = \log(1+x), \quad x > -1$$

이므로 정리 8.6.1(3)에 의하여

$$\log(1+x) = x - \frac{x^2}{2} + \frac{x^3}{3} - \cdots = \sum_{n=1}^{\infty} \frac{(-1)^{n+1}x^n}{n}, \ |x| < 1.$$

보기 2 $\tan^{-1}x = \sum_{n=0}^{\infty} \frac{(-1)^n}{2n+1} x^{2n+1} \ (|x| < 1)$임을 보여라.

증명 $|x| < 1$일 때 $|x^2| < 1$ 이므로

$$\sum_{n=0}^{\infty} (-1)^n x^{2n} = \frac{1}{1+x^2} \ (|x| < 1)$$

이다. 정리 8.6.1(3)에 의하여

$$\tan^{-1}x = \int_0^x \frac{1}{1+t^2} \, dt = \int_0^x \sum_{n=0}^{\infty} (-1)^n t^{2n} \, dt$$
$$= \sum_{n=0}^{\infty} \int_0^x (-1)^n t^{2n} \, dt = \sum_{n=0}^{\infty} \frac{(-1)^n}{2n+1} x^{2n+1} \ (|x| < 1). \quad \blacksquare$$

따름정리 8.6.2

(멱급수의 유일성) 멱급수 $\sum_{n=1}^{\infty} a_n (x-x_0)^n$ 과 $\sum_{n=1}^{\infty} b_n (x-x_0)^n$ 이 $|x-x_0| < R$에 대하여 수렴하고 $|x-x_0| < R$인 모든 x에 대하여

$$\sum_{n=0}^{\infty} a_n (x-x_0)^n = \sum_{n=0}^{\infty} b_n (x-x_0)^n$$

이면 $a_n = b_n \ (n=0,1,2,\cdots)$이다.

증명 $\sum_{n=0}^{\infty} a_n (x-x_0)^n = \sum_{n=1}^{\infty} b_n (x-x_0)^n$에 $x = x_0$로 두면 $a_0 = b_0$ 를 얻는다. 정리 8.6.1(4)에 의하여

$$\sum_{n=1}^{\infty} n a_n (x-x_0)^{n-1} = \sum_{n=1}^{\infty} n b_n (x-x_0)^{n-1}, \ |x-x_0| < R$$

이다. 이 식에서 $x = x_0$로 두면 $a_1 = b_1$을 얻는다. 같은 방법으로 $a_2 = b_2$, $a_3 = b_3$, $\cdots$임을 알 수 있다. $\quad \blacksquare$

$$\sum_{n=0}^{\infty} a_n (x - x_0)^n \text{ 의 수렴반지름은 } R \text{이고 } f(x) = \sum_{n=0}^{\infty} a_n (x - x_0)^n, \ |x - x_0| < R \text{로 두}$$

면 $m = 1, 2, \cdots$ 에 대하여

$$f^{(m)}(x) = \sum_{n=m}^{\infty} n(n-1)(n-2) \cdots (n-m+1) a_n (x - x_0)^{n-m}, \ |x - x_0| < R.$$

특히, $f^{(m)}(x_0) = m! a_m \ (m = 0, 1, 2, \cdots)$.

증명 정리 8.6.1(4)를 m회 적용하면 된다. ∎

보기 3 f는 $\mathbb{R}$에서 다음과 같이 정의되는 함수일 때 $f'(x)$, $f^{(n)}(x)$를 구하여라.

$$f(x) = \begin{cases} e^{-1/x^2} & (x \neq 0) \\ 0 & (x = 0) \end{cases}$$

풀이 $\displaystyle \lim_{x \to 0} e^{-1/x^2} = \lim_{t \to \infty} e^{-t^2} = 0$이므로 f는 0에서 연속이다. $x \neq 0$에 대하여 $f'(x) = 2e^{-1/x^2}/x^3$이다. $x = 0$일 때 로피탈 정리에 의하여

$$\begin{aligned} f'(0) &= \lim_{x \to 0} \frac{f(x) - f(0)}{x - 0} = \lim_{x \to 0} \frac{e^{-1/x^2}}{x} = \lim_{x \to 0} \frac{1/x}{e^{1/x^2}} \\ &= \lim_{x \to 0} \frac{-1/x^2}{-(2/x^3)e^{1/x^2}} = \lim_{x \to 0} \frac{x}{2e^{1/x^2}} = 0 \end{aligned}$$

이다. 따라서

$$f'(x) = \begin{cases} (2/x^3)e^{-1/x^2} & (x \neq 0) \\ 0 & (x = 0) \end{cases}$$

수학적 귀납법에 의하여 모든 자연수 n에 대하여

$$f^{(n)}(x) = \begin{cases} P(1/x)e^{-1/x^2} & (x \neq 0) \\ 0 & (x = 0) \end{cases}$$

여기서 P에서 $3n$차의 다항식이다. 따라서 f는 $\mathbb{R}$에서 무한회 미분가능하고 $f^{(n)}(0) = 0$ 이다.

만약 적당한 양수 $R > 0$이 존재하여 $f(x) = \displaystyle \sum_{k=0}^{\infty} a_k x^k \ (|x| < R)$이면 $a_k = 0 \ (k = 0,$

$1, 2, \cdots$)이 된다. 이 결과에 의하여 f는 0의 근방에서 f에 수렴하는 멱급수로 표현할 수 없다. ∎

따름정리 8.6.4

(테일러 급수) $\displaystyle\sum_{n=0}^{\infty} a_n (x - x_0)^n$ 의 수렴반지름은 R이고

$$f(x) = \sum_{n=0}^{\infty} a_n (x - x_0)^n, \ |x - x_0| < R$$

로 두면 $a_n = \dfrac{f^{(n)}(x_0)}{n!}$ 이다. 따라서

$$f(x) = \sum_{n=0}^{\infty} \frac{f^{(n)}(x_0)}{n!}(x - x_0)^n, \ |x - x_0| < R.$$

증명 따름정리 8.6.3에 의하여

$$f^{(m)}(x_0) = a_m m! + \sum_{n=m+1}^{\infty} n(n-1)\cdots(n-m+1)a_n 0^{n-m} = a_m m!. \quad ∎$$

보기 4 (이항급수) m은 임의의 실수이고 $|x| < 1$이고 k가 정수일 때 다음 급수는 $(1+x)^m$의 매클로린 급수임을 보여라.

$$(1+x)^m = 1 + \sum_{k=1}^{\infty} \frac{m(m-1)\cdots(m-k+1)}{k!} x^k$$

증명 $a_k = \dfrac{m(m-1)\cdots(m-k+1)}{k!} x^k$로 놓으면

$$\left| \frac{a_{k+1}}{a_k} \right| = \frac{|m-k|}{k+1}|x| \to |x| \ (k \to \infty)$$

이므로 비판정법에 의해 $|x| < 1$일 때 $\displaystyle\sum_{k=1}^{\infty} a_k$는 수렴한다. 지금 $f(x) = 1 + \displaystyle\sum_{k=1}^{\infty} a_k$라 두고 $f(x) = (1+x)^m \ (|x| < 1)$임을 보이고자 한다. 정리 8.6.1에 의하여

$$f'(x) = m + \sum_{k=2}^{\infty} \frac{m(m-1)\cdots(m-k+1)}{(k-1)!} x^{k-1},$$

$$xf'(x) = \sum_{k=1}^{\infty} k \frac{m(m-1)\cdots(m-k+1)}{k!} x^k$$

이다. 따라서

$$(1+x)f'(x) = m\left[1 + \sum_{k=1}^{\infty} \frac{m(m-1)\cdots(m-k+1)}{k!} x^k\right] = mf(x)$$

이므로

$$\frac{d}{dx}\ln f(x) = \frac{f'(x)}{f(x)} = \frac{m}{1+x}$$

을 얻는다. 한편 $\dfrac{d}{dx}\ln(1+x)^m = \dfrac{m}{1+x}$ 이므로 $\dfrac{d}{dx}f(x) = \dfrac{d}{dx}(1+x)^m$ 이다.

그런데 $f(0) = 1$ 이므로 $f(x) = (1+x)^m$ $(|x| < 1)$ 이며 정리 8.6.1과 따름정리 8.6.7에 의하여 이것은 $(1+x)^m$ 의 매클로린 급수이다. ■

01 다음 멱급수의 수렴반지름을 구하여라.

(1) $\displaystyle\sum_{n=0}^{\infty} nx^n$

(2) $\displaystyle\sum_{n=1}^{\infty} \frac{n^n}{n!}x^n$

(3) $\displaystyle\sum_{n=0}^{\infty} (2^n + 3^n)x^n$

(4) $\displaystyle\sum_{n=0}^{\infty} \frac{x^n}{3^n + 5^n}$

(5) $\displaystyle\sum_{n=0}^{\infty} \frac{x^n}{n3^n + 5^n}$

(6) $\displaystyle\sum_{n=1}^{\infty} n!x^n$

(7) $\displaystyle\sum_{n=1}^{\infty} \frac{x^n}{n^n}$

(8) $\displaystyle\sum_{n=1}^{\infty} \frac{(2n)!}{(n!)^2}x^n$

(9) $\displaystyle\sum_{n=1}^{\infty} \frac{(3n)!}{(n!)^2}x^n$

02 다음 멱급수의 수렴구간을 구하여라.

(1) $\displaystyle\sum_{n=1}^{\infty} \frac{(x-2)^n}{n^2 3^n}$

(2) $\displaystyle\sum_{n=1}^{\infty} (-1)^n \frac{(x+3)^n}{n}$

(3) $\displaystyle\sum_{n=0}^{\infty} \frac{x^n}{n!}$

(4) $\displaystyle\sum_{n=0}^{\infty} \frac{(x-5)^n}{3^n + 4^n}$

(5) $\displaystyle\sum_{n=1}^{\infty} n(4x^2)^n$

(6) $\displaystyle\sum_{n=0}^{\infty} \frac{(-3)^n}{\sqrt{n+1}}x^n$

(7) $\displaystyle\sum_{n=1}^{\infty} \frac{\log n}{n3^n}(x+2)^n$

03 다음을 보여라.

(1) $\displaystyle\sum_{n=0}^{\infty} \frac{2^n}{n!}x^n$의 수렴반지름은 ∞이다.

(2) $f(x) = \displaystyle\sum_{n=0}^{\infty} \frac{2^n}{n!}x^n$로 두면 $f'(x) = 2f(x)$이다.

04 만약 $\displaystyle\sum_{n=0}^{\infty} a_n$이 수렴하면 $f(x) = \displaystyle\sum_{n=0}^{\infty} a_n x^n$은 $(-1,1)$에서 연속함수를 정의함을 보여라.

05 만약 $\displaystyle\sum_{n=0}^{\infty} a_n$이 절대수렴하면 $\displaystyle\sum_{n=0}^{\infty} a_n x^n$은 $|x| < 1$에 대하여 균등수렴함을 보여라.

06 $\displaystyle\sum_{n=0}^{\infty} a_n x^n$이 수렴반지름 R을 갖고 $f(x) = \displaystyle\sum_{n=0}^{\infty} a_n x^n$, $|x| < R$이라 하자. f가 상수

가 아니면 f의 영점은 고립되어 있음을 보여라. (즉 $f(a) = 0$, $|a| < R$이면 한 열린

구간 I가 존재하여 $a \in I \subset (-R, R)$이고, 모든 $x \in I - \{a\}$에 대하여 $f(x) \neq 0$이다.)

07 $\displaystyle\sum_{n=0}^{\infty} a_n x^n$과 $\displaystyle\sum_{n=0}^{\infty} b_n x^n$이 $|x| < R$에서 수렴하고 어떤 $\epsilon > 0$에 대하여 $[-R+\epsilon, R-\epsilon]$

의 한 무한부분집합에 속하는 모든 점 x에 대하여 $\displaystyle\sum_{n=0}^{\infty} a_n x^n = \displaystyle\sum_{n=0}^{\infty} b_n x^n$이면 모든

x $(|x| < R)$에 대하여 $\displaystyle\sum_{n=0}^{\infty} a_n x^n = \displaystyle\sum_{n=0}^{\infty} b_n x^n$임을 보여라.

08 $f(x)$를 다음 급수의 합이라 할 때 $f'(x)$, $\displaystyle\int_0^x f(t)dt$를 구하여라.

(1) $\displaystyle\sum \frac{(-1)^n}{n+1} x^n$ (2) $\displaystyle\sum (n+1)x^n$

(3) $\displaystyle\sum \frac{1}{n^2+1} x^{n+1}$ (4) $\displaystyle\sum \frac{5}{n} x^{n^2}$

09 멱급수 $\displaystyle\sum_{n=0}^{\infty} a_n x^n$의 수렴반지름이 $R > 0$이고 k는 적당한 자연수일 때 다음 멱급

수의 수렴반지름을 구하여라.

(1) $\displaystyle\sum a_n x^{n+k}$ (2) $\displaystyle\sum a_n^k x^n$

(3) $\displaystyle\sum a_n x^{kn}$ (4) $\displaystyle\sum a_n x^{n^2}$

09

제9장

편도함수

D는 $\mathbb{R}^2$의 부분집합일 때 함수 $f : D \to \mathbb{R}$을 정의역이 D인 이변수함수(function of two variables)라 한다. 점 $(x,y) \in D$에서 함수 f의 값을 $z = f(x,y)$로 나타내고 집합 $\{(x,y,z) : (x,y) \in D, \ z = f(x,y)\}$를 $z = f(x,y)$의 그래프라 한다. 마찬가지로 3변수함수 $f : D \to \mathbb{R}$ (D는 $\mathbb{R}^3$의 부분집합) 또는 3변수 이상의 다변수함수를 정의할 수 있으며 2변수 이상의 함수를 다변수함수라 한다.

보기 1 $f(x,y) = x^2 + y^2$의 그래프를 그려라.

풀이 $z = f(x,y) = x^2 + y^2$와 평면 $z = c$와의 교선은 $x^2 + y^2 = c$이다. 만일 $c > 0$이면 그 교선은 반지름이 $\sqrt{c}$인 원이고, $c = 0$이면 교선은 $(0,0,0)$, $c < 0$이면 교선은 존재하지 않는다. 또한 평면 $x = 0$, $y = 0$와의 교선은 각각 $y^2 = z$, $x^2 = z$이므로 이들은 모두 포물선이다. 위의 사실들을 종합하여 f의 그래프를 그리면 그림 9.1과 같다. ■

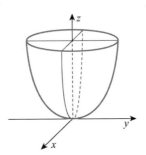

그림 9.1 $z = x^2 + y^2$

정의 9.1.1

$f : D \to \mathbb{R}$는 이변수함수이고 (a,b)는 D의 쌓인점(집적점)이라 하자. 임의의 $\epsilon > 0$에 대해서 이에 대응하는 $\delta > 0$가 존재하여

$$0 < |\,(x,y) - (a,b)\,| = \sqrt{(x-a)^2 + (y-b)^2} < \delta$$

를 만족하는 임의의 $(x,y) \in D$에 대하여 $|f(x,y) - L| < \epsilon$을 만족하면 $f(x,y)$는 점 (a,b)에서 극한 L을 갖는다고 하고 $\displaystyle \lim_{(x,y) \to (a,b)} f(x,y) = L$로 표현한다.

이것을 수학적으로 엄밀하게 표현하면 다음과 같다.

임의의 $\epsilon > 0$에 대하여 적당한 양수 $\delta > 0$가 존재해서

$$0 < |(x,y) - (a,b)| < \delta,\ (x,y) \in D \text{이면 } |f(x,y) - L| < \epsilon \text{이다.}$$

위의 정의를 기하학적으로 말하면, L의 임의의 ϵ-근방 $N_\epsilon(L)$에 대하여 (a,b)의 적당한 δ-근방 $N_\delta((a,b))$가 존재하여 이런 δ-근방의 모든 점(단, (a,b)는 제외) $N_\delta{}'((a,b))$의 f에 의한 상이 L의 ϵ-근방 안에 전부 포함됨을 의미한다.

주의 1 일변수함수와 마찬가지로 극한이 존재하면 그 극한은 유일하고, f는 $N_\delta((a,b)) - \{(a,b)\}$에서 유계함수이다.

보기 2 다음의 극한값이 존재하는가? 존재한다면 그 극한값을 구하여라.

(1) $\displaystyle\lim_{(x,y)\to(0,0)} \frac{xy}{x^2 + y^2}$ (2) $\displaystyle\lim_{(x,y)\to(0,0)} (x^2 + y^2)\sin(1/x^2 y^2)$

(3) $\displaystyle\lim_{(x,y)\to(0,0)} \frac{(1-x)y}{|x| + |y|}$

풀이 (1) 만약 (x,y)가 x축을 따라 $(0,0)$에 접근할 때 $y = 0$이므로 $xy/(x^2 + y^2) = 0$이다. 만약 (x,y)가 y축을 따라 $(0,0)$에 접근할 때 $x = 0$이고 $xy/(x^2 + y^2) = 0$이다. 하지만 (x,y)가 직선 $y = x$를 따라 $(0,0)$에 접근할 때 $xy/(x^2 + y^2) = 1/2$이다. 따라서 극한값은 존재하지 않는다.

(2) $f(x,y) = (x^2 + y^2)\sin(1/x^2 y^2)$은 원점, x축, y축 위에서 정의되지 않는다. $(x,y) \to (0,0)$, 즉 $x^2 + y^2 \to 0$이면 $|\sin(1/x^2 y^2)| \le 1$이므로 $(x^2 + y^2)\sin(1/x^2 y^2) \to 0$이다.

(3) $(x,y) \to (0,0)$일 때 분자 $(1-x)y \to 0$이고 분모 $|x| + |y| \to 0$이므로 이 극한은 $\dfrac{0}{0}$형이다. 점 (x,y)가 직선 $y = kx$(k는 임의의 상수)를 따라 $(0,0)$에 가까워질 때 $\displaystyle\lim_{x\to 0} f(x,kx) = \lim_{x\to 0} \frac{(1-x)kx}{(1+|k|)|x|}$이므로

$$\lim_{x\to 0+} \frac{(1-x)kx}{(1+|k|)|x|} = \lim_{x\to 0+} \frac{(1-x)k}{1+|k|} = \frac{k}{1+|k|},$$

$$\lim_{x\to 0-} \frac{(1-x)kx}{(1+|k|)|x|} = \lim_{x\to 0-} \frac{(1-x)k}{(1+|k|)(-1)} = -\frac{k}{1+|k|}$$

처럼 극한값은 k의 값에 의존한다. 따라서 극한값은 존재하지 않는다. ∎

정리 9.1.2

D는 f, g의 정의역이고 (a,b)는 D의 쌓인점(집적점)이라 하자.

만약 $\displaystyle\lim_{(x,y)\to(a,b)} f(x,y)=L$, $\displaystyle\lim_{(x,y)\to(a,b)} g(x,y)=M$이면 다음이 성립한다.

(1) $\displaystyle\lim_{(x,y)\to(a,b)} (f(x,y)\pm g(x,y))=L\pm M$

(2) $\displaystyle\lim_{(x,y)\to(a,b)} cf(x,y)=cL$ (단, c는 상수)

(2) $\displaystyle\lim_{(x,y)\to(a,b)} f(x,y)g(x,y)=LM$

(3) $\displaystyle\lim_{(x,y)\to(a,b)} \frac{f(x,y)}{g(x,y)}=\frac{L}{M}$ (단, $M\neq 0$)

(4) 만약 임의의 $(x,y)\in D\cap N_\delta'((a,b))$에 대하여 $f(x,y)\leq g(x,y)$이면 $L\leq M$.

정의 9.1.3

D는 f, g의 정의역이고 (a,b)는 D의 쌓인점(집적점)이라 하자. 만약 $\displaystyle\lim_{(x,y)\to(a,b)} f(x,y)=f(a,b)$이면 함수 $f(x,y)$는 점 (a,b)에서 연속이라 한다. 만약 f가 (a,b)에서 연속이 아니면 f는 (a,b)에서 불연속이라 한다.

보기 3 (1) $f(x,y)=x^2-3xy$는 $\mathbb{R}^2$의 모든 점에서 연속이다.

(2) 두 변수의 모든 다항식은 $\mathbb{R}^2$에서 연속이다.

(3) $f(x,y)=xy/(x^2+y^2)$는 원점을 제외한 $\mathbb{R}^2$의 모든 점에서 연속이다.

보기 4 함수 $f(x,y)=\begin{cases} \dfrac{\sin(x^2y+y^4)}{x^2+y^2}, & (x,y)\neq(0,0) \\ 0, & (x,y)=(0,0) \end{cases}$ 는 $(0,0)$에서 연속임을 보여라.

증명 임의의 $z\in\mathbb{R}$에 대하여 $|\sin z|\leq|z|$이므로

$$0\leq|\sin(x^2y+y^4)/(x^2+y^2)|\leq|(x^2y+y^4)/(x^2+y^2)|$$

이다. $|x^2/(x^2+y^2)|\leq 1$, $|y^2/(x^2+y^2)|\leq 1$이므로 $\left|\dfrac{x^2y+y^4}{x^2+y^2}\right|\leq|y|+|y^2|$이다.

$$\lim_{(x,y)\to(0,0)}(|y|+|y^2|)=0 \text{이므로} \quad \lim_{(x,y)\to(0,0)}\frac{\sin(x^2y+y^4)}{x^2+y^2}=0. \quad \text{따라서 } f(x,y)\text{는}$$

$(0,0)$에서 연속이다. ∎

정리 9.1.4

만약 함수 f와 g가 $P_0=(a,b)$에서 연속이고 c가 상수이면 $f(z)\pm g(z)$, $cf(z)$, $f(z)g(z)$, $f(z)/g(z)$ (단, $g(z_0)\neq 0$)도 $P_0=(a,b)$에서 연속함수이다.

정리 9.1.5

(수열판정법) 이변수함수 $f:D\to\mathbb{R}$ 가 $P_0=(a,b)\in D\subset\mathbb{R}^2$에서 연속이기 위한 필요충분조건은 (a,b)에 수렴하는 D의 모든 수열 $\{P_n\}=\{(x_n,\ y_n)\}$에 대하여 $\lim_{n\to\infty}f(P_n)$ $=f(P_0)$인 것이다.

정리 9.1.6

만약 $f(u,v)$는 $P_0=(u_0,v_0)$에서 연속이고 $u=g(x,y)$, $v=h(x,y)$는 (x_0,y_0)에서 연속이며 $u_0=g(x_0,y_0)$, $v_0=h(x_0,y_0)$이면 $f(g(x,y),h(x,y))$는 (x_0,y_0)에서 연속이다.

증명 ϵ은 임의의 양수라 하자. $f(u,v)$는 (u_0,v_0)에서 연속이므로 적당한 양수 $\eta>0$이 존재해서

$$|(u,v)-(u_0,v_0)|<2\eta \text{일 때 } |f(u,v)-f(u_0,v_0)|<\epsilon$$

이 성립된다. 이렇게 선택된 양수 η에 대하여 적당한 양수 $\delta_1>0$이 존재해서

$$|(x,y)-(x_0,y_0)|<\delta_1 \text{일 때 } |g(x,y)-g(x_0,y_0)|<\eta.$$

또한 이런 양수 η에 대하여 적당한 양수 $\delta_2>0$가 존재해서

$$|(x,y)-(x_0,y_0)|<\delta_2 \text{일 때 } |h(x,y)-h(x_0,y_0)|<\eta.$$

만약 $|(x,y)-(x_0,y_0)|<\delta=\min\{\delta_1,\delta_2\}$이면 $|g(x,y)-g(x_0,y_0)|<\eta$이고 $|h(x,y)-h(x_0,y_0)|<\eta$이다. 따라서

$$|(g(x,y),h(x,y)) - (g(x_0,y_0),h(x_0,y_0))| < 2\eta$$

이므로

$$|f(g(x,y),h(x,y)) - f(g(x_0,y_0),h(x_0,y_0))| < \epsilon. \qquad \blacksquare$$

따름정리 9.1.7

만약 $g(t)$, $h(t)$가 $[\alpha,\beta]$에서 연속이고 $f(x,y)$가 $(g(t),h(t))$의 치역에서 연속이면 $f(g(t),h(t))$는 $[\alpha,\beta]$에서 연속이다.

정리 9.1.8

(중간값 정리) 만약 f는 영역 $D \subset \mathbb{R}^2$에서 연속이고 만약 $(a,b),(c,d) \in D$, $f(a,b) < v < f(c,d)$이면 $f(x_0,y_0) = v$을 만족하는 점 $(x_0,y_0) \in D$가 존재한다.

증명 $x = g(t), y = h(t)$가 t가 적당한 구간 $[\alpha,\beta]$에서 변할 때 (a,b)와 (c,d) 사이의 D에 있는 다각선의 방정식이라 하면 $g(t)$, $h(t)$는 $[\alpha,\beta]$에서 연속함수이다. 따름정리 9.1.7에 의하여 $f(g(t),h(t))$는 t의 연속함수이고

$$f(g(\alpha),h(\alpha)) = f(a,b), \;\; f(g(\beta),h(\beta)) = f(c,d)$$

이다. 중간값 정리에 의하여 $f(g(\zeta),h(\zeta)) = v$를 만족하는 점 ζ가 α와 β 사이에 존재한다. 하지만 $(g(\zeta),h(\zeta))$는 다각선 위에 있는 점이고 D에 있다. 이 점이 우리가 찾는 점 (x_0,y_0)이다. $\qquad \blacksquare$

정리 9.1.9

만약 f가 유계인 닫힌영역 D에서 연속이면 f는 D에서 유계함수이다.

증명 f는 D에서 연속이지만 유계함수가 아니라고 가정하자. 그러면 $|f(P_1)| > 1$인 점 $P_1 \in D$이 존재하고 $|f(P_2)| > 2$인 점 $P_2 \in D$가 존재하고, 임의의 자연수 k에 대하여 $|f(P_k)| > k$인 점 $P_k \in D$가 존재한다. 따라서 $P_k \in D$이고 D는 유계집합이므로 $\{P_k\}$는 유계수열이다. 볼차노-바이어슈트라스 정리에

의하여 $\{P_k\}$는 $\lim\limits_{j\to\infty} P_{k_j} = P_0$인 부분수열 $\{P_{k_j}\}$를 갖는다. D가 닫힌집합이므로 $P_0 \in D$이다. 하지만 $|f(P_{k_j})| > k_j$이므로 $\{f(P_{k_j})\}$는 발산한다. 이것은 $\lim\limits_{j\to\infty} f(P_{k_j}) = f(P_0)$이라는 정리 9.1.5에 모순이다. 따라서 f는 D에서 유계함수이다. ■

정리 9.1.10

만약 f가 유계인 닫힌영역 D에서 연속이면 임의의 $(x,y) \in D$에 대하여 $f(a,b)$ $\leq f(x,y) \leq f(c,d)$를 만족하는 점 $(a,b), (c,d)$가 존재한다.

증명 정리 9.1.9에 의하여 f는 D에서 유계함수이다. $M = \sup_{(x,y)\in D} f(x,y)$로 정의하고 만약 $f(c,d) = M$인 점 $(c,d) \in D$가 존재하지 않는다고 가정하면 임의의 $(x,y) \in D$에 대하여 $f(x,y) < M$이다. 따라서 함수 $g(x,y) = 1/[M - f(x,y)]$는 D에서 연속이고 D에서 위로 유계이므로 $0 \leq 1/[M - f(x,y)] \leq B$, 즉 $1/B \leq M - f(x,y)$, 즉 $f(x,y) \leq M - 1/B$를 만족하는 양수 $B > 0$가 존재한다. 이것은 $M = \sup_{(x,y)\in D} f(x,y)$에 모순이다. 따라서 $f(c,d) = M$인 점 $(c,d) \in D$가 존재한다.

마찬가지 방법에 의하여 $f(a,b) = \inf_{(x,y)\in D} f(x,y)$인 점 $(a,b) \in D$가 존재한다. 따라서 임의의 $(x,y) \in D$에 대하여 $f(a,b) \leq f(x,y) \leq f(c,d)$이다. ■

정리 9.1.10에서 $f(a,b)$는 D에서 f의 최솟값, $f(c,d)$는 D에서 f의 최댓값이라 한다.

01 $\mathbb{R}^2$의 다음 집합의 닫힘(closure)을 구하여라.

(1) $\{(x,y)\colon x^2 + y^2 < 1\}$ (2) $\{(x,y)\colon x^2 + y^2 \le 1\}$

(3) $\{(x,y)\colon y = \sin(1/x),\ x \neq 0\}$ (4) $\{(x,y)\colon x$는 유리수, y는 무리수$\}$

(5) $\{(1/n, 1/m)\colon n, m > 0,\ m, n \in \mathbb{Z}\}$

02 다음 각 집합이 열린집합, 닫힌집합, 연결집합, 유계집합 여부를 결정하여라. 그리고 경계를 구하여라.

(1) $\{(x,y)\colon 2x^2 + 4y^2 < 1\}$ (2) $\{(x,y)\colon x^2 - y^2 \ge 1\}$

(3) $\{(x,y)\colon |x| \le 1,\ |y| \le 1\}$ (4) $\{(x,y)\colon x, y \in \mathbb{Q}\}$

03 볼차노-바이어슈트라스 정리(만약 $\{P_k\}$는 $\mathbb{R}^2$의 유계수열이면 $\{P_k\}$는 수렴하는 부분수열을 갖는다)를 보여라.

04 다음의 극한값이 존재하는가? 존재한다면 그 극한값을 구하여라.

(1) $\displaystyle \lim_{(x,y)\to(-1,1)} (xy - 2x)$ (2) $\displaystyle \lim_{(x,y)\to(0,0)} \frac{x^2 - y^2}{x^2 + y^2}$

(3) $\displaystyle \lim_{(x,y)\to(0,0)} \frac{x^2}{x - y}$ (4) $\displaystyle \lim_{(x,y)\to(0,0)} \frac{1 - \cos(x^2 + y^2)}{(x^2 + y^2)^2}$

(5) $\displaystyle \lim_{(x,y)\to(0,0)} e^{-(x^2 + y^2)}$ (5) $\displaystyle \lim_{(x,y)\to(0,0)} e^{-1/(x^2 + y^2)}$

(7) $\displaystyle \lim_{(x,y)\to(0,0)} e^{-y/x}$ (8) $\displaystyle \lim_{(x,y)\to(0,3)} \frac{\sin xy}{x}$

(9) $\displaystyle \lim_{(x,y)\to(0,0)} \frac{x^2 y}{x^4 + y^2}$ (10) $\displaystyle \lim_{\substack{x\to+\infty \\ y\to+\infty}} \left(\frac{xy}{(x^2 + y^2)}\right)^{x^2}$

05 평면에서 임의의 다각선은 $x = g(t),\ y = h(t)\ (\alpha \le t \le \beta)$로 표현할 수 있음을 보여라. 여기서 g, h는 $[\alpha, \beta]$에서 연속함수이다.

06 다음 함수의 연속성을 조사하여라.

(1) $f(x,y) = \begin{cases} \dfrac{xy}{x^2 + y^2}, & (x,y) \neq (0,0) \\ 0, & (x,y) = (0,0) \end{cases}$

(2) $f(x,y) = \begin{cases} \dfrac{x^2 - y^2}{x^2 + y^2}, & (x,y) \neq (0,0) \\ 0, & (x,y) = (0,0) \end{cases}$

(3) $f(x,y) = e^{x^2 + y^2} \cos{(x-y)}$

(4) $f(x,y) = \begin{cases} \dfrac{xy^2}{x^2 + y^4}, & (x,y) \neq (0,0) \\ 0, & (x,y) = (0,0) \end{cases}$

07 정리 9.1.4를 보여라.

08 정리 9.1.5를 보여라.

9.2 | 편도함수

정의 9.2.1

이변수함수 $z = f(x,y)$에 대한 다음 극한값

$$f_x(x,y) = \lim_{h \to 0} \frac{f(x+h,y) - f(x,y)}{h}, \quad f_y(x,y) = \lim_{k \to 0} \frac{f(x,y+k) - f(x,y)}{k}$$

이 존재할 때 $f_x(x,y)$를 점 (x,y)에서 f의 x에 관한 편도함수(partial derivative), $f_y(x,y)$를 (x,y)에서 함수 f의 y에 대한 편도함수라 한다.

$z = f(x,y)$의 x에 관한 편도함수는

$$f_x,\ z_x,\ f_x(x,y),\ \frac{\partial z}{\partial x},\ \frac{\partial f}{\partial x},\ f_1,\ D_x f$$

등으로 나타내고, y에 관한 편도함수는

$$f_y,\ z_y,\ f_y(x,y),\ f_2(x,y),\ \frac{\partial z}{\partial y},\ \frac{\partial f}{\partial y},\ f_2,\ D_y f$$

등으로 나타낸다.

주의 1 ($z = f(x,y)$의 편도함수를 구하는 규칙)

  (1) y를 상수로 보고 x에 관하여 $f(x,y)$를 미분해서 f_x를 구한다.

  (2) x를 상수로 보고 y에 관하여 $f(x,y)$를 미분해서 f_y를 구한다.

보기 1 다음 함수 f에 대하여 f_x, f_y를 각각 구하여라.

  (1) $f(x,y) = \sin(x^2 y)$ 　　　　　(2) $f(x,y) = e^{x^2 y}$

풀이 (1) $f_x(x,y) = \cos(x^2 y) \cdot (x^2 y)' = 2xy\cos(x^2 y)$,

   $f_y(x,y) = \cos(x^2 y) \cdot (x^2 y)' = x^2 \cos(x^2 y)$

  (2) $f_x(x,y) = \dfrac{\partial}{\partial x}(e^{x^2 y}) = e^{x^2 y}\dfrac{\partial}{\partial x}(x^2 y) = e^{x^2 y}2xy$,

   $f_y(x,y) = \dfrac{\partial}{\partial y}(e^{x^2 y}) = e^{x^2 y}\dfrac{\partial}{\partial y}(x^2 y) = e^{x^2 y}x^2$ ∎

보기 2 다음 함수 f에 대해 $f_x(0,0) = f_y(0,0) = 0$임을 증명하여라.

$$f(x,y) = \begin{cases} \dfrac{x^3 y - x y^3}{x^2 + y^2}, & (x,y) \neq (0,0) \\ 0, & (x,y) = (0,0) \end{cases}$$

풀이 모든 h에 대해 $f(h,0) = 0$이므로

$$f_x(0,0) = \lim_{h \to 0} \frac{f(h,0) - f(0,0)}{h - 0} = \lim_{h \to 0} \frac{0 - 0}{h} = 0.$$

또한 모든 k에 대해 $f(0,k) = 0$이므로

$$f_y(0,0) = \lim_{k \to 0} \frac{f(0,k) - f(0,0)}{k - 0} = \lim_{k \to 0} \frac{0 - 0}{k} = 0. \qquad \blacksquare$$

편도함수의 기하학적 의미

곡면 $S: z = f(x,y)$ 위의 한 점을 $P(a,b,c) = (a,b,f(a,b))$라 하고 점 P를 지나고 xz 평면에 평행인 평면을 그리면 이 평면은 곡면과 교선 APB에서 만난다(그림 9.2 참조). 이 곡선 위의 점들은 두 방정식 $z = f(x,y)$, $y = b$를 만족한다. 한 점이 이 곡선 위를 움직일 때 z좌표는 x의 값에 따라 변하지만 y좌표는 변하지 않는다. 따라서 점 $P(a,b,c)$에서 $f_x(a,b)$는 곡선 APB에서 접선의 기울기와 같다. 또한 점 $P(a,b,c)$에서 $f_y(a,b)$는 $P(a,b,c)$에서 곡선 CPD의 접선의 기울기와 같다. 따라서

$$f_x(a,b) = \tan \alpha, \quad f_y(a,b) = \tan \beta.$$

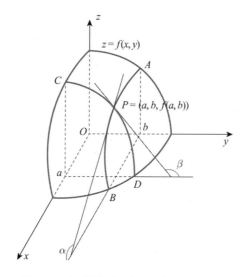

그림 9.2 편도함수의 기하학적 의미

보기 3 곡면 $xyz = 8$ 위의 점 $(2,2,2)$에서 xz평면에 평행이 되게 그은 접선의 기울기를 구하여라.

풀이 xz평면에 평행한 접선의 기울기는 $\dfrac{\partial z}{\partial x}$이다. $z = f(x,y) = 8/xy$로 두면 $f_x(x,y) = -8/x^2 y$이다. 따라서 접선의 기울기는 $f_x(2,2) = -8/4 \cdot 2 = -1$이다. ∎

$z = f(x,y)$의 편도함수 $f_x = z_x$, $f_y = z_y$는 이변수함수이고 다시 이들의 편도함수를 2계 편도함수라 하고

$$z_{xx} = f_{11} = f_{xx} = \frac{\partial}{\partial x}\left(\frac{\partial z}{\partial x}\right) = \frac{\partial^2 z}{\partial x^2} = \frac{\partial^2 f}{\partial x^2},$$

$$z_{yy} = f_{22} = f_{yy} = \frac{\partial}{\partial y}\left(\frac{\partial z}{\partial y}\right) = \frac{\partial^2 z}{\partial y^2} = \frac{\partial^2 f}{\partial y^2},$$

$$z_{xy} = f_{12} = f_{xy} = \frac{\partial}{\partial y}\left(\frac{\partial z}{\partial x}\right) = \frac{\partial^2 z}{\partial y \partial x} = \frac{\partial^2 f}{\partial y \partial x},$$

$$z_{yx} = f_{21} = f_{yx} = \frac{\partial}{\partial x}\left(\frac{\partial z}{\partial y}\right) = \frac{\partial^2 z}{\partial x \partial y} = \frac{\partial^2 f}{\partial x \partial y}$$

로 나타낸다. 위의 과정을 반복하여 고계 편도함수(higher partial derivatives)들을 정의할 수 있다. 예를 들어, 제3계 편도함수

$$f_{yxx} = z_{yxx} = \frac{\partial^3 z}{\partial x^2 \partial y} = \frac{\partial}{\partial x}\left(\frac{\partial^2 z}{\partial x \partial y}\right)$$

등으로 나타낸다.

보기 4 $f(x,y) = x^2 + x^3 y^2 - 2y^3$의 2계 편도함수들을 구하여라.

풀이 $f_x(x,y) = 2x + 3x^2 y^2$, $f_y(x,y) = 2x^3 y - 6y^2$

$f_{xx} = \dfrac{\partial}{\partial x}(2x + 3x^2 y^2) = 2 + 6xy^2$, $f_{xy} = \dfrac{\partial}{\partial y}(2x + 3x^2 y^2) = 6x^2 y,$

$f_{yx} = \dfrac{\partial}{\partial x}(2x^3 y - 6y^2) = 6x^2 y$, $f_{yy} = \dfrac{\partial}{\partial y}(2x^3 y - 6y^2) = 2x^3 - 12y$ ∎

보기 4에서 $f_{xy} = f_{yx}$임을 알 수 있다.

> **정리 9.2.2**
>
> (클레로(Clairaut)[6] 정리) 함수 $f(x,y)$는 영역 R에서 정의되고 R의 모든 점 (a,b)에서 f_{xy}, f_{yx}가 존재하고 연속이면 $f_{xy}(a,b) = f_{yx}(a,b)$.

증명 $G = f(a+h,b+k) - f(a,b+k) - f(a+h,b) + f(a,b)$,

$\phi(x,y) = f(x+h,y) - f(x,y)$, $\psi(x,y) = f(x,y+k) - f(x,y)$

로 두면 $G = \phi(a,b+k) - \phi(a,b)$, $G = \psi(a+h,b) - \psi(a,b)$이다. 이들 일변수 함수의 평균값 정리를 적용하면

$$G = k\phi_y(a,b+\theta_1 k) = k(f_y(a+h,b+\theta_1 k) - f_y(a,b+\theta_1 k)) \quad (0 < \theta_1, \theta_2 < 1)$$
$$G = h\psi_x(a+\theta_2 h,b) = h(f_x(a+\theta_2 h,b+k) - f_x(a+\theta_2 h,b))$$

다시 평균값 정리를 적용하면

$$G = hk f_{yx}(a+\theta_3 h,b+\theta_1 k), \quad 0 < \theta_1, \theta_3 < 1$$
$$G = hk f_{xy}(a+\theta_2 h,b+\theta_4 k), \quad 0 < \theta_2, \theta_4 < 1$$

이다. 따라서 $f_{yx}(a+\theta_3 h,b+\theta_1 k) = f_{xy}(a+\theta_2 h,b+\theta_4 k)$이고 f_{xy}, f_{yx}가 (a,b)에서 연속이므로 $h \to 0$, $k \to 0$일 때 $f_{xy}(a,b) = f_{yx}(a,b)$이다. ∎

보기 5 함수 $f(x,y,z) = x\sin yz - z\ln x$에서 $f_{xyz} = f_{zyx}$임을 보여라.

풀이 $f_x = \sin yz - \dfrac{z}{x}$, $f_{xy} = z\cos yz$이므로

$$f_{xyz} = \frac{\partial(f_{xy})}{\partial z} = -yz\sin yz + \cos yz.$$

반면에, $f_z = xy\cos yz - \ln x$이므로

$$f_{zy} = -xyz\sin yz + x\cos yz, \quad f_{zyx} = \frac{\partial}{\partial x}(f_{zy}) = -yz\sin yz + \cos yz$$

이다. 따라서 $f_{xyz} = f_{zyx}$. ∎

5.2절에서 함수 $y = f(x)$에 대하여 $dx = \Delta x$를 x의 미분, $dy = f'(x)dx$를 y의 미분이라 정의했듯이 이를 이변수함수 $z = f(x,y)$로 확장하여

---

6) 클로레(Alexis Claude Clairaut, 1713–1765)는 프랑스 수학자, 천문학자이다.

$$dz = f_x(x,y)dx + f_y(x,y)dy$$

를 z의 전미분(total differential)이라 한다. 그러면 일변수함수의 경우와 마찬가지로 아래 주의 2에서 $dz \approx \Delta z$인 관계가 성립함을 알 수 있다.

주의 2 (1) (선형근사정리) 만약 $z = f(x,y)$가 영역 R에서 연속인 일계 편도함수를 가지면

$$\Delta f = f(x + \Delta x, y + \Delta y) - f(x,y) = f_x \Delta x + f_y \Delta y + \epsilon_1 \Delta x + \epsilon_2 \Delta y.$$

여기서 $(\Delta x, \Delta y) \to (0,0)$일 때 $\epsilon_1, \epsilon_2 \to 0$이다.

(2) 이변수함수 $z = f(x,y)$의 증분 Δf가 선형근사정리의 근사식으로 표현될 때 f는 (a,b)에서 미분가능하다고 한다.

보기 6 가로가 5m이고 세로가 2m인 직사각형 둘레에 폭이 0.6cm가 되도록 페인트를 칠하려 한다. 미분을 이용하여 페인트가 칠해지는 넓이의 근삿값을 구하여라.

풀이 가로를 x, 세로를 y라 하면 넓이는 $A = xy$이다. 전미분을 구하면 $dA = ydx + xdy$이고 $x = 500$, $y = 200$, $dx = dy = 0.6$을 대입하면 $\Delta A = dA = 420 \text{ cm}^2$이다. ∎

함수 $y = f(x)$, $x = g(t)$가 미분가능하면 $y = f(g(t))$는 t의 미분가능함수이고 연쇄법칙

$$\frac{dy}{dt} = \frac{dy}{dx}\frac{dx}{dt}$$

가 성립한다. 이 연쇄법칙을 다변수함수로 확장할 수 있다.

정리 9.2.3

(연쇄법칙) $z = f(x,y)$가 x와 y의 편미분가능함수이고 $x = g(t)$, $y = h(t)$가 t의 미분가능함수이면 z는 t의 미분가능함수이고 다음이 성립한다.

$$\frac{dz}{dt} = \frac{\partial z}{\partial x}\frac{dx}{dt} + \frac{\partial z}{\partial y}\frac{dy}{dt}$$

또한 $z = f(x,y)$가 x와 y의 미분가능함수이고 $x = g(s,t)$, $y = h(s,t)$가 s와 t의 미분가능함수이면 다음이 성립한다.

$$\frac{\partial z}{\partial s} = \frac{\partial z}{\partial x}\frac{\partial x}{\partial s} + \frac{\partial z}{\partial y}\frac{\partial y}{\partial s}, \quad \frac{\partial z}{\partial t} = \frac{\partial z}{\partial x}\frac{\partial x}{\partial t} + \frac{\partial z}{\partial y}\frac{\partial y}{\partial t}$$

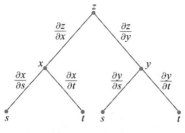

그림 9.3 연쇄법칙

증 명 주의 2에 의하여 $\Delta t \to 0$일 때 $\Delta x \to 0$, $\Delta y \to 0$이고 $\epsilon_1 \to 0$, $\epsilon_2 \to 0$이므로

$$\frac{dz}{dt} = \lim_{\Delta t \to 0} \frac{\Delta z}{\Delta t} = \lim_{\Delta t \to 0} \left\{ \frac{\partial z}{\partial x} \frac{\Delta x}{\Delta t} + \frac{\partial z}{\partial y} \frac{\Delta y}{\Delta t} + \epsilon_1 \frac{\Delta x}{\Delta t} + \epsilon_2 \frac{\Delta y}{\Delta t} \right\}$$

$$= \frac{\partial z}{\partial x} \frac{dx}{dt} + \frac{\partial z}{\partial y} \frac{dy}{dt}. \qquad \blacksquare$$

보기 7 $w = \ln(u^2 + v^2)$, $u = 1 - x$, $v = 2x$일 때 $x = 0$에서 $\dfrac{dw}{dx}$를 구하여라.

풀이 합성함수의 미분에 의해

$$\frac{dw}{dx} = \frac{\partial w}{\partial u} \frac{du}{dx} + \frac{\partial w}{\partial v} \frac{dv}{dx} = \frac{2u}{u^2 + v^2}(-1) + \frac{2v}{u^2 + v^2}(2) = \frac{4v - 2u}{u^2 + v^2}.$$

$x = 0$에서 $u = 1$, $v = 0$이므로 $x = 0$에서 $\dfrac{dw}{dx} = -2.$ $\qquad \blacksquare$

음함수 미분법

방정식 $F(x,y) = 0$에 의해서 y가 x의 음함수로 정의된다고 하고 이 방정식의 좌변을 z로 두면 $z = F(x,y)$이고 y가 x의 함수이므로

$$\frac{dz}{dx} = \frac{\partial F}{\partial x} + \frac{\partial F}{\partial y} \frac{dy}{dx}$$

이다. 그런데 $z = 0$이므로 $\dfrac{dz}{dx} = 0$이다. 따라서 $\dfrac{\partial F}{\partial x} + \dfrac{\partial F}{\partial y} \dfrac{dy}{dx} = 0$이고

$$\frac{dy}{dx} = -\frac{\partial F}{\partial x} \bigg/ \frac{\partial F}{\partial y} = -\frac{F_x}{F_y} \quad \left(\frac{\partial F}{\partial y} \neq 0 \right).$$

보기 8 $x\sin y + y\cos x = 0$ 에서 $\dfrac{dy}{dx}$ 를 구하여라.

풀이 $F(x,y) = x\sin y + y\cos x$ 라 놓으면 $\dfrac{\partial F}{\partial x} = \sin y - y\sin x,\ \dfrac{\partial F}{\partial y} = x\cos y + \cos x$ 이므로

$$\frac{dy}{dx} = -\frac{\sin y - y\sin x}{x\cos y + \cos x} = \frac{y\sin x - \sin y}{x\cos y + \cos x}.$$ ∎

방정식 $F(x,y,z) = 0$ 에 대하여 $x,\ y$ 의 변역을 적당히 택하면 z 는 $x,\ y$ 의 함수로 볼 수 있다. 방정식의 양변을 $x,\ y$ 에 관해 각각 편미분하면

$$\frac{\partial F}{\partial x} + \frac{\partial F}{\partial z}\frac{\partial z}{\partial x} = 0,\quad \frac{\partial F}{\partial y} + \frac{\partial F}{\partial z}\frac{\partial z}{\partial y} = 0.$$

$\dfrac{\partial F}{\partial z} \neq 0$ 일 때 $\dfrac{\partial z}{\partial x},\ \dfrac{\partial z}{\partial y}$ 에 관하여 풀면

$$\frac{\partial z}{\partial x} = -\frac{\partial F}{\partial x}\bigg/\frac{\partial F}{\partial z},\quad \frac{\partial z}{\partial y} = -\frac{\partial F}{\partial y}\bigg/\frac{\partial F}{\partial z}.$$

보기 9 $x^3 + y^3 + z^3 + 3xyz = 0$ 일 때 $\dfrac{\partial z}{\partial x},\ \dfrac{\partial z}{\partial y}$ 를 구하여라.

풀이 $F(x,y,z) = x^3 + y^3 + z^3 + 3xyz$ 이므로

$$\frac{\partial F}{\partial x} = 3x^2 + 3yz,\ \frac{\partial F}{\partial y} = 3y^2 + 3xz,\ \frac{\partial F}{\partial z} = 3z^2 + 3xy.$$

따라서

$$\frac{\partial z}{\partial x} = -\frac{\partial F}{\partial x}\bigg/\frac{\partial F}{\partial z} = -\frac{3x^2 + 3yz}{3z^2 + 3xy} = -\frac{x^2 + yz}{z^2 + xy},$$

$$\frac{\partial z}{\partial y} = -\frac{\partial F}{\partial y}\bigg/\frac{\partial F}{\partial z} = -\frac{3y^2 + 3xz}{3z^2 + 3xy} = -\frac{y^2 + xz}{z^2 + xy}.$$ ∎

두 방정식 $F(x,y,z) = 0,\ G(x,y,z) = 0$ 에 대하여 두 변수 $y,\ z$ 는 x 의 함수라고 가정하자. 두 방정식의 양변을 x 에 관해 편미분하면

$$\frac{\partial F}{\partial x} + \frac{\partial F}{\partial y}\cdot\frac{dy}{dx} + \frac{\partial F}{\partial z}\cdot\frac{dz}{dx} = 0,\quad \frac{\partial G}{\partial x} + \frac{\partial G}{\partial y}\cdot\frac{dy}{dx} + \frac{\partial G}{\partial z}\cdot\frac{dz}{dx} = 0.$$

위의 두 식을 $\dfrac{dy}{dx},\ \dfrac{dz}{dx}$에 관하여 풀면

$$\frac{dy}{dx} = \frac{\begin{vmatrix} F_z & F_x \\ G_z & G_x \end{vmatrix}}{\begin{vmatrix} F_y & F_z \\ G_y & G_z \end{vmatrix}}, \quad \frac{dz}{dx} = \frac{\begin{vmatrix} F_x & F_y \\ G_x & G_y \end{vmatrix}}{\begin{vmatrix} F_y & F_z \\ G_y & G_z \end{vmatrix}}.$$

이때 각 행렬식을 야코비(Jacobian) 행렬식이라 하고 $\begin{vmatrix} F_y & F_z \\ G_y & G_z \end{vmatrix}$를 $\dfrac{\partial(F, G)}{\partial(y, z)}$로 나타내기도 한다.

보기 10 a, b, l, m, n은 상수이고 $x^2 + y^2 + z^2 = a^2,\ lx + my + nz = b$일 때 $\dfrac{dy}{dx},\ \dfrac{dz}{dx}$를 구하여라.

풀이 $F = x^2 + y^2 + z^2 - a^2, G = lx + my + nz - b$라 하면

$$\frac{\partial F}{\partial x} = 2x,\ \frac{\partial F}{\partial y} = 2y,\ \frac{\partial F}{\partial z} = 2z,\ \frac{\partial G}{\partial x} = l,\ \frac{\partial G}{\partial y} = m,\ \frac{\partial G}{\partial z} = n.$$

따라서 $\dfrac{\partial(F, G)}{\partial(y, z)} = 2(ny - mz),\ \dfrac{\partial(F, G)}{\partial(x, y)} = 2(mx - ly),\ \dfrac{\partial(F, G)}{\partial(z, x)} = 2(lz - nx)$이므로

$$\frac{dy}{dx} = \frac{lz - nx}{ny - mz},\ \frac{dz}{dx} = \frac{mx - ly}{ny - mz}.\qquad \blacksquare$$

01 다음 각 함수들의 1계 편도함수를 구하여라.

    (1) $z = x^2 - xy + y^2$ (2) $z = \sin xy$

    (3) $z = \dfrac{x}{y} - \dfrac{y}{x}$ (4) $g(u,v) = e^u \cos v$

    (5) $f(x,y,z) = \sqrt{x^2 + y^2 + z^2}$ (6) $z = x^y$

02 함수 $f(x,y) = x^2 y - \dfrac{x}{y^2}$에 대하여 $f_{xy} = f_{yx}$임을 보여라.

03 $z = \tan^{-1}(y/x)$일 때 $x\dfrac{\partial z}{\partial x} + y\dfrac{\partial z}{\partial y} = 0$임을 보여라.

04 다음 함수들에 대하여 $\dfrac{\partial^2 z}{\partial x^2} + \dfrac{\partial^2 z}{\partial y^2} = 0$임을 보여라.

    (1) $z = e^x \cos y$ (2) $z = \ln(x^2 + y^2)$

05 함수 $f(x,y,z) = (x^2 + y^2 + z^2)^{-1/2}$가 $f_{xx} + f_{yy} + f_{zz} = 0$을 만족함을 보여라.

06 다음 함수 $f : \mathbb{R}^2 \to \mathbb{R}$에 대하여 $f_x(0,0)$, $f_y(0,0)$, $f_{xy}(0,0)$, $f_{yx}(0,0)$을 구하고 $f_{xy}(0,0) \neq f_{yx}(0,0)$임을 보여라.

$$f(x,y) = \begin{cases} \dfrac{xy(x^2 - y^2)}{x^2 + y^2}, & (x,y) \neq (0,0) \\ 0, & (x,y) = (0,0) \end{cases}$$

07 $z = \sqrt{x^2 + y^2}$, $x = e^{2t}$, $y = e^{-2t}$일 때 $\dfrac{dz}{dt}$를 구하여라.

08 $z = f(x,y)$, $x = r\cos\theta$, $y = r\sin\theta$일 때 다음이 성립함을 보여라.

$$\left(\frac{\partial z}{\partial r}\right)^2 + \frac{1}{r^2}\left(\frac{\partial z}{\partial \theta}\right)^2 = \left(\frac{\partial z}{\partial x}\right)^2 + \left(\frac{\partial z}{\partial y}\right)^2$$

09 $z = f(x,y) = x^2 - y^2$, $x = r\cos\theta$, $y = r\sin\theta$일 때 $\dfrac{\partial z}{\partial r}$와 $\dfrac{\partial z}{\partial \theta}$를 구하여라.

10 원기둥의 밑면의 반지름이 $10\,\text{cm}$에서 매초 $2\,\text{cm}$씩 감소하고 원기둥의 높이가 $15\,\text{cm}$에서 매초 $3\,\text{cm}$씩 증가하고 있다. 그러면 원기둥의 부피는 어떤 변화율로 변화하는가?

11 $x = r\cos\theta,\ y = r\sin\theta$일 때 $\dfrac{\partial(x,y)}{\partial(r,\theta)}$를 구하여라.

12 다음 각 방정식에서 $\dfrac{\partial z}{\partial x},\ \dfrac{\partial z}{\partial y}$를 구하여라.

(1) $e^x + e^y + e^z = e^{x+y+z}$ (2) $x^2 + y^2 + z^2 = 9$

13 $x + y + z = a,\ x^2 + y^2 + z^2 = b$에서 $\dfrac{dy}{dx},\ \dfrac{dz}{dx}$를 구하여라.

9.3 | 방향도함수

> ### 정의 9.3.1
>
> 함수 $f(x,y)$의 (x_0,y_0)에서 단위벡터 $\vec{u} = (a,b)$ 방향으로의 방향도함수(directional derivative)는
>
> $$D_{\vec{u}} f(x_0,y_0) = \lim_{h \to 0} \frac{f(x_0+ha, y_0+hb) - f(x_0,y_0)}{h}$$
>
> 로 정의한다.

기하학적으로 방향도함수 $D_{\vec{u}} f(x_0,y_0)$는 곡면 $z = f(x,y)$ 위의 점 $(x_0, y_0, f(x_0,y_0))$에서 $\vec{u}$ 방향으로의 접선의 기울기이다. 특히 $\vec{i} = (1,0)$, $\vec{j} = (0,1)$일 때 $D_{\vec{i}} f = f_x$이고 $D_{\vec{j}} f = f_y$이다.

보기 1 다음 함수 f에 대하여 $f_x(0,0)$, $f_y(0,0)$와 임의의 벡터 $\vec{u} = (a,b)$ 방향으로의 $D_{\vec{u}} f(0,0)$을 구하여라.

$$f(x,y) = \begin{cases} \dfrac{xy}{x^2 + y^2}, & (x,y) \neq (0,0) \\ 0, & (x,y) = (0,0) \end{cases}$$

풀이 모든 h에 대해 $f(h,0) = 0$이므로

$$f_x(0,0) = \lim_{h \to 0} \frac{f(h,0) - f(0,0)}{h - 0} = \lim_{h \to 0} \frac{0 - 0}{h} = 0.$$

마찬가지로 $f_y(0,0) = 0$. 방향도함수 $D_{\vec{u}} f(0,0) = \lim_{t \to 0} \dfrac{ab}{a^2 + b^2} \dfrac{1}{t}$ 는 $\vec{u} = (1,0)$ 또는 $\vec{u} = (0,1)$일 때만 존재한다. 앞 절에서 f는 $(0,0)$에서 연속이 아님을 보였다. ■

보기 2 다음 함수 f에 대하여 $f_x(0,0)$, $f_y(0,0)$와 임의의 벡터 $\vec{u} = (a,b)$ 방향으로의 $D_{\vec{u}} f(0,0)$이 존재하지만 f는 $(0,0)$에서 연속이 아님을 보여라.

$$f(x,y) = \begin{cases} \dfrac{x^2y}{x^4+y^2}, & (x,y) \neq (0,0) \\ 0, & (x,y) = (0,0) \end{cases}$$

풀이 $D_{\vec{u}}f(0,0) = \lim\limits_{t \to 0} \dfrac{f(ta,tb) - f(0,0)}{t} = \lim\limits_{t \to 0} \dfrac{t^3a^2b/(t^4a^4+t^2b^2)}{t}$

$$= \begin{cases} a^2/b, & b \neq 0 \\ 0, & b = 0 \end{cases}$$

(x,y)가 직선 $y=0$을 따라 $(0,0)$에 접근할 때 $\lim\limits_{(x,y) \to (0,0)} f(x,y) = 0$이고, (x,y) 가 곡선 $y = x^2$을 따라 $(0,0)$에 접근할 때 $\lim\limits_{(x,y) \to (0,0)} f(x,y) = 1/2$이므로 극한 값이 존재하지 않는다. 따라서 f는 $(0,0)$에서 연속이 아니다. ■

정의 9.3.2

함수 $z = f(x,y)$의 그래디언트(gradient, 물매)는
$$\nabla f(x,y) = \frac{\partial f}{\partial x}\vec{i} + \frac{\partial f}{\partial y}\vec{j}$$
이다. 또한 삼변수함수 $w = f(x,y,z)$의 그래디언트는
$$\nabla f(x,y,z) = \frac{\partial f}{\partial x}\vec{i} + \frac{\partial f}{\partial y}\vec{j} + \frac{\partial f}{\partial z}\vec{k}.$$

정리 9.3.3

함수 $z = f(x,y)$가 편미분가능하고 $\vec{u} = (a,b)$가 단위벡터이면
$$D_{\vec{u}}f = \nabla f \cdot \vec{u} = |\nabla f||\vec{u}|\cos\theta = |\nabla f|\cos\theta.$$
여기서 θ는 $\nabla f(x,y,z)$와 $\vec{u}$ 사이의 각이다. 이 성질은 삼변수함수 $w = f(x,y,z)$에 대해서도 성립한다.

증명 함수 g를 $g(h) = f(x_0 + ha, y_0 + hb)$로 정의하면

$$g'(0) = \lim\limits_{h \to 0} \frac{g(h) - g(0)}{h} = \lim\limits_{h \to 0} \frac{f(x_0+ha, y_0+hb) - f(x_0,y_0)}{h} = D_{\vec{u}}f(x_0,y_0)$$

이다. 한편 $x = x_0 + ha, y = y_0 + hb$라 하면 $g(h) = f(x,y)$이므로 연쇄법칙을 적용하면

$$g'(h) = \frac{\partial f}{\partial x}\frac{\partial x}{\partial h} + \frac{\partial f}{\partial y}\frac{\partial y}{\partial h} = f_x(x,y)a + f(x,y)b$$

이고 $g'(0) = f_x(x_0,y_0)a + f_y(x_0,y_0)b$이다. 따라서

$$D_{\vec{u}}f = f_x(x_0,y_0)a + f_y(x_0,y_0)b = \nabla f \cdot \vec{u}. \qquad \blacksquare$$

보기 3 함수 $f(x,y,z) = \dfrac{x}{x+y+z}$의 점 $(2,1,1)$에서 $\vec{u} = \vec{i} + 2\vec{j} - 3\vec{k}$ 방향으로의 방향
도함수를 구하여라.

풀이 그래디언트 벡터를 구하면

$$\nabla f = \frac{\partial f}{\partial x}\vec{i} + \frac{\partial f}{\partial y}\vec{j} + \frac{\partial f}{\partial z}\vec{k} = \frac{y+z}{(x+y+z)^2}\vec{i} - \frac{x}{(x+y+z)^2}\vec{j} - \frac{x}{(x+y+z)^2}\vec{k}$$

이므로

$$\nabla f(2,1,1) = \frac{1}{8}\vec{i} - \frac{1}{8}\vec{j} - \frac{1}{8}\vec{k}$$

이다. $\vec{u}$방향의 단위벡터는

$$\vec{v} = \frac{\vec{u}}{|\vec{u}|} = \frac{1}{\sqrt{14}}\vec{i} + \frac{2}{\sqrt{14}}\vec{j} - \frac{3}{\sqrt{14}}\vec{k}$$

이므로

$$D_{\vec{u}}f(2,1,1) = \nabla f(2,1,1) \cdot \vec{v} = \frac{1}{8\sqrt{14}} - \frac{2}{8\sqrt{14}} - \frac{3}{8\sqrt{14}} = -\frac{1}{2\sqrt{14}}. \qquad \blacksquare$$

∇f는 방향도함수를 구할 때도 이용되지만 그 자체로도 중요한 의미를 갖는다. 다음
정리에서 알아보자.

정리 9.3.4

함수 $f(x,y,z)$는 편미분가능하다고 하자. $\vec{u} = (a,b)$가 단위벡터일 때 방향도함수
$D_{\vec{u}}f(x,y,z)$의 최댓값은 $|\nabla f(x,y,z)|$이고, $\nabla f(x,y,z)$는 $\vec{u}$와 같은 방향의 벡터이다.

증명 $\nabla f(x,y,z)$와 $\vec{u}$ 사이의 각을 θ라 하면

$$D_{\vec{u}} f = \nabla f \cdot \vec{u} = |\nabla f||\vec{u}|\cos\theta = |\nabla f|\cos\theta$$

이다. 따라서 이 값은 $\cos\theta = 1$일 때, 즉 $\theta = 0$일 때 최댓값 $|\nabla f(x,y,z)|$를 갖는다. 또 $\theta = 0$이므로 $\nabla f(x,y,z)$는 $\vec{u}$와 같은 방향의 벡터이다. ∎

곡면 S의 방정식이 $F(x,y,z) = k$로 주어지고 $P = (x_0,y_0,z_o)$를 S 위의 점이라 하자. 점 P를 지나는 곡면 위의 곡선 C의 매개방정식이 $\vec{r}(t) = (x(t),y(t),z(t))$이고 점 P는 $\vec{r}(t_0) = (x_0,y_0,z_0)$에 대응된다고 하자. C는 S 위의 곡선이므로

$$F(x(t),y(t),z(t)) = k$$

이다. 연쇄법칙을 이용하여 양변을 t에 관하여 미분하면

$$\frac{\partial F}{\partial x}\frac{dx}{dt} + \frac{\partial F}{\partial y}\frac{dy}{dt} + \frac{\partial F}{\partial z}\frac{dz}{dt} = 0$$

이다. $\nabla F = (F_x, F_y, F_z)$이고 $\vec{r}'(t) = (x'(t),y'(t),z'(t))$이므로 위의 식은

$$\nabla F \cdot \vec{r}(t) = 0$$

으로 나타낼 수 있다. 특히 $t = t_0$일 때는

$$\nabla F(x_0,y_0,z_0) \cdot \vec{r}'(t_0) = 0$$

이다. 그런데 $\vec{r}'(t_0)$는 점 P에서 곡선 C의 접선벡터이고 C는 점 P를 지나는 S 위의 임의의 곡선이므로 $\nabla F(x_0,y_0,z_0)$는 점 P에서 곡면 S의 법선벡터이다. 따라서 다음 정리를 얻는다.

정리 9.3.5

곡면 S의 방정식이 $F(x,y,z) = k$로 주어지고 $P(x_0,y_0,z_0)$를 S 위의 점이라 하자. 점 P에서 S의 접평면의 방정식은

$$F_x(x_0,y_0,z_0)(x - x_0) + F_y(x_0,y_0,z_0)(y - y_0) + F_z(x_0,y_0,z_0)(z - z_0) = 0$$

이고, 법선의 방정식은

$$\frac{x - x_0}{F_x(x_0,y_0,z_0)} = \frac{y - y_0}{F_y(x_0,y_0,z_0)} = \frac{z - z_0}{F_z(x_0,y_0,z_0)}$$

이다.

보기 4 곡면 $x^3yz^2 - 6xy = 2$ 위의 점 $(1, -1, 2)$에서의 접평면과 법선의 방정식을 구하여라.

풀이 $f(x, y, z) = x^3yz^2 - 6xy$라 하면

$$\nabla f = (3x^2yz^2 - 6y)\vec{i} + (x^3z^2 - 6x)\vec{j} + (2x^3yz)\vec{k},$$
$$\nabla f(1, -1, 2) = -6\vec{i} - 2\vec{j} - 4\vec{k}$$

이다. 따라서 접평면의 방정식은 $-6(x-1) - 2(y+1) - 4(z-2) = 0$이므로 정리하면

$$3x + y + 2z = 6$$

이고, 법선의 방정식은

$$\frac{x-1}{-6} = \frac{y+1}{-2} = \frac{z-2}{-4}$$

이다. ∎

01 $f(x,y,z) = (x+2y+3z)^{3/2}$의 점 $(4,3,2)$에서 $\vec{u} = -\vec{i} + \vec{j} + \vec{k}$ 방향으로의 방향도함수를 구하여라.

02 $f(x,y) = \sqrt{x^2+y^2}$의 점 $(3,-4)$에서 $\vec{u} = (1/\sqrt{2}, 1/\sqrt{2})$ 방향으로의 방향도함수를 구하여라.

03 삼변수함수 f와 g가 편미분가능하면

$$\nabla(fg) = f\nabla g + g\nabla f$$

임을 보여라.

04 어떤 지형의 고도를 함수로 나타내면 $f(x,y) = 1200 - 0.05x^2 - 0.02y^3$이라 하자. $(100, 40, 562)$ 지점에서 경사가 가장 급하게 올라가는 방향과 내려가는 방향을 구하여라.

05 공간 위의 점 (x,y,z)에서 온도가 $T(x,y,z) = 70 + 5e^{-z}\sqrt{x^2+y}$로 주어진다고 하자. 점 $(2,5,1)$에서 온도가 가장 빠르게 증가하는 방향을 구하여라.

06 각 곡선의 주어진 섬에서의 접선과 접평변의 방정식을 구하여라.

(1) $x = t^2 + 1$, $y = t - 1$, $z = t^3$; $t = 1$

(2) $x = 2t - 1$, $y = 6 - t^2$, $z = \dfrac{4}{t}$; $t = 2$

(3) $x = \cos t$, $y = \sin t$, $z = t$; $t = \pi/2$

07 각 곡면의 주어진 점에서의 법선과 접평면의 방정식을 구하여라.

(1) $xy + yz + zx = 11$; $(1,2,3)$ (2) $4x^2 + 3y^2 + z^2 = 8$; $(1/2, 1, 2)$

08 각 곡면의 주어진 점에서의 접평면의 방정식을 구하여라.

(1) $xyz = 6$; $(1,2,3)$ (2) $y = x^2 + z^2$; $(0,4,-2)$

(3) $z = \sqrt{x^2+y^2}$; $(3,4,5)$

09 곡선 $x = \dfrac{2}{3}(t^3+2)$, $y = 2t^2$, $z = 3t - 2$는 곡면 $x^2 + 2y^2 + 3z^2 = 15$와 점 $(2,2,1)$에서 직교함을 보여라.

10 타원면 $S(x,y,z) = 9x^2 + 4y^2 + z^2 - 29 = 0$ 위의 점 $(1,2,-2)$에서 법선과 접평면의

방정식을 구하여라.

11 타원 곡면 $x^2/a^2 + y^2/b^2 + z^2/c^2 = 1$ 위의 점 (x_0, y_0, z_0)에서 접평면의 방정식은

$$\frac{x_0 x}{a^2} + \frac{y_0 y}{b^2} + \frac{z_0 z}{c^2} = 1$$

임을 보여라.

정리 9.4.1

(테일러 정리) 함수 $f(x,y)$가 점 (a,b)의 근방 D에서 연속인 $(n+1)$계 편도함수를 가지면 $(a+h,b+k)\in D$에 대하여 적당한 $\theta \in (0,1)$가 존재해서

$$f(a+h,b+k) = f(a,b) + \left(h\frac{\partial}{\partial x} + k\frac{\partial}{\partial y}\right)f(a,b) + \frac{1}{2!}\left(h\frac{\partial}{\partial x} + k\frac{\partial}{\partial y}\right)^2 f(a,b) + \cdots$$

$$+ \frac{1}{n!}\left(h\frac{\partial}{\partial x} + k\frac{\partial}{\partial y}\right)^n f(a,b) + R_n.$$

여기서 $R_n = \frac{1}{(n+1)!}\left(h\frac{\partial}{\partial x} + k\frac{\partial}{\partial y}\right)^{(n+1)} f(a+\theta h, b+\theta k).$

증명 $F(t) = f(a+ht, b+kt)$로 두면 테일러 정리 5.4.2에 의하여 적당한 $\theta \in (0,1)$가 존재해서

$$F(t) = F(0) + \frac{F'(0)}{1!}t + \frac{F''(0)}{2!}t^2 + \cdots + \frac{F^{(n)}(0)}{n!}t^n + \frac{F^{(n+1)}(\theta)}{(n+1)!}t^{n+1}.$$

$F(t) = f(x,y),\ x = a+ht,\ y = b+kt$이므로

$$F'(t) = hf_x(a+ht,b+kt) + kf_y(a+ht,b+kt),$$
$$F''(t) = h^2 f_{xx}(a+ht,b+kt) + 2hk f_{xy}(a+ht,b+kt) + k^2 f_{yy}(a+ht,b+kt),$$
$$\cdots\cdots\cdots$$

이다. 따라서

$$F'(0) = hf_x(a,b) + kf_y(a,b) = \left(h\frac{\partial}{\partial x} + k\frac{\partial}{\partial y}\right)f(a,b),$$
$$F''(0) = = \left(h\frac{\partial}{\partial x} + k\frac{\partial}{\partial y}\right)^2 f(a,b),$$
$$\cdots\cdots\cdots$$
$$F^{(n)}(0) = \left(h\frac{\partial}{\partial x} + k\frac{\partial}{\partial y}\right)^n f(a,b)$$

이다. $f(a+h,b+k) = F(1)$이므로 구하는 결과를 얻는다. ∎

따름정리 9.4.2

(평균값 정리) 함수 $f(x,y)$가 점 (a,b)의 근방 D에서 연속인 편도함수를 가지면

$(a+h, b+k) \in D$에 대하여 적당한 $\theta \in (0,1)$가 존재해서

$$f(a+h, b+k) - f(a,b) = h f_x(a+\theta h, b+\theta k) + k f_y(a+\theta h, b+\theta k).$$

증명 테일러 정리에서 $n=1$로 두면 구하는 결과를 얻는다. ∎

주의 1 테일러 정리에서 $a=b=0$, $h=x$, $k=y$로 두면

$$f(x,y) = f(0,0) + \left(h\frac{\partial}{\partial x} + k\frac{\partial}{\partial y} \right) f(0,0) + \frac{1}{2!} \left(h\frac{\partial}{\partial x} + k\frac{\partial}{\partial y} \right)^2 f(0,0) + \cdots$$

$$+ \frac{1}{n!} \left(h\frac{\partial}{\partial x} + k\frac{\partial}{\partial y} \right)^n f(0,0) + R_n.$$

여기서 $R_n = \dfrac{1}{(n+1)!} \left(h\dfrac{\partial}{\partial x} + k\dfrac{\partial}{\partial y} \right)^{(n+1)} f(\theta x, \theta y)$ $(0 < \theta < 1)$.

보기 1 테일러 정리를 이용하여 $f(x,y) = e^{x+y}$의 10항까지 테일러 공식 근사식을 구하여라.

풀이 $f_x = f_y = f_{xx} = f_{xy} = f_{yy} = \cdots = e^{x+y}$이므로 $k = 1, 2, \cdots$에 대하여

$$\left(x\frac{\partial}{\partial x} + y\frac{\partial}{\partial y} \right)^k f(0,0) = (x+y)^k$$

이다. 따라서

$$e^{x+y} \fallingdotseq 1 + \frac{(x+y)}{1!} + \frac{(x+y)^2}{2!} + \frac{(x+y)^3}{3!}$$
$$= 1 + x + y + \frac{1}{2}(x^2 + 2xy + y^2) + \frac{1}{6}(x^3 + 3x^2 y + 3xy^2 + y^3). \blacksquare$$

정의 9.4.3

함수 f가 점 (a,b)의 근방의 모든 점 (x,y)에 대하여 $f(x,y) \leq f(a,b)$일 때 $f(a,b)$를 극댓값(local maximum), $f(x,y) \geq f(a,b)$일 때 $f(a,b)$를 극솟값(local minimum)이라 하고, 정의역의 모든 (x,y)에 대하여 $f(x,y) \leq f(a,b)$일 때 $f(a,b)$를 최댓값(maximum), $f(x,y) \geq f(a,b)$일 때 $f(a,b)$를 최솟값(minimum)이라 한다.

정리 9.4.4

함수 $f(x,y)$가 (a,b)에서 극댓값이나 극솟값을 가지고 1계 편도함수가 존재하면 $f_x(a,b)=f_y(a,b)=0$이다.

증명 $g(x)=f(x,b)$로 두면 f가 (a,b)에서 극대나 극솟값을 가지면 g는 a에서 극댓값 또는 극솟값을 가진다. 따라서 페르마 정리 5.2.2(극값 정리)에 의하여 $g'(a)=0$이다. $g'(a)=f_x(a,b)$이므로 $f_x(a,b)=0$이다. 같은 방법으로 페르마 정리를 $G(y)=f(a,y)$에 적용하면 $f_y(a,b)=0$을 얻을 수 있다. ∎

$f_x(x,y)=0$과 $f_y(x,y)=0$이 되는 곡면 위의 점 (x,y)를 임계점이라 한다. 어떤 경우에는 $f_x(x,y)=0$과 $f_y(x,y)=0$이 되는 점 (x,y)라도 이 점에서 극댓값, 극솟값을 갖지 않는 임계점을 안장점(saddle point)라 한다.

일변수함수 $y=f(x)$에서 $f''(a)>0$이면 $f(a)$는 극솟값, $f''(a)<0$이면 $f(a)$는 극댓값이다. 이것을 이변수함수의 경우로 확장하는 다음 정리는 극대점, 극소점, 그리고 안장점들을 판단하는 방법을 제시한다.

정리 9.4.5

(이계도함수 판정법)함수 $f(x,y)$의 2계 편도함수가 (a,b)의 근방에서 연속이고 $f_x(a,b)=f_y(a,b)=0$이라 하자.
$$\triangle = f_{xx}(a,b)f_{yy}(a,b)-[f_{xy}(a,b)]^2$$
이라 할 때

(1) $\triangle>0$이고 $f_{xx}(a,b)>0$이면 $f(a,b)$는 극솟값이다.

(2) $\triangle>0$이고 $f_{xx}(a,b)<0$이면 $f(a,b)$는 극댓값이다.

(3) $\triangle<0$이면 $f(a,b)$는 안장점(saddle point)이다.

(4) $\triangle=0$이면 이 방법으로는 판단할 수 없다.

증명 $f_x(a,b)=f_y(a,b)=0$이므로 테일러 정리 9.4.1에 의하여

$$f(a+h,b+k)-f(a,b) = \frac{1}{2}(h^2f_{xx}+2hkf_{xy}+k^2f_{yy}).$$

여기서 $0 < \theta < 1$이고 오른쪽 2계 편도함수는 $(a+\theta h, b+\theta k)$에서 값을 나타낸다. 위 식의 우변을 제곱 형태로 변형하면

$$f(a+h,b+k) - f(a,b) = \frac{1}{2}f_{xx}\left\{\left(h + \frac{f_{xy}}{f_{xx}}k\right)^2 + \left(\frac{f_{xx}f_{xy} - f_{xy}{}^2}{f_{xx}{}^2}\right)k^2\right\} \quad (9.1)$$

(1) $f_{xx}(a,b) > 0$이고 2계 편도함수가 (a,b)의 근방에서 연속이므로 $f(x,y) > 0$인 (a,b)의 근방이 존재한다. $\triangle > 0$이므로 식 (9.1)의 괄호 안의 합은 양수이므로 충분히 작은 모든 h, k에 대하여 $f(a+h,b+k) - f(a,b) \geq 0$이다. 따라서 $f(a,b)$는 극솟값이다.

(2), (3) : 위와 같은 방법으로 증명할 수 있다. ■

보기 2 $f(x,y) = -x^2 - y^2 + 2x + 4y + 5$일 때 f의 임계점과 극값을 구하여라.

풀이 $f_x = -2x + 2$, $f_y = -2y + 4$이므로 f의 임계점 $(x,y) = (1,2)$를 얻는다. 그리고 $f_{xx} = -2$, $f_{xy} = 0$, $f_{yy} = -2$이다. 따라서 $\triangle = 4 > 0$이고 $f_{xx} = -2 < 0$이므로 f는 점 $(1,2)$에서 극댓값 $f(1,2) = 10$을 갖는다. ■

보기 3 점 $(1,2,3)$에서 평면 $2x + 2y + z = 5$에 이르는 최단거리를 구하여라.

풀이 점 $(1,2,3)$에서 평면 위의 임의의 점 (x,y,z)에 이르는 거리 S는

$$S = \sqrt{(x-1)^2 + (y-2)^2 + (z-3)^2}.$$

그런데 (x,y,z)는 주어진 평면 위에 있으므로 $z = 5 - 2x - 2y$이므로

$$S^2 = (x-1)^2 + (y-2)^2 + (2 - 2x - 2y)^2.$$

S^2이 최소일 때 S도 최소가 되므로

$$\frac{\partial}{\partial x}(S^2) = 2(x-1) - 4(2 - 2x - 2y) = 0,$$

$$\frac{\partial}{\partial y}(S^2) = 2(y-2) - 4(2 - 2x - 2y) = 0.$$

연립해서 풀면 $x = 1/9$, $y = 10/9$, 즉 점 $(1/9, 10/9)$은 함수 S^2의 임계점이다. $\frac{\partial^2}{\partial x^2}(S^2) = 10$, $\frac{\partial^2}{\partial x \partial y}(S^2) = 8$, $\frac{\partial^2}{\partial y^2}(S^2) = 10$이므로

$$\triangle = 100 - 64 = 36 > 0, \ \ \frac{\partial^2}{\partial x^2}(S^2) = 10 > 0$$

이다. S^2은 항상 양이므로 $(1/9, 10/9)$에서 최솟값을 갖는다. 따라서 S도 $(1/9, 10/9)$에서 최솟값(최단거리) $4/3$을 갖는다. ■

제한조건이 있을 때 최댓값 또는 최솟값을 구하는 또 다른 방법으로 다음에 소개하는 라그랑주 승수의 방법이 있다. 이 방법에 대한 자세한 설명은 Larson 또는 Stewart의 책을 참조하기 바란다.

정리 9.4.6

(라그랑주 정리) 함수 $f(x,y,z)$와 $g(x,y,z)$은 연속인 1계 편도함수를 가지고 f는 제약조건 $g(x,y) = c$의 곡선의 점 (x_0, y_0)에서 극값을 갖는다고 하자. $\nabla g(x_0, y_0) \neq \vec{0}$이면 $\nabla f(x_0, y_0) = \lambda \nabla g(x_0, y_0)$를 만족하는 λ가 존재한다. 이때 λ를 라그랑주 승수(Lagrange multiplier)라 한다.

보기 4 $x^2 + y^2 = 1$일 때 $f(x,y) = x^2 + 4y^2$의 최댓값과 최솟값을 구하여라.

풀이 $g(x,y) = x^2 + y^2 = 1$이라 하면

$$\nabla f = 2x\vec{i} + 8y\vec{j}, \ \ \nabla g = 2x\vec{i} + 2y\vec{j}$$

이므로 $\nabla f = \lambda \nabla g$라 하면

$$2x = 2x\lambda \tag{9.2}$$

$$8y = 2y\lambda \tag{9.3}$$

$$x^2 + y^2 = 1 \tag{9.4}$$

이다. (9.2)에서 $x = 0$ 또는 $\lambda = 1$이다. $x = 0$이면 (9.4)에서 $y = \pm 1$이고, $\lambda = 1$이면 (9.3)에서 $y = 0$을 얻고 (9.4)에서 $x = \pm 1$을 얻는다. (9.3)에서 $\lambda = 4$일 경우는 (9.2)에서 $x = 0$을 얻고 (9.4)에서 $y = \pm 1$을 얻는다. 따라서 f는 네 점 $(-1,0)$, $(1,0)$, $(0,1)$, $(0,-1)$에서 극값을 가질 수 있다.

$$f(1,0) = 1, \ f(-1,0) = 1, \ f(0,1) = 4, \ f(0,-1) = 4$$

이므로 최댓값은 4이고 최솟값은 1이다. ■

01 다음 함수의 극댓값, 극솟값을 구하여라.

  (1) $f(x,y) = x^2 - y^2 + 4y$

  (2) $f(x,y) = 4xy - x^4 - y^4$

02 다음 함수의 임계점, 극값을 구하여라.

  (1) $f(x,y) = x^6 + 2y^3 - 6xy + 5$

  (2) $f(x,y) = x^2 + 4xy + 5y^2 - 6y + 17$

03 점 $(2, \dfrac{5}{9}, 0)$에서 타원면 $9x^2 + 16y^2 + 36z^2 = 144$까지의 최단거리를 구하여라.

04 (x,y,z)가 구면 $x^2 + y^2 + z^2 = r^2$ 위에 있을 때 $ax + by + cz$의 최댓값을 구하여라.

05 타원면 $x^2 + 3y^2 + 6z^2 = 9$ 안에 내접할 수 있는 최대인 직육면체의 부피를 구하여라.

06 합이 100이고 곱이 최대가 되는 세 양수와 최댓값을 구하여라.

07 $x^2 + 2y^2 + 3z^2 = 1$일 때 $f(x,y,z) = x + 2y + 3z$의 최댓값과 최솟값을 구하여라.

08 두 입자가 각 곡선 $y = x^2$과 $x - y = 1$ 위를 자유롭게 움직이고 있다. 두 입자가 가장 가까이 서로 근접했을 때 위치를 구하여라.

09 겉넓이가 900 cm^2인 뚜껑 없는 상자의 부피가 최대가 되도록 만들려고 한다. 최대가 되기 위하여 각 변의 길이를 어떻게 하면 되겠는가?

10 겉넓이가 상수 S인 직육면체 중에서 부피가 최대인 것은 정육면체임을 보여라.

라그랑주(Joseph-Louis Lagrange, 1736~1813)의 생애와 업적

이탈리아 토리노에서 태어난 수학자이자 천문학자이며 프로이센과 프랑스에서 활동하였다. 그는 프랑스 혈통의 부유한 아버지 밑에서 성장하였다. 영국의 천문학자 에드먼드 핼리의 논문집을 읽은 것을 계기로 수학에 관심을 가졌으며, 19세 때 토리노 왕립군관학교의 수학 교관이 되었다. 오일러와 달랑베르의 추천으로 프리드리히 2세의 초청을 받아 베를린 학사원 수학부장이 되었다. 수학에서 변분학을 수립하고, 정수론, 미분방정식론, 타원함수론 등에 관해 많은 연구를 하였으며, 소리의 전파에 대한 이론 및 파동방정식을 연구하였고, 지도학 이론에도 공헌하였다. 그는 《미분학의 원리를 포함한 수론》, 《해석 역학》 등의 저서를 남겼으며, 특히 《해석 역학》은 역학의 새로운 단계를 열었다는 평가를 받는다. 그는 또한 라그랑주 승수법(Lagrange multiplier method)을 확립하였는데, 이것은 제약이 있는 상황에서 최적화 문제를 푸는 방법이다. 현재 그의 이름은 다른 71명의 유명인사와 함께 에펠탑에 새겨져 있다고 한다.

10

제10장

이중적분

직사각형 $R = \{(x,y) \in \mathbb{R}^2 : a \le x \le b,\, c \le y \le d\}$ 에서 정의되는 유계함수 $z = f(x,y)$ 의 이중적분을 정의하고자 한다. 이에 대한 이론 전개는 $[a,b]$에서 유계함수 f의 리만 적분의 정의와 비슷하다.

실숫값 함수 $f : R \to \mathbb{R}$ 가 R에서 유계함수라 가정하자. R의 분할은 y축에 평행한 직선 $x = x_i\ (i = 0,1,2,\cdots,n)$와 x축에 평행한 직선 $y = y_j\ (j = 0,1,2,\cdots,m)$로 구성된다. 여기서 $a = x_0 < x_1 < x_2 < \cdots < x_{n-1} < x_n = b,\ c = y_0 < y_1 < y_2 < \cdots < y_{m-1} < y_m = d$ 이다. 각 $i = 0,1,2,\cdots,n$과 $j = 0,1,2,\cdots,m$에 대하여

$$R_{ij} = \{(x,y) \in R : x_{i-1} \le x \le x_i,\, y_{j-1} \le y \le y_j\}$$

로 두면 직사각형 R은 mn개의 작은 직사각형 R_{ij}로 나누어진다.

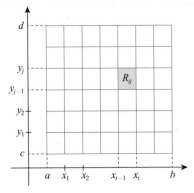

그림 10.1 직사각형의 분할

R의 넓이(area)는 $A(R) = (b-a)(d-c)$이고 $A(R)$은 mn개 작은 직사각형 R_{ij}의 넓이들의 총합과 같고 $\displaystyle\sum_{i=1}^{n}\sum_{j=1}^{m} A(R_{ij})$ 또는 간단히 $\displaystyle\sum_{i,j} A(R_{ij})$로 나타낸다.

$$M = \sup\{f(x,y) : (x,y) \in R\},\ m = \inf\{f(x,y) : (x,y) \in R\}$$

로 두고 분할 $P = \{R_{ij}\}$에 대하여

$$M_{ij} = \sup\{f(x,y) : (x,y) \in R_{ij}\},\ m_{ij} = \inf\{f(x,y) : (x,y) \in R_{ij}\}$$

로 정의하면

$$U(f,P)=\sum_{i,j}M_{ij}A(R_{ij}),\ \ L(f,P)=\sum_{i,j}m_{ij}A(R_{ij})$$

을 각각 분할 P에 대한 f의 상합(upper sum)과 하합(lower sum)이라 한다.

주의 1 R의 임의의 분할 P에 대하여

$$mA(R)\leq L(f,P)\leq U(f,P)\leq MA(R)$$

이므로 집합 $\{L(f,P)\colon P$는 R의 분할$\}$, $\{U(f,P)\colon P$는 R의 분할$\}$은 $\mathbb{R}$의 유계
집합이다.

정의 10.1.1

R에서 f의 하이중적분(lower double integral)과 상이중적분(upper double integral)
을 각각

$$\underline{\iint}f=\sup\{L(f,P)\colon P$는 R의 분할$\},$$

$$\overline{\iint}f=\sup\{U(f,P)\colon P$는 R의 분할$\}$$

로 정의한다.

$P,\ P^*$가 R의 분할이고 $P\subseteq P^*$이면 분할 P^*는 P의 세분할(refinement)이라 한다.
이것은 분할 P^*의 각 부분직사각형은 분할 P의 한 부분직사각형에 포함된다는 것을
의미한다.

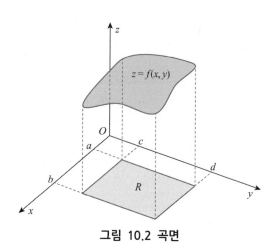

그림 10.2 곡면

일변수함수에서와 마찬가지로 다음 결과를 얻을 수 있다.

주의 2 (1) 분할 P^*가 P의 세분할이면 $L(f,P) \le L(f,P^*) \le U(f,P^*) \le U(f,P)$.

(2) P_1, P_2가 R의 임의의 분할이고 P가 P_1과 P_2의 공통 세분할이면

$$L(f,P_1) \le L(f,P) \le U(f,P) \le U(f,P_2).$$

P_1은 R의 임의의 분할이므로 $\underline{\iint} f \le U(P_2, f)$이고 P_2도 R의 임의의 분할이므로

$$\underline{\iint} f \le \overline{\iint} f.$$

정의 10.1.2

$\overline{\iint} f = \underline{\iint} f$이면 유계함수 $f \colon R \to \mathbb{R}$ 은 적분가능하다고 한다. 이 경우에 R에서 f의 이중적분은

$$\iint_R f = \overline{\iint} f = \underline{\iint} f$$

로 정의한다.

정리 10.1.3

(적분가능성에 대한 리만 판정법) 함수 f가 직사각형 R에서 유계함수라 하자. 그러면 f가 R에서 적분가능할 필요충분조건은 모든 양수 ϵ에 대하여
$$U(f,P) - L(f,P) < \epsilon$$
를 만족하는 R의 한 분할 P가 존재한다.

증명 , 정리 6.1.9의 증명과 비슷하다. ∎

보기 1 $R = \{(x,y) : 0 \le x \le 1, 0 \le y \le 1\}$이고

$$f(x,y) = \begin{cases} 1 & (x,y \in [0,1] \text{는 유리수}) \\ 0 & (R \text{의 그 밖의 점}\,(x,y)) \end{cases}$$

이라 할 때 f는 R에서 적분가능하지 않음을 증명하여라.

증명 만약 P가 R의 임의의 분할이면 각 부분직사각형 R_{ij}는 $f(x,y)=1$이 되는 점과 $f(x,y)=0$이 되는 점들을 반드시 포함한다. 따라서 $i=1,2,\cdots,n,\ j=1,2,\cdots,m$에 대하여 $M_{ij}=1,\ m_{ij}=0$이므로

$$U(f,P)=\sum_{i,j}1\cdot A(R_{ij})=A(R)=1,\ \ L(f,P)=\sum_{i,j}0\cdot A(R_{ij})=0$$

이다. P는 R의 임의의 분할이므로 정리 10.1.3에 의하여 f는 R에서 적분가능하지 않으므로 $\displaystyle\iint_R f$가 존재하지 않는다. ■

보기 2 $R=\{(x,y)\in\mathbb{R}^2:0\le x\le 1,0\le y\le 1\}$이고

$$f(x,y)=\begin{cases}1 & (x=1)\\0 & (0\le x\le 1)\end{cases}$$

일 때 $\displaystyle\iint_R f=0$임을 증명하여라.

증명 $\epsilon>0$은 임의의 양수라 하자. $x_n-x_{n-1}<\epsilon$이 되는 R의 분할 P를 선택하면 임의의 $j=1,2,\cdots,m$에 대하여 $M_{nj}=1$이고 임의의 $i=1,2,\cdots,n-1$에 대하여 $M_{ij}=0$이다. 따라서

$$\begin{aligned}U(P,f)&=\sum_{i,j}M_{ij}A(R_{ij})=\sum_{j=1}^m M_{nj}A(R_{nj})=\sum_{j=1}^m A(R_{nj})\\&=\sum_{j=1}^m(x_n-x_{n-1})(y_j-y_{j-1})=(x_n-x_{n-1})\sum_{j=1}^m(y_j-y_{j-1})\\&=x_n-x_{n-1}<\epsilon\end{aligned}$$

또한 임의의 $i=1,2,\cdots,n,\ j=1,2,\cdots,m$에 대하여 $m_{ij}=0$이므로 $L(P,f)=0$이다. 정리 10.1.3에 의하여 f는 R에서 적분가능하다. 임의의 분할 P에 대하여 $L(P,f)=0$이므로 $\displaystyle\iint_R f=0$이다. 따라서 $\displaystyle\iint_R f=0$이다. ■

정의 10.1.4

(1) 직사각형 R_{ij}의 대각선의 길이를 r_{ij}로 정의하고 R의 분할 P의 노름(norm)은 $\|P\| = \max\{r_{ij} : 1 \leq i \leq n, \, 1 \leq j \leq m\}$으로 정의한다.

(2) P는 R의 임의의 분할이고 임의의 $i = 1, 2, \cdots, n, \, j = 1, 2, \cdots, m$에 대하여 점 $\xi_{ij} \in R_{ij}$를 선택하면 리만합(Riemann sum)

$$S(P, f, \xi) = \sum_{i,j} f(\xi_i) A(R_{ij})$$

을 정의한다.

주의 3 임의의 점 $\xi = \{\xi_{ij}\}$에 대하여 $L(P, f) \leq S(P, f, \xi) \leq U(P, f)$이다.

다음 정리는 정리 6.2.9와 비슷하다.

정리 10.1.5

R에서 f의 이중적분이 존재하고 L과 같기 위한 필요충분조건은 임의의 양수 ϵ에 대하여 양수 δ가 존재해서 $\|P\| < \delta$인 모든 리만합 $S(P, f, \xi)$에 대하여 $|S(P, f, \xi) - L| < \epsilon$이다.

정리 10.1.5에서 모든 부분직사각형은 충분히 작은 지름을 갖는 것이 중요하다. 예를 들어, 임의의 $i = 1, 2, \cdots, n, \, j = 1, 2, \cdots, m$에 대하여 $A(R_{ij})$가 작다고 가정할지라도 $S(P, f, \xi)$가 $\iint_R f$에 임의로 가까워진다는 보장을 할 수 없다.

보기 3 보기 2와 같은 함수 f를 생각한다. 만약 $n = 1$이고 임의의 고정 자연수 m에 대하여 $y_j = j/m$로 두면 $R_{ij} = [0, 1] \times [(j-1)/m, j/m]$이므로 임의의 $j = 1, 2, \cdots, m$에 대하여 $A(R_{ij}) = 1/m$이다. 따라서 P의 모든 부분직사각형은 m이 충분히 크게 선택하면 임의로 작은 넓이를 갖지만, 만약 ξ_{ij}가 직선 $x = 1$ 위에 있도록 점 $\xi_{ij} \in R_{ij}$를 선택하면

$$S(P, f, \xi) = \sum_{i,j} f(\xi_{ij}) A(R_{ij}) = \sum_{j=1}^{m} f(\xi_{1j}) A(R_{1j}) = \sum_{j=1}^{m} \frac{1}{m} = 1.$$

한편 $L = \iint_R f = 0$이므로 $0 < \varepsilon < 1$일 때 부등식 $|S(P, f, \xi) - L| < \epsilon$이 성립하지 않는다.

다음 정리의 증명은 1차원의 리만적분에 관한 성질인 정리 6.2.1, 정리 6.2.3의 증명과 비슷하므로 생략한다.

정리 10.1.6

f, g가 직사각형 R에서 적분가능하다고 하자. 그러면

(1) $f + g$는 R에서 적분가능하고 $\iint_D (f + g) = \iint_D f + \iint_D g$.

(2) 임의의 상수 k에 대하여 kf는 R에서 적분가능하고 $\iint_D kf = k \iint_D f$.

(3) f^+, f^-는 R에서 적분가능하다.

(4) 임의의 $(x, y) \in D$에 대하여 $f(x, y) \leq g(x, y)$이면 $\iint_D f \leq \iint_D g$.

(5) $\iint_D |f|$가 존재하고 $\left| \iint_D f \right| \leq \iint_D |f|$.

정리 10.1.7

만약 f가 직사각형 R에서 연속이면 f는 R에서 적분가능하다.

증명 R은 닫힌 유계집합이므로 균등연속 정리 4.5.3에 의하여 f가 R에서 균등연속이다. 따라서 임의의 양수 $\epsilon > 0$에 대하여 적당한 $\delta = \delta(\epsilon) > 0$가 존재하여 $|P - Q| < \delta$, $P, Q \in R$이면 $|f(P) - f(Q)| < \epsilon$이다. $\|P\| < \delta$인 R의 분할 $P = \{R_{ij}\}$를 선택하자. 그러면 $f(P_{ij}) = M_{ij}$, $f(Q_{ij}) = m_{ij}$인 점 $P_{ij}, Q_{ij} \in R_{ij}$이므로 P의 임의의 R_{ij}에서 $0 \leq M_{ij} - m_{ij} \leq \epsilon$이다. 따라서

$$U(f, P) - L(f, P) = \sum_P (M_{ij} - m_{ij}) A(R_{ij}) \leq \epsilon \sum_P A(R_{ij}) = \epsilon A(R)$$

이므로 적분가능성에 대한 리만 판정법에 의하여 f는 R에서 적분가능하다. ∎

임의의 양수 ϵ에 대하여 유한개 직사각형의 상자(rectangular box) $R_1, R_2, \cdots, R_m$이 존재하여 $X \subseteq \bigcup_{i=1}^{m} R_i$이고 $\sum_{i=1}^{m} vol(R_i) < \epsilon$을 만족하면 $X(\subset \mathbb{R}^n)$는 **콘텐트 0**(content zero)인 집합 또는 **영집합**(null set)이라 한다.

$\mathbb{R}$에서 직사각형들은 총 길이가 ϵ보다 작은 구간들로 대치된다.

보기 4 (1) $\mathbb{R}^2$의 임의의 유한집합은 분명히 콘텐트 0인 집합이다

(2) 콘텐트 0인 집합은 측도가 0인 집합이다.

(3) $(a,b) \neq \varnothing$을 포함하는 $\mathbb{R}$의 임의의 집합은 콘텐트 0인 집합이 아니다. ∎

f가 $[a,b]$에서 연속이면 f의 그래프 $G(f) = \{(x, f(x)) : x \in [a,b]\}$는 콘텐트 0인 집합이다.

증명 f는 닫힌구간 $[a, b]$에서 연속이므로 f는 $[a, b]$에서 균등연속이다. 따라서 ϵ은 임의의 양수이면 적당한 양수 δ가 존재하여 $|x - y| < \delta$인 모든 $x, y \in [a, b]$에 대하여 $|f(x) - f(y)| < \epsilon/(b-a)$이다. $(b-a)/n < \delta$인 자연수 n을 택하고 각 $i = 0, 1, \cdots, n$에 대하여 $x_i = a + \dfrac{b-a}{n} i$로 두면 최대 · 최솟값 정리에 의하여 f는 부분구간 $[x_{i-1}, x_i]$에서 최댓값 M_i와 최솟값 m_i를 가지며 $M_i - m_i \leq \epsilon/(b-a)$이다. 따라서 $f(\xi_i) = M_i$, $f(\eta_i) = m_i$인 $\xi_i, \eta_i \in [x_{i-1}, x_i]$를 택하고, 각 $i = 1, \cdots, n$에 대하여 $J_i = [x_{i-1}, x_i] \times [M_i, m_i]$로 두면 모든 $x \in [x_{i-1}, x_i]$에 대하여 $m_i \leq f(x) \leq M_i$, 즉 $(x, f(x)) \in J_i$이다. 따라서 $G(f) \subseteq \cup_{i=1}^{n} J_i$이고 또한 $|\xi_i - \eta_i| \leq x_i - x_{i-1} = \dfrac{b-a}{n} < \delta$이므로

$$\sum_{i=1}^{n} A(J_i) = \sum_{i=1}^{n} (x_i - x_{i-1})(M_i - m_i) = \sum_{i=1}^{n} (x_i - x_{i-1})[f(\xi_i) - f(\eta_i)]$$
$$\leq \frac{\varepsilon}{b-a} \sum_{i=1}^{n} (x_i - x_{i-1}) = \epsilon$$

이다. 따라서 $G(f)$는 콘텐트가 0인 집합이다. ∎

정리 10.1.10

함수 f가 직사각형 R에서 유계이고 $S \subseteq R$는 콘텐트 0인 집합이라 하자. 만약 f가 $R - S$에서 연속이면 f는 R에서 리만 적분가능하다. 즉, $\displaystyle\iint_R f$가 존재한다.

증명 증명은 W. Fulk의 책을 참조하길 바란다. ∎

주의 4 (1) 위 정리에 의하여 f는 직사각형 R에서 연속이면 $\displaystyle\iint_R f$가 존재함을 알 수 있다.

(2) 만약 임의의 $(x,y) \in R$에 대하여 $f(x,y) = k > 0$이면 $\displaystyle\iint_R f = kA(R)$이고 이 값은 높이가 k이고 밑면적이 $A(R)$인 직육면체의 부피이다.

지금 직사각형보다 일반적인 $\mathbb{R}^2$의 부분집합에서 이변수함수 f의 이중적분을 정의하고자 한다.

정의 10.1.11

D는 $\mathbb{R}^2$의 유계인 부분집합이고 f가 D에서 유계함수라 하자. D가 R의 내부에 있도록 큰 $\mathbb{R}^2$의 직사각형 R을 선택하고 함수

$$f^*: R \to \mathbb{R}, \quad f^*(x,y) = \begin{cases} f(x,y), & (x,y) \in D \\ 0, & (x,y) \in R - D \end{cases}$$

을 정의한다. 만약 f^*가 R에서 적분가능하면 f는 D에서 적분가능하다고 하고 D에서 f의 이중적분을

$$\iint_B f = \iint_R f^*$$

로 정의한다. 만약 f^*가 R에서 적분가능하지 않으면 f는 D에서 적분가능하지 않다고 한다.

주의 5 만약 f는 D의 각 내점에서 연속이면 분명히 f^*는 R에서 유계함수이고 D의 각 내점에서 연속이다. 또한 f^*가 D의 각 외점의 근방에서 항등적으로 0이므로 f^*는 D의 각 외점에서 연속이다. 따라서 f^*의 불연속점들의 집합 S는 D

의 경계 ∂D의 부분집합이고 정리 10.1.9에 의하여 D의 경계는 콘텐트 0인 집합이다. 그러므로 S도 콘텐트 0인 집합이므로 정리 10.1.10에 의하여 $\iint_R f^*$가 존재한다.

정리 10.1.12

D는 $\mathbb{R}^2$의 닫힌유계영역이고 $A(D)\neq 0$이고 f는 D에서 연속이면 $\iint_D f = f(x_0, y_0)$ $A(D)$를 만족하는 점 $(x_0, y_0) \in D$가 존재한다.

증명 f는 닫힌유계영역 D에서 연속이므로

$$f(x_1, y_1) = M = \sup_{(x, y) \in D} f(x, y), \quad f(x_2, y_2) = m = \inf_{(x, y) \in D} f(x, y)$$

를 만족하는 점 $(x_1, y_1), (x_2, y_2) \in D$가 존재한다. 따라서

$$mA(D) = \iint_D m \leq \iint_D f \leq \iint_D M = MA(D)$$

이다. $A(D)\neq 0$이므로 $A(D) > 0$이다. 양변을 $A(D)$로 나누면

$$m \leq \frac{1}{A(D)} \iint_D f \leq M$$

이다. 연속함수의 중간값 정리에 의하여 $f(x_0, y_0) = \dfrac{1}{A(D)} \iint_D f$를 만족하는 점 $(x_0, y_0) \in D$가 존재한다. 따라서 $\iint_D f = f(x_0, y_0) A(D)$이다. ∎

01 $P = \{R_{ij}\}$가 직사각형 R의 분할이면 $\sum\limits_{i,j} A(R_{ij}) = A(R)$임을 증명하여라.

02 P^*가 분할 P의 세 분할이면 $U(P^*, f) \le U(P, f)$이고 $L(P^*, f) \ge L(P, f)$임을 증명하여라.

03 정리 10.1.3을 증명하여라.

04 R, R_1은 직사각형이고 D는 닫힌유계영역이고 $D \subseteq R \subseteq R_1$이라 하자. f는 D에서 유계함수이고 D의 각 내점에서 연속이라 하자. 임의의 $(x, y) \in D$에서 $f^*(x, y) = f(x, y)$이고, $(x, y) \notin D$에서 $f^*(x, y) = 0$으로 두면

$$\iint_R f^* = \iint_{R_1} f^*$$

임을 증명하여라(귀띔 : 임의의 점 $(x, y) \in R_1 - R$에서 $f^*(x, y) = 0$).

05 다음 함수가 $R = [0, 1] \times [0, 1]$에서 적분가능한지를 결정하여라.

(1) $f(x, y) = x^2 + y^2$

(2) $f(x, y) = [x - y]$

(3) $f(x, y) = \begin{cases} 0, & (x, y) = (1/n, 1/m) \ (m, n \in \mathbb{N}) \\ 1, & \text{다른 값} \end{cases}$

(4) $f(x, y) = \begin{cases} 0 & (x, y \in \mathbb{Q}) \\ 1 & (\text{다른 값}) \end{cases}$

(5) $f(x, y) = \begin{cases} 1/(x + y), & (x, y) \ne (0, 0) \\ 0, & x = y = 0 \end{cases}$

(6) $f(x, y) = \begin{cases} \sin(1/(x + y)), & (x, y) \ne (0, 0) \\ 0, & x = y = 0 \end{cases}$

06 f는 직사각형 R에서 음이 아닌 연속함수라 하자. $\iint_R f = 0$이면 임의의 $(x, y) \in R$에 대하여 $f(x, y) = 0$임을 증명하여라.

07 D가 x축과 반원 $y = \sqrt{1 - x^2}$으로 둘러싸인 영역일 때 $\iint_D (x - y) dx dy$를 구하여라.

함수 f는 $R = [a, b] \times [c, d]$에서 유계함수라 하자. 만약 $x \in [a, b]$를 고정하면 $f(x, y)$는 $[c, d]$에서 변수 y의 함수로 볼 수 있다. 임의의 $x \in [a, b]$에 대하여 이 함수가 $[c, d]$에서 적분가능하면

$$g(x) = \int_c^d f(x, y) dy$$

는 $[a, b]$에서 함수가 된다. 만약 $g(x)$가 $[a, b]$에서 적분가능하면 적분

$$\int_a^b g(x) dx = \int_a^b \left(\int_c^d f(x, y) dy \right) dx$$

를 반복적분(iterated integral)이라 하고 간단히

$$\int_a^b \int_c^d f(x, y) dy dx$$

로 나타낸다.

정리 10.2.1

(푸비니[7] 정리, Fubini's theorem) f는 직사각형 $R = [a, b] \times [c, d]$에서 유계함수이고 콘텐트 0인 집합 E를 제외한 R에서 연속함수라 하자.

(1) 만약 임의의 $x \in [a, b]$에 대하여 $f(x, y)$가 $[c, d]$에서 적분가능하면 함수 $g(x) = \int_c^d f(x, y) dy$는 $[a, b]$에서 적분가능하고

$$\iint_R f = \int_a^b g(x) dx = \int_a^b \int_c^d f(x, y) dy dx.$$

(2) 만약 임의의 $y \in [c, d]$에 대하여 $f(x, y)$가 $[a, b]$에서 적분가능하면 함수 $h(y) = \int_a^b f(x, y) dx$는 $[c, d]$에서 적분가능하고

$$\iint_R f = \int_c^d h(y) dy = \int_c^d \int_a^b f(x, y) dx dy.$$

---

7) 푸비니(Guido Fubini, 1879–1943)은 이탈리아의 수학자로 베네치아에서 유대인 가정에서 태어났으며 아버지는 수학 교사였다. 그는 푸비니 정리, 푸비니의 미분 정리와 푸비니-스투디 계량으로 잘 알려져 있다.

증명 (1) f는 콘텐트 0인 집합 E를 제외한 R에서 연속이므로 정리 10.1.10에 의하여 $\displaystyle\iint_R f$는 존재한다. 위 가정에 의하여 함수 $g(x) = \displaystyle\int_c^d f(x,y)dy$는 $[a,b]$에서 잘 정의되고

$$|g(x)| = \left| \int_c^d f(x,y)dy \right| \le M(d-c).$$

여기서 $M = \sup_{(x,y) \in R} f(x,y)$이다. 따라서 $g(x)$는 $[a,b]$에서 유계함수이다. $\epsilon > 0$은 임의의 양수라 하자. f는 R에서 적분가능하므로 $\|P\| < \delta$인 R의 임의의 분할 P에 대하여 $U(P,f) - L(P,f) < \epsilon$을 만족하는 양수 $\delta > 0$가 존재한다.

$$a = x_0 < x_1 < x_2 < \cdots < x_{i-1} < x_i < x_{i+1} < \cdots < x_{n-1} < x_n < b$$

는 $[a,b]$의 임의의 분할이고 이 분할의 노름이 $\delta/2$보다 작다고 하자. 임의의 $i = 1, 2, \cdots, n$에 대하여 $\overline{x_i} \in [x_{i-1}, x_i]$는 $[x_{i-1}, x_i]$의 임의의 중간점이라 하자.

$$c = y_0 < y_1 < y_2 < \cdots < y_{j-1} < y_j < y_{j+1} < \cdots < y_{m-1} < y_m = d$$

는 $[c,d]$의 분할이고 이 분할의 노름이 $\delta/2$보다 작다고 하자. 이때 분할 $P = \{R_{ij}\}$ (단, $R_{ij} = [x_{i-1}, x_i] \times [y_{j-1}, y_j]$)는 R의 분할이고 $\|P\| < \delta$이다. $i = 1, 2, \cdots, n$에 대하여 ρ_{ij}는 $[y_{j-1}, y_j]$에서 $f(\overline{x_i}, y)$의 평균값이라 자. 즉,

$$\rho_{ij} = \frac{1}{\triangle y_j} \int_{y_{j-1}}^{y_j} f(\overline{x_i}, y)dy.$$

평균값 ρ_{ij}는 i와 j는 물론 중간값 $\overline{x_i}$에 의존함을 알 수 있다. 따라서

$$\inf_{(x,y)} f(x,y) = m_{ij} \le \inf_y f(\overline{x_i}, y) \le \rho_{ij}$$
$$\le \sup_y f(\overline{x_i}, y) \le M_{ij} = \sup_{(x,y)} f(x,y)$$

(여기서 $(x,y) \in R_{ij}$, $y \in [y_{j-1}, y_j]$)이므로

$$L(P,f) = \sum_{i,j} m_{ij} A(R_{ij}) \le \sum_{i,j} \rho_{ij} A(R_{ij}) \le \sum_{i,j} M_{ij} A(R_{ij}) = U(P,f).$$

$i = 1, 2, \cdots, n$에 대하여 $g(\overline{x_i}) = \displaystyle\int_c^d f(\overline{x_i}, y) dy$이므로 리만합

$$\sum_{i=1}^n g(\overline{x_i}) \triangle x_i = \sum_{i=1}^n \left(\int_c^d f(\overline{x_i}, y) dy \right) \triangle x_i = \sum_{i=1}^n \left(\sum_{j=1}^m \int_{y_{j-1}}^{y_j} f(\overline{x_i}, y) dy \right) \triangle x_i$$
$$= \sum_{i=1}^n \left(\sum_{j=1}^m \rho_{ij} \triangle y_j \right) \triangle x_i = \sum_{i=1}^n \sum_{j=1}^m \rho_{ij} \triangle y_j \triangle x_i = \sum_{i,j} \rho_{ij} A(R_{ij}).$$

따라서 $L(P, f) \le \displaystyle\sum_{i=1}^n g(\overline{x_i}) \triangle x_i \le U(P, f)$이다. 하지만

$L(P, f) \le \displaystyle\iint_R f \le U(P, f)$는 항상 성립하고 $\| P \| < \delta$이므로 $U(P, f) -$

$L(P, f) < \epsilon$이다. 따라서

$$\left| \sum_{i=1}^n g(\overline{x_i}) \triangle x_i - \iint_R f \right| < \epsilon.$$

이것은 노름이 $\delta/2$보다 작은 $[a, b]$의 분할에서 얻어지는 모든 리만합에 대하여 성립하므로 g는 $[a, b]$에서 적분가능하고

$$\int_a^b g(x) dx = \iint_R f, \ \ \text{즉} \ \ \iint_R f = \int_a^b \int_c^d f(x, y) dy dx. \qquad \blacksquare$$

주의 1 f가 직사각형 R에서 연속이면 임의의 $x \in [a, b]$에 대하여 $f(x, y)$는 $[c, d]$에서 연속이다. 마찬가지로 임의의 $y \in [c, d]$에 대하여 $f(x, y)$는 $[a, b]$에서 연속이다. 따라서 이들 함수는 적분가능하므로

$$\iint_R f = \int_a^b \int_c^d f(x, y) dy dx = \int_c^d \int_a^b f(x, y) dx dy.$$

보기 1 $R = [0, 1] \times [1, 2]$일 때 이중적분 $\displaystyle\iint_R (x^2 + y^2)$을 구하여라.

풀이 푸비니 정리에 의하여

$$\iint_R (x^2 + y^2) = \int_0^1 g(x) dx \ \ (\text{단}, \ g(x) = \int_1^2 (x^2 + y^2) dy).$$

지금 $\displaystyle\int_1^2 (x^2 + y^2) dy = \left[x^2 y + \frac{1}{3} y^3 \right]_1^2 = x^2 + \frac{7}{3}$이므로

$$\iint_R (x^2 + y^2) = \int_0^1 \left(x^2 + \frac{7}{3} \right) dx = \left[\frac{1}{3} x^3 + \frac{7}{3} x \right]_0^1 = \frac{8}{3}.$$ ∎

보기 2 $R = [0,3] \times [0,2]$이고 임의의 $(x,y) \in R$에 대하여

$$f(x,y) = \begin{cases} 3 & (y는\ 유리수) \\ x^2 & (y는\ 무리수) \end{cases}$$

일 때 $\iint_R f$가 존재하지 않음을 증명하여라.

증명 임의의 $x \in [0,3] - \sqrt{3}$에 대하여 y가 유리수일 때 $f(x,y) = 3$이고, y가 무리수일 때 $f(x,y) = x^2 \neq 3$이다. 따라서 $f(x,y)\ (x \neq \sqrt{3})$은 모든 $y \in [0,2]$에서 연속이 아니므로 $\int_0^2 f(x,y) dy$는 존재하지 않는다.

한편, 임의의 $y \in [0,2]$에 대하여 함수 $f(x,y)$는 임의의 $x \in [0,3]$ (y가 유리수인 경우)에 대하여 3과 같거나, 임의의 $x \in [0,3]$ (y는 무리수인 경우)에 대하여 $f(x,y) = x^2$과 같다. 어느 경우이든 $f(x,y)$는 $[0,3]$에서 x의 연속함수이므로 $\int_0^3 f(x,y) dx$가 존재한다. 임의의 $y \in [0,2]$에 대하여 $h(y) = \int_0^3 f(x,y) dx = 9$이므로 반복적분 $\int_0^2 \int_0^3 f(x,y) dx dy = 18$는 존재하고 이 값은 18이다. ∎

정리 10.2.2

$F,\ G$는 $[a,b]$에서 연속이고 $F(x) \leq G(x)\ (x \in [a,b])$이고 f가
$$D = \{(x,y) \in \mathbb{R}^2 : a \leq x \leq b,\ F(x) \leq y \leq G(x)\}$$
에서 연속이면
$$\iint_D f = \int_a^b \int_{F(x)}^{G(x)} f(x,y)\, dy dx.$$

증명 $F,\ G$는 $[a,b]$에서 연속이므로 $c = \inf_{x \in [a,b]} F(x),\ d = \sup_{x \in [a,b]} G(x)$로 정의하면 직사각형 $R = [a,b] \times [c,d]$에서 함수 f^*를 다음과 같이 정의할 수 있다.

$$f*(x,y) = \begin{cases} f(x,y), & (x,y) \in D \\ 0, & (x,y) \in R-D \end{cases}$$

D는 유계인 닫힌집합이고 f는 D에서 연속이므로 f와 $f*$는 유계함수이다. $f*$의 정의에 의하여 $f*$가 불연속인 점들의 집합 E는 $G(F) \cup G(G)$의 부분집합이다. 하지만 정리 10.1.9에 의하여 $G(F) \cup G(G)$는 콘텐트 0인 집합이다. 따라서 $f*$가 R에서 불연속인 점들의 집합 E는 콘텐트 0인 집합이다. 또한 임의의 고정점 $x \in [a,b]$에 대하여 함수 $f*(x,y)$는 $y = F(x)$, $y = G(x)$의 가능한 점들을 제외하고는 $[c,d]$에서 연속이다. 따라서 임의의 $x \in [a,b]$에 대하여 $\int_c^d f*(x,y)dy$가 존재한다. 푸비니 정리에 의하여

$$\iint_R f* = \int_a^b \int_c^d f*(x,y)\,dydx.$$

하지만 $\iint_D f = \iint_R f*$로 정의되고 $f*$의 정의에 의하여

$$\int_c^d f*(x,y)dy = \int_{F(x)}^{G(x)} f(x,y)\,dy.$$

따라서 결과가 성립한다. ∎

보기 3 D는 $G(x) = x+1, F(x) = x^2-1$로 둘러싸인 닫힌영역일 때 $\iint_D (x^2+y^2)dxdy$ 를 구하여라.

풀이
$$\begin{aligned}
\iint_D (x^2+y^2)dxdy &= \int_{-1}^2 \int_{x^2-1}^{x+1} (x^2+y^2)\,dydx \\
&= \int_{-1}^2 \left(-\frac{1}{3}x^6 + \frac{4}{3}x^3 + 2x^2 + x + \frac{2}{3} \right)dx = \frac{117}{14}
\end{aligned}$$

만약 F, G가 $[c,d]$에서 연속이고 $F(y) \le G(y)$ $(y \in [c,d])$이고 f가

$$D = \{(x,y) \in \mathbb{R}^2 : c \le y \le d,\, F(y) \le x \le G(y)\}$$

에서 연속이면

$$\iint_D f = \int_c^d \int_{F(y)}^{G(y)} f(x,y)\,dxdy.$$

보기 4 D는 직선 $y = x$, $y = x - 1$, $y = 0$, $y = 1$로 둘러싸인 닫힌영역일 때

$$\iint_D x e^{x^2 - y^2} dx dy$$

를 구하여라.

풀이

$$\iint_D x e^{x^2 - y^2} dx dy = \int_0^1 \int_y^{y-1} x e^{x^2 - y^2} dx dy$$

$$= \int_0^1 \frac{1}{2}(e^{2y+1} - 1) dy = \frac{1}{4}(e^3 - e - 2) \qquad \blacksquare$$

보조정리 10.2.3

만약 g가 열린영역 $D \subseteq \mathbb{R}^2$에서 연속이고 D에 포함되는 모든 직사각형 R에 대하여 $\iint_R g = 0$이면 모든 $(x, y) \in D$에 대하여 $g(x, y) = 0$이다.

증명 $(x_0, y_0) \in D$이고 $g(x_0, y_0) > 0$이라 가정하자 ($g(x_0, y_0) < 0$인 경우는 비슷하게 증명된다). g는 (x_0, y_0)에서 연속이고 (x_0, y_0)는 D의 내점이므로

$$g(x, y) \geq \frac{1}{2} g(x_0, y_0) \quad ((x, y) \in R)$$

을 만족하고 (x_0, y_0)를 포함하는 직사각형 $R \subseteq D$가 존재한다. 따라서

$$\iint_R g \geq \iint_R \frac{1}{2} g(x_0, y_0) = \frac{1}{2} g(x_0, y_0) \iint_R 1 = \frac{1}{2} g(x_0, y_0) A(R) > 0.$$

이것은 가정에 모순이다. $\blacksquare$

정리 10.2.4

만약 D는 $\mathbb{R}^2$의 열린영역이고 f_{xy}, f_{yx}는 D에서 연속이면 모든 $(x, y) \in D$에 대하여 $f_{xy}(x, y) = f_{yx}(x, y)$이다.

증명 보조정리 10.2.3에 의하여 모든 직사각형 $R \subseteq D$에 대하여 $\iint_R (f_{xy} - f_{yx}) = 0$ 임을 증명하면 충분하다. $R = [a, b] \times [c, d]$이면 푸비니 정리를 이용하여

$$
\begin{aligned}
\iint_R (f_{xy}-f_{yx}) &= \iint_R f_{xy} - \iint_R f_{yx} \\
&= \int_a^b \int_c^d f_{xy}(x,y)\,dy\,dx - \int_c^d \int_a^b f_{yx}(x,y)\,dx\,dy \\
&= \int_a^b [f_x(x,d)-f_x(x,c)]\,dx - \int_c^d [f_y(b,y)-f_y(a,y)]\,dy \\
&= [f(b,d)-f(b,c)-f(a,d)+f(a,c)] - [f(b,d)-f(a,d)-f(b,c)+f(a,c)] \\
&= 0.
\end{aligned}
$$

$\blacksquare$

f는 직사각형 $R=[a,b]\times[c,d]$에서 정의된 함수이고 임의의 $x\in[a,b]$에 대하여 $f(x,y)$는 $[c,d]$에서 적분가능하면 $g(x)=\displaystyle\int_c^d f(x,y)\,dy$는 $[a,b]$에서 잘 정의된다.

정리 10.2.5

(라이프니츠 법칙, Leibniz's rule) 만약 f가 직사각형 $R=[a,b]\times[c,d]$에서 정의된 함수이고 임의의 $x\in[a,b]$에 대하여 $g(x)=\displaystyle\int_c^d f(x,y)\,dy$가 존재하고, $f_x(x,y)$가 존재하고 직사각형 R에서 연속이면 g는 $[a,b]$에서 미분가능하고

$$
g'(x)=\int_c^d f_x(x,y)\,dy.
$$

증명 R에서 f_x가 존재하므로 임의의 $y\in[c,d]$와 임의의 $h\neq 0$에 대하여 평균값 정리로부터

$$
f(x+h,y)-f(x,y)=hf_x(t,y)
$$

를 만족하는 t가 x와 $x+h$ 사이에 존재한다. 따라서 $h\neq 0$에 대하여

$$
\begin{aligned}
\frac{g(x+h)-g(x)}{h} &= \frac{1}{h}\int_c^d [f(x+h,y)-f(x,y)]\,dy \\
&= \frac{1}{h}\int_c^d hf_x(t,y)\,dy = \int_c^d f_x(t,y)\,dy.
\end{aligned}
$$

여기서 t는 x와 $x+h$ 사이의 값이다. ϵ은 임의의 양수라 하자. f_x는 R에서 균등연속이므로 양수 δ가 존재해서 $u,v\in R$, $|u-v|<\delta$일 때

$|f_x(u) - f_x(v)| < \dfrac{\epsilon}{(d-c)}$. $0 < |h| < \delta$를 만족하는 h를 선택하면 t는 x와 $x+h$ 사이의 값이므로 $|t-x| < |h| < \delta$이다. 따라서

$$\left| \frac{g(x+h) - g(x)}{h} - \int_c^d f_x(x,y)dy \right| = \left| \int_c^d f_x(t,y)dy - \int_c^d f_x(x,y)dy \right|$$

$$= \left| \int_c^d [f_x(t,y) - f_x(x,y)]dy \right|$$

$$< \frac{\epsilon}{d-c}(d-c) = \epsilon$$

이므로 $g'(x) = \displaystyle\lim_{h \to 0} \frac{g(x+h) - g(x)}{h} = \int_c^d f_x(x,y)dy$이다. ∎

보기 5 $g(x) = \displaystyle\int_1^2 (e^{xy}/y)dy$는 임의의 닫힌유계구간 $[a,b]$에서 정의되고 $0 \not\in [a,b]$라 하자. 정리 10.2.5에 의하여 임의의 $x \in [a,b]$에 대하여

$$g'(x) = \int_1^2 e^{xy}dy = \frac{e^{2x} - e^x}{x}.$$

01 f는 직사각형 $R = [a, b] \times [c, d]$에서 연속이면 임의의 $x \in [a, b]$에 대하여 $f(x, y)$는 $[c, d]$에서 y의 연속함수임을 보여라.

02 다음 이중적분을 계산하여라.

(1) $\iint_R (x^2 + y^2)$, $R = [0, 1] \times [0, 1]$

(2) $\iint_R (x^2 + y^2)$, D는 꼭짓점 $(0, 0)$, $(1, 0)$, $(1, 1)$인 삼각형

(3) $\iint_D (x^2 + y^2)$, D는 꼭짓점 $(0, 0)$, $(1, 0)$, $(0, 1)$인 삼각형

02 다음 적분을 계산하여라.

(1) $\int_2^6 \int_0^1 (x - y) dy dx$ (2) $\int_0^2 \int_0^{x^2} x dy dx$

(3) $\int_0^1 \int_{-x}^x e^{x+y} dy dx$ (4) $\int_1^2 \int_0^x 1/(x^2 + y^2) dy dx$

03 직사각형 $R = [0, 1] \times [0, 1]$에서 정의되는 함수 f가 $f(x, y) = \begin{cases} 1 & (x는 유리수) \\ 2y & (y는 무리수) \end{cases}$ 일 때 반복적분 $\int_0^1 \int_0^1 f(x, y) dy dx$, $\int_0^1 \int_0^1 f(x, y) dx dy$ 중 하나는 존재하지만 다른 하나는 존재하지 않음을 보여라.

04 f는 $R = [0, 1] \times [0, 1]$에서 연속함수라 하자. 다음 적분과 같은 적분순서를 바꾼 반복적분을 구하여라.

(1) $\int_0^1 \int_0^x f(x, y) dy dx$ (2) $\int_0^2 \int_0^{y^2} f(x, y) dx dy$

(3) $\int_{-1}^2 \int_{-x}^{2-x^2} f(x, y) dy dx$

05 다음 반복적분을 구하여라.

(1) $\int_0^1 \int_{2y}^2 e^{x^2} dx dy$ (2) $\int_0^1 \int_x^1 y \sin \pi y^3 dy dx$

06 f가 $R = [a, b] \times [c, d]$에서 연속이면 함수 $g(x) = \int_c^d f(x, y) dy$는 $[a, b]$에서 연속임을

보여라.

07 다음 함수 g의 도함수 $g'(x)$를 구하여라.

    (1) $g(x) = \displaystyle\int_0^1 \ln(x^2 + y^2)dy$ (2) $g(x) = \displaystyle\int_0^1 \frac{\sin xy}{y}dy$

08 f는 직사각형 $R = [a, b] \times [c, d]$에서 연속이고 $F(x, y) = \displaystyle\int_c^y \int_a^x f(u, v)dudv$라 하면

모든 $(x, y) \in R$에 대하여 $F_{xy} = f$임을 보여라.

09 다음 함수의 도함수를 구하여라.

    (1) $g(x) = \displaystyle\int_0^x e^{-x^2y^2}dy$ (2) $g(x) = \displaystyle\int_{\sin x}^{e^x} \sqrt{1 + y^2}\,dy$

10 $u(x)$, $v(x)$는 모든 x에 대하여 연속인 도함수를 가지고 $f(x, y)$는 모든 (x, y)에

대하여 연속인 1계 편도함수를 갖는다고 하자. $g(x) = \displaystyle\int_{u(x)}^{v(x)} f(x, y)dy$의 도함수

공식을 유도하여라.

라이프니츠(Gottfried Wilhelm Leibniz 1646~1716)의 생애와 업적

그는 독일의 수학자이자 물리학자, 철학자로 미분법에 대한 그의 독창적 제안을 저서 《Nova methodus pro maximis et minimis(1684년, 극대, 극솟값을 결정하기 위한 새로운 방법)》를 통하여 발표하였다. 그는 적분법에도 기여한 바가 크다. 요즈음 흔히 사용하고 있는 적분법의 여러 기호는 그가 제안한 것들이다.

어린 나이에도 수학 이외에 철학, 역사, 문학 등에도 관심이 높았고 학습 열의가 대단하였다고 한다. 라이프치히 대학의 윤리학 교수였던 아버지의 저서를 읽기 위해서 라틴어와 그리스어를 혼자 힘으로 정복한 것이 12세 때라고 하니 그의 학문에 대한 호기심과 열정을 엿볼 수 있는 일이다.

1661년 그가 14세 되던 해 라이프치히 대학에 입학하였다. 대학에 다니는 동안 그는 철학에 몰두하였다. 그의 졸업 논문도 철학에 관한 논문이었다. 이것은 개인에 대한 〈De Principio Individui〉이란 논문으로 철학의 단자론을 처음 논한 것이라 하여 오늘날 '라이프니츠 이론'으로도 알려져 있다. 라이프니츠는 대학을 졸업한 후 철학, 논리학 문제의 증명에서 수학이 매우 중요한 위치에 있음을 알게 되었다고 한다. 라이프치히에서 법학박사과정 중 수학에 더욱 관심을 쏟았고 학위논문은 철학과 수학이 서로 필요에 의하여 접목된 것이었다고 한다.

그가 미분적분학을 발견한 것은 수학의 역사에서 엄청난 사건이다. 미분적분학의 발견에 관하여 한 때 뉴턴과 논쟁이 되기도 하였으나 나중에 결국 그의 독창성이 입증되었다.

10.3 | 변수변환

정리 10.3.1

φ는 $[\alpha, \beta]$에서 연속적 미분가능하고 f는 φ의 치역에서 연속이고 $\varphi(\alpha) = a$, $\varphi(\beta) = b$라고 하면

$$\int_a^b f(x)dx = \int_\alpha^\beta f(\varphi(u))\varphi'(u)du.$$

증명 $g(x) = \int_a^x f(t)dt$로 두면 g는 $[a, b]$에서 미분가능하고 $g'(x) = f(x)$이다. 따라서

$$\frac{d}{du}g(\varphi(u)) = g'(\varphi(u)) \cdot \varphi'(u) = f(\varphi(u)) \cdot \varphi'(u).$$

적분학의 기본정리에 의하여

$$\int_\alpha^\beta f(\varphi(u)) \cdot \varphi'(u)du = g((\varphi(u))|_\alpha^\beta = g(\varphi(\beta)) - g(\varphi(\alpha))$$

$$= g(b) - g(a) = \int_a^b f(x)dx. \qquad \blacksquare$$

보기 1 $\int_1^2 e^{x^2}xdx$를 구하여라.

풀이 $u = x^2 \ (1 \le x \le 2)$으로 두면 u는 $[1, 2]$에서 연속함수이고 $u([1, 2]) = [1, 4]$. 또한 $u'(x) = 2x$도 $[1, 2]$에서 연속이다. 따라서

$$\int_1^2 e^{x^2}xdx = \int_1^4 e^u \frac{1}{2}du = \frac{1}{2}[e^u]_1^4 = \frac{1}{2}(e^4 - e). \qquad \blacksquare$$

이중적분 $\iint_D f(x, y)dydx$에서 변환 $T: x = \varphi(u, v), \ y = \psi(u, v)$에 의한 새로운 변수 $u, \ v$에 대한 이중적분으로 표현은 세 과정을 거친다.

(1) 변환 $T: D^* \to D$가 일대일 대응이 되는 uv평면의 영역 D^*를 구한다.

(2) $f(x, y)$를 $f(\varphi(u, v), \psi(u, v))$로 치환한다. 그러면 $f(\varphi(u, v), \psi(u, v))$는 D^*에서

u, v의 함수이다.

(3) $dxdy$를 $\left|\dfrac{\partial(x,y)}{\partial(u,v)}\right| dudv$로 치환한다. 여기서 $\dfrac{\partial(x,y)}{\partial(u,v)}$는 변환 T의 야코비안

(Jacobian)이다. 그러면

$$\iint_D f(x,y)dxdy = \iint_{D^*} f(\varphi(u,v),\psi(u,v))\left|\frac{\partial(x,y)}{\partial(u,v)}\right| dudv.$$

보기 2 $x = r\cos\theta, y = r\sin\theta$일 때 $\left|\dfrac{\partial(x,y)}{\partial(r,\theta)}\right| = \begin{vmatrix} x_r & x_\theta \\ y_r & y_\theta \end{vmatrix} = r$이므로 $dxdy = rdrd\theta$이다.

보기 3 $z = 1 - x^2 - y^2$와 xy평면에 의해 형성되는 영역의 부피를 구하여라.

풀이 극좌표 $x = r\cos\theta, y = r\sin\theta$를 이용하면 $D^*: 0 \le r \le 1, 0 \le \theta \le 2\pi$이고

$\dfrac{\partial(x,y)}{\partial(r,\theta)} = r$이므로

$$\iint_D (1 - x^2 - y^2)dA = \iint_{D^*} (1-r^2)rdrd\theta = \int_0^{2\pi} \int_0^1 (1-r^2)rdrd\theta$$
$$= \int_0^{2\pi} \left[\frac{r^2}{2} - \frac{r^4}{4} \right]_0^1 d\theta = \int_0^{2\pi} \frac{1}{4}d\theta = \frac{\pi}{2}. \qquad \blacksquare$$

보기 4 영역 $D: r = f(\theta)$ $(\alpha \le \theta \le \beta)$일 때 다음 공식을 유도하여라.

$$A = \frac{1}{2} \int_\alpha^\beta f^2(\theta)d\theta$$

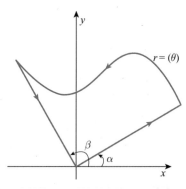

그림 10.3 극방정식 $r = f(\theta)$

풀이　D의 넓이는 $A = \displaystyle\iint_D dA$이므로 극좌표계를 이용하면

$$A = \iint_D r\,dr\,d\theta = \int_\alpha^\beta \int_0^{f(\theta)} r\,dr\,d\theta$$

$$= \int_\alpha^\beta \frac{1}{2} f^2(\theta)\,d\theta = \frac{1}{2} \int_\alpha^\beta f^2(\theta)\,d\theta. \qquad\blacksquare$$

01 다음을 극좌표로 고쳐 계산하여라.

(1) $\displaystyle\int_0^1\int_0^{\sqrt{1-x^2}}dydx$

(2) $\displaystyle\int_{\frac{3}{\sqrt{2}}}^3\int_0^{\sqrt{9-x^2}}\frac{1}{\sqrt{x^2+y^2}}dydx$

(3) $\displaystyle\int_0^1\int_0^{\sqrt{1-y^2}}\sin(x^2+y^2)dxdy$

(4) $\displaystyle\int_0^1\int_{-\sqrt{x-x^2}}^{\sqrt{x-x^2}}(x^2+y^2)dydx$

02 다음 각 곡선으로 둘러싸인 영역의 넓이를 구하여라.

(1) $r=2(1+\cos\theta)$

(2) $r=a(1-\cos\theta)$

(3) $r=2a\cos\theta$

(4) $r=\cos2\theta$

(5) $r^2=\cos2\theta$

(6) $r=\dfrac{2}{1-\cos\theta},\ \theta=\dfrac{\pi}{2}$

03 다음 주어진 조건하에서 영역의 넓이를 구하여라.

(1) $r=2\sin\theta,\ r=2(1-\cos\theta)$로 둘러싸인 부분의 넓이

(2) $r=2(1+\cos\theta)$의 외부와 $r=6\cos\theta$의 내부로 둘러싸인 부분의 넓이

(3) $r=2a\cos\theta$의 내부와 $r=a$의 외부로 둘러싸인 부분의 넓이

(4) $r=2\tan\theta$와 $r=\sqrt{2}\sec\theta,\ \theta=0$으로 둘러싸인 영역 중 제1사분면의 넓이

04 영역 $D=\{(x,y):x^2+y^2\le a^2\}$일 때 $\displaystyle\iint_D e^{-(x^2+y^2)}dA=\pi(1-e^{-a^2})$임을 보여라.

연습문제 1.1

01 (1) 공집합은 모든 집합의 부분집합이므로 $\varnothing \subset A \cap \varnothing$ 이고, 교집합의 성질에 의하여 $A \cap \varnothing \subset \varnothing$ 이므로 $A \cap \varnothing = \varnothing$ 이다.

(3) $A \cap A = \{x : x \in A$ 이고 $x \in A\} = \{x : x \in A\} = A$

03 (1) $x \in A \Leftrightarrow x \notin A^c \Leftrightarrow x \in (A^c)^c\}$

(2) $A, A^c \subset X$ 이므로 $A \cup A^c \subset X \cup X = X$ 이다. 한편, 만약 $x \in X$ 이면 $x \in A$ 또는 $x \notin A$ 이므로 $x \in A$ 또는 $x \in A^c$ 이다. 따라서 $x \in A \cup A^c$ 이므로 $X \subset A \cup A^c$ 이다.

05 $x \in A \cup C$ 라 하면 정의에 의하여 $x \in A$ 또는 $x \in C$ 이다. 가정에 의하여 $x \in B$ 또는 $x \in D$ 이므로 $x \in B \cup D$ 이다.

07 (1) $A \triangle B = (A - B) \cup (B - A) = (B - A) \cup (A - B) = B \triangle A$

(2) $A \triangle B = \varnothing \Leftrightarrow A - B = \varnothing$ 이고 $B - A = \varnothing \Leftrightarrow A = B$

11 (1) $(x, y) \in (A \times A) \cap (B \times C) \Leftrightarrow (x, y) \in A \times A \ \& \ (x, y) \in B \times C$
$\Leftrightarrow (x \in A, x \in B) \ \& \ (y \in A, y \in C)$
$\Leftrightarrow (x, y) \in (A \cap B) \times (A \cap C)$

(2)와 (3)은 (1)과 같은 방법으로 보인다.

12 (1) $\bigcup_{n=1}^{\infty} A_n = \mathbb{R}$, $\bigcap_{n=1}^{\infty} A_n = (-1, 1)$

13 분명히 $A \in P(X) \cap P(Y) \Leftrightarrow A \subset X \cap Y \Leftrightarrow A \in P(X \cap Y)\}$ 이다. 만약 $A \in P(X) \cup P(Y)$ 이면 $A \subset X$ 또는 $A \subset Y$ 이다. 그러므로 $A \subset X \cup Y$, 즉 $A \in P(X \cup Y)$ 이다. 일반적으로 $P(X) \cup P(Y) \neq P(X \cup Y)$ 이다. 왜냐하면 $X = \{0\}$, $Y = \{1\}$ 로 택하면 $P(X) \cup P(Y) = \{\varnothing, \{0\}, \{1\}\}$ 이지만, $P(X \cup Y) = \{\varnothing, \{0\}, \{1\}, \{0, 1\}\}$ 이기 때문이다.

연습문제 1.2

01 $(f \circ g)(\mathrm{N}) = f(g(\mathrm{N})) = f(2\mathrm{N}) = 2\mathrm{N} + 3,$

$$(g \circ g)(\mathrm{N}) = g(g(\mathrm{N})) = g(2\mathrm{N}) = 4\mathrm{N}$$

03 $f^{-1}((1,0)) = 0, \quad f^{-1}((0,-1)) = 3\pi/2$

04 $(f \circ g)(x) = f(g(x)) = f(\cos x) = \cos^2 x + 3,$

$(g \circ f)(x) = g(f(x)) = g(x^2 + 3) = \cos(x^2 + 3)$

05 (1) 만약 $x \in A$이면 $f(x) \in f(A)$이므로 $x \in f^{-1}(f(A))$, 즉 $A \subset f^{-1}(f(A))$이다.

(2) 만약 $y \in f(f^{-1}(B))$이면 $y = f(x)$이 되는 $x \in f^{-1}(B)$가 존재하므로 $y = f(x) \in B$ 이다. 따라서 $f(f^{-1}(B)) \in B$이다.

07 (1) h가 전사함수이므로 정의에 의하여 $h(X) = Z$이다. 따라서
$$Z = h(X) = g \circ f(X) = g(f(X)) \subseteq g(Y) \subseteq Z$$
이므로 $g(Y) = Z$이다.

(2) x와 u는 $x \neq u$인 X의 원소이고 $f(x) = f(u)$이면 $h(x) = g(f(x)) = g(f(u))$ $= h(u)$이므로 h가 단사함수라는 가정에 모순된다. 따라서 $f(x) \neq f(u)$, 즉 f는 단사함수이다.

09 임의의 $x \in X$에 대하여 $[h \circ (g \circ f)](x) = h((g \circ f)(x)) = h(g(f(x)))$이다. 또한 $[(h \circ g) \circ f](x) = (h \circ g)(f(x)) = h(g(f(x)))$이다. 따라서 $h \circ (g \circ f) = (h \circ g)$ $\circ f$이다.

10 (1) ($\Rightarrow$) 위 문제에 의하여 $A \subset f^{-1}(f(A))$이다. 만약 $x \in f^{-1}(f(A))$이면 $f(x) \in$ $f(A)$이다. 즉 $x_1 \in A$가 존재하여 $f(x) = f(x_1)$이다. f가 단사함수이므로 $x = x_1$ $\in A$이다. 따라서 $f^{-1}(f(A)) \subset A$이다.

($\Leftarrow$) 모든 $A \subset X$에 대하여 $A = f^{-1}(f(A))$라 가정하자. $f(x_1) = f(x_2)$ $(x_1, x_2 \in$ X)이고 $A = \{x_2\}$이면 가정에 의하여 $f^{-1}(f(\{x_2\})) = \{x_2\}$이다. $f(x_1) = f(x_2) \in$ $f(\{x_2\})$이므로 역상의 정의에 의하여 $x_1 \in f^{-1}(f(\{x_2\})) = \{x_2\}$, 즉 $x_1 = x_2$이 다. 그러므로 f는 단사함수이다.

(2) ($\Rightarrow$) f가 전사함수일 때 연습문제 5에 의하여 모든 $B \subset Y$에 대하여 $B \subset$ $f(f^{-1}(B))$임을 보이면 충분하다. 사실 $y \in B$이면 f가 전사함수이므로 $y = f(x)$ 를 만족하는 $x \in X$가 존재한다. $f(x) = y \in B$이므로 $x \in f^{-1}(B)$이다. 따라서 $y = f(x) \in f(f^{-1}(B))$이다.

($\Leftarrow$) 모든 $B \subset Y$에 대하여 $f(f^{-1}(B)) = B$라 가정하고 $B = Y$로 택하면 $f(f^{-1}(Y)) = Y$이다. 분명히 $f^{-1}(Y) = X$(왜?)이므로 $f(X) = Y$이다. 따라서

f는 전사함수이다.

11 $g \circ f : X \to Z$이고

$$(g \circ f) \circ (f^{-1} \circ g^{-1}) = g \circ (f \circ f^{-1}) \circ g^{-1} = g \circ g^{-1} = I_Z$$

$$(f^{-1} \circ g^{-1}) \circ (g \circ f) = f^{-1} \circ (g \circ g^{-1}) \circ f = f^{-1} \circ f = I_X$$

이므로 $(g \circ f)^{-1} = f^{-1} \circ g^{-1}$.

12 ($\Rightarrow$) 함수 $g : Y \to X$가 존재하여 $g \circ f = i_X$, $f \circ g = i_Y$이면 항등함수는 전단사함수이므로 $f : X \to Y$가 단사이고 전사함수이다. 임의의 $b \in Y$에 대하여

$$f^{-1}(b) = f^{-1}(f(g(b))) = (f^{-1} \circ f)(g(b)) = i_X(g(b)) = g(b).$$

따라서 $g = f^{-1}$이고 또한 $f = (f^{-1})^{-1} = g^{-1}$이다.

13 (1)$\Rightarrow$(2) : f가 단사함수이고 $A, B \in P(X)$라 하자. $f(A \cap B) \subset f(A) \cap f(B)$는 자명하다.

만약 $y \in f(A) \cap f(B)$이면 $x_1 \in A$, $x_2 \in B$가 존재하여 $f(x_1) = y = f(x_2)$을 만족한다. f가 단사함수이므로 $x_1 = x_2 (= x)$이다. 따라서 $x \in A \cap B$이고 $y = f(x)$, 즉 $y \in f(A \cap B)$이므로 $f(A \cap B) = f(A) \cap f(B)$.

(2)$\Rightarrow$(3) : $f(\varnothing) = \varnothing$이므로 자명하다.

(3)$\Rightarrow$(1) : $x_1, x_2 \in X$이고 $x_1 \neq x_2$라 하고 $A = \{x_1\}$, $B = \{x_2\}$로 두면 $A \cap B = \varnothing$이다. 가정 (3)에 의하여 $f(A) \cap f(B) = \varnothing$이다. 이것은 $f(x_1) \neq f(x_2)$을 의미한다. 따라서 f는 단사함수이다.

14 f는 A에서 $P(A)$로의 함수이고 $E = \{x \in A : x \not\in f(x)\}$로 두면 $E \in P(A)$이고 f는 전사함수가 아님을 증명하여라.

15 (1) 만약 $x \in A \cup B$이면 $x \in A$ 또는 $x \in B$이다. 편의상 $x \in A$이면 $\chi_A(x) = 1$이므로 $\chi_A(x) + \chi_B(x) - \chi_A(x)\chi_B(x) = 1 + \chi_B(x) - \chi_B(x) = 1 = \chi_{A \cup B}(x)$.

만약 $x \not\in A \cup B$이면 $\chi_A(x) = 0$, $\chi_B(x) = 0$이므로

$$\chi_A(x) + \chi_B(x) - \chi_A(x)\chi_B(x) = 0 = \chi_{A \cup B}(x).$$

그러므로 $\chi_{A \cup B}(x) = \chi_A(x) + \chi_B(x) - \chi_A(x)\chi_B(x)$.

(2)–(5)의 증명도 비슷하게 증명할 수 있다.

01 (2) $n=1$일 때 등식은 분명히 성립한다. $2^k > k$이라 가정하면

$$2^{k+1} = 22^k > 2k = k+k \geq k+1$$

이므로 수학적 귀납법에 의하여 모든 자연수 n에 대하여 등식은 성립한다.

(5) $(1^3 + 2^3 + \cdots + n^3)/n > \sqrt[n]{1^3 \cdot 2^3 \cdots n^3} = (n!)^{3/n}$이고

$$1^3 + 2^3 + 3^3 + \cdots + n^3 = (n(n+1)/2)^2$$

이므로 $n(n+1)^2/4 > (n!)^{3/n}$이다. 양변을 n제곱하면 $n^n((n+1)/2)^{2n} > (n!)^3$.

(7) $n=1$일 때 $x^2 - y^2 = (x-y)(x+y)$이므로 등식은 분명히 성립한다.

$n=k$일 때 등식은 성립한다고 가정하면 $x, y \in \mathbb{R}$에 대하여

$$x^{k+2} - y^{k+2} = x^{k+2} - xy^{k+1} + xy^{k+1} - y^{k+2} = x(x^{k+1} - y^{k+1}) + (x-y)y^{k+1}.$$

가정에 의하여 $x^{k+2} - y^{k+2} = (x-y)(x^{k+1} + x^k y + \cdots + xy^k + y^{k+1})$.

(8) $n=1$일 때는 분명하다. 만약 $n=k$일 때 주어진 부등식이 성립한다고 가정하면 $((x+y)/2)^k \leq (x^k + y^k)/2$이다. 그러면

$$\left(\frac{x+y}{2}\right)^{k+1} = \left(\frac{x+y}{2}\right)^k \left(\frac{x+y}{2}\right) \leq \left(\frac{x^k + y^k}{2}\right)\left(\frac{x+y}{2}\right)$$

$$= \frac{x^{k+1} + y^{k+1} + x^k y + xy^k}{4} \leq (x^{k+1} + y^{k+1})/2$$

을 얻는다. 마지막 부등식은 $x^{k+1} - x^k y + y^{k+1} - y^k x = (x-y)(x^k - y^k) \geq 0$임을 주목하여라.

02 (2) $n=1$일 때 $(1+h)^1 = 1+h$이므로 부등식은 성립한다. 주어진 부등식이 $n=k$ (≥ 1)일 때 성립한다면 $1+h > 0$이므로

$$(1+h)^{(k+1)} = (1+h)^k(1+h) \geq (1+kh)(1+h)$$
$$= 1 + (k+1)h + kh^2 \geq 1 + (k+1)h.$$

따라서 주어진 부등식은 $k+1$에 대해서도 성립한다. 그러므로 수학적 귀납법에 의하여 주어진 부등식은 모든 $n \in \mathbb{N}$에 대하여 성립한다.

(3) $P(n)$을 $7^n - 2^n$이 5로 나누어진다는 명제라고 하자. $n=1$일 때 $7^1 - 2^1 = 5$이고 5는 5로 나누어지므로 $P(1)$은 참이다. $P(n)$이 참이라 가정하면 $7^n - 2^n$은 5로 나누어진다.

$$7^{n+1} - 2^{n+1} = 7 \cdot 7^n - 2 \cdot 2^n = 7 \cdot 7^n - 7 \cdot 2^n + 7 \cdot 2^n - 2 \cdot 2^n$$
$$= 7 \cdot (7^n - 2^n) + 5 \cdot 2^n$$

여기서 $7 \cdot (7^n - 2^n)$은 귀납적 가정에 의해 5로 나누어지고 $5 \cdot 2^n$도 5로 나누어지므로 $7^{n+1} - 2^{n+1}$도 5로 나누어진다. 따라서 $P(n+1)$이 참이므로 수학적 귀납법에 의하여 모든 자연수 n에 대해 $7^n - 2^n$은 5로 나누어진다.

05 $n = 1$일 때 자명하게 성립한다. $n \leq k$일 때 주어진 명제가 성립한다고 가정하자. $n = k+1$일 때

$$a^{k+1} + \frac{1}{a^{k+1}} = \left(a + \frac{1}{a}\right)\left(a^k + \frac{1}{a^k}\right) - \left(a^{k-1} + \frac{1}{a^{k-1}}\right) \in \mathbb{Z}$$

이므로 수학적 귀납법에 의하여 모든 자연수 n에 대하여 $a^n + 1/a^n \in \mathbb{Z}$가 성립한다.

07 $0 < n < 1$인 자연수 n이 존재한다고 가정하면 집합 $A = \{n \in \mathbb{N} : 0 < n < 1\}$는 공집합이 아닌 $\mathbb{N}$의 부분집합이므로 정렬원칙에 의하여 최소원소 $m \in A$을 갖는다. $0 < m < 1$이므로 $0 < m^2 < m < 1$이다. $m \in \mathbb{N}$이므로 $m^2 \in \mathbb{N}$이다. 따라서 이것은 A의 최소원소가 m이라는 사실에 모순이 된다.

08 만일 홀수인 동시에 짝수가 되는 자연수 n이 존재한다면 적당한 $a, b \in \mathbb{N}$가 존재하여 $n = 2a = 2b + 1$이 성립한다. 따라서 $1 = 2(a-b)$로부터 $0 < a - b < 1$을 얻게 된다. 문제 7에 의하여 이 부등식을 만족하는 $a - b \in \mathbb{N}$는 존재할 수 없다.

09 만일 적당한 자연수 k가 존재하여 명제 $p(k)$가 거짓이라 하면 적당한 자연수 N이 존재하여 $2^N > k$이 성립하게 된다. 이제 $M = 2^N$일 때

$$S = \{n : p(n)$이 \ 거짓이고 \ n < M\}$$

이면 $S \neq \varnothing$이고 S는 $\mathbb{N}$의 부분집합이므로 최대원소 m을 갖는다. 따라서 명제 $p(n)$은 $n = m+1$일 때 참이 된다. 조건 (2)에 의하여 $p(m+1)$이 참이면 $p(m)$이 참이 되어야 한다. 그런데 $m \in S$이므로 $p(m)$은 거짓이므로 모순이 된다.

10 (1) 정의에 의하여

$$\binom{n}{k-1} + \binom{n}{k} = \frac{n!k}{(n-k+1)!k}! + \frac{n!(n-k+1)}{(n-k+1)!k!}$$
$$= \frac{n!(n+1)}{(n-k+1)!k!} = \frac{(n+1)!}{(n-k+1)!k!} = \binom{n+1}{k}$$

(2) $n = 1$일 때 좌변은 $(1+a)^1 = 1+a$, 우변은 $\binom{1}{0} + \binom{1}{1}a = 1 + a$이다. $n = k$일 때 이항정리가 성립한다고 가정하자. $n = k+1$일 때 가정에 의하여

$$(1+a)^{k+1} = (1+a)(1+a)^k = (1+a)\sum_{j=0}^{k}\binom{k}{j}a^j = \sum_{j=0}^{k}\binom{k}{j}a^j + \sum_{j=1}^{k+1}\binom{k}{j-1}a^j.$$

(1)에 의하여 위 식은 $\sum_{j=0}^{k+1}\binom{k+1}{j}a^j$와 같다. 따라서 수학적 귀납법에 의하여 모든 자연수 n에 대하여 이항정리가 성립한다.

연습문제 1.4

01 $f : \mathbb{N} \to E,\ f(n) = 2n$는 전단사함수이다.

02 (1) 항등함수 $1_A : A \to A$는 일대일이고 위로의 함수이므로 $A \sim A$이다.

(2) $A \sim B$이면 전단사함수 $f : A \to B$가 존재한다. 그러나 이 경우에 f는 역함수 $f^{-1} : B \to A$를 가지며 이것은 또한 전단사함수이다.

따라서 $A \sim B$이면 $B \sim A$이다.

(3) $A \sim B$이고 $B \sim C$이면 전단사함수 $f : A \to B$, $g : B \to C$가 존재한다. 따라서 합성함수 $g \circ f : A \to C$도 전단사이므로 $A \sim B$이고 $B \sim C$이면 $A \sim C$.

03 (1) $g(x) = a + x(b-a)$는 $(0,1)$에서 (a,b) 위로의 일대일 대응 함수이다.

(2) $f : (0,1) \to (0,\infty),\ f(x) = x/(1-x)$는 전단사함수이다.

(3) $A = [0,1] - \{0,1,1/2,1/3,\cdots\} = (0,1) - \{1/2,1/3,1/4,\cdots\}$이라 하면

$$[0,1] = \{0,1,1/2,1/3,\cdots\} \cup A, \quad (0,1) = \{1/2,1/3,1/4,\cdots\} \cup A$$

가 성립한다. 다음 함수 $f : [0,1] \to (0,1)$를 생각하자.

$$f(x) = \begin{cases} 1/2 & (x = 0일\ 때) \\ 1/(n+2) & (x = 1/n,\ n \in \mathbb{N}일\ 때) \\ x & (x \neq 0, 1/n,\ n \in \mathbb{N},\ 즉\ x \in A일\ 때) \end{cases}$$

함수 f는 일대일이고 위로의 함수이다. 따라서 $[0,1] \sim (0,1)$이다.

다음 함수 $f : [0,1] \to [0,1)$는 전단사함수이고 $[0,1] \sim [0,1)$이다.

$$f(x) = \begin{cases} 1/(n+1) & (x = 1/n,\ n \in \mathbb{N}일\ 때) \\ x & (x \neq 1/n,\ n \in \mathbb{N}일\ 때) \end{cases}$$

끝으로 $f : [0,1) \to (0,1]$은 $f(x) = 1 - x$로 정의하면 f는 전단사함수이다. 따라서 $[0,1) \sim (0,1]$이고 추이성에 의하여 $[0,1] \sim (0,1]$이다.

(4) 다음 각 함수는 $f(x) = a + (b-a)x$로 정의된다고 하자.

$$[0,1] \to [a,b],\ [0,1) \to [a,b),\ (0,1) \to (a,b),\ (0,1] \to (a,b]$$

각 함수는 전단사함수이다. 따라서 (3)에 의하여 각 구간은 $[0,1]$과 대등하다.

04 $A \sim X$이므로 전단사함수 $h : A \to X$가 존재한다. 마찬가지로 전단사함수 $g : B \to Y$ 가 존재한다. 결과를 증명하기 위하여 $F : A \times B \to X \times Y$, $F(a, b) = (h(a), g(b))$ 는 전단사함수임을 증명하여라.

05 십진소수 $a = 0.a_1 a_2 \cdots$ 이고, $b = 0.b_1 b_2 \cdots$ 인 $a, b \in [0, 1]$에 대하여 함수
$$f : [0, 1] \times [0, 1] \to [0, 1], \quad f(a, b) = 0.a_1 b_1 a_2 b_2 \cdots$$
는 전단사함수임을 증명하여라.

08 함수 $f : \mathbb{Q}(\sqrt{2}) \to \mathbb{Q} \times \mathbb{Q}$, $f(a + b\sqrt{2}) = (a, b)$가 전단사함수임을 증명하여라.

10 무리수 전체의 집합이 가산집합이라 가정하면 $\mathbb{Q}$는 가산집합이므로 $\mathbb{R} = \mathbb{Q} \cup \mathbb{Q}^c$ 는 가산집합이다. 이것은 $\mathbb{R}$이 비가산집합이라는 사실에 모순이다. 따라서 무리수 전체의 집합은 가산집합이 아니다.

12 양의 정수의 각 쌍 $(n, m) \in \mathbb{N} \times \mathbb{N}$에 대해서 P_{nm}을 차수 m인 다항식 $p(x)$의 집합으로서 $|a_0| + |a_1| + \cdots + |a_m| = n$을 만족한다고 하자. 즉,
$$P_{nm} = \{p(x) : p(x) \text{의 차수} = m, \ |a_0| + |a_1| + \cdots + |a_m| = n\}.$$
이 경우 P_{nm}은 유한집합이 된다. 따라서 $P = \cup \{P_{nm} : (n, m) \in \mathbb{N} \times \mathbb{N}\}$은 가산집합의 가산개의 합집합이므로 가산이다. 특히 P는 유한집합이 아니므로 P는 무한 가산집합이다.

13 연습문제 12에 의하여 다항식의 빙정식 전체의 집합 E는 가산집합이다. 즉,
$$E = \{p_1(x) = 0, \quad p_2(x) = 0, \quad p_3(x) = 0, \cdots\}$$
는 가산집합이다(여기서 $p_i(x)$는 다항식이다). $A_i = \{x : x \text{는 } p_i(x) = 0 \text{ 의 해}\}$ 로 두면 n차의 다항식은 많아야 n개의 근을 가지므로 $E = \cup \{A_i : i \in \mathbb{N}\}$는 가산집합이다.

14 A를 X의 임의의 부분집합, 즉 $A \in P(X)$라 하고 함수 $f : P(X) \to C(X)$는
$$f(A) = \chi_A, \quad \chi_A(x) = \begin{cases} 0, & x \notin A \\ 1, & x \in A \end{cases}$$
로 정의되면 g는 전단사함수이다. 따라서 $P(X) \sim C(X)$이다.

16 $X \sim X_1$이므로 일대일이고 위로의 함수 $f : X \to X_1$ 이 존재한다. 또한 $X \supset Y$이므로 f의 Y로의 축소는 또한 일대일이고 이것을 f로 나타낸다. 따라서 Y는 X_1 의 부분집합 Y_1과 대등인 $Y \sim Y_1$이다. 여기서 Y_1에 대해서 $X \supset Y \supset X_1 \supset Y_1$ 이며 $f : Y \to Y_1$ 가 일대일인 위로의 함수가 됨을 밝혔다. 이제 $X_1 \subset Y$이므로 같은 방법으로 해서

$$X \supset Y \supset X_1 \supset Y_1 \supset X_2$$

이고, $f: X_1 \to X_2$ 가 일대일이며, 또한 위로의 함수로 되는 X_2 가 존재한다. 즉 대등인 집합 Y, Y_1, Y_2, $\cdots$이 X_1, X_2, X_3, $\cdots$를 만족하도록 하면,

$$X \supset Y \supset X_1 \supset Y_1 \supset X_2 \supset Y_2 \supset \cdots$$
$$B = X \cap Y \cap X_1 \cap Y_1 \cap X_2 \cap Y_2 \cap \cdots$$

이라 하면

$$X = (X - Y) \cup (Y - X_1) \cup (X_1 - Y_1) \cup \cdots \cup B$$
$$Y = (Y - X_1) \cup (X_1 - Y_1) \cup (Y_1 - X_2) \cup \cdots \cup B$$

또한 $(X - Y) \sim (X_1 - Y_1) \sim (X_2 - Y_2) \sim \cdots$이 된다. 특히 함수 $f: (X_n - Y_n) \to (X_{n+1} - Y_{n+1})$는 일대일이고 위로의 함수이다. 다음 함수 $g: X \to Y$는 일대일이고 위로의 함수이다. 따라서 $X \sim Y$이다.

$$g(x) = \begin{cases} f(x) & (x \in X_i - Y_i \text{ 또는 } x \in X - Y \text{일 때}) \\ x & (x \in Y_i - X_i \text{ 또는 } x \in B \text{일 때}) \end{cases}$$

2장 연습문제 풀이

연습문제 2.1

01 (2) $a+b=a$의 양변에 $-a$를 더하여 덧셈에 대한 항등원의 성질을 이용한다.

03 $a=0$ 또는 $b=0$이면 정리 2.1.4 (1)에 의하여 $ab=0$이고 이는 모순이므로 $a \neq 0$, $b \neq 0$이다. 또한

$$(ab)(a^{-1}b^{-1}) = a(ba^{-1})b^{-1} = a(a^{-1}b)b^{-1} = (aa^{-1})(bb^{-1}) = 1 \cdot 1 = 1$$

이므로 $a^{-1}b^{-1}$는 ab의 곱셈에 관한 역원이다. 또한 그 역원은 유일하므로 $(ab)^{-1} = a^{-1}b^{-1}$를 얻는다.

04 (1) $a+((-a)+b)=(a+(-a))+b=0+b=b$이므로 $x=(-a)+b$는 $a+x=b$의 한 해가 된다. 해의 유일성을 보이기 위하여 $a+x'=b$를 만족시키는 $x' \in \mathbb{R}$가 존재한다고 할 때, $x=x'$임을 보이면 된다. 그런데 방정식 $a+x'=b$의 양변에 $-a$를 더하면 $(-a)+(a+x')=(-a)+b$가 된다. 또한 $(-a)+(a+x') = ((-a)+a)+x'$이므로 $x'=(-a)+b$이다. 따라서 $x=x'$이다.

(2) 같은 방법으로 증명할 수 있다.

05 (3) $x=a/b$, $y=c/d$로 두면 $a=bx$, $c=dy$이므로 $ac=bd(xy)$가 된다. 그런데 (1)에 의하여 $bd \neq 0$이므로 정리 2.1.3에 의하여 $xy = \dfrac{ac}{bd}$이다.

(4) $x=a/b$, $y=c/d$로 두면 $a=bx$, $c=dy$이므로 각각의 양변에 d, b를 각각 곱하여 더하면 $ad+bc=bd(x+y)$이다. $bd \neq 0$이므로 $x+y = \dfrac{ad+bc}{bd}$이다.

연습문제 2.2

01 (1) 만약 $a>b$이면 $\epsilon = (a-b)/2$로 두면 $b+\epsilon = b+(a-b)/2 = (a+b)/2 < a$이다. 이는 가정에 모순이다. 따라서 $a \leq b$이다.

(3) $a=b$이면 $|a-b|=0$이 되므로 임의의 실수 $\epsilon > 0$에 대하여 $|a-b| < \epsilon$이 된다. 역으로 임의의 실수 $\epsilon > 0$에 대하여 $|a-b| < \epsilon$이 성립한다면 실수 $|a-b|$는 $\mathbb{R}$

의 부분집합 $X = \{\epsilon \in \mathbb{R} : \epsilon > 0\}$의 하계가 된다. 따라서 $|a - b| \leq \inf X = 0$이다. 그런데 $|a - b| \geq 0$이므로 $|a - b| = 0$, 즉 $a = b$일 수밖에 없다.

02 $n = 1$일 때는 자명하다. $n > 1$이면 $n^2 = nn > n \times 1 = n$이다.

03 만약 $a \neq 0$이면 $a^2 > 0$이므로 $a^2 + b^2 > 0$이 된다. 이는 가정에 모순이다.

04 (1) $n = 1$이면 자명하다. $n = k$일 때 성립한다고 가정하면 $a > 1$이므로
$$a^{k+1} = aa^k \geq aa \geq a$$

06 (1) $(a + c) - (b + c) = a - b$이고 가정에 의해서 $a - b > 0$이므로 $(a + c) - (b + c) > 0$이다. 따라서 (1)가 성립한다.

(2) $n = 1$이면 정리 2.2.4(1)에 의하여 결과는 성립한다. 자연수 k에 대하여 참이라 가정하면 $k \in P$이다. $1 \in P$이므로 순서공리에 의하여 $k + 1 \in P$이다. 따라서 수학적 귀납법에 의하여 명제는 모든 자연수 n에 대하여 성립한다.

(3) $(a + c) - (b + d) = (a - b) + (c - d)$이고 가정에 의해서 $a - b > 0$이고 $c - d > 0$이므로 $(a - b) + (c - d) > 0$이다. 따라서 $a + c > b + d$.

(4) $ac - bc = (a - b)c$이고 가정으로부터 $a - b > 0$이고 $c > 0$이므로 $(a - b)c > 0$이다. 따라서 $ac > bc$이다.

(5) (4)와 같은 방법으로 증명된다.

(6) $ab > 0$이면 $a \neq 0$이고 $b \neq 0$이다. $a > 0$이면 $a^{-1} > 0$이므로 (4)에 의하여 $a^{-1}(ab) > a^{-1} \cdot 0$, 즉 $b > 0$이다. 한편, $a < 0$이면 같은 방법으로 $b < 0$임을 보일 수 있다. 따라서 (6)이 성립한다.

(7) $a^2 - b^2 = (a + b)(a - b)$이고 가정에 의하여 $a + b > 0$이 성립하므로 $a^2 - b^2 > 0$일 필요충분조건은 $a - b > 0$이다. 따라서 (7)이 성립한다.

08 (1) 명백히 $|a| \geq 0$은 성립한다. $a = 0$이면 절댓값 정의에 의하여 $|0| = 0$이다. 또한 $a \neq 0$이면 $-a \neq 0$이므로 $|a| \neq 0$이다.

(2) $a = 0$이면 $|0| = 0 = |-0|$이다. $a > 0$이면 $|a| = a = -(-a) = |-a|$이다. 또한 $a < 0$이면 $|a| = -a = |-a|$이다.

(3) $a > 0$이고 $b > 0$이면 $ab > 0$이므로 $|ab| = ab = |a||b|$이다. $a > 0$이고 $b < 0$이면 $ab < 0$이므로 $|ab| = -(ab) = a(-b) = |a||b|$이다. $a < 0$이고 $b > 0$일 경우와 $a < 0$이고 $b < 0$일 경우도 같은 방법으로 증명된다. 끝으로 a, b 중 어느 하나가 0인 경우에는 $|ab| = 0 = |a||b|$이다.

(4) $|a| \leq c$이면 절댓값 정의에 의하여 $a \leq c$이고 $-a \leq c$이다. 그런데 $-a \leq c$이면

$a \geq -c$이므로 $-c \leq a \leq c$가 성립한다.

역으로, $-c \leq a \leq c$이면 $a \leq c$이고 $-a \leq c$이므로 $|a| \leq c$가 성립한다.

(5) (4)에서 $c = |a|$를 적용시키면 된다.

10 (2) 임의의 양수 p에 대하여

$$b^p - a^p = (b-a)(b^{p-1} + b^{p-2}a + \cdots + ba^{p-2} + a^{p-1})$$

이고 오른쪽 괄호의 값은 양수이므로 $b - a > 0 \Leftrightarrow b^p - a^p > 0$

11 $a \leq b + c$의 양변에 $ab + ac$를 더하면 $a + ab + ac \leq b + c + ab + ac$이다. 간단히 계산하면 $a(1 + b + c) \leq (1 + a)(b + c)$이고 이것으로부터 다음 결과를 얻는다.

$$\frac{a}{a+1} \leq \frac{b+c}{1+b+c} = \frac{b}{1+b+c} + \frac{c}{1+b+c} \leq \frac{b}{1+b} + \frac{c}{1+c}$$

12 (1) $1 - 1/n^2 > 0$이므로 베르누이의 부등식을 적용하여라. 즉,

$$\left(1 - 1/n^2\right)^n > 1 + n\left(-1/n^2\right) = 1 - 1/n$$

(2) (1)의 좌변을 다시 쓰면 $\left(1 - 1/n^2\right)^n = (1 - 1/n)^n(1 + 1/n)^n$이다. 그러므로 (1)에 의하여

$$(1 + 1/n)^n > (1 - 1/n)^{1-n} = (n/(n-1))^{n-1} = (1 + 1/(n-1))^{n-1}$$

을 얻는다.

〈별해〉 $e_n = (1 + 1/n)^n$라 두고 베르누이의 부등식을 적용하면

$$\frac{e_{n+1}}{e_n} = \left(1 - \frac{1}{(n+1)^2}\right)^{n+1}\left(1 + \frac{1}{n}\right) > \left(1 - \frac{1}{n+1}\right)\left(1 + \frac{1}{n}\right) = 1$$

을 얻는다.

(3) 베르누이의 부등식에 의하여

$$\left(1 + \frac{1}{n^2 - 1}\right)^n > 1 + \frac{n}{n^2 - 1} > 1 + \frac{n}{n^2} = 1 + \frac{1}{n} \quad (n \geq 2)$$

이므로 모든 $n \geq 2$에 대하여

$$\left(1 + \frac{1}{n^2 - 1}\right)^n > 1 + \frac{1}{n} \Leftrightarrow \left(\frac{1 + 1/(n-1)}{1 + 1/n}\right)^n > 1 + \frac{1}{n}$$

$$\Leftrightarrow \left(1 + \frac{1}{n-1}\right)^n > \left(1 + \frac{1}{n}\right)^{n+1}$$

01 (1) $\inf A = 0$, $\sup A = 1$ (2) $\inf B = -1$, $\sup B = 3/2$

(3) $\sup C = \infty$, $\inf C = -\infty$,   (4) $\sup D = 26$, $\inf D = -2$

02 임의의 $n \in \mathbb{N}$에 대하여 $n < 2^n$, 즉 $1/2^n < 1/n$이다. 따라서 아르키메데스 정리에 의하여 $1/n < x$인 자연수 n이 존재하므로 결과가 성립한다.

03 (1) $\mathbb{N}$이 위로 유계집합이라 가정하면 완비성 공리에 의하여 $a = \sup \mathbb{N}$이 존재한다. 이때 $a-1$은 $\mathbb{N}$의 상계가 아니므로 $a-1 < n$을 만족하는 자연수 n이 존재한다. 따라서 $a < n+1$이고 $n+1 \in \mathbb{N}$이므로 이는 $a = \sup \mathbb{N}$에 모순이 된다.

(2) A가 위로 유계라고 가정하면 실수의 완비성에 의하여 집합 A는 최소상계 b를 갖는다. $a > 1$이고 $b/a < b$이므로 b/a는 집합 A의 상계가 아니다. 따라서 적당한 자연수가 존재하여 $a^n > b/a$가 성립한다. 이를 정리하면 $a^{n+1} > b$가 되므로 b는 집합 A의 상계가 될 수 없다.

05 α와 α'가 각각 X의 최소상계이면 α와 α'는 X의 상계이고 α가 X의 최소상계라는 사실로부터 $\alpha \le \alpha'$가 성립한다. 또한 α'가 X의 최소상계라는 사실로부터 $\alpha' \le \alpha$인 관계가 성립하기 때문이다.

07 등호가 반드시 성립하지는 않는다. 만약 $A = B = [0,1]$이면 $A \cup B = [0,1]$이므로 $\sup(A \cup B) = 1$이다. 하지만 $\sup A + \sup B = 1 + 1 = 2$이므로 $\sup(A \cup B) \ne \sup A + \sup B$이다.

11 $X \ne \varnothing$이므로 $-x \in -X$을 만족하는 $x \in X$가 존재하므로 $-X \ne \varnothing$이다. X는 위로 유계집합이므로 임의의 $x \in X$에 대하여 $x \le a$를 만족하는 $a \in \mathbb{R}$가 존재한다. 그러므로 $-x \ge -a$이므로 $-a$는 $-X$의 하계이다. 따라서 $-X$는 아래로 유계집합이다.

$\alpha = \sup X$라고 하고 $Y = \{-x : x \in X\} = -X$라고 하자. 모든 $x \in X$에 대하여 $x \le \alpha$가 성립하므로 $-x \ge -\alpha$도 성립하게 된다. 따라서 $-\alpha$는 집합 Y의 하계가 된다. 만일 β를 집합 Y의 최대하계라고 하면 $\beta \ge -\alpha$가 성립한다. 또한 모든 $y \in Y$에 대하여 $\beta \le y$이므로 $-y \le -\beta$가 된다. $X = \{-y : y \in Y\}$이므로 $-\beta$는 집합 X의 상계가 되어 $-\beta \ge \alpha$가 성립하게 된다. 따라서 $-\beta = \alpha$가 된다.

14 (1) X, Y는 공집합이 아닌 유계집합이므로 $\alpha = \sup X$, $\beta = \sup Y$가 $\mathbb{R}$ 안에서 존재한다. $\alpha = \sup X$이므로 임의의 $x \in X$에 대하여 $x \le \alpha$이다. 마찬가지로 임의의 $y \in Y$에 대하여 $y \le \beta$이다. 따라서 임의의 $x \in X$, $y \in Y$에 대하여 $x + y \le$

$\alpha + \beta$이므로 $\alpha + \beta$는 $X + Y$의 상계이다. 따라서 $r = \sup(X + Y) \leq \alpha + \beta$이다. 한편, r는 $X + Y$의 상계이므로 임의의 $x \in X$, $y \in Y$에 대하여 $x + y \leq r$이다. $y \in Y$는 한 고정된 원소라 하면 임의의 $x \in X$에 대하여 $x \leq r - y$이다. 따라서 $r - y$는 X의 상계이므로 $\alpha \leq r - y$. 이는 임의의 $y \in Y$에 대하여 성립하므로 $\beta \leq r - \alpha$, 즉 $\alpha + \beta \leq r$. 따라서 $\sup(X + Y) = r = \alpha + \beta = \sup X + \sup Y$이다.

15 (3) $\alpha = \sup\{f(x) : x \in X\}$, $\beta = \sup\{g(x) : x \in X\}$로 두자. f와 g의 치역은 유계집합이므로 α와 β는 유한 값이고 임의의 $x \in X$에 대하여 $f(x) + g(x) \leq \alpha + \beta$이다. 따라서 $\alpha + \beta$는 $\{f(x) + g(x) : x \in X\}$의 상계이므로 $\sup\{f(x) + g(x) : x \in X\} \leq \alpha + \beta$이다.

16 (1) 임의의 $x \in D$에 대하여 $f(x) \leq g(x) \leq \sup g(D)$이므로 $\sup g(D)$는 집합 $f(D)$의 하나의 상계이다. 따라서 $\sup f(D) \leq \sup g(D)$이다.

(2) 특정한 $y \in D$에 대하여 $f(x) \leq g(y)$이므로 $g(y)$는 $f(D)$의 상계임을 알 수 있다. 따라서 $\sup f(D) \leq g(y)$이다. 이 마지막 부등식은 모든 $y \in D$에 대하여 성립해야 하므로 $\sup f(D)$가 집합 $g(D)$의 하계이다. 따라서 $\sup f(D) \leq \inf g(D)$이다.

17 $\mathbb{R}$의 공집합이 아닌 부분집합 X가 위로 유계라고 하자. 집합 X가 최소상계를 가짐을 보이자. X의 상계가 존재하므로 X의 상계 전체의 집합을 B로 놓으면 $B \neq \varnothing$가 된다. 또한 $A = \mathbb{R} - B$이면 명백히 $A \neq \varnothing$이고 $\mathbb{R} = A \cup B$가 성립한다. 따라서 집합 A와 B가 데데킨트 정리의 가정 (1)과 (2)를 만족한다. 이제 집합 A와 B가 가정 (3)를 만족함을 보이자. 임의의 $a \in A$, $b \in B$에 대하여 a는 X의 상계가 아니므로 $a < s$인 $s \in X$가 존재하고, 또한 b가 X의 상계이므로 모든 $s \in X$에 대하여 $s \leq b$이다. 따라서 $a < b$이다. 이상에서 데데킨트 정리의 가정 (1), (2), (3)을 모두 만족하므로 데데킨트 정리에 의하여 임의의 $a \in A$, $b \in B$에 대하여 $a \leq \alpha$이고 $\alpha \leq b$가 성립하는 $\alpha \in \mathbb{R}$가 유일하게 존재한다. 그런데 $\mathbb{R} = A \cup B$이므로 $\alpha \in A$이거나 $\alpha \in B$이다. 이제 $\alpha \in B$임을 보이자. 만일 $\alpha \in A$이면 α는 X의 상계가 아니므로 $\alpha < s$인 $s \in X$가 존재한다. 여기서 $x_0 = (\alpha + s)/2$로 놓으면 $\alpha < x_0 < s$가 되므로 x_0는 X의 상계가 아니다. 따라서 $x_0 \in A$가 되고 $\alpha \leq x_0$가 되어 모순이다. 그러므로 $\alpha \notin A$, 즉 $\alpha \in B$가 된다. 그런데 모든 $b \in B$에 대해 $\alpha \leq b$이므로 최소상계의 정의로부터 α는 X의 최소상계이다.

18 (1) p, q는 임의의 두 유리수이고 $p < q$이면 $\sqrt{2}$는 무리수이므로 $p/\sqrt{2} < q/\sqrt{2}$ 이다. 따라서 유리수의 조밀성에 의하여 $p/\sqrt{2} < r < q/\sqrt{2}$인 유리수 $r \in \mathbb{Q}$ 이 존재한다. 따라서 $p < \sqrt{2}\,r < q$이고 $\sqrt{2}\,r$은 무리수이다.

19 만약 $\sqrt{n} \in \mathbb{Q}$라고 가정하면 $\sqrt{n} = p/q$ $(p, q \in \mathbb{N})$이다. 또한 정리 2.3.11에 의하여 $m_0 < \sqrt{n} < m_0 + 1$을 만족하는 자연수 $m_0 \in \mathbb{N}$이 존재한다. 집합 $E = \{k \in \mathbb{N} : k\sqrt{n} \in \mathbb{Z}\}$을 생각하면 $q\sqrt{n} = p$이므로 $E \neq \phi$이다. $\mathbb{N}$의 정렬성에 의하여 E는 최소원소 n_0를 갖는다. $x = n_0(\sqrt{n} - m_0)$로 두면 위 식에 의하여 $0 < \sqrt{n} - m_0 < 1$. 양변에 n_0를 곱하면 $0 < x = n_0(\sqrt{n} - m_0) < n_0$이다. n_0는 E의 최소원소이므로 $x \notin E$이다.

한편 $n_0 \in E$이므로 $x\sqrt{n} = n_0(\sqrt{n} - m_0)\sqrt{n} = n_0 n - m_0 n_0 \sqrt{n} \in \mathbb{Z}$. 더구나 $x > 0$이고 $x = n_0\sqrt{n} - n_0 m_0$는 두 정수의 차이므로 $x \in \mathbb{N}$. 따라서 $x \in E$이다. 이는 $x \notin E$에 모순이 된다.

20 (2) $u = \sup(cA)$로 두면 $cx \le u$ $(x \in A)$이다. $c < 0$이므로 $x \ge u/c$ $(x \in A)$이다. 따라서 u/c는 A의 하계이므로 $\inf A \ge u/c$이다. 다시 $c < 0$이므로
$$c \inf A \le u = \sup(cA)$$
이다. 비슷하게 $v = \inf A$로 두면 $x \ge v$ $(x \in A)$이다. $cx \le cv$ $(x \in A)$이므로 cv는 cA의 상계이다. 그러므로 $\sup(cA) \le cv = c \inf A$이다. 따라서 $\sup(cA) = c \inf A$이다. 같은 방법으로 $\inf(cA) = c \sup A$임을 증명하여라.

연습문제 2.4

01 모든 유한집합 F는 어떤 집적점을 갖지 않으므로 $F' \subseteq F$이다. 따라서 F는 닫힌집합이다.

04 모든 자연수 n에 대하여 $(0,1] \subset (0, 1 + 1/n)$이므로 $(0,1] \subset \cap_{n=1}^{\infty}(0, 1 + 1/n)$이다. x는 $\cap_{n=1}^{\infty}(0, 1 + 1/n)$의 임의의 원소이면 모든 자연수 n에 대해 $0 < x < 1 + 1/n$ 이다. 분명히 $x \in (0,1]$이다. 왜냐하면 $x > 1$이면 $x - 1 > 0$이기 때문이다. 아르키메데스 정리에 의하여 $1/K < x - 1$을 만족하는 자연수 K가 존재한다. 위 식과 결합하면 모든 자연수 n에 대하여 $1 + 1/K < x < 1 + 1/n$이다. 이는 모순이다.

05 (2) 0은 A의 집적점임을 이용하여라.

06 (1) 하이네–보렐 정리에 의하여 A, B는 닫힌집합이고 유계집합이므로 $A \cup B$는 닫힌집합이다. 또한 $\sup(A \cup B) = \max\{\sup A, \sup B\}$이므로 $A \cup B$는 유계집합이다. 따라서 $A \cup B$는 콤팩트집합이다. 마찬가지 방법으로 $A \cap B$는 콤팩트집합임을 증명할 수 있다.

(2) $K_n = [1/n, 1]$로 두면 모든 K_n은 콤팩트집합이다. 그러나 $\cup_{n=1}^{\infty} K_n = (0, 1]$는 콤팩트집합이 아니다.

08 $K_n = [1/n, 1]$로 두면 모든 K_n은 콤팩트집합이지만, $\cup_{n=1}^{\infty} K_n = (0, 1]$는 콤팩트집합이 아니다.

09 $\{G_\alpha\}$는 집합 $X + y$의 열린덮개라 하자. $H_\alpha = G_\alpha - y$로 두면 H_α는 열린집합이고 $X \subset \cup_\alpha H_\alpha$이다. X는 콤팩트집합이므로 $X \subset H_{\alpha_1} \cup H_{\alpha_2} \cup \cdots \cup H_{\alpha_n}$을 만족하는 α_1, α_2, $\cdots$, α_n이 존재한다. 따라서 $G_\alpha = H_\alpha + y$이므로 $X + y \subset G_{\alpha_1} \cup G_{\alpha_2} \cup \cdots \cup G_{\alpha_n}$이다.

10 (1) $\overline{A}$가 연결집합이 아니라고 가정하면 $\overline{A}$의 공집합이 아닌 열린집합 U와 V가 존재하여 $\overline{A} = U \cup V$, $U \cap V = \varnothing$이 된다. 따라서
$$A = (U \cap A) \cup (V \cap A), \quad (U \cap A) \cap (V \cap A) = \varnothing$$
이므로 A는 연결집합이 아니다. 이는 모순이다.

11 (1) $A = (-\infty, 0]$는 $\mathbb{R}$의 연결집합이지만 콤팩트집합이 아니다.

(2) $A = \{0, 1\}$은 $\mathbb{R}$의 콤팩트집합이지만 연결집합이 아니다.

연습문제 3.1

01 (1) 0 (2) 극한값이 존재하지 않는다. (3) 0 (4) 극한값이 존재하지 않는다.
(5) 1 (6) 0

03 (1) 임의의 양수 $\epsilon > 0$에 대하여 $1/\sqrt{K} < \epsilon$인 자연수 K를 선택하자. 그러면 $n \geq K$인 모든 자연수 n에 대하여 $|1/\sqrt{n} - 0| = 1/\sqrt{n} \leq 1/\sqrt{K} < \epsilon$이 성립하므로 $\lim\limits_{n \to \infty} 1/\sqrt{n} = 0$이다.

(2) 임의의 양수 $\epsilon > 0$에 대하여 $K > (1 - \epsilon)/\epsilon$인 자연수 K를 선택하자. 그러면 $n \geq K$인 모든 자연수 n에 대하여 $\left| \dfrac{n}{n+1} - 1 \right| = \dfrac{1}{n+1} \leq \dfrac{1}{K+1} < \epsilon$이므로

$\lim\limits_{n \to \infty} \dfrac{n}{n+1} = 1$이다.

(3) $\lim\limits_{n \to \infty}(1/n - 1/(n+1)) = \lim\limits_{n \to \infty} 1/n(n+1) \leq \lim\limits_{n \to \infty} 1/n^2 = 0$이므로

$$\lim\limits_{n \to \infty}(1/n - 1/(n+1)) = 0.$$

(4) 임의의 양수 $\epsilon > 0$에 대하여 $n \geq 2$이면 $2n + 3 < 4n$이고 $n^3 + 1 > n^3$이므로

$$|(2n+3)/(n^3+1) - 0| = (2n+3)/(n^3+1) < 4n/n^3 = 4/n^2$$

이다. $K = \max\{2, 2/\sqrt{\epsilon}\}$로 선택하면 $n \geq K$인 모든 n에 대하여

$$\left| \dfrac{2n+3}{n^3+1} - 0 \right| = \dfrac{2n+3}{n^3+1} < \dfrac{4n}{n^3} = \dfrac{4}{n^2} < \dfrac{4}{K^2} = \epsilon$$

이므로 수렴한다.

04 (1) 만약 n이 짝수이면 $n(1 + (-1)^n) = 2n$이다. 따라서 이 수열은 유계수열이 아니므로 $\mathbb{R}$에서 발산한다.

(3) $\alpha \geq 0$일 때 모든 홀수 n에 대해서 $|(-1)^n - \alpha| \geq 1$이고, $\alpha < 0$일 때 모든 짝수 n에 대해서 $|(-1)^n - \alpha| \geq 1$이다. 따라서 $0 < \epsilon < 1$이 되도록 ϵ를 택하면 수렴의 정의를 만족하는 α는 존재하지 않는다. 따라서 $\{(-1)^n\}$은 발산한다.

06 $a_n = \sqrt{n}$일 때 $\{a_n\}$은 유계이고 $\lim\limits_{n\to\infty} a_n/n = \lim\limits_{n\to\infty} 1/\sqrt{n} = 0$이다.

08 $\lim\limits_{n\to\infty} a_n = a$이므로 임의의 $\epsilon > 0$에 대하여 자연수 N이 존재해서 $n \geq N$인 모든 자연수 n에 대하여 $|a_n - a| < \epsilon$이다. 그런데 $n + p > n \geq N$이므로 $|b_n - a| = |a_{n+p} - a| < \epsilon$이다. 따라서 $\lim\limits_{n\to\infty} b_n = \alpha$이다.

09 $\{a_n\}$, $\{b_n\}$이 유계수열이므로 적당한 양수 M_1과 M_2이 존재하여 모든 자연수 n에 대하여 $|a_n| \leq M_1$, $|b_n| \leq M_2$이 만족한다. 따라서 $|ca_n| \leq |c|M_1$, $|a_n + b_n| \leq M_1 + M_2$, $|a_n b_n| \leq M_1 M_2$을 얻는다.

10 (1) $a_n = 1/n$, $b_n = \sin n$ (2) $a_n = \sin n$, $b_n = \cos(n + \pi/2)$

    (3) $a_n = (-1)^n$, $b_n = \sin \pi(n - 1/2)$,

11 (1) 가정에 의하여 모든 자연수 n에 대하여 $|a_n| \leq M$을 만족하는 양수 M이 존재한다. 또한 ϵ은 임의의 양수라 하자. 이때 $n \geq N$인 모든 자연수 n에 대해서 $|b_n| < \epsilon/M$이 성립하는 자연수 N이 존재한다. 따라서 $n \geq N$일 때 $|a_n b_n| < M(\epsilon/M) = \epsilon$이 성립한다.

    (2) $\{(-1)^n\}$은 유계수열이므로 (1)에 의하여 결과가 성립한다.

13 삼각부등식에 의하여 $|a_n^2 - a^2| \leq (|a_n| + |a|)|a_n - a|$이다. $\lim\limits_{n\to\infty} a_n = a$이므로 모든 $n \in \mathbb{N}$에 대하여 $|a_n| \leq M$을 만족하는 적당한 양수 M이 존재한다. 따라서 $\lim\limits_{n\to\infty} a_n^2 = a^2$이다.

연습문제 3.2

02 (1) $\lim\limits_{n\to\infty} b_n = \lim\limits_{n\to\infty}(a_n + b_n) - \lim\limits_{n\to\infty} a_n$이므로 결과가 성립한다.

03 $a_n = \sqrt{n+1} - \sqrt{n} = 1/(\sqrt{n+1} + \sqrt{n})$이므로 $\lim\limits_{n\to\infty} a_n = 0$이다.

04 $-|a_n| \leq a_n \sin(1/a_n) \leq |a_n|$이고 $\lim\limits_{n\to\infty} a_n = 0$이므로 결과가 성립한다.

05 $p > 1$일 때 $\sqrt[n]{p} > 1$이므로 $\sqrt[n]{p} = 1 + h_n$ $(h_n > 0)$로 두면 이항정리에 의하여 $p = (1 + h_n)^n \geq 1 + nh_n$, 즉 $0 < h_n \leq (p-1)/n$이므로 $\lim\limits_{n\to\infty} h_n = 0$이다. 따라서

$\lim\limits_{n\to\infty} p^{1/n} = 1$이다.

07 (1) $L < \beta < 1$인 β를 택하고 $\epsilon = \beta - L > 0$이라 하자. 이때 $\lim\limits_{n\to\infty} a_{n+1}/a_n = L < 1$

이므로 적당한 자연수 K가 존재하여 $n \geq K$인 모든 자연수 n에 대하여

$$a_{n+1}/a_n - L < \epsilon, \; 즉, \; a_{n+1}/a_n < L + \epsilon = \beta$$

이다. $n \geq K$이고 $c = a_K/\beta^K$라 하면

$$0 < a_n = \frac{a_n}{a_{n-1}} \times \frac{a_{n-1}}{a_{n-2}} \cdots \frac{a_{K+1}}{a_K} a_K < \beta^{n-K} a_K = c\beta^n$$

이다. $0 < \beta < 1$이므로 $\lim\limits_{n\to\infty} \beta^n = 0$이고 $\lim\limits_{n\to\infty} a_n = 0$이다.

(2) $\lim\limits_{n\to\infty} \frac{a_{n+1}}{a_n} = L > 1$이고 새로운 수열 $\{b_n\} = \{1/a_n\}$을 생각하면

$$\lim\limits_{n\to\infty} \frac{b_{n+1}}{b_n} = \lim\limits_{n\to\infty} \frac{a_n}{a_{n+1}} = \frac{1}{L} < 1$$

이므로 (1)에서 $\lim\limits_{n\to\infty} b_n = 0$이다. 따라서 $\lim\limits_{n\to\infty} a_n = \infty$이다.

(3) $a_n = 1/n$인 경우는 $L = 1$이지만 $\lim\limits_{n\to\infty} 1/n = 0$이다. $a_n = n$인 경우는 $L = 1$이

지만 $\lim\limits_{n\to\infty} a_n = \infty$.

08 (1) $L = \lim\limits_{n\to\infty} a_{n+1}/a_n = \lim\limits_{n\to\infty} n^2/(n+1)^2 a = 1/a > 1$이므로 위 문제에 의하여 $\{a_n\}$

은 발산한다.

(3) $L = \lim\limits_{n\to\infty} a_{n+1}/a_n = \lim\limits_{n\to\infty} b/(n+1) = 0 < 1$이므로 위 문제에 의하여 $\lim\limits_{n\to\infty} a_n = 0$.

(4) $L = \lim\limits_{n\to\infty} a_{n+1}/a_n = \lim\limits_{n\to\infty} n^n/(n+1)^n = 1/e < 1$이므로 위 문제에 의하여

$\lim\limits_{n\to\infty} a_n = 0$.

(5) 위 (3)에 의하여 $\lim\limits_{n\to\infty} a_n = 0$.

10 $(\log n)/n \to 0$이므로 모든 자연수 $n(n > N)$에 대하여 $0 < \log n/n < \log b/(r+1)$

되는 자연수 N을 선택한다. $n > N$일 때 $(1+r)\log n < n\log b$ 또는 $n^{r+1} < b^n$이

다. $n^r/b^n < 1/n \to 0$이므로 $\lim\limits_{n\to\infty} n^r/b^n = 0$이다.

12 삼각부등식에 의하면 모든 자연수 n에 대하여 $||a_n| - |a|| \leq |a_n - a|$이다. 따라서

가정에 의하여 $\lim\limits_{n\to\infty}|a_n - a| = 0$이므로 $\{|a_n|\}$은 $|a|$에 수렴한다.

13 (1) $a = 1 + h$이라 두면

$$a^n = (1+h)^n \geq 1 + nh + \frac{n(n-1)}{2}h^2 + \cdots \geq \frac{n(n-1)}{2}h^2$$

이다. 따라서 $\lim\limits_{n\to\infty} a^n/n \geq \lim\limits_{n\to\infty}[n(n-1)h^2]/2n = \lim\limits_{n\to\infty}[(n-1)h^2]/2 = \infty$이므로

$\lim\limits_{n\to\infty} a^n/n = \infty$.

(2) $b = 1/a$라 두면 $b > 1$이다. (1)에 의하여 $\lim\limits_{n\to\infty} b^n/n = \infty$이다. 이 사실을 이

용하여 $\lim\limits_{n\to\infty} na^n = 0$임을 유도하라.

14 $x_n = (a_n - 1)/(a_n + 1)$으로 두고 a_n에 대하여 풀고 극한을 취한다.

15 $n^{1/n} < (n + \sqrt{n})^{1/n} < (2n)^{1/n}$이다. $\lim\limits_{n\to\infty} n^{1/n} = 1$, $\lim\limits_{n\to\infty} 2^{1/n} = 1$이므로 $\lim\limits_{n\to\infty}(2n)^{1/n}$

$= 1$이다. 따라서 조임정리에 의하여 $\lim\limits_{n\to\infty}(n + \sqrt{n})^{1/n} = 1$이다.

16 (1) $a_n = b_n + \alpha$로 택하면 $\lim\limits_{n\to\infty} b_n = 0$일 때 $\lim\limits_{n\to\infty}(b_1 + b_2 + \cdots + b_n)/n = 0$임을 보이

면 된다. 지금

$$\frac{b_1 + b_2 + \cdots + b_n}{n} = \frac{b_1 + b_2 + \cdots + b_P}{n} + \frac{b_{P+1} + b_{P+2} + \cdots + b_n}{n}$$

이므로

$$\left|\frac{b_1 + b_2 + \cdots + b_n}{n}\right| \leq \frac{|b_1 + b_2 + \cdots + b_P|}{n} + \frac{|b_{P+1}| + |b_{P+2}| + \cdots + |b_n|}{n}$$

이다. 임의의 양수 ϵ에 대하여 $\lim\limits_{n\to\infty} b_n = 0$이므로 $n > P$인 모든 n에 대하여

$|b_n| < \epsilon/2$되는 자연수 P를 선택할 수 있다. 따라서

$$\frac{|b_{P+1}| + |b_{P+2}| + \cdots + |b_n|}{n} < \frac{\epsilon/2 + \epsilon/2 + \cdots + \epsilon/2}{n} = \frac{(n-P)\epsilon/2}{n} < \frac{\epsilon}{2} \qquad (1)$$

이다. P를 선택한 후에 $n > N > P$인 모든 n에 대하여

$$|b_1 + b_2 + \cdots + b_P|/n < \epsilon/2 \qquad\qquad (2)$$

이 되도록 자연수 N을 선택할 수 있다. 따라서 (1)과 (2)에 의하여 $n > N$

이면 $|(b_1 + b_2 + \cdots + b_n)/n| < \epsilon/2 + \epsilon/2 = \epsilon$.

(2) $\lim\limits_{n\to\infty} a_n = \alpha > 0$이면 $\lim\limits_{n\to\infty} \ln a_n = \ln \alpha$이므로 위 (1)에 의하여

$$\lim_{n \to \infty} \ln \sqrt[n]{a_1 a_2 \cdots a_n} = \lim_{n \to \infty} \frac{\ln a_1 + \ln a_2 + \cdots + \ln a_n}{n} = \ln \alpha.$$

따라서 결과가 성립한다. $\alpha = 0$인 경우의 증명은 생략한다.

17 $\lim\limits_{n \to \infty} (a_{n+1} - a_n) = a$이므로 문제 16에 의하여

$$\lim_{n \to \infty} \frac{1}{n} \sum_{i=1}^{n} (a_{i+1} - a_i) = \lim_{n \to \infty} \frac{1}{n} (a_{n+1} - a_1) = a$$

이다. $\lim\limits_{n \to \infty} a_1/n = 0$이므로 $\lim\limits_{n \to \infty} a_{n+1}/n = a$이다. 따라서

$$\lim_{n \to \infty} \frac{a_n}{n} = \lim_{n \to \infty} \frac{a_n}{n-1} \frac{n-1}{n} = a.$$

연습문제 3.3

01 수열 $\{a_n\}$이 단조감소이고 유계인 수열임을 보인다. 특히 모든 자연수 n에 대하여 $0 < a_n < 1/2$이다. 따라서 $\lim\limits_{n \to \infty} a_n \leq 1/2$이다.

02 (4) $a_n = \sqrt{n^2+1}/n$으로 두면 $a_n^2 = 1 + 1/n^2 > 1 + 1/(n+1)^2 = a_{n+1}$이므로 모든 자연수 n에 대하여 $a_n > a_{n+1} > 1$이다. 따라서 $\lim\limits_{n \to \infty} a_n = 1$.

05 (1) $a_1 = 1$, $a_2 = \sqrt{2}$이므로 $1 \leq a_1 < a_2 < 2$이다. 수열 $\{a_n\}$은 증가수열이고 2에 의하여 위로 유계임을 증명하고자 한다. 귀납법을 이용하여 모든 $n \in \mathbb{N}$에 대하여 $1 \leq a_n < a_{n+1} < 2$임을 보이고자 한다. $n=1$일 때 $a_1 < a_2 < 2$이다. $n=k$일 때 성립한다고 가정하면 $2 \leq 2a_k < 2a_{k+1} < 4$이다. 따라서

$$1 < \sqrt{2} \leq a_{k+1} = \sqrt{2a_k} < a_{k+2} = \sqrt{2a_{k+1}} < \sqrt{4} = 2$$

이므로 수학적 귀납법에 의하여 모든 $n \in \mathbb{N}$에 대해 $1 \leq a_n < a_{n+1} < 2$이다. $\{a_n\}$은 유계인 증가수열이므로 단조수렴 정리에 의하여 수렴한다.

$\lim\limits_{n \to \infty} a_n = a$라 두면 $a_{n+1} = \sqrt{2a_n}$이고 $\lim\limits_{n \to \infty} a_{n+1} = a$이므로 $a = \sqrt{2a}$이다. 따라서 a는 $a^2 = 2a$를 만족해야 하고, 이 방정식은 근 $a = 0, 2$를 갖는다. $1 \leq a_n \leq 2$이므로 조임정리에 의하여 $1 \leq a \leq 2$이다. 따라서 $a = 2$이다.

(2) $a_1 = \sqrt{2}$, $a_2 = \sqrt{2 + \sqrt{2}} > a_1$이다. 따라서 $a_2 - a_1 > 0$. 만약 $a_n > a_{n-1} (n =$

$2, 3, \cdots) a_n > a_{n-1} (n = 2, 3, \cdots)$이면 $a_{n+1} - a_n = \sqrt{2 + \sqrt{a_n}} - \sqrt{2 + \sqrt{a_{n-1}}} > 0$이다. 수학적 귀납법에 의하여 $a_n < a_{n+1} (n = 1, 2, \cdots)$이다. 따라서 $\{a_n\}$은 단조증가수열이다. $a_n < 2$라고 가정하면 $a_{n+1} = \sqrt{2 + \sqrt{a_n}} < \sqrt{2 + \sqrt{2}} < 2$이다. 수학적 귀납법에 의하여 $\{a_n\}$은 유계인 증가수열이다. 따라서 $\{a_n\}$은 수렴한다.

(4) 모든 자연수 $n \in \mathbb{N}$에 대하여 $a_n > 1$임을 보이기 위하여 수학적 귀납법을 사용하여라. 부등식 $2ab \le a^2 + b^2 (a, b \ge 0)$에서

$$2a_n \le a_n^2 + 1 \text{ 또는 } a_{n+1} = 2 - 1/a_n \le a_n$$

이므로 $\{a_n\}$은 단조감소수열이다.

만약 $a = \lim_{n \to \infty} a_n$이면 $a = \lim_{n \to \infty} a_{n+1} = \lim_{n \to \infty} (2 - 1/a_n) = 2 - 1/a$이므로 $a = 1$이다.

(5) $a_2^3 = 30$이므로 $a_1 = 3 < \sqrt[3]{30} = a_2$이다. $a_{k-1} < a_k$이라 가정하고 $f(x) = 6x^2 - 8x$로 놓으면 $x > 2/3$일 때 $f'(x) = 12x - 8 > 0$이므로 $f(x)$는 $(2/3, \infty)$에서 증가함수이다. 따라서 $f(a_{k-1}) < f(a_k)$, 즉 $a_k^3 < a_{k+1}^3$이므로 $a_k < a_{k+1}$이다. 모든 자연수 n에 대하여 $\{a_n\}$은 증가수열이다. 또한 $a_n \ge 3$이면 $a_{n+1}^3 = a_n(6a_n - 8) \ge 3(18 - 8) = 30 > 3^3$이므로 $a_{n+1} \ge 3$이 성립한다. $a_n \le 4$이면 $a_{n+1}^3 < 4 \cdot 16 = 4^3$이므로 $a_{n+1} \le 4$이다. 따라서 모든 n에 대하여 $3 \le a_n \le 4$이므로 $\{a_n\}$은 유계수열이다. 단조수렴 정리에 의하여 $\{a_n\}$은 수렴한다. 그 극한값을 a라면 $a^3 = 6a^2 - 8a$이므로 $(a - 2)(a - 4) = 0$이다. $a \ne 2$이므로 $a = 4$이다.

06 (1) e

(2) 1

(3) 이항정리에 의하여 $\left(1 + \dfrac{1}{n}\right)^{n^2} = 1 + n^2 \cdot \dfrac{1}{n} + \cdots + \left(\dfrac{1}{n}\right)^{n^2} > n$이다.

$\lim_{n \to \infty} n = +\infty$이므로 $\lim_{n \to \infty} \left(1 + \dfrac{1}{n}\right)^{n^2} = \infty$.

(4) $\sqrt{e}$

(5) $\lim_{n \to \infty} \left(1 - \dfrac{1}{n}\right)^n = \dfrac{1}{e}$이므로 $1/e < p < 1$인 상수 p를 선택하면 자연수 N이 존재

해서 $n > N$일 때 $(1-1/n)^n < p$이다. 따라서 $0 < (1-1/n)^{n^2} < p^n$이고 $\lim\limits_{n\to\infty} p^n$ $= 0$이므로 $\lim\limits_{n\to\infty}\left(1-\dfrac{1}{n}\right)^{n^2} = 0$.

(6) $\lim\limits_{n\to\infty}(1+2/n)^n = \lim\limits_{n\to\infty}\left[(1+2/n)^{n/2}\right]^2 = e^2$

13 (1) $\lim\limits_{n\to\infty}\dfrac{a_{n+1}}{a_n} = \alpha$ 라고 하면 $a_{n+2} = a_{n+1} + a_n$에서 양변을 a_{n+1}로 나누면 $\dfrac{a_{n+2}}{a_{n+1}} =$

$1 + \dfrac{a_n}{a_{n+1}}$ 이다. 양변에 극한을 취하면 $\alpha = 1 + \dfrac{1}{\alpha}$, 즉 $\alpha = \dfrac{1\pm\sqrt{5}}{2}$를 얻는

다. 한편, 모든 자연수 n에 대하여 $a_{n+1}/a_n > 0$이므로 $\alpha > 0$이다. 따라서 $\alpha = (1+\sqrt{5})/2$가 된다.

14 (1) $b_2 - a_2 = (\sqrt{b_1} - \sqrt{a_1})^2/2$이므로 $a_2 < b_2$이다. 만약 $a_n < b_n$이면

$$b_{n+1} - a_{n+1} = \dfrac{a_n + b_n}{2} - \sqrt{a_n b_n} = \dfrac{1}{2}(\sqrt{b_n} - \sqrt{a_n})^2 > 0$$

이므로 $a_{n+1} < b_{n+1}$이다. 따라서 수학적 귀납법에 의해 모든 n에 대하여 $a_n < b_n$이다. 또한 $a_n = \sqrt{a_n a_n} < \sqrt{a_n b_n} = a_{n+1}$이고

$$b_{n+1} = (a_n + b_n)/2 < (b_n + b_n)/2 = b_n$$

(2) $0 < b_2 - a_2 = (a_1 + b_1)/2 - \sqrt{a_1 b_1} < b_1/2 + a_1/2 - \sqrt{a_1 a_1} = (b_1 - a_1)/2$이다. 따라서 $0 < b_n - a_n < (b_1 - a_1)/2^{n-1}$이고 $\lim\limits_{n\to\infty}(b_1 - a_1)/2^{n-1} = 0$이므로 $\lim\limits_{n\to\infty} a_n =$

$\lim\limits_{n\to\infty} b_n$이다.

17 $a_n = \dfrac{1}{n+1} + \dfrac{1}{n+2} + \cdots + \dfrac{1}{2n} < \dfrac{1}{n} + \dfrac{1}{n} + \cdots + \dfrac{1}{n} = 1$이므로 $\{a_n\}$은 유계수열이다. 또한 $\{a_n\}$은 단조증가수열이므로 $\{a_n\}$은 수렴한다.

18 (1) $1/n^2 < 1/n(n-1) = 1/(n-1) - 1/n$ $(n \geq 2)$이므로

$$a_n = 1 + 1/2^2 + \cdots + 1/n^2 < 1 + (1-1/2) + \cdots + (1/(n-1) - 1/n) = 2 - 1/n$$

이다. 따라서 $\{a_n\}$은 유계이고 증가수열이므로 단조수렴 정리에 의하여 수렴한다.

(2) $a_n = 1 + \dfrac{1}{2^2} + \dfrac{1}{3^3} + \cdots + \dfrac{1}{n^n} < 1 + \dfrac{1}{2^2} + \dfrac{1}{3^2} + \cdots + \dfrac{1}{n^2}$이므로 (1)에 의하여 $\{a_n\}$ 은 유계이고 증가한다. 따라서 수렴한다.

20 먼저 $a_n < 1$이 됨을 수학적 귀납법으로 증명한다. $n = 1$일 때 $a_1 = 1/2 < 1$이므로

$n=1$일 때 위 명제는 성립한다. $a_k = [1+2^2+3^3+\cdots+k^k]/(k+1)^k < 1$이라 가정하면 $1+2^2+3^3+\cdots+k^k < (k+1)^k$이므로

$$a_{k+1} = \frac{1+2^2+3^3+\cdots+k^k+(k+1)^{k+1}}{(k+2)^{k+1}} < \frac{(k+1)^k+(k+1)^{k+1}}{(k+2)^{k+1}}$$

$$= \frac{(k+1)^k(1+k+1)}{(k+2)^{k+1}} = \left(\frac{k+1}{k+2}\right)^k < 1$$

이므로 수학적 귀납법에 의하여 $a_n < 1$ $(n=1,2,3,\cdots)$이다. 다음으로

$$a_{n+1} = \frac{1}{(n+2)^{n+1}}(1+2^2+3^3+\cdots+n^n+(n+1)^{n+1})$$

$$= \frac{1}{(n+2)^{n+1}}\{(n+1)^n a_n + (n+1)^{n+1}\} = \frac{(n+1)^n}{(n+2)^{n+1}}(a_n+n+1).$$

따라서 $a_n = [n^{n-1}(a_{n-1}+n)]/(n+1)^n$이다.

$0 < a_n < 1$이므로 $\dfrac{n^{n-1}}{(n+1)^n}n < a_n < \dfrac{n^{n-1}}{(n+1)^n}(1+n)$이다. 따라서

$$\frac{n^n}{(n+1)^n} < a_n < \frac{n^{n-1}}{(n+1)^{n-1}} = \frac{n^n}{(n+1)^n}\frac{n+1}{n}.$$

$\displaystyle\lim_{n\to\infty}\frac{n^n}{(n+1)^n} = \lim_{n\to\infty}1\Big/\left(1+\frac{1}{n}\right)^n = \frac{1}{e}$이고 $\displaystyle\lim_{n\to\infty}\frac{n^n}{(n+1)^n}\frac{n+1}{n} = \frac{1}{e}$이므로 따라서 $\displaystyle\lim_{n\to\infty}a_n = 1/e$이다.

연습문제 3.4

01 0은 부분수열 $\{a_{2n}\}$의 극한이고, 2는 부분수열 $\{a_{2n-1}\}$의 극한이다.

03 임의의 양수 ϵ에 대하여

$$|a_{2n}-L| < \epsilon \quad (n \geq N_1), \quad |a_{2n-1}-L| < \epsilon \quad (n \geq N_2)$$

을 만족하는 자연수 $N_i \in \mathbb{N}$ $(i=1,2)$가 존재한다. $N = \max(N_1, N_2)$로 택하면 $n \geq N$에 대하여 $|a_n - L| < \epsilon$가 성립한다.

05 $M > 0$을 수열 $\{a_n\}$에 대한 상계, 즉 모든 $n \in \mathbb{N}$에 대하여 $|a_n| \leq M$이라 하자. 또한 수열 $\{a_n\}$이 L에 수렴하지 않는다고 가정하자. 그러면 정의에 의하여 임의의 $k \in N$에 대하여 $|a_{n_k} - L| \geq \epsilon_0$를 만족하는 양수 ϵ_0와 부분수열 $\{a_{n_k}\}$가 존재한

다. $\{a_{n_k}\}$는 $\{a_n\}$의 부분수열이므로, M은 역시 $\{a_{n_k}\}$에 대한 상계이다. 따라서 $\{a_{n_k}\}$의 원소들은 유계인 닫힌집합 $K = [-M, L - \epsilon_0] \cup [L + \epsilon_0, M]$에 속한다. 이제 볼차노-바이어슈트라스 정리에 의하여 수열 $\{a_{n_k}\}$는 수렴하는 부분수열 $\{a_{n_{k_i}}\}$를 가지고, $\lim\limits_{l \to \infty} a_{n_{k_i}}$가 K에 속한다는 사실을 추론할 수 있다. 그리고 $\{a_{n_{k_i}}\}$가 $\{a_{n_k}\}$의 부분수열이므로 명백히 $\{a_{n_{k_i}}\}$은 $\{a_n\}$의 부분수열이다. 따라서 가정에 의하여 $L = \lim\limits_{l \to \infty} a_{n_{k_i}}$이어야 한다. 그러나 이것은 $\lim\limits_{l \to \infty} a_{n_{k_i}}$가 K에 속한다는 사실에 모순이다. 그러므로 유계수열 $\{a_n\}$가 L에 수렴하지 않는다는 가정이 모순을 초래한다.

06 $\{a_n\}$은 유한수열이므로 유계수열이다. 볼차노-바이어슈트라스 정리에 의하여 $\{a_n\}$은 수렴하는 부분수열 $\{a_{n_k}\}$을 갖는다.

07 수열 $\{a_n\} = \{n\}$은 유계수열이 아니고 $\{a_n\}$의 모든 부분수열은 수렴하지 않는다.

08 $a_{2n-1} = 2n-1$, $a_{2n} = 1/2n$으로 두면 부분수열 $\{a_{2n}\}$은 수렴하지만 $\{a_n\}$은 유계가 아니다.

11 수열 $\{a_n\}$이 어떤 수렴하는 부분수열 $\{a_{n_k}\}$을 갖는다고 가정하자. $\lim\limits_{n \to \infty} a_{n_k} = L \in \mathbb{R}$ 이라 하면 주어진 양수 $\epsilon > 0$에 대하여 $|a_{n_k} - L| < \epsilon/2 \, (k \geq N)$이다. 이제 $l, k \geq N \, (l \neq k)$ $l, k \geq N \, (l \neq k)$을 선택한 후 주어진 가정과 위의 부등식을 적용하면
$$\epsilon \leq |a_{n_k} - a_{n_l}| \leq |a_{n_k} - L| + |L - a_{n_l}| < \epsilon$$
이다. 이것은 모순이다.

연습문제 3.5

01 (1) $m > n$이라 가정하면
$$|a_m - a_n| = |(1 + 1/m) - (1 + 1/n)| < 1/m + 1/n < 2/n$$
이므로 임의의 $\epsilon > 0$에 대하여 $2/n < \epsilon$이 되도록 자연수 n을 택하면 $\{a_n\}$은 코시수열이다.

(3) 임의의 $\epsilon > 0$에 대하여 $1/\epsilon < N$인 자연수 N을 선택한다. $n > m \geq N$인 모든 자연수 n, m에 대하여

$$|a_n - a_m| = \left| \sum_{i=m+1}^{n} \frac{1}{i^2} \right| \le \left| \sum_{i=m+1}^{n} \frac{1}{i(i-1)} \right| = \left| \sum_{i=m+1}^{n} \left(\frac{1}{i-1} - \frac{1}{i} \right) \right|$$

$$= \left| \frac{1}{m} - \frac{1}{n} \right| < \frac{1}{m} < \frac{1}{N} < \epsilon$$

이 성립하므로 $\{a_n\}$은 코시수열이다.

02 $\{(-1)^n\}$은 유계수열이지만 코시수열이 아니다.

03 (1) 수렴하므로 코시수열 (2) 코시수열이 아님 (3) 코시수열이 아님

04 $m > n$이면 $n \to \infty$일 때 $0 < |a_m - a_n| = 1/n - 1/m < 1/n \to 0$이므로 $\{a_n\}$은 코시수열이지만 $0 \notin (0,1]$이므로 $\{1/n\}_{n=1}^{\infty}$은 수렴하지 않는다.

05 $\{a_n + b_n\}$과 $\{a_n b_n\}$이 모두 코시수열임을 보이면 충분하다. 모든 코시수열은 유계수열이므로 $\max\{|a_n|, |b_n|\} \le M$을 만족하는 양수 M이 존재한다. 모든 자연수 $n, m \in \mathbb{N}$에 대하여

$$|(a_n + b_n) - (a_m + b_m)| \le |a_n - a_m| + |b_n - b_m|,$$

$$|a_n b_n - a_m b_m| \le M(|a_n - a_m| + |b_n - b_m|)$$

임을 주목하여라.

07 $|a_{n+2} - a_{n+1}| = |f(a_{n+1} - f(a_n)| \le \alpha |a_{n+1} - a_n|$

$$\le \alpha^2 |u_n - a_{n-1}| \le \cdots \le \alpha^n |a_2 - a_1| \text{이므로 } m > n \text{일 때}$$

$$|a_m - a_n| \le |a_m - a_{m-1}| + |a_{m-1} - a_{m-2}| + \cdots + |a_{n+1} - a_n|$$

$$\le (\alpha^{m-2} + \alpha^{m-3} + \cdots + \alpha^{n-1}) |a_2 - a_1|$$

$$= \alpha^{n-1} (\alpha^{m-n-1} + k^{m-n-2} + \cdots + 1) |a_2 - a_1|$$

$$= \alpha^{n-1} \left(\frac{1 - \alpha^{m-n}}{1 - \alpha} \right) |a_2 - a_1| < \alpha^{n-1} \left(\frac{1}{1-\alpha} \right) |a_2 - a_1|$$

$|a_2 - a_1|/(1 - \alpha)$은 상수이고 $0 \le \alpha < 1$이므로 $\lim_{n \to \infty} \alpha^{n-1} = 0$이다. 따라서 $\{a_n\}$은 코시수열이다.

09 $|S_n - S_m| \le |T_n - T_m|$ $(n, m \in \mathbb{N})$임을 주목하여라.

10 (1) $a_{n+2} - a_{n+1} = (1/2^n)(a_2 - a_1)$이므로 문제 7의 증명과정에서 $\{a_n\}$은 코시수열이다. 따라서 $\{a_n\}$은 수렴하므로 극한값을 a라 하면 $2a = 1 + a$이므로 $a = 1$이다.

(2) $|a_{n+1} - a_n| = \left| \frac{1}{3 + a_n} - \frac{1}{3 + a_{n-1}} \right| = \frac{|a_n - a_{n-1}|}{(3 + a_n)(3 + a_{n-1})} \le \frac{1}{9} |a_n - a_{n-1}|$

이므로 $\{a_n\}$은 축소수열이므로 수렴한다. 그 극한값을 a라 하면 $a = \dfrac{1}{3 + a}$,

즉 $a^2 + 3a - 1 = 0$이고 이것을 풀면 $a > 0$이므로 $a = (-3 + \sqrt{13})/2$이다.

(3) $|a_{n+1} - a_n| = |1/(1+a_n) - 1/(1+a_{n-1})| = \dfrac{|a_n - a_{n-1}|}{(1+a_n)(1+a_{n-1})} \leq |a_n - a_{n-1}|$이

므로 $\{a_n\}$은 축소수열(따라서 코시수열)이므로 수렴한다. 그 극한값을 a라

하면 $a = 1 + \dfrac{1}{1+a}$이고 이것을 풀면 $a^2 = 2$이므로 $a = \sqrt{2}$이다.

11 (4) $|a_{n+1} - a_n| = |(a_n + a_{n-1})/2 - a_n| = (1/2)|a_n - a_{n-1}|$이므로 $\{a_n\}$은 축소수열

(따라서 코시수열)이다.

(5) 임의의 자연수 n에 대하여

$$|a_n| \leq \int_1^n |\sin t|/t^2 dt \leq \int_1^n 1/t^2 dt = -[1/t]_1^n \leq -1/n - (-1) = 1 - 1/n \leq 1$$

이다. 따라서 $\{a_n\}$은 유계수열이다. 만약 $n > m$이면

$$a_n - a_m = \int_1^n \frac{\sin t}{t^2} dt - \int_1^m \frac{\sin t}{t^2} dt = \int_m^n \frac{\sin t}{t^2} dt$$

이다. 따라서

$$|a_n - a_m| \leq \int_m^n |\sin t|/t^2 dt \leq \int_m^n 1/t^2 dt \leq \left. -1/t \right|_m^n = 1/m - 1/n$$

이다. $\lim\limits_{m,n \to \infty} |a_n - a_m| = 0$이므로 $\{a_n\}$은 코시수열이다.

12 (1) $|a_{n+1} - a_n| = |(b-1)(a_n - a_{n-1})| = |1-b||a_n - a_{n-1}|$이고 $0 < |1-b| < 1$이므로

$\{a_n\}$은 축소수열이다.

(2) 추론에 의하여 $a_{n+1} - a_n = (b-1)^{n-1}(a_2 - a_1)$. 따라서

$$a_{n+1} - a_1 = \sum_{k=1}^n (a_{k+1} - a_k) = (a_2 - a_1) \sum_{k=0}^{n-1} (b-1)^k = (a_2 - a_1) \frac{1 - (b-1)^n}{2-b}.$$

$n \to \infty$로 두면 $\lim\limits_{n \to \infty} a_n = a_1 + \dfrac{1}{2-b}(a_2 - a_1)$.

13 (1) $n \geq 3$에 대하여 $|a_{n+1} - a_n| < |a_n - a_{n-1}|/4$. 따라서 $\{a_n\}$은 축소수열이다.

만약 $\lim\limits_{n \to \infty} a_n = a$이면 $0 < a < 1$이고 a는 $a^2 + 2a - 1 = 0$의 해이다.

(2) 임의의 자연수 n에 대하여 $3 \leq a_n$이 성립하므로

$$|a_{n+1} - a_n| = \left| \frac{1}{a_n} - \frac{1}{a_{n-1}} \right| = \left| \frac{1}{a_n a_{n-1}} \right| |a_n - a_{n-1}| \leq \frac{1}{9} |a_n - a_{n-1}|$$

이다. 따라서 수열 $\{a_n\}$은 축소수열이다.

연습문제 3.6

01 (1) $\liminf a_n = 1,\ \limsup a_n = 3$ (2) $\liminf a_n = -1,\ \limsup a_n = 1$

   (3) $\liminf a_n = e = \limsup a_n$ (4) $\liminf a_n = 0 = \limsup a_n$

   (5) 상극한은 1이고 하극한은 -1이다.   (6) 상극한은 ∞이고 하극한은 $-\infty$이다.

02 정리 3.6.13에 의하여 $a_{n_1} > M-1$을 만족하는 자연수 n_1을 선택한다. 같은 방법으로 $a_{n_2} > M-1/2$이고 $n_2 > n_1$을 만족하는 자연수 n_2를 선택할 수 있다. 이런 과정을 반복하면 모든 자연수 $k \in \mathbb{N}$에 대하여 $n_k > n_{k-1}$이고 $a_{n_k} > M-1/k$를 만족하는 자연수 n_k가 존재한다. 또한 정리 3.6.13에 의하여 $a_n < M+\epsilon$ $(n \geq K_1)$을 만족하는 자연수 K_1이 존재한다. 따라서 $K = \max\{1/\epsilon, K_1\}$를 택하면 $n_k \geq k$이므로

$$M-\epsilon < M - \frac{1}{K} \leq M - \frac{1}{k} < a_{n_k} < M+\epsilon \ (k \geq K)$$

이다. 따라서 $\lim\limits_{k \to \infty} a_{n_k} = M$이다.

05 모든 $n \in \mathbb{N}$에 대하여 $|a_n| \geq 0$이므로 $0 \leq \liminf |a_n| \leq \limsup |a_n| = 0$이다. 따라서 $\lim |a_n| = 0$이므로 $\lim a_n = 0$이다.

07 $M = \limsup a_n$로 두면 임의의 양수 $\epsilon > 0$에 대하여 $a_n < M+\epsilon$ $(n \geq K)$을 만족하는 자연수 $K \in \mathbb{N}$가 존재한다. 임의의 자연수 $n \geq K$에 대하여

$$\sigma_n = \frac{x_1 + x_2 + \cdots + x_{K-1} + x_K + \cdots + x_n}{n} < \left(\sum_{i=1}^{K-1} x_i\right)\Big/n + \left(1 - \frac{K-1}{n}\right)(M+\epsilon)$$

이 된다. 양변에 $\limsup$을 취하면 $\limsup \sigma_n \leq M+\epsilon$이다. ϵ은 임의의 양수이므로 $\limsup \sigma_n \leq \limsup a_n$을 얻을 수 있다.

09 (2)의 경우를 증명한다. 만일 (c)이 성립하지 않는다고 하면, 어떤 $\epsilon > 0$에 대하여 무한히 많은 n값에 대하여 $a_n \leq m-\epsilon$이 된다. 그러면 임의의 자연수 n에 대하여 집합 $\{a_n, a_{n+1}, \cdots\}$은 $m-\epsilon$보다 작은 수를 포함한다. 따라서

$$\text{glb}\,\{a_n, a_{n+1}, \cdots\} \leq m-\epsilon \quad (n \in \mathbb{N})$$

이 되고, 양변에 극한을 취하면 $\liminf_{n \to \infty} fa_n \le m - \epsilon$이 되어 모순된다. 그러므로 (c)가 성립한다.

만일 (d)가 성립하지 않는다고 하면 어떤 $\epsilon > 0$에 대하여 $a_n < m + \epsilon$는 유한개의 n 값에 대해서만 성립하여야 한다. 즉, 자연수 N이 존재하여 $a_n \ge m + \epsilon \ (n \ge N)$이어야 한다. 그러면 정리 3.6.9에 의하여 $\liminf_{n \to \infty} fa_n \ge m + \epsilon$이 된다. 이것은 모순이다. 그러므로 (d)가 성립한다.

12 $\{a_n\}$은 유계이므로 $\limsup a_n = a$인 a가 존재한다.

$s_k = \sup\{a_{n_i} : i \ge k\}$, $t_k = \sup\{a_i : i \ge k\}$ 이면 $\{s_k\}, \{t_k\}$는 유계이고 단조감소이다. 또한 $n_k \ge k$이므로 $s_k \le t_k$이다. 따라서 $\lim_{k \to \infty} s_k = \sup a_{n_k} \le \lim_{k \to \infty} t_k = \limsup a_n$이 성립한다.

13 (1) $\{a_n\}$은 수렴하는 수열이므로 $L = \lim a_n = \limsup a_n = \liminf a_n$이 된다.

정리 3.6.12로부터

$$\limsup (a_n - b_n) = \limsup (a_n + (-b_n)) \le \limsup a_n + \limsup (-b_n)$$
$$= \limsup a_n - \liminf b_n$$

을 얻을 수 있다. 이 관계식으로부터

$$\limsup b_n = \limsup \{(a_n + b_n) - a_n\} \le \limsup \{(a_n + b_n)\} - \liminf a_n$$

을 얻는다. 정리 3.6.10과 위 부등식을 이용하면

$$\lim a_n + \limsup b_n = \liminf a_n + \limsup b_n \le \limsup (a_n + b_n)$$
$$\le \limsup a_n + \limsup b_n = \lim a_n + \limsup b_n$$

이므로 증명이 끝난다.

15 주어진 관계식에서 $\{b_n\}$을 $\{-a_n\}$으로 대체하면 정리 3.6.10으로부터

$$0 = \limsup a_n + \limsup (-a_n) = \limsup a_n - \liminf a_n,$$

즉 $\limsup a_n = \liminf a_n$을 얻는다.

17 먼저 $L > 0$이라 가정하자. $\lim a_n = L$이므로 임의의 양수 $\epsilon (< L)$에 대하여 $|a_n - L| < \epsilon \ (n > K)$을 만족하는 자연수 $K \in \mathbb{N}$가 존재한다. 분명히 $\lim a_n = \lim a_1^{1/n} \cdots a_K^{1/n} = 1$이다. 모든 자연수 $n > K$에 대하여

$$c_n (L - \epsilon)^{1 - K/n} < \sqrt[n]{a_1 a_2 \cdots a_n} < c_n (L + \epsilon)^{1 - K/n}$$

임을 주의하여라. 정리 3.6.9에 의하여

$$\lim_{n\to\infty} \sup \sqrt[n]{a_1 a_2 \cdots a_n} = L = \lim_{n\to\infty} \inf \sqrt[n]{a_1 a_2 \cdots a_n}$$

가 성립함을 증명하여라. $L = 0$인 경우에도 비슷하게 증명할 수 있다.

20 (2) $a = \limsup(a_{n+1}/a_n)$으로 둔다. 만약 $a = \infty$이면 명백하다. 만약 $a < \infty$이면 a보다 큰 실수 b를 선택하자. 그러면 적당한 자연수 K가 존재하여 $n \geq K$인 모든 자연수 n에 대하여 $a_{n+1}/a_n \leq b$이다. 특히, 임의의 $r > 0$에 대하여 $a_{K+p+1} \leq b\, a_{K+p}$ $(p = 0, 1, \cdots, r-1)$이다. 따라서 $n \geq K$일 때 $a_{K+r} \leq b^r a_K$, 즉 $a_n \leq a_K b^{-K} b^n$ 이므로 $\sqrt[n]{a_n} \leq \sqrt[n]{a_K b^{-K}}\, b$이다.

$\lim_{n\to\infty} \sqrt[n]{a_K b^{-K}} = 1$이므로 $\limsup \sqrt[n]{a_n} \leq b$이다. a보다 큰 모든 b에 대하여 $\limsup \sqrt[n]{a_n} \leq b$ 을 만족하므로 $\limsup \sqrt[n]{a_n} \leq a$ 이 되므로 결과가 성립한다. (1)도 같은 방법으로 보일 수 있다.

연습문제 4.1

01 (1) 0 (2) 0

(3) $a \neq 0$일 때 $\lim\limits_{x \to a} \dfrac{x^3 + a^3}{x + a} = \lim\limits_{x \to a} \dfrac{x^3 + a^3}{x + a} = \dfrac{2a^3}{2a} = a^2$이고, $a = 0$일 때 $\lim\limits_{x \to 0} \dfrac{x^3}{x} =$

$\lim\limits_{x \to 0} x^2 = 0 = a^2$이므로 $\lim\limits_{x \to a} \dfrac{x^3 + a^3}{x + a} = a^2$.

(4) 2

03 (1) $\lim\limits_{x \to 0} 1/x^2 = L$을 만족하는 L이 존재한다고 가정하자. $x_n \neq 0$이고 $\lim\limits_{n \to \infty} x_n = 0$

인 임의의 수열 $\{x_n\}$에 대해 $\lim\limits_{n \to \infty} 1/x_n^2 = L$이다. $y_n = 1/n \ (n \in \mathbb{N})$으로 택하면

$\lim\limits_{n \to \infty} y_n = 0$이지만 $\lim\limits_{n \to \infty} 1/y_n^2 = \lim\limits_{n \to \infty} n^2 = \infty$이다. 따라서 $\lim\limits_{x \to 0} 1/x^2$은 존재하지

않는다.

(2) $\lim\limits_{x \to 0} \sin(1/x^2) = L$을 만족하는 L이 존재한다고 가정하자. 만일

$$x_n = 1/\sqrt{(2n + 1/2)\pi}, \ y_n = 1/\sqrt{(2n + 3/2)\pi}$$

인 두 수열 $\{x_n\}$, $\{y_n\}$을 택하면 $\lim\limits_{n \to \infty} x_n = 0$, $\lim\limits_{n \to \infty} y_n = 0$이지만 $\lim\limits_{n \to \infty} \sin(1/x_n^2)$

$= 1$이고 $\lim\limits_{n \to \infty} \sin(1/y_n^2) = -1$이다. 따라서 $\lim\limits_{x \to 0} \sin(1/x^2)$은 존재하지 않는다.

(3) $\lim\limits_{x \to 0} \mathrm{sgn}(x) = L$을 만족하는 L이 존재한다고 가정하자.

$\mathbb{R} \backslash \{0\}$에서 $x_n = -1/n$, $y_n = 1/n$인 두 수열 $\{x_n\}$, $\{y_n\}$을 각각 택하면 $\lim\limits_{n \to \infty} x_n$

$= 0$, $\lim\limits_{n \to \infty} y_n = 0$이지만 $\lim\limits_{n \to \infty} \mathrm{sgn}(x_n) = -1$, $\lim\limits_{n \to \infty} \mathrm{sgn}(y_n) = 1$이다.

따라서 $\lim\limits_{x \to 0} \mathrm{sgn}(x)$은 존재하지 않는다.

(4) $\lim\limits_{x \to 0} \mathrm{sgn} \sin(1/x) = L$을 만족하는 L이 존재한다고 가정하자. $\mathbb{R} - \{0\}$에서

$$x_n = 1/(2n + 1/2)\pi, \ y_n = 1/(2n + 3/2)\pi$$

인 두 수열 $\{x_n\}$, $\{y_n\}$을 택하면 $\lim_{n \to \infty} x_n = 0$, $\lim_{n \to \infty} y_n = 0$이지만

$$\lim_{n \to \infty} \text{sgn} \sin(1/x_n^2) = 1, \quad \lim_{n \to \infty} \text{sgn} \sin(1/y_n^2) = -1$$

이다. 따라서 $\lim_{x \to 0} \text{sgn} \sin(1/x)$은 존재하지 않는다.

04 (1) 모든 x에 대하여 $|f(x)| \le |x|$이므로 임의의 ϵ에 대하여 $0 < \delta \le \epsilon$인 양수 δ 를 택하면 $|x| < \delta$일 때 $|f(x)| < \epsilon$이다. 따라서 $\lim_{x \to 0} f(x) = 0$이다.

(2) p는 0이 아닌 실수라 하자. $\mathbb{Q}$는 $\mathbb{R}$에서 조밀하므로 모든 $n \in \mathbb{N}$에 대하여 $p_n \ne p$이고 $p_n \to p$인 유리수열 $\{p_n\} \subset \mathbb{Q}$이 존재한다. 한편, $\mathbb{R} - \mathbb{Q}$도 $\mathbb{R}$에서 조밀하므로 p에 수렴하는 무리수들의 수열 $\{q_n\}$이 존재한다. 그러나

$$\lim_{n \to \infty} f(q_n) = \lim_{n \to \infty} q_n = p.$$

따라서 $p \ne 0$이므로 $\lim_{x \to p} f(x)$는 존재하지 않는다.

05 임의의 $\epsilon > 0$에 대하여 $\delta = \epsilon/M > 0$로 택하면 $0 < |x - a| < \delta$인 모든 $x \in D$에 대하여

$$|f(x) - f(a)| \le M|x - a| < M \cdot \frac{\epsilon}{M} = \epsilon$$이 성립하므로 $\lim_{x \to a} f(x)$가 존재한다.

07 '$0 < |x - a| < \delta$일 때 $|f(x) - L| < \epsilon$이다'는 표현은 '$0 < |z| < \delta$일 때 $|f(z + a) - L| < \epsilon$ 이다'는 표현과 동치이다.

09 $|f(x) \sin(1/x)| \le |f(x)|$을 이용한다.

12 가정에 의하여 $\epsilon = L/2 > 0$로 택하면 $0 < |x - a| < \delta$일 때 $|f(x) - L| < \epsilon$인 양수 $\delta > 0$ 가 존재한다. 따라서 $0 < |x - a| < \delta$이면 $L/2 < f(x) < 3L/2$이므로 $f(x) > 0$이다.

13 $f(x) = \cos(1/x)$ $(x \ne 0)$이고 $\lim_{x \to 0} \cos(1/x) = L$이라 가정하자. 먼저 $a_n = 1/2n\pi$이면 $\lim a_n = 0$이므로 수열판정법에 의하여 $\lim_{n \to \infty} f(a_n) = \lim_{n \to \infty} \cos 2n\pi = 1 = L$이다. 한편, $b_n = 1/(2n\pi + \pi/2)$이면 $\lim b_n = 0$이므로 수열판정법에 의하여

$$\lim_{n \to \infty} f(b_n) = \lim_{n \to \infty} \cos(2n\pi + \pi/2) = 0 = L$$

이다. 따라서 $1 = L = 0$이므로 이는 모순이다. 그러나 $-|x| \le |x \cos(1/x)| \le |x|$ 이고 $\lim_{x \to 0} |x| = 0$이므로 $\lim_{x \to 0} x \cos(1/x) = 0$이다.

15 $|f(x)| \le M$ $(x \in N_\delta(a))$이면 $|f(x)g(x) - 0| \le M|g(x) - 0|$ $(x \in N_\delta(a))$임을 이용하 여라.

17 (1) $f(x)=1/x$, $g(x)=-1/x$라 하면 $\lim\limits_{x\to 0}(f(x)+g(x))=\lim\limits_{x\to 0}0=0$지만 $\lim\limits_{x\to 0}f(x)$

과 $\lim\limits_{x\to 0}g(x)$는 모두 존재하지 않으므로 등식이 성립하지 않는다.

(2) $f(x)=\begin{cases}1 & (x\geq 0)\\ -1 & (x<0)\end{cases}$, $g(x)=\begin{cases}-1 & (x\geq 0)\\ 1 & (x<0)\end{cases}$이면 $\lim\limits_{x\to 0}(f(x)\cdot g(x))=-1$이지만

$\lim\limits_{x\to 0}f(x)$와 $\lim\limits_{x\to 0}g(x)$는 모두 존재하지 않으므로 등식이 성립하지 않는다.

18 임의의 $\epsilon>0$에 대해서 $K>1/\epsilon$을 만족하는 자연수 K를 택하자. $\delta=1/K$로 택하면

$0<|x-0|<\delta$일 때 $|f(x)-0|=|x|\leq \delta=1/K<\epsilon$이다. 따라서 $\lim\limits_{x\to 0}f(x)=0$이다.

연습문제 4.2

01 (1) 1 (2) 0 (3) 1/2 (4) $\lim\limits_{x\to 0^-}[4x]=-1$이므로 $\lim\limits_{x\to 0^-}\dfrac{[4x]}{1+x}=\dfrac{-1}{1}=-1$이다.

05 $\epsilon=1$로 택하면 $x\geq a$인 모든 x에 대하여 $|f(x)-L|<1$을 만족하는 양수 a가

존재한다. 따라서 임의의 $x\in[a,\infty)$에 대하여 $L-1<f(x)<L+1$이다.

06 ($\Rightarrow$) 만약 $\lim\limits_{x\to a^+}f(x)=\infty$이고 임의의 $\epsilon>0$에 대하여 $M=1/\epsilon$이면 가정에 의하여

적당한 양수 $\delta>0$가 존재하여 $0<x-a<\delta$인 모든 $x\in(a,\infty)$에 대하여 $f(x)>M$

이므로 $1/f(x)<1/M=\epsilon$이 성립한다. 따라서 $\lim\limits_{x\to a^+}1/f(x)=0$이다.

($\Leftarrow$) 만약 $\lim\limits_{x\to a^+}1/f(x)=0$이고 임의의 $M>0$에 대하여 $\epsilon=1/M$이라면 가정에

의하여 적당한 $\delta>0$가 존재하여 $0<x-a<\delta$인 모든 $x\in(a,\infty)$에 대하여

$1/f(x)<\epsilon$이므로 $f(x)>1/\epsilon=M$이 성립한다. 따라서 $\lim\limits_{x\to a^+}f(x)=\infty$이다.

08 ϵ을 임의의 양수라 하자. 가정에 의하여 양수 N_1, $N_2>0$이 존재하여 $x>N_1$이면

$|f(x)-L|<\epsilon/2$이고, $x>N_2$이면 $|g(x)-M|<\epsilon/2$이다. 따라서 $x>\max\{N_1,N_2\}$

이면 $|(f(x)+g(x))-(L+M)|\leq |f(x)-L|+|g(x)-M|<\epsilon$.

12 $\lim\limits_{x\to a}f(x)=L>0$이므로 $\epsilon_0=L/2>0$에 대하여 적당한 $\delta_1>0$이 존재하여 $0<$

$|x-a|<\delta_1$인 모든 x에 대하여 $f(x)>\alpha/2$가 성립한다. 임의의 $M>0$에 대하여

$\epsilon_1=L/2M$라고 하면 $\lim\limits_{x\to a}g(x)=0$이므로 적당한 $\delta_2>0$가 존재하여 $0<|x-a|<$

δ_2인 모든 x에 대하여 $0<g(x)<L/2M$가 성립한다.

$\delta = \min\{\delta_1, \ \delta_2\}$라고 하면 $0 < |x - a| < \delta$인 모든 x에 대하여

$$f(x)/g(x) > (L/2)(2M/L) = M$$

이므로 $\lim\limits_{x \to a} f(x)/g(x) = \infty$이다.

연습문제 4.3

01 (1) $\mathbb{R} - \{1\}$ (2) $\mathbb{R}$ (3) $[0, \infty)$ (4) $\mathbb{R} - \{0\}$

02 (1) 모든 x에 대하여 $|f(x)| \le |x|$이므로 임의의 ϵ에 대하여 $0 < \delta \le \epsilon$인 양수 δ 를 택하면 $|x| < \delta$일 때 $|f(x)| < \epsilon$이다. 따라서 $\lim\limits_{x \to 0} f(x) = 0 = f(0)$이다.

(2) $a \ne 0$이면 $1/n_0 < |a|$를 만족하는 어떤 자연수 n_0가 존재한다. a가 무리수일 때 모든 자연수 n에 대하여 $x_n = a - 1/(n_0 + n)$로 두면 x_n은 무리수이고, $x_n < a$이므로 $x_n < y_n < a$를 만족하는 어떤 유리수 y_n이 존재한다. $\lim\limits_{n \to \infty} x_n = a$이므로 $\lim\limits_{n \to \infty} y_n = a$이지만, $\lim\limits_{n \to \infty} f(y_n) = 0 \ne a = f(x)$이므로 f는 무리수에서 연속이 아니다.

마찬가지로, a가 유리수일 때 $x_n = a - 1/(n_0 + n)$로 두면 x_n은 유리수이고 $x_n < a$이므로 $x_n < y_n < a$를 만족하는 무리수 y_n이 존재한다. 그리고 $\lim\limits_{n \to \infty} x_n = a$이므로 $\lim\limits_{n \to \infty} y_n = a$이다. 그러나 $\lim\limits_{n \to \infty} f(y_n) = \lim\limits_{n \to \infty} y_n = a \ne 0 = f(a)$ 이므로 유리수에서 f는 연속이 아니다. 따라서 f는 $x = 0$ 이외의 점에서는 연속이 아니다.

03 모든 x에 대하여 $0 \le |xf(x)| \le |x|$가 성립하므로 조임정리에 의하여

$$\lim_{x \to 0} xf(x) = 0 = 0 \cdot f(0)$$

가 성립한다.

05 (1) x_0는 임의의 실수라 하고 $h = x - x_0$라 두자. f는 0에서 연속이므로

$$\lim_{x \to x_0} f(x) = \lim_{x \to 0} f(x_0 + h) = \lim_{x \to 0} (f(x_0) + f(h))$$
$$= f(x_0) + \lim_{x \to 0} f(h) = f(x_0) + f(0)$$

이다. $f(0) = f(0 + 0) = f(0) + f(0)$이므로 $f(0)$이다. 따라서 $\lim\limits_{x \to x_0} f(x) = f(x_0)$

이다.

(2) 먼저 임의의 실수 x에 대하여 $f(-x) = -f(x)$가 성립함을 보이자.
$$0 = f(0) = f(x + (-x)) = f(x) + f(-x)$$

이므로 $f(-x) = -f(x)$을 얻는다. 수학적 귀납법에 의하여 모든 정수 n에 대하여 $f(nx) = nf(x)$ $(x \in \mathbb{R})$이다. 또한 $f(x) = f\left(n\dfrac{1}{n}x\right) = nf\left(\dfrac{1}{n}x\right)$이므로
$$f\left(\frac{1}{n}x\right) = \frac{1}{n}f(x) \ (n \in \mathbb{N})$$

이다. $r \in \mathbb{Q}$ 이고 $r = m/n \ (m, n \neq 0)$이라 하면 위의 사실을 적용하면 모든 실수 x에 대하여
$$f(rx) = f\left(\frac{m}{n}x\right) = f\left(\frac{1}{n}(mx)\right) = \frac{1}{n}f(mx) = \frac{1}{n} \cdot mf(x) = rf(x)$$

가 성립한다.

t는 임의의 실수이면 유리수의 조밀성 정리에 의하여 t에 수렴하는 유리수들의 수열 $\{r_n\}$이 존재한다. 가정에 의하여 f는 연속이므로 $f(tx) = \lim\limits_{n \to \infty} f(r_n x)$ $(x \in \mathbb{R})$이다. 그러므로 위의 사실에 의하여
$$f(tx) = \lim_{n \to \infty} f(r_n x) = \lim_{n \to \infty} [r_n f(x)] = tf(x) \ (t, x \in \mathbb{R})$$

이다. 위에서 $t = x$, $x = 1$로 취하면 $f(x) = f(1)x$ $(x \in \mathbb{R})$을 얻고 $\alpha = f(1)$로 두면 $f(x) = \alpha x$이다.

06 $f(0) = f(0 + 0) = f(0)f(0) = f(0)^2$이므로 $f(0) = 0$ 또는 $f(0) = 1$이다.

(1) $f(0) = 0$인 경우 : 임의의 $a \in \mathbb{R}$에 대해서 $f(a) = f(a + 0) = f(a)f(0) = 0$, 즉 $f = 0$이다. 따라서 $f = 0$가 상수함수이므로 f는 $\mathbb{R}$에서 연속이다.

(2) $f(0) = 1$인 경우 : $a \in \mathbb{R}$는 임의의 실수라 하자. f가 $x = 0$에서 연속이므로 임의의 $\epsilon > 0$에 대해서 $|x - 0| = |x| < \delta$이면
$$|f(x) - f(0)| = |f(x) - 1| < \frac{\epsilon}{|f(a)|}$$

을 만족하는 $\delta > 0$가 존재한다. 한편, $|x - a| < \delta$이면
$$|f(x) - f(a)| = |f(a + (x - a)) - f(a)| = |f(a)f(x - a) - f(a)|$$
$$= |f(a)||f(x - a) - 1| < |f(a)|\frac{\epsilon}{|f(a)|} = \epsilon$$

이다. 따라서 g는 $x = a$에서 연속이므로 g는 $\mathbb{R}$에서 연속이다.

09 $a \in \mathbb{R}$이고 임의의 자연수 $n \in \mathbb{N}$에 대하여 $x_n = a/3^n$라고 하면 가정에 의하여

$$f(a) = f(x_1) = f(x_2) = \cdots = f(x_n) = \cdots$$

이므로 $f(a) = \lim_{n \to \infty} f(x_n)$. f가 $x = 0$에서 연속이고 $\lim_{n \to \infty} x_n = 0$이므로 $\lim_{n \to \infty} f(x_n) = f(0)$. 따라서 $f(a) = f(0)$이다. a는 임의의 실수이므로 f는 상수함수이다.

11 (1) f, g는 $\mathbb{R}$에서 연속이므로 $f - g$도 $\mathbb{R}$에서 연속이다. $A = (f - g)^{-1}(\{0\})$이고 $(f - g)^{-1}(\{0\})$는 닫힌집합이므로 A도 닫힌집합이다.

(2) $f - g$는 $\mathbb{R}$에서 연속이고
$$B = \{x \in \mathbb{R} : f(x) > g(x)\} = \{x \in \mathbb{R} : (f - g)(x) > 0\} = f^{-1}((0, \infty))$$
이므로 대역적 연속성의 정리에 의하여 집합 B는 열린집합이다.

13 $\lim_{x \to a} f(x) = \lim_{x \to a} \dfrac{f(x)}{g(x)} g(x) = \dfrac{f(a)}{g(a)} g(a) = f(a)$

15 (1) $f(p)$는 어떤 실수 $p \in \mathbb{R}$에 대해서 0이 아니라 가정하자. 즉, $p \in \mathbb{R}$이 존재해서 $f(p) = r$, $|r| > 0$이라 가정하자. $\epsilon = |r|/2$로 택하면 f는 연속이므로 $\delta > 0$가 존재해서 $|x - p| < \delta$이면 $|f(x) - f(p)| < \epsilon = |r|/2$이다. 그런데 모든 열린구간에 속하는 유리점이 존재한다. 특히 $q \in \{x : |x - p| < \delta\}$인 $q \in \mathbb{Q}$가 존재하고 이것은
$$|f(q) - f(p)| = |f(p)| = |r| < \epsilon = |r|/2$$
을 뜻한다. 따라서 이것은 불가능하므로 모든 $x \in \mathbb{R}$에 대해서 $f(x) = 0$이다.

16 (1) $f(p) = \epsilon > 0$라 두면 f는 p에 연속이므로 $\delta > 0$가 존재해서 $|x - p| < \delta$이면 $|f(x) - f(p)| < \epsilon$이다. 즉, $x \in (p - \delta, p + \delta)$이면 $f(x) \in (f(p) - \epsilon, f(p) + \epsilon) = (0, 2\epsilon)$. 따라서 열린구간 $G = (p - \delta, p + \delta)$에 속하는 모든 점에서 $f(x)$는 양이다.

(2)의 증명은 비슷하므로 생략하기로 한다.

연습문제 4.4

01 $[x] = \begin{cases} n & (n \le x < n+1) \\ n-1, & (n-1 \le x < n) \end{cases}$이므로 $\lim_{x \to n+} f(x) = n$, $\lim_{x \to n-} f(x) = n-1$이다. 따라서 $x \to n$일 때 f의 극한은 존재하지 않는다. 곧 f는 $x = n$에서 불연속이다. 한편 $n < x < n+1$일 때는 $f(x) = n$(일정)이므로 임의의 정수 n에 대하여 구간 $(n, n+1)$에서 연속이다.

02 $\epsilon = 1$로 취하면 $\delta > 0$가 존재하여 $|x - c| < \delta$이고 $x \in D(f)$이면 $|f(x) - f(c)| < 1$가 된다. 따라서 $x \in (c - \delta, c + \delta) \cap D(f)$이면

$$|f(x)| \le |f(x) - f(c)| + |f(c)| < 1 + |f(c)|.$$

03 (1) $\{V_\alpha\}_{\alpha \in I}$는 $f(K)$의 열린덮개라 하자. f는 K에서 연속이므로 임의의 $\alpha \in I$에 대하여 $f^{-1}(V_\alpha)$는 K에서 열린집합이다. 따라서 임의의 $\alpha \in I$에 대하여 $f^{-1}(V_\alpha) = f^{-1}(V_\alpha) = K \cap U_\alpha$를 만족하는 $\mathbb{R}$의 열린집합 U_α가 존재한다.

이제 $\{U_\alpha\}_{\alpha \in I}$가 K의 열린덮개임을 증명한다. 만약 $p \in K$이면 $f(p) \in f(K)$이고 가정에 의하면 적당한 $\alpha \in I$에 대하여 $f(p) \in V_\alpha$이다. 그러나 $p \in f^{-1}(V_\alpha)$이므로 또한 p는 U_α에 속한다. 모든 U_α는 열린집합이므로 집합족 $\{U_\alpha\}_{\alpha \in I}$가 K의 열린덮개이다. K는 콤팩트집합이므로 $K \subseteq \cup_{j=1}^{n} U_{\alpha_j}$를 만족하는 $\alpha_1,\ \alpha_2,$ $\cdots,\ \alpha_n$이 존재한다. 따라서

$$K = \cup_{j=1}^{n} (U_{\alpha_j} \cap K) = \cup_{j=1}^{n} f^{-1}(V_{\alpha_j})$$

이므로 $f(K) = \cup_{j=1}^{n} f(f^{-1}(V_{\alpha_j}))$이다.

$f(f^{-1}(V_{\alpha_j})) \subseteq V_{\alpha_j}$이므로 $f(K) \subseteq \cup_{j=1}^{n} V_{\alpha_j}$이다. 따라서 $f(K)$는 콤팩트집합이다.

05 f는 상수함수가 아니라고 가정하면 최대·최솟값 정리에 의해서 모든 $x \in [a, b]$에 대하여 $f(r) \le f(x) \le f(s)$를 만족하는 $r,\ s \in [a, b]$가 존재한다. 가정에 의하여 $f(r) < f(s)$이므로 $f(r) < \alpha < f(s)$를 만족하는 무리수 α가 존재한다. 따라서 중간값 정리에 의해서 $f(c) = \alpha$를 만족하는 점 c가 $r,\ s$ 사이에 존재한다. 이는 모든 $x \in [a, b]$에 대하여 $f(x)$가 유리수라는 가정에 모순이다. 따라서 f는 상수함수이다.

06 최대·최솟값 정리에 의해서 모든 $x \in [a, b]$에 대하여 $f(r) \le f(x) \le f(s)$를 만족하는 $r,\ s \in [a, b]$가 존재한다. $\epsilon = f(r)$로 두면 $\epsilon > 0$이다. 따라서 모든 $x \in [a, b]$에 대해서 $f(x) \ge f(r) = \epsilon$이다.

10 함수 $h : [a, b] \to \mathbb{R}$을 $h(x) = f(x) - g(x)$로 정의하자. 그러면 h는 $[a, b]$에서 연속이고 $h(a) < 0 < h(b)$를 만족한다. 따라서 중간값 정리에 의해서 $h(c) = 0$을 만족하는 점 $c \in (a, b)$가 존재한다. 즉, $f(c) = g(c)$를 만족하는 점 $c \in (a, b)$가 존재한다.

11 (1) $f(x) = x^3 + 3x - 2$로 두면 f는 $[0,1]$에서 연속이고 $f(0) = -2 < 0$이고 $f(1) = 2 > 0$이다. 따라서 $f(0) < 0 < f(1)$이므로 중간값 정리에 의해서 $f(c) = 0$ 되는 실수 c가 $(0,1)$ 적어도 하나 존재한다.

(2) $f(x) = x^5 + 2x + 5 - (x^4 + 10)$ $(x \in [1,2])$라 두면 f는 $[1,2]$에서 연속이고

$$f(1) = -3 < 0 < 15 = f(2)$$

이므로 중간값 정리에 의하여 $f(c) = 0$ 되는 $c \in [1,2]$가 존재한다.

(4) $f(x) = \pi/2 - x - \sin x$라고 하면 함수 f는 $[0, \pi/2]$에서 연속이다. 또한 $f(0) = (\pi/2) > 0$이고 $f(\pi/2) = -1 < 0$이므로 중간값 정리에 의하여 $f(c) = 0$인 $c \in (0, \pi/2)$가 존재한다.

12 임의의 양수 ϵ에 대하여 $\delta = \epsilon/M$로 택하면 $|x - a| < \delta$이면 $|f(x) - f(a)| < \epsilon$이 성립한다.

13 S가 적어도 두 점을 포함하는 집합이라 가정할 것이다. 이때 다음의 4가지 경우를 생각할 수 있다. (1) S는 유계이다. (2) S는 위로 유계이나 아래로 유계가 아니다. (3) S는 아래로 유계이나 위로 유계가 아니다. (4) S는 위로도 아래로도 유계가 아니다.

(1) $a = \inf S$, $b = \sup S$라고 하자. $s \in S$이면 $a \le s \le b$이므로 $s \in [a,b]$이다. 이때 $s \in S$는 임의의 원소이므로, $S \subseteq [a,b]$이다.

이제 $(a,b) \subseteq S$임을 보이자. $z \in (a,b)$이면 z는 S의 하계가 아니므로, $x < z$인 $x \in S$가 존재한다. 또한 z는 S의 상계가 아니므로 $z < y$인 $y \in S$가 존재한다. 결국 $z \in [x,y]$이고 가정에 의하여 $z \in [x,y] \subseteq S$이다. z가 (a,b)의 임의의 원소이므로 $(a,b) \subseteq S$이다.

만일 $a \notin S$, $b \notin S$이면 $S = (a,b)$이고, $a \notin S$, $b \in S$이면 $S = (a,b]$이다. 또한 $a \in S$, $b \notin S$이면 $S = [a,b)$이고, $a \in S$, $b \in S$이면 $S = [a,b]$이다.

(2) $b = \sup S$라고 하자. $s \in S$이면 $s \le b$이고, 따라서 $S \subseteq (-\infty, b]$이어야 한다. 이제 $(-\infty, b) \subseteq S$임을 보이자. 만일 $z \in (-\infty, b)$이면 $z \in [x,y] \subseteq S$인 x, $y \in S$가 존재한다. 따라서 $(-\infty, b) \subseteq S$이다. $b \notin S$이면 $S = (-\infty, b)$이고, $b \in S$이면 $S = (-\infty, b]$이다.

(3) $a = \inf S$라 하고 (2)와 마찬가지 방법으로 한다. 이 경우에 $a \notin S$이면 $S = (a, \infty)$이고, $a \in S$이면 $S = [a, \infty)$이다.

(4) $z \in \mathbb{R}$이면 $z \in [x,y] \subseteq S$인 x, y가 존재한다. 따라서 $R \subseteq S$이므로 $S = (-\infty, \infty)$

이다. 따라서 어떤 경우에도 S는 구간이다.

15 모든 $x \in [0,1/2]$에 대하여 $g(x) = f(x+1/2) - f(x)$라 두면 g는 $[0,1/2]$에서 연속이다. 한편, $f(0) = f(1)$이므로 $g(0) = f(1/2) - f(0) = -[f(1) - f(1/2)] = -g(1/2)$이다. 그러므로 중간값 정리에 의하여 $g(c) = 0$을 만족하는 $c \in [0,1/2]$가 존재한다. 즉 $f(c+1/2) = f(c)$이다.

16 $x_0 = x \in [a,b]$일 때 $|f(x_1)| \le (1/2)|f(x_0)|$을 만족하는 $x_1 \in [a,b]$이 존재하므로 이런 과정을 반복하면

$$|f(x_{n+1})| \le \frac{1}{2}|f(x_n)| \le \frac{1}{2^{n+1}}|f(x_0)|$$

을 만족하는 수열 $\{x_n \subseteq [a,b]\}$이 존재하고 이때 $\lim_{n \to \infty} f(x_n) = 0$을 만족한다. 볼차노-바이어슈트라스 정리에 의하여 $\{x_n\}$은 수렴하는 부분수열 $\{x_{n_k}\}$을 가지며 그 수렴값을 $c \in [a,b]$라 하면 $f(c) = \lim_{k \to \infty} f(x_{n_k}) = 0$이 성립한다.

17 일반성을 잃지 않고 홀수 차수의 다항식을

$$f(x) = x^n + a_{n-1}x^{n-1} + \cdots + a_1 x + a_0 \quad (n\text{은 홀수})$$

이라 하고

$$\alpha(x) = 1 + \frac{a_{n-1}x^{n-1} + \cdots + a_1 x + a_0}{x^n}, \quad k = 1 + |a_{n-1}| + \cdots + |a_1| + |a_0|$$

로 두면 $f(x) = x^n \alpha(x)$이다. 만약 $|x| > k (>1)$이면

$$|a_{n-1}x^{n-1} + \cdots + a_1 x + a_0| \le (|a_{n-1}| + \cdots + |a_1| + |a_0|)|x|^{n-1} < |x|^n,$$

즉 $|(a_{n-1}x^{n-1} + \cdots + a_1 x + a_0)/x^n| < 1$이 성립하므로 $|x| > k$인 모든 실수 x에 대하여 $\alpha(x) > 0$이다. 그러므로 $c < -k, d > k$인 실수 c와 d를 택하면 $f(c) = c^n \alpha(c) < 0$이고 $f(d) = d^n \alpha(d) > 0$가 된다. 따라서 중간값 정리에 의해서 $f(t) = 0$인 점 $t \in (c,d)$가 존재한다.

18 $F(x) = f(x) - f\left(x + \frac{b-a}{2}\right) (a \le x \le \frac{a+b}{2})$로 두면, F는 $\left[a, \frac{a+b}{2}\right]$에서 연속함수이고,

$$F(a) = f(a) - f\left(\frac{a+b}{2}\right), \quad F\left(\frac{a+b}{2}\right) = f\left(\frac{a+b}{2}\right) - f(b) = -F(a).$$

만약 $f((a+b)/2) = f(b)$이면 $x_0 = (a+b)/2$로 택하면 증명이 끝난다. 만약 $f((a+b)/2) \ne f(b)$이면 $F((a+b)/2) \ne 0$, $F(a) \ne 0$이므로 $F((a+b)/2)$와 $F(a)$

는 반대부호를 가진다. 따라서 중간값 정리에 의하여 $F(x_0) = 0$, 즉 $f(x_0) = f(x_0 + (b-a)/2)$을 만족하는 점 $x_0 \in (a, (a+b)/2)$가 존재한다.

연습문제 4.5

01 (2) 임의의 $x, y \in \mathbb{R}$에 대하여 $1/(x^2+1) < 1$이 성립하므로 $x/(x^2+1)(y^2+1) < 1$이 성립한다. 임의의 양수 $\epsilon > 0$에 대하여 $\delta = \epsilon/2$으로 선택하면 $|x - y| < \delta$인 임의의 $x, y \in \mathbb{R}$에 대하여

$$|f(x) - f(y)| = \left| \frac{1}{x^2+1} - \frac{1}{y^2+1} \right| = \left| \frac{x^2 - y^2}{(x^2+1)(y^2+1)} \right| = \left| \frac{x+y}{(x^2+1)(y^2+1)} \right| |x-y|$$
$$\leq \left\{ \frac{|x|}{(x^2+1)(y^2+1)} + \frac{|y|}{(x^2+1)(y^2+1)} \right\} |x-y| < 2|x-y| < \epsilon$$

이 된다. 따라서 f는 $\mathbb{R}$에서 균등연속이다.

(3)도 (2)와 비슷하게 증명할 수 있다.

02 (1) $\epsilon = 1$로 잡고 임의의 $0 < \delta < 1$에 대하여 두 점 $x, y \in (0,1)$를 $x = \delta$, $y = \delta/2$로 놓으면 $|x-y| < \delta$이지만 $|f(x) - f(y)| = |1/2\delta - 1/\delta| = 1/\delta > 1 = \epsilon$이다. 따라서 f는 $(0, \infty)$에서 균등연속이 아니다.

(3) $k(x) = \sin(1/x)$는 $(0,1)$에서 균등연속이 아니다. 이것을 증명하기 위하여 $(0,1)$에 있는 두 수열 $\{x_n\}$, $\{y_n\}$을 $x_n = 1/n\pi$, $y_n = 1/(2n\pi + \pi/2)$로 잡고 균등연속 판정법을 적용하여라.

03 (1) 임의의 $\epsilon > 0$에 대하여 $f : D \to \mathbb{R}$가 D에서 균등연속이므로 적당한 $\delta_1 > 0$이 존재하여 $|x-y| < \delta_1$인 모든 $x, y \in D$에 대하여 $|f(x) - f(y)| < \epsilon/2$이 성립한다. 또한 $g : D \to \mathbb{R}$가 D에서 균등연속이므로 적당한 $\delta_2 > 0$가 존재하여 $|x-y| < \delta_2$인 모든 $x, y \in D$에 대하여 $|g(x) - g(y)| < \epsilon/2$이 성립한다. $\delta = \min\{\delta_1, \delta_2\}$라고 하면 $|x-y| < \delta$인 모든 $x, y \in D$에 대하여

$$|(f(x) + g(x)) - (f(y) + g(y))| \leq |f(x) - f(y)| + |g(x) - g(y)| < \frac{\epsilon}{2} + \frac{\epsilon}{2} = \epsilon$$

이 성립하므로 함수 $f + g$도 D에서 균등연속이다.

04 $|f| \leq M_1$, $|g| \leq M_2$라 하자.
$$|f(x)g(x) - f(y)g(y)| \leq |f(x)||g(x) - g(y)| + |g(y)||f(x) - f(y)|$$
$$\leq M_1|g(x) - g(y)| + M_2|f(x) - f(y)|$$

f와 g는 E에서 균등연속이므로 fg는 E에서 균등연속이다.

05 (1) 보기에서 $f(x)g(x) = x^2$은 $\mathbb{R}$에서 균등연속이 아님을 증명하였다.

(2) 모든 x, y, $t \in \mathbb{R}$에 대하여

$$|\sin t| \leq |t|, \quad |\cos t| \leq 1, \quad \sin x - \sin y = 2\sin\frac{x-y}{2}\cos\frac{x+y}{2}$$

이므로 $|\sin x - \sin y| \leq |x-y|$, 즉 $g(x) = \sin x$는 립시츠 함수이다. 따라서 $g(x) = \sin x$는 $\mathbb{R}$에서 균등연속이다. 그러나 $fg(x) = x\sin x$는 $\mathbb{R}$에서 균등연속이 아님을 증명하고자 한다. $fg(x) = x\sin x$는 $\mathbb{R}$에서 균등연속이라 가정하면

$$x, y \in \mathbb{R}, \quad |x-y| < \delta \implies |x\sin x - y\sin y| < 1$$

을 만족하는 $\delta > 0$를 택할 수 있다. 이제 모든 자연수 n에 대해 $x = 2n\pi + \delta/2$, $y = 2n\pi$로 택하면, $|x-y| < \delta$이므로

$$\left(2n\pi + \frac{\delta}{2}\right)\sin\frac{\delta}{2} = \left|\left(2n\pi + \frac{\delta}{2}\right)\sin\left(2n\pi + \frac{\delta}{2}\right) - 0\right| < 1$$

이다. 충분히 큰 자연수 n에 대하여 이것은 불가능하다. 따라서 $fg(x) = x\sin x$는 $\mathbb{R}$에서 균등연속이 될 수 없다.

07 $f(X)$가 유계가 아니라고 하자. 임의의 자연수 $n \in \mathbb{N}$에 대해 $f(x_n) > n$인 $x_n \in X$가 존재한다. 이때 $\{x_n : n \in \mathbb{N}\} \subset X$이고 X가 유계집합이므로 볼차노-바이어슈트라스 정리에 의하여 수렴하는 부분수열 $\{x_{n_k}\}$가 존재한다. 따라서 $\{x_{n_k}\}$는 코시수열이고 정리 4.5.4에 의하여 수열 $\{f(x_{n_k})\}$는 코시수열이므로 $\{f(x_{n_k})\}$는 수렴하여야 한다. 따라서 $\{f(x_{n_k})\}$는 유계수열이다. 그러나 모든 $k \in \mathbb{N}$에 대하여 $f(x_{n_k}) \geq k$이므로 $\lim_{k \to \infty} f(x_{n_k}) = \infty$가 되어 모순이 된다.

10 (1) $x, y \in [a, \infty)$, $a > 0$이면 $|f(x) - f(y)| \leq 2|x-y|/a^3$.

12 임의의 양수 $\epsilon > 0$에 대하여 $\delta = 1$로 선택한다. 그러면 $|x-y| < \delta$인 모든 $x, y \in \mathbb{N}$는 실제로 하나의 자연수밖에 없다. 따라서 $|x-y| < \delta$인 모든 $x, y \in \mathbb{N}$에 대하여 $|f(x) - f(y)| = 0 < \epsilon$이 성립하므로 함수 $f : \mathbb{N} \to \mathbb{R}$는 $\mathbb{N}$에서 균등연속이다.

13 집합 D가 유계이므로 E의 임의의 $x, y(x \neq y)$에 대하여 $|f(x) - f(y)| < K|x-y|$를 만족하는 $K > 0$가 존재한다. 따라서 임의의 $\epsilon > 0$에 대해서 $\delta = \epsilon/K$로 택하면 $|x-y| < \delta$일 때 $|f(x) - f(y)| < K|x-y| < \epsilon$이다. 따라서 f는 E에서 균등연속이다.

14 $(1)\Rightarrow(2)$: f가 (a,b)에서 균등연속이라 가정하자. $x_n\in(a,b)$이고 $\lim\limits_{n\to\infty}x_n=b$라 하면 $\{x_n\}$는 코시수열이다. 따라서 정리 4.5.4에 의하여 수열 $\{f(x_n)\}$도 코시수열이다. 특히 $g(b)=\lim\limits_{n\to\infty}f(x_n)$이 존재한다. 이 값은 b에 수렴하는 다른 수열을 택하여도 변하지 않는다. 사실 $y_n\in(a,b)$이고 $\lim\limits_{n\to\infty}y_n=b$라고 하자. 임의의 양수 $\epsilon>0$에 대하여 $\delta>0$가 존재해서

$$x,x_0\in(a,b),\ |x-x_0|<\delta \text{ 일 때 } |f(x)-f(x_0)|<\epsilon \tag{1}$$

이 된다. $x_n-y_n\to0$이므로 자연수 N이 존재해서 $n\geq N$일 때 $|x_n-y_n|<\delta$가 된다. 식 (1)에 의하여 $n\geq N$일 때 $|f(x_n)-f(y_n)|<\epsilon$이다. 이 부등식의 극한을 취하면 임의의 $\epsilon>0$에 대하여 $|\lim\limits_{n\to\infty}f(x_n)-\lim\limits_{n\to\infty}f(y_n)|\leq\epsilon$이 된다. 따라서

$$\lim_{n\to\infty}f(x_n)=\lim_{n\to\infty}f(y_n)$$

이므로 $g(b)$는 잘 정의된다. 같은 방법으로 $g(a)$를 정의할 수 있다.

$g(x)=f(x),\ x\in(a,b)$로 놓으면 g는 $[a,b]$에서 정의되고 수열 판정법에 의하여 g는 $[a,b]$에서 연속이다. 따라서 f는 g로 연속적으로 확장될 수 있다.

$(2)\Rightarrow(1)$: (2)가 성립한다고 가정하자. 정리 4.5.3에 의하여 g는 균등연속이다. 따라서 g는 (a,b)에서 균등연속이다. $f(x)=g(x),\ x\in(a,b)$이므로 f는 (a,b)에서 균등연속이다.

연습문제 4.6

02 $(fg)(x)=x^2-x$는 $[0,1/2]$에서 순감소이고 $[1/2,1]$에서 순증가이다.

03 $x_1,\ x_2\in I,\ x_1<x_2$일 때 $0<f(x_1)<f(x_2),\ 0<g(x_1)<g(x_2)$이므로

$$f(x_1)g(x_1)<f(x_2)g(x_2).$$

연습문제 5.1

01 (1) $f'(x) = 5x^4 - 6x^2 + 2$ (2) $f'(x) = \cos x + 1/x^2$

(3) $f'(x) = 2x(x^3 - 2x + 1) + (x^2 - 1)(3x^2 - 2)$

(5) 만약 $c > 0$이면 $c + h > 0$이 되는 충분히 작은 $|h|$에 대하여

$$f'(c) = \lim_{h \to 0} \frac{f(c+h) - f(c)}{h} = \lim_{h \to 0} \frac{(c+h)^2 - c^2}{h} = \lim_{h \to 0} \frac{2ch + h^2}{h} = 2c.$$

만약 $c < 0$이면 $c + h < 0$이 되는 충분히 작은 $|h|$에 대하여

$$f'(c) = \lim_{h \to 0} \frac{f(c+h) - f(c)}{h} = \lim_{h \to 0} \frac{-(c+h)^2 + c^2}{h} = \lim_{h \to 0} \frac{-2ch - h^2}{h} = -2c.$$

또한 $c = 0$일 때

$$f'(c) = \lim_{h \to 0} \frac{f(h) - f(0)}{h} = \lim_{h \to 0} \frac{h|h|}{h} = \lim_{h \to 0} |h| = 0.$$

따라서 f는 모든 실수에서 미분가능하다.

02 모든 실수 $x \in \mathbb{R}$에 대하여 $f'(x) = 3x|x|$이고 $f''(x) = 6|x|$이며 $f'''(0)$는 존재하지 않음을 증명하여라.

04 (3) $|f'(0)| = \left| \lim_{h \to 0} \frac{f(h) - f(0)}{h} \right| \leq \lim_{h \to 0} \left| \frac{h^2}{h} \right| = 0$이므로 함수 f가 $x = 0$에서 미분가능하다.

(4) $f'(0) = \lim_{h \to 0} \frac{f(h) - f(0)}{h} = \lim_{h \to 0} \frac{f(h) - 1}{h}$ 이므로 $\frac{f(h) - 1}{h} = \begin{cases} h, & (h \in \mathbb{Q}) \\ 0, & (h \not\in \mathbb{Q}) \end{cases}$

이다. 따라서 $|[f(h) - 1]/h| \leq |h|$이므로 조임정리에 의하여 $f'(0) = 0$이다.

05 임의의 x에 대하여

$$\lim_{h \to 0} \left| \frac{f(x+h) - f(x)}{h} \right| \leq \lim_{h \to 0} \frac{|h|^p}{|h|} = \lim_{h \to 0} |h|^{p-1} = 0$$

이므로 $f'(x) = 0$, 즉 f는 상수함수이다.

06 (5) $y' = \dfrac{\ln x - y/x}{\ln x - x/y}$

07 도함수를 구하면 $y' = [2xe^{x^2}x - e^{x^2}]/x^2 = [(2x^2-1)e^{x^2}]/x^2$이므로 접선의 기울기는 $y'(1) = e$이다. 따라서 접선의 방정식은 $y - e = e(x-1)$이므로 $y = ex$이다.

09 $f'(a)$가 존재하면 $f'(a) = \lim\limits_{h \to 0} \dfrac{f(a+h) - f(a)}{h}$이므로 0에 수렴하는 수열 $\{1/n\}$을 선택하여도 우변의 극한이 존재하고 같아야 한다. 따라서

$$f'(a) = \lim_{n \to \infty} \frac{f(a + 1/n) - f(a)}{1/n} = \lim_{n \to 0} n\left[f\left(a + \frac{1}{n}\right) - f(a)\right].$$

$f(x) = |x|$를 생각하면 $\lim\limits_{n \to \infty} n[f(1/n) - f(0)] = \lim\limits_{n \to 0} n|1/n| = 1$이지만 $f'(0)$는 존재하지 않는다.

12 $\lambda_n = (\beta_n - x)/(\beta_n - \alpha_n)$이라 놓으면 $0 < \lambda_n < 1$이고

$$\frac{f(\beta_n) - f(\alpha_n)}{\beta_n - \alpha_n} - f'(x) = \lambda_n\left\{\frac{f(\beta_n) - f(x)}{\beta_n - x} - f'(x)\right\} + (1 - \lambda_n)\left\{\frac{f(\alpha_n) - f(x)}{\alpha_n - x} - f'(x)\right\}$$

$n \to \infty$일 때 괄호 안의 항은 모두 0에 수렴하고 수열 $\{\lambda_n\}$과 $\{1 - \lambda_n\}$은 모두 유계수열이다. 따라서 위 식의 극한은 존재하고 등식이 성립한다.

13 (1) $|f(h)| \le |h|^a$임을 주의하여라.

(2) $|[f(h) - f(0)]/h| \le |h|^{a-1}$임을 주의하여라.

14 (1) $f'(-x) = \lim\limits_{h \to 0} \dfrac{f(-x+h) - f(-x)}{h} = \lim\limits_{h \to 0} \dfrac{-f(x-h) + f(x)}{h}$
$\qquad = \lim\limits_{h \to 0} \dfrac{f(x-h) - f(x)}{-h} = f'(x)$

이므로 f'은 우함수가 된다.

(2) $g'(-x) = \lim\limits_{h \to 0} \dfrac{g(-x+h) - g(-x)}{h} = \lim\limits_{h \to 0} \dfrac{g(x-h) - g(x)}{h}$
$\qquad = -\lim\limits_{h \to 0} \dfrac{g(x-h) - g(x)}{-h} = -g'(x)$

이므로 g'은 기함수가 된다.

15 $f(0+0) = f(0)f(0)$이므로 $f(0) = 1$이다. $a \in \mathbb{R}$에 대하여

$$f'(a) = \lim_{h \to 0} \frac{f(a+h) - f(a)}{h} = \lim_{h \to 0} \frac{f(a)f(h) - f(a)}{h} = \lim_{h \to 0} \frac{f(a)(f(h) - 1)}{h}$$
$$= f(a)\lim_{h \to 0} \frac{f(h) - f(0)}{h} = f(a)f'(0)$$

이다. 따라서 임의의 $a \in \mathbb{R}$에 대하여 $f'(a)$가 존재하므로 f는 $\mathbb{R}$에서 미분가능하다.

16 $\dfrac{f(x_0+h)-f(x_0-h)}{x} = \dfrac{f(x_0+h)-f(x_0)-[f(x_0-h)-f(x_0)]}{h}$

$$= \dfrac{f(x_0+h)-f(x_0)}{h} + \dfrac{f(x_0-h)-f(x_0)}{-h}$$

가정에 의하여 $\displaystyle\lim_{h\to 0}\dfrac{f(x_0+h)-f(x_0)}{h}=f'(x_0)$이다. $-h=k$로 두면

$$\lim_{h\to 0}\dfrac{f(x_0-h)-f(x_0)}{-h}=\lim_{k\to 0}\dfrac{f(x_0+k)-f(x_0)}{k}=f'(x_0)$$

이므로 $\displaystyle\lim_{h\to 0}\dfrac{f(x_0+h)-f(x_0-h)}{h}=f'(x_0)+f'(x_0)=2f'(x_0)$이다.

17 가정에 의하여 $x=0$에서 $0\le f(0)\le 0$이므로 $f(0)=0$이다.

$x>0$일 때 $\dfrac{x}{x}\le\dfrac{f(x)-f(0)}{x}\le\dfrac{x^2+x}{x}$이고,

$x<0$일 때 $\dfrac{x^2+x}{x}\le\dfrac{f(x)-f(0)}{x}\le\dfrac{x}{x}$이다.

$\displaystyle\lim_{x\to 0}\dfrac{x}{x}=\lim_{x\to 0}\dfrac{x^2+x}{x}=1$이므로 $\displaystyle\lim_{x\to 0+}\dfrac{f(x)-f(0)}{x}=1$, $\displaystyle\lim_{x\to 0-}\dfrac{f(x)-f(0)}{x}=1$이다.

따라서 $\displaystyle\lim_{x\to 0}\dfrac{f(x)-f(0)}{x}=1$, 즉 $f'(0)=1$이다.

연습문제 5.2

01 (2) $f(x)=x^3+3x+1$이면 f는 3차 다항식이므로 구간 $[-1,1]$에서 연속이다.

$f(-1)=-3$, $f(1)=5$이므로 중간값 정리에 의하여 $f(c)=0$인 $c\in(-1,1)$ $\subset\mathbb{R}$이 존재한다. $c_1, c_2\in\mathbb{R}$, $c_1\ne c_2$에 대하여 $f(c_1)=0$, $f(c_2)=0$이면 롤의 정리에 의하여 $f'(d)=0$인 d가 c_1과 c_2 사이에 존재하여야 한다. $f'(x)=3x^2+3>0$이므로 모순이 된다.

02 $f(x)=c_0 x+\dfrac{c_1}{2}x^2+\cdots+\dfrac{c_{n-1}}{n}x^n+\dfrac{c_n}{n+1}x^{n+1}$로 두면 $f(0)=f(1)=0$이고 모든 실수 x에 대하여 f는 미분가능하다. 평균값 정리에 의하여 $f'(t)=0$을 만족하는 $t\in(0,1)$가 존재한다.

04 $f(x)$가 3개의 실근 x_1, x_2, x_3(단, $x_1<x_2<x_3$)을 갖는다고 가정하자. f는 $\mathbb{R}$

에서 미분가능하므로 f는 구간 $[x_1, x_2]$, $[x_2, x_3]$에서 롤의 정리 조건을 만족한다. 따라서 롤의 정리에 의하여 $f'(\delta_1) = 0, f'(\delta_2) = 0$을 만족하는 점 $\delta_1 \in (x, x_2)$, $\delta_2 \in (x_1, x_3)$가 존재한다. 따라서 $f'(x) = 3ax^2 + 2bx + c$가 두 개의 실근을 갖기 위한 필요충분조건은 판별식 $(2b)^2 - 12ac > 0$, 즉 $b^2 - 3ac > 0$ 이다.

05 (1) $x > 0$일 때 지수함수 $f(t) = e^t$가 닫힌구간 $[0,x]$에서 연속이고 $(0,x)$에서 미분가능하므로 평균값 정리에 의하여 $\dfrac{e^x - 1}{x} = \dfrac{e^x - e^0}{x - 0} = e^c$인 점 $c \in (0,x)$를 택할 수 있다. 따라서 $e^c > 0$이므로 $e^x > 1 + x$이 성립한다.

(2) $x > 1$일 때 로그함수 $f(t) = \ln t$는 닫힌구간 $[1,x]$에서 연속이고 열린구간 $(1,x)$에서 미분가능하므로 평균값 정리에 의하여 $\dfrac{\ln x}{x} = \dfrac{\ln x - \ln 1}{x - 0} = \dfrac{1}{c}$인 $c \in (1,x)$이 존재한다. 따라서 $1 < c < x$이므로 $1/x < 1/c < 1$이 성립하여 바라는 부등식을 얻는다.

(3) $x > 0$일 때 $f(t) = \sqrt{1+t}$는 닫힌구간 $[0,x]$에서 연속이고 열린구간 $(0,x)$에서 미분가능하므로 평균값 정리에 의하여

$$\dfrac{\sqrt{1+x} - 1}{x} = \dfrac{\sqrt{1+x} - \sqrt{1+0}}{x - 0} = \dfrac{1}{2\sqrt{1+c}}$$

인 $c \in (0,x)$이 존재한다. $1 < 1 + c$이므로 $\dfrac{\sqrt{1+x} - 1}{x} = \dfrac{1}{2\sqrt{1+c}} < \dfrac{1}{2}$이 성립하여 바라는 부등식을 얻는다.

(4) $x, y > 0 (x < y)$일 때 코사인함수 $f(t) = \cos t$가 닫힌구간 $[x,y]$에서 연속이고 열린구간 (x,y)에서 미분가능하므로 평균값 정리에 의하여,

$$\dfrac{\cos x - \cos y}{x - y} = -\sin c$$

을 만족하는 점 $c \in (x,y)$가 존재한다. 따라서 $|\sin c| \le 1$이므로 $|\cos x - \cos y| \le |x - y|$이 성립한다.

(5) $f(t) = \ln t$는 $[1, 1+x]$에서 연속이고, $(1, 1+x)$에서 미분가능하다. 따라서 평균값 정리를 적용하면 $\dfrac{\ln(1+x) - \ln 1}{(1+x) - 1} = \dfrac{1}{c}$이 되는 $c \in (1, 1+x)$가 존재한다. 그런데 $\ln 1 = 0$이고 $1/(1+x) < 1/c < 1$이므로 $\dfrac{x}{1+x} < \ln(1+x) < x$이다.

(6) $f(t) = \tan^{-1} t$는 $[0,x]$에서 연속이고 $(0,x)$에서 미분가능하다. 따라서 평균

값 정리를 적용하면 주어진 부등식을 얻을 수 있다.

(7) $y = \ln x$는 $[b, a]$에서 연속이고 (b, a)에서 미분가능하므로 중간값 정리에 의하여

$$\frac{\ln a - \ln b}{a - b} = c$$를 만족하는 점 $c \in (b, a)$가 존재한다.

06 (1) $f(x) = \ln x$라고 하면 함수 f는 $[1, 1.1]$에서 연속이고 $(1, 1.1)$에서 미분가능하므로 평균값 정리에 의하여 $\frac{f(1.1) - f(1)}{1.1 - 1} = f'(c) = \frac{1}{c}$인 $c \in (1, 1.1)$가 존재한다. 따라서 $1/1.1 < 1/c < 1$이므로 $1/1.1 < \ln 1.1/0.1 < 1$이다. 따라서 $1/11 < \ln 1.1 < 1/10$이 성립한다.

(2) 함수 $f(x) = \sqrt{x}$를 구간 $[100, 102]$에서 평균값 정리를 적용하면 $\sqrt{102} - \sqrt{100} = 2/2\sqrt{c} = 1/\sqrt{c}$이고 $c \in (100, 102)$이다.

$10 < \sqrt{c} < \sqrt{101} < 11$이므로 $1/11 < \sqrt{102} - 10 < 1/10$이다.

따라서 $10\frac{1}{11} < \sqrt{102} < 10\frac{1}{10}$이다.

07 $\theta = 1/2$

09 가정에서 $f(x) + g(x) = -x(f'(x) + g'(x))$이므로 임의의 양수 x에 대하여 $x(f(x) + g(x))' = 0 \{x(f(x) + g(x))\}' = 0$ 즉, $x(f(x) + g(x)) = c$이다. 한편 $f(x) - g(x) = x(f'(x) - g'(x))$이므로 $\{(f(x) - g(x))/x\}' = 0$, 즉 $(f(x) - g(x))/x = d$이다. 이들 두 식에서 f, g를 구할 수 있다.

11 $f(x) = \sin x/x$에서 $f'(x) = [x\cos x - \sin x]/x^2$. 여기서 $g(x) = x\cos x - \sin x$로 놓으면 $g'(x) = -x\sin x < 0 \ (0 < x < \pi)$. 또한 $g(0) = 0$이므로 $0 < x < \pi$에서 $g(x) < 0$이다. 따라서 $f'(x) < 0$, 즉 $0 < x < \pi$에서 $f(x)$는 감소함수이다.

(1) $0 < \alpha < \beta < \pi$이므로 $f(\alpha) > f(\beta)$, 즉 $\sin\alpha/\alpha > \sin\beta/\beta$이다. 따라서
$$\sin\alpha/\sin\beta > \alpha/\beta.$$

(2) $0 < x < \frac{\pi}{2} < \pi$이므로 $f(x) > f(\pi/2)$, 즉 $\sin x/x > 1/(\pi/2) = 2/\pi$이다. 따라서 $\sin x > 2x/\pi$이다.

12 $x > 0$일 때 $f(x) = e^x - (1 + x)$로 두면 임의의 $x > 0$에 대하여 $f'(x) = e^x - 1 > 0$이므로 f는 증가한다. $f(0) = 0$이므로 $x > 0$일 때 $e^x > 1 + x$가 성립한다. 위 부등식에 있는 x에 $\pi/e - 1$을 대입하면 $e^{\pi/e - 1} > 1 + (\pi/e - 1) = \pi/e$가 성립한다. 따라서 $e^{\pi/e} > \pi$이고 지수법칙에 의하여 $e^\pi > \pi^e$가 된다.

13 함수 $f(x) = \begin{cases} x & x \in [0,1) \\ 0 & x = 1 \end{cases}$ 는 $[0,1)$에서 연속이고 $(0,1)$에서 미분가능하다. 또한 $f(0) = f(1) = 0$이지만 $f'(x)$는 결코 0이 아니다.

14 임의의 $x > 0$에 대하여 평균값 정리에 의하여

$$f'(c) = \frac{f(x) - f(0)}{x - 0} = \frac{f(x)}{x}$$

를 만족하는 점 $c \in (0, x)$가 존재한다.

$$g'(x) = \frac{xf'(x) - f(x)}{x^2} = \frac{1}{x}\left\{f'(x) - \frac{f(x)}{x}\right\} = \frac{1}{x}\{f'(x) - f'(c)\}$$

이므로 가정에 의하여 $g'(x) \geq 0$이다. 정리 6.2.14에 의하여 g는 단조증가함수이다.

15 $f''(x) > 0$이므로 $f'(x)$는 증가함수이다. 임의의 자연수 n에 대하여 $[-n, 0]$에서 f에 평균값의 정리를 적용하면

$$\frac{f(0) - f(-n)}{0 - (-n)} = f'(c) < f'(0)$$

을 만족하는 점 $c \in (-n, 0)$가 존재한다. 따라서 $f(-n) > f(0) - nf'(0)$이다. 임의의 x에 대하여 $f'(x) < 0$이므로 n이 충분히 큰 값이면 $f(-n) > f(0) - nf'(0) > 0$이다. 이것은 $f(x) < 0$이리는 가정에 모순이다. 따라서 주어진 조건을 만족하는 함수는 존재하지 않는다.

16 $g(x) = e^{-\lambda x}$ $(x \in \mathbb{R})$로 두면 $f(x)g(x)$는 $[a, b]$에서 연속이고 (a, b)에서 미분가능하며 $f(a)g(a) = 0 = f(b)g(b)$이다. 롤의 정리에 의하여 $f'(c)g(c) + f(c)g'(c) = (fg)'(c) = 0$을 만족하는 점 $c \in (a, b)$가 존재한다. 그런데 $g'(x) = -\lambda e^{-\lambda x}$이므로 $f'(c)e^{-\lambda c} - \lambda f(c)e^{-\lambda c} = 0$이다. 따라서 $f'(c) = \lambda f(c)$이다.

17 $f(x) = 1 - r + rx - x^r$이라 하면 $f'(x) = r - rx^{r-1} = r(1 - x^{r-1})$이다. $0 < r < 1$이므로 $0 < x < 1$일 때 $f'(x) < 0$이고, $x > 1$일 때 $f'(x) > 0$이다. 따라서 $f(x)$는 $x = 1$에서 최솟값을 갖는다. $f(1) = 0$이므로 $f(x) \geq 0$, 즉 $x^r \leq rx + (1 - r)$이다.

19 (2) 모든 $x, y, t \in \mathbb{R}$에 대하여

$$|\sin t| \leq |t|, |\cos t| \leq 1, \ \sin x - \sin y = 2\sin\frac{x-y}{2}\cos\frac{x+y}{2}$$

이므로 $|\sin x - \sin y| \leq |x - y|$, 즉 $g(x) = \sin x$는 립시츠 함수이다.

20 (1) 임의의 $x_1, x_2 \in [1, \infty)$에 대해서 $x_1 \neq x_2$일 때 $\log x$가 미분가능하므로 평균값

정리에 의해서 $\dfrac{\log x_1 - \log x_2}{x_1 - x_2} = \dfrac{1}{t}$인 t가 x_1과 x_2 사이에 존재한다.

따라서 $|\log x_1 - \log x_2| = |1/t||x_1 - x_2|$이고 $|1/t| \leq 1$이므로 $|\log x_1 - \log x_2| \leq$ $|x_1 - x_2|$이고, 이 부등식은 $x_1 = x_2$일 때도 성립한다. 이제 임의의 $\epsilon > 0$에 대하여 $\delta = \epsilon$으로 택하면 $|x_1 - x_2| < \delta$일 때 $|\log x_1 - \log x_2| \leq |x_1 - x_2| < \delta = \epsilon$이다. 따라서 $f(x)$는 균등연속이다.

(2) $f'(x) = 1/(x^2 + 1)$이므로 $|f'(x)| \leq 1$이다. 평균값 정리를 이용하면 임의의 x, y $\in \mathbb{R}$, $x < y$에 대해서 $\left| \dfrac{f(x) - f(y)}{x - y} \right| = |f'(t)| \leq 1$인 $t \in (x, y)$가 존재하므로 $|f(x) - f(y)| \leq |x - y|$를 만족한다. 임의의 $\epsilon > 0$에 대해서 $\delta = \epsilon$으로 택하면 $|x - y| < \delta$일 때 $|f(x) - f(y)| < \delta = \epsilon$을 만족한다. 따라서 함수 f는 $\mathbb{R}$에서 균등연속이다.

21 부동점이 $a, b (a < b)$라 하자. 그러면 $f(a) = a$, $f(b) = b$이다. f는 $[a, b]$에서 연속이고 (a, b)에서 미분가능하므로 평균값 정리에 의해

$$1 = \frac{b - a}{b - a} = \frac{f(b) - f(a)}{b - a} = f'(c)$$

을 만족하는 $c \in (a, b)$가 존재한다. 이것은 가정 $f'(x) \neq 1$에 모순이다. 따라서 부동점은 두 개 이상 있을 수 없다.

22 내접하는 직사각형의 꼭짓점 중에서 제1사분면에 있는 점을 (x, y)라 하면 직사각형의 넓이는 $A = 4xy$이다. $y = \dfrac{a}{b} \sqrt{a^2 - x^2}$이므로 $f(x) = \dfrac{4b}{a} x \sqrt{a^2 - x^2}$의 최댓값을 구하면 된다.

$$f'(x) = \frac{4b}{a} \sqrt{a^2 - x^2} + \frac{4b}{a} \frac{-x^2}{\sqrt{a^2 - x^2}} = \frac{4b}{a} \frac{a^2 - 2x^2}{\sqrt{a^2 - x^2}}$$

이므로 임계점은 $x = a/\sqrt{2}$이다. $x < a/\sqrt{2}$이면 $f'(x) > 0$이고, $x > a/\sqrt{2}$이면 $f'(x) < 0$이므로 $f(a/\sqrt{2})$가 최댓값이다. 따라서 최대 넓이는

$$f\left(\frac{a}{\sqrt{2}} \right) = \frac{4b}{a} \frac{a}{\sqrt{2}} \sqrt{a^2 - \frac{a^2}{2}} = 2ab.$$

연습문제 5.3

01 (1) $1/2$ (2) $1/8$ (3) 0 (4) 0

02 (1) 0 (3) 1

03 (1) 0

(3) $\displaystyle\lim_{x\to\pi/2}(\tan x - \sec x) = \lim_{x\to\pi/2}(\sin x/\cos x - 1/\cos x) = \lim_{x\to\pi/2}[\sin x - 1]/\cos x$ 이고

마지막 극한은 $\dfrac{0}{0}$꼴이므로 로피탈의 정리를 적용하면

$$\lim_{x\to\pi/2}\frac{\sin x - 1}{\cos x} = \lim_{x\to\pi/2}\frac{\cos x}{-\sin x} = 0.$$

04 (1) 1 (2) 0 (3) $e^{-1/2}$

06 $|x^a\sin(1/x)| \le |x|^a$ 이고 $\displaystyle\lim_{x\to\infty}x^a = 0$이므로 $\displaystyle\lim_{x\to\infty}x^a\sin(1/x) = 0$이다.

07 $f(x) = e^x f(x)/e^x$로 생각하면 $\dfrac{\infty}{\infty}$꼴의 부정형이다. 로피탈 법칙을 응용하면

$$\lim_{x\to\infty}f(x) = \lim_{x\to\infty}\frac{e^x f(x)}{e^x} = \lim_{x\to\infty}\frac{e^x f(x) + e^x f'(x)}{e^x} = \lim_{x\to\infty}(f(x) + f'(x)) = L$$

이고, $\displaystyle\lim_{x\to\infty}f'(x) = \lim_{x\to\infty}(f'(x) + f(x)) - \lim_{x\to\infty}f(x) = L - L = 0.$

09 로피탈 법칙에 의하여

$$\begin{aligned}
\lim_{h\to0}\frac{f(a+h) - 2f(a) + f(a-h)}{h^2} &= \lim_{h\to0}\frac{f'(a+h) - f'(a-h)}{2h}\\
&= \frac{1}{2}\lim_{h\to0}\left[\frac{f'(a+h) - f'(a)}{h} + \frac{f'(a) - f'(a-h)}{h}\right]\\
&= \frac{1}{2}\left[\lim_{h\to0}\frac{f'(a+h) - f'(a)}{h} + \lim_{h\to0}\frac{f'(a-h) - f'(a)}{-h}\right]\\
&= \frac{1}{2}[f''(a) + f''(a)] = f''(a).
\end{aligned}$$

연습문제 5.4

01 (2) $f^{(n)}(x) = e^x$이므로 $f^{(n)}(1) = e$이다. 따라서 $f(x) = e^x = \displaystyle\sum_{n=0}^{\infty}\frac{e}{n!}(x-1)^n.$

(5) $\cos x$의 테일러 급수는

$$\frac{1}{\sqrt{2}}\left[1-\left(x-\frac{\pi}{4}\right)-\frac{1}{2!}\left(x-\frac{\pi}{4}\right)^2+\frac{1}{3!}\left(x-\frac{\pi}{4}\right)^3+\frac{1}{4!}\left(x-\frac{\pi}{4}\right)^4-\mp+\cdots\right]\text{이고}$$

$$\lim_{n\to\infty}\left|\frac{(x-\pi/4)^{n+1}/(n+1)!}{(x-\pi/4)^n/n!}\right|=\lim_{n\to\infty}\frac{|x-\pi/4|}{n+1}=0$$

이므로 이 급수는 모든 x에 대하여 성립한다.

03 (1) $xe^x=x+x^2+\dfrac{x^3}{2!}+\dfrac{x^4}{3!}+\cdots+\dfrac{1}{n!}x^{n+1}+\cdots\ (-\infty<x<\infty)$.

(2) $\dfrac{\sin x}{x}=1-\dfrac{x^2}{3!}+\dfrac{x^4}{5!}-\cdots+\dfrac{(-1)^nx^{2n}}{(2n+1)!}+\cdots\ (-\infty<x<\infty)$

05 (3) $\cos x$의 매크로린 급수는

$$\cos x=1-\frac{x^2}{2!}+\frac{x^4}{4!}-\frac{x^6}{6!}+\cdots$$

이므로 $\cos x^2=1-\dfrac{x^4}{2!}+\dfrac{x^8}{4!}-\dfrac{x^{12}}{6!}+\cdots$ 이고 $\dfrac{\cos x^2-1+x^4/2}{x^8}=\dfrac{1}{4!}-\dfrac{x^4}{6!}+\cdots$ 이다.

따라서 $\displaystyle\lim_{x\to0}\frac{\cos x^2-1+x^4/2}{x^8}=\lim_{x\to0}\left(\frac{1}{4!}-\frac{x^4}{6!}+\cdots\right)=\frac{1}{24}$ 이다.

11 $f(x)=\cos x$라 하면 $f'(x)=-\sin x,\ f''(x)=-\cos x,\ f'''(x)=\sin$ 이므로 테일러 정리에 의하여

$$\cos x=f(0)+f'(0)x+\frac{f''(0)}{2}x^2+R_2(x)=1-\frac{1}{2}x^2+R_2(x)$$

이다. 여기서 $R_2(x)=\dfrac{f'''(c)}{3!}x^3=\dfrac{\sin c}{6}x^3$ 이고 c는 0과 x 사이의 값이다.

$0\le x\le\pi$이면 $\sin c\ge0$이고 $x^3\ge0$이므로 $R_2(x)\ge0$이다. 또한 $-\pi\le x\le0$이면 $\sin x\le0$이고 $x^3\le0$이므로 $R_2(x)\ge0$이다. 따라서 $|x|\le\pi$일 때 $1-x^2/2\le\cos x$ 이다. $|x|\ge\pi$이면 $1-x^2/2<-3<\cos x$이므로 성립한다.

12 $\dbinom{n}{k}+\dbinom{n}{k-1}=\dbinom{n+1}{k}$ 를 이용하여 수학적 귀납법으로 증명하여라.

14 $g(x)$가 $x=0$에서 미분가능하면 $g(x)-g(0)\fallingdotseq g'(0)x$이다. $g(x)=e^x$로 두면 $e^x-1\fallingdotseq x$, 즉 $e^x\fallingdotseq1+x$ 이다. $x=1.05$ 일 때 $0.1x(1-x)=-0.00525$ 이므로 $f(1.05)\fallingdotseq1+0.1x(1-x)=0.99475$.

01 $x_0 \in (a,b)$는 임의의 점이라 하자. 대칭성에 의하여 $x \to x_0 +$일 때 $f(x) \to f(x_0)$임을 보이면 충분하다. $a, c < x_0$, $x < d < b$이고 $y = g(x)$는 점 $(c, f(c))$, $(x_0, f(x_0))$를 지나는 현(직선)의 방정식을 나타내고, $y = h(x)$는 점 $(x_0, f(x_0))$, $(d, f(d))$를 지나는 현(직선)의 방정식을 나타내자. f는 볼록함수이므로 주의 1로부터 $f(x) \leq h(x)$이다. $f(x_0)$는 $(c, f(c))$에서 $(x, f(x))$까지 현 위에 놓이거나 현 아래에 있으므로 $g(x) \leq f(x)$이다. 따라서 임의의 $x \in (x_0, b)$에 대하여 $g(x) \leq f(x) \leq h(x)$이다. 두 현 $y = g(x)$와 $y = h(x)$는 점 $(x_0, f(x_0))$을 지나므로 $x \to x_0 +$일 때 $g(x) \to f(x_0)$이고 $h(x) \to f(x_0)$이다. 따라서 조임정리에 의하여 $x \to x_0 +$일 때 $f(x) \to f(x_0)$이다.

02 (1) $\lambda_n = 1$이면 $\lambda_1 = \cdots = \lambda_{n-1} = 0$이고 양변 모두 $f(x_n)$이므로 부등식은 성립한다. 따라서 모든 n에 대하여 $\lambda_n < 1$이라 가정하고 위 부등식을 수학적 귀납법으로 증명하고자 한다. 만약 $n = 2$이면 볼록함수의 정의에 의하여 주어진 부등식이 성립한다. $f(\lambda_1 x_1 + \cdots + \lambda_n x_n) \leq \lambda_1 f(x_1) + \cdots + \lambda_n f(x_n), (\lambda_1 + \cdots + \lambda_n = 1, \ \lambda_j > 0)$이 성립한다고 가정하자. $\mu_i = \lambda_i / (1 - \lambda_{n+1}) \ (i = 1, 2, \cdots, n)$, $\lambda_1 + \cdots + \lambda_{n+1} = 1$이면

$$\mu_1 + \mu_2 + \cdots + \mu_n = \frac{\lambda_1 + \lambda_2 + \cdots + \lambda_n}{1 - \lambda_{n+1}} = 1, \quad \mu_i \geq 0$$

이므로 가정에 의하여 $f(\mu_1 x_1 + \cdots + \mu_n x_n) \leq \mu_1 f(x_1) + \cdots + \mu_n f(x_n)$이 성립한다. 여기서

$$\lambda_1 x_1 + \cdots + \lambda_n x_n + \lambda_{n+1} x_{n+1} = (1 - \lambda_{n+1})(\mu_1 x_1 + \cdots + \mu_n x_n) + \lambda_{n+1} x_{n+1}$$

이다. $\mu_1 x_1 + \cdots + \mu_n x_n = \zeta$로 놓으면

$$\begin{aligned}
\lambda_1 x_1 + \cdots + \lambda_n x_n + \lambda_{n+1} x_{n+1} &= (1 - \lambda_{n+1})(\mu_1 x_1 + \cdots + \mu_n x_n) + \lambda_{n+1} x_{n+1} \\
&= (1 - \lambda_{n+1})\zeta + \lambda_{n+1} x_{n+1}
\end{aligned}$$

이고 f가 볼록함수이므로

$$\begin{aligned}
f(\lambda_1 x_1 + \cdots + \lambda_n x_n + \lambda_{n+1} x_{n+1}) &\leq (1 - \lambda_{n+1}) f(\zeta) + \lambda_{n+1} f(x_{n+1}) \\
&\leq (1 - \lambda_{n+1})[\mu_1 f(x_1) + \cdots + \mu_n f(x_n)] + \lambda_{n+1} f(x_{n+1}) \\
&= \lambda_1 f(x_1) + \cdots + \lambda_n f(x_n) + \lambda_{n+1} f(x_{n+1})
\end{aligned}$$

(2) 젠센 부등식에서 $\lambda_1 = \lambda_2 = \cdots = \lambda_n = 1/n$로 두면 주어진 부등식이 성립한다.

03 $a, b > 0$, $\alpha + \beta = 1$, $\alpha \geq 0$, $\beta \geq 0$이면 $a^\alpha b^\beta \leq \alpha a + \beta b$임을 주의하여라.

$$\ln f(\alpha x + \beta y) = F(\alpha x + \beta y) \leq \alpha F(x) + \beta F(y) = \alpha \ln f(x) + \beta \ln f(y)$$
$$= \ln \left\{ [f(x)]^\alpha [f(y)]^\beta \right\} \leq \ln \left[\alpha f(x) + \beta f(y) \right]$$

이므로 f는 볼록함수이다.

연습문제 5.6

01 $\sqrt[4]{3}$은 $f(x) = x^4 - 3$의 근이다. $f'(x) = 4x^3$이므로 뉴턴의 방법에서
$$x_{n+1} = x_n - (x_n^4 - 3)/4x_n^3$$
이다. $x_1 = 1$이므로 $x_2 = 1 - \dfrac{1-3}{4} = \dfrac{3}{2}$이고 $x_3 = \dfrac{3}{2} - \dfrac{(3/2)^4 - 3}{4(3/2)^3} = \dfrac{97}{72} \doteqdot 1.34722$

이다.

연습문제 6.1

01 $L(f,P) = \dfrac{13}{4} \cdot \dfrac{1}{2} + 2 \cdot \dfrac{1}{2} + 1 \cdot 1 + 1 \cdot 2 = 5\dfrac{5}{8}$,

$U(f,P) = 5 \cdot \dfrac{1}{2} + \dfrac{13}{4} \cdot \dfrac{1}{2} + 2 \cdot 1 + 5 \cdot 2 = 16\dfrac{1}{8}$

03 f는 구간 $[0,1]$에서 유계이나 연속함수도 아니고 단조함수도 아니다. $\epsilon \in (0,1]$을 임의의 양수라 하자. 구간 $[0,1]$의 분할을 $P_\epsilon : x_0 = 0 < x_1 = \dfrac{\epsilon}{3} < x_2 = 1 - \dfrac{\epsilon}{3} < x_3 = 1$로 택하면

$$0 < U(f,P_\epsilon) - L(f,P_\epsilon) = \sum_{i=1}^{3} M_i \Delta x_i - \sum_{i=1}^{3} m_i \Delta x_i$$

$$= \left[2 \cdot \dfrac{\epsilon}{3} + 1 \cdot \left(1 - \dfrac{2}{3}\epsilon\right) + 2 \cdot \dfrac{\epsilon}{3} \right] - \left[1 \cdot \dfrac{\epsilon}{3} + 1 \cdot \left(1 - \dfrac{2}{3}\epsilon\right) + 1 \cdot \dfrac{\epsilon}{3} \right] = \dfrac{2}{3}\epsilon < \epsilon$$

이다. 따라서 적분가능성에 관한 리만 판정법에 의하여 f는 구간 $[0,1]$에서 리만 적분가능하다. 하합을 이용하여 f의 리만 적분을 구하여 보자. 구간 $[0,1]$의 임의의 분할 $P : 0 = x_0 < x_1 < \cdots < x_n = 1$를 선택하면 각 $i = 1, \cdots, n$에 대하여 $m_i = \inf\{f(x) : x \in [x_{i-1}, x_i]\} = 1$이므로

$$L(f,P) = \sum_{i=1}^{n} m_i \Delta x_i = \sum_{i=1}^{n} 1 \cdot (x_i - x_{i-1}) = x_n - x_0 = 1 - 0 = 1$$

이다. 따라서 $\displaystyle\int_0^1 f(x)dx = \underline{\int_0^1} f =$ 이다.

05 임의의 $x \in [0,1]$에 대하여 $f(x) \geq 0$이므로 구간 $[0,1]$의 임의의 분할 $P = \{x_0, x_1, \cdots, x_n\}$와 $i = 1, 2, \cdots, n$에 대하여 $m_i = \inf\{f(x) : x_{i-1} \leq x \leq x_i\} \geq 0$이 성립한다. 따라서 $L(f,P) \geq 0$이므로 $\underline{\int_0^1} f \geq 0$이다.

06 (1) $L(f,P) = ab - a^2$

(2) $\displaystyle\underline{\int_a^b} f(x)dx = ab - a^2$

(3) $U(f, P_n) = \dfrac{b^2 - a^2}{2} + \dfrac{(b-a)^2}{2n}$

(4) $\overline{\displaystyle\int_a^b} f(x) dx = \dfrac{b^2 - a^2}{2}$

07 $[a,b] = [0,1]$이고 $f(x) = \begin{cases} 1 & (x \in \mathbb{Q}) \\ -1 & (x \in \mathbb{Q}^c) \end{cases}$ 이면 f^2는 $[0,1]$에서 리만 적분가능하지만

함수 f는 $[0,1]$에서 리만 적분불가능하다.

08 (2) $f(x) = \begin{cases} 1, & x \in [a, (a+b)/b] \\ 0, & x \in ((a+b)/2, b] \end{cases}$

(3) $f(x) = |x - (a+b)/2| \quad (a \le x \le b)$

(4) $f(x) = \begin{cases} 0, & x = a, b \\ 1, & x \in (a, b) \end{cases}$

09 (1) f가 $[0,1]$에서 연속이므로 f는 $[0,1]$에서 리만 적분가능하다.

(2) f가 $[0,1]$에서 단조함수이므로 f는 $[0,1]$에서 리만 적분가능하다.

(3) f가 $[0,1]$에서 유계가 아니므로 f는 $[0,1]$에서 리만 적분가능하지 않다.

(4) f가 $[0,1]$에서 연속이므로 f는 $[0,1]$에서 리만 적분가능하다.

(5) f는 $[0,1]$에서 리만 적분가능하다.

(6) f는 $[0,1]$에서 리만 적분가능하지 않다.

(7) f가 $[0,1]$에서 유계가 아니므로 f는 $[0,1]$에서 리만 적분가능하지 않다.

(8) f는 $[0,1]$에서 리만 적분가능하지 않다.

12 만약 $f \neq 0$이면 적당한 $c \in [a,b]$가 존재하여 $f(c) > 0$라 가정하면

$$0 = \int_a^b f(x) dx = \underline{\int_a^b f(x) dx} > 0$$

라는 모순을 얻는다.

13 방법 1〉 f는 $[a,b]$에서 연속이므로 정리 6.1.11(1)에 의하여 f는 $[a,b]$에서 리만 적분가능하다.

방법 2〉 ϵ을 임의의 양수라 하고 $\|P_\epsilon\| < \epsilon/[M(b-a)]$인 $[a,b]$의 분할 $P_\epsilon : a = x_0 < x_1 < \cdots < x_n = b$을 선택하자. 그러면 모든 $x, y \in [x_{i-1}, x_i] \;\; (i = 1, \cdots, n)$에 대하여

$$|f(x) - f(y)| \le M|x - y| \le M(x_i - x_{i-1}) = M \triangle x_i$$

이므로

$$U(f, P_\epsilon) - L(f, P_\epsilon) = \sum_{i=1}^n M_i \triangle x_i - \sum_{i=1}^n m_i \triangle x_i$$

$$= \sum_{i=1}^{n} (M_i - m_i) \triangle x_i \leq \sum_{i=1}^{n} M \triangle x_i \cdot \triangle x_i$$

$$< M \frac{\epsilon}{M(b-a)} \sum_{i=1}^{n} \triangle x_i = \frac{\epsilon}{b-a}(b-a) = \epsilon$$

이다. 따라서 f는 $[a,b]$에서 리만 적분가능하다.

연습문제 6.2

06 (1) $\left| \int_{-1}^{1} \frac{x^2 \cos e^x}{1+x^2} dx \right| \leq \int_{-1}^{1} \left| \frac{x^2 \cos e^x}{1+x^2} \right| dx \leq \int_{-1}^{1} x^2 dx = \frac{2}{3}$

(2) $0 \leq \sin^{100}(e^x) \leq 1$이므로 $0 \leq x^2 \sin^{100}(e^x) \leq x^2$이다. 정리 6.2.3을 이용하여라.

07 (1) $\max\{f,g\} = (f+g+|f-g|)/2$, $\min\{f,g\} = (f+g-|f-g|)/2$을 이용하여라.

08 모든 $x \in [a,b]$에 대하여 $f(x) > M$라고 가정하자. $f \in \Re[a,b]$이므로 적당한 $N > 0$이 존재하여 $f(x) \leq N$이 성립한다. $h(x) = 1/x$이라 하면 함수 h는 $[M,N]$에서 연속이므로 정리 6.1.12에 의하여 $1/f = h \circ f \in \Re[a,b]$이다.

09 임의의 $t \in \mathbb{R}$에 대하여

$$0 \leq \int_a^b \{tf(x)+g(x)\}^2 dx = t^2 \int_a^b \{f(x)\}^2 dx + 2t \int_a^b f(x)g(x)dx + \int_a^b \{g(x)\}^2 dx$$

이다. t에 관한 이차식의 판별식에 의하여

$$\left\{ \int_a^b f(x)g(x)dx \right\}^2 \leq \left(\int_a^b \{f(x)\}^2 dx \right)\left(\int_a^b \{g(x)\}^2 dx \right)$$

가 성립한다.

10 모든 $x \in [0,1]$에 대하여 $f(x) = 0$, $g(x) = \begin{cases} 1, & x \text{는 유리수} \\ 0, & x \text{는 무리수} \end{cases}$로 정의하면 f는 $[0,1]$에서 상수함수이므로 리만 적분가능하고 g는 6.1절 보기 3에 의하여 $[0,1]$에서 리만 적분가능하지 않다. 모든 $x \in [0,1]$에 대하여 $f(x)g(x) = 0$이므로 fg는 $[0,1]$에서 리만 적분가능하다.

11 f가 $[a,b]$에서 리만 적분가능하므로 정리 6.2.5를 적용한다.

12 $f(x) = \begin{cases} 1, & x = a, b \\ 0, & x \in (a,b) \end{cases}$

13 $g = f$로 두면 f^2은 $[a,b]$에서 연속이며 $f(x)^2 \geq 0$이고, 또한 $\int_a^b f(x)^2 dx = 0$이므로

정리 6.2.5에 의하여 $[a,b]$에서 $f(x)^2 = 0$이다. 따라서 $f(x) = 0$이다.

14 $\lim\limits_{\|P\|\to 0} S(f,P,\xi)$이 존재하고 $\int_a^b f$와 같다고 가정하자. 임의의 양수 $\in$에 대하여 $\|P\| < \delta$일 때 $\left|S(f,P,\xi) - \int_a^b f\right| < \epsilon$을 만족하는 양수 δ가 존재한다. $\|P_0\| < \delta$을 만족하는 분할 P_0와 $S(f,P_0,\xi) = \alpha$를 만족하는 P_0의 중간점 ξ_i를 선택한다. 따라서 $\left|\alpha - \int_a^b f\right| < \epsilon$이다. ϵ는 임의의 양수이므로 $\int_a^b f = \alpha$이다.

15 (1) $f(x) = x^3$은 $[a,b]$에서 연속함수이므로 적분가능하다. 정리 6.2.9에 의하여 $\lim\limits_{\|P\|\to 0} S(f,P,\xi)$가 존재한다. $[a,b]$의 임의의 분할 P에 대하여 중간점

$$\xi_i = [(x_i^3 + x_i^2 x_{i-1} + x_i x_{i-1}^2 + x_{i-1}^3)/4]^{1/3} \quad (i = 1, \cdots, n)$$

을 선택하면 $x_{i-1} = (x_{i-1}^3)^{1/3} < \xi_i < (x_i^3)^{1/3}$이고

$$S(f,P,\xi) = \sum_{i=1}^n f(\xi_i)\triangle x_i = \sum_{i=1}^n \frac{1}{4}(x_i^3 + x_i^2 x_{i-1} + x_i x_{i-1}^2 + x_{i-1}^3)\triangle x_i$$

$$= \sum_{i=1}^n \frac{1}{4}(x_i^4 - x_{i-1}^4) = \frac{1}{4}(x_n^4 - x_0^4) = \frac{1}{4}(b^4 - a^4)$$

이다. 위 문제에 의하여 $\int_a^b x^3 dx = \frac{1}{4}(b^4 - a^4)$이다.

(2) $f(x) = 1/x^2$는 $[a,b]$에서 연속이므로 적분가능하다. 정리 6.2.9에 의하여 $\lim\limits_{\|P\|\to 0} S(f,P,\xi)$가 존재한다. $[a,b]$의 임의의 분할 P에 대하여 중간점 $\xi_i = \sqrt{x_i x_{i-1}}\ (i = 1, \cdots, n)$을 선택한다. 따라서

$$S(f,P,\xi) = \sum_{i=1}^n f(\xi_i)\triangle x_i = \sum_{i=1}^n \frac{1}{x_i x_{i-1}}\triangle x_i$$

$$= \sum_{i=1}^n \left(\frac{1}{x_{i-1}} - \frac{1}{x_i}\right) = \frac{1}{x_0} - \frac{1}{x_n} = \frac{1}{a} - \frac{1}{b}$$

위 문제에 의하여 $\int_a^b \frac{1}{x^2} dx = \frac{1}{a} - \frac{1}{b}$.

(3) $f(x) = 1/\sqrt{x}$는 $[a,b]$에서 연속이므로 적분가능하다. 정리 6.2.9에 의하여 $\lim\limits_{\|P\|\to 0} S(f,P,\xi)$가 존재한다. $[a,b]$의 임의의 분할 P에 대하여 중간점 $\xi_i = ((\sqrt{x_i} + \sqrt{x_{i-1}})/2)^2\ (i = 1,2,\cdots,n)$을 선택한다. 따라서

$$S(f, P, \xi) = \sum_{i=1}^{n} f(\xi_i) \triangle x_i = \sum_{i=1}^{n} \frac{2}{\sqrt{x_i} + \sqrt{x_{i-1}}} \triangle x_i$$

$$= \sum_{i=1}^{n} 2(\sqrt{x_i} - \sqrt{x_{i-1}}) = 2(\sqrt{x_n} - \sqrt{x_0}) = 2(\sqrt{b} - \sqrt{a})$$

위 문제에 의하여 $\int_a^b \frac{1}{\sqrt{x}} dx = 2(\sqrt{b} - \sqrt{a})$.

16 $f \in \Re[0,1]$이므로 정리 6.2.9에 의하여 $\lim\limits_{\|P\| \to 0} S(f, P, T) = \int_0^1 f$이다. 특히 $P_n = \{0, 1/n, 2/n, \cdots, n/n\}$을 $[0,1]$의 분할로 선택하고 리만합의 중간점 $x_k^* = k/n$로 선택하면 $\|P_n\| \to 0$ $(n \to \infty)$이고 $S(f, P_n, T) = \sum_{k=1}^{n} f(k/n) \frac{1}{n}$이다. 따라서 $\lim \frac{1}{n} \sum_{k=1}^{n} f(k/n) = \int_0^1 f$를 얻을 수 있다.

17 (1) $\lim\limits_{n \to \infty} \frac{1}{n^3} \sum_{k=1}^{n} k^2 = \lim\limits_{n \to \infty} \frac{1}{n} \sum_{k=1}^{n} \left(\frac{k}{n} \right)^2 = \int_0^1 x^2 dx = \frac{1}{3}$

18 f는 $[a,b]$에서 단조증가함수이므로 $[a,b]$에서 리만 적분가능하다. 따라서

$$L(f, P_n) \le \int_a^b f(x) dx \le U(f, P_n)$$

이다. 또한 $i = 1, \cdots, n$에 대하여 $\triangle x_i = (b-a)/n$이고 f는 $[a,b]$에서 단조증가이므로 각 부분구간 $[x_{i-1}, x_i]$에서 $M_i = f(x_i)$, $m_i = f(x_{i-1})$이다. 따라서

$$0 \le U(f, P_n) - \int_a^b f(x) dx \le U(f, P_n) - L(f, P_n) = \sum_{i=1}^{n} (M_i - m_i) \triangle x_i$$

$$= \frac{b-a}{n} \sum_{i=1}^{n} [f(x_i) - f(x_{i-1})] = \frac{b-a}{n} [f(x_n) - f(x_0)] = \frac{b-a}{n} [f(b) - f(a)]$$

이고 $0 \le \int_a^b f(x) dx - L(f, P_n) \le U(f, P_n) - L(f, P_n) = \frac{b-a}{n} [f(b) - f(a)]$.

19 코시-슈바르츠 부등식에 의하여

$$|f(x)|^2 = \left| \int_0^x f'(t) dt \right|^2 \le \left(\int_0^x |f'(t)| dt \right)^2 \le \left(\int_0^1 |f'(t)| dt \right)^2$$

$$\le \int_0^1 1 dt \int_0^1 |f'(t)|^2 dt = \int_0^1 |f'(t)|^2 dt$$

따라서 $|f(x)| \le (\int_0^1 |f'(t)|^2 dt)^{1/2}$이므로 결과가 성립한다.

20 (1) 최대 · 최솟값의 정리에 의하여 f의 최댓값과 최솟값을 각각 M과 m이라 하면 모든 $x \in [0,1]$에 대하여 $mx^n \le f(x)x^n \le Mx^n$이므로

$$\frac{m}{n+1} = \int_0^1 mx^n dx \le \int_0^1 f(x)x^n dx \le \int_0^1 Mx^n dx \le \frac{M}{n+1}$$

이다. 양변에 $n+1$을 곱하면 $m \le (n+1)\int_0^1 f(x)x^n dx \le M$이다. 중간값 정리에 하여 $(n+1)\int_0^1 f(x)x^n dx = f(c)$을 만족하는 적당한 $c \in [0,1]$가 존재한다.

(2) f가 $[0,1]$에서 리만 적분가능하므로 유계함수이다. 따라서 모든 $x \in [0,1]$에 대하여 $|f(x)| \le M$인 양수 M가 존재한다. 따라서

$$-\frac{M}{n+1} = -\int_0^1 Mx^n dx \le \int_0^1 x^n f(x)dx \le \int_0^1 Mx^n dx = \frac{M}{n+1}$$

이므로 조임정리에 의하여 $\lim_{n \to \infty} \int_0^1 x^n f(x)dx = 0$이다.

연습문제 6.3

01 f는 $[a,b]$에서 연속이므로 f는 $[a,b]$에서 적분가능하다. 임의의 $x \in [a,b]$에 대하여 $F(x) = \int_a^x f(t)dt$로 두면, 임의의 $x \in [a,b]$에 대하여 $F'(x) = f(x)$이다. 따라서 적분학의 기본정리에 의하여 $H(x) = F(b) - F(x)$이므로 $H'(x) = -f(x)$이다.

02 $H'(x) = f(g(x))g'(x) - f(h(x))h'(x)$

03 $g'(x) = f(x+a) - f(x-a)$

04 $F'(x) = e^{\sin x^2} \cdot 2x$이므로 $F'(2) = 4e^{\sin 4}$이다. 그리고

$$G'(x) = \cos((2x+1)^2 + 1) \cdot 2 - \cos(9x^2 + 1) \cdot (-3)$$

이므로 $G'(0) = 2\cos 2 + 3\cos 1$이다.

05 모든 $x \in [-1,1]$에 대하여 $f(0) = f\left(\frac{1}{2}x + \frac{1}{2}(-x)\right) \le \frac{1}{2}f(x) + \frac{1}{2}f(-x)$이므로

$$2f(0) = \int_{-1}^1 f(0)dx \le \frac{1}{2}\left(\int_{-1}^1 f(x)dx + \int_{-1}^1 f(-x)dx\right)$$

을 얻는다. 우변의 두 적분은 동일하므로 주어진 부등식이 얻어진다.

06 적분학의 기본정리에 의하여 $f'(x) = 3x^2 e^{x^6}$이므로, 부분적분법에 의하여

$$6\int_0^1 x^2 f(x) dx = 2x^3 f(x)\big|_0^1 - \int_0^1 6x^5 e^{x^6} dx = 2f(1) - e^{x^6}\big|_0^1 = 2\int_0^1 e^{x^2} dx + 1 - e$$

이고, 이 식을 정리하면 문제의 등식을 얻는다.

07 $f : [a,b] \to \mathbb{R}$는 연속함수이므로 f는 최댓값 M과 최솟값 m을 가진다. 따라서 모든 $x \in [a,b]$에 대하여 $mg(x) \le f(x)g(x) \le Mg(x)$이다. 곱 fg가 적분가능하므로

$$m\int_a^b g \le \int_a^b fg \le M\int_a^b g$$

가 성립한다. 만약 $\int_a^b g = 0$이면 c를 임의로 선택한다. 그렇지 않으면

$$m \le \int_a^b fg \Big/ \int_a^b g \le M$$

를 만족하므로 중간값 정리에 의하여 $\int_a^b f(x)g(x)dx = f(c)\int_a^b g(x)dx$를 만족하는 점 $c \in [a,b]$가 존재한다.

09 $[a,b]$에서 $f(x) = 0$이면 모든 $x \in [a,b]$에 대하여 $\int_a^x f(t)dt = 0$임은 자명하다. 역으로 모든 $x \in [a,b]$에 대하여 $\int_a^x f(t)dt = 0$이라 하자. 이 등식의 양변을 x에 대하여 미분하면 적분학의 기본정리에 의하여 $f(x) = \dfrac{d}{dx}\int_a^x f(t)dt = \dfrac{d}{dx} 0 = 0$.

10 $f(1/2) = \int_0^1 f(t)dt + \int_0^{1/2} t f'(t)dt - \int_{1/2}^1 (1-t)f'(t)dt$로 표현되므로 양변에 절댓값을 취하여 계산하면 결과를 얻을 수 있다.

11 주어진 등식을 x에 대하여 미분하면 적분학의 기본정리에 의하여

$$f(x) = \frac{d}{dx}\int_x^1 f(t)dt = \frac{d}{dx}\left[\int_0^1 f(t)dt - \int_0^x f(t)dt\right] = -f(x)$$

이므로 $2f(x) = 0$, 즉 $f(x) = 0$이다.

12 $F(x) = f(a)\int_a^x g(t)dt + f(b)\int_x^b g(t)dt$로 두면 $F(x)$는 $[a,b]$에서 연속이고 f가 증가하므로 $F(a) \ge F(b)$이고 $f(a)\int_a^b g(t)dt \le \int_a^b f(t)g(t)dt \le f(b)\int_a^b g(t)dt$이다. 중간값 정리에 의하여 $\int_a^b f(t)g(t)dt = F(c)$를 만족하는 $c \in [a,b]$가 존재한다.

연습문제 6.4

01 A는 X의 임의의 부분집합이고 ϵ을 임의의 양수라 하자. X가 측도 0인 집합이므로 각 $n=1,2,\cdots$에 대하여 열린구간 (a_n,b_n)이 존재하여 $X\subseteq\bigcup_{n=1}^{\infty}(a_n,b_n)$, $\sum_{n=1}^{\infty}(b_n-a_n)<\epsilon$이 된다. $A\subseteq X$이므로 $A\subseteq\bigcup_{n=1}^{\infty}(a_n,b_n)$, $\sum_{n=1}^{\infty}(b_n-a_n)<\epsilon$이다. 따라서 A도 측도가 0인 집합이다.

03 (3) ϵ을 임의의 양수라 하자. 임의의 자연수 n에 대하여 E_n은 측도 0인 집합이므로 $\cup_{i=1}^{\infty}I_i^{(n)}\supset E_n$과 $\sum_{i=1}^{\infty}|I_i^{(n)}|<\dfrac{\epsilon}{3^n}$을 만족하는 열린구간들의 가산집합족 $\{I_i^{(n)}\}_{i=1}^{\infty}$이 존재한다. 집합족 $\{I_i^{(n)}:i,n\in\mathbb{N}\}$은 가산집합이고 $\cup_{n=1}^{\infty}E_n$을 피복하고 또한 $\displaystyle\sum_{n=1}^{\infty}\sum_{i=1}^{\infty}|I_i^{(n)}|<\sum_{n=1}^{\infty}\dfrac{\epsilon}{3^n}=\dfrac{\epsilon}{2}<\epsilon.$

04 (1)의 집합은 측도 0이다.

05 (1) $p\in C$이고 ϵ은 임의의 양수라 하면 $1/3^m<\epsilon$인 자연수 $m\in\mathbb{N}$을 선택한다. $p\in E_m=\cup_{k=1}^{2^m}J_{m,k}$이므로 적당한 자연수 $k(1\le k\le 2^m)$에 대하여 $p\in J_{m,k}=[x_k/3^m,(x_k+1)/3^m]$이다. $J_{m,k}$의 길이는 $1/3^m<\epsilon$이므로 $J_{m,k}\subset N_\epsilon(p)$이다. $J_{m,k}$의 두 끝점은 $C\cap N_\epsilon(p)$에 속하므로 이들 중 적어도 하나는 p와 다르다.

(2) (1)에 의하여 $C\subset C'$이다. 성질 1에 의하여 C는 닫힌집합이므로 $C'\subset C$이다. 따라서 $C=C'$이다.

(3) C를 가산집합이라 가정하면 $C=\{a_1,a_2,\cdots\}$가 된다. a_1이 속하지 않는 구간 $[0,1/3]$ 또는 $[2/3,1]$ 중 하나를 택하여 이를 구간 $[c_1,d_1]$으로 한다. 구간 $[c_1,d_1]$를 3등분하여 가운데에 있는 열린구간을 제거하면 $[b_1,b_2]\cup[b_3,b_4]$를 얻는다. a_2가 속하지 않는 구간 $[b_1,b_2]$ 또는 $[b_3,b_4]$ 중 하나를 택하여 이를 구간 $[c_2,d_2]$로 한다. 이와 같은 과정을 계속해 나간다. 이때 수열 $\{c_k\}$는 수렴하고 $c=\lim_{k\to\infty}c_k$이면 C가 닫힌집합이므로 $c\in C$이다. 그러나 임의의 자연수 n에 대하여 $c\ne a_n$이므로 $C=\{a_1,a_2,\cdots,\}$에 모순이다. 따라서 C는 비가산집합이다.

06 (1), (3)의 함수는 적분가능하다.

08 $K = \{x_1, x_2, \cdots\} \subset [a,b]$이고 $f(x) = \begin{cases} 1/n & (x = x_n \in K) \\ 0 & (\text{그 밖의 점}) \end{cases}$ 로 정의하면 f의 불연속

점들의 집합은 K이다. 르베그 정리에 의하여 f는 $[a,b]$에서 적분가능하다.

09 만약 $K = \mathbb{Q} \cap [a,b]$이면 f는 $[a,b]$에서 적분가능하지 않는다. 한편
$$K = \{a + (b-a)/n : n = 1, 2, \cdots\}$$
이면 f는 $[a,b]$에서 적분가능하다.

13 $f(x) = 0 \ (x \in [a,b])$이고 $g(x) = \begin{cases} 1 & (x \in \mathbb{Q} \cap [a,b]) \\ 0 & (x \in [a,b] - \mathbb{Q}) \end{cases}$ 이면 $[a,b]$의 거의 모든 점에서

$f = g$이다. $f \in \Re[a,b]$이지만 g는 $[a,b]$에서 적분가능하지 않는다.

연습문제 7.1

01 (1) 가정에 의하여 $S_n = a_1 + a_2 + \cdots + a_n \to S$이다. 만약 $T_n = a_2 + a_3 + \cdots + a_{n+1}$라 두면 $T_n = S_{n+1} - a_1$이므로 정의에 의하여

$$\sum_{n=2}^{\infty} a_n = \lim_{n \to \infty} T_n = \lim_{n \to \infty} (S_{n+1} - a_1) = S - a_1.$$

(2) $a_i, \cdots, a_j, \cdots, a_k$를 각각 $a_i', \cdots, a_j', \cdots, a_k'$으로 바꾸어 놓았다고 하면 두 급수는

$$a_1 + \cdots + a_i + \cdots + a_j + \cdots + a_k + \cdots + a_n + \cdots \qquad (1)$$

$$a_1 + \cdots + a_i' + \cdots + a_j' + \cdots + a_k' + \cdots + a_n + \cdots \qquad (2)$$

이다. (1)의 부분합을 S_n, (2)의 부분합을 T_n이라 두면 $n > k$일 때,

$$S_n - T_n = (a_i - a_i') + (a_j - a_j') + \cdots + (a_k - a_k')$$

이다. 이 식의 우변을 c라고 두면 $T_n = S_n - c$이며, $\{S_n\}$이 수렴하므로 $\{T_n\}$도 또한 수렴한다.

02 (1) $1/n(n+1) = 1/n - 1/(n+1)$이므로 $S_n = a_1 + a_2 + \cdots + a_n = 1 - 1/(n+1)$이다. 따라서 이 급수의 합은 1이다.

(4) $S_n = \sum_{k=1}^{n} \frac{k}{(k+1)!} = \sum_{k=1}^{n} \left(\frac{1}{k!} - \frac{1}{(k+1)!} \right) = 1 - \frac{1}{(n+1)!} \to 1$

03 (1) $\lim_{n \to \infty} a_n = \lim_{n \to \infty} \frac{n}{n+1} = 1$이므로 $\sum_{n=1}^{\infty} \frac{n}{n+1} = 1$는 발산한다.

(2) $n > 3$이면 $1 < \sqrt[n]{\ln n} < \sqrt[n]{n}$이고 $\lim_{n \to \infty} \sqrt[n]{\ln n} = 1 \neq 0$이다. 주어진 급수는 발산한다.

(3) 모든 자연수 n에 대하여

$$S_n = \sum_{k=1}^{n} \ln \left(1 + \frac{1}{k} \right) = \sum_{k=1}^{n} [\ln (k+1) - \ln k] = \ln (n+1)$$

임을 주목하여라.

04 기하급수의 판정법에 의하여 급수의 합은 $1/(1-x^2)$이다.

05 $S_n = \sum_{k=1}^{n} (a + kb) = na + n(n+1)b/2$이므로 $\lim_{n \to \infty} S_n$이 존재하기 위한 필요충분조건은

$a = 0 = b$이다.

07 $a_n = (-1)^n$, $b_n = (-1)^{n+1}$로 두면 $\sum a_n$, $\sum b_n$이 발산하지만 $\sum (a_n + b_n)$은 수렴한다.

12 $S_n = \sum_{k=1}^{n} \dfrac{1}{k^2}$로 두자. $\dfrac{1}{k^2} \le \dfrac{1}{k-1} - \dfrac{1}{k}$ $(k \ge 2)$이므로 $n \ge 2$인 모든 자연수 n에 대하여

$$S_n \le 1 + \sum_{k=2}^{n} \left(\frac{1}{k-1} - \frac{1}{k} \right) = 2 - \frac{1}{n} \le 2.$$

따라서 $\{S_n\}$은 위로 유계 수열이고 증가수열이므로 $\{S_n\}$은 수렴한다.

18 (1) $a_n = \dfrac{1}{n^2}$이면 $\displaystyle\sum_{n=1}^{\infty} 2^n a_{2^n} = \sum_{n=1}^{\infty} 2^n \cdot \frac{1}{(2^n)^2} = \sum_{n=1}^{\infty} \left(\frac{1}{2} \right)^n < \infty$ 임을 주목하여라.

(2) $a_n = \dfrac{1}{n(\ln n)^2}$이면

$$\sum_{n=1}^{\infty} 2^n a_{2^n} = \sum_{n=1}^{\infty} 2^n \cdot \frac{1}{2^n (\ln 2^n)^2} = \frac{1}{(\ln 2)^2} \sum_{n=1}^{\infty} \frac{1}{n^2}$$

임을 주목하여라.

20 대수함수의 단조성으로부터 $\{\log n\}$이 증가함을 알 수 있다. 그러므로 $\{1/n \log n\}$은 감소한다. 따라서 코시 응집판정법을 이 급수에 적용할 수 있다.

$$\sum_{k=1}^{\infty} 2^k \frac{1}{2^k (\log 2^k)^p} = \sum_{k=1}^{\infty} \frac{1}{(k \log 2)^p} = \frac{1}{(\log 2)^p} \sum_{k=1}^{\infty} \frac{1}{k^p}$$

이므로 위의 p급수 판정법으로부터 얻어진다.

21 $S_n = a_1 + a_2 + \cdots + a_n$이라 하자. 먼저 급수 $\displaystyle\sum_{k=1}^{\infty} (S_{k+1} - S_k)/S_{k+1}$가 발산함을 보이고자 한다. 가정에 의하여 $\{S_k\}_{k=1}^{\infty}$가 ∞로 발산하므로, 임의의 자연수 m에 대하여 $S_{n+1} > 2 S_m$로 되는 자연수 n을 택할 수 있다. 지금 $\{S_k\}_{k=1}^{\infty}$가 단조증가수열이므로

$$\sum_{k=m}^{n} \frac{S_{k+1} - S_k}{S_{k+1}} \ge \sum_{k=m}^{n} \frac{S_{k+1} - S_k}{S_{n+1}}$$

$$= \frac{1}{S_{n+1}} \{ (S_{m+1} - S_m) + (S_{m+2} - S_{m+1}) + \cdots + (S_{n+1} - S_n) \}$$

$$= \frac{S_{n+1} - S_m}{S_{n+1}} \geq \frac{S_{n+1} - \frac{1}{2}S_{n+1}}{S_{n+1}} = \frac{1}{2}$$

즉, 임의의 자연수 m에 대하여 $\displaystyle\sum_{k=m}^{n} \frac{S_{k+1} - S_k}{S_{k+1}} \geq \frac{1}{2}$ 되는 자연수 n이 존재한다.

따라서 $\displaystyle\sum_{k=1}^{\infty} \frac{S_{k+1} - S_k}{S_{k+1}} = \infty$. 그런데 $S_{k+1} - S_k = a_{k+1}$이므로 $\displaystyle\sum_{k=1}^{\infty} \frac{a_{k+1}}{S_{k+1}} = \sum_{k=2}^{\infty} \frac{a_k}{S_k} = \infty$

이다. $\epsilon_k = 1/S_k$로 두면 $k \to \infty$일 때 $\epsilon_k \to 0$이고 $\displaystyle\sum_{k=2}^{\infty} \epsilon_k a_k = \infty$이다.

22 (1) 만약 a_n이 0에 수렴하지 않는다면 $\dfrac{a_n}{1+a_n}$은 0에 수렴하지 않는다. 만약 $\displaystyle\lim_{n\to\infty} a_n = 0$이면 임의의 양수 c에 대하여 자연수 N이 존재해서 $n \geq N$일 때 $a_n < c$이다. 따라서 $n \geq N$일 때 $\dfrac{a_n}{1+a_n} > \dfrac{a_n}{1+c}$이다. $\sum a_n$은 발산하므로 $\displaystyle\sum \frac{a_n}{1+a_n}$은 발산한다.

(2) $A(n,m) = \displaystyle\sum_{k=n+1}^{m} \frac{a_k}{S_k}$로 놓으면 $A(n,m) \geq \displaystyle\sum_{k=n+1}^{m} \frac{a_k}{S_m} = \frac{S_m - S_n}{S_m} = 1 - \frac{S_n}{S_m}$이다.

$\sum a_n$이 발산하므로 $S_{n_i} \leq S_{n_{i+1}}/2$ 되는 자연수의 증가수열 $\{n_i\}$가 존재한다. 따라서 모든 i에 대하여 $A(n_{i-1}, n_i) \geq 1/2$이고

$$\sum_{n=1}^{n_p} \frac{a_n}{S_n} = A(0, n_1) + A(n_1, n_2) + \cdots + A(n_{p-1}, n_p) \geq \frac{1}{2}p$$

이다. 마지막 항은 $p \to \infty$일 때 무한대로 발산하므로 $\displaystyle\sum \frac{a_n}{S_n}$은 발산한다.

(3) $\dfrac{a_n}{S_n^2} = \dfrac{S_{n-1}}{S_n}\left(\dfrac{1}{S_{n-1}} - \dfrac{1}{S_n}\right) \leq \dfrac{1}{S_{n-1}} - \dfrac{1}{S_n}$이므로 $\displaystyle\sum_{n=2}^{m} \frac{a_n}{S_n^2} \leq \dfrac{1}{S_1} - \dfrac{1}{S_m} < \dfrac{1}{S_1}$이다.

따라서 $\displaystyle\sum \frac{a_n}{S_n^2}$은 수렴한다.

23 (1) $p > \dfrac{1}{2}$이면 $\displaystyle\sum \frac{1}{n^{2p}}$는 수렴한다. 따라서 $\displaystyle\sum \frac{1}{2}\left(a_n + \frac{1}{n^{2p}}\right)$는 수렴한다. 모든 n에 대하여 $\dfrac{\sqrt{a_n}}{n^p} \leq \dfrac{1}{2}\left(a_n + \dfrac{1}{n^{2p}}\right)$이므로 $\displaystyle\sum \frac{\sqrt{a_n}}{n^p}$은 수렴한다.

(2) $p = 1/2$일 때, 예를 들어 $a_n = 1/n(\log n)^2$로 두면 연습문제 18에 의하여 급수 $\displaystyle\sum a_n = \sum \frac{1}{n(\log n)^2}$은 수렴하지만, $\displaystyle\sum \frac{\sqrt{a_n}}{\sqrt{n}} = \sum \frac{1}{n \log n}$은 발산한다.

연습문제 7.2

01 (1) 가정에 의하여 $\{a_n\}$은 유계수열이므로 정리 7.2.5(1)에 의하여 $\sum_{n=1}^{\infty} a_n^2$도 절대 수렴한다. 둘째는 임의의 양수 a, b에 대하여 $\sqrt{ab} \le (a+b)/2$을 이용하여라.

(2) $\sum_{n=1}^{\infty} c_n$은 수렴하므로 $\lim_{n\to\infty} c_n = 0$, 즉 $\{c_n\}$은 유계수열이다. 따라서 정리 7.2.5(1)에 의하여 $\sum_{n=1}^{\infty} c_n a_n$도 절대수렴한다.

03 $\{a_n\} = \{1/n\}$

04 (1) $0 \le a_n = \dfrac{1+\sin n}{3^n + 2n^4} \le \dfrac{2}{3^n + 2n^4} < \dfrac{2}{2n^4} = \dfrac{1}{n^4}$이고 $\sum_{n=1}^{\infty} \dfrac{1}{n^4}$은 $p = 4 > 1$인 $p-$급수이므로 수렴한다. 비교판정법에 의하여 주어진 급수는 수렴한다.

(2) 모든 자연수 n에 대하여 $1/2^{n^2} \le 1/2^n$이고 급수 $\sum_{n=1}^{\infty} 1/2^n$이 수렴하므로 비교판정법에 의하여 주어진 급수는 수렴한다.

(3) $\lim_{n\to\infty} |a_{n+1}/a_n| = \lim_{n\to\infty} \left| [(n+1)^4 e^{-(n+1)^2}]/[n^4 e^{-n^2}] \right| = \lim_{n\to\infty} \left(\dfrac{n+1}{n} \right)^4 e^{-2n-1} = 0 < 1$ 이므로 비판정법에 의하여 주어진 급수는 수렴한다.

(4) 수렴(비판정법)

05 (1) 수렴

(3) $\limsup_{n\to\infty} \sqrt[n]{(\sqrt[n]{n} - 1)^n} = \limsup_{n\to\infty} (\sqrt[n]{n} - 1) = 0 < 1$이므로 근판정법에 의하여 주어진 급수는 수렴한다.

(5) $\lim_{n\to\infty} \dfrac{a_{n+1}}{a_n} = \lim_{n\to\infty} \dfrac{(2n+2)!}{4^{n+1}} \cdot \dfrac{4^n}{(2n)!} = \dfrac{1}{4} \lim_{n\to\infty} \dfrac{(2n+2)!}{(2n)!}$

$\qquad = \dfrac{1}{4} \lim_{n\to\infty} (2n+1)(2n+2) = \infty$

이므로 주어진 급수는 발산한다.

06 (1) $f(x) = 1/x \log x \ (x \ge 2)$라고 하면 $f(x)$는 구간 $(2, \infty)$에서 양의 감소함수이다. 따라서 적분판정법에 의하여

$$\int_2^\infty \frac{1}{x(\log x)} dx = \lim_{b\to\infty} \int_2^b \frac{1}{x \log x} dx = \lim_{b\to\infty} [\log(\log x)]_2^b = \infty$$

이다. 따라서 주어진 급수은 발산한다.

(2) $\displaystyle\int_2^\infty \frac{1}{x(\log x)^p}dx = \lim_{b\to\infty}\int_2^b \frac{1}{x(\log x)^p}dx = \lim_{b\to\infty}\int_{\log 2}^{\log b}\frac{1}{u^p}du$

$$= \lim_{b\to\infty}\left(\frac{(\log b)^{-p+1}}{-p+1} - \frac{(\log 2)^{-p+1}}{-p+1}\right), \quad (p\neq 1)$$

만약 $p>1$이면 위의 적분값은 $\dfrac{(\log 2)^{-p+1}}{p-1} < \infty$ 이므로 수렴한다. 만약 $0<p<1$ 이면 적분값은 ∞ 이므로 발산한다. 만약 $p=1$일 때 (1)에 의하여 발산한다.

(3) $f(x)=e^{-\sqrt{x}}/\sqrt{x}$ 라고 하면 $f(x)$는 구간 $[1,\infty]$에서 연속이고 양의 감소함수이다. 따라서 적분판정법에 의하여

$$\int_1^\infty \frac{e^{-\sqrt{x}}}{\sqrt{x}} = 2\int_1^\infty e^{-t}dt = \lim_{b\to\infty}2\int_1^b e^{-t}dt = \frac{2}{e} < \infty$$

이므로 주어진 급수는 수렴한다.

07 (1) 조건수렴(주어진 급수는 교대급수판정법에 의해서 수렴하고 또한 급수 $\displaystyle\sum_{n=1}^\infty \frac{n}{n^2+1}$ 는 적분판정법을 이용하여 발산함을 알 수 있다.)

(2) 절대수렴(교대급수판정법에 의하여 주어진 급수는 수렴하고 $\displaystyle\sum_{n=1}^\infty \frac{1}{n\sqrt{n}}$ 은 수렴한다.)

09 가정에 의하여 $\displaystyle\limsup_{n\to\infty}\sqrt[n]{a_n} \le k < 1$이므로 근판정법에 의하여 주어진 급수는 수렴한다.

11 (1) 가정에 의하여 $\displaystyle\lim_{n\to\infty}a_n = 0$이므로 $\{a_n\}$은 유계이다. 즉, 적당한 $M>0$이 존재하여 $n\in\mathbb{N}$ 인 모든 n에 대하여 $|a_n| \le M$이 성립한다. 따라서 $\displaystyle\sum_{n=1}^\infty a_n^2 \le \sum_{n=1}^\infty Ma_n$ 이 성립하고 우변이 수렴하므로 비교판정법에 의하여 $\displaystyle\sum_{n=1}^\infty a_n^2$도 수렴한다.

(2) 임의의 $n\in\mathbb{N}$ 에 대하여 $x_n = \sqrt{a_n}$, $y_n = 1/n$이라 하면 가정에 의하여 $\displaystyle\sum_{n=1}^\infty x_n^2$ 은 수렴하고 p급수판정법에 의하여 $\displaystyle\sum_{n=1}^\infty y_n^2$도 수렴한다. 또한 $\displaystyle\sum_{n=1}^\infty x_n y_n \le \sum_{n=1}^\infty x_n^2 + \sum_{n=1}^\infty y_n^2$이므로 비교판정법에 의하여 $\displaystyle\sum_{n=1}^\infty x_n y_n$은 수렴한다. 따라서 $\displaystyle\sum_{n=1}^\infty \frac{\sqrt{a_n}}{n}$ 은 수렴한다.

12 (2) 가정에 의하여 $\lim\limits_{n\to\infty} a_n = 0$이므로 충분히 큰 자연수 n에 대하여 $0 < a_n \le \dfrac{1}{2}$이 되도록 하면 $\dfrac{a_n}{1-a_n} < 2a_n$이므로 비교판정법에 의하여 주어진 급수는 수렴한다.

13 $0 \le (a_n - 1/n)^2 = a_n^2 - 2a_n/n + 1/n^2$이고 $\sum\limits_{n=1}^{\infty} a_n^2$, $\sum\limits_{n=1}^{\infty} 1/n^2$은 수렴하므로 주어진 급수는 수렴한다.

14 주어진 부등식은 충분히 큰 자연수 n에 대하여 $a_{n+1}/b_{n+1} \le a_n/b_n$으로 표현할 수 있다. 따라서 $\{a_n/b_n\}$은 결국 단조감소수열이 되어 이는 유계수열이다. 그러므로 모든 자연수 n에 대하여 $a_n \le Mb_n$을 만족하는 적당한 양수 M이 존재한다. 비교판정법에 의하여 급수 $\sum a_n$은 수렴한다.

15 $a^{\ln n} = n^{\ln a} = 1/n^{\ln(1/a)}$이므로 $\ln(1/a) > 1$ 즉, $0 < a < 1/e$이면 $\sum a^{\ln n}$은 수렴한다.

17 f가 감소함수이므로 임의의 자연수 k에 대하여 $f(k+1) \le \displaystyle\int_k^{k+1} f(x) \le f(k)$. 따라서 $\sum\limits_{k=1}^{n} f(k) - f(1) = \sum\limits_{k=2}^{n} f(k) \le \displaystyle\int_1^n f(x)dx$이므로 $\{c_n\}$은 유계이고 증가수열이므로 $\lim\limits_{n\to\infty} c_n$이 존재한다.

연습문제 7.3

01 $\{b_n\} = \{1, 1, -1, 1, 1, -1, \cdots\}$, $B_n = \sum\limits_{k=1}^{n} b_k$이므로 수열 $\{B_n\}$는 유계가 아니다. 따라서 디리클레판정법을 적용할 수 없다. $\sum\limits_{n=1}^{\infty} |a_n| = \sum\limits_{n=1}^{\infty} \dfrac{1}{n}$이므로 절대수렴하지 않는다.

$$\sum_{n=1}^{\infty} a_n = 1 + \frac{1}{2} - \frac{1}{3} + \frac{1}{4} + \frac{1}{5} - \frac{1}{6} + \cdots \ge 1 + \frac{1}{4} + \frac{1}{7} + \cdots = \sum_{n=0}^{\infty} \frac{1}{3n+1}$$

이고 $\sum\limits_{n=1}^{\infty} \dfrac{1}{3n+1}$이 발산하므로 비교판정법에 의하여 급수는 발산한다.

05 (1) 수열 $\{1/\sqrt{n}\,\}$은 유계이고 단조감소수열이므로 아벨의 판정법에 의하여

$$\sum_{n=1}^{\infty} a_n = \sum_{n=1}^{\infty} (\sqrt{n}\, a_n) \frac{1}{\sqrt{n}}$$

도 수렴한다.

(2) $\{1/n\}$은 유계인 단조감소수열이므로 아벨의 판정법을 적용하면 $\displaystyle\sum_{n=1}^{\infty}(na_n)\dfrac{1}{n}$ 도 수렴한다.

06 (1) 절대수렴　　　　　　　　　(2) 조건수렴

(4) $\displaystyle\sum_{n=1}^{\infty}\dfrac{\cos n\pi}{n\sqrt{n}}=\sum_{n=1}^{\infty}\dfrac{(-1)^n}{n\sqrt{n}}$ 이므로 교대급수판정법에 의하여 수렴한다.

$\displaystyle\sum_{n=1}^{\infty}\left|\dfrac{\cos n\pi}{n\sqrt{n}}\right|=\sum_{n=1}^{\infty}\dfrac{1}{n\sqrt{n}}$ 은 p-급수이고 $p=2/3$ 이므로 수렴한다. 따라서 주어진 급수는 절대수렴한다.

07 (1) 수렴　　　(2) 수렴　　　(3) 발산 $\left(\displaystyle\lim_{k\to\infty}\dfrac{k^k}{(1+k)^k}=\dfrac{1}{e}\neq 0\right)$　　　(5) 수렴

08 (2) $a_n=(-1)^n/n$, $a_n=(-1)^n/\ln n$ 로 두면 $\sum a_n$ 은 수렴하고 $\displaystyle\lim_{n\to\infty}b_n=0$ 이지만 $\sum a_n b_n$ 은 발산한다.

(3) $a_n=(-1)^n/\sqrt{n}+1/n$, $b_n=(-1)^n/\sqrt{n}$ 로 두면 $\sum b_n$ 은 수렴하고 $\displaystyle\lim_{n\to\infty}(a_n/b_n)=1$ 이지만 $\sum a_n$ 은 발산한다.

09 (1) $\displaystyle\lim_{n\to\infty}(1+1/n)^n=e$ 이므로 수열 $\{e-(1+1/n)^n\}$ 은 0에 수렴하는 감소수열이다. 따라서 교대급수 판정법에 의하여 주어진 급수는 수렴한다.

(2) $\displaystyle\lim_{n\to\infty}\sqrt[n]{n}=1$ 이고 $\{\sqrt[n]{n}\}$ 은 감소수열이므로 $\{\sqrt[n]{n}-1\}$ 은 0에 수렴하는 감소수열이다. 따라서 교대급수 판정법에 의하여 주어진 급수는 수렴한다.

연습문제 7.4

01
$$\sum_{n=1}^{\infty}\dfrac{(-1)^{n+1}}{n}=L \tag{1}$$

이므로

$$\dfrac{1}{2}L=\dfrac{1}{2}-\dfrac{1}{4}+\dfrac{1}{6}-\dfrac{1}{8}+\dfrac{1}{10}-\dfrac{1}{12}+\cdots=0+\dfrac{1}{2}+0-\dfrac{1}{4}+0+\dfrac{1}{6}+0-\dfrac{1}{8}+\cdots \tag{2}$$

(1)+(2)하면

$$\frac{3}{2}L = (1+0) + \left(\frac{-1}{2} + \frac{1}{2}\right) + \left(\frac{1}{3} + 0\right) + \left(\frac{-1}{4} + \frac{-1}{4}\right) \tag{3}$$
$$+ \left(\frac{1}{5} + 0\right) + \left(\frac{-1}{6} + \frac{1}{6}\right) + \left(\frac{1}{7} + 0\right) + \left(\frac{-1}{8} + \frac{-1}{8}\right) + \cdots$$
$$= 1 + \frac{1}{3} - \frac{1}{2} + \frac{1}{5} + \frac{1}{7} - \frac{1}{4} + \frac{1}{9} + \frac{1}{11} - \frac{1}{6} + \cdots$$

이다. 따라서 (1)의 재배열 (3)은 $(3/2)L$에 수렴한다. 여기서 $L = \log 2$이고, 급수 (3)의 합은 $(3/2)\log 2$로서 서로 다르다.

연습문제 8.1

01 (1) $\lim\limits_{n\to\infty} 1/n = 0$이므로 모든 $x\in\mathbb{R}$에 대하여 $f(x) = \lim\limits_{n\to\infty} f_n(x) = 0$.

(2) $f_n(x) = x^2/n + x$이므로 모든 $x\in\mathbb{R}$에 대하여 $f(x) = \lim\limits_{n\to\infty} f_n(x) = x$.

(3) $f = 0$

(5) $f(x) = \begin{cases} 0 & (x = 0) \\ 1 & (0 < x \leq 1) \end{cases}$

02 (1) 로피탈 법칙에 의하여 성립한다.

(2) $F_n(x) = -e^{-nx^2}$로 놓으면 $f_n = F_n{'}$이므로

$$\int_0^1 f_n(x)dx = F_n(1) - F_n(0) = 1 - e^{-n}.$$

따라서 모든 $x\in[0,1]$에 대하여 $f(x) = \lim f_n(x) = 0$이므로

$$\int_0^1 f(x)dx = 0 \neq 1 = \lim \int_0^1 f_n(x)dx.$$

03 (1) 모든 자연수 $n\in\mathbb{N}$에 대해서 $f_n(0) = 0$이므로 $\lim\limits_{n\to\infty} f_n(0) = f(0) = 0$이다. 한편

$x_0 > 0$이면 $1/n_0 < x_0$를 만족하는 $n_0\in\mathbb{N}$가 존재한다. 따라서

$$n > n_0 \Rightarrow f_n(x_0) = 0 \Rightarrow \lim\limits_{n\to\infty} f_n(x_0) = f(x_0) = 0$$

이므로 $\{f_n\}$은 함수 $f = 0$에 점별수렴한다.

(2) 모든 자연수 $n\in\mathbb{N}$에 대해서 $\int_0^1 f_n(x)dx = 1$, $\int_0^1 f(x)dx = 0$임에 주의하여라.

따라서 이 경우에 적분의 극한은 극한의 적분과 같지 않다. 즉,

$$\lim\limits_{n\to\infty} \int_0^1 f_n(x)dx \neq \int_0^1 \lim\limits_{n\to\infty} f_n(x)dx.$$

04 $f_n(x) = x^n$으로 정의하면 $\lim\limits_{n\to\infty} \|f_n\| = \lim\limits_{n\to\infty} \int_0^1 x^n\, dx = \lim\limits_{n\to\infty} 1/(n+1) = 0$이므로 $\{f_n\}$

은 위 노름에서 영함수 $g(x) = 0$으로 수렴하지만 $\{f_n\}$은

$f(x) = \begin{cases} 0 & (0 \le x < 1) \\ 1 & (x = 1) \end{cases}$ 로 점별수렴한다. 또한 $f \ne g$이다.

연습문제 8.2

01 (1) 극한함수는 $f(x) = \begin{cases} 0 & (0 < x \le 1) \\ 1/2 & (x = 0) \end{cases}$ 이다. 균등수렴하지 않는다.

(2) 극한함수는 $f(x) = \begin{cases} 0, & x \in (-1, 1) \\ 1/2, & x = \pm 1 \end{cases}$ 이다. 균등수렴하지 않는다.

(3) 극한함수는 $f(x) = \begin{cases} 0 & (0 \le x < 1) \\ 1 & (x = 1) \end{cases}$ 이고 $\{f_n((-1)\} = \{(-1)^n\}$는 발산한다. 균등수렴하지 않는다.

(4) 극한함수는 $f(x) = 0 \ (-1 < x < 1)$이다. 균등수렴하지 않는다.

(5) 극한함수는 $f(x) = 0 \ (-1 < x < 1)$이다. 균등수렴한다.

(6) $f(0) = f(1) = 0$이고 $\{f_n(x)\}$는 $(0,1)$에서 발산한다.

03 (1) f_n은 E에서 f에 균등수렴하므로 $\epsilon = 1$에 대하여

$$x \in E, \quad n \ge K \implies |f_n(x) - f(x)| < 1$$

을 만족하는 자연수 $K \in \mathbb{N}$가 존재한다. 특히, $|f(x)| < |f_K(x)| + 1 \ (x \in E)$이다. 양변에 $\sup_{x \in E}$을 취하면 $\|f\|_E \le \|f_K\| + 1$이다. 즉 f는 E에서 유계함수이다.

(2) $f_n(x) = \begin{cases} 1/x & (x > 1/n) \\ 0 & (\text{그밖의 값}) \end{cases}$, $f(x) = \begin{cases} 1/x & (x > 0) \\ 0 & (\text{그밖의 값}) \end{cases}$

04 (1) $\|(f_n \pm g_n) - (f \pm g)\|_E \le \|f_n - f\|_E + \|g_n - g\|_E$임을 증명하여라.

(2) 위 문제 3에 의하여 f는 E에서 유계함수이다. 즉, $\|f\|_E \le L$이다. 가정에 의하여 다음을 증명하여라.

$$\|f_n g_n - fg\|_E = \|(f_n g_n - fg_n) + (fg_n - fg)\|_E \le K\|f_n - f\|_E + L\|g_n - g\|_E$$

(3) $f_n(x) = x + \dfrac{1}{n}, f(x) = x \, (x \in \mathbb{R})$로 두면 f_n은 $\mathbb{R}$에서 f에 균등수렴하지만, $\{f_n^2\}$은 $\mathbb{R}$에서 f^2에 균등수렴하지 않는다.

06 (1) 분명히 각 점 $x \in [0,1]$에 대하여 $\lim_{n \to \infty} f_n(x) = 0 = f(x)$이다. 또한

$$0 \le f_n(x) = \frac{1}{2n} \cdot \frac{2nx}{1 + n^2 x^2} \le \frac{1}{2n}$$

이므로 $M_n \leq 1/2n \to 0$이다. 따라서 $\{f_n\}$은 $[0,1]$에서 함수 $f=0$에 균등수렴한다.

(4) 만일 $n_k = k$이고 $x_k = -k$이면 $f_{n_k}(x_k) = 0$, $f(x_k) = -k$ 이므로 $|f_{n_k}(x_k) - f(x_k)| = k$이다. 그러므로 수열 $\{f_n\}$은 $\mathbb{R}$에서 f로 균등수렴하지 않는다.

07 (3) $f_n(x) = nx(1-x)^n(1+x)^n$이므로 $x=0$ (또는 1)이면 $f_n(x) = 0$이다. 만약 $0 < x < 1$이면 $(1-x)^n \to 0$이다. 따라서 $\{f_n\}$은 $[0,1]$에서 $f=0$에 점별수렴하지만 균등수렴하지 않는다.

08 (1) 점별 극한함수는 $f(x) = \begin{cases} 0, & x \in [0,1) \\ 1/2, & x=1 \end{cases}$이다.

(2) 임의의 $\epsilon > 0$에 대하여 $\lim\limits_{n \to \infty} a^n = 0$이므로 $a^N < \epsilon$인 자연수 N을 선택한다. $n \geq N$인 모든 자연수 n과 임의의 $x \in [0,a]$에 대하여

$$|f_n(x) - f(x)| = \frac{x^n}{1+x^n} \leq x^n \leq a^n \leq a^N < \epsilon$$

이 성립하므로 $[0,a]$에서 함수열 $\{f_n\}$은 함수 f로 균등수렴한다.

(3) $\epsilon_0 = 1/5$이라 하자. $x_k = (2/3)^{1/k}$이라 하면 모든 $k \in \mathbb{N}$에 대하여 $x_k \in [0,1]$이고

$$|f_k(x_k) - f(x_k)| = \frac{2}{5} \geq \frac{1}{5} = \epsilon_0$$

이므로 $[0,1]$에서 함수열 $\{f_n\}$은 함수 f로 균등수렴하지 않는다.

09 부등식 $|a_k \cos kx| \leq |a_k|$, $|a_k \sin kx| \leq |a_k|$로부터 결론을 얻을 수 있다.

12 (1) $[a,1]$에서 $|x/(1+n^2x^2)| \leq 1/(1+n^2a^2)$이고 $\sum\limits_{n=1}^{\infty} 1/(1+n^2a^2)$은 수렴한다. 따라서 바이어슈트라스 M-판정법에 의하여 급수 $\sum\limits_{n=1}^{\infty} x/(1+n^2x^2)$는 $[a,1]$에서 균등수렴한다.

(2) $\sum\limits_{n=1}^{\infty} (x/2)^n$은 $|x| < 2$인 모든 실수 x에 대하여 수렴하는 기하급수이다. 만약 $0 < a < 2$이고 $|x| \leq a$이면 $|(x/2)^n| \leq (a/2)^n$이다. $a/2 < 1$이므로 $\sum\limits_{n=1}^{\infty} (a/2)^n$은 수렴한다. 바이어슈트라스 M-판정법에 의하여 $\sum\limits_{n=1}^{\infty} (x/2)^n$은 $[-a, a]$에서

균등수렴하지만 $(-2, 2)$에서 균등수렴하지 않는다(여기서 $0 < a < 2$).

13 (1) 임의의 $x \in \mathbb{R}$에 대해 비판정법에 의하면 $\displaystyle\sum_{n=0}^{\infty} \frac{x^n}{n!}$는 수렴한다. 따라서 $\displaystyle\sum_{n=0}^{\infty} \frac{x^n}{n!}$는 $\mathbb{R}$에서 어떤 함수 $S(x)$로 점별수렴한다. M을 임의의 양수라 하자.

함수 x^n은 $\mathbb{R}$에서 유계가 아니지만 구간 $[-M, M]$에서 유계함수이다. 임의의 $x \in [-M, M]$에 대하여 $|x^n/n!| \leq M^n/n!$이고 비판정법에 의하여 급수 $\displaystyle\sum_{n=0}^{\infty} M^n/n!$이 수렴한다. 따라서 바이어슈트라스 M-판정법에 의하여 급수 $\displaystyle\sum_{n=0}^{\infty} x^n/n!$은 $[-M, M]$에서 $S(x)$에 균등수렴한다. 또한 각 함수 $f_n(x) = x^n/n!$ $(n = 0, 1, 2, \cdots)$는 $[-M, M]$에서 연속이므로 $S(x)$도 $[-M, M]$에서 연속이다. M은 임의의 양수이므로 $S(x)$는 $\mathbb{R}$에서 연속함수이다.

(2) $|S_n(x) - S_{n-1}(x)| = |x^n/n!|$이므로 임의의 양수 $\epsilon \in (0, 1]$에 대하여

$$|S_n(n) - S_{n-1}(n)| = |n^n/n!| \geq 1 \geq \epsilon$$

이다. 따라서 코시의 판정법에 의하여 $\{S_n(x)\}$는 $\mathbb{R}$에서 균등수렴하지 않는다.

14 모든 $x \in [0, 1]$에 대하여 $\log(n+x) - \log n \leq \log(n+1) - \log n = \log(1 + 1/n)$.

평균값 정리에 의하여 모든 $t > 0$에 대하여 $0 < c < t$일 때, $\log(1+t) - \log 1 + t/c = t/c$이다. 분명히 $\log(1 + 1/n) < 1/n$이므로 모든 $x \in [0, 1]$에 대하여

$$(1/n)[\log(n+x) - \log n] \leq 1/n^2$$

이고 $\displaystyle\sum_{n=1}^{\infty} \frac{1}{n^2}$은 수렴한다. 따라서 바이어슈트라스 M-판정법에 의하여 주어진 급수는 $[0, 1]$에서 균등수렴한다.

연습문제 8.3

01 임의의 양수 ϵ에 대하여

$$F_n = \{t \in [a, b] : f(t) - f_n(t) \geq \epsilon\}, \quad n = 1, 2, \cdots$$

라 하자. 그러면 $F_{n+1} \subseteq F_n$이고, $f - f_n$이 연속이므로 F_n은 닫힌집합이다. 또한 $\{f_n\}$의 점별수렴성에 의하여 $\cap_{n=1}^{\infty} F_n = \varnothing$이다. 따라서 $[a, b] \subset \cup_{n=1}^{\infty} F_n^c$이다.

$[a,b]$는 유계인 닫힌집합이고 각 F_n^c는 열린집합이므로 하이네-보렐 정리에 의하여 적당한 자연수 N이 존재해서 $[a,b] \subset \cup_{n=1}^{N} F_n^c$이다. 그러므로 $F_N = \cap_{n=1}^{N} F_n = \varnothing$이다. 이는 모든 $n \geq N$이고 모든 $t \in [a,b]$에 대하여

$$|f(t) - f_n(t)| = f(t) - f_n(t) \leq f(t) - f_N(t) < \epsilon$$

이다. 따라서 $\{f_n\}$은 $[a,b]$에서 f에 균등수렴한다.

03 $C[a,b]$에서 $\{f_n\}$이 f로 수렴하고 ϵ은 임의의 양수라 하자. 그러면 자연수 N이 존재하여 $n \geq N$이면 $d(f_n, f) < \epsilon$가 된다. 이것은

$$d(f_n, f) = \text{lub}\{|f_n(x) - f(x)| : x \in [a,b]\} < \epsilon,$$

즉 $[a,b]$의 모든 x에 대하여 $|f_n(x) - f(x)| < \epsilon$임을 의미한다. 따라서 $\{f_n\}$은 f로 균등수렴한다.

역으로 $\{f_n\}$이 $[a,b]$에서 f로 균등수렴한다고 하자. 따름정리 8.3.2에 의하여 $f \in C[a,b]$이다. 이제 $C[a,b]$의 거리의 의미로 $\lim_{n \to \infty} f_n = f$임을 보여야 한다. $\epsilon > 0$라고 하자. $\{f_n\}$이 $[a,b]$에서 f로 균등수렴하므로 양수 N이 존재하여 $n \geq N$이면 모든 $x \in [a,b]$에 대하여 $|f_n(x) - f(x)| < \frac{\epsilon}{2}$이다. 따라서 $n \geq N$이면 $\epsilon/2$은 집합 $\{|f_n(x) - f(x)| : x \in [a,b]\}$의 상계이다. 따라서 $d(f_n, f) \leq \epsilon/2 < \epsilon$이다. 그러므로 $\lim_{n \to \infty} f_n = f$이다.

04 $\{f_n\}$은 $C[a,b]$의 임의의 코시수열이라 하자. 임의의 양수 $\epsilon > 0$에 대하여 적당한 자연수 N_0가 존재해서 임의의 자연수 $m, n \geq N_0$에 대하여 $\|f_n - f_m\| < \epsilon$. 즉, 임의의 $x \in [a,b]$와 임의의 자연수 $m, n \geq N_0$에 대하여

$$|f_n(x) - f_m(x)| \leq \|f_n - f_m\| < \epsilon.$$

따라서 균등수렴의 코시판정법에 의하여 수열 $\{f_n\}$은 $[a,b]$에서 적당한 함수 f에 균등수렴한다. 또한 f_n은 $[a,b]$에서 연속이므로 함수 f도 $[a,b]$에서 연속이다. 마지막으로 수열 $\{f_n\}$은 $[a,b]$에서 적당한 함수 f에 균등수렴하므로 임의의 양수 $\epsilon > 0$에 대하여 적당한 자연수 N_0가 존재해서 임의의 $x \in [a,b]$와 임의의 자연수 $m, n \geq N_0$에 대하여 $|f_n(x) - f(x)| \leq \|f_n - f_m\| < \epsilon$. 따라서 임의의 자연수 $n \geq N_0$에 대하여 $\|f_n - f\| < \epsilon$. 즉 수열 $\{f_n\}$은 $C[a,b]$에서 함수 f에 수렴한다.

01 $f_n(x) = \dfrac{nx}{1+nx}$, $x \in [0,1]$로 두면 $f_n(0) = 0$이고 $x \neq 0$일 때 $\displaystyle\lim_{n\to\infty} nx/(1+nx) = 1$

이다. 따라서 $\{f_n\}$은 $f(x) = \begin{cases} 0 \ (x=0) \\ 1 \ (0 < x \leq 1) \end{cases}$에 점별수렴하고 f는 $[0,1]$에서 적분

가능하다.

또한 $\|f_n - f\|_{[0,1]} = \sup_{0 < x \leq 1} \dfrac{1}{1+nx} = 1$이므로 $\{f_n\}$은 f에 균등수렴하지 않는다.

$\displaystyle\int_0^1 f(x)dx = 1$이고 $\displaystyle\lim_{n\to\infty} \int_0^1 f_n(x)dx = \lim_{n\to\infty}\left[1 - \dfrac{\ln(1+n)}{n}\right] = 1$이다.

02 $f : [0,1] \to \mathbb{R}$ 가 $[0,1]$에서 연속이므로 바이어슈트라스 정리에 의하여 $f(x)$로 균

등수렴하는 다항식의 수열 $\{p_n(x)\}$이 존재한다. 따라서 $\{f(x)p_n(x)\}$도 $(f(x))^2$로

균등수렴한다. $p_n(x) = a_n x^n + a_{n-1}x^{n-1} + \cdots + a_1 x + a_0$로 두면

$$(f(x))^2 = f(x)\lim_{n\to\infty} p_n(x) = \lim_{n\to\infty} f(x)p_n(x) = \lim_{n\to\infty}\sum_{k=0}^n a_k f(x)x^k$$

이고 따름정리 8.4.2에 의하여

$$\int_0^1 (f(x))^2 dx = \int_0^1 \left(\lim_{n\to\infty}\sum_{k=0}^n a_k f(x)x^k\right)dx = \lim_{n\to\infty}\sum_{k=0}^n a_k \int_0^1 f(x)x^k dx = 0$$

이다. $f(x)^2$은 음이 아닌 연속함수이므로 $f(x)^2 = 0$이다. 따라서 $f(x) = 0$이므로

f는 상수함수이다.

03 $0 < x \leq 1$일 때 $\displaystyle\lim_{n\to\infty} f_n(x) = 0$이고, $f_n(0) = 0$이므로 $f(x) = \displaystyle\lim_{n\to\infty} f_n(x) = 0$ $(0 \leq x$

$\leq 1)$이다. 간단한 계산에 의하여 $\displaystyle\int_0^1 x(1-x^2)^n dx = \dfrac{1}{2n+2}$임을 알 수 있다.

$$\lim_{n\to\infty}\int_0^1 f_n(x)dx = \lim_{n\to\infty}\dfrac{n}{2n+2} = \dfrac{1}{2}$$

이지만 $\displaystyle\int_0^1 [\lim_{n\to\infty} f_n(x)]dx = 0$이다.

04 f_n, g는 $[a,b]$에서 적분가능하고 $(f_n g)$가 $[a,b]$에서 fg에 균등수렴하므로 따름정

리 8.4.2에 의하여 주어진 결과가 성립한다.

07 $f_m(x) = \displaystyle\lim_{n\to\infty} (\cos m! \pi x)^{2n}$으로 두면 x가 정수일 때는 $\cos m! \pi x = 1$ 또는 -1이므로

$f_m(x) = 1$이다. x의 다른 모든 값에 대해서는 $|\cos m! \pi x| < 1$이므로 $f_m(x) = 0$이다.

따라서 f_m은 임의의 구간 $[a,b]$에서 리만 적분가능하다(왜?).

이제 $f(x) = \lim_{m \to \infty} f_m(x)$라고 하자. x가 무리수일 때 모든 m에 대해서 $f_m(x) = 0$이므로 $f(x) = 0$이다. 유리수 $x = p/q$ (여기서 p와 q는 정수)에 대해서는 $m \geq q$이면 $m!x$는 정수가 되므로 $f(x) = 1$이다. 따라서

$$f(x) = \lim_{m \to \infty} \lim_{n \to \infty} (\cos m! \pi x)^{2n} = \begin{cases} 0 & (x는 \ 무리수) \\ 1 & (x는 \ 유리수) \end{cases}$$

이므로 f는 임의의 구간 $[a,b]$에서 리만 적분가능하지 않다.

08 (1) 임의의 $x \in \mathbb{R}$에 대하여 $\left| \dfrac{1}{2^n} \cos(3^n x) \right| \leq \dfrac{1}{2^n}$이고 $\displaystyle\sum_{n=0}^{\infty} \dfrac{1}{2^n}$이 수렴하므로 바이어슈트라스 M-판정법에 의하여 $\displaystyle\sum_{n=0}^{\infty} \dfrac{1}{2^n} \cos(3^n x)$은 $\mathbb{R}$에서 균등수렴한다.

(2) $f_n(x) = \dfrac{1}{2^n} \cos(3^n x)$일 때 f_n은 구간 $[0, 2\pi]$에서 리만 적분가능하고 $\displaystyle\sum_{n=0}^{\infty} f_n$가 균등수렴하므로 따름정리 8.4.2에 의하여 함수 f는 리만 적분가능하다. 따라서

$$\int_0^{2\pi} f(x)dx = \int_0^{2\pi} \sum_{n=0}^{\infty} \frac{1}{2^n} \cos(3^n x)dx = \sum_{n=0}^{\infty} \int_0^{2\pi} \frac{1}{2^n} \cos(3^n x)\,dx$$
$$= \sum_{n=0}^{\infty} \frac{1}{2^n} \frac{1}{3^n} \left[\sin(3^n x) \right]_0^{2\pi} = 0.$$

09 $|\sin nx/n^3| \leq 1/n^3$이므로 바이어슈트라스 M-판정법에 의하여 $\displaystyle\sum_{n=1}^{\infty} \sin nx/n^3$는 모든 x에 대하여 균등수렴한다. 따라서 따름정리 8.4.2에 의하여

$$\int_0^{\pi} f(x)dx = \int_0^{\pi} \left(\sum_{n=1}^{\infty} \frac{\sin nx}{n^3} \right)dx = \sum_{n=1}^{\infty} \int_0^{\pi} \frac{\sin nx}{n^3}dx$$
$$= \sum_{n=1}^{\infty} \frac{1 - \cos n\pi}{n^4} = 2\left(\frac{1}{1^4} + \frac{1}{3^4} + \frac{1}{5^4} + \cdots \right) = 2\sum_{n=1}^{\infty} \frac{1}{(2n-1)^4}.$$

연습문제 8.5

01 (1) $f_n'(x) = \cos nx$임을 이용하여라.

(2) 8.2절 연습문제 1(5)에 의하여 $\{f_n\}$은 $[0,1]$에서 $f = 0$에 균등수렴한다. 또한

$$\lim_{n \to \infty} f_n'(x) = \begin{cases} -1, & (x = 1) \\ 1, & (0 \leq x < 1) \end{cases}, \quad f_n'(x) = (n+1)x^{n-1}\left(\frac{n}{n+1} - x \right).$$

03 (3) $f_n{}'(x) = \begin{cases} (1+1/n)x^{1/n}, & (x > 0) \\ 0, & (x = 0) \\ -(1+1/n)(-x)^{1/n}, & (x < 0) \end{cases}$, $\displaystyle\lim_{n\to\infty} f_n{}'(x) = \begin{cases} 1, & (x > 0) \\ 0, & (x = 0) \\ -1, & (x < 0) \end{cases}$

$f_n{}'(x)$는 $[-1,1]$에서 연속이지만 $\mathrm{sgn}(x)$는 연속이 아니다. 따라서 $\{f_n{}'\}$은 $[-1,1]$에서 $\mathrm{sgn}(x)$에 균등수렴하지 않는다.

08 분명히 각 점 $x \in [-1,1]$에 대하여 $\displaystyle\lim_{n\to\infty} f_n(x) = 0 = f(x)$이다. 또한

$$0 \le |f_n(x)| = \frac{1}{2n} \cdot \left| \frac{2nx}{1+n^2x^2} \right| \le \frac{1}{2n}$$

이므로 $M_n \le 1/2n \to 0$이다. 따라서 $\{f_n\}$은 $[-1,1]$에서 함수 $f = 0$에 균등수렴한다.

연습문제 8.6

01 (1) $R = 1$ (2) $R = 1/e$ (3) $R = 1/3$ (4) $R = 5$ (5) $R = 5$ (6) $R = 0$

(7) $R = \infty$

(8) $u_n = \dfrac{(2n)!}{(n!)^2} x^n$로 두면

$$\lim_{n\to\infty} \left| \frac{u_{n+1}}{u_n} \right| = \lim_{n\to\infty} |x| \frac{(2n+2)(2n+1)}{(n+1)^2} = 4|x|$$

이고 $4|x| < 1$인 모든 x에 대하여 수렴하므로 수렴반지름은 $R = 1/4$이다.

(9) $R = 0$

02 (1) $[-1,5]$ (2) $(-4,-2)$ (3) $\mathbb{R}$ (4) $(1,9)$

(6) $(-1/2,1/2)$: $u_n = n(4x^2)^n$로 두면

$\displaystyle\lim_{n\to\infty} |u_{n+1}/u_n| = \lim_{n\to\infty} 4x^2(1+1/n) = 4x^2 < 1$이고, $|x| = \dfrac{1}{2}$일 때 $\displaystyle\sum_{n=1}^{\infty} n(4x^2)^n = \sum_{n=1}^{\infty} n$는 발산하기 때문이다)

(7) $(-1/3.1/3]$: $u_n = \dfrac{(-3)^n}{\sqrt{n+1}} x^n$로 두면 $\displaystyle\lim_{n\to\infty} |u_{n+1}/u_n| == 3|x| < 1$, 즉

$|x| < 1/3$일 때 주어진 급수는 수렴한다. 또한 $x = -1/3$일 때

$$\sum_{n=0}^{\infty} \frac{(-3)^n}{\sqrt{n+1}} x^n = \sum_{n=0}^{\infty} \frac{1}{\sqrt{n+1}}$$은 발산한다. $x = 1/3$일 때

$$\sum_{n=0}^{\infty} \frac{(-3)^n}{\sqrt{n+1}} x^n = \sum_{n=0}^{\infty} \frac{(-1)^n}{\sqrt{n+1}} \text{은 교대급수판정법으로 수렴한다.}$$

(8) $[-5,1)$: $u_n = \dfrac{\log n}{n3^n}(x+2)^n$로 두면

$$\lim_{n \to \infty} \left| \frac{u_{n+1}}{u_n} \right| = \frac{|x+2|}{3} \lim_{n \to \infty} \frac{n}{n+1} \frac{\log(n+1)}{\log n} = \frac{|x+2|}{3}.$$

$|x+2|/3 < 1$, 즉 $-5 < x < 1$일 때 주어진 급수는 수렴한다. $x = -5$일 때

급수 $\displaystyle\sum_{n=1}^{\infty} \frac{\log n}{n3^n}(x+2)^n = \sum_{n=1}^{\infty} \frac{\log n}{n}$ 은 교대급수판정법에 의하여 수렴한다. $x = 1$

일 때 급수 $\displaystyle\sum_{n=1}^{\infty} \frac{\log n}{n3^n}(x+2)^n = \sum_{n=1}^{\infty} \frac{\log n}{n}$ 은 조화급수이므로 발산한다.

03 (1) 수렴반지름은 $R = \lim_{n \to \infty} |a_n/a_{n+1}| = \lim_{n \to \infty} (n+1)/2 = \infty$ 이다.

09 (1) R (2) R^k (3) $\sqrt[k]{R}$ (4) 1

연습문제 9.1

01 (1) $\{(x,y): x^2+y^2 \le 1\}$ (2) $\{(x,y): x^2+y^2 \le 1\}$ (4) $\mathbb{R}^2$

02 (1) 열린, 연결, 유계집합이고 경계는 $\{(x,y): 2x^2+4y^2=1\}$

(2) 닫힌집합이지만 연결, 유계집합은 아니다. 경계는 $\{(x,y): x^2-y^2=1\}$

(3) 닫힌, 연결, 유계집합이고 경계는

$\{(x,y): |x| \le 1, |y|=1\} \cup \{(x,y): |x|=1, |y| \le \}.$

(4) 열린, 닫힌, 연결, 유계집합이 아니고 경계는 $\mathbb{R}^2$이다.

04 (1) 1　　(2) 존재하지 않음　　(3) 존재하지 않음　　(4) 1/2

(7) 존재하지 않음

(8) $(x,y) \to (0,3)$일 때 $xy \to 0$이므로 $\dfrac{\sin xy}{xy} \to 1$이다. 따라서

$$\lim_{(x,y)\to(0,3)} \frac{\sin xy}{x} = \lim_{(x,y)\to(0,3)} \frac{\sin xy}{xy} y = \lim_{(x,y)\to(0,3)} \frac{\sin xy}{xy} \lim_{(x,y)\to(0,3)} y = 1 \times 3 = 3$$

(9) $f(x,y) = \dfrac{x^2 y}{x^4+y^2}$로 두면 점 (x,y)가 직선 $y=kx$(k는 임의의 상수, $k \ne 0$)

을 따라 $(0,0)$에 가까워지면 $x \to 0$이다. 따라서

$$\lim_{x\to 0} f(x,kx) = \lim_{x\to 0} \frac{kx^3}{x^4+k^2 x^2} = \lim_{x\to 0} \frac{kx}{x^2+k^2} = 0$$

이다. 하지만 점 (x,y)가 포물선 $y=kx^2$(k는 임의의 상수)을 따라 $(0,0)$에
가까워지면 $x \to 0$이다. 따라서

$$\lim_{x\to 0} f(x,kx^2) = \lim_{x\to 0} \frac{kx^4}{x^4+k^2 x^4} = \lim_{x\to 0} \frac{k}{1+k^2}$$

은 k에 의존한다. 따라서 극한값은 존재하지 않는다.

(10) 임의의 점 (x,y)에 대하여 $|xy| \le (x^2+y^2)/2$이므로 $|xy/(x^2+y^2)| \le 1/2$이
다. 따라서 $0 \le |xy/(x^2+y^2)|^{x^2} \le (1/2)^{x^2}$이고 $\lim_{\substack{x \to +\infty \\ y \to +\infty}} (1/2)^{x^2} = 0$이므로

$$\lim_{\substack{x \to +\infty \\ y \to +\infty}} \left(\frac{xy}{x^2+y^2} \right)^{x^2} = 0$$

06 (1) 우선 원점 $(0,0)$에서 고찰하면 직선 $y=x$을 따라 원점에 접근해 가면

$$f(x,y) = f(x,x) = \frac{x \cdot x}{x^2+x^2} = \frac{x^2}{2x^2} = \frac{1}{2}$$

즉, $\lim_{x \to 0} f(x,x) = 1/2$이다. 따라서 $\lim_{x \to 0} f(0,0) = 0$. 그러므로 f는 $(0,0)$에서 불연속이다.

다음에 $(a.b)$가 원점이 아닌 경우를 생각한다. 따라서 $a \neq 0$이거나 $b \neq 0$이다. $a \neq 0$이라 가정한다. (a,b)를 지나는 임의의 연속곡선 $y = g(x)$ (즉 $b = g(a)$)에 대하여 $\lim_{x \to a} g(x) = g(a)$이므로

$$\lim_{x \to a} f(x,y) = \lim_{x \to a} f(x,g(x)) = \lim_{x \to a} \frac{xg(x)}{x^2+[g(x)]^2} = \frac{ag(a)}{a^2+[g(a)]^2} = \frac{ab}{a^2+b^2} = f(a,b).$$

따라서 함수 f는 점 (a,b)에서 연속이다.

연습문제 9.2

01 (1) $z_x = 2x - y, \ z_y = -x + 2y$

06 $f_x(0,0) = 0, \ f_y(0,0) = 0, \ f_{xy}(0,0) = -1, \ f_{yx}(0,0) = 1$

07 연쇄법칙에 의하여

$$\frac{dz}{dt} = \frac{\partial z}{\partial x} \frac{dx}{dt} + \frac{\partial z}{\partial y} \frac{dy}{dt} = \frac{x}{\sqrt{x^2+y^2}} 2e^{2t} + \frac{y}{\sqrt{x^2+y^2}} (-2e^{-2t}) = 2 \frac{(e^{4t} - e^{-4t})}{\sqrt{e^{4t} + e^{-4t}}}$$

09 $x = r\cos\theta, \ y = r\sin\theta$이므로 $z = r^2\cos^2\theta - r^2\sin^2\theta = r^2\cos 2\theta$이다. 따라서

$$\frac{\partial z}{\partial r} = 2r\cos 2\theta, \frac{\partial z}{\partial \theta} = -2r^2\sin 2\theta.$$

10 원기둥의 부피를 V, 밑면의 반지름을 r, 높이를 h라 하면 $V = \pi r^2 h$ 반지름 r과 높이 h가 시간 t의 함수이므로 부피 V 또한 t의 함수이다. 따라서

$$\frac{dV}{dt} = \frac{\partial V}{\partial r} \frac{dr}{dt} + \frac{\partial V}{\partial h} \frac{dh}{dt} = 2\pi rh(-2) + 3\pi r^2.$$

그런데 $r = 10, \ h = 15$이므로 $\dfrac{dV}{dt} = 2\pi \cdot 10 \cdot 15(-2) + 100\pi \cdot 3 = -300\pi$이다. 따

라서 부피는 $300\,\pi\,\mathrm{cm}^3/\sec$ 의 비율로 감소한다.

연습문제 9.3

02 그래디언트를 구하면 $\nabla f = \dfrac{x}{\sqrt{x^2+y^2}}\vec{i} + \dfrac{y}{\sqrt{x^2+y^2}}\vec{j}$ 이므로 점 $(3,-4)$에서는

$$\nabla f(3,-4) = \frac{3}{5}\vec{i} + \frac{y}{\sqrt{x^2+y^2}}\vec{j}$$

이다. 따라서

$$D_{\vec{u}}f(3,-4) = \left(\frac{3}{5}\vec{i} - \frac{4}{5}\vec{j}\right)\cdot\left(\frac{1}{\sqrt{2}}\vec{i} + \frac{1}{\sqrt{2}}\vec{j}\right) = -\frac{1}{2\sqrt{5}}$$

05 ∇T의 방향을 구하면 된다.

$$\nabla T = \frac{5xe^{-z}}{\sqrt{x^2+y}}\vec{i} + \frac{5e^{-z}}{2\sqrt{x^2+y}}\vec{j} - 5e^{-z}\sqrt{x^2+y}\,\vec{k}$$

이므로 $\nabla T(2,5,1) = \dfrac{10}{3e}\vec{i} + \dfrac{5}{6e}\vec{j} - \dfrac{15}{e}\vec{k}.$

10 $\dfrac{\partial s}{\partial x}\Big|_{x_1} = 18x\big|_{x=1} = 18,\quad \dfrac{\partial s}{\partial y}\Big|_{y_1} = 8y\big|_{y=2} = 16,\quad \dfrac{\partial s}{\partial z}\Big|_{z_1} = 2z\big|_{z=-2} = -4.$

따라서 법선의 방정식은 $\dfrac{x-1}{9} = \dfrac{y-2}{8} = \dfrac{z+2}{-2}$ 이고 접평면의 방정식은

$9(x-1) + 8(y-2) - 2(z+2) = 0.$

연습문제 9.4

02 (1) 1계 편도함수를 구하면 $f_x = 6x^5 - 6y$, $f_y = 6y^2 - 6x$ 이므로 임계점은

$y = x^5, x = y^2$을 풀면 된다. $0 = y^2 - x = x^{10} - x = x(x^3-1)(x^6+x^3+1)$이므

로 $x = 0,1$이고 임계점은 $(0,0)$, $(1,1)$이다. 2계 도함수를 구하면

$f_{xx} = 30x^4,\ f_{yy} = 12y,\ f_{xy} = -6$이고 $D(x,y) = 360x^4y - 36$이다.

$D(0,0) = -36 < 0$이므로 $(0,0)$은 안장점이다. $D(1,1) = 324 > 0$이고

$f_{xx}(1,1) = 30 > 0$이므로 $f(1,1) = 2$는 극솟값이다.

10 직육면체의 가로, 세로, 높이를 각각 $x,\ y,\ z$ 라 하면 부피 $V = xyz$이고

$2(xy + yz + zx) = S$이다. z를 x와 y의 함수로 생각하고 V를 x와 y로 편미분하면

$$\frac{\partial V}{\partial x} = yz + xy\frac{\partial z}{\partial x}, \quad \frac{\partial V}{\partial y} = xz + xy\frac{\partial z}{\partial y}$$

이다. 또 S를 x와 y로 편미분하면

$$0 = \frac{\partial S}{\partial x} = 2\left(y + z + x\frac{\partial z}{\partial x} + y\frac{\partial z}{\partial x}\right), \quad 0 = \frac{\partial S}{\partial y} = 2\left(x + z + x\frac{\partial z}{\partial y} + y\frac{\partial z}{\partial y}\right)$$

이므로 $\dfrac{\partial z}{\partial x} = -\dfrac{y+z}{x+y}, \quad \dfrac{\partial z}{\partial y} = -\dfrac{x+z}{x+y}$이다. 따라서

$$\frac{\partial V}{\partial x} = yz - \frac{xy(y+z)}{x+y}, \quad \frac{\partial V}{\partial y} = xz - \frac{xy(x+z)}{x+y}$$

이다. 임계점을 구하기 위해 $\dfrac{\partial V}{\partial x} = 0, \dfrac{\partial V}{\partial y} = 0$을 풀면 $y^2(z-x) = 0, \, x^2(z-y) = 0$

이므로 $x = y = z$를 얻는다. 따라서 정육면체일 때 부피가 최대이다.

연습문제 10.1

05 (1), (2), (3), (6)는 R에서 적분가능하다.

06 만약 $f(x_0, y_0) > 0$이면 임의의 $(x, y) \in \overline{R}$에 대하여 $f(x, y) > (1/2)f(x_0, y_0)$이고 $(x_0, y_0) \in \overline{R} \subseteq R$을 만족하는 직사각형 $\overline{R}$이 존재한다. 따라서

$$\iint_{\overline{R}} f \geq \frac{1}{2} f(x_0, y_0) A(\overline{R}) > 0$$이므로 $\iint_R f > 0$이다.

07 $D = \{(x, y) : -1 \leq x \leq 1, 0 \leq x \leq \sqrt{1-x^2}\}$이므로

$$\iint_D (x-y)dxdy = \int_{-1}^{1} \int_0^{\sqrt{1-x^2}} (x-y)dydx$$
$$= \int_{-1}^{1} x\sqrt{1-x^2}\,dx - \frac{1}{2}\int_{-1}^{1}(1-x^2)dx = \int_0^1 (1-x^2)dx = -\frac{2}{3}.$$

연습문제 10.2

01 (1) $\dfrac{2}{3}$ (2) $\dfrac{1}{3}$ (3) $\dfrac{1}{6}$

03 $g(x) = \int_0^1 f(x, y)dy = 1$이므로 $\int_0^1 \int_0^1 f(x, y)dydx = \int_0^1 g(x)dx = 1$. $y \neq 1/2$이면 $f(x, y)$는 x에 대하여 적분가능하지 않으므로 $\int_0^1 \int_0^1 f(x, y)dxdy$는 존재하지 않는다.

04 (1) $\displaystyle\int_0^1 \int_y^1 f(x, y)dxdy$ (2) $\displaystyle\int_0^4 \int_{\sqrt{x}}^2 f(x, y)dydx$

(3) $\displaystyle\int_{-2}^1 \int_{-y}^{\sqrt{2-y}} f(x, y)dxdy + \int_1^2 \int_{-\sqrt{2-y}}^{\sqrt{2-y}} f(x, y)dxdy$

05 (1) $\dfrac{1}{4}(e^4 - 1)$ (2) $\dfrac{2}{3\pi}$

07 (1) $g'(x) = 2\tan^{-1}\left(\dfrac{1}{x}\right)$ (2) $g'(x) = \dfrac{\sin x}{x}$

09 (1) $g'(x) = e^{-x^2} - \displaystyle\int_0^x 2xy^2 e^{-x^2 y^2}\,dy$ (2) $g'(x) = e^x\sqrt{1+e^{2x}} - \cos x\sqrt{1+\sin^2 x}$

10 $g'(x) = \displaystyle\int_{u(x)}^{v(x)} f_x(x,y)\,dy + f(x,v)v'(x) - f(x,u)u'(x)$

참고문헌

1. T. M. Apostol, *Mathematical Analysis*, Second edition, Addison-Wesley Publishing Co., 1974

2. R. G. Bartle, *The Elements of Real Analysis*, Third edition, Wiley, 2000

3. S. K. Berberian, *A First Course in Real Analysis*, Springer-Verlag New York, Inc., 1998

4. R. C. Buck, *Advanced Calculus*, Third edition, McGraw-Hill, Inc., 2003

5. J. D. DePree & C.W. Swartz, *Introduction to Real Analysis*, John Wiley & Sons, Inc., 1988

6. Watson Fulks, Advanced Calculus, 4th edition, John Wiley & Sons, Inc., 2013

7. R. Johnsonbaugh & W.E. Pfaffenberger, *Foundations of Mathematical Analysis*, Marcel Dekker, Inc., 2012

8. R. Larson, R.P. Hosteler & B.H. Edwards, Essential calculus, Cengage Learning, 2014

9. A. Mattuck, *Intorduction to Analysis*, Prentice-Hall, Inc, 2013

10. J. F. Randolph, *Basic Real and Abstract Analysis*, Academic Press, Inc., 2014

11. K. A. Ross, *Elementary Analysis: The Theory of Calculus*, Springer-Verlag New York, Inc., 2013

12. W. Rudin, *Principles of Mathematical Analysis*, Third edition, McGraw-Hill, Inc., 2009

13. B. S. W. Schroder, *Mathematical Analysis ; A Concise Introduction*, John Wiley & Sons, Inc., 2008

14. J. Stewart, Calculus, Cengage Learning, 2014

15. M. Stoll, *Introduction to Real Analysis,* Addison-Wesley Educational Publishing Co., 2000

16. 김태화, Mathematical Thinking을 키우는 해석학 입문 연습문제 탐구, 교우사, 2005. 3

17. 양영오, 알기쉬운 해석학의 이해, 청문각, 2010. 3

18. 양영오, 실해석학, 북스힐, 2014. 12

19. 장건수외 5인, 알기쉬운 해석학,대선, 2007.9

20. 정동명, 조승제, 실해석학 개론, 이우출판사, 1985

찾아보기

찾아보기

찾아보기

해석학 개론

2016년 3월 2일 제1판 1쇄 인쇄
2016년 3월 7일 제1판 1쇄 펴냄

지은이 양영오
펴낸이 류원식
펴낸곳 청문각 출판

주소 (10881) 경기도 파주시 문발로 116(문발동 536-2)
전화 1644-0965(대표)
팩스 070-8650-0965
등록 2015. 01. 08. 제406-2015-000005호
홈페이지 www.cmgpg.co.kr
E - mail cmg@cmgpg.co.kr
ISBN 978-89-6364-260-4 (93410)
값 24,000원

* 잘못된 책은 바꿔 드립니다.

* 불법복사는 지적재산을 훔치는 범죄행위입니다. 저작권법 제97조의 5(권리의 침해죄)에 따라
  위반자는 5년 이하의 징역 또는 5천만 원 이하의 벌금에 처하거나 이를 병과할 수 있습니다.